Helmut Veil

Von der Meteorologie der Sphären zum irdischen Vakuum

Helmut Veil

Von der Meteorologie der Sphären zum irdischen Vakuum

Wissenschaft und Religion im Barock

Ein intellektuelles Milieu – wiederbelebt aus Erasmus Franciscis Diskurs über die Luft

Bibliografische Information Der Deutschen Nationalbibliothek
Die Deutsche Nationalbibliothek verzeichnet diese Publikation in der Deutschen Nationalbibliografie; detaillierte bibliografische Daten sind im Internet über http://dnb.ddb.de abrufbar.

Frankfurt am Main, Germany
www.humanities-online.de
info@humanities-online.de

Erste Auflage 2009
ISBN 978-3-934157-99-6

Gesetzt aus der Stempel Garamond
Umschlaggestaltung: Uwe Adam, Bruchköbel
Druck: buch bücher dd ag, Birkach
Printed in Germany

Dieses Buch ist auch als E-Book erhältlich (www.humanities-online.de)

Inhalt

Eine Rekonstruktion barocken Denkens aus dem Kopf eines Polyhistors

Die wenigen wissenschaftlichen Zeitschriften, die es erst seit rund 15 Jahren gab, als Erasmus Francisci 1680 ein Buch über das Wetter schrieb, sein »Der Wunder-reiche Überzug unserer Nider-Welt oder Erd-umgebende Lufft-Kreys«, hatten eine begrenzte allgemeine Verbreitung, aber eine starke Wirkung für die Durchsetzung der experimentellen Methode unter den Naturwissenschaftlern. Parallel dazu gab es ein ausuferndes Schrifttum, das die Natur theologisch, magisch und phantastisch referierte und wenig von den neuen Entwicklungen mitbekommen hatte. Es gab die antiken Größen, auf die man sich noch immer gerne bezog, es gab die Kirchenväter mit ihrer gottgewollten Naturauffassung. Aber es gab auch viele mathematische Bücher, weil der Mathematik in dem großen Durcheinander dieser Zeit eine ordnende Rolle zugeschrieben und ihre folgerichtige Klarheit bewundert wurde. Ein interessierter Mensch konnte Vieles lesen und wenig zusammenbringen. Der Rückzug auf die Bibel blieb oft als letzter Ausweg.

In dieser undurchschaubaren Lage versuchte der Polyhistor Francisci zusammenzubringen, was nebeneinander und gegeneinander existierte. Er versammelte in seinen populärwissenschaftlichen Büchern das ganze seine Zeitgenossen interessierende Bildungsgut und gehörte zu den besten, am meisten gelesenen und fleißigsten Kompilatoren des Barock. In seiner literarisch produktiven Phase lieferte er rund 1600 Druckseiten pro Jahr. Einige sind auf Grund ihrer gedanklichen Durchdringung und lebhaften Debattenkultur mehr als nur Kompilationen der Werke anderer, sie sind wie das hier untersuchte über den »Erd-umgebenden Lufft-Kreys« raumgreifende Gespräche über die Bedingungen menschlicher Existenz. Es geht um Meteorologie im weitesten Sinn, um ihre naturwissenschaftliche Seite und ihre »unnatürlichen Erscheinungen«, um die Auswirkungen des Wetters auf den Menschen, auf Religion und Recht, es geht um Geschichten aus der Welt der Entdeckungsreisen, und das alles in »unterschiedlichen Diskursen abgehandelt«. Der Ort des Paradieses, die Amoralität des Tanzes, die Relevanz der Bibel und ihre exakte Auslegung, auch das gehört dazu. Francisci nimmt eine Auswahl vor, auf die man heute beim Thema Luft nicht käme, die aber haargenau der barocken Auffassung und ihrem Geschmack entsprach. In einem gelungenen Kunstgriff lässt er die Protagonisten einer zweitausendjährigen Geschichte des Denkens durch den Mund von fünf Spaziergängern so debattieren, als seien sie gemeinsam geladene Teilnehmer einer großen Freiluftkonferenz. Seine Luft ist die seiner Zeitgenossen, voller Abenteuer, menschlichem Leid und angsterfüllten Gaukeleien. Sie passt noch nicht richtig ins Labor, sie folgt dem Menschen nach Amerika und Asien, sie tanzt und spielt Theater. Mit dem Ende der Lektüre ist seine Kunst- und Wunderkammer gut gefüllt und als pralles Gemälde detailverliebt und farbenfroh ausgeführt.

Er präsentiert rund 500 Autoren über alle Zeit-, Länder- und Glaubensgrenzen hinweg. Diese epochenübergreifende Mischung aus Aristoteles, Scholastik, Alchemie, Astrologie, Kopernikus und unbeholfener Experimentiererei ist von großem wissenschaftlichen Reiz und bietet auf Deutsch einen Zugang zur typischen barocken Intelligenz, die sich üblicherweise lateinisch geäußert hat und deshalb heute kaum noch wahrgenommen wird. Aber das sind die Wissenschaftler, die den Diskurs damals dominierten. Sie sind wahrscheinlich deswegen weitgehend in Vergessenheit geraten, weil sie nirgendwo eine klare Richtung erkennen lassen und von heute aus gesehen keinen eindeutigen Fortschritt für die Naturwissenschaften repräsentieren. Klarheit fehlt in dieser Ursuppe der Aufklärung durchaus, ihre Ingredienzien sind mit einem Quirl durchmischt und schwer herauszuschmecken. Aber ihre Köche sind manchmal auch Scheidekünstler von Glaube und Vernunft, von scholastischer Deduktion und experimenteller Induktion, von mathematischer Strenge und wüster Spekulation. Sie servieren etwas unappetitlich, was unsere moderne Welt konstituieren wird. Ihr Denken schleppt noch antike Quellen mit sich herum, ihre Vorbehalte werden noch gespeist aus tiefer Gläubigkeit, aber ihre Neugier eröffnet bereits neue Horizonte. Der noch einigermaßen überschaubare mittelalterliche Laden des Glaubens war vom Aberglauben schon so angegriffen, dass vernünftige Menschen am allmächtigen Gott verzweifelten. Die althergebrachten geschlossenen Systeme boten keine Sicherheiten mehr, als die experimentellen Wissenschaften auskristallisierten, und die Philosophie hatte ihren altgewohnten Geschmack verloren. Modernes naturwissenschaftliches Denken quasi im Stadium der Verpuppung, die Metamorphose war, von Mechanik und Manufaktur gesteuert, in einem Gespinst scholastischer Fäden in vollem Gange, und erste Eigenschaften der Luft wurden messbar. Die Religion verköchelte, noch während und auch wegen des kriegerischen Getöses des Jahrhunderts weitgehend unbemerkt, leise zur Privatangelegenheit.

Francisci inszeniert diese dissonante Melodie barocker Wissenschaft als Dirigent eines großen Orchesters, aber lässt im Unklaren, wer die erste Geige spielt. Zwischen antiker Meteorologie und zeitgemäßer Alchemie, zwischen Spekulation und Experiment ist die altersschwache Scholastik überfordert. Aber auch selektives Beobachten und diszipliniertes Denken entlang von Arbeitshypothesen, wie es von der entwickelten Kunst des Experimentierens verlangt wird, sind noch nicht das Leitmotiv. Obwohl sich Francisci durchaus für experimentelle Ergebnisse interessiert, nimmt er gerne Reißaus, wenn eine etwas kompliziertere Versuchsanordnung erklärt werden müsste, und sucht sein Heil in neuen Themen oder in der Diskussion der Bibel. Die scholastische Gewohnheit, Begriffe statt Methoden zu variieren, um ein Problem zu lösen, wird nur zögernd abgelegt und von einem bilderreichen, poetischen und sprachverliebten Ausdruck verdeckt.

Um mit diesem Amalgam fertig zu werden und die von Francisci gebotene Materialfülle zu bändigen, werde ich aus den vielen angesprochenen Themen einzelne Gedankenstränge herauslösen, ihren Gehalt an den verschiedenen Epochen erhellen und sie so in ihren zweitausendjährigen Fluss einbetten.

Dann lasse ich ihn in die Zukunft weiterfließen bis zur Aufklärung und zum Beginn der industriellen Revolution. Die Perspektive, die ich einnehme, ist also nicht eine von heute auf die Zeit des Barock. Es ist ein Rundumblick von einer Aussichtsplattform, der die Vergangenheit mit der Zukunft verbindet, eine privilegierte Sicht, die mich von Francisci unterscheidet und es mir erlaubt, ausgesuchte Strömungen im Fluss weiter zu verfolgen. Die Plattform allerdings schwankt, wenn man sie nicht in Franciscis Gegenwart fixiert. Das versuche ich mit der Näherung an ausgewählte Textpassagen, mit dem Auffinden der zitierten Literatur in oft detektivischer Kleinarbeit und der Schilderung des Lebens ihrer Autoren in den Kurzbiographien (ab S. 225). Sie vermitteln etwas Bodenhaftung, verhindern eine Spiegelfechterei der reinen Geister und bilden nebenbei die skizzierten Umrisse der ganzen Gesellschaft ab. Ich halte mich bei der Suche nach Franciscis Standort nur grob an seine Kapiteleinteilung, weil sich bestimmte Erklärungsmuster für meteorologische Phänomene wiederholen und es genügt, ihren gedanklichen Kern an einigen wenigen Beispielen den Versatzstücken verschiedener Epochen zuzuordnen, die im Barock zu einer eigenen, um nicht zu sagen, eigenartigen Denkweise verschmelzen.

An einem Beispiel möchte ich mein Vorgehen erläutern. Als Francisci die sehr zeitgemäße Frage diskutiert, ob nicht nur Blut und Steine, Wolle und Korn, Fische und Schwefel, sondern auch Frösche vom Himmel regnen können, erfolgte sie unausgesprochen, weil allgemein akzeptiert, vor dem Hintergrund der seit Aristoteles herumgeisternden Vorstellung von einer Urzeugung niedriger Lebewesen. Ich verfolge, auf welchen gewundenen Wegen sich diese Auffassung im Laufe einer langen Zeit bis hinein ins 19. Jahrhundert halten konnte und den Gärungsprozess, der sich im Barock beschleunigt. Alte Denkweisen werden mit neuen Befunden konfrontiert und zersetzen sich allmählich trotz ihrer starken Stellung, die sie so lange behaupten konnten, wie Francisci eindrucksvoll vorführt. Die Vertreter eines einmal in sich als stimmig empfundenen Weltbildes sind gezwungen, sich mit den Methoden des Neuen zu verteidigen, wenn sie überhaupt noch akzeptiert werden wollen, während sich die zählebigen Vorstellungen und Begriffe fast unbewusst in die Interpretation des Neuen einnisten. Das Gewicht von Sicherheiten gebenden philosophischen und religiösen Glaubenssystemen bleibt weiter spürbar, wenn sich die wissenschaftlichen Voraussetzungen geändert haben, und lastet bleischwer in den Köpfen selbst derjenigen, die ihre Untauglichkeit durch die den alten Rahmen sprengende Befunde aufgezeigt haben. In dieser Gemengelage haben die aus der Bibel abgeleiteten Naturabläufe nicht mehr automatisch das letzte Wort, der Rückzug auf göttliches Gesetz gelingt nicht mehr ohne Behinderungen und Querschüsse aus den Wissenschaften, und die Allmacht Gottes bekommt durch eine naturwissenschaftliche Auslegung der Bibel weitere Kratzer, während der Erde als Mittelpunkt der Welt eine wissenschaftliche Gnadenfrist verbleibt.

Ähnlich wie beim Froschregen verfahre ich mit der Entstehung der Winde, des Gewitters, der Herkunft der Meteore, mit Vakuum, Echo, Schnee, Erdklima und den Eigenschaften der Luft, das heißt nach der Methode, aus dem Fluss der Zeit die Denkweisen im Barock herauszuheben. An einigen Stellen wird sichtbar, dass die Meteorologie als eine der ältesten Naturwissenschaften eine bedeutende Impulsgeberin für experimentelle Methoden und technologische Anwendungen geworden ist. Die Untersuchungen der Luft, ihrer Bestandteile, ihrer Temperatur, ihres Drucks und ihrer Schallleitung führen direkt zur Mechanik der Luftpumpen und zur Messung der Schallgeschwindigkeit, zum Instrumentenbau mit Barometern und Thermometern und zur Dampfmaschine. Genaue Beobachtungen des Weges, den ein Blitz nimmt, kreieren den Blitzableiter, und weltweite Messungen der Abweichung der Kompassnadel vom astronomischen Nordpol das Magnetfeld der Erde. Bei der Pest, die Francisci als verpestete Luft behandelt, geht es dann schon nicht mehr nur um eine wissenschaftliche Anschauung, sondern auch um die Rolle, die die Religion und die Wissenschaften bei der medizinischen und gesellschaftlichen Beherrschung der Seuche spielen. Francisci hatte bei der Abfassung des Buches den katastrophalen Verlauf der Pest in Wien vor Augen, und sie war immer noch ein allgegenwärtiges Problem in Europa, Afrika und Asien. Nach jahrhundertelangen Erfahrungen gibt es jedoch deutliche Anzeichen dafür, dass ein rationales Handeln der Behörden den priesterlichen Beschwörungen einer Endzeitstimmung und der apokalyptischen Hysterie der Gläubigen überlegen ist und sich die Zahl der Toten drastisch reduzieren lässt. Es gibt in Mailand, Rom, Neapel und Wien einen unterschiedlichen Grad an Rationalität, der sich direkt in den Opferzahlen niederschlägt, in den islamischen Ländern dagegen führt das alleinige Gottvertrauen fast mit Sicherheit zu Entvölkerungen ganzer Städte und verheerend langen Pestzügen.

Bei der Pest war es ganz offensichtlich geworden, dass die beiden Kulturen sich fundamental auseinanderentwickelt hatten, weil im Abendland zumindest punktuell versucht wurde, der Seuche nach wissenschaftlichen Kriterien Herr zu werden. Vor diesem Hintergrund gewinnen die allgemeine Türkenangst und die bevorstehende Niederlage der Osmanen vor Wien einen Aspekt, der jenseits von Kriegsgeschrei und Propagandatrommeln zu suchen ist. Die zentralistisch geführte Kriegsmaschinerie der territorialen türkischen Großmacht war zwar immer noch bedrohlich, aber die stagnierende muslimische Gesellschaft war nur noch ein Schatten einstiger Größe und intellektueller Kraft. Das völlige Fehlen zeitgenössischer muslimischer Wissenschaftler in Franciscis überbordender Fülle von Kommentatoren der Meteorologie und seine ständigen Sticheleien gegen die Türken waren für mich der eigentliche Anlass, einmal hinter die Kulissen des kriegerischen Theaters zu schauen, um den realen Machtverhältnissen zwischen den beiden Kontrahenten auf die Spur zu kommen. Es hat mich vor allem interessiert, warum der große Vorsprung der islamischen Kulturen bei der Aneignung des antiken Wissens seit dem Mittelalter sehr schnell weggeschmolzen ist und sich aus dieser Aneignung, im Gegensatz zum Abendland, keine weitere Forscherdynamik entwickelt hat. In einem westöstlichen Blickwechsel, den ich über einen längeren Zeitraum vornehme, treten die geistesgeschichtlichen Voraussetzungen für den langen Anlauf zum barocken Sprungbrett in die Moderne und für den steilen Weg vom

Gipfel der islamischen Wissenschaften in den Abgrund der Bedeutungslosigkeit plastischer hervor als bei einer Einzelbetrachtung. Ohne eine Bewertung der Rolle der Religionen sind beide Prozesse nicht zu verstehen.

Franciscis »Türken« sind sturmgepeitschte und räuberische Gesellen oder gegnerische Flottenverbände, die deshalb etwas mit der Luft zu tun haben, weil sie arme Christenmenschen kapern, in stürmischer Seenot ausnehmen oder Dank des christlichen Gottes Wetterhilfen geschlagen werden konnten. Seine gnädige Seele erbarmt sich der Opfer der Piraterie und der Schiffbrüchigen und treibt ihn, in einem Buch über die *Luft,* zu einem weit ausholenden juristischen Exkurs von der römischen Gesetzgebung über die justinianische bis zu den feudalen Anmaßungen. Dem Recht der Schiffbrüchigen auf Unversehrheit und Rückgabe der an Land gespülten Ladung entsprechen die Äußerungen des Bürgers Francisci zu den allgemeinen Menschenrechten, zur Gleichheit aller Menschen vor Gott, die er nicht nur als Angriff auf die ›Muselmänner‹, sondern auch auf den christlichen Adel, dessen despotische Gewalt und unmenschliche Habgier versteht. Das barocke Bürgertum war geradezu erpicht auf gesetzliche Regelungen, die ihm sein Eigentum sichern sollten. Die Paragraphenreiterei im gesellschaftlichen Verkehr setzte die Religionskriege mit unblutigen Mitteln fort, so dass der Reichstag in Regensburg mit Rechtsgutachten überschwemmt wurde und alle Hände voll zu tun hatte, die Besitzinteressen der katholischen und lutherischen Landesherren auszutarieren und den kaiserlichen Zugriff auf ihr gottgewolltes Eigentum zurechtzustutzen. Das Paragraphendenken infizierte selbst die Naturwissenschaftler, die nun auch Gesetze haben wollten, in denen die Erscheinungen der Natur ein für allemal zu regeln wären und in denen, wie im Verkehr der Menschen untereinander, der vernünftige göttliche Wille sichtbar werden sollte.

Als magisches Bindeglied zwischen Orient und Okzident fungiert der Geheimbund der Rosenkreuzer, denen Francisci nicht wohlgesonnen ist. In der Verbindung von Mikrokosmos und Makrokosmos, von Mensch und Gott, sind sie ein vergeistigter Ausdruck alchemistischer Praktiken und in ihrem esoterischen Verständnis platonischer Philosophie beispielhaft für barockes Denken in seiner spirituellen Übertreibung. In ihnen vereinigen sich alle Strömungen beider Kulturkreise, die schon immer neben den gesellschaftlichen Hauptströmen dümpelten, und jetzt plötzlich im Abendland zu einem reißenden Strom angeschwollen sind, der die wohlgeordnete mittelalterliche Welt von allen Seiten unterhöhlt, alle Sphären durch göttliches Licht überstrahlt und mit den Effluvien unsichtbarer Geister überwindet.

Die am Ende des Bandes versammelten 500 Kurzbiographien sind nicht nur als Lesehilfe für Franciscis »Lufft-Kreys« gedacht. Sie sollen die intellektuelle Szene und die Bedingungen, unter denen wissenschaftlich gearbeitet wurde, lebendig machen. Jede einzelne Biographie schultert ein wenig vom Leben ihrer Epoche, viele davon schon sehr viel mehr als ihrer bloßen Zahl entspricht. In dem unvollständigen Puzzle zeichnen sich die Konturen einer großen geistigen Landschaft ab, in der die Intellektuellen nicht nur ihre Gedanken äußern, sondern vor dem Hintergrund politischer Szenarien und persönlicher Anekdoten spazierengehen. Die Alten sind noch dabei und die Jungen noch ein bißchen unreif. In dieser Gemengelage bleiben die Anstrengungen vieler Generationen von Wissenschaftlern erhalten und tragen zu der dichten Atmosphäre bei, die die Barockzeit prägt und in der die geschlossenen wissenschaftlichen und religiösen Systeme für einen freieren Zugang zur Wirklichkeit hartnäckig benagt und kleingekaut werden.

Ich habe die Angaben zur wissenschaftlichen Produktion in den Biographien begrenzt. Es geht ja um Luft. Dafür hat manchmal das Leben mitgeschrieben. In Notizen erzähle ich etwas von Auseinandersetzungen mit staatlicher und kirchlicher Macht, von akademischen Wanderungen zu den Universitäten Europas oder vom Verweilen an adligen Höfen, von reichen Sponsoren und internationalen Netzwerken. Wenn Intellektuelle ihren Kopf gebrauchten, konnten sie ihn verlieren. Schon deshalb gehören ihre Lebensrisiken zu einer wissenschaftlichen Biographie, ebenso wie ihre elitären Privilegien in einer weitgehend analphabetischen Gesellschaft. Sie waren stolz, wenn sie über der Masse der ›tumben Toren‹ schwebten. Auch die Spaziergänger Adlerhaupt, Winterschild, Schönwald, Goldstern und Forell sind ein wenig arrogant. Ihr sprachlicher Habitus lässt erahnen, in welchen höheren Sphären ihre Überlegungen Form annehmen. Und trotzdem ist ihre Ausdrucksweise prall und lebendig, was unseren heutigen wissenschaftlichen Abhandlungen leider oft abhanden gekommen ist.

Selten sprechen sie in eigener Sache, als Personen haben sie nur wenig Profil. Sie sprechen miteinander aus dem Mund der Antike, des Mittelalters und als Zeitzeugen. Katholiken, Jansenisten, Muslime, Calvinisten oder Lutheraner, experimentierende Jesuiten und Bürgermeister, Pfarrer, Professoren, Handelsreisende, Abenteurer, Propheten, Soldaten aller Länder reden über Luft und das, was ihrer Meinung nach mit ihr zusammenhängt. Eine Menge, wie sich herausstellen wird. Francisci hat diese Konferenz als große internationale Öffentlichkeit organisiert, als eine zeitlose Weltversammlung des Wissens über die Luft. Die Probleme werden nacheinander in konzentrierter Form durchgegangen. Ihre Nationalitäten sind hinter lateinischen Namen verborgen. Engländer, Franzosen, Russen, Finnen, Ungarn, oder wer auch immer aus der großen intellektuellen Welt zweier Jahrtausende, haben sich lateinisch verständigt, verstanden oder missverstanden. Sie alle reden jetzt Deutsch, nur schriftlich weisen sie sich meistens als weltläufig und Lateiner aus.

In fünf etwas ausführlicheren Biographien versuche ich eine Typisierung der wissenschaftlichen Zeitgenossen Franciscis, jeweils mit unterschiedlichen Schwerpunkten, die einen Aspekt ihres intellektuellen Lebens beleuchten. Ich möchte etwas von der Atmosphäre einfangen, in der sich ihr Denken formte. Ein Werdegang mit hoher Mobilität auf akademischer Wanderschaft war beinahe die Regel und Latein ihre Voraussetzung. Das Netz der persönlichen Kontakte hat sie ein Leben lang getragen und die Karriere gefördert. Die Nähe zu den Regenten war wohl der Preis für eine Anstellung oder auch nur für das Privileg einer Buchveröffentlichung, der sie in devoten Grußadressen Tribut zollten. Sie hat ihrem Denken nicht immer gut getan. Francisci katzbuckelt vor dem hochgeborenen Grafen und Herrn Heinrich Friderich von Hohenlohe und Gleichen, nennt sein Werk zu unwürdig für diesen Herrn, der nichts Mittelmäßiges gewohnt, und hofft, dass er seinem Antrag und Zeugnis seiner Untergebenheit eine gnädige Hand reiche. Als Lektor saß Francisci zwar relativ sicher und mit gutem Überblick wie eine Spinne im Netz eines der damals größten Verlage in Deutschland, dem Endter Verlag in Nürnberg, aber er kannte die schwierigen Bedingungen, unter denen Bücher produziert und vertrieben wurden. Auch das gehört zu den Existenzbedingungen der geistigen und wissenschaftlichen Arbeiter, die von einem möglichst großen Publikum gelesen werden wollen und auf pfiffige Verleger angewiesen waren, die die Bücher auch mal an den zahllosen kirchlichen und obrigkeitlichen Zensoren vorbei und durch Unterlaufen zünftlerischer Beschränkungen vertrieben haben.

Wir haben es also mit einem Mosaik von Themen und einem Puzzle von Biographien zu tun, die zusammengenommen das Bild einer vom Wetter geprägten barocken wissenschaftlichen Landschaft ergeben und in der sich die Konturen einer tief greifenden Umwälzung der ganzen Gesellschaft abzeichnen. Bei aller Vielfalt wird eines deutlich: Die Auflösung alter Denk- und Glaubenssysteme wird das Ergebnis einer sehr langen Belagerung durch eine Vielzahl ganz unterschiedlich ausgerüsteter Truppen sein, bei der Einzelkämpfer zwar heroische Marken setzten, der entscheidende Ansturm aber durch ihre große Zahl entschieden wird. Ihnen hat Francisci ein kleines Denkmal gesetzt und in ihren zähen Debatten und bohrenden Fragen das Kampffeld in seiner ganzen Breite und Tiefe ausgeleuchtet. Die Truppen gehorchen keinem einheitlichen Willen, der zum Sturm vorbereitet, und es dauert deshalb lange, bis die alten, von Gott, Aristoteles und Galen gehaltenen Bastionen geschliffen sind. Dafür ist die Zerstörung nach den vielen vergeblichen Reparaturversuchen der bedrängten Verteidiger umso gründlicher. Der Anarchie im Kopf der Angreifer entsprach die Anarchie der Versuche, der Wirklichkeit anders als seit zweitausend Jahren gewohnt zu Leibe zu rücken. An einem solchen Punkt waren die Intellektuellen des Barock angelangt. Sie unterlagen nicht mehr bedingungslos der »Harmonie der Täuschungen« (Ludwik Fleck) der starrsinnig gewordenen alten Denksysteme, aber sie wussten auch noch nicht, woran sie sich statt dessen halten sollten, und haben sich deshalb irgendwo hin auf den Weg gemacht. Im Nachhinein kann man leicht sagen, dass einige von ihnen auf dem Weg in die modernen Naturwissenschaften waren. Aus der Zeit heraus betrachtet war das keineswegs klar. Die Positionen der Neuerer waren, oft zurecht, umstritten, und die ihrer Gegner wegen des gewohnten Begriffsrahmens im Vorteil, manchmal besser begründet oder geschickter spekuliert und in einigen ihrer heute meist vergessenen Aspekte ebenso zukunftsweisend wie die der heute anerkannten Größen. In einer nach den heutigen Vorstellungen von richtig und falsch, von Wahrheit und Irrtum kodifizierten Geschichtsschreibung sind sie schlicht verloren gegangen und mit ihnen ein Gespür für das einzigartige Durcheinander der Denksysteme und für die Stimmung, aus der sich die moderne Welt wie aus einem Gärungsprozess heraus entwickelt hat. Bei Francisci werden sie und ihre Zerrissenheit zwischen Gott und der Welt wieder zum Leben erweckt.

Das soll auch neugierig auf die Orginallektüre Franciscis machen, die online von der Sächsischen Landesbibliothek zur Verfügung gestellt wird:

http://digital.slub-dresden.de/ppn278294316

Obwohl dieses Buch ohne ihre Kenntnis gelesen werden kann und bewusst so konzipiert wurde, bietet nur sie das seltene und sprachlich pralle Vergnügen, einer scholastischen Diskussion zu folgen, die unter der Last alchemistischer und experimenteller Zutaten in lauter Sackgassen gerät, ein alchemistisches Kauderwelsch mit surrealen Dimensionen zu erleben oder einem sich auflösenden Aristoteles hinterher zu steigen. Franciscis Reisebeschreibungen, Gesandtschaftsempfänge und Bühnenschilderungen strotzen vor derbem Humor und sprachlichem Erfindungsgeist, und seine Gläubigkeit wirkt manchmal unfreiwillig komisch. Dieses populärwissenschaftliche Werk über die Eigenschaften der Luft beschreibt die Atmosphäre einer Kultur, und es ist auf der Höhe der Zeit. Das 17. Jahrhundert brachte die Temperatur- und Luftdruckmessung, die Erzeugung eines künstlichen Vakuums, die Beschreibung der Schallausbreitung als Welle und die ersten chemischen Analysen der Bestandteile der Luft. Francisci kennt die neuesten Ergebnisse und benutzt die noch jungen wissenschaftlichen Periodika aus England, Deutschland, Dänemark und Frankreich. Sein von der Kathederscholastik geprägter Kopf filtert das alles durch einen eingespielten Begriffsapparat, der eigentlich nicht mehr angemessen ist, und, von ihm selbst ganz unbemerkt, als Verständnisbarriere wirkt, genau so wie es seinen gebildeten Zeitgenossen ergangen sein muss. Denn seine Bücher waren Bestseller.

Literatur

Ludwik Fleck, Entstehung und Entwicklung einer wissenschaftlichen Tatsache. Einführung in die Lehre vom Denkstil und Denkkollektiv. Mit einer Einleitung herausgegeben von Lothar Schäfer und Thomas Schnelle. Frankfurt am Main 1980.

Erasmus Francisci, ein Polyhistor und Lektor in Nürnberg

»Herzu ihr Lebenden, lernt von dieser Leichen«,

lautet ein Teil der Grabinschrift des Erasmus Francisci, der am 20. Dezember 1694 in Nürnberg gestorben war. Ein anderer:

»Hier ruht ein edler Leib an dem die Würmer nagen;
Sie fressen dessen Hand / die kluge Bücher schrieb;
Wer nur die Tugend liebt / dem ist sein Staub auch lieb /
Indes darf sich kein Wurm an seine Bücher wagen«.

Und zum Schluss:

»Doch sollt er nur so lang als seine Bücher leben /
So müßt er ewiglich der Welt vor Augen schweben«.

Drei Totenlieder, die er kurz vor seinem Ableben geschrieben hatte, drei von hunderten religiösen Liedern seines Lebens, wurden an seinem Grab und im Gottesdienst gesungen, auch seine Grabrede hatte er selbst verfasst. Er war einer der ersten berufsmäßigen Schriftsteller Deutschlands, schwindelerregend produktiv und unbeugsam protestantisch. Seine 66 Bücher stehen in vielen Bibliotheken, aber ewiglich vor Augen schweben sie nicht. Sie werden kaum gelesen, obwohl das für einige seiner grandiosen Kompilationen und populärwissenschaftlichen Schriften nur bedauert werden kann. In ihnen werden Geist und Denken des Barock lebendig, was sich schon im Titel des hier untersuchten Werkes über die Meteorologie niederschlägt, der den Umfang eines Klappentextes hat:

Der Wunder-reiche Überzug unserer Nider-Welt
oder Erd-umgebende Lufft-kreys

Nach seinem natürlichen Wesen / manchfaltigen Eigenschafften / Nutzen / und Würckungen / Natür- und unnatürlichen / feuer- und wässerigen Erscheinnungen / (als da sind die Wasser-Sonnen / Regenbögen / Nacht- und Meer-Lichter / & Lufft-Wunder / Wolcken /Regen / Schnee / Wind / und Schiff-brechende Stürme / Donner- und Blitz-Stralen) in unterschiedlichen Discursen abgehandelt / dazu mit vielen merckwürdigen Exempeln/ und Geschichten erklärt: Nebst einer vorhergehenden Lustigen Spatzier- und Tisch-Unterredung / Und einem / vor dißmal kurtzem Anhange / von der Welt-Ort und Lauffe / oder Stillstande der Lufft umfangenden Erd-Kugel: Zu Ausbreitung Göttlicher Allmacht / und Erlustigung deß curiösen Lesers / erörtert / und beschrieben / durch Erasinum Francisci. Nürnberg Anno M DC LXXX

Abbildung 1: Erasmus Francisci. Übersetzung der lateinischen Unterschrift: »Aus Lübeck von sehr altem Adel, Rat von Hohenlohe-Langenburg, sehr versiert in den Humanwissenschaften und der Jurisprudenz, der aber wegen eines doppelten Knochenbruchs sein Leben in Nürnberg mit der Herausgabe verschiedener Bücher verbrachte, dabei in hohem Maße frei in dem, wohin seine Wissbegier ihn trieb. Geb. am 29. November 1627, gest. am 20. Dezember 1694« Bild: Wikipedia

Geboren wurde Erasmus Francisci am 19. November 1627 in Lübeck als Erasmus von Finx. Sein Vater Franciscus war Advokat, Braunschweigisch-Lüneburgischer Rat und Vizedrost (Landrat) zu Lauenstein und Lauenau, seine Mutter enstammte einer alten Juristenfamilie. Aber das hat ihm nicht viel geholfen. Die Mutter starb früh, er kam zu Verwandten nach Lüneburg, die ihn aufzogen. Erasmus musste sich mit geringen Mitteln durch sein Jurastudium schlagen, durfte als Adliger, um Geld zu verdienen, nicht unstandesgemäß arbeiten und nannte sich deshalb fortan Erasmus Francisci. Mit dem durch geschichtliche Studien angereicherten juristischen Abschluss war er einige Jahre Hauslehrer, dann Hofmeister seines Vetters von Wallenrodt, mit dem er eine Bildungsreise durch Italien, Frankreich und die Niederlande antrat. »Außer dem Lande, welches uns die erste Milch gegeben, werden wir durch Versuchung gestählert und wider mancherlei unordentliche Ansprünge der Affekten geharnischt« (Die alleredelste Veränderung, S. 4). Wieder zuhause in Lübeck heiratete er als 26jähriger eine Offizierswitwe »geschmückt mit allen Tugenden«, klug, gebildet und sprachbegabt – sie beherrschte Latein Französisch, Holländisch –, die er innigt liebte und drei Jahre überleben wird. Aber sie hatten ein Problem. Wegen Erbstreitereien hatten sie kein Geld. Wie er um 1657 in höchster Not zu einer Einladung des Lederhändlers Johann Doppelmayr nach Nürnberg gekommen ist, bleibt im Dunkeln. Jedenfalls landete er schließlich als Korrektor beim damals wahrscheinlich größten deutschen Verlagsunternehmen, dem Endter Verlag in Nürnberg.

Hier saß er nun in einer Stadt, die ihre Blüte hinter sich hatte. Im Westen die Expansionskriege Ludwigs XIV., im Osten die Kriege an der Nahtstelle von Ungarn, Polen-Litauen und den türkischen Vasallenstaaten auf dem Balkan und an der Donau, die jahrzehntelang dauern werden. Nürnberg war nach dem 30jährigen Krieg zwar noch Freie Reichsstadt geblieben, zu eigenständiger Politik aber nicht mehr in der Lage. Die Pest von 1634 hatte 1 000 Tote pro Woche gefordert, 20 000 insgesamt, und die Bevölkerung halbiert, aber der Dudelsackpfeifer, der volltrunken vermeintlich tot auf einer Karre mit Pestleichen landete und von dort seinen Dudelsack erklingen ließ, hatte überlebt. Die Stadt besaß neben Ulm das größte Territorium einer Freien Reichsstadt, jedoch vieles in Streubesitz, und war wegen eingeschränkter Befugnisse bei der Gerichtsbarkeit, hinterzogener Zölle und hoher Abgaben an den fränkischen Kreis und das Reich durch die Türkenkriege finanziell nicht mehr handlungsfähig. Die Nürnberger Kaufmannschaft verharrte in den alten Formen handwerklicher Einzelbetriebe und folgte nicht dem Beispiel italienischer Manufakturen, die in europaweite Handelsketten eingebunden, immer ein bißchen billiger sein konnten. Die beherrschende Stellung im Gold- und Silberschmiedehandwerk ging an Augsburg. Gute Handelsbeziehungen gab es eigentlich nur noch nach Böhmen, an denen der Endter Verlag nicht unerheblichen Anteil hatte. Der Schuldenberg wuchs, selbst bei gutem Willen fehlte das Kapital für Manufakturen.

Die Kriege behinderten den Handel nach Ost und West. Schon 1642 hatte Ludwig XIV. die Handelsprivilegien für die oberdeutschen Städte nicht mehr erneuert, die wichtige, internationale Wege eröffnende Handelsverbindung nach dem zerstörten Antwerpen lag darnieder, Franzosen und Engländer stellten Teile der Nürnberger Metallwaren selber her, und die Nürnberger waren aus dem Handelsmonopol der Spanier für die Kolonien ausgeschlossen. Selbst auf dem lokalen Markt hatte sich ihre Position verschlechtert. Jüdische Händler besorgten billigere Waren aus dem Umland, was das Nürnberger Patriziat 1670 mit einem Verbot jeglicher Geschäftsbeziehungen zu Juden und der Kündigung ihrer gepachteten Läden und Gewölbe beantwortete.

Nur im Buchwesen genoss Nürnberg immer noch einen ausgezeichneten Ruf, vor allem durch die Verleger Paul Fürst, Johann Christoph Lochner und Wolff Eberhard Felsecker und durch die Buchhändler- und Buchdruckerfamilie Endter. Der selbständige, von der Buchproduktion losgelöste Handel entwickelte sich erst allmählich in von Konkurrenzneid beherrschten Auseinandersetzungen zwischen Druckern, Buchbindern und Verlegern. Als der Buchbinder Georg Endter der Ältere um 1600 versuchte, sein Geschäft auf die Verlagstätigkeit auszudehnen, ließ er in Amberg drucken und gab als Druckort Nürnberg an. So umging er illegal die Handwerkerordnung, die verbot, auswärts drucken zu lassen, solange die Nürnberger und Altdorfer Drucker den Auftrag bewältigen konnten. Als er nach gründlicher Ausbildung seines Sohnes eine Druckerei eröffnete, fehlten in Nürnberg Schriftgießereien. Er richtete eine ein und versorgte neun Druckpressen. Damit stopfte er seinen Neidern den Mund, da alle davon profitierten.

Als Francisci zum Verlag stieß, hatte Endter das sächsische Privileg für den Druck von Schulbüchern und für die in zahlreichen Neuauflagen erscheinende reich bebilderte Kurfürstenbibel, die zur beliebtesten protestantischen Bibelausgabe geworden war, und verlegte Erbauungsliteratur, Gesang- und Gebetbücher, Kalender und Messkataloge. Selbst katholische Bücher waren im Angebot, was den Endters im protestantischen Nürnberg eine Menge Schwierigkeiten bereitete. Volksbücher wie Eulenspiegel, Genoveva, Vita Fausti und Harsdörfers Gesprächsbüchlein waren in ganz Deutschland bekannt. Es wurden bei ihnen sogar Schmähschriften beschlagnahmt, und sie wurden wegen Nachdruckens verklagt. Das war in Zeiten ungeklärter Herausgeberrechte häufige Praxis und Ursache eines ruinösen Wettbewerbs. Aber vor allem waren die Endters geschickt in der Beschaffung von Druckprivilegien, die sie von verarmten Verlegern übernahmen, die die Kosten für ihre Erneuerung nicht mehr aufbringen konnten. Am Ende des 30jährigen Krieges hatten sie so das Monopol in der Erbauungsliteratur.

Ihren Aufstieg hatten die Endters auch ihrem Wagemut zu verdanken. Sie waren während des Krieges mit ihren Bücherkarren zu den Messen in Leipzig und Frankfurt unterwegs, besuchten zahllose kleinere Jahrmärkte von Wien über den Bodensee, Schlesien, Schleswig und Holstein. Einzelne Reisen führten sie nach Paris, Genf, Schweden, Holland und Livland, und sie versuchten, in England Fuß zu fassen. Mehr als einmal wurden sie überfallen und entgingen nur knapp dem Tod. Die Unwägbarkeiten einer territorial zersplitterten und aus unterschiedlichen religiösen Motiven gespeisten Zensur führten zur Beschlagnahme einzelner Bücher oder, wie in München, eines ganzen Buchlagers nur, weil sie einen Brief eines schwedischen Feldmarschalls erhalten hatten. In Nürnberg übte der Rat die Zensur aus. Dort entstanden Schwierigkeiten durch Kollegen, die Konkurrenz ausschalten wollten. Theologische Zensur lag in Leipzig bei der theologischen Fakultät, in den österreichischen Erblanden bei den Jesuiten. Politische Zensur löste zumindesten in den evangelischen Ländern und Städten zunehmend die theologische ab, was mit dem Aufkommen von Zeitungen zusammenhing. Auch ein Zweig der Endter'schen Erben war Zeitungs- und Flugblattdrucker. Grundsätzlich war jedes Buch vorab der Zensur vorzulegen, was aber von allen häufig unterlaufen wurde und bei den wechselnden territorialen Zuständigkeiten kaum zu kontrollieren war.

In den späten 50er Jahren und in den 60ern tobte zudem der Kampf um eine Büchertaxe, die ursprünglich dazu gedacht war, die Auswüchse und teilweise exorbitanten Profite im Buchhandel zu bekämpfen. Kaiserliche Behörden sollten die Preise für Bücher eines bestimmten Formats festsetzen können, um die Bücher zu verbilligen. Die jesuitische und die politische Zensur erhoffte sich außerdem eine leichtere Handhabe, unbequeme Erzeugnisse unauffällig vom Markt zu nehmen. Die Hoffnung der Jesuiten schien berechtigt, nachdem Kaiser Ferdinand III. 1657 gestorben war und ihm der Jesuitenzögling Leopold I. nachfolgte. Nach heftigen Protesten der Gebrüder Endter und des Frankfurter Magistrats, der um seine Messeeinnahmen fürchtete, verlief der erste Anlauf im Sand. Beim zweiten waren die Karten anders gemischt. Jetzt wollten die großen

Buchhändler die Konkurrenz der Buchbinder, der Geistlichen beider Konfessionen, der Kunsthändler und Kupferstecher ausschalten, die nebenbei Bücher vertrieben. Der giftig geführte Streit, in dem sich die Trennung von Verlag und Handel von der handwerklichen Buchproduktion abzeichnete, endete nach zwei Jahrzehnten ohne Ergebnis. Die Endters, die selbst einmal aus der Buchbinderei gekommen waren, waren jetzt die Scharfmacher gegen diejenigen, die einen ähnlichen Aufstieg versuchten. Außerdem forderten sie den Kaiser auf, den Buchhandel der Juden mit harten Strafen zu verbieten.

Es gibt einen Katalog der Gebrüder Endter von 1670, der die lieferbaren Bücher aus dem Messelager von München beschreibt. Es waren fast 3 500. Rund 1 000 theologische, 660 juristische, mehr als 700 philosophische und mehr als 600 medizinische und chemische Bücher. Rund 350 waren fremdsprachig, die weitaus meisten aus Frankreich und Italien. Unter der Bezeichnung »Libri peregrini Idiomatis« finden sich 124 »eigentümliche ausländische Bücher«, was immer das gewesen ist. Die Endters hatten an allen größeren Messeplätzen Niederlassungen oder eigene Buchläden, und sie beschäftigten Agenten.

In diesem einflussreichen Verlag lag der Arbeitsplatz des immer kränkelnden Francisci als Korrektor und, nach schnellen eigenen schriftstellerischen Erfolgen, als Lektor. Nachdem er seine erste Veröffentlichung »Christlich-anmutiges Spatzierbüchlein ...« 1661 noch unter einem seiner Pseudonyme C. M. (Christian Minsicht) beim Konkurrenten Endters in Nürnberg, Felsecker, hatte drucken lassen, anvancierte er in der Folge zum Hausschriftsteller der Endters, der jederzeit in der Lage war, sich über Nacht in ein neues Gebiet einzuarbeiten und die Wünsche seines Verlegers zu erfüllen. Sein Wisssen war enorm, und die Fähigkeit, es in einer lebendigen Sprache niederzulegen, machte ihn zum wahrscheinlich meistgelesenen Autor des Barock. Eine kleine Auswahl seiner Titel zeigt die Breite seines Schaffens:

> Der höllische Proteus; Der hohe Trauersaal; Die Ehre der verblichenen alten Helden und Jüden; Wohlaufgerichtete Liebeskammer; Die alleredelste List; Die alleredelste Kunst; Das alleredelste Pferd; Indianischer und Sinesischer Lust- und Staatsgarten; Guinesischer und Amerikanischer Blumenpusch; Beschreibung des Königreichs Ungarn; Bericht von der Lappländer Wahrsagerpauken; Der Ottomanische Welthammer; Der sieghaft enzündete Adlerblitz; Türkische Staats- und Regimentsbeschreibung; Das eröffnete Lusthaus der Ober- und Niderwelt; Glanz und Kraft und Wirkung der geistlichen Wandelsterne, Tractat vom Münzwesen; Der römischen Kaiser und Kaiserinnen Tugend- und Laster-spiegel; Das unfehlbare Weh der Ewigkeit.

Es sind geistliche Schriften, Länder- und Sittenbeschreibungen, populärwissenschaftliche Werke, Kompilationen von Reiseschriftstellern, Türkenschriften, ethische und moralische Geschichtsbetrachtungen, Erzählungen über Teufel, Hexen und vieles andere. Seine Kirchenlieder waren damals bekannter als die eines Paul Gerhardt, seine vor allem in jungen Jahren gebrauchten Pseudonyme Ausdruck sprudelnder Phantasie: Theophilus Urbinus, Der Unpartheyische, Freundlieb Ehrenreich von Kaufleben, Theophil Scepticus d. i. Gottlieb Unverrucht. Gegen Ende seines Lebens sah er sich gezwungen, ein Verzeichnis seiner

Bücher herauszugeben, weil man ihm unter Pseudonymen Pamphlete und Schmähschriften zuzuschreiben begann, die nicht aus seiner Feder stammten.

Literatur

Gerhard Dünnhaupt, Erasmus Francisci, ein Nürnberger Polyhistor des siebzehnten Jahrhunderts. Biographie und Bibliographie. Philobiblon 19, 1975, S. 272-303.

Friedrich Oldenbourg, Die Endter, eine Nürnberger Buchhändlerfamilie (1590-1740), Dissertation Leipzig 1911.

Gerhard Pfeiffer (Hg.), Nürnberg, Geschichte einer europäischen Stadt, München 1971.

Helmut Sterzl, Leben und Werk des Erasmus Francisci (1627-1694), Dissertation Erlangen 1951.

Eine epochale Auseinandersetzung vor der Entscheidung

Als Francisci 1680 seinen »Lufft- Kreys« veröffentlichte, tobte im Osten und Südosten Europas die Fortsetzung des 30jährigen Krieges. Er verwüstete Ungarn, Siebenbürgen, die Walachei, die Moldau und die südlichen Gebiete des Königreichs Polen, Podolien, Galizien und Teile der Ukraine, vernichtete ihre Bevölkerung, und er wird 50 Jahre dauern. Alle Parteien, die Habsburger, die Polen, die Russen, die Kosaken, die Tartaren, die Türken und die kleineren Fürsten begehen unsagbare Greuel an der Bevölkerung. Das Kaiserreich Russland dringt bis über den Dnjepr vor und gerät in direkten Kontakt mit dem türkischen Reich, das unter dem Großwesir Mehmet Köprülü die Kraft zur Expansion wiedergefunden hatte. In England hatte das Parlament die Bürger gerade durch die »Habeascorpusakte« vor willkürlichen Verhaftungen geschützt und König Charles II. genaue Verfahrensregeln vorgeschrieben. Drei Jahre später wird der Mathematiker und Astronom Edmond Halley der Royal Society in London Newtons Entdeckung des Gravitationsgesetzes mitteilen. Es wird das Jahr der Niederlage der Türken vor Wien.

Das enge zeitliche Zusammentreffen dieser ausgewählten Ereignisse ist natürlich Zufall, aber seine innere Logik ist es nicht. Die großen Koordinaten hatten sich, von den Zeitgenossen kaum bemerkt, schon lange vorher unter der Decke militärischer und bürokratischer Machtentfaltung des osmanischen Reiches zu seinen Ungunsten verschoben. Durch die Niederlage, die seinen Expansionsdrang entscheidend ausbremst, werden seine inneren Widersprüche dann endgültig aus dem Ruder laufen und für alle sichtbar. Nach Wien ist der territoriale Koloss nur noch ein Schatten seiner selbst und nicht mehr in der Lage, dem in der ganzen Welt Handel treibenden und Kolonien zusammenraubenden christlichen Abendland Substantielles entgegenzusetzen. Betrachtete man das Scheitern der 200 000 Mann starken türkischen Militärmaschinerie nur als eine Angelegenheit der Waffen, wäre es eben eine verlorene Schlacht in der lange Folge von Schlachten gewesen, die zwischen dem christlichen Abendland und dem osmanischen Reich ausgefochten worden waren und noch ausgefochten werden. Es war jedoch weit mehr als eine verlorene Schlacht, es war ein kaum noch zu verbergendes epochales Scheitern eines im Innern schon lange erstarrten Giganten.

Türkenangst

Für Francisci war »der Türke« *die* Bedrohung der Christenheit. Sie trieb ihn zu elf Türkenschriften mit zum Teil drastischen Titeln wie »Der Ottomanische Welthammer« und »Vorblitz des fortstrahlenden Adlerblitzes«, aber auch zu genauen Beschreibungen des türkischen Staates, seiner »Gubernatoren« und Vasallen und seiner als sehr wirksam und brutal eingeschätzten Militärmaschinerie. Er sah wie viele seiner Zeitgenossen eine »herandringende Türkengefahr« und konnte sich nicht vorstellen, dass der Türke bereits auf tönernen Füßen stand und schon lange mit seiner wissenschaftlich-technologischen Potenz ins Hintertreffen geraten war. Der Türke wurde zum Synonym des Bösen, zur Folie aller Ängste, der sich allenfalls noch mit dem ebenfalls zum Erbfeind mutierenden »Frantzos« unter dem habgierigen und auf die osmanische Karte gegen Habsburg setzenden Ludwig XIV. messen konnte. Der berühmteste Vertreter dieser bis zur Hysterie gesteigerten Türkenangst war der Jesuitenzögling und Augustiner-Barfüßer, der Prediger Abraham a Santa Clara, der während der Belagerung Wiens unter großem Zulauf Durchhaltepredigten hielt, die er 1687 veröffentlichte und anreicherte: »Auff / Auff ihr Christen! Das ist: Ein bewögliche Anfrischung der Christlichen Waffen wider den Türckischen Blut-Egel: Sambt beygefügtem Zusatz viler herzlichen Victorien und Sieg wider solchen Ottomanischen Erb-Feind; Wie auch andere Sittlicher Lehr- und Lob-Verfassung der Martialischen Tapfferkeit…«. Er beschreibt den »Mahometanischen Irrthumb« als Ausfluss von drei Bösewichtern, die seine Lehrer gewesen sein sollen: ein abtrünniger nestorianischer Mönch aus Konstantinopel, ein Arianer und ein emsiger Talmudist. Sie bilden die geschlossene Bedrohungskulisse der Christenheit. Dieser Mahomet sei von »einer solchen stinckenden Bocks-Arth, daß er ihme selbst 40 Weiber gehalten, und noch darzu durch sondere von Gott erthailte Privilegia und Freyheiten, wie er gottloß vorgabe, andere Weibs-Bilder nach Viehischen Belieben ihme zum verruchten Gehorsamb gemacht«. Das ideologische Niveau im Kampf gegen die »blutrünstige Tyranney deß Türckens«, gegen den »türckischen Hund« war erbärmlich, der propagandistische Erfolg umso höher. Er funktionierte so, wie er heute funktioniert, als vereinfachende Schablone von gut und böse. Das gute christliche Abendland war zwar seit mehr als einem halben Jahrhundert dabei, sich aus Habgier und religiöser Borniertheit zu zerfleischen, es massakrierte die Indianer und versklavte Schwarze, aber das Böse, das war trotz alledem allein der Türke. Die christliche Soldateska war bei allen Völkern der Welt nicht weniger berüchtigt als die türkische und seine Missionare waren gefürchtet. Auf der kriegerischen Ebene jedenfalls nicht und schon gar nicht auf der moralischen lässt sich entscheiden, warum die türkische Niederlage einen so einschneidenden Wendepunkt markierte.

Eine der möglichen Antworten ist schon ein halbes Jahrtausend vorher zu suchen. Damals entschied sich in Orient und Okkzident in der Auseinandersetzung um die weitere Akzeptanz des naturphilosophischen Gedankenguts der Antike die geistige Grundlegung der beiden Kulturen. Diese geistesgeschichtliche Weichenstellung war mit Machtinteressen eng verknüpft und hatte weit reichende wissenschaftlich-technologische und ökonomische Folgen, die bis in die beginnende Neuzeit reichen. Ich werde deshalb in diesem einführenden Exkurs in sporadischen Vergleichen die unterschiedliche Dynamik dieses Kampfes im Morgen- und Abendland und die für wissenschaftliches Arbeiten notwendigen geistigen und materiellen Voraussetzungen darstellen. Ein Zugang in die Köpfe des Barock und in häufig wiederkehrende Argumente Franciscis ist ohne eine solche Vorgeschichte kaum möglich. Er braucht den weiter gesteckten Rahmen, in dem sich auch Geschichte der Meteorologie abspielt, die sehr viel mit Aristoteles zu tun hat. Seine Werke waren es, die die Geister schieden.

Aristoteles und die islamischen und christlichen Theologen

Die Dramatik des Wegbrechens der antiken Naturphilosophie im Orient Ende des 13. Jahrhunderts ist nur zu erkennen, wenn man untersucht, ob sich die Philosophie von der Religion zu lösen verstand und verhindern konnte, dass die bohrenden Fragen nach den Abläufen in der Natur der göttlichen Allmacht unterliegen oder allesamt im göttlichen Licht verbrennen. Eine sich von der Theologie emanzipierende Philosophie hat es nach der arabischen Blüte nicht mehr gegeben, Auseinandersetzungen um die Definitionsgewalt über die Natur fanden ganz einfach nicht mehr statt. Kämpfe tobten zwischen den verschiedenen Spielarten mystischer Interpretationen der Religion, zwischen den Sekten um den richtigen Zugang zu Gott. Es war vor allem ein Gezerre zwischen selbsternannten Propheten und der religiösen Orthodoxie.

Dagegen hatte der berühmte Arzt Abû Bakr ar-Râzî (Rhazes) schon um 900 erklärt, exklusives Offenbarungswissen sei Betrug. Der Prophet »täuscht eine Eingebung vor, die er gar nicht erhielt und schart hinter sich eine angeblich privilegierte Gemeinde. Sie aber hat nichts besseres zu tun, als mit den anderen Gemeinden, die sich ebenfalls im Besitz der geoffenbarten Wahrheit wähnen, Kriege zu führen« (zit. n. Rudolph). Seine Schriften waren jahrhundertelang überall Grundlage der medizinischen Ausbildung, und noch Francisci benutzt sein Meisterwerk über Windpocken, Masern und Pest. Als Philosoph jedoch galt er von Anfang an als ein übler Ketzer, und seine philosophischen Schriften wurden fast vollständig vernichtet, so dass sie erst wieder aus den wütenden Angriffen seiner Gegner rekonstruiert werden mussten. Er sollte in beiden Kulturen die große Ausnahme bleiben.

Statt Rhazes war für lange Zeit al-Kindi (800 bis ca. 870) der herrschende Philosoph, ein Universalgelehrter und wichtiger Übersetzer antiker Schriften, vor allem des Aristoteles, der die Philosophie in den Dienst des islamischen Dogmas stellte und sie ihm unterordnete. In den folgenden Jahrhunderten erfolgte die Verbreitung philosophischer Kenntnisse vor allem durch die Schule von Bagdad und war in der Mehrzahl getragen von Christen, Jakobiten und Nestorianern. Allmählich entstand aus einem Nebeneinander eine feindliche Frontstellung zwischen Philosophen und Theologen, die schließlich in der theologischen Reaktion des al-Gazâlî (gest. 1111) gipfelte. Aus al-Gazâlî haben die islamischen Theologen die Methoden und Argumente genommen, mit denen sie gegen die Physik und Metaphysik des Aristoteles zu Felde zogen. Sie stehen sauber gebrauchsfertig sortiert nach Unglaube, Häresie und Unfähigkeit in »Die Inkohärenz der Philosophen« (zit. n. Rudolph):

> Ungläubig ist, wer der Meinung ist, dass die Welt von Ewigkeit her besteht, dass Gott die Einzeldinge nur auf allgemeine Weise kennt und dass der Mensch nur mit der Seele, aber nicht mit dem Leib auferstehen kann. Ein Häretiker ist, wer sagt, die Welt bestehe endlos fort, sie sei nicht geschaffen, sondern durch Emanation, durch Hervorgehen der Vielheit aus einem einheitlichen Urgrund entstanden, wer außerdem sagt, dass die Himmelsbewegung einem bestimmten, erkennbaren Zweck diene und ein notwendiger Kausalzusammenhang in der Natur nachweisbar sei. Unfähig ist derjenige, der für die Existenz Gottes keine Beweise beibringen kann.

Es ist kein Zufall, dass die zwanzig Irrtümer, die aufgezählt werden, aus der Physik und Metaphysik des Aristoteles stammen (sechzehn aus der Metaphysik, vier aus der Physik). Der Gebrauch der Philosophie war damit auf Logik und Ethik zurückgeworfen. Mit diesen Waffen, in der Auseinandersetzung mit Avicenna geschmiedet, wurde später der Aristoteles-Kommentator Averroës so gründlich vernichtet, dass er in der islamischen Welt nur noch ganz vereinzelt rezipiert wurde und seine Schriften aus den Bibliotheken verschwanden. Übrig blieben verschiedene Spielarten einer Philosophie der Erleuchtung, wie sie zuerst von Suhrawardî (1191 von Saladin hingerichtet) vertreten wurde.

Seine Philosophie enthält Elemente, die sich auch bei christlichen Mystikern finden lassen, und eine Erkenntnistheorie, deren Lichtelemente im Weltbild der Neuplatoniker, der Rosenkreuzer und der hermetischen Adepten der Alchemie auftauchen. Jeder Versuch, die Dinge auf Grund einzelner Merkmale zu kategorisieren und in ein festgelegtes Ordnungsschema einzufügen, wird abgelehnt. Erkennen geschieht unmittelbar, intuitiv, als Ganzes, durch einen Akt der Erleuchtung. Alles ist seinem Wesen nach Licht, über das es mit dem absoluten Licht Gottes verbunden ist. Die analytische Schärfe des Aristoteles wurde in diesem gleißenden Licht gleich mit verbrannt. Es war eine Mystik, die die Sufis lebten.

Im Islam wurde im Verlauf des 13. Jahrhunderts das analytische Denken in Bezug auf die Natur so gründlich unterbunden, dass die göttliche Allmacht nun jederzeit und ohne Einschränkung durch Naturgesetze auf alles und jeden durchgreifen konnte und Kausalbeziehungen im Naturablauf uninteressant geworden waren. Später hat Campanella diesen philosophischen Zusammenhang in seinem »Sonnenstaat« 1602 so ausgedrückt: Gott sei zwar unmittelbar die Ursache aller Dinge, aber nur Ursache im Allgemeinen, nicht im Besonderen, die primäre, nicht die sekundäre Ursache. Die Erforschung der sekundären Ursachen sei Aufgabe der Wissenschaft. Wie er argumentierten auch die Scholastiker und Thomas von Aquin, sagt er, nicht aber die »mohammedanischen Philosophen«, die meinten, dass die »primäre Ursache unmittelbarer wirke als die sekundäre«. Die zugespitzte Gegenüberstellung Campanellas von christlichen Scholastikern und islamischen Philosophen ist auffallend deckungsgleich mit den Ergebnissen der Auseinandersetzung um die aristotelische Naturphilosophie in den beiden Kulturen und erfasst den richtigen Zeitraum, in dem diese für den Islam irreversible Entscheidung gefallen ist: das 13. Jahrhundert.

Für Aristoteles, dem wichtigsten Philosophen und Stachel im Fleisch der

Schöpfungsgeschichte dreier großer monotheistischer Religionen, war die Welt ewig, ein göttlicher Schöpfungsakt daher unnötig, einer der Gründe, warum die Theologen aller Couleur sich mit ihm schwer taten: ohne Schöpfung keine göttliche Allmacht, wie der Katalane Raimundus Lullus im 13. Jahrhundert schrieb. Die beiden Konflikte um den in der arabischen und westlichen Welt berühmtesten Kommentator des Aristoteles, um den Großrichter und Arzt Averroës (Ibn Ruschd), sind im Kern eine Auseinandersetzung um die Akzeptanz der antiken naturphilosophischen Vorstellung eines vom göttlichem Eingreifen unabhängigen Regelwerks der Natur. Als dieser aristotelische Purist 1195 von den Glaubenshütern in Cordoba ins Exil nach Marrakesch getrieben worden war, nachdem er der Theologie, seiner Meinung nach nur eine Mischung aus Volksreligion, Rhetorik und Dialektik, nicht mehr die Leitung der Wissenschaften überlassen wollte, sondern sie der Philosophie zugesprochen hatte, war damit nicht nur eine Konfliktlinie des Denkens markiert, sondern auch deutlich geworden, dass es um Fragen der politischen Macht und ihrer ideologischen Fundierung gegangen war. Sehr viel später wird in der unterschiedlichen Behandlung der Auseinandersetzung in der islamischen und der christlichen Welt ihre wissenschaftlich-technologische und letztlich ökonomische Tragweite sichtbar. Die Schriften des Averroës wurden in der muslimischen Welt zunächst verbrannt und dann so gründlich negiert, dass einige von ihnen in der arabischen Version nicht überlebt haben, und ihr damit die für das Abendland so bedeutsame naturphilosophische Wirkung des Aristoteles beschnitten. Der Kommentator wurde nicht dem Abendland übergeben, sondern mit Hilfe der spanischen Juden vor der Vernichtung gerettet. Sie übersetzten seine Werke ins Hebräische oder schrieben sie einfach in hebräische Buchstaben um, die von seinen arabischen Verfolgern nicht gelesen werden konnten.

Der Politiker, Historiker und konservative Sunnit Ibn Khaldun aus Tunis hat 1377 in der Einleitung zu seinem Geschichtswerk, der Muqaddima, dieses Kampfverhältnis zwischen Religion und Philosophie als Grundgesetz menschlichen Handelns beschrieben. Es ist ein Konflikt, dessen Spuren sich in allen drei großen monotheistischen, auf Abraham zurückgeführten Religionen finden lassen. Es gibt, sagt er, gewisse intelligente Repräsentanten der Gattung Mensch, die denken, dass sie letztlich alles durch Beobachtung, Spekulation und Vernunft erklären könnten. Außerdem meinen sie, dass die Glaubensartikel aus der Vernunft heraus erklärt werden müssen und nicht durch die Tradition der Propheten. Solche Leute nennt er Philosophen. Sie beginnen mit dem Problem der Wahrnehmung, entwickeln ein logisches System der intellektuellen Spekulation und enden bei allgemeinen Ideen. Sie sind glücklich, wenn sie Dinge beobachten und bewusst in sie eindringen können. Zu ihnen gehören Aristoteles und seine muslimischen Kommentatoren. Sie stehen für die schädliche Vermischung von Theologie und Philosophie. Schädlich deshalb, weil der enge Horizont des menschlichen Intellekts die Größe Gottes niemals erfassen und über die Dinge, die außerhalb der sinnlichen Wahrnehmung liegen, Sicherheit erlangen kann. Für die Philosophie bleibt deshalb nur die Rolle einer Hilfswissenschaft der Theologie, die ihr die Denkmethoden zu liefern hat, um richtig von falsch unterscheiden zu können, und mit deren Hilfe dialektisches Denken zur Klassifizierung der göttlichen Gesetze aus dem Koran eingeübt wird, die den niedrigen Instinkte des Menschen Rechnung tragen. Das ist die Aufgabe der Kalife und Imame, die sie im Rahmen politisch-religiöser Institutionen ausüben, welche »nützlich für ein Leben in dieser und in der anderen Welt sind«. Die Philosophie zeigt ihnen, wie sie mit Analogieschlüssen aus dem Koran ähnlich gelagerte Fälle entscheiden können.

Und dann kommt Ibn Khaldun auf eine Idee, die aufhorchen lässt: Er stutzt die Hilfswissenschaften zurück oder stellt sie ganz in Frage. Ihr Studium sollte nicht unnötig verlängert und auch nicht zu detailliert betrieben werden. Von der Physik, der Wissenschaft von den körperlichen Dingen, sind für den auf das Jenseits ausgerichteten Muslim keine wirklichen Aufschlüsse zu erwarten: »Die Probleme der Physik haben keinerlei Wichtigkeit für uns in unseren religiösen Angelegenheiten oder für unseren Lebensunterhalt«. Neugier ist völlig fehl am Platz und für die Studenten gefährlich, wenn sie nicht vorher mit den Gesetzen der Religion, der Interpretation des Koran und der Jurisprudenz umfassend vertraut gemacht worden sind. Wer sich zu lange bei den Hilfswissenschaften mit ihren Problemen, Sichtweisen und verderblichen Aspekten aufhält, also bei Philosophie, Logik, Metaphysik, Physik, arabischer Sprachwissenschaft, Arithmetik u. a., stielt nicht nur der vorrangigen Beschäftigung mit dem wissenschaftlichen Kern die notwendige Zeit, sondern behindert auch das Verständnis des Koran und der daraus direkt abgeleiteten Wissenschaften, von Jura, spekulativer Theologie und Hadith (Tradition der Propheten). Wenn es Studenten gibt, die trotzdem weitermachen wollen, dann nicht an öffentlichen Schulen, sondern privat.

Ibn Khalduns Vorschlag einer Trennung einer hochwertigen Kernwissenschaft von einem großen, angeblich minderwertigen Rest hat sich weitgehend durchgesetzt und blieb zumindesten bei den Sunniten als institutioneller Rahmen der den Moscheen zugeordneten Rechtsschulen (Madrasa) mit flankierenden Privatgelehrten bestimmend, wurde später von den Osmanen übernommen und von ihnen erst allmählich in wenige vollwertige Ausbildungsstätten umgewandelt, die auch die Naturwissenschaften einschloss. Obwohl öffentlich gefördert, blieben sie ein Kind der Moschee, ihrer angeschlossenen Bibliothek und den in Internatsgebäuden untergebrachten Studenten. Sie konservierten dieses institutionelle Muster, das auch am Beginn einiger abendländischer Universitäten stand, wie das Beispiel der aus kirchlichen Schulen hervorgegangenen Pariser Unversität zeigt. Inhaltlich verlief der Lehrbetrieb an den europäischen Universitäten jedoch genau umgekehrt als sich das Ibn Khaldun vorstellte. Die Studenten beschäftigten sich schon seit einem Dekret Gregors VII. für den kirchlichen Nachwuchs von 1079 zuerst mit den sieben freien Künsten (Grammatik, Rhetorik, Dialektik, Arithmetik, Geometrie, Musik, Astronomie), bevor sie die höheren Studien (Jura, Medizin und Theologie) aufnahmen. Sie wurden also nicht zu Studienbeginn mit Religion vollgestopft, und die sieben freien Künste waren als Basisstudiengang auch später fest im Universitätsbetrieb verankert.

Im christlichen Europa, das mit einigen Jahrhunderten Verzögerung mit demselben antiken philosophischen und naturwissenschaftlichen Gedankengut gefüttert worden war wie die muslimische Welt, waren die Abwehrreflexe und Argumente der Theologen zur Verteidigung christlicher Glaubensinhalte gegen den Anspruch, den Glauben vernünftig zu begründen, praktisch dieselben, das Resultat der jahrzehntelangen Auseinandersetzungen jedoch ein anderes und mit weit reichenden Folgen für die Stellung der Theologen in der Interpretation der Welt. An der Universität von Paris geriet Ibn Ruschd, »der Kommentator«, etwas später als im Orient in die Mühlen der Auseinandersetzung zwischen Theologen und Philosophen. 1270 landeten dreizehn seiner Thesen auf einer umfänglichen Liste des Bischofs von Paris, die auch die inkriminierten Thesen verschiedener anderer Philosophen aufführte, und bei deren argumentativem Gebrauch vom Papst Exkommunikation angedroht wurde. Als die Liste wahrscheinlich um 1325 aus dem Verkehr gezogen wurde, war ein paradoxer Effekt eingetreten: mit ihrem Kraftakt hatten sich die Theologen zwar erfolgreich gegen die Angriffe der Philosophen auf die Interpretation der Bibel gewehrt, aber praktisch den Anspruch auf Wissenschaftlichkeit aufgegeben. Sie gerieten in eine Rundumverteidigung, als sich die philosophischen Zumutungen häuften, und spähten nach allen Richtungen, in denen sie Gefahren für Glaubensdogmen vermuteten. Den Philosophen hatte der Konflikt ein zunehmend von der Religion unabhängiges Arbeitsfeld eröffnet, in dem sie ihre Regeln der Wahrheitssuche verfeinern werden. Da die meisten Theologen auch Philosophen und die meisten Philosophen auch Theologen waren, ging der immer noch innerkirchliche Streit weiter und verhinderte einen religiösen Monolithen. Der arabische Kommentator des Aristoteles blieb im Abendland das ganze Mittelalter hindurch in hohem Ansehen und war für Generationen von Studenten der Schlüssel zur Gedankenwelt des Aristoteles und seiner rationalen Erforschung der Welt.

Eine herausragende Persönlichkeit in der Suche nach einer logischen Fundierung der christlichen Weltanschauung war der 1330 als Lehrer der Philosophie aus Oxford und London ins Exil nach München zu Ludwig dem Bayern geflohene Franziskaner Wilhelm von Ockham. Er verkörpert wie kein anderer die geistigen Konflikte einer Zeit, die sich zaghaft aus der Scholastik und von Aristoteles zu lösen beginnt und erste Ansätze eines modernen naturwissenschaftlichen Verständnisses entwickelt. Ihm sollte vom Papst in Avignon der Prozess gemacht werden. Vorgeworfen wurde Ockham u. a., er sei der Meinung, Wissen sei nur über Begriffe, nicht über Dinge zu erlangen (der sog. Nominalismusvorwurf). Seine Gegner wollten eine Spiegelfechterei der Begriffe verhindern und beharrten darauf, dass Wissenschaft von den Dingen auszugehen habe und die Begriffe ihnen gegenüber eine geschmeidige Existenz bewahren, die schillernd sein und eine übertragene Bedeutung annehmen kann. Entscheidend sei deshalb immer die zugrunde liegende Sache und nicht der Begriff, über dessen Umweg man aber durchaus ein Wissen über Dinge erlangen könne. In dem Vorwurf spiegelt sich die scholastische Debatte um den richtigen Weg zur wissenschaftlichen Erkenntnis und die Angst, dass durch eine Diskussion über den von Aristoteles vorgebenen Begriffsrahmen der Erscheinungen der Natur das ganze Gebäude Schaden nehmen könnte. Das hatte die Universität von Paris in einem Dekret von 1339, dem sog. Anti-Nominalistenstatut, so gesehen, als sie davon sprach, dass einige Mitglieder der Artistenfakultät (gemeint sind die sieben freien Künste) »mehr wissen wollen als notwendig ist«. Ob Ockham zu den Nominalisten zu zählen ist, darüber streiten sich heute noch die Gelehrten. Das zu klären, ist aber nicht entscheidend. Viel wichtiger sind seine dynamischen Auffassungen des Erkenntnisprozesses.

Ockham hielt fein säuberlich auseinander, was viele seiner philosophierenden Zeitgenossen ganz anders gewichteten: die Vielzahl der vor dem Erkenntnisvorgang durch göttliche Allmacht schon existierenden Einzeldinge und deren durch menschliche Vernunft und Erfahrung geschaffene begriffliche Repräsentanz. Wir erkennen die überbordende Fülle um uns herum zwar intuitiv, aber bei der Begriffsbildung abstrahieren wir von der Vielheit oder bilden Allgemeinbegriffe, mit denen wir die Dinge erfassen. Seine Gegner wollten oder konnten nicht sehen, dass Ockham die Begriffsbildung im Prozess der Erkenntnis beschrieb, um diese zu disziplinieren, während sie ihm unterstellten, er wolle die Untersuchung einer Sache zugunsten einer der Begriffe aufgeben.

Bei Ockham ist die Welt und alles, was darin ist, Ausdruck der unbegrenzten Freiheit des Schöpfers. »Es gibt viele Dinge, die Gott mit einem größeren Aufwand tut, die er aber mit einem geringeren Aufwand tun könnte«. Bei der menschlichen Erkenntnis ist das anders. Wissen entstehe erst nach dem Beobachten der Dinge durch Begriffe und Sätze über sie und ihrer Erklärung mit möglichst sparsamen Mitteln. Es gibt keine automatische Parallelität zwischen Ding und Begriff, denn viele Dinge werden mit ganz unterschiedlichen Begriffen bezeichnet. Es kommt in der Wissenschaft daher darauf an, nur diese zu wählen, die unbedingt nötig und der Sache angemessen sind. Er wollte so überflüssigen Annahmen und müßigen Spekulationen den Boden entziehen. Diderot machte diese Meinung über 400 Jahre später als Ockham'sches Rasiermesser zum geflügelten Wort der Philosophen. Es war im Grunde genommen ein Prinzip der Denkökonomie im Prozess der Erkenntnis hin zu einem dem Untersuchungsgegenstand möglichst adäquaten Ergebnis. Ockhams Erkenntnisgang des Menschen gegenüber den Dingen, die er untersucht und wissen will, hat strengen logischen Regeln zu genügen, statt über die Dinge zu schwadronieren und beliebig viele Theorien zu bilden, es soll ihnen »zweckdienlich« und »notwendig« zu Leibe gerückt werden. »Eine Vielheit ist nur anzunehmen, wenn es notwendig ist«, und »es ist ohne Zweck, was durch vieles zustande kommt, aber durch weniger zustande kommen kann«. Er verlangte sogar den Verzicht auf Begriffe, wenn diese unnötige Annahmen enthalten, um sie durch Beschreibung zu ersetzen. Darin zeigen sich erste Elemente einer Empirie, mit der Ockham die Beobachtung und das Nachdenken über sie disziplinierte und eingefahrenen dialektischen Disputationen einen schweren Schlag versetzte.

Ebenso folgenreich für die allmähliche Auflösung antiker Denksysteme und das Entstehen der modernen Naturwissenschaften waren seine Auffassungen von Quantität und Bewegung. Seit der Antike war es nicht möglich, verschieden dimensionierte Größen wie Gewicht, Strecke und Zeit direkt miteinander in Beziehung zu setzen. Sie entstammten unterschiedlichen Kategorien und waren daher nicht als sich während der Bewegung verändernde Größen in einer Rechenoperation miteinander zu vergleichen, sie waren von den Dingen unabhängige Realitäten. Wenn in der Antike und im Mittelalter Geschwindigkeiten gemessen wurden, musste eine der Größen, Weg oder Zeit, stabil gehalten werden. Es wurde also nicht das Verhältnis der beiden Größen zueinander als Einheit betrachtet, sondern nur die Änderung einer der beiden, entweder der Zeit oder der zurückgelegten Entfernung. Ergebnis war dann nicht eine Geschwindigkeit als Zahl, in der die untersuchte Beziehung ausgedrückt wird (Weg/Zeit), sondern eine halbquantitative Aussage: Langsamer, weil ein gleicher Weg mehr Zeit beanspruchte oder in der gleichen Zeit eine kürzere Strecke zurückgelegt wurde, schneller, weil ein gleicher Weg weniger Zeit beanspruchte oder in der gleichen Zeit eine längere Strecke zurückgelegt worden war, oder gleich schnell.

Eine Geschossbewegung z. B. bereitete deshalb große gedankliche Schwierigkeiten und wurde ganz falsch beschrieben, weil ja nur zu Beginn eine auslösende Kraft erkennbar war. Sie wurde vom Aristoteles-Kommentator Avicenna aufgefasst als ein Aufbrauchen des anfänglichen Impetus gegen einen Widerstand. Solange der Impetus wirkte, wurde das Geschoss auf einer waagrechten Geraden von der Luft getragen und fiel dann senkrecht nach unten an seinen natürlichen Ort. Ockham dagegen sagte, »dass der Beweger nach der Trennung vom ersten Anstoßer der bewegte Körper selbst ist ohne Annahme irgendeiner Kraft in ihm; weil Beweger und bewegter Körper nicht voneinander unterschieden werden können«. Mehr brauche man nicht anzunehmen, um eine Bewegung zu beschreiben. Also solle man es auch lassen. Was bisher durch aktives Eingreifen von außen oder als den Substanzen beigeordnete und nicht mit ihnen verbundene Eigenschaften begriffen worden war, ist jetzt ohne wenn und aber in den Dingen selbst zu suchen. Das war ein wichtiger Schritt hin zum Begriff einer Materie mit Masse, die gewogen und deren diversen Eigenschaften als zu ihr gehörig analysiert werden konnten.

Ockhams Ansichten liefen letztlich darauf hinaus, Bewegungen von Körpern und deren Massen experimentell untersuchen und als Funktion der auslösenden Kraft mathemathisch berechnen zu können. Erste Versuche, solche Funktionen zu formulieren, stammen aus derselben Oxforder Schule, zu der auch Ockham gehörte. Unter diesen Voraussetzungen konnte die auf Archimedes zurückgehende und im Abendland kaum weiter entwickelte statische Mechanik ausgebaut und dynamisch werden. Vor allem auch deshalb, weil Ockham und die Oxforder Schule mit Zahlen ganz nüchtern umzugehen begannen und sich weder durch platonische Ideen, noch durch kategoriale Beschränkungen des Aristoteles behindern ließen. Der bisherige Gegensatz von alltäglichem Zählen, Messen und Rechnen und einer bedeutungsschweren, mystisch aufgeladenen und strengen reinen Mathematik machte einem Zusammenspiel von beidem Platz und wurde bald zur methodischen Grundlage der Mechanik. Ockhams Schritt war eine nachholende Anpassung der antiken und scholastischen Philosophie an gesellschaftliche Erfordernisse, eine Beseitigung einiger ihrer Stolpersteine und Spitzfindigkeiten und ein großer Schritt hin zur Praxisnähe der Wissenschaft. Er fiel mit einem Aufschwung im Abendland zusammen, der die ländlichen Handwerker und die klösterlichen Gelehrten in den Städten zusammenführte oder, anders ausgedrückt, der die Ökonomie des Zählens, wie Ernst Mach die Mathematik nannte, mit der Ökonomie des Handels und der Ökonomie des mechanischen Kräfteeinsatzes verknüpfte. Das löste eine sprunghafte Steigerung der Produktivität aus. Die schon mit arabischen Ziffern rechnenden Händler und messenden Handwerker holten in den Städten die raisonierenden und noch durch römische Ziffern blockierten Bischöfe und Kleriker aus ihren sterilen akademischen Wolken. Sie hatten ein praktisches Interesse an einfachen, klaren und sicheren Rechenverfahren, an effektiveren Techniken und ihrer schnelleren Verfügbarkeit und größeren Verbreitung. Die Erfindung des Buchdrucks mit beweglichen Lettern zündete diese gründlich vorbereitete Mischung und gab ihr zusätzlichen Schub.

Die verpasste Druckrevolution

Diesen Schub hat der Orient nicht erlebt, und das hat ihn endgültig zurückgeworfen. Er hatte sich vor allem durch die Verteidigung des sakralen Charakters der arabischen Schriftsprache blockiert. Geschriebenes stand unter dem Generalverdacht, dass es auf dunklen Wegen den Koran verfälschen und der um sich greifenden Häresie Tür und Tor öffnen könne. In einigen Schulen war es daher sogar verpönt oder verboten, sich Notizen zu machen, wenn sie nicht am Ende des Lernprozesses wieder vernichtet wurden. Die Verbreitung von Wissen blieb so an die Person des Lehrers gebunden und hat eine anonyme allgemeine Öffentlichkeit nicht ausgebildet, die auf die Vervielfältigung von Geschriebenem angewiesen ist. Die persönliche Bindung an den Lehrer drückte sich auch in den Diplomen aus, die den Studenten ausgehändigt wurden. Sie verzeichneten nicht nur ihre Lehrer, sondern auch deren Lehrer, eine Genealogie, die aufsteigend bis Mohammed reichen konnte. Da die muslimischen Wissenschaftler späterer Jahrhunderte in der arabischen Hochsprache schrieben, blieb der Austausch auf einen kleinen Kreis beschränkt, nachdem die alten syrischen, persischen und griechischen Schriftsprachen in der arabischen Hochsprache aufgegangen waren. In der muslimischen Welt fehlte ein katalanisch schreibender Lullus, ein italienischer Dante, ein französischer Oresme, ein englischer Milton und deutscher Luther, die der Alltagssprache einen geschmeidigen Zugang zum Geschriebenen verschafften und dem Schriftlichen ein nicht nur auf einen kleinen Kreis beschränktes Forum des Austauschs über materielle und geistige Veränderungen.

Die Bedeutung der Volkssprachen zeigte sich im Abendland bereits im 13. Jahrhundert an den Rechenbüchern für Kaufleute, die zunächst noch das Rechnen mit dem Abakus, einem Rechenbrett mit Steinen, beschrieben, da mit römischen Zahlen keine Rechenoperationen auf dem Papier durchgeführt werden konnten. Praktisches Rechnen, Arithmetik und Algebra mit arabischen Zahlen wurden jedoch vor allem im italienischen Händlermilieu sehr schnell adaptiert und über zahlreiche Schulen und Lehrbücher unterhalb der eigentlichen akademischen Ausbildung mit deren abstraktem Interesse an der Natur der Zahlen verbreitet. Die lateinisch schreibenden Professoren der Universitäten wussten da noch mit der Mathematik der islamischen Länder wenig anzufangen und begannen erst mit den Humanisten Ende des 15. Jahrhunderts den Beitrag der praktisch orientierten Mathematiker zu assimilieren.

Auch die Publikationen der wissenschaftlichen Gesellschaften, die sich in der zweiten Hälfte des 17. Jahrhunderts gebildet hatten, demonstrierten drei Jahrhunderte später mit dem Übergang aus dem alten Latein in die Alltagssprachen, dass die Beschäftigung mit wissenschaftlichen Fragen eine große Verbreitung gefunden hatte, und dass das ehrwürdige Latein der Kirchenmänner und Philosophen zur Lösung der neuen Probleme nicht mehr angemessen war. Francisci ist dafür ein gutes Beispiel. Er behandelt knifflige meteorologische Szenarien in einer lebendigen und innovativen Sprache, latinisiert zwar alle Namen und sieht darin den Beweis für seine wissenschaftliche Weltläufigkeit, inhaltlich jedoch spricht er deutsch wie ein aufgewecktes Kind, das für dieselbe Sache einen ganzen Rattenschwanz von Begriffen durchprobiert. Man versuche sich einmal die technische Revolution auf Latein vorzustellen, um zu verstehen, welche Bremswirkung das nur von einer dünnen und meist theologisch geprägten Oberschicht geschriebene und im Alltag von niemandem im Vielvölkerreich gesprochene Hocharabisch auf die Entwicklung einer modernen Wissenschaftssprache ausgeübt haben muss. Jedenfalls hat es im Anschluss an die Bearbeitung des antiken Materials durch arabische Übersetzer, die zu einem reichen technischen Wortschatz geführt hatte, keine gleichwertigen Versuche mehr gegeben, dieses Vokabular unter Bezug auf bedeutende abendländische Neuerungen durch Schaffung adäquater Termini fortzuschreiben. Erst Kemal Atatürk wird das 1928 für die Türkei in Angriff nehmen, nachdem er mit dem Übergang zu lateinischer Schrift dem viel stärker als das Arabische auf Vokalen aufbauenden Türkisch ein adäquates schriftliches Ausdruckmittel verschafft hatte. Sein wichtigster Sprachreformer war ausgerechnet ein Armenier. Noch in den 60er Jahren des 20. Jahrhunderts wurde der Hochschulunterricht in den Naturwissenschaften und der Medizin in vielen arabischen Ländern auf Englisch oder Französisch abgehalten, also gerade in den Fächern, die einst ihre stärksten waren.

Gutenbergs Bibel wurde 1455 gedruckt, zwei Jahre nach der Eroberung Konstantinopels durch die Osmanen. Im osmanischen Reich galt seit 1485 unter Androhung der Todesstrafe durch den Strang das Druckverbot des Sultans Bāyezīd II. (regierte 1481-1512) für Muslims, das sein Nachfolger Selim I. erneuerte und das bis 1726 Bestand hatte. Es gab seit 1588 lediglich Handelserleichterungen für nicht religiöse Literatur in arabischen Schriftzeichen, was den Sinn des Druckverbots deutlich macht: der Schutz des Koran vor Profanierung durch den Druck und vielleicht auch der Schutz eines Heeres von Kalligraphen, die mit dem Kopieren von Manuskripten beschäftigt waren. 300 Jahre lang waren es dann nur Juden und Christen, die arabische Drucke herausbrachten, die allermeisten in Syrien und im Libanon mit religiösen Themen. Erst von 1726 an konnte in Konstantinopel eine einem ungarischen Renegaten aus Klausenburg genehmigte Druckerei für arabische Schriften gerade mal zwanzig Jahre lang arbeiten und mit siebzehn Titeln höchstens fünfzehntausend Bücher produzieren. Der Ägyptenfeldzug Napoleons leitete eine Wende ein, und es entstanden von Muslimen betriebene Druckereien. Dennoch blieb Drucken im osmanischen Reich bis Ende des 19. Jahrhunderts ein Randphänomen und Neugier auf die neuen abendländischen Wissenschaften Anekdote. Selbst die eigenen grandiosen Leistungen der Vergangenheit mussten erst wieder von westlichen Orientalisten ausgegraben werden, bis sich die muslimische Welt ihrer besann.

Im Abendland gab es schon 1486 den ersten Versuch, arabische Schriftzeichen zu drucken. Sie stammen vom Mainzer Drucker Erdard Reuwich, der die »Peregrination in Terram Sactam« (Reise ins Heilige Land) des Bernhard von Breydenbach mit einer Holzschnitttafel des arabischen Alphabets ergänzte. Ein wichtiger Antrieb, sich die arabische Sprache anzueignen, war bei einigen Humanisten der Wunsch, durch eine Weltreligion, die auch den Islam mit einschloss, Friede auf Erden zu schaffen. Der wichtigere war missionarisch, was sich an der Art der Druckerzeugnisse ablesen lässt, die den Weg in den Nahen Osten genommen haben, und an ihren Auftraggebern. Der wegen seiner Kalenderreform berühmte Papst Gregor XIII. war nicht nur der Stifter des »Festtages des allerheiligsten Rosenkranzgebetes« zum Jahrestag der osmanischen Niederlage in der Seeschlacht bei Lepanto am siebten Oktober 1571, sondern auch der Gründer der »Typographia Medicea Orientalia«, die christliche Literatur zur engeren Bindung der christlichen Kirchen im Nahen Osten an Rom und für ihren Bedarf an wissenschaftlicher Literatur verlegte. Auch der erste Koran stammt aus Venedig und wurde 1537 gedruckt und damit fast vier Jahrhunderte vor dem ersten arabischen in Kairo.

Einige Stationen des wissenschaftlichen Abstiegs

Der intellektuelle Niedergang im osmanischen Reich begann schon mit der allgemeinen Korruption nach der Regierungszeit Süleymāns I. Ende des 16. Jahrhunderts, die auch die Medresen, die an die Moscheen angeschlossenen Bildungseinrichtungen erfasste. Von den damals 189 Medresen des gesamten osmanischen Reiches, standen alleine 113 in Istanbul, was eine verhängnisvolle Zentralisierung ausdrückt. Es waren entweder Grundschulen, die Kenntnisse des Arabischen vermittelten, um den Koran zu lesen, oder Mittelschulen, an denen scholastische Theologie, Hadith (Tradition der Propheten) und Jura unterrichtet wurde. Einige wenige und nur in Istanbul angesiedelte Hochschulen vermittelten auch die Naturwissenschaften, Astronomie und Medizin. Die Unterrichtssprache war türkisch an den Grundschulen, aber arabisch an den höheren, das die wenigsten der Studenten wirklich beherrschten und sie zum

Auswendiglernen zwang. Die Zahl der Gelehrten war relativ gering. In den 46 Jahren der als kultureller Höhepunkt bezeichneten Regierung Süleymāns I. gab es gerade mal 143 Gelehrte an allen Medresen des osmanischen Reiches. Sie waren noch gut ausgebildet. Danach konnte Lehrer ohne Studium werden, wenn er zahlte. Da sie als Anwärter auf hohe Richter- und Beamtenpositionen galten, blühte der Handel mit gekauften Titeln selbst von abgebrannten und ruinierten Medresen. Die Studenten der Einrichtungen von geringer Reputation außerhalb von Istanbul rebellierten gegen ihre Aussichtslosigkeit auf höhere Stellen. Teilweise wurden die Schulen zu regelrechten Banditenlagern, in denen sich als Studenten getarnte Arbeitslose aus den Dörfern auf Raubzüge vorbereiteten. Die Kinder der sogenannten »elitären Theologiegelehrten«, wie die Heeresrichter und die Lehrer der Sultane genannt wurden, wurden ohne entsprechende Leistungen zu Lehrern berufen. Die Naturwissenschaften brachen vollständig weg, selbst scholastische Theologie und Philosophie wurden aus Mangel an geeigneten Lehrkräften und Widerstand gegen ihre Inhalte nicht mehr unterrichtet, die Bücher abgeschafft. Was Ibn Khaldun als Therapie mit der Konzentration auf Koran, Rechtssprechung und Dialektik vorgeschwebt hatte, endete im osmanischen Reich mit einem Desaster selbst für die islamischen Kernwissenschaften. Übrig blieb eine nackt gewordene Religion, die keine wissenschaftliche Phantasie mehr mobilisierte, und die durch schlecht ausgebildete und deshalb pedantische Religionsgelehrte die Gesellschaft lähmte.

Die geringe Zahl der Gelehrten im osmanischen Reich ist eine der möglichen Erklärungen für das Versiegen der hohen Zeit der arabischen Wissenschaften. Ein anderer ist die technologische Verwertung wissenschaftlicher Erkenntnisse, die noch unter arabischer Herrschaft Höchstleistungen hervorgebracht hatten. Die Araber waren begnadete Konstrukteure von Pumpwerken, Wind- und Wassermühlen, von Wasserspielen, von Krankenhäusern und Moscheen, von Kriegsgerät, Hilfsmitteln zur Navigation und kleinen verspielten Automaten zur Belustigung der Herrscher. Und doch gibt es auch bei ihnen Hinweise auf mangelnde Verwertung wissenschaftlicher Erkenntnisse. Für die revolutionären Untersuchungen Alhazens (Ibn al-Haitam) zur Perspektive des Sehens aus der Jahrtausendwende ist das belegt, und es hatte weit reichende Folgen, die den im Westen seit dem Mittelalter immer stärker hervortretenden Zug zu technologischen Verwendungen von Wissen hervortreten lassen. Alhazens Untersuchungen waren von Witelo erst um 1240 als »Optik« im Abendland bekannt gemacht worden. Alhazen hatte auch einen Vorschlag zur Konstruktion einer Leselupe gemacht, ohne sie selbst praktisch zu nutzen. Dieser Lesestein jedoch, eine Halbkugel aus Bergkristall oder dem Halbedelstein Beryllium, war schon wenige Jahre nach Witelo im Gebrauch von Mönchen, und flachgeschliffen und dem Auge genähert eroberte er als Brille seit Anfang des 14. Jahrhunderts von Venedig aus die lesehungrige Welt. Sie wurde ein Exportschlager auch in die arabischen Länder, denn dort war sie nie produziert worden. Aus der Fähigkeit, Linsen zu schleifen, entstanden später im Abendland mit den Teleskopen und Mikroskopen die wichtigsten Instrumente des naturwissenschaftlichen Aufbruchs in eine neue Zeit.

In der Astronomie sah es schon vor den Osmanen nicht mehr gut aus, worüber sich Ibn Khaldun bitter beklagt. Die Astronomie war nicht nur für die Navigation, sondern auch für die Zeitmessung des religiösen Rhythmus in dem den halben Erdkreis umspannenden Einflussgebiet des Islam nützlich. Er moniert sogar, dass an einer der Domänen der arabischen Wissenschaften, dem Astrolab, einem mobilen Messgerät zur Bestimmung von Winkeldifferenzen und des Breitengrades, seit den Tagen des Kalifen al-Ma'mûn (gest. 833) keine Verbesserungen vorgenommen worden waren und einfach die alten Beobachtungsdaten verwendet wurden. Die Tabellen und Beobachtungsdaten der Alten aber waren wegen ihrer Anfangsfehler und der inzwischen aufsummierten Abweichungen zum großen Teil unbrauchbar geworden. Errungenschaften der arabischen Astronomie blieben immer sporadisch und von den Zufälligkeiten gewogener Herrscher abhängig, und die Astronomen wurden nicht selten ihrer Beobachtungsstationen beraubt.

Das Observatorium des berühmten persischen Astronomen Nasîr al-Dîn Tusî in Maraghe (Nordiran) z. B. wurde unter dem Zerstörer Bagdads, dem Enkel des Dschingis Khan, Hülagü, 1254 als Gemeinschaftsleistung iranischer, christlicher und chinesischer Mathematiker erbaut, aber schon 1310 wieder geschlossen. Die Beobachtungen und Berechnungsmethoden aus Maraghe waren so genau – sie verfehlten z. B. die korrekte Jahresdauer nur um 58 Sekunden –, dass sich noch Kopernikus ihrer bediente. Das Observatorium des zum türkisch-mongolischen Timurklan gehörenden Ulug Beg in Samarkand wurde nach dessen Ermordung 1449 bereits von seinen direkten Nachfolgern geschleift. Seine zur damaligen Zeit unschlagbaren Sterntafeln mit den Positionen von rund tausend Fixsternen rettete jedoch einer seiner Astronomen nach Istanbul, von wo sie irgendwie in den Westen gelangten und dort seit 1648 über 250 Jahre lang in regelmäßigen Abständen neu aufgelegt wurden.

Bei den Osmanen fällt der Mangel an technologischer Umsetzung stärker ins Gewicht, weil das Abendland inzwischen in allen Belangen führend geworden war. Sie wollten z. B. eine 1580 nach dem Vorbild des Observatoriums von Ulug Beg und nach modernsten Erkenntnissen errichtete Sternwarte in Istanbul nicht behalten. Sultan Murad III. ließ sie direkt nach ihrer Fertigstellung wieder abreißen, weil dem Astronomen astrologischer Missbrauch unterstellt worden war. Damit starb auch das Projekt einer mechanischen Uhr, mit der der Planer der Sternwarte, der Araber Taqîyaddîn, bei der Bestimmung von Sterndurchgängen statt der gröberen Winkeldifferenzen die genaueren Zeitdifferenzen einsetzen wollte, wie das seine europäischen Kollegen schon machten. Er hatte beklagt, dass man in den islamischen Ländern mechanische Uhren vernachlässige und sich hauptsächlich mit Sand- und Sonnenuhren befasse. Er wusste warum. Zu seiner Zeit hatte beinahe jedes Dorf in Europa eine mechanische Turmuhr, eine Räderuhr, die den Tag in fiktive 24 gleiche Stunden teilte und den Lebensrhythmus zunehmend unabhängig von den mit den Jahreszeiten unterschiedlichen Sonnenstundenlängen zu prägen begann. Seit Mitte des 16. Jahrhunderts konnten Reiche die Zeit als Nürnberger Ei sogar in die Tasche stecken. Uhren standen bald vor allem als Navigationsinstrument zur

Bestimmung des Längengrades im Mittelpunkt der technologischen Entwicklung und wurden mit zahlreichen mechanischen Neuerungen zum Motor der Verfeinerung der Messtechnik in Wissenschaft und Produktion, wie das an den Messungen der Fallgeschwindigkeit mit Hilfe eines einfachen Pendels durch den Jesuiten Riccioli und der Zeitmessung mit Pendeluhr durch Huygens deutlich werden wird. Auch Taqīyaddīn wollte eine höhere Messgenauigkeit erreichen und durch Kombination mit astronomischer Beobachtung eine Synchronisation der Uhr vornehmen, wie wir das aus detaillierten Konstruktionszeichnungen wissen. Aber seine und andere mechanische Uhren wurden nie in die Tat umgesetzt (Das Institut für Geschichte der arabisch-islamischen Wissenschaften in Frankfurt konnte mit zwei Modellen nach seinen Aufzeichnungen von 1559 ihre Funktionstüchtigkeit beweisen). Eine genaue Zeit wurde im osmanischen Reich anscheinend so wenig gebraucht wie der Buchdruck.

Um 1680 haben Franciscis Spaziergänger die türkische Großmacht nur als äußere Bedrohung wahrgenommen, sie löste Angst aus, aber keine naturwissenschaftliche Neugier. Von dort war nichts mehr zu holen. Die türkische Gesellschaft war von den wissenschaftlichen Debatten Europas abgeschnitten und hatte selbst keine Anstrengungen unternommen, sich westliche Technologie und Wissen so anzueignen und zu verdauen, wie sich die Araber antikes, indisches und sogar chinesisches Wissen und Technologie angeeignet und verdaut haben. Dazu fehlten ihr inzwischen alle Voraussetzungen: eine sich über gedruckte Bücher und Zeitschriften verständigende wissenschaftliche Gemeinde, ein Repertoire von Messinstrumenten, eine große Zahl experimentierender Naturwissenschaftler, von deren Erkenntnissen die Industrie zunehmend profitierte. Im Europa des 17. Jahrhunderts hat diese Kombination aus Wetterbeobachtungen eine Analyse der Eigenschaften der Luft und des Vakuums und in kurzer Zeit die Dampfmaschine hervorgebracht.

Literatur

Jan P. Beckmann, Wilhelm von Ockham, München 1995.

Paul Benoît, Rechnen, Algebra und Warenhandel. In: Michel Serres (Hg.), Elemente einer Geschichte der Wissenschaften, 2. Aufl. 2002 Frankfurt/Main, S. 351-393.

Paul Benoît und Françoise Micheau, Die Araber als Vermittler? In: Michel Serres (Hg.), Elemente einer Geschichte der Wissenschaften, 2. Aufl. 2002 Frankfurt/Main, S. 269-314.

A.C. Crombie, Robert Grosseteste and the origins of experimental science. Oxford 1953.

Hüseyin Demir, Die osmanischen Medresen, Frankfurt 2005.

Dan Diner, Versiegelte Zeit, Berlin 2007.

Ekkehard Eickhoff, Venedig, Wien und die Osmanen, Stuttgart 2008.

Suraiya Faroqhi, Geschichte des osmanischen Reiches, München 2006.

Edward Grant, Das physikalische Weltbild des Mittelalters, Zürich 1980.

Max Horten, Die Philosophie des Islam. München 1924.

Albert Hourani, Die Geschichte der arabischen Völker, Frankfurt 2003.

Ibn Khaldun, The Muqaddimah, 6. Kapitel, Princeton 2005.

Fritz Krafft, Das Selbstverständnis der Physik im Wandel der Zeit. Weinheim 1982.
L'âge d'or des sciences arabes, Katalog, Actes Sud, Institut du monde arabe Paris 2005.
Marek Meissner, Die Welt der sieben Meere, Leipzig 1980.
Ulrich Rudolph, Islamische Philosophie, München 2004.
Franz Rosenthal, Das Fortleben der Antike im Islam, Zürich 1965.
Samuel Sadaune, Inventions et Découvertes au Moyen Âge dans le monde, Rennes 2006.
Fuat Sezgin, Wissenschaft und Technik im Islam, Frankfurt 2003.
Sprachen des Nahen Ostens und die Druckrevolution, Katalog, Westhofen 2002.
Gotthard Strohmaier, Denker im Reich der Kalifen, Köln 1979.
Gotthard Strohmaier, Antike Naturwissenschaft in orientalischem Gewand, Trier 2007.

Allmächtiger Gott am Himmel

In den islamischen Ländern war Gott als der große Sieger aus der Auseinandersetzung mit der Antike hervorgegangen. Im Abendland kämpfte er in der Barockzeit um sein Überleben und mit ihm die Reste der antiken Naturphilosophie. Franciscis Wettertheater spielt viele der dabei ablaufenden Szenen durch. Eine davon hat die göttliche Allmacht im Visier.

Im Gottesstaat exekutieren die verbeamteten Engel, wie das Francisci ausdrückt, die nach Gutdünken verteilten Wohltaten, die Teufel und ihr Anhang Züchtigungen und wolllüstige Ausschweifungen. Die drei monotheistischen Schriftreligionen sind sich da vollkommen gleich. Ihr allmächtiger Gott besitzt das Monopol auf Leben und Tod, auf Himmel oder Hölle, auf die gequälten Seelen aller. Es gibt keine Möglichkeit zu entrinnen. »Ich bin das A und O, spricht Gott der Herr, der da ist, der da war und der da kommt, der Allmächtige« (Offenbarung des Johannes 1,8). Wenn Er will, kann Er viele Welten schaffen, kann den Lauf der Sonne bremsen, zehn Plagen schicken. Er kann Gewitter machen und die Pest verbreiten. Kurz: nichts und niemand ist vor ihm sicher.

Im 17. Jahrhundert wird Gottes Durchgriff auf die Natur im Abendland zum Problem. Seine Allmacht konnte sich mit der Allahs nicht mehr messen. Je mehr voraussagbare Regelhaftigkeiten in den Naturabläufen entdeckt wurden, desto skeptischer wurde die Haltung der Naturwissenschaftler zum willkürlichen Eingreifen Gottes. Galilei hatte deshalb in einem Brief an seinen Schüler Antonio Castelli am 21.12.1613, der zur Denunziation bei der Inquisition führte, versucht, die Aussagen der Bibel von denen der Wissenschaftler zu trennen und sie einem rein geistigen Glaubensbereich zuzuordnen. Für ihn geht die Heilige Schrift aus dem Diktat des Heiligen Geistes hervor, und die Natur gilt ihm als »äußerst folgsame Vollstreckerin der Anordnungen Gottes«. Die Natur sei »unerbittlich, unveränderlich und unbekümmert darum, ob ihre verborgenen Gründe dem Fassungsvermögen der Menschen zugänglich sind oder nicht, indem sie niemals die Grenzen der ihr auferlegten Gesetze überschreitet; so scheint es, dass ein Naturvorgang, den uns entweder die sinnliche Erfahrung vor Augen stellt oder die zwingenden Beweise schlüssig nachweisen, auf keinen Fall aufgrund von Schriftstellen in Zweifel gezogen werden darf, die in ihrem Wortlaut (von jenem Vorgang) abweichendes Aussehen haben, weil nicht jede Aussage der Heiligen Schrift an ebenso strenge Verbindlichkeiten gebunden ist wie jeder Naturvorgang«. Galilei lehnt die Bibel als Lehrbuch der Natur ab, sie enthalte keine ausreichenden Angaben, nicht einmal die Planeten seien erwähnt.

Francisci diskutiert die Relevanz der Bibel für die Interpretation natürlicher Vorgänge ausgiebig an der schon weitgehend mathematisierten Astronomie und einigen Steinen des Anstoßes wie Josua 10, der Sonne und Mond auf Geheiß Gottes stillstehen lässt:

> »Damals redete Josua mit dem HERRN an dem Tage, da der HERR die Amoriter vor den Israeliten dahingab, und er sprach in Gegenwart Israels: Sonne, steh still zu Gibeon, und Mond, im Tal Ajalon! Da stand die Sonne still und der Mond blieb stehen, bis sich das Volk an seinen Feinden gerächt hatte. Ist dies nicht geschrieben im Buch der Redlichen? So blieb die Sonne stehn mitten am Himmel und beeilte sich nicht unterzugehen fast einen ganzen Tag. Und es war kein Tag diesem gleich, weder vorher noch danach, dass der HERR so auf die Stimme eines Menschen hörte; denn der HERR stritt für Israel«.

Die Lebensverlängerung des judäischen Königs Hiskias um 15 Jahre, die an der Sonnenuhr Ahas abzulesen war, war ebenfalls nicht mehr leicht zu akzeptieren (2. Könige 20, 9-11):

> »Jesaja sprach: Dies Zeichen wirst Du vom HERRN haben, dass der HERR tun wird, was er zugesagt hat: Soll der Schatten an der Sonnenuhr zehn Striche vorwärts gehen oder zehn Schritte zurückgehen? Hiskia sprach: Es ist leicht, dass der Schatten zehn Striche vorwärts gehe. Das will ich nicht, sondern dass er zehn Schritte zurückgehe. Da rief der Prophet Jesaja den HERRN an, und der Herr ließ den Schatten an der Sonnenuhr Ahas zehn Striche zurückgehen, die er vorwärts gegangen war«.

Der Koran äußert ähnliche übersteigerte Allmachtsphantasien, die mit Sicherheit aus dem Alten Testament entlehnt sind, und die ich als Beleg dafür anführe, dass sich beide Religionen in der Verteidigung gegenüber den Naturwissenschaften in einer vergleichbaren Situation befanden. In Sure 25,46 (die Erlösung):

> »Hast Du nicht gesehen, wie dein Herr den Schatten verlängert? Und hätte er gewollt, Er hätte ihn stillstehen lassen. Dann haben Wir die Sonne zu seinem Weiser gemacht«.

Und in Sure 30,26:

> »Unter seinem Zeichen ist dies, dass Himmel und Erde fest stehen auf sein Geheiß. Alsdann, wenn er euch ruft, mit einem Ruf aus der Erde, siehe, dann werdet ihr hervorgehen«.

Die still stehende Sonne und der rücklaufende Schatten am Zeiger Ahas waren schwere Brocken nicht nur für wissenschaftliches Vernunftsdenken, sondern straften auch den gesunden Menschenverstand Hohn. Sie waren nur zu akzeptieren, wenn man Gott wirklich alles zutraute, wenn man an seine Allmacht glaubte. Der eigentlich gläubige Francisci muss deshalb einen regelrechten Eiertanz zwischen Glauben und Vernunft aufführen und organisiert die Debatte zunächst genau so, wie das Galilei grundsätzlich abgelehnt hat: als ein Abklopfen der Bibel auf Plausibilität eines vernunftgesteuerten Denkens. Ich zitiere das überraschende Ergebnis der seitenlangen Auseinandersetzung ausführlich, weil Francisci ausgerechnet Kopernikus als Gewährsmann für den einmaligen Stillstand der Sonne präsentiert. Das Zitat ist zwar leicht zu lesen, aber wegen seines geschraubten Gedankengangs nur schwer zu verstehen:

> »Mein einfältiges Beduncken aber belangend; so hat Copernicus in den mathematisch- oder astronomischen hingegen seinen Widertheil in den natürlichen Ursachen und Vermutungen mehr Stärke, dazu auch den Buchstaben der H. Schrifft auf seiner Seiten, sonderlich die Geschicht von der Sonnen Stillstande unter dem Josua und von ihrem Rücklauffe über die zehen Linien zur Zeit Hiskia: welche Exempel gewißlich so beschaffen, daß alles, was bishero dawider vorgebracht worden, nichts als lauter Absurditäten oder sehr ungereimte Folgereyen und Schlüsse gebiert. Weßwegen ich der H. Schrifft zu Ehren bis noch auf der Vermutung beharre, daß die Erde ruhe, die Sonne lauffe. Im übrigen unterstehe ich mich nicht, hierinn etwas für unfehlbar auszugeben oder eine solche Streit-Frage zu entscheiden, für welcher nunmehr viel tapffre und hochgelehrte Mathematici die Achseln ziehen und lieber schier die Neutralität als Parthey erwählen oder aufs wenigste bekennen, daß wenn man die H. Schrifft nicht für ein gewisses Zeugniß hierinn annehmen will, das Gewigt der Beweisthümer an beyden Seiten fast gleich entstehe«.

Francisci glaubt, dass Kopernikus für den einmaligen Stillstand der Sonne »die Buchstaben der H. Schrift auf seiner Seite« hat, weil dieser in seinem System eine ruhende Sonne ins Zentrum der Welt gerückt hatte, um das die Planeten einschließlich der Erde kreisen. Das passt zu Josua 10, wo die Sonne ruht, nachdem sie vorher gelaufen war. Sie kann also still stehen, wenn Gott es will. Und es passt auch zu Hiskias, wo die Sonne auf Gottes Geheiß zurückläuft. Kopernikus so zu verhaften, ist wissenschaftlich nicht zu halten, aber es reicht für die Bibel zu einem Hauch von wissenschaftlicher Reputation. Im Grunde will Francisci sich lieber aus den Streitereien ganz heraushalten und wie die hochgelehrten Mathematiker die Achsel zucken und neutral bleiben. Ich lese das ungereimte Ergebnis so: Kopernikus hat wissenschaftlich wahrscheinlich recht, sogar bei Josua 10, wo das absurd wirkt, aber die Erde steht wahrscheinlich trotzdem still, der Bibel zuliebe.

Die Kopernikaner wollten schon sehr früh an der Abweichung der Stellung der Fixsterne im Jahresumlauf der Erde um die Sonne den endgültigen Beweis für ihr System antreten. Stünde die Erde still, dürften sich auch die Fixsterne nicht verändern. Mit der Verwendung von Teleskopen konnte man nun Doppelsterne beobachten, die, meist weniger als eine Bogenminute voneinander entfernt, mit bloßem Auge nicht auszumachen waren. Die Veränderung ihrer Stellung zueinander durch die jahreszeitliche Änderung der Erdumlaufbahn um die Sonne wäre dafür ein Beweis. Die Entdeckung einer Parallaxe, einer Abweichung in der jährlichen Stellung eines Doppelsterns im Kopf des Drachen durch Robert Hooke schien daher mit einem Schlag alle Beweise der »Ptolemaeisten und Tychonisten«, einschließlich der 77 damals sehr berühmten des Riccioli gegen eine Bewegung der Erde um die Sonne aus den Angeln zu heben, berichtet Francisci. Hooke war beileibe nicht der erste, der mit Doppelsternen diesen Beweis antreten wollte. Der Hofastronom des Fürsten von Lampedusa in Palma di Montichiario auf Sizilien z. B., Giovanni Battista Hodierna (1597-1660), veröffentlichte schon 1654 einen ganzen Katalog von Doppelsternen (»De Systemate. De admirandis coeli characteribus«), die besonders geeignet schienen, aus der Veränderung ihrer Abstände das Kreisen der Erde nachzuweisen. Das Problem dabei war, dass das nur dann ohne Schwierigkeiten gelingen konnte, wenn diese Sterne, wie die Sonne im kopernikanischen System, wirklich fix waren und sich nicht gegeneinander oder umeinander bewegten, und wenn es sich um optische Doppelsterne handelte, die nur scheinbar nebeneinander plaziert waren, in Wahrheit aber Millionen Lichtjahre auseinander liegen konnten. Bei physischen Doppelsternen, die ein eigenes um sich kreisendes System bilden und deshalb eine Parallaxe vortäuschen können, waren die Möglichkeiten wechselseitiger Einflussnahme mit den damaligen Mitteln kaum zu bestimmen.

Bewegungen physischer Doppelsterne mit besser auflösenden Instrumenten am Fixsternhimmel aufzuspüren, war für die Gegner des Kopernikus sehr wichtig. Sie unternahmen große Anstrengungen, die Qualität der Teleskope zu erhöhen, um das Hauptargument einer Parallaxe, einer Veränderung des Winkelabstandes der Doppelsterne beim jährlichen Erdumlauf, widerlegen zu können. Der Jesuit am Collegium Romanum, Athanasius Kircher, hat sicher nicht zufällig zwei Jahre nach Hodierna in seinem utopischen Weltraumspaziergang (»Itinerarum exstaticum«) bewegliche, verschwindende und wiederkehrende Sterne mit aufgenommen. Sie galten als Beweis gegen die Kopernikaner. Die von Francisci erwähnte Nachricht Hookes von 1674, die Parallaxe im Kopf des Drachen (nach heutiger Nomenklatur wahrscheinlich γ-Draco), der nur rund 112 Lichtjahre von uns entfernt ist, habe den endgültigen Beweis geliefert, ist also fraglich, was seine Beweiskraft angeht, und so neu, wie er glaubte, nun auch nicht gewesen. Das Sternbild des Drachen enthält eine ganze Reihe solcher Doppelsterne, die teilweise schon mit einem Feldstecher auflösbar sind.

Harald Siebert (»Die Anfänge der Stellarastronomie«) weist noch auf einen Aspekt hin, der die Systemauseinandersetzung im 17. Jahrhundert in ein etwas anderes Licht rückt: Für die Kopernikaner stand die Sonne absolut still, so wie das die Ptolemäer jahrhundertelang für die Erde postuliert hatten. Am Fixsternhimmel hatte Kopernikus nicht gerüttelt. Seine Anhänger wollten deshalb von beweglichen Fixsternen nichts wissen und jubelten manchmal vorschnell, wenn sie eine Parallaxe in optischen Doppelsternen gefunden zu haben glaubten. Mit ihren damaligen Teleskopen konnten sie nicht sicher sein, ob es sich nicht doch um einen physischen Doppelstern handelt. In der codifizierten Geschichte der Astronomie mit ihrer Beschränkung auf große revolutionäre Umbrüche, die man mit Kopernikus beginnen lässt, gingen viele wichtige Beobachtungen seiner Gegner unter, die den Fixsternhimmel in Bewegung brachten und auf ein Werden und Vergehen im Kosmos schließen ließen, eine wirklich revolutionäre Erkenntnis, die die heutige Astronomie bestimmt: dass das gesamte Universum ein dynamisches Ungeheuer ist, in dem Fixsterne keinen Platz haben. Der hervorragende jesuitische Wissenschaftler Riccioli wird auf einen Verfechter des geozentrischen Weltbildes reduziert unter gnädiger Anerkennung seiner Mondkarte und der Entdeckung der Schatten der Jupitermonde, und der für die Systemauseinandersetzung im 17. Jahrhundert wichtige Doppelsternkatalog des Hodierna ist beinahe vergessen.

Francisci, der die Bibel vor allzu viel wissenschaftlicher Spitzfindigkeit schützen will, und der eine wissenschaftliche Frage selten eindeutig beantworten lässt, ist also durchaus auf der Höhe der Zeit, wenn er sich nicht entscheiden will, und keineswegs schwammig. Kopernikus blieb das ganze Jahrhundert hindurch nur eine von mehreren wahrscheinlichen Möglichkeiten der Welterklärung. Es gab noch wenig, was wissenschaftlich wirklich bewiesen war. Jedes neue Experiment, jede neue Beobachtung kippte die Spekulationen, die sich an die vorigen angeschlossen hatten, einfach wieder um. Das Instrumentarium, mit dem Experimente gemacht wurden, erlaubte selten mehr als qualitative Aussagen, die Teleskope mit ihren optischen Fehlern spielten den so bewaffneten Augen manchen Streich. Obwohl ideologisch gesteuert, ging es bei den divergierenden Ansichten trotzdem bereits um wissenschaftliche Streitfragen, die nur mit wissenschaftlichen Mitteln zu lösen waren. Selbst gut gläubige Christen wie Francisci schienen das inzwischen zu akzeptieren und identifizierten sich lieber mit achselzuckenden Mathematikern als mit eifernden Bibelgläubigen.

Beim Versuch, die Worte der Bibel von denen der Wissenschaftler abzugrenzen, zwischen Glauben und Vernunft zu trennen, ist das gut zu erkennen. Francisci nimmt Psalm 19. Dort steht: »Er hat der Sonnen eine Hütten in demselben Ende der Welt gemacht und dieselbe gehet heraus wie ein Bräutigam aus seiner Kammer und freuet sich wie ein Held zu lauffen den Weg. Sie gehet auf an einem Ende deß Himmels und laufft um bis weder an dasselbe Ende und bleibet nichts für ihre Hitze verborgen«. Er lässt zunächst offen, ob man die Sonne in der Hütte als Gleichnis oder nach den Buchstaben als wissenschaftliche Lehrmeinung sehen soll. Es ist besser (»scheinet behutsamer zu seyn«), dass man hier »keinen gewissen Schluß mache«, weil das mit der Seligkeit nichts zu tun hat. Ist man zu genau, könnte es passieren, dass durch fleißiges Nachforschen ein Gegenbeweis gefunden wird, so wie es Lactantius und Augustinus ergangen ist, als sie diejenigen verdammten, die glaubten, »es wohneten Menschen unter unseren Füssen«, wo doch heute jeder nach all den Entdeckungsreisen mit einer »solchen Meynung wol zufrieden ist«. Ohne Not soll man die Heilige Schrift nicht nach dieser oder jener Gelehrtenmeinung »Welt-weis und spitzfindig machen«. Natürliche Sachen sollen da hingestellt werden, wo sie hingehören. Wenn David in Psalm 19 das Lob Gottes durch den unglaublich schnellen Lauf der Sonne besingt, ist nicht einzusehen, warum das nicht auch für die Erde gelten kann, die »sammt allen Menschen mit auch fast unbegreiflicher Geschwindigkeit der Sonnen gleichsam zu begegnen und ihre auf sich habende vernünfftige Creaturen von einem Ort dieses Schauplatzes zum andern« herumträgt. Dem allmächtigen Gott ist beides, der schnelle Sonnen- und der schnelle Erdlauf, »möglich und rühmlich«. Es ist also überhaupt nicht nötig, eifrig zu entscheiden, welche der beiden Theorien stimmt, der Text des Psalms kann »zu seinem Zweck sehr wol angebracht und angewendet werden«. Ebenso sicher ist, dass diejenigen, welche die Natur aus wissenschaftlichem Antrieb etwas genauer durchsuchen, durchaus zu dem Ergebnis kommen können, besonders nach der Entdeckung der Sonnenflecken und »dem Ab- und Zulauffe des Meeres«, Ebbe und Flut, dass Erde und Mond und die anderen Planeten gleichförmig um die Sonne laufen. So sieht das Herr Weigel, aber »welches wir, vor diesesmal zu weiterem Nachdencken ausgestellet seyn lassen«.

Francisci würde sich gerne mehr verlassen können auf die neuen Erkenntnisse, aber es geht noch nicht. Nur scheint die Bibel als letzte Instanz einer Entscheidung über die Vorgänge in der Natur ausgedient zu haben. Er will sie eher als Lobgesang auf die göttliche Herrlichkeit, die sich in der Natur niederschlägt, als Lobgesang auf die Schönheit der Schöpfung verstehen. Die Allmacht Gottes steht da im Weg, sie bereitet ihm unlösbare Schwierigkeiten und verletzt seine religiösen Gefühle. Eine Regelhaftigkeit der Natur, die der Beliebigkeit himmlischer Gewalt entzogen ist, gebiert eine Unzahl von wissenschaftlich halbwegs untermauerten oder philosophisch spekulierenden Gegenreaktionen, die verhindern sollen, Gott endgültig vom Podest stoßen und den Allmächtigen zu einem sehr viel kleineren Herrscher machen zu müssen. Statt dessen bemächtigen sich alle christlichen Glaubensrichtungen der Naturwissenschaften, mit denen ihre Vertreter unter Einsatz naturwissenschaftlicher Methoden die buchstäbliche Wahrheit der Bibel zu retten versuchen, was hauptsächlich der Jesuiten Anliegen war, die so zu wichtigen Mathematikern, Astronomen und Experimentatoren des 17. Jahrhunderts geworden sind. Diese »Physica sacra« (heilige Physik) bleibt noch 100 Jahre lang beherrschendes Thema.

Literatur

Hans Bieri, Der Streit um das kopernikanische Weltsysstem im 17. Jahrhundert, Bern 2007

Harald Siebert, Die Anfänge der Stellarastronomie. Erste Bilder und Berichte von Doppelsternen nach Einführung des Fernrohrs. In: Sterne und Weltraum 7/2006, S. 40-49.

Es bläst der Wind aus seinen Kammern – nur nicht bei Aristoteles

Bei allem wuchernden Beiwerk, das Francisci in seinen »Lufft-Kreys« packt, sind doch die Wettererscheinungen sein eigentliches Thema. Er behandelt nach einer »Vor-Unterredung« von 344 Seiten mit sprechenden Vögeln, orientalischen und abendländischen Lust- und Irrgärten, mit Trinkgelagen, Esssitten und Diäten aller Zeiten, mit Theateraufführungen und Tanzveranstaltungen, möglichen Orten des Paradieses und missionarischen Strategien die Luft unter verschiedenen Gesichtspunkten und allen erdenklichen meteorologischen Konstellationen. Ich habe den Wind als Einstieg gewählt, weil mit ihm die Turbulenzen des Denkens als Ausdruck eines schwächelnden Aristoteles und einer schwimmenden Scholastik relativ nah am Text am besten zu verfolgen sind und einige immer wiederkehrende meteorologische Erklärungsmuster ausführlich diskutiert werden und so die Schwachstellen enthüllen, an denen sie durch die Messung von Temperatur und Luftdruck aufgebrochen werden.

An den Rändern auffallend vieler Weltkarten der Renaissance und des Barock prusten mit vollen Backen Engelsköpfe den Wind aus wohldefinierten Richtungen (Abbildung 2, S. 44).

Sie haben griechische oder römische Namen wie Zephir, Boreas und Eurus und dokumentieren ein Verständnis von der Entstehung der Winde, das sich von der Antike bis in die Neuzeit gehalten hat. Es ist die Vorstellung von Höhlen und anderen engen Orten, in denen der Wind gefangen gehalten wird, um mit oder ohne Befehl aus seinem Gefängnis auszubrechen. Bei Virgil sitzt Aeolus als Windkönig in seiner Höhle, bei Homer schenkt Aeolus dem Odysseus einen Schlauch, in dem die widrigen Winde eingeschlossen sind, bei Jeremia 10,13 und im Psalm 135,7 lässt Gott den Wind herauskommen aus seinen Kammern. Auf der gleichen Vorstellung basieren die Büchse der Pandorra, aus der die Übel der Welt in einer Wolke entweichen, und der Windsack, den die Seeleute öffnen, wenn sie Island ansteuern, und von dem Francisci berichtet.

Zu seiner Zeit hatten Versuche mit Luftkugeln die alte These, dass der Wind aus Wasser entsteht und aus Hohlräumen hervorbricht, anscheinend bestätigt. Er berichtet, wie eine hohle Kupferkugel mit sehr kleinem Loch ein wenig erhitzt und in kaltes Wasser getaucht wird, bis sie gefüllt ist. Wird diese wassergefüllte Kugel in ein Feuer gelegt, zischt sehr lange »Lufft« durch das kleine Loch »und erhält das Feuer, daß man dabey keines andren Blasebalgs bedürfftig«. Ein Glas Wasser reichte, um in einer Luftkugel eine Stunde lang Wind zu machen. Auch Descartes war im 4. Kapitel seiner »Météores« schon auf die Idee mit den Windkugeln gekommen, um zu erklären, wie Wind entsteht. »Alle empfindliche Bewegung der Lufft« werde Wind genannt, aber diejenigen Winde, die sich »weit ausbreiten, Länder und Wasser durchwehen«, seien »nichts anderes als erregte Dünste«, wie Francisci ihn referiert (Abbildungen 3 und 4, S. 45).

Abbildung 2: Weltkarte aus Justus Jonas »Das siebend Capitel Danielis, von der Türcken Gottes lesterung und schrecklicher morderey, mit unterricht. Wittenberg 1530.
Mit den windmachenden Köpfen und den vier Tieren Daniels. Er hatte einen Traum: »Ich, Daniel, sah ein Gesicht in der Nacht, und siehe, die vier Winde unter dem Himmel wühlten das große Meer auf. Und vier große Tiere stiegen herauf aus dem Meer, ein jedes anders als das andere. Das erste war wie ein Löwe und hatte Flügel wie ein Adler. Ich sah, wie ihm die Flügel genommen wurden. Und es wurde von der Erde aufgehoben und auf zwei Füße gestellt wie ein Mensch, und es wurde ihm ein menschliches Herz gegeben. Und siehe, ein anderes Tier, das zweite war gleich einem Bären und war auf der einen Seite aufgerichtet und hatte in seinem Maul zwischen seinen Zähnen drei Rippen. Und man sprach zu ihm: Steh auf und friss viel Fleisch! Danach sah ich, und siehe, ein anderes Tier, gleich einem Panther, das hatte vier Flügel wie ein Vogel auf seinem Rücken, und das Tier hatte vier Köpfe, und ihm wurde große Macht gegeben. Danach sah ich im Gesichte in der Nacht, und siehe, ein viertes Tier war furchtbar und schrecklich und sehr stark und hatte große eiserne Zähne, fraß um sich und zermalmte, was übrigblieb, zertrat es mit seinen Füßen. Es war auch ganz anders als die anderen Tiere und hatte zehn Hörner«.

In einem Wechselspiel von Ausdünnung und Verdichtung, verursacht durch Berge, Wolken oder durch von Dünsten vor sich hergetriebene Luft, werden die Dünste daran gehindert, sich auszudehnen, während ihre gleichzeitige Verdünnung am verlassenen Ort Raum für das Hineinströmen weiterer Dünste schafft. Wind ist danach nicht bewegte Luft, sondern bewegter Dunst. Er muss deshalb aus Wasser entstehen. Das beweisen auch die schlagenden Wetter in den Bergwerken, wie Francisci einen Bergwerksbetreiber deutscher Abstammung aus dem Norden Englands erzählen lässt. Treffe man dort in der Tiefe des Berges auf Wasser, bekomme man immer genügend Luft zum Atmen und Lichterbrennen. Nicht so, wenn der Berg trocken ist. Werde das Wasser abgeleitet, würden die Bergleute sich beeilen, zum Ausgang zu kommen, da die im stillen

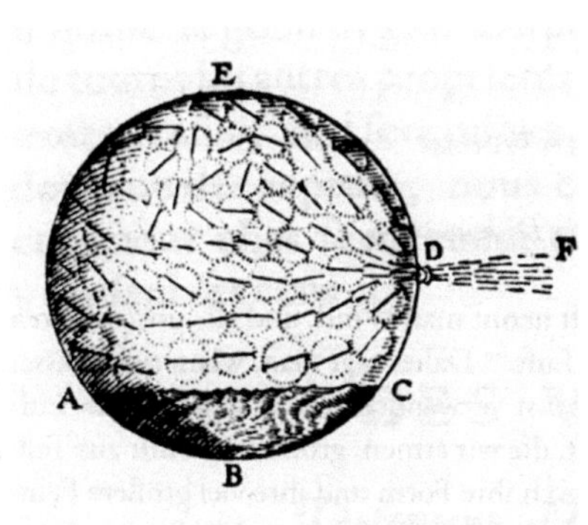

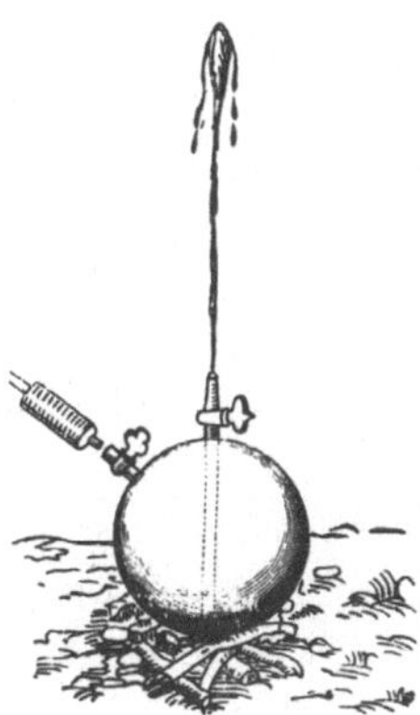

Abbildung 3 (links): Windkugel des Descartes.
Aus: »Les Météores«, 4. Diskurs »Von den Winden« 1637. Faksimile Frankfurt am Main 2006.

Abbildung 4: Windkugel als Vorläufer der Dampfmaschine. Holzschnitt von 1615.
Aus: Jochim Varchmin/Joachim Radkau, »Kraft, Energie und Arbeit. Hamburg 1981.
Ursprünglich aus G. della Porta, Magia naturalis, 2. Buch, 7. Kapitel. Neapel 1589.

Wasser eingeschlossene Luft dann mit großem Getöse entweiche und die Gänge einzustürzen drohten. Dass es sich nicht um eingeschlossene Luft, sondern um das Grubengas Methan handelt, das in Verbindung mit Luft explodiert, war noch nicht bekannt. Aber die Beobachtung der größeren Gefährlichkeit trockener Gruben ist trotzdem richtig. Noch heute wird versucht, durch eine vorher errichtete und mitexplodierende Wasserbarriere eine eventuelle Feuerwalze zu löschen. Offenes Licht ist längst nicht mehr im Einsatz.

Aristoteles hatte vom Dampf als einer Ausscheidung von Wasser gesprochen, vom Dunst als einer feurigen (rauchartigen), trockenen und warmen Ausdünstung der Erde, die den Wind verursache. Diese klare Unterscheidung gelingt Francisci nicht. Bei ihm können Dampf und Dunst aus Wasser und Erde kommen, was mit zu einer verwirrenden Diskussion über die Windentstehung beiträgt, bei der ein unscharfer Aristoteles, eine formalisierte Scholastik, ein falsch verstandener Descartes, eine spekulative Alchemie und Sprüche der Bibel wild durcheinander gehen. Ich werde den Gang der Debatte skizzieren als Beispiel dieses barocken Amalgams, in dem die ursprünglichen Bestandteile nur als unklare Versatzstücke heraus zu kristallisieren sind.

Der bekannteste jesuitische Wissenschaftler des Jahrhunderts, Athanasisus Kircher, sieht den Wind als »ein spirituösisches Luft-Wesen (Meteorum spirituosum, irgendetwas, das in der Luft schwebt), so von einem blästigen Ausfluss aus den Hölen der Erden und aus den Wassern entstanden: welches, indem es aufzusteigen trachtet, zurück gedrenget und seitlings abgedrehet wird, also mit Ungestüm durch die Lufft fällt«. In diesem eindrucksvollen Bild ist Wind nicht bewegte Luft, sondern selbständig handelnder Akteur. Der Wind fällt durch die Luft und bläst sich in sie hinein. Wenn wir heute sagen, es bläst der Wind, dann steckt darin noch etwas von dieser Vorstellung. Physikalisch korrekt bläst die

Luft und macht den Wind. Francisci dachte sich den Wind als ein »zusammengesetztes Wesen, aus Lufft und Dunst«. Aristoteles hatte zwar klar den Wind als bewegte Luft bezeichnet, aber zugleich davon gesprochen, dass Dämpfe und Dünste sie besteigen und die Luft mit ihnen davonreitet. Einer der diskutierenden Spaziergänger, der sich wohl an ihn erinnert, bezweifelt deshalb, »ob die Winde mit den blossen Ausflüssen oder Dünsten, sie mögen gleich irdisch oder wässerig seyn, sich umschräncken lasen und nicht ebensowol die Lufft selbst ihre Materi seyn könne«. Es bleibt erst einmal beim angedeuteten Zweifel.

Man diskutiert deshalb weiter. Es könne doch sein, meint der Jesuit aus Würzburg, Kaspar Schott, dass Dunst, Dampf und Luft zusammen oder jeweils für sich allein den Wind ausmachen. Dämpfe und Dünste sind ja immer in der Luft vorhanden. Als Beweis wird ein Versuch eines weiteren Jesuiten, Cabaeus, angeführt, der in einem verschlossenen Raum ein starkes Feuer im Kamin gemacht hat, die Türe und ein Fenster gegenüber öffnete und dadurch der Durchzug so stark geworden ist, dass die Vorhänge vor der Türe »ungestümlich mit hineingerissen« wurden, »weil das Feuer die Lufft extenuirt oder verdünnet und also durch den offenen Schlot in die Höhe treibet: worauf die vertriebene Lufft den benachbarten Lufft mit sich rafft und hierauf diesem die ausser dem Gemach um und vor der Thür schwebende Lufft folget, um die Ledigkeit oder Leerheit im Zimmer zu verhüten«. Das ist wie bei einer Feuersbrunst, die die Luft verzehrt und die nachströmende einen Sturm entfacht, um ein Vakuum zu vermeiden (die »Ledigkeit« oder »Leerheit«). Aber auch damit ist noch nicht geklärt, ob jegliche Regung der Luft Wind ist. Beim Sonnenaufgang entsteht zwar ein kühler Wind durch die »gelinde Luft« aufsteigender Dünste, die erst die angrenzende Luft mit sich »rafft«, aber daraus folgt nur, dass die Luft *auch* eine Materie des Windes ist. Um in Bewegung zu geraten, braucht die Luft auf jeden Fall warme Dünste als Anstoß.

Als die Herren sich weitgehend auf das Dreiermodell der Materie des Windes – Dunst, Dampf, Luft – geeinigt zu haben scheinen, kommt ihrem wissenschaftlichen Ansatz die Bibel in die Quere. In Johannes 3, Vers 8 heißt es: »Der Wind bläset, wo er will, und du hörest sein Sausen wol: Aber du weist nicht, von wannen er kommt und wo er hinfährt«. Der höchstgelobte Erlöser habe damit allerdings nicht eine »fleissige Erkündigung der Natur des Windes« verhindern, sondern nur sagen wollen, dass wir mehr als allgemeines Wissen nicht erlangen können, den genauen Ursprung dieses oder jenes Windes aber nie kennenlernen würden. Aus welchem See, aus welcher Höhle, aus welcher Landschaft entsprießt denn ein Nord- oder Westwind? Das bleibe uns letztlich verborgen, auch wenn wir aus bestimmten Zeichen erkennen könnten, dass der Wind aus der Erde oder aus dem Wasser kommt. Aber selbst da seien sich die Naturkundigen nicht einig, die allgemeine Ungewißheit herrsche vor. Eine umfängliche Liste soll das beweisen.

So sagt der antike Philosoph Anaxagoras, Wind entstehe aus durch von der Sonne verdünnten Luft, während der Verfasser der ersten Geschichte der Philosophie, Diogenes Laertus, der Meinung ist, dass er »aus Furcht und Vermeidung der Ledigkeit und gar zu grosser Überfüllung einiger Körper«, entstehe, d. h.modern ausgedrückt, aus einem Druckausgleich. Der Alchemist und Rosenkreuzer Majerus und der Prophet der Perser, Zoroaster (Zarathustra), meinen, er komme von der Erdbewegung, »welche den in den Berg-Hügeln begriffenen Lufft herumwaltze, den ruhigen und gelinden Lufft rege und aufrührisch mache«. Descartes schließt aus seiner Theorie den Ausbruch erregter Dünste »aus einer engen Versperrung«, und der berühmte Arzt und deutscher Galen genannte Sennertus glaubt, Wind entstehe aus großer Hitze, teils von bewegter Luft, teils aus Dünsten, während sein französischer Kollege de Sorbait gemischte Salpeter- und Schwefeldünste am Werke sieht, die von der Sonne und anderen Gestirnen hinaufgezogen und an der Luft angezündet werden, wobei der leichte Schwefel und der schwere Salpeter »eine schieffe oder ungerade Bewegung« erfahren. Auch der Arzt und Geograph Varenius aus Hitzacker hält die Sonne für die Ursache des Windes, die die Luft verdünnt und zu ihrer »continuirlichen Fortstossung« Anlass gibt. Andere Gründe liegen seiner Meinung nach in der Verdickung und Verdünnung der Luft durch Kälte und Wärme, in aufsteigenden Dünsten und herabfallenden Wolken, in Beimischungen von Feuer oder Schwefel und in den Sternen. Damit nicht genug. Auch die unterirdische Hitze, so Sennertus, ist mindestens so effektiv, Winde zu erzeugen, wie die Sonne. Denn sie »verluckert das Wasser« in den Höhlen und Bergen, »subtilisirt es aufs höchste«, sodass dieser feine Dunst, wenn er »den ängstlich gesuchten freyen Ausgang nicht findet«, mit großem Krachen hervorbricht. Sperlingus, Arzt und Physikprofessor in Wittenberg, schließt daraus, dass der Wind aus einem Streit entsteht, aus dem Streit des Feuers mit dem Wasser, der einen »blästigen Ausfluss« produziert und eine große Menge »elementarischer Stäublein«, Atome, mit sich führt. Bei den Rosenkreuzern entmaterialisiert sich der Wind zu einem »zarten, dünnen, subtilen, unsichtbaren und unbegreiflichen Geist, ein geistliches unsichtbares Wesen«, wie die menschliche Seele. So etwas wird allerdings von allen belächelt und als alter Hut des Seneca hingestellt.

Belächelt wird auch der »abgeschmackte Wahn« Keplers, die Erde sei ein Tier, das durch sein Atmen den Wind verursache. Wie soll man denn damit Winde erklären, die über hundert Meilen weit wehen? Die über große Entfernungen blasenden Winde sind das eigentliche Problem. Denn alle bisherigen Erklärungsversuche reichen höchstens für lokale Winde. Selbst die Sterne werden als Verursacher diskutiert und verworfen. Hier, an der äußersten Himmelsschale, schliddert Francisci leicht hinüber zu Gott und einer Bibelstelle. Wenn schon die Sterne zur Erklärung der Windentstehehung nicht reichen, warum die quälenden Fragen also nicht gleich der göttlichen Weisheit überlassen? Sie hat doch die Heuschrecken der achten Plage durch einen starken Westwind wieder aus Ägypten heraus aufs Meer geblasen. Es könnte noch sein, dass sie die Engel als Mitregenten gehabt hat, vielleicht hat auch der Teufel dazwischengefunkt, wie Apokalypse 7, Vers 1 nahe legt (Abbildung 5, S. 48):

»Darnach sah ich die vier Engele stehen auf den vier Ecken der Erden; auf daß kein Wind über die Erde bliese, noch über das Meer, noch über einigen Baum«. Die Geistlichen verstehen diese Verhinderer des Windes aus der Apokalypse aber nicht als Engel, sondern als »falsche Lehrer und böse Geister«, die

Abbildung 5: Die vier Engel mit den vier Winden. Lothringische Apokalypse, 14. Jahrhundert. Landesbibliothek Dresden.
Aus: Hans-Günther Körber, Vom Wetteraberglauben zur Wetterforschung. Leipzig 1987.

ihre Ketzereien in alle vier Himmelsrichtungen verbreiten und als falsche Propheten, Irrgeister, Sektierer, Schwärmer und Teufelsboten verhindern, dass die Gnadenpredigt des Heiligen Geistes durch seine vier »Posaunen oder Winde« Gehör finden könne. Der Philosophieprofessor und Jansenist Fromondus aus Löwen glaubt mit »etlichen Vernunfft-Lehrern«, gemeint sind Philosophen, diese guten oder auch bösen Engel würden die Materie des Windes einsammeln, die sie entweder selbst erweckt oder durch natürliche Ursachen vorgefunden haben. Der Staatsrechtler Bodinus (Jean Bodin) denkt ähnlich, meint aber, und das ist bei einem Hexenparanoiker erstaunlich, dass es keinen Grund gäbe, übernatürliche Ursachen zu vermuten, wenn natürliche vorlägen.

Die Dazwischenkunft der Engel bei der Enstehung des Wetters ist also keineswegs sicher. Wenn es z.B. auf Samuels Gebet hin gedonnert und gehagelt hat, könne das auch ohne beamtete heilige Diener, die das Gewitter regieren, geschehen sein. Wenn die Engel nämlich eine totale Aufsicht hätten, könnten ja die Hexen und Truden keinen Sturm mehr durch ihren Meister, den Satan, erwecken (die Truden sind Zauberinnen, deren Fußabdruck ein Pentagramm ist). Deshalb ist es eher Gott selbst, der die Natur steuert und auf dessen Befehl der Satan tätig wird und mit Hagel, Sturm, Regen und Feuer die Menschen tyrannisiert. Aber nicht immer stecke der Satan dahinter, auch die guten Engel könnten, wie bei Sodom und Gomorrha, zu einem Strafgericht ausgesandt werden (Moses 19,3).

So leicht, wie die diskutierenden Spaziergänger zu Gott und seinen Engeln und Teufeln abgeglitten sind, so einfach finden sie wieder zu naturwissenschaftlichen Fragestellungen zurück, die sie mit den Methoden der Scholastiker fortsetzen wollen, die allen studierten Zeitgenossen Franciscis von der Universität und den Kanzeln aller Glaubensrichtungen noch wohl bekannt waren. Der »Formal-Ursach des Windes« oder auch »forma venti accidentalis«, der sie ab Seite 1021 auf die Spur kommen wollen, liegt die auf Aristoteles beruhende scholastische Unterscheidung von Substanz und Akzidens zugrunde. Wer etwas verstehen wollte, musste vier Ursachen (causae) analysieren, den Stoff (causa materialis) und seine Form (causa formalis), seine Wirkursache (causa efficiens) und sein Ziel (causa finalis). Als Stoff des Windes waren Luft, Dünste, Wasser, Schwefel u.a. schon im Blick gewesen, jetzt geht es um die Frage, »wodurch der Wind seine schreckliche Krafft und Bewegung erlangt«, um die Formalursache. Die Antwort: »Dieselbe besteht in dem jenigen Stoß, Fluge oder Ansatze, welcher in der Lufft geschicht, indem die Materi des Windes, nemlich Dampff, Dunst oder Dunst-angemischte Lufft von oben wieder zurück, und zwar seitlings, gedrehtet und gedrungen wird: und ist anders nichts als das ungestüme Bläsen und Wehen selbst«. Ursache ist der aufrührerische Dunst in Bergen und Höhlen, der aus seinem Gefängnis »mit Gewalt herfürbricht«, die Luft anspringt, sie zertrennt, verunruhigt, sausen und pfeifen lässt. Die immer weiter emporgetriebenen Dünste erreichen schließlich die »mittlere Luft-Gegend« und werden wegen eines starken Widerstands zurückgestoßen. Durch den Zusammenprall von aufsteigenden und herabgezwungenen Dünsten entsteht eine große Unruhe und zwingt sie aus der Vertikalen mit Gewalt in die Horizontale, müssen sich an Bäume und Berge werfen lassen und zurückprellen, »nicht anders, als wie ein Spiel-Ball, wenn man ihn zu Boden oder wider eine Maur geworfen, einmal stärker denn das andre, zurückspringt«. Diese »Retorsion« ist die eigentliche Formal-Ursache des Windes.

Wo aber kann es in der Luft ein Abprallen der Dünste geben und wie werden sie zurückgetrieben? Die Herren geben zu, dass sie raten müssen. An den Wolken ist das kaum möglich, denn sie werden vom Wind zerflattert, und der Wind bläst auch ohne Wolken. Der Verfasser eines meteorologischen Bestsellers und Philosophieprofessor aus Löwen, Fromondus, sieht den Grund in den Dünsten selbst, die allein wegen ihres Gewichts wieder herabsinken müssen. Dieses

Gewicht des Fromondus ist nicht unser heutiges. Es ist das »selbsteigene« Gewicht des Aristoteles, kein quantitatives, sondern ein qualitatives Merkmal der Substanz, in diesem Fall des Dunstes, der als Ausdünstung aus der schweren Erde stammt und deshalb wieder zu ihr zurückkehren muss.

Eines der Erklärungsmuster, die Aristoteles für die Erklärung von Naturphänomenen anbot, waren »absolute Schwere« und »absolute Leichtigkeit« und der »natürliche Ort«, die von Francisci hier und beim Luftgewicht (S. 375) zur insgeheimen Grundlage seiner Argumentation gemacht werden, weil er im Gegensatz zu uns heute, bei seinen Lesern deren Kenntnis voraussetzen konnte. Absolut schwer ist die Erde, absolut leicht das Feuer. Erde muss immer zu ihrem natürlichen Ort, ihren Mittelpunkt des Alls fallen, Feuer immer zu seinem natürlichen Ort oberhalb der Luft steigen. Wasser und Luft als Zwischenelemente sind nur relativ schwer und leicht. Wasser steigt, wenn es unter seinen natürlichen Ort ins Innere der Erde gerät, wenn es sich oberhalb in der Luft befindet, muss es fallen. Luft sinkt aus dem Ort des Feuers und steigt aus der Erde und aus dem Wasser.

Diejenigen, die von einer einheitlichen Natur des Dunstes ausgehen, die beide Eigenschaften umfasst, die feurige und die irdische, argumentieren damit, dass der feurige Anteil beim Aufstieg »verraucht oder ausgeschlossen wird«, bis sich ein Gleichgewicht mit dem irdischen gebildet hat, das den Dunst in der Luft in der Schwebe hält. Es ist ein Patt zwischen auf- und absteigenden Teilen des Dunstes, aus dem eine »mittlere Bewegung« nach den Seiten hin entsteht, wie bei einem Krauskopf, den Aristoteles zur Verdeutlichung anführt: der erwärmte Dunst, der nach oben will, stellt die Haare zu Berge, der trockene, der nach unten strebt, drückt sie hinab, und weil die Haare nicht wissen, wie sie sich verhalten sollen, kräuseln sie sich.

Wären die Dünste nicht von einheitlicher Natur, sondern verschieden, »deren etliche hinauf trachten, etliche hinunter«, wobei jeder auf seiner natürlichen Bewegung beharrte, würde nach einem Aufeinanderprallen eine »ungestüme Ausweichung oder Ausflucht nach den Seiten« resultieren und so den Wind verursachen. Genau das bezweifelt der Mathematiker und Jesuit aus Ferrara, Cabaeus. Wenn es sich um zwei verschiedene Dünste handelte, sagt er, würde jeder der Dünste »dahin seinen Gang und Schwang gewinnen, wohin die kräfftigste Art oder Eigenschafft zielet: oder er würde gäntzlich ruhen«, also entweder als Feuer zum Ort des Feuers aufsteigen oder als Erde zur Erde herunterfallen, aber niemals in einer Schicht zur Ruhe kommen, die nicht seinem natürlichen Ort entspricht. Das sei wie bei einem Stück Holz, das unter Wasser gedrückt wird. Beim Loslassen schießt es über die Wasserfläche hinaus, dann wieder ein wenig ins Wasser hinein, bis es nach einigen Pendelausschlägen ruhig an seinem natürlichen Ort schwimmt. Genau so würden die warmen Dünste nach oben getrieben, schössen über ihr Ziel hinaus, bis sie erkalten und nach ihrer selbsteigenen erdschweren Natur im Herabfallen auf die erwärmten aufsteigenden Dünste und die »grobe Nider-Lufft der Erden« treffen, »über zwerchs hinausgetrieben« werden und so einen Wind machen. Cabaeus kennt Aristoteles gut, er hat zu seiner Meteorologie einen auf eigenen Experimenten beruhenden Kommentar geschrieben und meint sogar, dieses Entweder-Oder mit einem Versuch belegen zu können:

Er nimmt einen Klumpen, der aus Wachs und Blei geformt ist. Enthält dieser mehr Wachs als Blei (das spezifisch leichtere Wachs hat dann »mehr im Gewigt«), so steigt der in Wasser untergetauchte Klumpen nach oben, enthält er mehr Blei, sinkt er, bei Gleichgewicht ruht er. Blei alleine würde sofort zu seinem natürlichen Ort, den Grund des Wasser sinken, Wachs alleine würde nach der »kräftigsten Art seiner Eigenschaft« schwimmen. Der Bleiwachsklumpen kann also nur dann schwimmen, wenn die schwimmende selbsteigene Natur des Wachses die fallende erdige des Bleis qualitativ überwiegt. Nach des Cabaeus Verständnis entsteht kein Gleichgewicht im Bleiwachsklumpen, sondern ein qualitatives Übergewicht des im Klumpen dominierenden Wachses. Er folgert daher, dass es eine gleichgewichtig ruhende Sperrschicht aus »leichten« feurigen und »schweren« irdischen Dünsten in der Mittelluft nicht geben kann. Und zwar deshalb, weil die Mittelluft weder dem natürlichen Ort des irdischen Dunstes noch dem des feurigen entspricht. Der irdische würde zu Boden fallen, der feurige aufsteigen. Eine dauerhafte Mittellage ist nicht denkbar.

Der Bleiwachsklumpen schwimmt aber nicht wegen Aristoteles, sondern wegen Archimedes, was Cabaeus hätte wissen können: Die Kraft des Auftriebs ist dann genau so groß wie die Kraft des Gewichts der von ihm verdrängten Flüssigkeit, oder anders ausgedrückt, die mittlere Dichte des Bleiwachsklumpens ist dann geringer als die Dichte des verdrängten Wassers. Ein Heißluftballon steigt nicht an den natürlichen Ort des Feuers, sondern wegen der geringeren Dichte der erwärmten gegenüber der umgebenden Luft. Mit einem »natürlichen Ort«, an den die verschiedenen Substanzen streben, hat ein schwimmender Körper also nichts zu tun. Aber die Vorstellungen des Aristoteles waren so tief in den Kopf des Cabaeus eingemeißelt, dass er die Unzulässigkeit seiner Analogie gar nicht bemerkt hat. Eine Mittelluft als Sperrschicht gibt es bei Aristoteles nicht. Er hatte die Entstehung der Winde in den Niederungen der Erdoberfläche lokalisiert und nicht in einer mittleren Luftschicht, seine Argumentation aber so unglücklich mit Ausführungen über die Entstehung von Wolken verwoben, dass sie seine späteren Kommentatoren zur Verzweiflung getrieben haben und Francisci bis zum lieben Gott.

Nur die höheren Luftschichten waren bei Aristoteles wegen ihrer feurigen Natur (sie waren näher an der Sphäre des Feuers) deutlich wärmer als die Bodenluft, jedenfalls nicht wirklich kalt. Er hatte in der Mitte des Alls das Schwerste vorgesehen, die Erde, gefolgt vom Kältesten, dem Wasser, dann der Luft und dem »von uns gewohnheitsmäßig so genannte(n) Feuer. Es ist aber kein Feuer; ein Extrem von Wärme, gewissermaßen ein Kochen – das nämlich ist Feuer« (Meteorologie, Kap. 3). Damit hatte er für die erdumgebenden Schichten die Kälte und Schwere unten und die Wärme und Leichtigkeit oben lokalisiert, wohin seine von der Sonne erwärmten Dämpfe und Dünste aufsteigen mussten.

Auf welche Weise sie wieder nach unten gezwungen werden, um nach dem Zusammenprall mit den weiter aufsteigenden Dünsten durch seitliche Auslenkung Wind zu erzeugen, war mit den Kriterien des Aristoteles eine unlösbare Denkaufgabe, die bei der Entstehung des Regens noch dem Zwang der Wolken und der Kondensation zugeschoben werden konnte, beim Wind, der auch ohne Wolken weht, aber versagen musste. Die Konstruktion einer Sperrschicht, an der die bei Aristoteles trockenen aufsteigende Dünste abprallen und abgelenkt werden, gelingt ja nur, wenn beim Aufstieg eine Abkühlung zugelassen wird, nicht aber, wenn man davon ausgeht, dass mit zunehmender Höhe und der Nähe zur Feuersphäre die Wärme weiter zunimmt. Aristoteles hatte es deshalb vermieden, das Wetter in einer von ihm nie so genannten »Mittelluft« entstehen zu lassen, sondern es als Erscheinung der Luft in Erdnähe betrachtet, sodass die aufsteigenden Dünste und Dämpfe sich abkühlen konnten, der Wasserdampf zu Regentropfen kondensierte und die erkaltete Luft wieder herunter sank. Dieser in vielen Einzelheiten nicht ausgearbeitete Kreislauf wurde von der umlaufenden Sonne gesteuert. Es waren die Auslassungen des Aristoteles, über die sich seine Kommentatoren und die spätscholastischen Zeitgenossen des Francisci den Kopf zerbrachen und versuchten, ihre eigenen Beobachtungen und neuere Erkenntnisse in sein Modell einzupassen. Auch Francisci versucht das und reizt Aristoteles und die Scholastiker bis zur Schmerzgrenze aus, ergänzt sie mit alchemistischen Erklärungsmustern und gibt schließlich auf (S. 1024-1028). Die Spaziergänger verheddern sich vor allem deshalb, weil sie bereits wissen, dass die Luft in größerer Höhe, ihre Mittelluft, kälter als die Bodenluft ist, und sie sich nicht vorstellen können, wie sie sich da oben halten kann, wenn sie nicht wärmer und leichter als die erdnahe Luft ist, und ziehen die seit 30 Jahren vorgenommenen kombinierten Temperatur und Luftdruckmessungen nicht ins Kalkül. Es wäre ihnen sonst klar geworden, dass die Luft in großer Höhe nicht nur kälter, sondern auch dünner und damit leichter ist als die Bodenluft. Statt dessen postulieren sie eine »äusserliche oder von aussen herzustossende Ursach«, aber welche das ist, bleiben Aristoteles, Cabaeus, Fromondus, Theophrastus, Vossius und Schott schuldig. Sie wäre in der strengen Trennung der erdumgebenden Schichten, die die Scholastiker in dogmatischer Verhärtung aus dem viel dynamischer denkenden Aristoteles abgeleitet haben, auch nicht unterzubringen gewesen. Beim experimentierenden Jesuiten und Aristoteliker Cabaeus ist eine allmähliche quantitative Veränderung von Substanzen nicht vorgesehen, sondern nur ein qualitativer Umschlag der Dünste in großer Höhe von warm nach kalt. Sie vermischen sich nicht mit der Luft, sondern stoßen in sie hinein, durchdringen sie wie ein Geschoss und treiben sie vor sich her. Verdichtung ist Zwang, der sie in Höhlen festhält, Verdünnung ist aktive Entleerung, die sofort ausgeglichen werden muss, damit kein Vakuum entsteht.

Literatur

Aristoteles, Meteorologie, Darmstadt 1970.
– Physikalische Vorlesung, Paderborn 1975.
Hans-Günther Körber, Vom Wetteraberglauben zur Wetterforschung. Leipzig 1987.

Schnee, seine Figuren, seine Farbe und seine Wärme

Neugierigen, wissenschaftlich Interessierten bietet der Schnee zahlreiche Anregungen für differenzierte meteorologische Beobachtungen, für Experimente und theoretische Überlegungen. Francisci diskutiert am Schnee grundsätzliche Fragen der Physik, denen zu seiner Zeit nicht mehr mit antiken oder alchemistischen Erklärungsmodellen beizukommen war, was er eindrucksvoll vorführt. Wie entstehen Kristalle, was ist die Farbe weiß und was ist Wärme? Es zeigt sich einmal mehr, dass die genaue Beobachtung meteorologischer Erscheinungen und die theoretischen Angebote eines Aristoteles Geburtshelfer der modernen Naturwissenschaften gewesen sind.

Und der Schnee hat den Vorteil, dass Gott weitgehend neutralisiert ist. Schnee hat er als Rächer nicht für Strafgerichte an den Menschen vorgesehen, denn Blitz, Donner, Platzregen, Nord- und Südsturm sind die eigentlich machtvollen Zeichen seiner Wut. In der Bibel ist Schnee zart wie Wolle, ein Bild der Schönheit und Unschuld, der Majestät und Herrlichkeit, der Weisheit, Gerechtigkeit und Heiligkeit (Lukas, Apokalypse), sein Wasser ist ein Mittel, die Sünden loszuwerden, wie Jesaja weiß: »Wenn eure Sünde auch blutrot ist, soll sie doch schneeweiß werden, und wenn sie rot ist wie Scharlach, soll sie doch wie Wolle werden« (1,18). Für Francisci sind Schneeflocken »kleine vom Himmel fallende Sternlein«, eine »weisse Rose«, eine »Wolle der stillen Wasser« und wie »Floß-Federn«. Seine Zartheit, seine Weiße und die unterschiedliche Form der Flocken verblüffen.

Nach heutigem Wissen entstehen Schneekristalle, wenn Wasserdampf in der Atmosphäre direkt, also ohne vorher flüssig geworden zu sein, zu Eis kondensiert. Voraussetzung dafür sind warme und feuchte Luftmassen, die aufeinandertreffen, nach oben steigen und sich dabei abkühlen. Sofern Staub in der Luft als Kondensationskeim vorhanden ist, bilden sich ab einer bestimmten Temperatur Wassertröpfchen, die das Sonnenlicht streuen und den Eindruck einer Wolke verschaffen. Bei weiterer Abkühlung können diese Staubteilchen den normalerweise langsam ablaufenden Gefrierprozess (man kann reines Wasser, ohne dass es gefriert, bis minus 40° Celsius abkühlen) schon bei minus 6° schlagartig einleiten. An der Oberfläche der Eiströpfchen kondensiert der Wasserdampf dann weiter und bildet direkt die Gitterstruktur des Kristalls, im allgemeinen hexagonal, sechseckig, aber doch in vielfältigen Formen, die von Plättchen bis zu sternförmigen Dendriten reichen. Es gibt auch Säulen, Bündel von Nadeln, Hanteln und Rosetten aus Pyramidenprismen. Je größer die Kristalle wachsen, desto komplizierter werden sie (Abbildung 6, S. 54).

Der Prozess ist abhängig von Temperatur und Feuchtigkeit, vom Wind und der gegenseitigen Beeinflussung der Schneekristalle, die um den restlichen Wasserdampf konkurrieren. Um den komplizierten Prozess und die Eigenschaften

Abbildung 6: Einige Schneekristalle. Ausschnitt aus: Meyers Konversationslexikon, 5. Auflage 1896-1897.

des Schnees zu verstehen, braucht man also Kenntnisse von der Kristallbildung und Kondensation, der Optik der Farben und der Reflexion des Lichts, von Luftdruck und Atmosphäre und eine Vorstellung von Temperatur, von Kälte und Wärme. Nichts davon war damals wirklich einigermaßen gesichertes Wissen, vieles aus großen Denksystemen abgeleitete Spekulation und nur einiges aus Experimenten gewonnene, mit kühnen Thesen überladene Erkenntnis. Nirgendwo sonst wird dieser Mix so deutlich wie beim Schnee.

Er ist eine Mischung aus Aristoteles, der den Schnee aus Wasserdampf, Auspressen der Luft »durch Verdunstung oder Verrauchung« beim Abkühlen und Bildung von Eis entstehen lässt, und aus dem »warmen Spiritus« der Alchemisten, der das Eis zarter und lockerer macht, womit sich wenigstens das Flockige erklären lässt. Schwieriger wird es bei der auffallenden Form der Schneekristalle. Von der Meinung, er müsse in der Mittelluft mehr als sechs Ecken gehabt haben, die sich beim Herabfallen abgestoßen haben, über die Vorstellung, die Kristallform müsse »geschwinde eingedruckt« worden sein und mathematisch zu erklärenden Speichen eines Rades bis zu Pflanzen- und Steinsamen bleiben der Phantasie keine Grenzen gesetzt. Die Alchemisten vermuten Salz im Schnee und einen irdischen Anteil, den sie Salpeter nennen. Dass es relativ warm ist, wenn es schneit, ist allen aufgefallen. Da Francisci in der Diskussion alle Argumentationsfäden ständig miteinander verknüpft, bis ein Knoten entsteht statt eines Teppichs mit klaren Mustern, ist es besser, die einzelnen Fäden von heute aus gesehen neu aufzudröseln.

Die Figuren des Schnees

Diese entstehen, so lässt Francisci den berühmten Jesuiten am Collegium Romanun, Athanasius Kircher, sagen, aus Wasser, mittelmäßiger Kälte, etwas Salz und einem warmen Spiritus. Damit vertritt er die Auffassung der Alchemisten, die etwas Salz in allen Körpern behaupten, »am häuffigsten in den festen oder zusammengebackenen: und ist der rechte Urheber aller Zusammenrollung der Schnee-Flocken«. Das wird mit »zerlassenem Schnee« auf dem Tisch und Salzbeimengung gezeigt, der dann festbackt und sich kaum von der Platte lösen lässt. Oder mit Hildebrands Versuch, der einen Eisklotz mit einem bißchen Salz auf den Tisch stellte, das dann so stark gefror, dass es kaum zu entfernen war. Heute wissen wir, dass das kein Beweis ist, denn das Gegenteil ist der Fall: durch Zugabe von Kochsalz sinkt der Gefrierpunkt des Wassers. Der Schnee und der Eisklotz schmelzen beim Kontakt mit dem Salz und frieren erst wieder bei niedrigerer Temperatur. Der Eisklotz klebt wegen der Adhäsionskräfte des angeschmolzenen Eises. Anders sieht es beim geheimen Pulver des Herzogs von Mantua aus, von dem Bartholinus und Cabaeus annehmen, dass es Salpeter gewesen sein muss, welcher das Wasser mitten im Sommer plötzlich zu Eis gefrieren ließ. Hier kann es sich nur um Ammonsalpeter (NH_4NO_3) gehandelt haben, das sogenannte Gefriersalz, ein Kristall, der bei der Lösung in Wasser die Temperatur stark absenkt und bei schneller Erhitzung explodiert. Francisci allerdings verwirrt für uns die Begriffe: »Wenn man Stein-Saltz (oder Salpeter) ins Wasser wirft und dieses alsdenn gar geschwinde herumschüttelt und schwancket, daß selbiges Wasser alsdenn nach einiger Bewegung nicht allein erkalte, sondern recht vollkommen erfriere« (S. 820). Das, was wir unter Steinsalz verstehen ist das normale Kochsalz, das, was Francisci so bezeichnet, ist »sal petrae«, das Felsensalz, wie der Salpeter bezeichnet wurde.

Bartholinus glaubt sogar, dass man aus Schnee »das allerköstlichste Saltz« ziehen kann, welches als »menstruum universale« dienen könnte. Francisci übersetzt das mit einem »allgemeinen chymischen Schlüssel«. Die Alchemisten bezeichneten mit menstruum die Flüssigkeit, die zur Destillation vorgesehen ist, oder eine, die Metalle korrodieren und Steine lösen kann. Das »menstruum universale« war ein Alleskönner. Der Arzt und Geograph Vigenarius aus Hitzacker habe mit einem solchen menstruum, einem »aus schlechtem Wasser« erhaltenem Salz, sogar Gold aufgelöst. Im schlechten Wasser mit seinen Fäulnisrückständen finden sich Salpeter (Nitrate) aus organischen Substanzen und Salmiak (Ammoniumchlorid). Das Salz des Vigenarius müsste also ein Art »Königswasser« gewesen sein, eine dem Begründer der arabischen Alchemie, Geber, zugeschriebene, aus Salmiak und Salpetersäure gewonnene Lösung (das spätere ebenso genannte wurde aus Salzsäure und Salpetersäure hergestellt).

Für die Iatrochemiker, den mit chemischen Substanzen behandelnden Ärzten, scheint es jedenfalls klar zu sein, dass sich im Schnee Salz befindet, der eine therapeutisch nutzbare Wirkung entfaltet, wenn man richtig mit ihm umgeht. Die Vorstellung, bei diesem Salz müsse es sich um Salpeter handeln, entspringt der Beobachtung, dass sich auch im altem Schnee Nitrate nachweisen lassen, die aus der Erde stammen. So ungereimt, wie diese Debatte um Salz im Schnee auf den ersten Blick erscheint, ist sie also nicht. Das Salz der Iatrochemiker ist schon körperlich als kristallin erkennbar und chemisch als definierter Stoff zu ahnen und es schmeckt danach. Bei Paracelsus war es noch ein Prinzip, eines von dreien der »Tria prima«, materiell entsprach es z.B. der Asche bei der Holzverkohlung. Bei Helmont war Salz jede feste Substanz im Gegensatz zur flüssigen des Wassers, in das sich letztlich alles umwandeln lässt. Das Salz und der Schnee der Iatrochemiker haben somit »eine große Verwandniß«, weil sowohl Schnee als auch Salz leicht im Wasser zergehen. Dass auch der Zucker sich auflöst, wo er doch keinerlei Verwandtschaft mit dem Salz aufweist, ist ein Problem, das zugunsten des vielversprechenden Beweises der Figuren des Schnees schnell übergangen wird. Sie sehen aus wie die des Salzes, des Salpeters, des Vitriol und des Weinsteins, selbst des Eises, das normalerweise glatt gefriert, bei Anwesenheit von Salz auf den Landstraßen aber einige Figuren zeigt.

Über die sechseckigen Figuren des Schnees schrieb Kepler 1611 ein kleines, wenig bekanntes Meisterwerk (»De nive sexangula«), das Francisci nur erwähnt, ohne es zu würdigen. Darin sind alle wesentlichen Elemente besprochen, die nach heutiger Meinung zur Bildung einer Schneeflocke führen: die direkte Kondensation aus den Tröpfchen des Wasserdampfs, eine plötzliche Kälte, die er an der Türe eines Badehauses beobachtet hat, die Konstruktion eines sechseckigen Gerüstes, das als Basis für einen achtflächigen Kristall dienen kann (einen Oktokaeder), und andere Überlegungen aus der Geometrie von Körpern, die Tobern Bergman erst 170 Jahre später zu einer Theorie der Kristallentstehung ausbauen sollte. Kepler machte sich, ausgehend von der Ökonomie der Bienenwabe, Gedanken, wie die kleinen aus dem Wasserdampf entstandenen Eiskügelchen mit dem geringst möglichen Zwischenraum zusammengepackt werden können. Ob er einen der wichtigsten Wissenschaftler des 9.Jahrhunderts in der arabischen Welt, den Sabier Thabit ibn Kurra kannte, der ähnliche Gedanken über die Bienenwabe geäußert hatte, sagt Kepler nicht. Ironisch bemerkt er gegen Ende seiner Schrift, dass er aus einem »fast Nichts beinahe die Welt mit allem, was darinnen ist, gebildet habe«, was mich wiederum auf den Gedanken gebracht hat, dass Descartes die wesentlichen Elemente seiner Substanztheorie von Kepler oder Thabit hat, ohne, wie er es oft gemacht hat, deren Anreger zu nennen. Descartes beschrieb 1637 im 6. Diskurs seiner »Météores« den Schnee als sternförmige Räder, was Francisci ausführlich schildert, und er hat in den »Principia Philosophiae« solche zusammengepackte Kügelchen mit zusätzlichen noch kleineren Teilchen, die die Zwischenräume exakt ausfüllen, als Beweis gegen die Möglichkeit eines Vakuums genommen. Kepler hat das Entstehen einer vollkommenen Kugelpackung an den Kernen eines wachsenden Granatapfels beobachtet und Zeichnungen hinzugefügt, die mit steigender Kugelzahl die endgültigen, optimal erreichbaren Figuren zeigen. Bei Descartes wird aus dieser Grundidee die umfassende Spekulation über den Aufbau aller Substanzen. Kepler dagegen war vorsichtig genug, die ganze Welt eben nicht aus beinahe nichts geometrisch zu konstruieren.

Warum ist der Schnee weiß?

Wieder gibt Aristoteles die Folie für die Diskussion ab. Er bietet eine Theorie an, die alle Farben aus schwarz und weiß erklären will. Die Helligkeit bestimmt den Farbeindruck, schwarz ist deren Abwesenheit. Er sagt in »De Anima« (Über die Seele), alles, was in der Helligkeit gesehen wird, ist Farbe, deshalb fehlt sie in der Dunkelheit. Die Farbe erregt das Durchsichtige, das völlig Durchsichtige ist hell, also ist die »Helligkeit die Farbe des Durchsichtigen«. Es

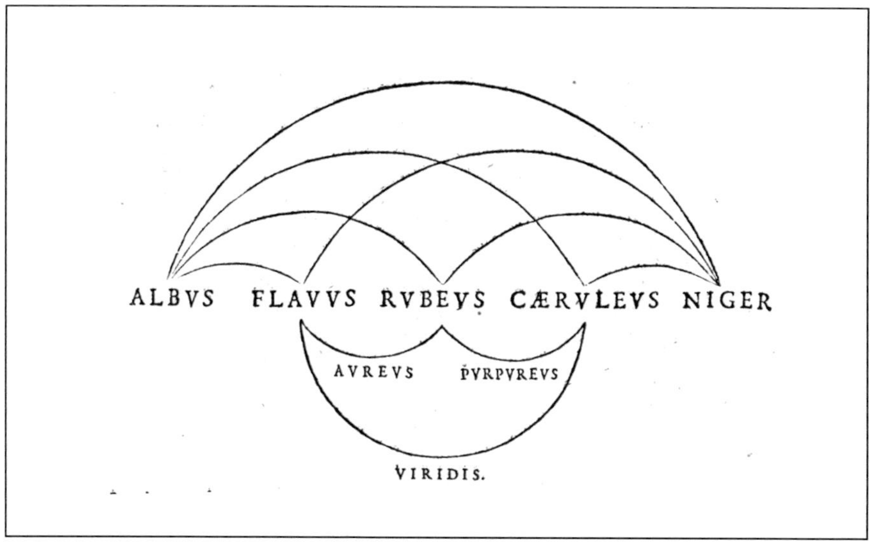

Abbildung 7: Die Farbenlehre des Franciscus Agilonius. Erklärung im Text.
Aus: Francisci Agilonii E Societate Jesu Opticorum Libri Sex. Philosophis ixtà ac Mathematicis vtiles, S. 40. Antwerpen 1613.

fällt schwer, diesen sprunghaften Gedankengängen eine Logik abzugewinnen, aber immerhin war das für Jahrhunderte ein Angebot, die Wirkung der Farben aus ihrem Helligkeitseindruck zu verstehen. Und es ist schon merkwürdig, dass in der digitalen Bildbearbeitung die Farbkänale genau nach diesem einfachen abgestuften Prinzip von Helligkeit funktionieren.

Die Scholastiker hatten wenig Grund, sich mit Überlegungen zur Entstehung der Farben zu quälen, weil sie Licht als Beweis göttlicher Präsenz in der Welt nahmen, die nicht hinterfragt werden musste. Es gab zwar immer wieder Äußerungen zum Regenbogen und zur Lichtbrechung, aber Francisci hätte schon den Jesuiten Aguilonius und seine Optik von 1613 zu Hilfe nehmen müssen, um etwas Neues zur Farbe Weiß mitteilen zu können (Abbildung 7).

In einem Schaubild, das wahrscheinlich vom Maler Rubens stammt, werden die Intensitätsänderungen von Hell nach Dunkel in eine Art Farbenkreis eingebaut, der zwischen Weiß und Schwarz noch Gelb, Rot und Blau enthält. Eine Erklärung, wie Weiß aus Farben entsteht, war das nicht, eher der Versuch einer genaueren Fassung der Gedanken des Aristoteles. Kepler, den Francisci mit dessen »Nachtrag zu Vitello« (»Ad Vitellonem Paralipomena«) von 1604 bei der Lichtbrechung der Sonnenstrahlen an der Lufthülle anführt, hat sich keine gründlichen Gedanken zu den Farben gemacht und sie lediglich mit der Lichtreflexion an farbigen Körpern erwähnt. Er hat die vom berühmten arabischen Universalgelehrten Alhazen begründete und vom schlesischen Philosophen Witelo (1230-1275) für das Abendland tradierte optische Geometrie weiterentwickelt und die Netzhaut als Empfängerin des Lichts benannt. Immer wieder wurde von verschiedenen Autoren über das Farbenspiel berichtet, welches Licht beim Durchgang durch Gläser erzeugt und an die Farben des Regenbogens erinnert, aber dass weiß nicht einfach hell bedeutet, blieb ihnen bis zu Newton verborgen. Ihm gelang mit Weiß als der Summe aller Farben die richtige Deutung, nachdem ein Prisma das natürliche Licht in seine Spektralfarben zerlegt hatte. Es wundert deshalb nicht, dass die Diskussion bei Francisci noch um den Unterschied von durchsichtig und weiß kreist, wie sie Aristoteles angeregt hatte.

Danach müssten wir die Luft, weil sie hell ist, als Weiß erleben. Sie ist aber durchsichtig. Der »deutscher Galen« genannte Sennertus (1572-1637) zerstößt deshalb Glas oder einen Kristall, um zu zeigen, dass ohne einen »eingemischten Spiritus«, der den Schnee wie Bier zum Schaum macht, sein Weiß nicht erklärt werden kann. Folgt man der Analogie von durchsichtigem Glas als reinem Licht und zerstampftem Glas als Farbe Weiß, dann müsste man, so wirft der berühmte Arzt aus Kopenhagen, Bartholinus, ein, die Luft wegen fehlendem Licht nachts Weiß sehen, aber wir sehen dann nicht einmal eine weiße Lilie oder ein Glas. Auch wenn Schnee zusammengedrückt wird, geht sein Weiß verloren, weshalb Bartholinus, in hermetisch-alchemistischer Tradition glaubt, dass der »beharrlich weiße Glantz des Schnees« einen höheren Ursprung hat und vom »eingepflanzten himmlischen Lichte« herrührt oder der Philosoph aus Löwen und Bestsellerautor einer Meteorologie, Fromondus, dass durch ein »einverwirretes Licht, welches von den Spiritibus, mit einer zarten Feuchtigkeit vermischt, wiederscheinend gemacht werde«. Er sieht in der Schneeflocke eine Art Käfig für das gefangene himmlische Licht. Der Jesuit und Mathematiker aus Parma, Cabaeus, glaubt eher an eine Beimischung des allerreinsten und subtilsten Schwefels unterschiedlicher Natur, wobei er den Schwefel des Paracelsus als Prinzip der Seele und nicht materiell denkt. Nur der französische Atomist Gassendi (1592-1655) wirkt modern und erklärt das Weiß aus der Reflexion an den Flächen der Kristalle, aber dem Problem des immer wieder beobachteten roten und blauen Schnees ist damit auch nicht beizukommen. Der Astronom und Mathematiker Reyhers aus Kiel, ein Zeitgenosse Franciscis, der Versuche mit der camera obscura gemacht hat, hat den Schnee in der dunklen Kammer sogar saphirblau erlebt.

Francisci hat die neuen Erkenntnisse Newtons über die Natur des Lichts und dessen Erklärung der weißen Farbe offensichtlich nicht zur Kenntnis genommen, die von 1672 bis 1676 in den Philosophical Transactions veröffentlicht worden waren, was verwundert, da er bei anderen Problemen häufig auf sie zurückgegriffen hat. Über die Gründe kann ich nur spekulieren. Vielleicht war der grundlegende Gedanke Newtons, dass sich alle Körperfarben durch die Reflexion der Farben eines als weiß empfundenen Sonnenlichts und Durchsichtigkeit als fehlende Reflexion erklären lassen, so ungewohnt, dass er der philosophisch-scholastischen Herangehensweise den Vorzug gegeben hat, oder er glaubte, ein Umdenken seinen Lesern nicht zumuten zu können. Ein ganz lapidarer Grund könnte sein, dass er diese Veröffentlichungen gar nicht kannte, weil die Sammelbände der Philosophical Transactions mit großer Zeitverzögerung erschienen sind.

Was ist Wärme?

Ist der Schnee warm oder kalt? Es passen nicht zusammen Kälte mit Schneefall, Schnee auf heißem Ätna, Schnee im Sommer, die Entstehung des Schnees aus kaltem Wasser und ihm innewohnende Wärme. »Sagt nicht Aristoteles, es sey in einer Wolcken, die zum Schnee gefriert, viel Feuers übrig, welches den feuchten Dunst aus der Erden habe aufsteigen gemacht? Schreibt nicht Seneca, der Schnee werde in dieser Lufft-Gegend, so um den Erdboden schwebt, erzeugt, welche aus dreyerley Ursachen mehr Wärme habe? Massen er auch des Democriti Bedencken hinzusetzt, daß der Schnee, durch seine kleine Löchlein, die Hitze aus der Erden und von der Sonnen leichter empfinde und behalte. Der scharfsinnige Thomas Campanella behauptet, daß der Schnee sowol als andre Wasser durch eine gelinde Wärme constituirt werde; ob er gleich durch die äusserliche bestreitende Kälte unsrem Gefühl sich kalt verspühren lasse; zumal weil wir noch wärmer seyn denn er: Er mache doch die Felder fett; so werde ihm auch seine weisse Farbe und weiche Lindigkeit durch die Wärme verliehen« (S. 842,843).

Der Schnee muss warm sein, wie Bartholinus mit neun Beobachtungen zu beweisen sucht: Erstens sei schneebeladenes Eis dünner als anderes, weil es darunter schmilzt. Zweitens spüre man deutlich, dass »sich die Kälte breche«, wenn es schneit. Drittens, hätten die französischen Soldaten während des 30jährigen Krieges unterm Schnee geschlafen, viertens wärme das Reiben mit Schnee die Hände, fünftens brennen die Füße beim Laufen im Schnee, sechstens sehen Frostbeulen aus wie Brandblasen, siebtens kann ein halb erfrorenes Glied unter Schnee wieder erwärmt werden, achtens dörrt allzu vieles Schneetrinken die Eingeweide aus, neuntens sind beim medikamentösen Gebrauch des Schnees die Wirkungen warm und hitzig. Ist es also wahr, was Thomas von Aquin in anderen Worten sagt, dass Teile des Feuers mit herunterkommen, weil der Schnee durch Austreiben der Wärme aus den Wolken entsteht?

Langsam. Es gibt auch schwierige Beweise für seine Kälte. Sie stammen aus der durch die Scholastiker verfeinerten Theorieküche des Aristoteles. Bei der Destillation des Weins wird der entstandene Weingeist als Feuer empfunden (wenn man ihn trinkt). Seine innere Hitze entsteht durch »Einzwingung oder Belagerung durch eine umherstehende Kälte«, in diesem Fall der Luft, in die der heiße Spiritus bei der Destillation eingedrungen ist. Beim Schnee ist das umgekehrt. Er wird durch die Belagerung der vorher aufgestiegenen und jetzt »umstehenden Wärme« kalt. In diesem militärisch inspirierten Gedankenkonstrukt des so genannten »Antiperistasin«, einer Umlagerung mit dem jeweiligen Gegenteil, können sich eingeschlossene Wärme oder Kälte nur durch einen Ausbruchsversuch befreien. Es ist ein Entweder-Oder mit wenig Raum für Abstufungen. Selbst wenn bei der Kälte immer auch ein wenig Wärme zu finden ist, kommt es darauf an, welche Wirkung im Verhältnis zur Umgebung überwiegt. Die stärkere belagert die schwächere solange, bis dieser ein Ausbruch gelingt und ihre Eigenschaft enthüllt. Wenn der Schnee an den Füßen brennt, muss die in ihm enthaltene Wärme stärker sein als die Kälte der Füße. Wenn das Eis unter dem Schnee schmilzt, ist die Wärme des Schnees im Verhältnis zur frostigen Luft, die ihn belagert, stärker und schützt sogar die unter ihm schlafenden Soldaten. Eine bei Erfrierung und Verbrennung gleiche Empfindung des Schmerzes entsteht aus einem heftigen Streit zwischen warm und kalt. Steckt man die Hände in den Schnee, will die innerliche Wärme den äußeren Frost nicht einlassen, tritt man aus der Kälte in die warme Stube, will der Frost nicht weichen. Je größer der Gegensatz, desto stärker die Spannung zwischen der Empfindung von warm oder kalt und desto heftiger der Schmerz.

Wärme ist in diesem Musterbeispiel einer scholastischen Diskussion eine selbständige Qualität, die mit der ebenso selbständigen der Kälte in Widerstreit liegt. Sie belagern sich gegenseitig argwöhnisch, um einen Ausbruch aus der Umklammerung zu verhindern. Ist der Angriff zu stark, verschwindet der besiegte Kontrahent und der Sieger nimmt seine Position ein. Ihre relative Stärke bestimmt den Ausgang der Schlacht, an der nur Kälte und Wärme teilnehmen, also nicht etwa warmer Schnee und kalte Luft, sondern die Wärme des Schnees und die Kälte der Luft. Ist eine Substanz heiß, die andere sehr heiß, folgt daraus, dass die heiße als die kältere die sehr heiße belagert, folglich ist sie kalt. Ein dialektisches Vergnügen mit großer Durchschlagskraft in die Köpfe der Chemiker und Physiker bis zur Entwicklung der Dampfmaschine. Man sprach dann von einem Wärme-, bzw. Kältestoff, der als subtiler gewichtsloser Spiritus alles durchdringen kann, sich gegenseitig jagt oder der als ausschließlicher Wärmestoff beim Eintritt in den menschlichen Körper das Gefühl der Wärme, bei Austritt das Gefühl der Kälte erzeugt.

Francis Bacon (bei Francisci Verulamius) fühlte die Unzulänglichkeiten scholastischer Erklärungen und widmet einen großen Teil seines Plädoyers für empirische Untersuchungen und induktive Schlüsse im 2. Buch des »Novum organum scientarum« von 1620 einem Vorschlag, wie ihrer Natur zu Leibe gerückt werden könne. Dort tauchen auch viele von Francisci genannte Phänomene auf, die er tabellarisch zusammengestellt und in einfachen Versuchen verdeutlicht hatte, um sie anschließend mit seiner Methode der Induktion gedanklich zu durchdringen. Ergebnis: »Die Wärme ist eine expansive, gehemmte, die kleineren Teile durchdringende Bewegung«. Also bewegt sich die Wärme und nicht die Materie. Noch Lavoisier, der den Verbrennungsvorgang mit Sauerstoff richtig beschrieb, rechnete das »Caloricum« zu den Elementen. Und auch Carnot, der 1824 als erster den Kreisprozess der Krafterzeugung von Dampfmaschinen beschrieb, betrachtete die Wärme als Stoff. Andere wie Kepler und Boyle verstanden Wärme als Bewegung kleinster Teilchen, was der modernen Auffassung entspricht, oder bereiteten wie Leibniz mit seiner Vorstellung von Wärme als Erhaltung der lebendigen Kraft gedanklich den Energieerhaltungssatz vor.

Die Temperaturmessung hat in dieser Frage keine Klärung gebracht. Ihre Ergebnisse wurden je nach Standpunkt ganz unterschiedlich interpretiert. Francisci zitiert in seinem Buch sieben Wissenschaftler, die sich schon zu seiner Zeit mit ihr und dem Bau von Thermometern befasst haben: Cornelius Drebbel, Caspar Ens, Robert Hooke, Johann Christoph Sturmius, Robert Boyle, John Wallis, Santorio. Aber nur von zweien nimmt er das auch zur Kenntnis, von Boyle und Wallis. Von ihnen nennt er das Weingeistthermoskop aus einem Bericht der Philosophical Transactions vom März 1665. Es ist eines der fünf Modelle der »Accademia del Cimento« in Florenz, die von Großherzog Ferdinand II. zur Föderung experimenteller Wissenschaften gegründet worden war und nur von 1657 bis 1667 bestand. Diese »florentinischen Thermoskope« waren ein Exportschlager. Das von Francisci genannte bestand aus einer bauchigen Flasche mit sehr langem und dünnen Hals und wurde nach Erwärmung mit ungefärbtem Weingeist voll gefüllt, versiegelt und abgekühlt. Eine Gradeinteilung erlaubte eine Beoabachtung der Veränderungen der Temperatur (Francisci spricht von einer Messung des »Temperaments der Luft«, was eine Wärmebewegung von Teilchen nahelegt), war aber wegen fehlender Definition des unteren und oberen Werts keine wirkliche Messung. Spätere Vergleichsmessungen mit diesen Thermoskopen ergaben ca. minus 18° für die untere und plus 55° Celsius für die obere Markierung (Abbildung 8).

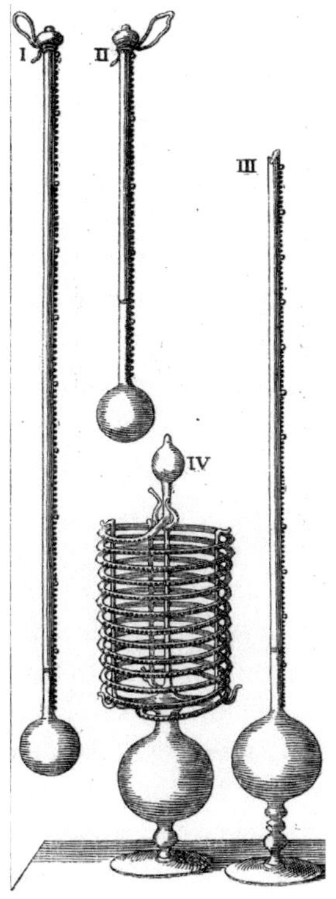

Abbildung 8: Florentinische Thermometer mit verschiedenen Skalen, durch Glaskügelchen markiert. Nach »Saggi die naturali esperienze fatte nell'Academie del Cimento« 1667.
Aus: Hans-Günther Körber, Vom Wetteraberglauben zur Wetterforschung. Leipzig 1987.

Da es in der Natur nur Wärmezustände, aber keine Temperatur gibt, wie das Ernst Mach 200 Jahre später in seinen »Principien der Wärmelehre« ausdrücken sollte, konnte nur durch eine willkürliche Definition auf eine auf Übereinkunft beruhende Zahl, die auch anders hätte ausfallen können, eine Messung erfolgen. Vorher wurde alles mögliche zu Kalibrierung benutzt: die Kellertemperatur, der Schmelzpunkt von Butter, der Erstarrungspunkt von Anisöl, eine Eis-Salz- und viele andere Mischungen. Eine Übereinkunft gelang erstmals Fahrenheit 1714, dessen Skala noch heute in den USA und Großbritannien üblich ist. Unsere Celsius-Skala folgte 1742. Es dauerte deshalb so lange, bis man sich zu solch einer willkürlichen Festlegung durchringen konnte, weil man ein »natürliches Temperaturmaß« für die subjektiven Wärmeempfindungen finden wollte, wie das an den frühen Einteilungsversuchen am Beispiel von Sanctorius deutlich wird.

Er schreibt in seinen »De medicina statica aphorismi« von 1614 von einem wunderbaren Glasinstrument, mit dem er die Körpertemperatur messen

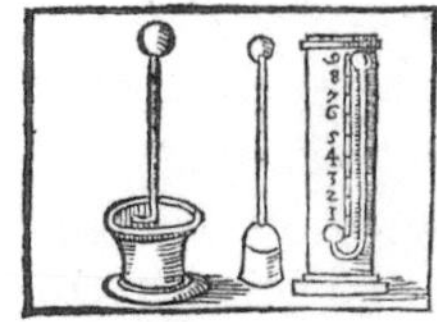

Abbildung 9:
Thermometer mit galenischer Skaleneinteilung
Aus: Daniel Schwenter, Deliciae Physico-Mathematicae oder Mathemat. und Philosophische Erquickstunden, S. 456. Nürnberg 1636

könne. In einer Abbildung, die er elf Jahre später in einem Kommentar zu Avicenna veröffentlicht (»Commentaria in primam fen primi libri Canonis Avicennae«), hat das Glasinstrument noch keine Skala, obwohl er sich bemüht, einen oberen und unteren Fixpunkt zu finden. Von Galen, zu dem er auch einen Kommentar geschrieben hat, stammt der Gedanke von Graden der Hitze und Kälte, die von einem Neutralpunkt der Mitte aus vier Grade in jede Richtung ergeben sollten (Abbildung 9).

Dieser neutrale Punkt war definiert durch eine Mischung aus gleichen Teilen kochenden Wassers und Eis. Die Gradeinteilungen entsprachen Abstufungen subjektiver Wärme- und Kälteempfindung. Die ersten Versuche der Mediziner zur objektiven Skalierung wiesen deshalb diese acht galenischen Grade auf. Der erste, der die zwei uns bekannten äußeren Fixpunkte vorschlug, den Eispunkt und die Temperatur des kochendes Wassers (heute der Siedepunkt), war Sebastiano Bartolo (1635-1679) in seiner »Thermologia Aragonia, sive historia naturalis thermarum« 1679, den Francisci nicht kannte. Mit Santorio haben Puls- und Fiebermessen Einzug in die Medizin gehalten, wenn auch zunächst noch mit galenischen Graden und ohne wirkliches Messen, weil nur grob beobachtet werden konnte, wie sich die Anzeigeflüssigkeit, meist Weingeist, von einer Mittellage aus nach oben oder unten bewegte (»Methodi vitandorum errorum« 1631).

Die Vertreter der subtilen Wärme, die alles durchdringt – heute würden wir das als Wärmestrahlung bezeichnen – und die Vertreter der Wärme durch Bewegung von Teilchen hatten gleichermaßen Schwierigkeiten, die Temperaturmessung zu interpretieren. Die frühen, noch offenen Messinstrumente z.B. arbeiteten mit einer Schale mit Weingeist, in die ein vorher gefülltes, unten offenes Rohr mit einem ballonartigen Aufsatz getaucht wurde, sodass bei Veränderung der Flüssigkeitssäule nicht gesagt werden konnte, ob die Ausdehnung der Luft im Ballon oder die Ausdehnung der Flüssigkeit im Rohr für die Veränderungen verantwortlich ist. Außerdem waren sie anfällig für Einflüsse des Luftdrucks, der auf der flüssigkeitsgefüllten Schale lastete. Beide fanden ihre Beweise. Die einen in der Ausdehnung durch Zutritt des Wärmestoffs, die anderen in der Zunahme der Bewegung der Flüsssigkeitsteilchen. Dass Wärme eine Eigenschaft des Stoffes ist, der sich erwärmt, war durch die uralte aristotelische Lehre von den Qualitäten, die zu den Stoffen hinzutreten, ohne sie zu verändern, und zu denen die Wärme gerechnet wurde, noch immer weitgehend blockiert und sollte erst durch die Thermodynamik des 19. Jahrhunderts geklärt werden.

Die in den Schneeflocken gefangene, von der Kälte belagerte Wärme war ein akzeptables Erklärungsmodell für die so disparaten Beobachtungen der Flocken als Eiskristalle und der »Brechung der Kälte«, wenn es schneit, der Isolationswirkung gegen Kälte und der therapeutischen Wirkung des Schnees bei Erfrierungen. Es wurde als in sich schlüssig erfahren, sodass einzelne experimentelle Ergebnisse noch keine Chance hatten, am Gesamtbild zu kratzen. Sie wurden eher in das alte System eingebaut, als dass sie ihm Schläge versetzten. Es gab von altersher eine auf absoluten aristotelischen Gegensätzen beruhende begriffliche Genealogie, die sich fast unbemerkt, zumindesten unbewusst, in die experimentellen Wissenschaften einzuschleichen begann und ihnen eine quantitative Sicht auf die Dinge versperrte, indem sie die bekannten Stempel von aktiven und passiven Qualtitäten aufdrückten, die die Formen bestimmen sollten. Fäulnis z. B. wurde von Aristoteles als ein Überfall der Umgebungswärme auf einen Körper gedeutet, der seine eigene aktive Wärme und passive Feuchtigkeit verloren hatte und erkaltet vetrocknet war, wie der Mist. Dieses dichotomische Denken in strengen Gegensatzpaaren von Eigenschaften war nicht leicht los zu werden. Es entsprach im Groben den Sinneswahrnehmungen und den alltäglichen Erfahrungen und im Feinen einem nicht enden wollenden spekulativen dialektischen und Freude bereitenden Denkprozess.

Literatur

Georg Agricola, Vom Berg- und Hüttenwesen, München 1994, eine Übersetzung von »De re metallica« 1556.

René Descartes, Principia philosophiae – Die Prinzipien der Philosophie, lateinisch-deutsche Parallelausgabe Hamburg 2005.

– Les Météores, Faksimile der Erstausgabe 1637, Frankfurt 2006.

K. G. Libbrecht, Spektrum der Wissenschaft 2/2008.

Johannes Kepler, Neujahrsgabe Oder Vom Sechseckigen Schnee, Berlin 1943, eine Übersetzung von »Strena Seu De Niue Sexangula« 1611.

Der steinmachende Spiritus und der Wetterkeil

Meteore sind Erscheinungen der Luft, sie blitzen für kurze Zeit auf und verschwinden. Niemand konnte zur Zeit Franciscis einen extraterrestischen Ursprung annehmen, da der Himmel jenseits der Planeten als unveränderlich angesehen wurde und die sublunare Welt, die Welt zwischen Erde und Mond, nur von den Ausdünstungen der Erde und der sie umfangenden Luft beeinflusst war. In ihr spielten sich die Dramen des Wetters ab, aus ihr musste alles stammen, was schnellen Veränderungen unterlag. Die auf die Erde stürzenden Meteorite konnten daher nur in dieser Luft geboren worden sein. Sie wurden nach demselben Schema erklärt, das der Entstehung von Regen, Schnee und Gewitter zugrunde lag.

Als die Fürstin Isabella von Siebenbürgen, die Gemahlin des Johannes von des Großtürken Gnaden, eben aus dem Leben schied, fielen fünf menschenkopfgroße Steine aus der Luft, wie Francisci berichtet, »nachdem der vorhin ganz heitere Himmel sich gähling in einen grausamen Blick verwandelt und mit plötzlichem Blitzen, Donnern, Sausen und Brausen seine Freundlichkeit abgewechselt«. Es waren Meteorite, Donnersteine von bleichgelblicher Rost- und Eisenfarbe, und sie wurden Kaiser Ferdinand geschickt.

Das war nicht der erste, dem kaiserliche Ehre zuteil geworden ist. Am 7. November 1492 fiel ein 127 kg schwerer Meteorit mit Feuer und Lärm bei Ensisheim im Oberelsaß in ein Getreidefeld, was Diebold Schillings in der Luzerner Bilderchronik von 1513 festgehalten hat. »... da kam ein gross getön glich dem tonder, und fiel ein grosser stein by den dryen zentnern schwär herab uss dem luft, darab sich alle wält verwundert«. Er landete auf Befehl Kaiser Maximilians I. als »sichtbares Zeichen gegen die Türken« in der Kirche von Ensisheim. Die Mauren hatten zehn Monate vorher mit Granada ihre letzte Bastion in Spanien verloren. Der Stein wurde während der Französischen Revolution nach Colmar transportiert, verlor große Teile und wiegt heute noch 40 kg (Abbildung 10).

So große Brocken sind selten. Was auf die Erde fällt, ist meist handlich bis erbsengroß. Schaut man genauer hin, ist auch Staub nachzuweisen. Er ist 4,6 Milliarden Jahre alt und stammt aus der grauen Vorzeit unseres Sonnensystems. Schon den frühen Beobachtern fiel die ganz unterschiedliche Beschaffenheit der Steine auf. Heute spricht man von Eisenmeteoriten, Steinmeteoriten und Stein-Eisen-Meteoriten mit einigen Unterformen, die durch den Nickelgehalt und die Zusammensetzung der Silikatmineralien unterschieden sind. Francisci beschreibt sie manchmal so genau, dass eine Diagnose versucht werden kann.

Einige, die er nennt, sind keine Meteoriten, sondern nur durch den Einschlag verändertes Erdgestein. Die getroffenen Steine werden für kurze Zeit hohen Drucken und großer Hitze ausgesetzt, schmelzen um und kristallieren anders

Abbildung 10: Der Donnerstein (Meteorit) von Ensisheim 1492.
Aus: Flugschriften des Sebastian Brant. Hg. P. Heitz. Straßburg 1915.

aus. Sie unterscheiden sich nach dieser Kontaktmetamorphose deutlich von den Steinen der Umgebung. Man fasst sie heute unter der Bezeichnung Tektite zusammen und gibt ihnen den Namen des Fundorts. Franciscis »polierter bunter Marmel« und der »Krötenstein« gehören dazu. Letzterer ist wie ein Schildkrötenpanzer geformt und heißt Moldavit. Der angebliche Donnerstein »Chelonit« des altrömischen und frühchristlichen Boetius ist kein Meteorit. Es ist der sogenannte Grottenstein, ein durch Meereseinfluss verformter vulkanischer Basalt. Vulkanischen Ursprungs ist auch der Wetzstein, der rauhe, durch blasige Strukturen sehr leichte Bimsstein. Und die schwarzen, kantigen und rauhen Donnerkeile mit einem sich verjüngenden daumengroßen Loch entstanden nicht durch Meteoriten, sondern durch Blitzschlag ins Gestein. Man nennt sie heute Fulgurite.

Es war nicht einfach, einen Stein als Meteoriten zu erkennen, solange das einzige Kriterium der Fall vom Himmel war. Gerade das wurde von ernsthaften Wissenschaftlern, die selbst nie einen Meteoriteneinschlag zu sehen bekommen hatten, bezweifelt und dem Volksglauben zugeordnet, oder gut dokumentierte Ereignisse von Theologen gegen die Sündhaftigkeit der Menschen in apokalyptischen Szenarien ausgebeutet. Man musste sich an das ungewöhnliche Aussehen der Fundstücke halten.

Die Eisenstücke, die wie Pfeile oder Keile aussehen und die Namensgeber für den Wetterkeil waren, sind Eisenmeteorite mit unterschiedlichen Anteilen von Nickel. Sie haben einen harten Eisenkern, bilden in einer zweiten Schicht feine Netzwerke von Nickeleisen und an der Oberfläche eine Schmelzkappe dort, wo der Meteorit in der Atmosphäre aus der kosmischen Geschwindigkeit von 20-70 km/sec unter Entwicklung gigantischer Temperaturen abgebremst wurde. Sie ist der glatte Rücken, der an seinen Rändern den etwas höckrigen Bauch überwölbt und schlangenähnliche Wulste bildet. Francisci beschreibt mit Agricola sowohl diese Netze als auch die Schlangen. Agricola ist es auch, der einen etwas metallischen und sehr mineralischen Stein-Eisen-Meteoriten erkennt, ebenso den dunkelgrauen, mit kieseliger und marmorsteinigen Materie vermischten reinen Steinmeteoriten. Sie ist in kleinen, hirse- bis erbsengroße Kügelchen in eine homogene Grundmasse eingemischt, die aus Silikatmineralien bestehen und Chondren heißen. Die Beschreibung von Bienenwaben mit eingelagerter kieseliger Substanz erinnert an den von Pallas 1776 aus Sibirien nach Petersburg gebrachten 700 kg schweren Stein-Eisen-Meteoriten, einen »groben Seeschwamm löchrigen Eisens«, mit »bernsteinfarbenem Glas« gefüllt.

Beim Einschlag wurde ein beißender schwefeliger oder salmiakalischer Geruch bemerkt, der von den getroffenen Steinen und der Erde stammt, in die sich die Meteoriten bohren, so wie sich der 36 Pfund schwere Eisenmeteorit, von dem Johann Bangen in seiner Thüringischen Chronik berichtet, 5/4 Ellen (ca. ein Meter) tief versenkt hat. Vereinzelt konnten die noch heißen Meteoriten entdeckt werden. Auch wurde direkt beobachtet, wie die Meteoriten unter Donnerwetter, feurigem taghellen Schein oder Blitzen in einer bogenfömigen Bahn auf die Erde einschlugen wie eine Kugel, die »man aus den Mörsern wirfft«. Das hat allerdings niemanden auf die Idee von Geschossen aus dem All gebracht.

Vielleicht bis auf den hier von Francisci nicht genannten Anaxagoras, wie Plinius über ihn berichtet. Er soll von einem »wagengroßen« Meteoriten, der 476 v. Chr. in Thrakien heruntergekommen war, gesagt haben, er sei ein Bruchstück der Sonne. Aber erst Ernst Florens Friedrich Chladni, studierter Jurist und Begründer der experimentellen Akustik, wagte 1794 die These, dass der sibirische Meteorit des Pallas und andere als Überreste der Entstehung der Planeten aufzufassen sind. Das wurde von den Astronomen und der wissenschaftlichen Gemeinde so lange belächelt, bis der englische Chemiker Howard 1802 den auffallenden Nickelgehalt im Eisen als gemeinsames Merkmal aller überall auf der Welt gefundenen Eisenmeteoriten feststellte und die Entdeckung winziger Planetoiden in den darauffolgenden Jahrzehnten aus dem leeren Raum zwischen den Planeten einen Tummelplatz von Überesten der Bildung des Sonnensystems gemacht hatte. Von diesen Erkenntnissen lag Francisci noch Generationen entfernt.

Er diskutiert die Entstehung der Donnersteine erdnah. Die Erklärungsmuster ähneln dem des Regens, des Schnees, der Gewitter. Die Erde ist der große Tiegel, in dem die Sonne die Substanzen kocht, als Dünste und Dämpfe, als spirituöse Geister aufsteigen lässt, diese dann in den Wolken verdichtet, einsperrt, zusammenbackt, kondensiert oder entzündet. Manchmal kochen unterirdische Feuer und Sterne mit oder verrichten die Arbeit der »Verzärtelung«, der »Subtilisierung« ohne Hilfe der Sonne. Hinaufgezogen und herabgezwungen entstehen daraus die unterschiedlichen Wettererscheinungen, einschließlich der Donnersteine, bei denen ein unbestimmtes Mehr oder Weniger an Wärme und Kälte den Ausschlag geben. Viele Vorstellungen stammen aus der Alchemistenküche.

Die Steinbildung in der Luft ist mit diesem Instrumentarium nicht so leicht und schlüssig zu erklären wie Regen und Schnee. Kälte, Hitze, Feuchtigkeit, Dünste, Trockenheit und Wolken alleine können keine Steine formen. Dazu reicht schon die Zeit nicht aus. Zum »Meister des Donnerkeils« wird deshalb der »Stein-machende Spiritus« erklärt, der keine andere Aufgabe hat als Steine zu produzieren. Das macht er auf der Erde, und er macht es in der Luft prinzipiell auf die gleiche Weise. Auf der Erde entstehen so z. B. Versteinerungen von Holz und Krebsen, Steine im Magen, nach einem Erdbeben sogar zu Stein gewordene Bauern. Die Donnersteine aus der Luft, die meistens aus Metall sind, brauchen dazu noch die Hitze des Blitzes, die wie ein Schmelzofen wirkt und eine viel schärfere Hitze erzeugt als ein Herdfeuer. Wenn man annimmt, dass »der Stein droben formirt wird« und nicht als fertiger nach oben gezogen wird und wieder herunterfällt, dann muss dort »ein klebrichter und etwas zäher Dunst oder Dampff«, nach der Meinung anderer ein subtiler Staub hinzukommen. In dieser Materie steckt der steinmachende Geist, dem das Durchschießen des Blitzes den zur Steinbildung notwendigen Schwefel und Salpeter hinzufügt. Denn daraus besteht der Blitz. Man weiß vom Kochen einer Mischung von Schwefel und Salpeter in einem Ofen, dass sie dadurch »gäntzlich zu einem Stein versetzt« werden. Die bogenförmige Bahn des Blitzes dirigiert dann die Bahn des entstandenen Donnersteins: Weil er »nicht in seiner, sondern in deß Donner-Strahls Gewalt ist, der ihn mit sich fortreisst (nemlich der zerschmetternde oder spaltende), muß er ihm seines Führers und Treibers Anweisung und Direction gefallen lassen und demselben in dem gekrümmten Lauff das Geleit geben«. So hat man sich ungefähr und mit einigen Variationen die Entstehung des Meteoriten vorgestellt.

Literatur

Georg Agricola, Vom Berg- und Hüttenwesen. Übersetzung aus dem lat. Org. von 1556. München 1994.

Charles Lyell, Geologie oder Entwicklungsgeschichte der Erde und ihrer Bewohner. Übers. nach der 5. Aufl. des engl. Org. Berlin 1857.

Hans-Günther Körber, Vom Wetteraberglauben zur Wetterforschung. Leipzig 1987.

Walter Schumann, Der neue BLV Steine- und Mineralienführer. München 1991.

Karl Alfred von Zittel, History of Geology and Paleontology. Übers. aus dem dt. Org. London 1901.

Äther und Horror vacui

Die Reichweite der Luft und die Beseitigung der Sphären

Francisci hat durchaus ein Bewusstsein für den großen Umbruch, der sich mit dem künstlichen Vakuum und der Luftdruckmessung vollzieht. Trotzdem folgt er für die erdumgebende Luft und den Himmel zunächst der groben Einteilung des antiken Polyhistors Varro, um sie anschließend in barocker Formulierung mit den neueren Erkenntnissen anzureichern. Die Äther-Luft-Grenze wird schon bei Varro aufgehoben. Varro sagte in den Worten Franciscis, »man verstehe durch das Wort Himmel zweyerley, nemlich den öbersten, wo die Sterne sitzen; und hernach das alles, womit die Erdkugel umfangen ist. Eben also kan ich die Lufft auf zwey- oder drey- ja wol gar vielerley Weise betrachten. Erstlich als denjenigen Theil, darinn unsre Erd- und Wasser-Dünste ihre Fahrt verrichten: Zum andren, in etwas breiterer Bedeutung, für den freyen Raum oder für den jenigen dünnen und durchsichtigen Körper, der zwischen dem gestirnten Himmel und Erdboden schwebt. Drittens, in noch weitläuffrigerm Sinne, für allen den jenigen belüfften Raum der gantzen Welt, der nicht mit dichten Körpern (als mit dem Gestirn, Meer und Erdreiche) ausgefüllet ist; nemlich für den Lufft unter und in dem Himmel zugleich; sowol für den jenigen Raum, sage ich, der zwischen dem Mond, Saturn, Fixsternen, auch zwischen den Planeten und Fest-Sternen selbsten ist, als für den, der zwischen uns und dem Mond sich befindet. Viertens in dem allerweitläuffigstem Verstande für das allgemeine vierte Element (Feuer, die chaotische Sphäre des Werdens und Vergehens, H.V.), welches zwar Aristoteles von dem Himmel ausgeschlossen; heutiger gesunder Meinung aber nach sowol dem Himmel als der Erden gemein ist und nicht allein in solcher freyen Gegend, wo es herrscht, die Leere verhindert; sondern auch überall, beydes am Himmel und auf Erden, allen Körpern gleich den andren Elementen vermischet ist. Bey dieser Unterredung aber wird durch den Namen der Lufft bald das gantze Lufft-Revier zwischen dem gestirnten Himmel und Erdbodem, bald allein der jenige Theil, so in dem Dunst-Kreise enthalten, verstanden werden: wiewol ich diesen nächsten Theil der Lufft, deutlichern Unterschieds wegen, bisweilen die Erd- oder Dunst-Lufft nennen will. Sonst schreibe ich sowol der irdischen als himmlischen Lufft einerley Wesen zu; hingegen aber sehr ungleiche Mischung, Mässigkeit, Reinigkeit, Subtilität und andre Eigenschafften; also, daß ich den Himmel gar nicht für eine gemeine Lufft achte« (S. 353).

Hinter der ganz unspektakulären Beseitigung der Grenze, die den Luftkreis vom Feuerkreis trennt, steckt ein tief greifendes Umdenken, dem die aristotelischen Sphären schließlich ganz zum Opfer fallen. Sie sind mit den Messungen von Temperatur und Luftdruck in unterschiedlichen Höhen nicht mehr in Einklang zu bringen. Das gesamte All unterliegt jetzt prinzipiell gleichen Bedingungen, so dass nicht mehr von einer »reinen unvermischten Luft« im Gegensatz zur dunstbeladenen in Erdnähe gesprochen und die Luft nur noch in ihren variablen chemischen und physikalischen Eigenschaften betrachtet wird. Die subtilen Feuerteilchen, die angeblich alles durchdringen können, und mit denen die Aristoteliker noch lange gegen das Vakuum gewettert haben, existieren höchstens noch in einer Untermischung zur Luft. Allerdings hat die Auflösung des alten Begriffrahmens bei Francisci noch nicht zu einem gesicherten neuen geführt, weshalb sich in der Folge neben disziplinierter Beschreibung der Messung der Lufthöhe alle Begriffe in wild tanzenden und verwirrenden Blickwechseln wie mit einem Quirl durchmischen.

Heute weiß man, dass der Teil der Atmosphäre, in dem sich hauptsächlich das Wetter abspielt, die Troposphäre, über dem Äquator 16 bis 17 km hoch ist, dass bis in die Höhe von 85 km die Zusammensetzung der Luft der der tieferen Schichten entspricht, dass sie ab 400 km Höhe teilweise ionisiert ist. Gewitterwolken können bis 10 km hoch steigen, Meteore und die Dämmerung leuchten bis in ca. 60 km Höhe.

Es fällt auf, dass die Vertreter aller Denkrichtungen durch Messen ihre Position untermauern und nicht einfach eine Spekulation in die Debatte werfen, was Francisci sehr genau registriert. Tycho Brahe (gest. 1601), der noch nicht mit dem Teleskop arbeiten konnte, misst die Entfernung zum Mond, also die sublunare Region, und setzt sie mit der Höhe der Atmosphäre gleich. Riccioli (gest. 1671), der wie Tycho an der Erde als Zentrum des Alls festhält und durch den Gebrauch des Teleskops bereits wusste, dass Licht an der Atmosphäre gebrochen wird, verbindet diese Höhe mit der Reflexion der Lichtstrahlen an der Luft bei Dämmerung und kommt auf 24 Meilen. Weigelius (gest. 1699), bei dem die Erde sich dreht, berücksichtigt nicht nur die Lichtbrechung sondern auch das Streiflicht und benötigt eine geringere Höhe, um die Länge der Dämmerung zu erklären. Er kommt nur auf vier Meilen im Schnitt (wahrscheinlich die römische von 1500 m) und nimmt an, dass je nach vorangegangener Sonneneinstrahlung die Luft am Tage mal höher, mal niedriger gestiegen sei. Damit hat Weigelius in dynamischen Kategorien zu denken begonnen.

Die fast schon ärgerliche Sprengung der zunehmend als Behinderung für die Erklärung der beobachteten Phänomene gesehenen aristotelisch – scholastischen Himmelsschalen hat auch den Schutzwall beseitigt, der einen Einfluss der Sterne auf irdisches Leben ausgeschlossen hat. Sterndeuterei gibt es in der Bibel nur bei den Gegnern der Juden (Daniel 1,20) und mit dem Stern von Bethlehem bei Christi Geburt. Ansonsten glänzten die Sterne zur Ehre Gottes, sie waren den Menschen durch biblisches Wort und wissenschaftliche Fundierung so weit entrückt, dass sie gegen astrologische Deutungen weitgehend immun geblieben waren. Nun aber, da sich die Luft grenzenlos ergießen konnte und keine deutlich voneinander abgegrenzten Sphären den freien Austausch behinderten, konnten atmosphärische Phänomene und das Schicksal der Menschen auch direkt dem Einfluss der Sterne unterliegen. Bei Aristoteles gehören die Sterne dem unvergänglichen ersten Körper an, der mit der Stofflichkeit der Erde nichts zu tun hat. Die Meteorologie spielt sich bei ihm ausschließlich zwischen Erde und Mond ab. Im 17. Jahrhundert können funkelnde Sterne ebenso wie die Sonne die Luft »subtilisieren« und sie zu sich hinaufziehen, sie sind in diffuser Weise an den Kapriolen des Wetters beteiligt und beeinflussen durch ihre Konstellation die Entstehung von Gewittern, Stürmen und Überschwemmungen.

Die Verfüllung des Vakuums bei Descartes

Descartes tat alles, um in der scholastischen Tradition das Vakuum zu vermeiden. Er spekulierte sich ein Universum zurecht, das von geometrischen Formen verschiedener Größe angefüllt war, die in jedem noch so winzigen Zwischenraum zu finden waren. Aus dem vierten Buch der »Principia Philosophiae«, entstammt seine Auffassung zur Luft als einer Ansammlung von Teilchen, dessen Eigenschaften sich aus einer komplizierten, aus Bewegung und Abrieb bestehenden Entstehungsgeschichte ableiten. Francisci beschreibt die Stelle so:

Die Luft sei »anders nichts als eine Versammlung vieler irdischer Stücklein, die so zart und voneinander gesondert, daß sie einer jeglichen Bewegung der Stern-Kugeln folgen; daher sie ein luckrichter, flüssiger und durchscheynender Körper sey, welcher aus den kleinsten Bißlein einer jedweden Figur könne zusammen gesetzt werden: Denn wenn solche Stücklein nicht voneinander gesondert wären, würden sie vorlängst schon dem Körper der Erd-Kugel sich angehenckt haben: weil sie aber vonsammen gesondert seyn; so sey die Bewegung einer Particul an die benachbarte nicht verbunden« (S. 354).

Daher der durchscheinende Charakter der Luft. Francisci hat sich auf die gewundenen Gedankengänge Descartes' nicht eingelassen und vermieden, sein 3er Modell der Elemente mit von Rechtecken in ständiger Drehbewegung abgeschilferten sehr kleinen Splittern (das erste Element), den durch die Drehbewegung entstandenen Kügelchen (das zweite) und den gröberen, eckigen des Abriebprozesses (das dritte) genauer zu beschreiben. Grundlage dieser Vorstellungen ist die Annahme eines vollkommen von ausgedehnter Materie erfüllten Raums, das keinerlei Vakuum zulässt, und die ständige Bewegung dieser Teile gegeneinander (Prinzipien der Philosophie III, 87).

Mit diesem Grundmodell erklärt Descartes letztlich alle Erscheinungen der Natur, Bewegung, Wärme, Licht, Durchsichtigkeit, selbst Sonnenflecken, Kometen, verschwindende Sterne und den Magnetismus. Auf die Erde bezogen unterscheidet er drei Regionen. Die innerste enthält die Materie des ersten Elements (die kleinen Splitter), sie ist so kompakt wie die Sonne. Aus ihr entsteht die Materie einer weiteren, dunklen und dichten Region der Erde als allerkleinste, miteinander verbundene Elemente (die Kügelchen). Beide sind als innere Regionen den Menschen nicht zugänglich. Erst die Partikel des dritten Elements (die eckigen), das aus einzelnen Splittern auf zahllose verschiedene Weise zusammengesetzt ist und sich der Erde fest anlagert, bildet die sichtbare Erdoberfläche. Ihre unterschiedliche Zusammensetzung erklärt die verschiedenen Eigenschaften der Körper, ihre dynamische Erzeugung unter dem Einfluss von vier Bewegungsvorgängen, die Descartes als Erregung der

Teilchen bezeichnet, ihre Verteilung und Durchmischung: 1. die Bewegung der Kügelchen der Himmelsmaterie 2. das Gewicht (die Schwerkraft) 3. das Licht 4. die Wärme. So entstehen Durchsichtigkeit für Licht, Flüssigkeiten, die Luft (Prinzipien IV).

In den Einzelheiten ist die Verfolgung seines Gedankengangs ermüdend, weil wir heute wissen, dass sie reine Spekulation sind. Er dient nur dazu, mit voll gepackten geometrischen Teilchen unterschiedlicher Größe wie schon bei Roger Bacon das Vakuum zu vermeiden. Faszinierend ist jedoch, wie Descartes in freier Erfindung, die er zeitweise sogar zugibt, ein Entwicklungsmodell des Kosmos und der Materie präsentiert, bei dem in strenger logischer Abfolge ein Element aus dem anderen entsteht. Alle ihm bekannten Kraftwirkungen nehmen am Prozess der Herausbildung der Welt teil. Der göttliche Schöpfungsakt, verbal noch beschworen, passt eigentlich nicht mehr in dieses Räderwerk einer Entwicklungsmaschinerie. Sie war ein letzter großer Versuch, die Physik mit Hilfe der Philosophie zu betreiben, aus der sie sich gerade zu emanzipieren begonnen hatte. Von seinen Anhängern wurde sein System bald genau so dogmatisch vor sich her getragen wie das die Anhänger der Systeme seiner Vorgänger getan haben. Sein Erklärungsmodell der Natur hatte etwas von einer Ersatzreligion als Ausgleich für den Verlust des allmächtigen Gottes. Die weiteren Forschungen ließen schon nach 50 Jahren nicht mehr viel von ihm übrig.

Das Unterlaufen des Vakuums mit Äther und oberhimmlischen Gewässern

Francisci organisiert eine interessante Debatte zwischen den Auffassungen eines Cartesianers und eines scholastisch geprägten Aristotelikers. Ein Gesprächsteilnehmer, der Descartes' Definition der Luft nicht richtig findet, meint, die Luft wäre nach ihm nur ein »verwirrtes Gemisch vieler unterschiedlicher subtiler Körper«, statt eines besonderen Elements (wie noch bei Aristoteles). Sie sei weder Dunst, noch Geruch der Erde, noch eine Menge »irdischer Stücklein«, sondern ein sehr zarter und einfacher Körper, der sich leicht mit anderen, ebenfalls subtilen und zarten Körpern mische. Und so sei sie von der Erde bis zu dem »oberhimmlischen Gewässer«. Diese sind eine scholastische Überprägung des Aristoteles, die aus der Bibel stammt. Moses bezeichnet in der Genesis 1,7 damit das Wasser, das es »über der Himmelsfeste« geben soll, was auch Thomas von Aquin in seiner »Summa theologica« erwähnt: »Er schied die Wasser, die über der Himmelsfeste waren, von den Wassern, die unter der Feste waren«. Augustinus war skeptisch und sah darin den menschlichen Scharfsinn etwas überfordert, hielt aber an der Bibelaussage fest, während Thomas von Aquin sie als eine geschickte Rede Moses' vor beschränktem und ungebildeten Volk wertete.

Bei Aristoteles finden sich keine biblischen »oberhimmlischen Gewässer«. Er dekliniert das All von oben nach unten mit dem Äther als der Substanz des Himmels, die immerfort läuft (so die Übersetzung von »aei thein«), unvergänglich und göttlich ist, in dem die Fixsterne gemeinsam mit dem ganzen Himmel kreisen und deshalb an derselben Stelle bleiben, gefolgt von der »totgeweihten« Sphäre rascher Veränderungen, in der Sterne verglühen und Chaos herrscht, bis zur Luft, die »unterhalb ausgegossen« ist, in dem sich Wolken, Schnee, Hagel, Winde usw. bilden, dann erst kommt die Region des Feuchten und ganz unten, in der Mitte des Weltalls, die Erdmasse. »Diese fünf Grundelemente also, die in fünf Örtern sphärisch gelagert sind, wobei der jeweils kleinere Ring vom größeren umfasst wird – ich meine: Erde vom Wasser, Wasser von Luft, Luft vom Feuer, Feuer vom Äther – haben das Weltall auserbaut und den ganzen oberen Bereich für Götter zur Wohnung gemacht, den unteren für Eintagswesen« (Über die Welt, Kap.1 u. 2).

Wie sehr die aristotelische Begrifflichkeit in der Barockzeit schon vernebelt war, zeigt die Diskussion über den Äther bei Francisci. Dieser besondere zarte und einfache Körper, die Luft, sagt er, werde »zu Lateinisch Aether, zu Teutsch aber am verständigsten die *reine unvermischte Lufft* genannt«. Bei Aristoteles hat die Luft mit Aether nichts zu tun, der einer anderen Sphäre angehört, der unendlichen und unveränderlichen. »Aer« ist bei ihm die Luft als die untere, die Erde umschließende, »aether« die oberste, über dem Feuer liegende Region, mit der die Fixsterne kreisen. Weiter Francisci: »Denjenigen Theil deß allgemeinen aetherischen Körpers, welcher die Dünste des Saturn emphähet, heisse ich die Saturnische Lufft; den, welcher mit Jovialischen Dünsten vermischt, die Jovis-Lufft (Jupiter, H.V.); diesen aber, der mit unsren irdischen Dämpffen gefüllet, die Erd-Lufft, und sonst auch schlechterdings, oder in eigentlichem Verstande, die Lufft: welche zwar, ihrer Substanz und Wesen nach, von der Erden bis an das oberhimmlische Gewässer, einerley Natur; aber, in solcher Betrachtung, daß sie von den Dämpffen, Dünsten, Ausflüssen und Geistern der irdischen Körper bestiegen und vermischet wird, eigentlich den Namen Erd-Lufft besitzt, auch insgemein also, unter dem Namen der Lufft wird bedeutet; nemlich der jenige Raum, der solche Dünste begreifft, die zur Reflexion und Rarefaction tauglich«.

Wir haben es also nach Francisci mit drei verschiedenen Arten von Luft zu tun: 1. Die Luft, die bis zur Grenze des Alls gleich bleibt. 2. Die Luft, die mit den Ausdünstungen der Erde vermischt ist. 3. Die Luft, die sich verdünnen (rarefizieren) kann und an der Reflexion stattfindet. Alles zusammen bildet den Äther, den »allgemeinen aetherischen Körper«. Francisci lässt nicht nur die Unterscheidung von Luft und Äther fallen, sondern verzichtet auch ganz auf die Region des Feuers bei Aristoteles. Der vielgestaltige und widersprüchliche Begriff von Luft, der sich herauszuschälen beginnt, ist einmal ätherisch, einmal subtil, einmal dunstig, mal rein und unvermischt, mal dunstbeladen. Sie ist nur solange Luft, wie Reflexion stattfindet, aber sie füllt trotzdem den ganzen Weltraum aus. Die Definitionen, die Francisci durchspielt, schmecken wie verkochte Zutaten einer Suppe, an der zu viele Köche beteiligt sind.

Horror vacui

Mit den verschiedenen Schattierungen der Erklärungen über die Natur der Luft konnten die Vertreter aller Weltanschauungen noch gut leben. Richtig giftig wurden die Auseinandersetzungen um die Existenz oder Nichtexistenz eines Vakuums. Dieser Streit findet bei Francisci nicht statt, obwohl er v. Guericke genau kennt, dessen Versuche referiert und sich zur Schallleitung in luftleeren Gefäßen äußert. Für Francisci ist das Vakuum kein dogmatisches Problem mehr, sondern schon eines der Eigenschaften der Luft, ihres Gewichts, ihrer Fähigkeit, sich zu verdünnen und komprimiert zu werden und der Höhe der Atmosphäre. Er steht auf der Scheidelinie zwischen Aristoteles mit dessen Theorie der vier Elemente, den alchemistischen Spiritus und den mechanischen Versuchen eines v. Guericke, geht pragmatisch vor, hält sich aus dem Streit geschickt heraus, beschreibt experimentelle Ergebnisse und referiert Meinungen. Der Höhepunkt der Auseinandersetzungen, in den die beiden Meister des mittelalterlichen Weltbildes, Gott und Aristoteles, involviert waren, war zu seiner Zeit, eine Generation nach Toricelli, Pascal und v. Guericke, offensichtlich überschritten. Damals schien es, als bedeute der Nachweis eines Vakuums das Todesurteil für beide zugleich. Das Vakuum hatte deshalb die Theologen aller Couleur und scholastische Wissenschaftler mit den cartesianischen zu einer gemeinsamen Front zusammengeschweißt.

Mit Toricellis Barometer hatte alles angefangen. Blaise Pascal, der schon damals bekannte französische Philosoph und Mathematiker, den Francisci Paschalius nennt, saß eines Tages im Jahr 1647 vor einem brandneuen Quecksilberbarometer des Toricelli und phantasierte von einem luftleeren Raum, mit dem sich beweisen lassen müsste, dass die Höhe der Quecksilbersäule vom Luftdruck und von nichts anderem abhängt. Er hatte noch keine Möglichkeit, den Raum leer zu pumpen, wie das v. Guericke sieben Jahre später mit seinem beiden Halbkugeln demonstrieren sollte, und verfiel deshalb auf eine genial schlichte Versuchsanordnung, die Francisci erwähnt, aber wegen angeblicher Kompliziertheit nicht weiter ausführt. Ich werde das hier nachholen und die weiteren Auswirkungen dieses Experiments verfolgen, die in ihrer Bedeutung für die industrielle Revolution kaum zu unterschätzen sind. (Abbildung 11 und Abbildung 12, S. 74).

Der Versuch selbst war einfach, schwierig war für seine Zeitgenossen der Gedanke, der dahintersteckte.

Das Toricelli-Barometer bestand aus einer mit Wasser gefüllten Wanne, in die ein vorher mit Quecksilber gefülltes, an einem Ende verschlossenes Glasrohr mit der Öffnung nach unten eingetaucht wurde, so dass, abhängig vom Luftdruck, sich die Quecksilbersäule im Glasrohr einpendelte. Der oberhalb des Quecksilbers nach Absinken auf den herrschenden Luftdruck entstandene Raum musste luftleer, ein Vakuum sein. Dieses kleine Vakuum hat die damalige wissenschaftliche Welt in ihren Grundfesten erschüttert.

Um zu zeigen, dass wirklich nur der Luftdruck für die Höhe der Queck-

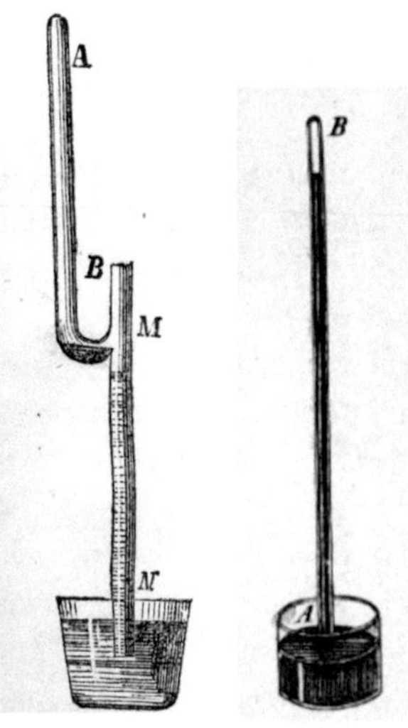

Abbildung 11 (links):
Pascals Versuch »Le vide dans le vide«.
Aus: Oevres complètes de Blaise Pascal, Band 2. Paris 1858

Abbildung 12:
Toricellis Versuch
Aus: Die Wunder der Physik, S. 206. Berlin ca. 1908
Erklärungen im Text.

silbersäule verantwortlich ist und der entstandene leere Raum ein Vakuum, machte Pascal ein schlichtes, aber geniales Experiment. Er nahm an, dass der Luftdruck mit der Höhe so weit sinken müsste, bis er schließlich überhaupt nicht mehr nachzuweisen und das gesamte Quecksilber aus dem Rohr in die Wanne abgesunken wäre, so als ob er das Rohr einfach aus der Wanne gezogen hätte. Eine solche Höhe war praktisch unerreichbar. Er musste ein Vakuum erzeugen, um das Ziel des nicht mehr nachweisbaren Luftdrucks zu erreichen, und nahm dazu eine Glasröhre der gleichen Länge wie beim Toricelli-Barometer, ließ sie an beiden Enden offen und fügte kurz unterhalb des oberen Endes dieser Röhre eine weitere gleich lange mit einem gebogenen Ansatz, aber mit Verschluss der oberen Öffnung an. Es entstand eine Art Kaskade, bei der sich nach Verstopfen des offenen Endes der geraden Röhre mit dem Daumen und Füllung des gesamten Systems mit Quecksilber und Eintauchen in eine mit Quecksilber gefüllte Wanne die obere Röhre bis auf einen Rest im gebogenen Teil vollständig leerte, während sich das Quecksilber im geraden Teil auf eine Höhe von »26 oder 27 Zoll« einpendelte.

Pascal bemerkte am Daumen, der die Öffnung verschloss, einen Schmerz, weil die Haut beim Absinken des Quecksilbers auf das Niveau des Luftdrucks ein wenig in das Röhrchen hineingezogen wurde. Auf ihm lastete der Luftdruck wie auch auf dem ganzen Menschen, aber nur am Röhrchen wurde er daran gehindert, ihm zu folgen und wurde ein Stück in die Öffnung eingesaugt. Als Grund für das Absinken im geraden Teil auf 26 oder 27 Zoll nannte Pascal den Luftdruck, der auf dem Quecksilber in der Wanne lastete, der der Quecksilbersäule das Gleichgewicht hielt und verhinderte, dass sich das ganze System leerte. Er lastete aber nicht auf dem oberen gebogenen Teil des Systems, weil der Daumen das ganze System verschlossen hielt, den Zutritt von Luft verhinderte und durch das Absinken des Quecksilbers in der geraden Röhre ein Vakuum entstanden war. Das Quecksilber in der oberen verschlossenen Röhre konnte deshalb bis zur Krümmung ohne Gegendruck durch die Luft frei herabfallen. Pascal hatte also zwei Räume mit einem Vakuum erhalten, eines im oberen gebogenen Teil und eines im unteren geraden. Den Beweis für die Existenz eines Vakuums, das nicht von den Verhältnissen in der Wanne abhängig war, lieferte er, als er den Daumen entfernte: der Quecksilberrest aus der Krümmung stieg in die Höhe, weil er nun dem Luftdruck ausgesetzt war, und pendelte sich wie schon vorher im geraden Teil auf 26 oder 27 Zoll ein, während das jetzt ebenfalls dem Luftdruck ausgesetzte Quecksilber in der offenen geraden Röhre sich vollkommen in die Wanne entleerte. Er nannte den Versuch »Le vide dans le vide«, die Leere in der Leere.

Er ist erstmals in einem Brief an seinen Schwager Périer vom 15.11.1647 erwähnt, der 1648 mit den »Récit de la grande expérience de l'équilibre des liqueurs« (Bericht über den großen Versuch zum Gleichgewicht der Flüssigkeiten) veröffentlicht wurde. Ausführlich beschrieben und mit einer Zeichnung der Versuchsanordnung versehen, erschien er erst im 6. Kapitel von Pascals posthum 1663 veröffentlichten »De la Pesanteur de l'air« (Über die Schwere der Luft). Danach konnte Toricellis Vakuum nicht mehr so flappsig wie von Descartes abgetan werden, der gesagt haben soll, die einzige Leere sei die in Toricellis Kopf. Dieser Versuch und eine Vergleichsmessung des Luftdrucks auf dem 1465 m hohen Puy de Dôme im Zentralmassiv und an dessen Fuß lösten eine lebhafte Debatte zwischen Pascal und dem Jesuiten Noël aus, dem Philosophielehrer und lebenslangen Berater des Descartes. Noël, der die Physik grundsätzlich nicht von der Theologie trennen will, weil er sich weigert, Gott von der Welt zu trennen, gelingt im zweiten Brief an Pascal eine bemerkenswerte Zusammenfassung seines scholastischen Denkens. Er hält Pascals Experiment für eine absurde und wenig beweiskräftige Veranstaltung:

> »Sie sehen, Monsieur, dass alle ihre Experimente kaum der Hypothese widersprechen, dass ein Körper in dieses Glas eindringt und sich mit eben so großer Wahrscheinlichkeit erklären lässt durch den erfüllten Raum wie durch einen leeren, durch Einströmen eines subtilen Körpers, den wir kennen, wie durch einen Raum, der weder Gott noch Kreatur ist, weder Körper noch Geist, weder Substanz noch Akzidenz, der das Licht leitet ohne transparent zu sein, der Widerstand leistet ohne Widerstand, der unbeweglich ist und sich mit dem Tubus transportieren lässt, der überall und nirgendwo ist, der alles macht und doch nichts: das sind die bewundernswerten Eigenschaften sowohl des leeren Raums als auch des Raums: er ist ein Wunder, insofern er leer ist, er ist nichts und macht nichts, insofern er Raum ist; er ist lang, breit und tief, wenn er leer ist; als Raum schließt er Länge, Breite und Tiefe aus: wenn es nötig ist, werde ich alle diese schönen Eigenschaften und Konsequenzen enthüllen«.

Das ist Aristoteles pur und in meisterhafter Verpackung. Ein Vakuum, das man in einem Tubus mit sich herumtragen konnte, ein begrenzter leerer Raum also, ein solches Nichts in einem Gefäß war für den Jesuiten einfach lächerlich. Physikalisch argumentiert der Pater mit unsichtbaren Poren im Glas, durch die eine verfeinerte Luft eindringen und dem sinkenden Quecksilber nachströmen würde, mit einem subtilen Körper, den angeblich alle kennen, den aber keiner je nachgewiesen hat.

Sie alle, die das Vakuum ablehnen, stützen sich auf das 4. Kapitel der Physikvorlesungen des Aristoteles, so auch Noël mit seinem verzwirbelten Tanz um den Raum. Nach Aristoteles wird der Raum eines Körpers durch die Grenze des umschließenden Körpers gegen den umschlossenen gebildet. Die Leere wäre dann, wenn es sie gäbe, ein von Körpern umschlossener Raum ohne selbst ein Körper zu sein, hätte aber die Ausdehnung eines Körpers. Wie das Nichts im Eimer des Robert Gernhardt:

Das Nichts und das Sein

Hochverehrtes Publikum!
Soeben fiel ein Eimer um,
ein Eimer sondergleichen:
Im Eimer was das blanke Nichts, das freut sich nun des Tageslichts
Und kreischt zum Seinerweichen.

Ein körperloses Nichts, von einem Körper umschlossen, das war für die Scholastiker ein Paradox. Was ist das, so fragt der Pater, eine Leere, die in einem Tubus transportiert werden kann? Was ist ein Raum ohne Ausdehnung? Was eine Begrenzung ohne Inhalt? Für ihn nicht ohne Berechtigung ein absurdes Konstrukt.

Weil nur ein Körper, so Aristoteles weiter, der einen andern außen herum als Hülle hat, im Raum ist, kann auch nur etwas an einem bestimmten Ort sein, wenn es dort von einer Hülle umschlossen ist. Außerhalb des Ganzen und des Alls gibt es aber nichts mehr. Die Erde ist im Wasser, dieses in der Luft, diese im Äther, der Äther im Himmel, dieser jedoch nicht mehr in einem andern. Also könnte dort ein Körper, der sich bewegt, keinen Bezugspunkt für Ortsveränderungen haben, weil es in der Leere kein Oben und kein Unten gibt, was beweist, dass es im Vakuum überhaupt keine Bewegung geben kann. Wo nichts ist, verlieren Körper die Orientierung, ohne die sie die ihr naturgemäße Bewegung nicht ausführen können, wie es die für Feuer nach oben und die für Erde nach unten ist. Die Atomisten dagegen behaupten, dass eine Ortsveränderung von Teilchen nur denkbar ist, wenn zwischen ihnen genügend leerer Raum bleibt, weil sie sonst überhaupt keine Bewegungsfreiheit hätten.

Die Einwände des Jesuitenpaters gegen das Vakuum sind seit Einsteins streng an das Vorhandensein von Materie gebundenen Raum-Zeitfeldes, das einen absoluten Raum und eine absolute Zeit ausschließt, dem Wissen über Neutrinos und andere Elemetarteilchen, die die Wand eines Gefäßes durchdringen können, und der Entdeckung einer indirekt messbaren Vakuumfluktuation, bei der ständig aus dem »Nichts« Paare verschiedener Materie- und Antimaterieteilchen entstehen und sofort wieder verschwinden, nicht mehr so leicht als von Gestern abzutun. Sie waren es jedoch gegenüber den Pump- und Dichtungsversuchen zur Herstellung eines Vakuums, weil sie nur spekulativphilosophisch und ohne eigene experimentelle Anstrengungen formuliert waren. Die Schule der Spätscholastiker argumentierte jedoch geschickt und bog die durchaus nicht eindeutigen Erscheinungen und unvollkommenen Messergebnisse sehr elastisch für ihr gewohntes Denksystem zurecht.

Ideologisch stand viel mehr auf dem Spiel als nur die Interpretation eines Experiments (Abbildung 13, S. 78).

Gerade die Jesuiten verbanden mit dem außerweltlichen Vakuum der Scholastiker die leere Unendlichkeit, das Nichts, aus dem Gott die Welt erschaffen hat und in dem nur er exisitiert. Deshalb wirkte der Nachweis eines Vakuums auf Erden wie ein Gottesfrevel. Zwar hatten schon seit der Antike die Anhänger einer Korpuskulartheorie, die sich auf Demokrit, Leukipp und sogar Platon beriefen, ein von den Scholastikern so genanntes innerweltliches Vakuum zwischen den Körpern angenommen, denn es gab Beobachtungen, die auf seine Existenz hindeuteten: das Saugen der Schröpfköpfe, die Spritzen zum Absaugen von Eiter, die Pumpen der Brunnen, die Feuerspritzen, die Adhäsionskräfte aufeinander liegender Platten, die Unmöglichkeit, ein Gefäß mit kleinem Loch zu leeren, ohne über ein zweites Loch Luft einströmen zu lassen. Aber von den Scholastikern, die sich an Aristoteles hielten, war das Vakuum immer abgelehnt worden. Sie erklärten die Wirkungen ungefähr so, wie das schon Philon von Alexandria (gest. 40 n. Chr.) in seiner »Syntaxis mechanica« gemacht hat, einer unvollständig erhaltenen Enzyklopädie der antiken Ingenieurswissenschaften: In Pumpbewegungen folge das Wasser der Luft und nehme ihren Platz ein, ohne einen Zwischenraum zu lassen, den die Natur verabscheue.

Um diesen »horror vacui«, zu vermeiden haben einige, wie schon Roger Bacon im 13. Jahrhundert, zu zeigen versucht, dass sich der gesamte Raum mit mathematisch regelmäßigen Körpern vollkommen ausfüllen ließ, ohne die geringste Leere zu hinterlassen, und diese mathematischen Konstrukte zu Grundelementen der Natur zu erklären. Descartes wird später daran anknüpfen, ohne, wie so oft, seine Quellen offen zu legen. Die Poren, die dritte mögliche Form eines Vakuums, durch die Nahrungsaufnahme und Verdauung erfolgen sollten, wurden mit Galens Säften gefüllt. Da die Kirche Partei für die Position des Aristoteles ergriffen hatte, konnte das Vakuum leicht zur Glaubensfrage mutieren und heftige politische Reaktionen auslösen, wie die des Casati, eines italienischen Jesuiten, der das Vakuum 1649 in die Acht erklärte (»Vacuum proscriptum«) und seine Befürworter der Häresie beschuldigte.

Die Jesuiten reagierten durchaus nicht einheitlich. v. Guericke schreibt in seinem Vorwort zu den »Neue(n) Magdeburger Versuchen über den luftleeren Raum« 1672, dass sich »die Hochwürdigen Väter der Gesellschaft Jesu und öffentlichen Professoren der Universität zu Würzburg« unter Vorsitz des von den Demonstrationen auf dem Regensburger Reichstag 1654 begeisterten Kurfürsten von Mainz, Erzbischof von Mainz und Bischof von Würzburg, Johann Philipp von Schönborn, von seinen Versuchen so beeindruckt zeigten, dass sie sie nach eigener Überprüfung »nach Rom und anderwärts« übermittelten und um ein Urteil baten. Caspar Schott war es, der v. Guerickes Versuchen beigewohnt und sie als erster 1657 in seiner »Mechanica hydraulico-pneumatica« und später noch einmal in seiner »Technica curiosa« von 1664 veröffentlicht hat. In der Abbildung der frühen Version der Vakuumpumpe v. Guerickes in

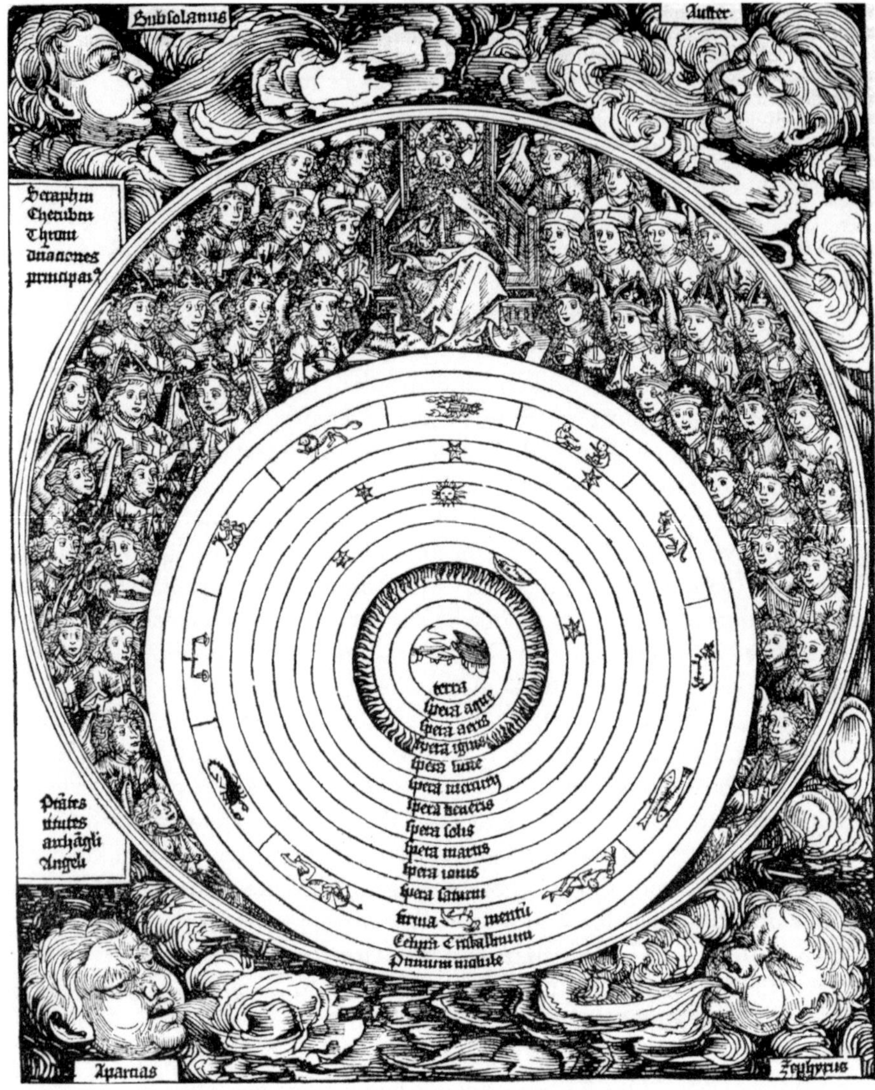

Abbildung 13: Aus der Weltchronik des Hartmann Schedel von 1493: Die geschlossene mittelalterliche Welt mit den Spären des Aristoteles. terra – Erde, spera aque – Wasser, spera aeris – Luft, spera ignis – Feuer, spera lune – Mond, spera mercuri – Merkur, spera veneris – Venus, spera solis – Sonne, spera martis – Mars, spera iovis – Jupiter, spera saturni – Saturn, firmamentu – Fixsterne mit Tierkreizeichen, Celum Cristallinum – Kristallhimmel, Primum mobile – das erste Bewegte mit Gott, dem ersten Beweger und der oberen, mittleren und unteren himmlischen Hierarchie. Zu der oberen zählen die Thronengel (Throni), die Sepharim und die Cherubim. Zu der mittleren gehören die herrschenden, der fürstliche und die gewalttätigen Engel (Dominationes, Principatus, Potestates). Zur unteren rechnet Schedel die Kraftengel, die Erzengel und die Engel (Virtutes, Archangeli, Angeli). Je höher in der Hierarchie angesiedelt, desto näher an Gottes Befehlen, je niedriger, desto näher an den Menschen und der Verkündigung von Gottes Wort. Innerhalb der himmlischen Hierarchie sind es immer drei verschiedene

Funktionen, die von den Engeln wahrgenommen werden. Oben betrachten z.B. die einen »Gottes Gutheit« und Liebe, die zweiten seine Kraft und Wahrheit, die dritten seine »Gleichheit«. Bei den unteren pflegen die einen große Wunderwerke, die zweiten verkündigen »große Ding«, die dritten sind unter den Menschen, mit ihnen ist Gott »eingegeistet«.
Die »elementische Natur« mit den vier Sphären wird weiter unterteilt. Feuer ist oben feurig, in den beiden unteren Anteilen Licht, Luft ist oben Licht (»scheinlich«) und warm wegen der Sonne, in der Mitte und unten luftig, kalt und trocken in der Mitte, wo die Teufel wohnen und Donnerschlag, Hagel und Schnee entstehen, aber unten warm wegen des Widerscheins der Erde. Von den Rändern blasen Windgötter. Subsolanus – Ostwind, Auster – Südwind, Zephir – Westwind und Aparnas – Nordwind. Die Winddarstellung ist nach Süden ausgerichtet und müsste um 180° gedreht werden.

der »Mechanica hydraulico-pneumatica« ziehen zwei Engel am Kolben der Pumpe, und zwei andere bauen die Gerätschaften zusammen. Schott hatte offensichtlich keine Probleme damit, Engel mit der Herstellung eines Vakuums in Verbindung zu bringen. Er blieb in regem Briefwechsel mit v. Guericke und fand im Vorwort zur »Technica curiosa« überschwengliche Worte. Er glaube nicht, dass »die Sonne jemals etwas Ähnliches, geschweige denn Wunderbareres seit Erschaffung der Welt beschienen hat«.

Kircher und der Astronom und Mathematiker Niccolo Zucchi in Rom und Melchior Cornaeus (auch Jesuit, Aristoteliker und Lehrer der Theologie) in Würzburg scheinen sich auf gemeinsame Einwände gegen die Versuche v. Guerickes verständigt zu haben, die dieser im 3. Buch im 36. Kapitel referiert, um sie sogleich ernsthaft zu widerlegen. Ernsthaft deshalb, weil sich die drei Jesuiten nicht in philosophische Spekulationen geflüchtet hatten, sondern strikt entlang seiner Versuche argumentierten. Ihr Hauptproblem war die Interpretation des immer stärker zu spürenden Widerstandes beim Entleeren der Gefäße mit einer Luftpumpe. Der Träger des Widerstandes war ihrer Meinung nach »der in dem Gefäße verbliebene Stoff, den die an der Pumpe Tätigen durch ihr Bemühen nicht weiter zu verdünnen vermögen, sondern der bereits einen solchen Grad von Feinheit erreicht hat, dass er einen noch höheren bei neuerlichen Pumpversuchen mit solchen Kräften nicht anzunehmen vermag«. Womit sie eine Leere zu umgehen hofften. v. Guericke antwortet lapidar: »Wenn die Herren Patres der Gesellschaft Jesu, die im übrigen hochgelehrte Männer sind, diesen Widerstand dem im Inneren verbliebenen Luftrest zuschreiben wollen, (der doch, wie sie selbst zugeben, überhaupt nicht vorhanden oder ganz gering ist), so ist das, gelinde gesagt irrig; denn die geringfügige Menge Luft, die nach ihrer Behauptung übrigbleibt, kann nicht mehr leisten, als wenn noch viel davon vorhanden wäre. Mithin ist die Wirkung nicht der winzigen innen befindlichen Luftmenge zuzuschreiben, sondern der Außenluft, die durch ihren Druck den Stempel um so kräftiger zurückschiebt«.

Ein hypothetisches Vakuum hatten schon die Scholastiker diskutiert. Sie waren sich sogar seit Thomas von Aquin, seit dem 13. Jahrhundert, weitgehend darüber einig, wie dort Bewegung ablaufen müsste: als durch die Raumdimension begrenzte Bewegung eines Körpers mit »innerem Widerstand«.

Aristoteles, der einen äußeren Widerstand (ein Medium) für die Möglichkeit von Bewegung benötigte, hatte aber davon gesprochen, dass Bewegung ohne Widerstand eine unbegrenzte Erhöhung der Geschwindigkeit bewirken, die Bewegung also »momentan«, »jenseits jeglichen Verhältnisses« sein müsste und auch deshalb die Möglichkeit eines Vakuums strikt abgelehnt. Außerdem wüssten die Körper in einem Vakuum nicht, wohin sie sich bewegen sollten. Dort gebe es kein Oben und Unten, kein Links und Rechts. Also sei Bewegung im Vakuum prinzipiell unmöglich. v. Guericke vermeidet eine prinzipielle Position, indem er Leere als Beraubtsein oder eines Ermangelns von Etwas auffasst. Der Gegensatz von leer sei voll, und um eine solche Aussage zu treffen, benötige man einen Raum, ein Gefäß oder irgendeinen Behälter. Das gelte auch für das All. Es sei ein Behältnis der Weltkörper. Voll sei das All dort, »wo sich ein Weltkörper mit seinen Ausströmungen befindet; leer da, wo kein dergleichen Körper mit seinen Ausströmungen vorhanden ist. Wir sprechen also nicht von einem Leeren schlechthin (das ja in Wahrheit ein Nichts ist und weder begriffen noch verstanden werden kann), sondern von einem leeren Raume und welche Vorteile seine rechte Erkenntnis für die ganze Philosophie nach sich zieht«.

Begriffliche Verwirrungen oder Unschärfen lauerten auch in Pascals Experiment, in der Bewertung von Leere, Luftleere, Nichts und Vakuum. Das französische »vide«, das auch »Pore« bedeuten kann und damit begrifflich der Möglichkeit eines Vakuums direkt entgegengesetzt ist und das Einströmen eines subtilen Körpers ermöglicht, ist in der Bedeutung von »Leere«, »vide«, mehr als nur luftleer und wurde oft mit dem Nichts gleichgesetzt. Pascals »le vide dans le vide« lässt sich also verschieden übersetzen und interpretieren: als »das Vakuum im Vakuum« und als »das Nichts im Nichts«. Sein Vakuum war in Wirklichkeit auch nach den damals angelegten Kriterien nicht leer. Es enthielt erhebliche Mengen an Quecksilberdampf, an den niemand gedacht hatte und der auch nicht nachgewiesen werden konnte.

Der Kampf zwischen »Plenisten« und »Vacuisten« tobte fast ein halbes Jahrhundert. Es gab einige Zwischentöne, die ebenso unausgegoren waren, wie die beiden Extrempositionen. Bei van Helmont ist Vakuum in der Luft enthalten aber nicht einfach als ein Nichts, sondern als ein Mittelding zwischen Körper und Geist (Magnale), das in den Poren der Luft sitzt, in die Wasser eindringen kann. Gassendi will bei der Besprechung der Versuche Toricellis nicht davon sprechen, dass der Raum über dem Quecksilber gänzlich leer sei, weil das sicherlich körperliche Licht hindurchgehe, ebenso wie Wärme und Kälte. Diese Körperchen seien aber so klein, dass man den Raum trotzdem als leer bezeichnen könne. Die Natur verabscheue das Leere nicht an sich, sondern verhindere nur im allgemeinen ein Vakuum dadurch, dass sich die Luftteilchen immer wieder verschieben. Aber oberhalb der Atmosphäre sei ein Vakuum durchaus denkbar. Gilbert nimmt einen leeren Raum jenseits der Atmosphäre an, weil sonst nicht erklärt werden könne, wie die Sonnenstrahlen zu uns gelangen. Gäbe es dort Körper, müssten sie einen Schatten auf die Erde werfen. Dieses Vakuum sei weder endlich, noch unendlich, also brauche man sich auch nicht mehr über die Unendlichkeit der Welt streiten.

Für die weitere wissenschaftliche und vor allem technische Entwicklung viel wichtiger als die dogmatische und mit verhärteten Positionen geführte Auseinandersetzung um die Existenz eines solchen Vakuums, ist jedoch ein Prozessdenken hin zum Nichts, wie der Nachweis einer kontinuierlichen Verdünnung eines erstmals von Helmont so genannten Gases oder die Vorstellung eines vom Druck abhängigen Aggregatzustandes der Luft: »Denn wie alle Dinge ihre gesetzte Schrancken haben, also auch die Vergrob- und Verluckerung der Lufft in einem festen metallinem Geschirr durch oftmaligen Druck so gewaltig könne zusammen gedrungen werden, daß endlich ein dichter Körper, so dem Wasser ähnlich, daraus werde«, sagt v. Guericke in den Worten Franciscis. Ein »Nadel-Knöpfflein Luffts« könne sich »so weit auseinander ziehen bis er gar verschwinde und zu nichts werde«.

Literatur

Aristoteles, Physikvorlesung, Paderborn 1975.
– Über die Welt, Darmstadt 1970.
Alto Brachner (Hg.), Geschichte der Vakuumpumpen. Deutsches Museum München 2002.
René Descartes, Die Prinzipien der Philosophie, lateinisch-deutsch, Erstausgabe 1644, Hamburg 2005.
– Les Météores / Die Meteore, Faksimile der Erstausgabe 1637, Frankfurt 2006.
E. Gerland und F. Traumüller, Geschichte der physikalischen Experimentierkunst. Reprografischer Nachdruck der Ausgabe Leipzig 1899, Darmstadt 1965.
Otto v. Guericke, Neue (sogenannte) Magedburger Versuche über den luftleeren Raum, übersetzt und herausgegeben von Hans Schimank, 2. Aufl. Düsseldorf 1996.
Ernst Mach, Die Mechanik in ihrer Entwicklung. 8. Aufl. Leipzig 1921.
Oevres Complètes De Blaise Pascal, Paris 1858.

Von der Messung des Luftgewichts zur Technologie der Dampfmaschine

Die kleinen Engelchen der heiligen Physik, die die göttliche Vernunft der Schöpfung zu ergründen halfen, tummelten sich noch in der Literatur, maßen mit dem Zirkel Räume aus und beobachteten mit Teleskopen den Sternhimmel, als ein Teil der Naturwissenschaftler sich nur noch für die Kräfte zu interessieren begann, die der Natur nutzbringend entlockt werden können. Aus der Mechanik hatte sich ein neuer Begriff von Kraft herausgeschält, der jetzt auf weitere Erscheinungen ausgedehnt wurde und der Entdeckung des Luftdrucks sehr schnell Versuche für seine technologische Verwertung folgen ließ. Am weitesten war damit der Jurist, Ingenieur, Festungsbaumeister und Bürgermeister von Magdeburg, Otto v. Guericke, gekommen, der den Druck und die Kraft, die das Gewicht der Luft ausüben, mit Hilfe des von ihm erzeugten Vakuums auf vielfältige Weise demonstrierte. Das Vakuum war damit nur noch zu einem technischen Problem geworden, und die seit zweitausend Jahren sattsam bekannten philosophischen Einwände gegen seine Existenz zur akademischen Frage ewig Gestriger.

Bis es so weit war, musste man mit der qualitativen Meteorologie des Aristoteles im Kopf erst einmal auf die Idee kommen, die Luft zu wiegen. Francisci schildert mehrere frühe Vorschläge des Bischofs von Brixen, Kurienkardinals in Rom, Philosophen und Mathematikers, Nicolaus Cusanus (von Kues), die dieser 1450 in »Idiota de staticis experimentis« (Der Laie über Versuche mit der Waage) gemacht hat und die zeigen, dass das Element Luft des Aristoteles eigentlich überhaupt nicht zu wiegen war. Man solle, so Cusanus, zusammengepackte trockene Wolle in die eine Waagschale und in die andere Steine bis zum Erreichen des Gleichgewichts geben. Wenn die Luft feucht werde, nehme das Gewicht der Wolle zu, was ein Maß für das Gewicht der Luft sei und eine Möglichkeit zur Wettervorhersage. Im zweiten Versuch solle man einen Stein von einem Turm herabfallen lassen und die Zeit mit einer Wasseruhr messen, also das ausgeflossene Wasser wiegen. Ebenso sei mit einem Stück Holz gleicher Größe zu verfahren. Aus der Differenz ergebe sich das Luftgewicht, ähnlich wie bei einem Vogel, der mit ausgebreiteten Schwingen sich in der Luft zu halten weiß, »weil sie also mehr Luffts einnehmen«, wie Francisci referiert. Im dritten will er das Gewicht des Rauches mit zwei Blasebälgen messen. Der eine wird mit Luft vollgesogen, der andere mit Rauch, dann lässt man sie beide von einem Turm fallen und misst wieder die Zeit mit einer Wasseruhr. Die Differenz sollte das Rauchgewicht ergeben.

In keinem dieser Versuche wird wirklich das Gewicht der Luft gemessen. Cusanus verwechselt das Luftgewicht mal mit dem Gewicht der in ihr enthaltenen Feuchtigkeit, mal mit dem Luftwiderstand verschiedener Körper und nimmt mit Aristoteles unterschiedliche Fallgeschwindigkeiten für verschieden gewichtige Körper an. Alle Versuche stellen nicht genau definierte Unterschiede fest, wie der Jesuit Caspar Schott 200 Jahre später bemerkte. Er vermisste an ihnen absolute Größen, aber auch er erkannte die prinzipiellen Fehler in den Versuchen nicht, z. B. den, dass die Fallgeschwindigkeit für die beiden unterschiedlich schweren Blasebälge die gleiche ist, was er nach den Fallgesetzen Galileis und ihrer Überprüfung durch seinen Ordensbruder Riccioli hätte wissen können, und er sah noch genau so wie Cusanus die eigentlich gewichtslose Luft nur als Träger für die Dämpfe und Dünste aus der Erde oder für die Wärme aus der Sphäre des Feuers. Mit eben solchen Gedanken im Kopf konnte der venezianische Arzt Sanctorius im frühen 17. Jahrhundert den Vorschlag machen, das Gewicht der Atemluft durch Anhauchen und Wiegen eines Spiegels zu messen.

Es war gängige Meinung, dass wie Salz sich im Wasser auflöst, so die Dämpfe und Dünste in der Luft. Die Luft wurde als ihr Lösungsmittel angesehen. Francisci beginnt seinen Diskurs über die Wolken deshalb bestimmt nicht zufällig mit der Abscheidung von Salz in einem vergessenen Brunnen einer Saline.

Dann schildert er, eng an den Kreislauf aus der Meteorologie des Aristoteles angelehnt, aber mit einigen wichtigen begrifflichen Nuancen, die verschiedenen Phasen, die der Dunst durchläuft, wenn er aufsteigt, sich verdichtet, zur Wolke wird und als Regen wieder herunterkommt. Dunst, sagt Francisci, der im Aufstieg seine Hitze behält, wird »subtilisirt und lauter Lufft«. Lässt beim Aufsteigen seine Hitze nach, wird er in der mittleren Luftgegend »der Lufft im Gewigte gleich«, und es entsteht eine Wolke, der Dunst wird »zu einer Wolke verdickt«. In der poetischen Sprache Franciscis ist sie ein Kind des Dunstes und die Brust, aus der alle Gewächse trinken. In der Mittelluft entweicht den Wolken die meiste Wärme, und es dringt größere Kälte in sie ein. Die äußerliche Wärme der Sonnenstrahlen »verfügt sich zu ihnen die Kälte der umherschwebenden Lufft«. Kalte Luft und warme Sonnenstrahlen treffen auf die unterschiedlichen Bestandteile der Wolke und kühlen sie allmählich ab. Die Abkühlung geschieht deshalb nach und nach, weil »das Gewölcke kein Körper ist, so aus einerley Dünsten und Dämpffen bestehet, auch nicht durchaus gleiche Wärme hat. Denn weil die Wolcken-Dünste von unterschiedlichen Sachen herausgeführt sind, werden sie auch von unterschiedlicher Wärme verdünnet: und wo solche mancherfaltige Wärme am schwächsten; da wird sie auch am geschwindesten und leichtesten herausgetrieben«. Deshalb fällt die schwere Wolke nicht als ganze und auf einmal herunter, sondern regnet als verdickter und erkalteter Dunst in Tropfen nach und nach ab.

In zwei wichtigen Punkten unterscheidet sich die Schilderung Franciscis von der des Aristoteles. Francisci spricht vom Gleichgewicht von Luft und Dunst (»der Lufft im Gewigte gleich«), Aristoteles nur davon, dass sich Wasser keinen Augenblick oben in der Schwebe halten könne. Während bei Aristoteles der Dunst, der zu Wasser kondensiert ist, sofort nach seinem selbsteigenen Gewicht an den natürlichen Ort des Wassers, zur Oberfläche der Erde fallen muss, kann sich das Wasser in den Wolken bei Francisci eine zeitlang halten, wenn es sich mit der Luft im Gleichgewicht befindet. Damit schreibt Francisci der Luft auch ohne den Dunst ein Eigengewicht zu. Dann »subtilisirt« sich der Dunst bei Francisci so weit, bis er »lauter Lufft« wird, sich also sprichwörtlich vollkommen in Luft auflöst. Ob der so verfeinerte Dunst nun wirklich die gesuchte Luft ist, darüber wird gestritten und deshalb auch darüber, was eigentlich gewogen wird, wenn man das Luftgewicht bestimmen will. Einige nahmen an, dass das Luftgewicht von den körperhaften Dämpfen und Dünsten kommt, die wie die trockenen rauchigen Dämpfe aus der Erde oder wie die feuchten Dünste aus dem Wasser stammen. Für Luft ohne Dampf und Dunst war es keineswegs ausgemacht, dass man sie wiegen könne. Sie rückte in die Nähe der Spiritus, der Geister ohne Substanz und ohne Gewicht. Man spürt sie nicht, sie ist einfach da wie das Wasser, in dem die Fische schwimmen, die auch nichts davon bemerken. Als man das Luftgewicht zu messen begann, war also keineswegs klar, was da gemessen wurde.

Der Luftdruck

Messungen, die sklalierte Größen ergaben, waren erst mit dem Barometer möglich. Vorher haben sich Galilei, Mersenne, Riccioli und Boyle mit dem Auswiegen verschiedener Behältnisse nach Bearbeiten seines Luftinhalts beholfen. Galilei »stopfte« eine Flasche voll Luft, wie Francisci sagt, verschloss sie mit einem Korken, wog sie, ließ die Luft mit Zischen entweichen, und wog sie noch einmal. Sie war leichter geworden. Galilei hatte damit nur bewiesen, dass Luft überhaupt etwas wiegt. Mersenne machte eine Windkugel glühend, er »hat ihr alle Feuchtigkeit entzogen, daß sie sehr wenig Luffts nur behalten«, sie gewogen, abkühlen lassen, wieder gewogen und sie schwerer gefunden. Bei Mersenne ist die Verwechslung von Dunst, der aus dem in der Kugel erhitzten Wasser stammt, und Luft offensichtlich. Riccioli hat eine leere Ochsenblase gewogen, sie dann aufgeblasen und wieder gewogen. Auch sie war jetzt schwerer. Riccioli hatte die Luft beim Aufblasen verdichtet. Boyle hat, ähnlich wie Mersenne, eine Windkugel mit sehr kleinem Loch »so viel durch unser Feuer geschehen kann« erhitzt, sie verschlossen und auf einer sehr feinen Apothekerwaage mit einer Skaleneinteilung von ¼ Gran (0,015 g) gewogen und dasselbe nach Abkühlung wiederholt. Er kam auf 11 Gran (0,66 g) für den verbliebenen Luftinhalt. Trotz der Genauigkeit der Waage ist das Ergebnis nur qualitativ, nur ein Beweis dafür, dass Luft ein Gewicht hat. Welches, das bleibt solange offen, wie die Größe der Windkugel unberücksichtigt bleibt und das Luftgewicht nicht auf die Fläche bezogen wird, auf die es drückt (ca. 1000 g/cm^2). Was von Boyle gemessen wurde, war eine nicht genau bestimmte Differenz des Luftgehalts der Kugel vor und nach Erhitzung.

Francisci lässt noch Harsdörffer von einem Versuch mit der Schweinsblase berichten, der eine absolute Messgröße vortäuscht, aber von ganz falschen Voraussetzungen ausgeht. Eine Waage wird so in ein Wasserbecken gestellt, dass die Waagschalen eben an der Oberfläche schwimmen ohne einzutauchen. Eine aufgeblasene Schweinsblase wird unter eine der Schalen gebunden, diese beschwert, bis sie gerade wieder auf der Wasseroberfläche schwimmt. Das Gewicht der aufgeblasenen Schweinsblase ist nach Harsdörffers Meinung direkt an der Waage abzulesen. Aber auch hier wird nicht das Gewicht der Luft gemessen, sondern der Auftrieb, den die Schweinsblase im Wasser erfährt, also die geringere Dichte der Luft einschließlich der Blase im Verhältnis zur verdrängten Wassermenge und schon gar nicht alleine ihr luftiger Inhalt.

Francisci bemerkt die Fehler alle nicht, er beschreibt nur und ist nicht in der Lage, über Sinn und Unsinn der Experimente zu diskutieren. Am Bericht über Mersenne's Versuch zeigt sich einmal mehr das Problem der nicht geklärten Zusammensetzung der Luft und der Einfluss der Alchemisten, die die Teilchen der Luft immer als gewichtslos angesehen haben und das messbare Gewicht den Zutaten zuschrieben. Pascal allerdings hatte 30 Jahren vorher bei seinen Luftdruckmessungen mit dem Barometer eine Unterscheidung zwischen einer in der Natur nicht existierenden angeblich reinen unvermischten Luft und einer Luft, die wir atmen, abgelehnt und den Luftdruck als Erscheinung aller ihrer Bestandteile angesehen. Aber selbst solche Koryphäen wie Huygens hielten noch Wasserdampf für Luft.

Nur Otto von Guericke hatte eine wirklich klare Vorstellung davon, wie er wiegen musste. Auch hier geht Francisci nicht in die Tiefe und mutet seinen scholastisch geprägten Lesern keine geistigen Anstrengungen zu. v. Guericke hatte zu bedenken gegeben, dass beim Versuch, mit einem noch so starken Feuer die Luft aus der Kugel zu treiben, im besten Fall noch ein Fünftel der vorher vorhandenen Luft zurück bleibe. Das genüge nicht, um das Luftgewicht exakt zu bestimmen. Außerdem würde er alle vorher genannten Versuche nur als »Teilwägung« verstehen im Gegensatz zur Messung der »Gesamtschwere«, der Messung der senkrechten Luftsäule, die z.B. auf der Grundfläche eines Groschens lastet. Im 21. Kapitel seiner »Neue(n) Magdeburger Versuche über den luftleeren Raum« von 1672 definierte er das Gewicht dieser Luftsäule auf derselben Grundfläche als identisch mit einer Wassersäule von 19 Magdeburger Ellen (1 Elle = 0,583 m), also rund 11 m Höhe. »Weil eine Luftsäule ganz den gleichen Druck ausübt wie eine Wassersäule von 18, 19 oder höchstens 20 Ellen Höhe, lässt sich das Gewicht jeder beliebigen Luftsäule errechnen«, und er macht das gleich selbst mit einer Magedeburger Kanne. Dieser Druck pro gegebener Fläche ist das Kraftpaket, das er in seinen Apparaturen wirken ließ. Damit seine Versuche mit den berühmten Vakuumhalbkugeln, an denen Pferde zogen, klappten, machte er deshalb vorab Berechnungen über die Zugkraft, die die Pferde auf keinen Fall überschreiten durften, wenn die Kugeln aneinander haften bleiben sollten. Je nach Durchmesser der Kugeln spannte er 16, 24 oder mehr Pferde davor.

Pascal hatte in »De la pensateur de l'air« für Wasserpumpen lediglich gedanklich durchexerziert, bis zu welcher Höhe an Orten verschiedener Meereshöhe Wasser nach oben gepumpt werden kann. Er diskutierte die Prinzipien der Wirkung des Luftdrucks. v. Guericke stellte den mathematischen und konstruktiven Zusammenhang dieser Prinzipien her, hat ihn mechanisch umzusetzen versucht und erste Schritte zur Berechnung der Kraft gemacht, die mit den Wirkungen des Luftdrucks unter Einsatz des Vakuums erzeugt werden kann, und dann diese Kraft eindrucksvoll demonstriert. Um an sein Ziel zu gelangen, hat er sich intensiv mit den konstruktiven Details seiner Versuche herumgeschlagen, vor allem mit den Dichtungsproblemen an den Nahtstellen, den Hähnen und Ventilen seiner Luftpumpen, von denen ganz entscheidend die Herstellung eines Vakuums abhing. In Schotts »Technica curiosa«, auf die auch Francisci verweist, ist v. Guerickes riesige, über zwei Stockwerke gehende Luftpumpe abgebildet, deren Funktionsteile zur Abdichtung durch den Fußboden hindurch in ein großes mit Wasser gefülltes Fass getaucht sind. Spätere Modelle waren tragbar und viel kleiner. Viele seiner Versuche verliefen zunächst nicht so wie er sich das gedacht hatte. Da er aber vorher auf Grund seiner Berechnungen zu wissen glaubte, wie das Ergebnis ausfallen müsste, ging er an die mechanische Feinarbeit. Er betrieb das, was noch in einem ursprünglich aus den USA stammenden populärwissenschaftlichen Werk, »Die Wunder der Physik«, vom Beginn des 20. Jahrhunderts etwas unscharf und doppeldeutig »Mechanik der Luftkörper« genannt wurde.

Einige seiner für die weitere technische Entwicklung einer Wärmekraftmaschine wichtigsten Versuche werden kaum gewürdigt, auch nicht von Francisci. Sie verblassen neben dem Schaueffekt der vergeblich an den beiden luftleer gepumpten Halbkugeln zerrenden Pferde. Er machte die Versuche mit einem »hydraulisch-pneumatischen Gerät«, einer Apparatur für das Studierzimmer »zur geistigen Erquickung« (Abbildung 14).

Sie werden im 17. bis 19. Kapitel des 3. Buches durchexerziert. Die von ihm vorgeschlagenen Experimente liefern ganz nebenbei eine Bestätigung des im Kapitel Horror vacui beschriebenen Pascal'schen Versuchs über die Leere unter den Bedingungen eines in allen Einzelheiten durchdachten und mit einigen Raffinessen zur Steuerung des Luftdrucks und zum Ansaugen von Wasser ausgestatteten Apparats, die einen ersten Eindruck davon vermitteln, welcher Grad von mechanischer und rechnerischer Genauigkeit bei der technischen Gewinnung von Arbeit der hierbei beobachteten Kräfte erforderlich sein würde. v. Guerickes hydraulisch – pneumatisches Gerät bestand aus zwei Glaskugeln, jede mit einem relativ dicken, von einer Messingmanschette umgebenen Hals. Sie waren mit einem Rohr miteinander verbunden, das lang und weit genug war, um einen großen und vier kleinere Hähne für die Steuerung der Luftzufuhr, für die Luftpumpe und den Wasserheber aufzunehmen. Die Glaskolben wurden mit dem Rohr so miteinander verbunden, dass die Öffnung des unteren nach oben führte, die des oberen nach unten und sie wie eine senkrecht stehende Hantel aussahen. Die Hähne hatten zur zusätzlichen Dichtung einen wassergefüllten Wulst und an ihren Mündungsstücken waren kleine Röhrchen angebracht, die bis zum Boden reichten. Vom größeren Hahn führte ein dickeres Rohr in einen Wassereimer am Boden. Im unteren Glaskolben war etwas Wasser. Luftleer gepumpt wurden die beiden Glaskolben durch eine vorher mit einer Luftpumpe entleerten Kupferkugel, die immer wieder bis zum Erfolg an einen der Hähne angeschlossen werden konnte. Wurde bei leergepumpten Glaskolben der Hahn geöffnet, der am Rohr zum Wassereimer angebracht war,

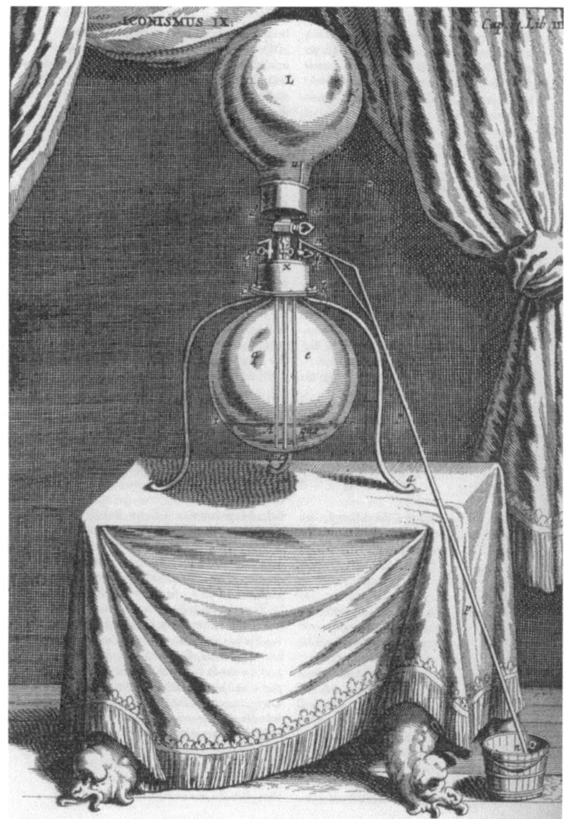

Abbildung 14: Das hydraulisch-pneumatische Gerät v. Guerickes. Erklärung im Text Aus: Otto v. Guericke, Neue Magdeburger Versuche über den leeren Raum. Übersetzung der lat. Ausgabe 1672. Düsseldorf 1996.

saugte das Vakuum Wasser an, das sich in den unteren Glaskolben ergoss, oder genauer, drückte der äußere Luftdruck das Wasser in den luftleer gepumpten Kolben. Halb gefüllt wurde der Hahn geschlossen, um danach die Gewalt des Luftdrucks zu demonstrieren. Öffnete man jetzt einen kleinen Hahn, um Luft hereinzulassen, sah man »das Wasser brausend und mit so viel Wucht ins obere Glas emporspringen, als wollte es dessen obere Fläche gleichsam durchbohren oder das Glas selbst in Scherben schlagen«. v. Guericke verlängerte daraufhin das dickere Rohr aus dem ersten Stock bis in den Garten und ließ das Wasser aus dem Eimer von dort ansaugen. Auch hier das gleiche Bild. Erst als er die Apparatur in den zweiten Stock stellte, reichte die Kraft des Luftdrucks nicht mehr aus, um das Wasser bis in die Glaskolben zu heben. Es blieb zwischen dem ersten und zweiten Stock hängen, in der Höhe der schon bekannten 19 Magdeburger Ellen, die der Kraft des Luftdrucks entsprachen. Diese Höhe schwankte von Tag zu Tag, und der Bürgermeister von Magdeburg begann mit der Wettervorhersage für seine Stadt.

Bisher war nur bekannt, dass Wasserpumpen bei ungefähr 10 Metern Brunnentiefe ihren Dienst versagten. Deshalb hatte schon Agricola zum Abpumpen des Wassers aus den Bergwerksschächten Zwischenstufen eingelegt (Abbildung 15, S. 88).

Abbildung 15:
Die 3-fach-Pumpe des Agricola.
Aus: Vom Berg- und Hüttenwesen 1556. Reprint der Übersetzung aus dem lateinischen Orginal 1928. München 1994.

Der Schacht A. Der unterſte Pumpenſatz C. Der erſte Waſſerkaſten C. Der zweite Pumpenſatz D. Der zweite Waſſerkaſten E. Der dritte Pumpenſatz F. Das Gerinne G. Die verlängerte Radwelle H. Das erſte breite Geſtänge I. Das zweite breite Geſtänge K. Das dritte breite Geſtänge L. Die erſte Kolbenſtange M. Die zweite Kolbenſtange N. Die dritte Kolbenſtange O. Die Drehpunkte P. Die Scheren Q.

Die raffiniertesten Konstruktionen wurden bereits mit einem unterschlächtigen Wasserrad angetrieben, das bei jeder Umdrehung zwei Hub ausführte. v. Guerickes hydraulisch-pneumatisches Gerät zeigte eindeutig, wodurch der Effekt ausgelöst und warum er in seiner maximalen Höhe prinzipiell und nicht nur durch konstruktive Unzulänglichkeiten der Pumpvorrichtungen begrenzt war. Er führte eine allerdings noch handgetriebene Ventilsteuerung ein, aber der entscheidende Schritt war die isolierte Betrachtung der Wirkungen von Vakuum und Luftdruck in Verbindung mit Wasser und deren bewusstem und kontrollierten Krafteinsatzes. Er hat in den Glaskolben auch schon beobachtet, dass sich im Vakuum von der Wasserfläche aus ein feiner weißer Nebel verbreitete, den er den im Wasser eingeschlossenen Luftbläschen zuschrieb, die sich, nachdem der äußere Druck der Luft weggefallen war, aus dem Wasser gelöst haben sollten. Das Wasser hatte im Vakuum schon bei Zimmertemperatur zu sieden begonnen, was v. Guericke nicht bewusst geworden war. Die aufsteigenden Blasen bestehen im wesentlichen aus Wasserdampf, aber auch aus anderen im Wasser gelösten Gasen.

Auch die erste mit Luftdruck arbeitende Kraftmaschine stammt von ihm. Mit einem großen Zylinder, der oben durch einen Kolben abgedichtet war und der sich an einem kleinen Hahn mit einer von einem »zwölf- oder fünfzehnjährigen« Knaben zu betätigende Luftpumpe bis zum Vakuum entleeren ließ, konnte dieser kleine Junge ein über Rollen mit dem Kolben verbundenes Brett mit Gewichten von 2686 Pfund ohne große Anstrengung anheben. Der Luftdruck leistete die Hubarbeit, indem er den Kolben in das Vakuum des Zylinders hineindrückte (Abbildung 16).

Abbildung 16: Atmosphärische Hebemaschine v. Guerickes. Erklärungen im Text. Aus: Neue Magdeburger Versuche über den leeren Raum. Düsseldorf 1996.

Diese Hubmaschine unterscheidet sich von der ersten Dampfmaschine Papins nur durch die Art, in der das Vakuum erzeugt wird. Bei Papin war es der sich nach Erhitzung im Zylinder abkühlende und kondensierende Wasserdampf oder das sich nach der Explosion abkühlende und zusammenziehende Schießpulvergas. Bei v. Guericke musste noch mechanisch leer gepumpt werden. Seit dem kleinen unscheinbaren Vakuum im Toricellibarometer und den folgenden Kontroversen um seine Existenz waren gerade mal 15 Jahre vergangen.

Vom Horror Vacui zur Dampfmaschine

Immer mehr Beobachtungen an solchen geschlossenen Systemen führte schließlich zum ersten Gesetz der Beziehung von Druck und Volumen von Gasen, das von Boyle 1662 experimentell gefunden und von Mariotte bestätigt und 1679 theoretisch begründet wurde: bei konstanter Temperatur und gleicher Stoffmenge sind auch Druck und Volumen konstant und somit das spezifisches Gewicht des Gases, seine Dichte, oder, anders ausgedrückt, wird der Druck erhöht, vermindert sich entsprechend das Volumen des Gases und seine Dichte nimmt proportional zu, bei Verminderung des Druckes erhöht sich das Volumen und seine Dichte nimmt ab. Dieses Gesetz war zusammen mit der von Pascal gefundenen Ausbreitung des Druckes komprimierter Flüssigkeiten (beim Kolbendruck auf eine Flüssigkeit ist der Druck an allen Gefäßwänden identisch) und der Abhängigkeit des Siedepunktes des Wassers vom Luftdruck durch Boyle und Fahrenheit die noch dünne physikalische Basis, auf der mit der Konstruktion von Dampfmaschinen begonnen wurde. Obwohl Francisci diese Ergebnisse kennen konnte, gibt es bei ihm nur diffuse und alchemistisch verklausulierte Anklänge an eine durch »Subtilisierung« verdünnte Luft und einen irgendwie gearteten Luftdruck, der sich mit der Höhe verändert. Ein naturwissenschaftliches Bewusstsein hat er nicht, ihn treibt kindliche Neugier um.

Diejenigen, die die genannten Grundlagen erarbeitet hatten, waren wie Pascal Philosoph, wie Boyle Chemiker oder Physiker wie Fahrenheit. v. Guericke war Ingenieur und Festungsbaumeister und als Bürgermeister ein sich ergötzender Laie (lateinisch »idiota dilettans«). Vielleicht bedurfte es eines solchen Idioten, um die etablierten Fachgrenzen einfach zu ignorieren und den Spagat über den tiefen Graben zu wagen, der die Denker von den Machern trennte. Als philosophierender Mechaniker und experimentierender Philosoph griff er in der Diskussion seiner Versuchsergebnisse die letzten aristotelischen Bastionen an. Er wusste genau, was er gemacht hat, und philosophierte über seine Experimente mit Fakten, die er als giftige Kost den Kathederscholastikern präsentierte. Leute wie er werden in den kommenden Jahrhunderten rar. Die Zukunft gehörte den nicht mehr philosophierenden mathematisch geschulten Technikern und Handwerkern, wie dem ersten voll bezahlten »Temporary Curator of Experiments of the Royal Society« in London (1684-87) und Konstrukteur der ersten atmosphärischen Dampfmaschine, Denis Papin, oder dem Schmied und Eisenhändler Thomas Newcomen als Erfinder der ersten in großem Maßstab in den Bergwerken Englands eingesetzten Dampfmaschine, der sich mit einigem Geschick trotz eines gegnerischen Konsortiums, das einen Teil der Patente für sich reklamierte, den lukrativen Markt in Englands nördlichen Kohlerevieren sichern konnte. Die Philosophie dieser Leute steckte in den Maschinen, die sie konstruiert haben, und den Vermarktungsstrategien, die sie verfolgten. Was die Scholastiker dazu zu sagen hatten, interessierte noch v. Guericke, sie aber nicht mehr.

Papins Überlegungen, die er im Vergleich zu einem Konkurrenzmodell Savery's anstellt, sind dafür ein gutes Beispiel und schon fast Programm für diese frühe Verzahnung von konstruktiver Auslegung der geplanten Kraftmaschine mit ökonomischen Erwägungen, wie er das in »Die neue Kunst, Wasser höchst effizient mit der Unterstützung von Feuer hochzupumpen« von 1707 darlegt (»Ars nova ad aquam ignis adminiculo efficacissime elevandum«). Seine

Maschine sollte sich bei einem Kesseldruck von drei Bar in weniger als zwei Sekunden füllen und entleeren und jedesmal 100 Liter Wasser ca. 13 m in die Höhe pumpen (Abbildung 17 und Abbildung 18).

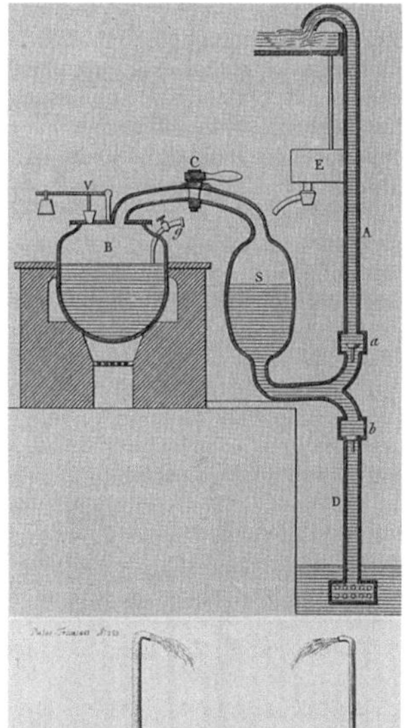

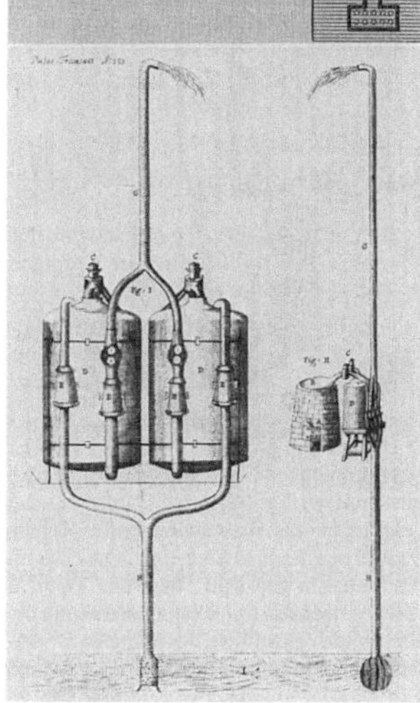

Abbildung 17:
Th. Savérys Dampfpumpe. Die Schemazeichnung erklärt die Funktionsweise der Dampfpumpe. Heißer Dampf wird im Kessel B erzeugt und in den Kessel S (im Kuperstich D) geleitet. Durch den Dampfdruck wird Wasser in das Steigrohr hochgedrückt. Anschließend wird das Ventil C (Dampfzufuhr) geschlossen und aus dem Becken E kaltes Wasser auf den Kessel S geleitet. Der Dampf kondensiert, und es entsteht ein Unterdruck, der aus dem Steigrohr D durch das Öffnen des Ventils b Wasser ansaugt (Kupferstich 1699).

Ursprünglich aus: Philosophical Transactions Vol. XXI, bei S. 189. London 1689.

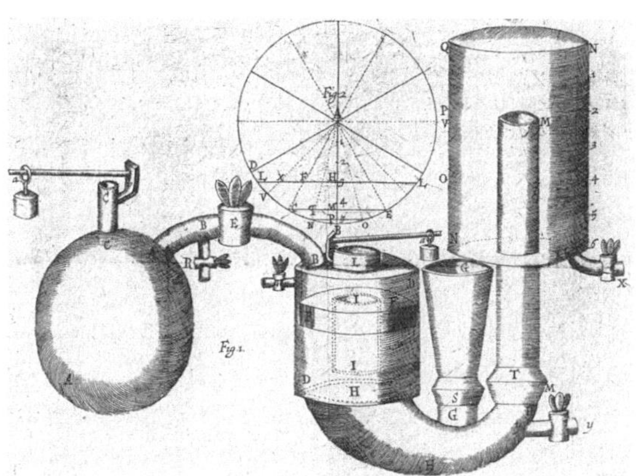

Abbildung 18 (rechts): Papins Hochdruckdampfpumpe (1706). In einem kupfernen Kessel (links), der über ein Sicherheitsventil verfügt (C), wird Dampf erzeugt und anschließend in einen Zylinder geleitet, in dem ein schwimmender Kolben sich bewegt. Dadurch wird das Wasser unter dem Kolben über einen Druckwindkessel (rechts in der Abbildung) in ein Steigrohr gedrückt. Wird das Ventil E geschlossen, bewegt sich der Kolben zurück, und das Spiel kann von neuem beginnen. Durch den Trichter G wird neues Wasser zugeführt, das über den Druckwindkessel weitergepumpt wird. Die Hähne der Maschine mußten mit der Hand bedient werden (Kupferstich 1707).

Ursprünglich aus: Tregold, Th., The Steam Engine, S. 6, Fig. 2. London 1827.
Beide aus: Jochim Varchmin/Joachim Randkau, Kraft, Energie und Arbeit. Hamburg 1981.

Sie lasse sich, sagt er, »rascher und mit weniger Kosten erwärmen, da sie sich ganz im Feuer befindet, als die beiden Gefäße, welche Herr Savery Kessel nennt«. Savery's Kühlung des heißen Dampfes vernichte einen großen Teil desselben, man brauche viel zu viel davon, müsse das Wasser oft erneuern und immer wieder aufheizen. Der Holzverbrauch sei daher enorm. Sein dritter Einwand betraf die Dauer der Wirksamkeit. Während des Betriebs erwärme sich Savery's Maschine zu sehr, so dass »eine überaus lange Zeit nötig ist, um eine für das Ansaugen genügende Kühlung zu erreichen«. Alle diese Probleme habe er weitaus besser gelöst. Es ging also nicht mehr um akademische Fragen und um experimentelle Spielereien zur Ergötzung adliger und bürgerlicher Gesellschaften, sondern um einen ökonomisch sinnvollen Einsatz der dem Luftdruck und dem Vakuum entlockten kraftvollen Dynamik, die sich gegen die alten Methoden rechnen musste.

Descartes, Papin und die Religion

In Franciscis »Lufftkreys« nur einige Jahre früher wird noch ausführlich über die Meteorologie des Aristoteles und die Existenz eines Vakuums diskutiert. Franciscis Diskussionen wirken in diesem kurzen Rückblick wie aus einer anderen Welt, zu der auch noch Descartes mit seinen Spekulationen und als unbeugsamer Verfechter des Horror vacui gehört. Er hatte sich zwar zum Lieblingsfeind der alten Professorenschaft gemausert und man ging, besonders von Seiten der Kirchen aller Konfessionen, gegen seine Lehren vor, aber für die aufkommenden experimentellen, technisch und verwertungsorientierten Naturwissenschaften war er nicht mehr interessant. Mit seiner mechanistischen Weltmaschine, die Gott als Schöpfer zwar beschwor, aber nicht unbedingt voraussetzte und die als Gegenentwurf zu Aristoteles konzipiert war, hatte er sich das gesamte alte ideologische Establishment trotz seines vorsichtigen Taktierens zum Feind gemacht und seine jungen Anhänger zur Mobilgarde eines antiklerikalen Sturms. Der Cartesianismus wird deshalb vielerorts rigoros verfolgt und 1653 in den Statuten der wieder eröffneten reformierten, calvinistischen Universität Marburg »in jeder Weise öffentlich und privat« verbannt, 1656 in Holland von den Calvinisten durch die Synode von Dordrecht untersagt, 1663 durch die römische Kurie und 1671 auf Betreiben der Jesuiten an der Pariser Sorbonne, um nur einige der religionsübergreifenden Verbote zu nennen. Ein Auszug aus den Universitätsstatuten von Marburg 1653 enthüllt die Motive des Verbots – Descartes war gerade drei Jahre tot –, mit denen es auch der erste Konstrukteur einer Dampfmaschine, Denis Papin, zu tun bekam:

> »Jene Art des Philosophierens, die nach ihrem Urheber die Cartesianische genannt wird und die alles in Zweifel zu ziehen lehrt, sollen die Hochschullehrer weder selber billigen noch der Jugend vermitteln. Es gibt nämlich Dinge, an denen man ohne Versündigung nicht um einen Deut zweifeln darf, wie zum Beispiel, dass Gott existiert. Insbesondere besteht die keineswegs geringe Gefahr, dass der jugendliche Verstand, wenn er so gleich von den Anfängen her an

Zweifel gewöhnt wird, allmählich auch dann, wenn er es nicht will, oder auch gegen den Willen seiner Lehrmeister, abgleitet und diese Zweifel dann auch in die Theologie selbst hineinträgt und damit sowohl sich selbst als auch besonders andere in die Gefahr größter Irrtümer bringt. Andererseits flößt diese Cartesianische Philosophie die größte Verachtung des Aristoteles und aller anderen Philosophen ein, die bislang in Ansehen gestanden haben und anerkannt waren; sie zieht die Studierenden von der Lektüre derselben ab und schreibt eine Methode vor, die nicht allen Geistern zuträglich ist. Daher befehlen wir, sie von unserer Universität mit allen Mitteln öffentlich und privat zu verbannen.« (Im Orginal lateinisch.)

Der Duktus dieses Statuts unterscheidet sich nur in einem Punkt von der Haltung, die Ibn Khaldun gegen die aristotelische Philosophie eingenommen hatte: Aristoteles war im Abendland seit Jahrhunderten voll akzeptiert und innig mit der Religion verschmolzen, die Gefahr für die Religion wurde nun in Descartes gesehen.

Der Dampfmaschinenkonstrukteur Papin (sein Dampftopf wird heute noch in der Küche benutzt) hatte unter diesem rabiaten Unvereinbarkeitsbeschluss zu leiden (Abbildung 19).

Abbildung 19: Papinscher Topf in einer Version Anfang des 20. Jahrhunderts.
Aus: Die Wunder der Physik, S. 324. Berlin ca. 1908.

Er hatte nach der Aufhebung des Toleranzedikts von Nantes durch Ludwig XIV. 1685 als Hugenotte Frankreich verlassen und war als Mathematikprofessor im reformierten Marburg gelandet, wo er innerhalb der Emigrantengemeinde in kleinlich gehässige Auseinandersetzungen verwickelt wurde. Sie waren der Meinung, dass er als Dekan der Philosophischen Fakultät nicht eindeutig genug gegen einen cartesianischen Professor vorgegangen war, und erzürnt darüber, dass er sich über den eifernden Kirchenvorstand lustig gemacht hatte, und hatten ihn deshalb vom Abendmahl ausgeschlossen. Papin wurde erst auf Intervention des Landgrafen Karl von Hessen-Kassel daran gehindert, der vergifteten Atmosphäre zu entfliehen. Der Landgraf erwartete von ihm die Entwässerung der Kasseler Fuldaaue, für die er bis 1695 eine leistungsfähige Pumpe, die »Hessenpumpe«, entwickelte, einen Prototyp der späteren Rotations- und Zentrifugalpumpen. Dass Papin nicht gegen den Cartesianer an seiner Universität vorging, lässt darauf schließen, dass sich die jetzt tätigen experimentell ausgerichteten Naturwissenschaftler um dogmatische Streitereien nicht mehr scheren wollten, denn eigentlich wäre ja er als Konstrukteur von Luft- und Wasserpumpen und Kenner des Vakuums der richtige Mann gewesen, Licht ins Dunkel der Worthülsen zu bringen. Aber er wollte sich auf einen

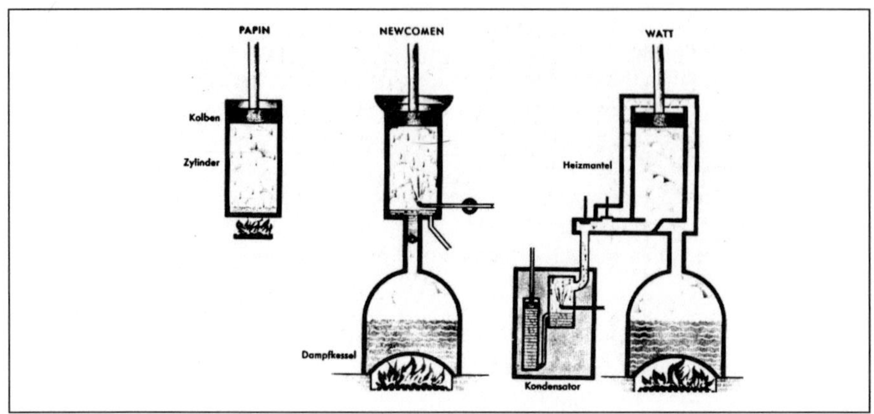

Abbildung 20: Die Entwicklung der Dampfmaschine. Im Vergleich die Dampfmaschine von D. Papin (1690). die von Th. Newcomen (1712) und die von J. Watt (1769). Bei Papin bilden Dampfkessel und Zylinder eine Einheit. Der Dampf wird in dem Zylinder kondensiert, und der äußere Luftdruck treibt den Kolben voran. Newcomen trennt Dampfkessel und Zylinder, jedoch wird in dem Zylinder der Dampf durch Einspritzen von kaltem Wasser kondensiert, und der äußere Luftdruck treibt den Kolben voran. Bei Watt sind Dampfkessel, Zylinder und die Kondensation des Dampfes getrennt. In späteren Ausführungen wirkt der Dampf auch direkt und treibt den Kolben voran.
Aus: Jochim Varchmin / Joachim Radkau, Kraft, Energie und Arbeit. Hamburg 1981.

dogmatischen Streit von Cartesianern und Kirche nicht einlassen. Es waren Nachhutgefechte der Vertreter zweier spekulativer Weltsysteme, und lästig obendrein, wie aus der Reaktion des Landgrafen ersichtlich. Auch er wollte sich mit solchen Grabenkämpfen eigentlich nicht mehr beschäftigen, ihn interessierte die Trockenlegung der Aue, und dazu brauchte er Papin.

Das Vakuum und die mit ihm anzustellenden Kraftmaschinen, die eine höhere Produktivität versprachen, siegten auf der ganzen Linie, praktisch, nicht ideologisch. Der philosophische Horror vacui war in atemberaubender Geschwindigkeit Geschichte geworden und ging beinahe klaglos im Getöse zischender Kessel und stampfender Kolben unter, die die Bergwerksschächte entwässerten. Die entwickelte Dampfmaschine von James Watt rund 100 Jahre später nutzte das Vakuum in einem getrennten Kondensator zum Absaugen und schnelleren Abkühlen des heißen Dampfes aus dem Zylinder, der den Arbeitskolben antrieb. Das Vakuum wurde von einer Luftpumpe aufrecht erhalten, die im Takt der Maschine arbeitete. Aber schon in der ersten von Papin 1706 gebauten Dampfmaschine, in der in einem Zylinder das wenige in ihm enthaltene Wasser erhitzt wurde und durch den Dampf einen Kolben nach oben trieb, entstand bei Abkühlung des Dampfes und Kondensation an den Zylinderwänden ein Vakuum, weshalb der Kolben durch das Gewicht der Luft wieder nach unten gedrückt wurde. In Newcomens Dampfmaschine von 1712 wurde die Bildung des Vakuums durch Einspritzen kalten Wassers in den erhitzten Dampf beschleunigt, um den Kolben wieder nach unten zu führen. Sie schaffte 12 Hub in der Minute und pumpte das Grubenwasser aus 51 yards

Tiefe. Papin und Newcomen hatten nicht das Problem des Horror vacui, sie suchten nach Wegen, ein möglichst vollkommenes Vakuum für den regelmäßigen Arbeitshub schnell zu erzeugen. Ihre Probleme waren die korrekte Bohrung des Zylinders, die Dichtung des Kolbens und der Ventile und deren selbsttätige Steuerung (Abbildung 20).

Die mutwillige Wissenschaft

Mit mechanischen Problemen brauchte sich Francisci noch nicht herumzuschlagen. Sein Problem, das er als Laie verstehen wollte, war die Vereinbarkeit der antiken meteorologischen Vorstellungen mit den sich häufenden experimentellen Ergebnissen aus den verschiedenen wissenschaftlichen Gesellschaften, die er höchst interessiert gelesen, aber in den seltensten Fällen wirklich verstanden hat. Man merkt deren Schilderungen an, dass solche Versuche, in denen durch apparativen Zwang auf die Untersuchungsgegenstände deren Eigenschaften enthüllt werden sollen, überhaupt nicht seinen Denkgewohnheiten entsprechen. Einige Male unterbleibt die Beschreibung eines angesprochenen Versuchs wegen angeblicher Kompliziertheit, während er bei der nicht weniger komplizierten Meteorologie des Aristoteles eine für uns verblüffende Hartnäckigkeit entfalten kann. Der Übergang vom Beobachten der Erscheinungen der Natur, die sich vor den eigenen Augen abspielen, und ihrer Einordnung in ein vorgegebenes System hin zum Begreifen einer Versuchsanordnung, die von anderen gemacht wurde und einzelne Daten liefert, ist anscheinend sehr schwierig gewesen. Sie setzt ja voraus, dass man den Eingriff prinzipiell akzeptiert und daran glaubt, auf diesem Weg etwas begreifen zu können. Es wird nicht nur Zwang ausgeübt, sondern eine Erscheinung isoliert, die man bisher im großartigen Zusammenspiel einer göttlichen Natur erfassen wollte. Der biblische und der aristotelische Kosmos war in sich geschlossen. Alles hatte seinen vorbestimmten Ort, an dem es zur Ruhe kommt: Der Mensch in Gott und die Elemente da, wo sie hingehören. In den Experimenten ließ man die von der Erde ausgeschwitzten Dämpfe und Dünste, die »die Luft besteigen«, nicht mehr nach ihrer »selbsteigenen Natur« entweichen und wieder herunterkommen, sondern fing sie ein und unterzog sie einer Sonderbehandlung.

Für die religiösen Fundamentalisten des Barock war allein der Versuch, die Abläufe der Natur verstehen zu wollen, ein Gottesfrevel. Sie hätten am liebsten Aristoteles gleich mit auf den Scheiterhaufen geworfen. Der wegen seiner Durchhaltepredigten gegen die Türken zum kaiserlichen Hofprediger aufgestiegene Augustiner-Barfüßer Abraham a Santa Clara kläffte damals, wie immer wortgewaltig, aus Wien von einer »muthwilligen Wissenschafft«:

> »Es treibt euch der Vorwitz so weit, daß ihr gar nachsucht, wo der Himmel die Schneeflocken außstaubt? Wo die Winde ihr Tafel-Stuben haben? Auch sucht ihr gar die Schmidten, wo die zornige Wolcken ihre Donner-Keil schmidten; Es wäre aber euch weit ersprießlicher, wann ihr euch vor Augen stellte das trübe Angesicht deß Göttlichen Richters, den Donner-Keil seines erschröcklichen

> Urtheils, welches er über euch wird fällen, bald, villeicht noch in einer halben Viertl Stund? Gedenckt nur ihr hochweise Männer, daß alle weltliche Wissenschafft ein schwacher Erdens-Dunst seye, so zwar sich in etwas empor schwinget, aber bald wider den Ruckweeg in die Erden nimbt; Eure gröste und beste Weißheit ist wissen, dass ihr nichts wisset; und wissen, daß der Todt gewiß, und nicht wissen, wann?«

Das klingt so, als ob er Francisci gelesen hat, dessen »Lufftkreys« sieben Jahre vor dieser Tirade erschienen ist. Auch das war barock. Ein rigoroser religiöser Fundamentalismus, der die Totalkonfrontation mit jeder Art von Wissenschaft suchte und die Gesellschaft am liebsten wieder in das aristotelesfreie Mittelalter zurückgejagt hätte. Er blieb keineswegs nur den Katholiken vorbehalten. Gegen den finsteren Abraham a Santa Clara wirkt der Protestant Francisci wie ein aufgeklärter Mensch.

Ein mutwilliger Eingriff in den Ablauf der Natur waren die Experimente in jedem Fall, nicht immer so offensichtlich wie bei v. Guerickes Magdeburger Versuchen, aber doch so, dass allerhand Spielchen getrieben werden konnten, an denen sich die Zuschauer ergötzten. Physikalische Demonstrationen wurden bald zur Lieblingszerstreuung der besseren Kreise, man wetteiferte um die besten Physiker und deren im Stil der Zeit modisch aufgepeppten Apparaturen, die der Natur bisher nie gekannte Erscheinungen entlockten. Der weitere Übergang von den experimentellen Gerätschaften zur Technik der Maschinen ist dann fließend und abhängig von produktiven Verwertungsmöglichkeiten. Der Schritt weg von der philosophischen Debatte hin zum Experiment war der ideologisch schwierigere Teil der Veranstaltung. Hat man sich einmal daran gewöhnt, dass nicht dialektischer Scharfsinn, sondern die meisterhafte Sonderbehandlung der Materie ihr Geheimnisse entlockt, kann man den nächsten Schritt, die technische Anwendung leicht akzeptieren. Sie ist schon in den Apparaturen des experimentellen Zwangs angelegt, und seine Ergebnisse zeigen die Grenzen, in denen eine technische Verwirklichung überhaupt möglich ist. Am deutlichsten wird das bei v. Guericke, dessen Versuche mit den Halbkugeln erheblichen mechanischen und konstruktiven Aufwand voraussetzen und riesige Kräfte demonstrieren, die hungrig machen auf ernsthaften Gebrauch. So weit war Francisci nicht. Er kann sich noch darüber wundern, dass die Luft ein Gewicht hat und Tagesschwankungen messbar sind. Nur von Ungefähr wird manchmal aus dem Luftgewicht ein Luftdruck, der auch Kräfte entfalten kann, wie er das bei einem Experiment Galileis schildert: Aus einer Flasche, in die er Luft »hineingestossen« und diese »bedruckte Lufft« mit einer Wasserflasche verbunden hat, ist »so viel Wassers herausgeflossen als viel gepressten Luffts aus der obersten in die unterste Flasche hinabgefahren«. Es ist die Wortwahl, aus der die Gewalt des Luftdrucks aufscheint. Ein physikalisches Verständnis oder ein Bewusstsein von einer möglichen Umwandlung in mechanische Kraft und verwertbare Arbeit ist das nicht. Aber diese Entwicklung war schon im Gange. 10 Jahre später gibt es die Dampfmaschine von Papin, und 32 Jahre später pumpt die Dampfmaschine von Newcomen erstmals Wasser aus einer Kohlengrube in Warwickshire / Mittelengland.

Das haben die Maschinen dann ein Jahrhundert lang fast ausschließlich gemacht und die Pumparbeit von Wind, fließendem Wasser, Tieren und Menschen ersetzt. Der Wirkungsgrad war erbärmlich niedrig, er lag anfangs unter einem Prozent der zum Betrieb verfeuerten Kohle. Um ihn zu erhöhen, wurden viele konstruktive und theoretische Anstrengungen unternommen. Die Elemente einer Dampfmaschine waren einzeln seit langem bekannt, die Erfahrungen reichten teilweise bis in die Antike zurück. Das Problem war die Regulierung des Zusammenspiels, ein tieferes Verständnis, das den ablaufenden Prozess zu steuern und optimieren half. Wie bestimmt sich die Kraft des Wasserdampfs in Abhängigkeit von sich ändernden Temperaturen, wie die Kraft und die Temperatur bei der Verdichtung des Dampfes während der Kondensation und wie die eines Vakuums, das bei jedem Hub wieder erneuert werden muss? Von diesen Kenntnissen hing die Auslegung der Maschinenteile, der Wirkungsgrad und die Wirtschaftlichkeit des Betriebes ab. Zu Beginn der Konstruktion dieser Maschinen war das alles nicht bekannt. Das Druck-Volumen-Gesetz von Boyle und Mariotte beschrieb nur die Verhältnisse bei konstanter Temperatur, die Maschinen aber arbeiteten mit Erhitzen und Abkühlen, mit Verdichten und Verdünnen von Wasser und Luft in einem kontinuierlich ablaufenden dynamischen Prozess. Es lässt sich in der Küche leicht beobachten, dass sich der Deckel hebt, wenn das Wasser kocht und Dampf austritt. Papin, der auf die Idee gekommen war, das Heben des Deckels des Kochtopfs zu verhindern, flogen seine ersten Töpfe um die Ohren, bis er ein Sicherheitsventil eingesetzt hat. Auch Kessel der ersten Newcomen'schen Dampfmaschinen explodierten gelegentlich beim Überhitzen oder plötzlichem Auslösen der Verdampfung bei Siedeverzug. Das waren alles Anzeichen für eine mangelnde Beherrschung der ungeheuren Kräfte, die da plötzlich zur Verfügung standen. Sie waren aus der Ableitung aus den Großsystemen der physikalischen Welterklärung, aus Aristoteles und Descartes, nicht mehr zu durchschauen. Die Konstrukteure großer Denkgebäude wurden von den Konstrukteuren großer Dampfmaschinen einfach ad acta gelegt und spielten noch ein bisschen Theater in akademischen und kirchlichen Kreisen. Die waren es jetzt, die Aufklärung nötig hatten.

Es hat keine fünfzig Jahre gedauert, um den philosophischen Schrecken vor der Leere durch den realen Schrecken vor den rauchenden Ungetümen zu ersetzen.

Literatur

Alto Brachner (Hg.), Geschichte der Vakuumpumpen. Zum 400. Geburtstag Otto von Guerickes. Deutsches Museum München 2002.

E. Gerland, F. Traumüller, Geschichte der physikalischen Experimentierkunst. Reprint der Ausgabe Leipzig 1899, Hildesheim 1965.

Otto von Guericke, Neue Magedeburger Versuche über den leeren Raum. Übersetzung der lat. Ausgabe 1672 von Hans Schimank. 2. Auflage Düsseldorf 1996.

300 Jahre Denis Papin, Naturforscher und Erfinder in Hessen. Ausstellungskatalog Marburg 1987.

Blaise Pascal, Oevres complètes, 2. Band. Paris 1858.
L. T. C. Rolt, Thomas Newcomen. The Prehistory of the Steam Engine. London 1963.
Abraham a Santa Clara, Grosse Todten-Bruderschafft. Das ist: Ein kurtzer Entwurf deß sterblichen Lebens. Salzburg 1687.
Fritz Schönemann, Vom Schöpfrad zur Kreiselpumpe. Geschichte der Pumpen und ihrer Antriebe durch fünf Jahrtausende. Düsseldorf 1987.
Jochim Varchim, Joachim Radkau, Kraft, Energie, Arbeit. Hamburg 1981.
S. S. Wilson, Sadi Carnot: Technik und Theorie der Dampfmaschine. In: Spektrum der Wissenschaft, Newtons Universum. Heidelberg 1990.

Vom Kreislauf des Wetters bei Aristoteles zum Kreislauf der Wärme bei Sadi Carnot

Francisci hat im Nachhinein nicht ganz unrecht, wenn er Aristoteles nicht einfach zu den Akten legt. Wenn man kühn einen sehr weiten Bogen von der Meteorologie des Aristoteles über die ersten Temperatur- und Luftdruckmessungen, das künstliche Vakuum und die ersten Dampfmaschine hinweg zum Carnot'schen Prozess für Wärmekraftmaschinen 1824 spannt, lässt sich die herausragende Rolle, die die Wetterbeobachtungen und ihre antiken Systematisierungen für die Entstehung der modernen Naturwissenschaft und Technik gespielt haben, noch schärfer fassen. Es fallen Zusammenhänge auf, die einem bei einer rein chronologischer Betrachtung, die für die Meteorologie des Barock auch gar nicht zutreffend wäre, entgehen. Sie zeigen einigermaßen überraschend, welche Impulse die Neuzeit dem kohärenten Denken verdankt, das aus der später verteufelten Naturphilosophie des Aristoteles stammt:

Sadi Carnot betrachtet die Produktion von Arbeit durch Wärme erstens als einen Kreisprozess und zweitens in einem geschlossenen System. Aristoteles betrachtet die Wettererscheinungen ebenso. Sein System ist eingeschlossen im Energie liefernden Umschwung der Himmelskörper, eine sich drehende wärmeproduzierende Maschine, die ihre Bewegung und ihre Wärme den vier Elementen im Raum mitteilt und sie in einen auf- und absteigenden Kreislauf zwingt. Aristoteles beschreibt diese Dynamik unterschiedlicher Kräfte in zum Teil weit verstreuten Stellen aus dem 1. Buch der Meteorologie, die ich hintereinander zitiere, um ein Licht auf sein Gesamtsystem zu werfen:

> »Zieht nun das erste Element (der Äther des Alls, H.V.) mit den Himmelskörpern darin im Kreise, so entzündet sich die jeweils benachbarte Zone der Welt und des Körpers unterhalb, indem sie sich infolge des Bewegungsanstoßes verdünnt, und schafft die Wärme....Im Kreis strömt die Luft, weil sie durch den Umschwung des Alls mitgerissen wird. Denn das Feuer steht in kontinuierlicher Verbindung mit dem Himmelselement, mit dem Feuer die Luft; infolgedessen ist es auch die Bewegung, was eine Verdichtung zu Wasser verhindert, vielmehr sinkt jedes Teilchen, das schwerer wird, weil seine Wärme hinauf in den oberen Raum ausgepresst wird, jeweils nach unten; dafür steigen andere Teile zusammen mit der feurigen Ausdünstung (der Erde) nach oben, die eine Schicht bleibt so beständig von Luft, die andere von Feuer erfüllt, und diese beiden Schichten erneuern sich fortwährend... Die bewirkende, entscheidende und an erster Stelle stehende Ursache ist die Kreisbahn, in der, wie klar zutage liegt, der Lauf der Sonne Auflösung und Zusammenschließen hervorruft und damit das Werden und Vergehen verursacht. Die Erde ruht, aber das Feuchte auf ihr verdunstet unter der Einwirkung der Sonnenstrahlen und der sonstigen von oben kommenden Wärme und steigt nach oben. Aber wenn die Wärme, die es emporsteigen ließ, es verlässt, teils sich zum oberen Ort hin zerstreuend, teils auch verlöschend, weil sie so hoch in die Luft über der Erde hinaufgeführt wurde, dann kühlt der Wasserdampf ab, kondensiert – eine Folge des Wärmeverlusts wie der hohen

> Region – und wird aus Luft zu Wasser; danach strebt er wieder der Erde zu … So kommt es zu diesem Kreis, der die Kreisbahn der Sonne nachahmt; denn wie die Sonne sich nach dieser oder jener Seite (der Ekliptik) bewegt, so steigt und fällt im Kreis das Feuchte. Wir müssen uns das vorstellen wie einen Fluss, der, der Luft und dem Wasser gleichermaßen zugehörig, abwechselnd steigt und fällt. Ist die Sonne nahe, so steigt der Wasserdampf stromgleich auf; entfernt sie sich, so strömt der Regen nieder. So pflegt es in ewiger Folge zu geschehen, und zwar in einer bestimmten Ordnung … Es steigt also fortwährend das Feuchte auf durch die Kraft des Warmen und fällt wieder zur Erde infolge der Abkühlung«.

Die Logik dieses Systems ist einleuchtend und kann auch einzelne Erscheinungen schlüssig erklären. Sie hat etwas Gesetzmäßiges. Das ist eine der Gründe, warum es länger Bestand hatte als die übrigen Auffassungen des Aristoteles zur Natur und weshalb es so schwer zu knacken war. Aristoteles arbeitet mit den völlig korrekten Beobachtungen der Verdünnung durch Wärme, der Verdichtung durch Kälte, mit schwer und leicht, mit der Kondensation, dem ständigen Fluss des Wechsels von Aggregatzuständen seiner Elemente und einer unschlagbar gleichmäßig rotierenden Wärmequelle, die in einem 24-Stunden-Rhythmus wärmt und kühlt und damit die Atmosphäre in Bewegung hält. In dieser Logik fehlen zur Logik der Dampfmaschine nur die Verdünnung der Luft bis zum Vakuum und die Absicht, das Temperaturgefälle in der Atmosphäre zur Gewinnung von Arbeit zu nutzen.

Natürlich liegen Welten und zweitausend Jahre zwischen Aristoteles und der Dampfmaschine, deshalb möchte ich den Vergleich nicht überstrapazieren. Aber wenn man sich klar macht, dass in der Zeit des Barock diese zweitausend Jahre auf wenige Jahrzehnte schrumpfen und Aristoteles und die Dampfmaschine derselben Welt angehören, ist der große Bogen erlaubt und die Analogie der beiden geschlossenen Systeme nicht allzu weit hergeholt. Auf Grund der Bemerkungen zur Meteorologie, die der Carnot des 19. Jahrhunderts in die Beschreibung seines Wärmekreislaufs einstreut, ist ziemlich klar, dass er Aristoteles sehr gut gekannt haben muss. In den Köpfen der Intelligentia und als kämpfende Truppe der Spätscholastiker auf den Kathedern der barocken Kirchen und Universitäten war er noch stark vertreten und wurde verbissen verteidigt. Für Francisci ist Aristoteles so präsent als sei er ein Zeitgenosse, er nimmt ihn als Referenz in vielen Fragen und stützt seine meteorologische Argumentation im wesentlichen auf sein System. Er bekommt allerdings ernste Schwierigkeiten mit dessen innerer Geschlossenheit, in die die neuen Ergebnisse von Astronomie, Temperatur- und Luftdruckmessung und alchemistische Sichtweisen nicht mehr richtig einzufügen sind. Die Meteorologie des Aristoteles wird durch die Genauigkeit der Messverfahren und die chemische Ausdifferenzierung seiner vier Elemente gesprengt. Die von ihm vorexerzierte Logik eines geschlossenen wärmeproduzierenden Systems wird jedoch überleben und sich technisch in der Funktionsweise der Dampfmaschine und theoretisch in Carnots Kreislaufprozess wieder finden. Die zyklische Wärme der Sonne und die davon abhängigen Verdunstungen und Kondensationen bildeten den Grundstein für eine genaue Beschäftigung mit Temperatur, Luftdruck und

Vakuum und mündeten in die zyklische Verwertung erhitzten Dampfes in einer Maschine. Die alte Meteorologie als eine der ältesten Wissenschaften von der Natur ist sicherlich die Urmutter aller Kenntnisse über das Verhalten von Gasen, die in der Thermodynamik des 19. Jahrhunderts ihre entscheidenden Grundlagen finden wird.

Dieser französische Militäringenieur Carnot, der schon auf eine hundertjährige Geschichte der Dampfmaschine zurückblicken konnte, hat noch nicht vergessen, aus welchem Bauch sie gekrochen ist, und nimmt die Meteorologie gleich zu Beginn seiner theoretischen Erwägungen über die Wirkung der »bewegenden Kraft des Feuers« ins Visier: »Es ist die Wärme, der man die großen Bewegungen zuschreiben muss, die unsere Blicke auf der Erde gefangen nehmen; sie ist für die Turbulenzen in der Atmosphäre verantwortlich, den Aufstieg der Wolken, den Fall des Regens und andere Lufterscheinungen (»météores«), die Wasserläufe, die die Erdoberfläche durchziehen und von denen der Mensch nur einen schwachen Anteil für seine Zwecke nutzt; schließlich die Erdbeben, die Vulkanausbrüche, für die man ebenfalls Wärme als Ursache anerkennt«. Dieses immense Reservoir könne der Mensch für sich ausbeuten und zu jeder Zeit und an jedem Ort die bewegende Kraft des Feuers nutzen. Das Problem sei, dass es dafür keine grundlegende Theorie gibt wie in der Mechanik, die alles voraus berechnen kann. »Alle Fälle werden vorhergesehen, alle denkbaren Bewegungen unterliegen Allgemeinprinzipien, die fest verankert und unter allen Bedingungen anwendbar sind. So sieht eine komplette Theorie aus. Offensichtlich fehlt eine vergleichbare Theorie für die mit Feuer betrieben Maschinen. Man wird sie erst dann besitzen, wenn die physikalischen Gesetze so umfassend sind, dass alle Wirkungen der Wärme auf welchen Körper auch immer deterministisch behandelt werden und vorab bekannt sind«.

Carnot kannte die beiden thermodynamischen Hauptsätze noch nicht, die seinen geforderten umfassenden physikalischen Gesetzen ein ganzes Stück näher kamen. Er wird den zweiten entdecken, bevor der erste überhaupt formuliert ist. Der erste ist der Satz von der Erhaltung der Energie in einem geschlossenen System, der unabhängig voneinander durch Joule, Mayer und Helmholtz zwischen 1842 und 1847 gefunden werden wird: Energie kann weder vernichtet noch aus dem Nichts erzeugt, sondern nur ineinander umgewandelt werden. Robert Mayer drückte das 1845 so aus: »Bei allen physikalischen und chemischen Vorgängen bleibt die gegebene Kraft eine konstante Größe«; James Prescott Joule sprach 1845 von der »Gleichwertigkeit zwischen der Wärme und den gewöhnlichen Formen mechanischer Kraft« und Hermann von Helmholtz 1847 von der »Erhaltung der lebendigen Kraft«. Die Zeit war offenbar reif geworden, alle bisher bekannten Kräfte zusammenzuführen und in der Form geleisteter oder potentiell möglicher Arbeit auszudrücken. Joule bestimmte dazu experimentell das sogenannte mechanische Wärmeäquivalent, indem er in einem Wassergefäß Paddel rotieren ließ, die von einem bekannten Gewicht in Bewegung gesetzt wurden und das Wasser erwärmten. Dann maß er die Temperatur. Die Beziehung zwischen der Temperaturhöhung und dem Gewicht, das seine Schwerkraft in eine Rotation übersetzt und durch die Turbulenzen im Wasser die Temperaturerhöhung bewirkt hat, war die gesuchte Größe des mechanischen Wärmeäquivalents, ein Maß für die pro Grad Temperaturerhöhung zu gewinnende Arbeit.

Carnot dachte nur 20 Jahre vorher noch ganz in den Kategorien eines mit aristotelischen Schlacken behafteten »Wärmestoffs« und der galileischen »bewegenden Kraft«. Mit dem einheitlichen Begriff der Energie, der alle Arbeit verrichteten Kräfte einschließlich der durch Wärme zu gewinnenden umfasst, konnte er seine Analyse nicht durchführen. Carnot nahm einen Wärmestoff an, der fließt, sich dabei verbraucht und die eingesetzten Substanzen nur als Träger benutzt: »Der Dampf ist nichts anderes als ein Mittel, um den Wärmestoff (»le calorique«) zu transportieren«. Üblicherweise stellte man sich den Wärmestoff als »imponderables Fluidum«, als eine unwägbare Flüssigkeit vor, die die Atome umhüllt und die Zwischenräume der Moleküle mehr oder weniger ausfüllt, eine Art »Wärmeatmosphäre« der Moleküle, die Wärme binden oder freigeben kann. Das Bild stammt vom Chemiker John Dalton, der um 1805 eine revolutionäre Atomtheorie formulierte und erste Anregungen dafür aus jahrelangen intensiven Wetterbeobachtungen geschöpft hatte. Wärme, so wie von John Tyndall, als eine Art von Bewegung zu betrachten, wurde erst in den 60er Jahren des 19. Jahrhunderts Allgemeingut der Physiker.

Alle Verbesserungen an den Dampfmaschinen waren bis Carnot fast ausschließllich Ergebnis von Tüftelei gewesen und niemand konnte angeben, ob es eine prinzipielle Grenze für die Erzeugung von Arbeit im Kreislauf der Dampfmaschinen gibt, die aus physikalischen Gründen niemals überschritten werden kann und die als das Maß für den Wirkungsgrad der Maschine genommen werden müsste, und ob dieser Kreislauf für alle Arbeitsmedien in gleicher Weise gilt. Carnot dachte sich eine ideale Maschine, an der in Analogie zur reibungslosen Bewegung ein »reibungsloser« Wärmetransport ohne Verlust stattfindet. Mit seinem von den vielen technischen Problemen abstrahierenden Gedankenexperiment gelang ihm die Destillation einer für jede denkbare Wärmekraftmaschine universell gültigen Theorie, »einer der wenigen berühmten Fälle, bei denen Ingenieursarbeit in fundamentaler Weise zur physikalischen Theorie beigetragen hat« (Richard P. Feynman, Nobelpreis für Quantenfeldtheorie 1965) (Abbildung 21).

Der ideale Kreisprozess beginnt mit dem Aufheizen einer Substanz in einem Wärmespeicher, deren einzige Voraussetzung Ausdehnung bei Erwärmung und Schrumpfen bei Abkühlung ist. Sie wird in einen Zylinder mit Kolben geleitet, der dadurch zurückweicht, so dass sich das Arbeitsmedium unter ständiger Wärmezufuhr und Beibehalten der Anfangstemperatur ausgedehnt (isotherm). Dann wird die Wärmequelle entfernt. Die immer noch warme Substanz im Zylinder dehnt sich jetzt weiter aus, schiebt den Kolben vor sich her und kühlt dabei ab (adiabatisch). Schließlich wird das abgekühlte Medium ohne weitere Temperaturänderung, aber unter Wärmeabgabe in ein Reservoir durch den dem Druck der Atmosphäre folgenden rückwärts laufenden Kolben komprimiert (isotherm), um in einem letzten Schritt nach Entfernen des Kühlreservoirs und Verhinderung von Wärmeverlust weiter komprimiert und dadurch

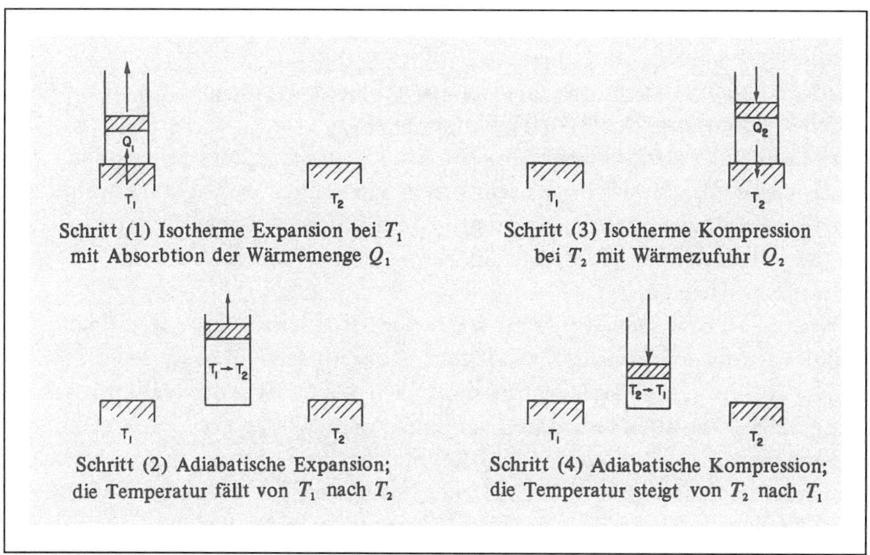

Abbildung 21: Schritte des Carnot'schen Kreisprozesses.
Aus: Richard P. Feynman, Vorlesungen über Physik, Band I, S. 623. München 1991.

wieder bis zur Ausgangstemperatur erwärmt (adiabatisch). Der Kreislauf ist damit geschlossen und könnte von neuem beginnen. Wenn man also von allen technischen Reibungs- und Wärmeverlusten abstrahierte und keine Arbeitsleistung aus ihm abzöge, erreichte der ideale Prozess wieder sein anfängliches Niveau, was natürlich in der Praxis nicht geschieht und auch nicht der Zweck der Maschine ist. Sie wäre sonst ein Perpetuum mobile, eine phantasierte Maschine, die ohne Zufuhr von Energie Arbeit liefert. Sie soll jedoch arbeiten und kann das nur, wenn ihr durch neue Wärme der Energieverlust durch vollbrachte Arbeit ersetzt wird. Würde der Prozess umgekehrt, also mit der kalten Substanz im Kühlreservoir begonnen und somit Wärme von einem Körper geringerer Temperatur zu dem einer höheren transportiert, müsste Arbeit, bei Carnot »bewegende Kraft«, aufgewendet werden, und zwar genau so viel Arbeit wie vorher in die Ausdehnung des Mediums gesteckt worden war. Carnot verglich die Nutzung des Temperaturgefälles seines idealen Kreisprozesses mit einem Wasserrad. Will man das Wasser, nachdem es über die Schaufeln nach unten gefallen war, wieder auf seine ursprüngliche Höhe bringen, muss man, um das Rad gegen die Schwerkraft rückwärts zu drehen, genau so viel Arbeit verrichten wie man vorher gewonnen hatte. Das war seine Formulierung der erst später »2. Hauptsatz der Thermodynamik« genannten Beziehung. Man kann auch sagen, Wärme kann nicht von selbst von einem kalten zu einem warmen Gegenstand fließen. Da jeder der einzelnen Schritte des Prozesses umkehrbar ist, ist es auch der ganze Kreislauf.

Was Carnot bewiesen hatte war die Unmöglichkeit, aus einem reversiblen Kreisprozess mehr Wärme herauszuholen als hineingesteckt wurde, und zwar unabhängig von der eingebrachten Substanz. Seine praktischen Vorschläge liefen darauf hinaus, möglichst Gase zu verwenden, die sich bei Temperaturänderung sehr schnell ausdehnen und wieder komprimieren lassen, und sich zu überlegen, ob man nicht statt einer externen Beheizung die innere Verbrennung durch Luftzufuhr in den Arbeitszylinder technisch verwirklichen könnte. »Die Anwendung der atmosphärischen Luft zur Entwicklung der bewegenden Kraft des Feuers würde in der Praxis sehr große, wenn auch vielleicht nicht unüberwindliche Schwierigkeiten bereiten; gelingt es, sie zu überwinden, so wäre sie zweifellos dem Wasserdampf überlegen«. So ist es, wie Otto- und Dieselmotoren bestätigten.

Wie um zu beweisen, dass sein Wärmekreislauf sehr viel mit den Phänomenen der Atmosphäre zu tun hat, richten sich seine Gedankenspiele immer mal wieder auf Vorgänge in der Natur, die er nach der Analyse der Dampfmaschine mit geschärftem Blick betrachten kann. Mit dem Wissen von den Zusammenhängen zwischen Temperatur- und Volumenänderungen eines Gases versucht er sich an der Beseitigung alter Erklärungsmuster der Meteorologie: »Muss man die Kälte der höheren Regionen der Atmosphäre nicht der Akühlung durch die Ausdehnung der Luft zuschreiben? Die Gründe, die bisher zur Erklärung dieser Kälte angegeben wurden, sind vollkommen ungenügend: man sagte, dass die erhöhten Regionen, die wenig von der Reflexionswärme der Erde abbekommen und selbst in den Himmelsraum abstrahlen, Wärmestoff verlieren müssten, und das sei der Grund ihrer Abkühlung; aber diese Erklärung wird zerstört, wenn man bemerkt, dass auf gleicher Höhe die Kälte ebenso gut auf den Hochebenen und sogar mit größerer Intensität als auf den Bergen wie in den weit entfernten Teilen der Atmosphäre regiert«. In den erhöhten Regionen wirken die von der Erde reflektierten Sonnenstrahlen nicht anders als in den tieferen und heizen Berge und Hochebenen auf. Reflexion kann deshalb nicht der Grund für Kälte in der Höhe sein.

Die von Carnot zitierte anscheinend noch immer vorherrschende Auffassung ist alt, sehr alt. Sie findet sich bei Francisci und schon bei Aristoteles, der diese Meinung Anderer referiert: »Wenn eine Wolke bis in die obere Region hinaufgedrängt ist, die kalt ist, weil *die von der Erde reflektierten Sonnenstrahlen* dort nicht mehr wirken, dann gefriert, dort angelangt, die Feuchtigkeit.« Das Physiklehrbuch von Johann Müller aus dem Jahre 1857 kennt offensichtlich noch die alte Argumentationskette und fühlt sich verpflichtet, darauf einzugehen, und erklärt die Abnahme der Temperatur in höheren Luftregionen so: »Wäre die Luft keine elastische Flüssigkeit, bliebe die Dichtigkeit der Atmosphäre für alle Höhen dieselbe, so würden die am Boden erwärmten Luftschichten bis an die Gränze der Atmosphäre steigen, die obersten Schichten des Luftmeers, welche unsere Erde einhüllt, würden auch die wärmsten sein. Weil sich aber die warmen Luftschichten bei ihrem Aufsteigen ausdehnen, so wird bei dieser Ausdehnung Wärme gebunden, ihre Temperatur muß sinken, und so kommt es, daß die höheren Luftschichten kälter sind als die tieferen«. So etwa dachte auch Carnot. Dass durch die Ausdehnung der Luftschichten Wärme gebunden wird oder, anders ausgedrückt sich die Wärmekapazität erhöht, ist eine für uns ungewohnte Begründung. Sie basiert auf der Vorstellung eines Wärmestoffs, der bei Abkühlung irgendwie in den Molekülen verschwindet und bei Erwärmung freigesetzt wird. Nur sechs Jahre später ging Tyndall dann schon ganz locker über die Lippen, dass die Abkühlung bei Verdünnung der Luft dem Übergang von Wärme in Arbeit zuzuschreiben sei, d. h. in diesem Fall der Abnahme der Atombewegung, die eine »elastische Kraft« der Luft erzeugt. Und er kennt auch schon den absoluten Nullpunkt von minus 273° C, bei dem jede Atombewegung erlischt.

Die Meteorologie des Aristoteles war auch eine Art Wärmekraftmaschine, die ihre Energie von der Sonne bezog. Sie beruhte durchgehend auf der Beobachtung der für die Entstehung des Wetters entscheidenden Faktoren, von Wärme und Kälte, verfolgte ihren »Fluss« konsequent in allen Erscheinungen und war darin klar, selbst noch in ihren Fehlern. Jedenfalls liegen zwischen seinem »Fluss« und dem »Wärmestrom« der heutigen Physik keine unüberwindlichen Denkbarrieren.

Literatur

Aristoteles, Meteorologie. Darmstadt 1970.

Sadi Carnot, Réflexions sur la puissance motrice du feu. Reprint der Ausgabe 1824. Paris 1990.

Richard P. Feynman, Vorlesungen über Physik, Bd. 1. München 1991.

Hermann von Helmholtz, Über die Erhaltung der Kraft. Ostwalds Klassiker der exakten Wissenschaften 1, 79, 80. Reprint der Ausgabe 1848. Frankfurt am Main 1996.

Robert Mayer, Die Mechanik der Wärme. Ostwalds Klassiker der exakten Wissenschaften 180. Reprint der Ausgaben 1842/1845. Frankfurt am Main 1997.

Johann Müller, Lehrbuch der Physik und Meteorologie. Braunschweig 1857.

John Tyndall, Die Wärme betrachtet als eine Art der Bewegung. Braunschweig 1867.

S. S. Wilson, Sadi Carnot: Technik und Theorie der Dampfmaschine. In: Newtons Universum. Spektrum der Wissenschaft 1990.

Luft ohne Sauerstoff

Die aristotelische Meteorologie wurde in der frühen Neuzeit nicht in einem einmaligen Akt ersetzt, sondern in einem sehr langen Prozess zersetzt und erst einmal in ungenießbare Bestandteile zerlegt, bevor die moderne Physik und Chemie ihr endgültig den Garaus gemacht haben. Im ersten Anlauf haben die spirituösen Luftgeister der Alchemie dem einheitlichen Luftelement die scharfen Begrenzungen genommen, die es von der Sphäre des Feuers trennte. Dem zweiten fiel die Gott vorbehaltene Unendlichkeit und Leere jenseits des Fixsternhimmels durch die Herstellung eines irdischen Vakuums zum Opfer. Die Auflösung der Elemente Luft und Wasser gelang schließlich der sich aus der Alchemie emanzipierenden Chemie. Aus den »Philosophical Transactions« immer gut informiert, nennt Francisci einen frühreifen Vertreter dieser Entwicklung, dessen Erkenntnisse für 100 Jahre wieder in der Versenkung verschwanden.

John Mayow, in Bath praktizierender Arzt, identifizierte 1674 erstmals einen Luftbestandteil, den er für den Brennvorgang, die Gärung und die Atmung als wichtig erkannte. Er nannte ihn »spiritus igneo-aereus« (feurigen Luftgeist) oder »nitro-aereus« (Salpeterluft). Es war Sauerstoff. Er hatte ihn aus Versuchen mit Salpeter im Vakuum gewonnen, dem »Sal petrae« oder Felsensalz, dem natürlich vorkommenden Kalium- oder Natriumnitrat. Der Salpeter war einer der wichtigsten Grundstoffe in der Alchemie und der Ausgangsstoff der Chinesen für das Schießpulver, den »chinesischen Schnee«. Marco Polo und Ibn Battuta machten ihn im 13. Jahrhundert in Europa bekannt. Mit Hilfe der von den Arabern entwickelten Nassverfahren konnte daraus Salpetersäure hergestellt werden, das als »Scheidewasser« (aqua fortis) in der Lage war, Gold aus einer Mischung mit Silber herauszutrennen, und als »Königswasser« (mit Salzsäure vermischt) Edelmetalle auflöste.

Diese den Alchemisten also sehr geläufige Substanz war Mayows Versuchsobjekt. Er verbrannte Schießpulver, das Kaliumsalz der Salpetersäure, in einem luftleeren Gefäß und schloss daraus, »dass der Salpeter selber die Luftfeuerteilchen enthält, so dass er des Luftvorrats nicht bedarf«. Seine »salpetrigen Luftteilchen« riefen an Eisenstücken dieselbe, nur eine schnellere Wirkung hervor wie die Luft: sie wurden verbrannt, d. h. in heutiger Nomenklatur oxidiert. Die bei der Verbrennung des Salpeters frei gewordene »Luftsubstanz« ist der erst später von Lavoisier so genannte Sauerstoff. In immer feiner ausgeklügelten, zielgerichteten und wohldefinierten Experimenten, die halbwegs quantitative Aussagen ermöglichten, gelang ihm der Beweis, dass Verbrennung und Atmung ohne die »Luftsubstanz« des Salpeters nicht möglich sind. Obwohl seiner Nomenklatur noch die Herkunft aus der Alchemie und der Iatrochemie (die zu seiner Zeit herrschende Chemie der Ärzte) anzusehen ist, experimentierte er streng auf Grundlage von Substanzen, die es zu identifizieren galt. Aber er war trotzdem nicht in der Lage, seinen Salpetergeist der Luft (spiritus nitro-araeus) als etwas ganz Neues zu erkennen. Er sah in ihm nur das endlich identifizierte alchemistische Prinzip des »Quecksilbers«, dessen Flüchtigkeit. Auch »Schwefel« und »Salz« blieben in der alchemistischen Tradition, sie waren noch nicht die uns bekannten Substanzen, sondern standen weiterhin für Schwefel als dem Prinzip der Brenn- und Schmelzbarkeit und für Salz als Asche, dem durch Feuer nicht weiter zu verändernden Rest.

Über die bei der trockenen Destillation unter Hitze entstehenden flüchtigen Substanzen wurden seit Paracelsus in 50 wolkigen Varianten von »Mercurius«, »Spiritus« und »Geist« spekuliert. Einer direkten chemischen Analyse waren diese Gase im 17. Jahrhundert noch kaum zugänglich. Mayow musste deshalb aus den Wirkungen an Pflanze und Tier auf eine Identität des Salpetergeists mit der »unverbrauchten Luft« schließen. Seine Versuchsanordnung und die Überprüfung seiner Annahmen durch weitere Kontrollversuche waren revolutionär, ein früher Schritt aus der Alchemie in eine analytische Chemie, die einzelne Substanzen erfasst statt diffuse Pauschalurteile über ihre Eigenschaften abzugeben. Ihn haben seine wissenschaftlichen Zeitgenossen noch weniger verstanden als Mayow, der die »unverbrauchte Luft« aus der Verbrennung des Salpeters gewonnen hatte. Sein alchemistisches Vokabular für den analysierten Sauerstoff verdeckte den revolutionären Bruch. Die genau analysierte Salpeterluft verschwand schon beim Entdecker wieder im diffusen flüchtigen Prinzip des Mercurius, obwohl die Alchemisten von verbrauchter und unverbrauchter Luft sprachen und ahnten, dass sie aus verschiedenen Substanzen bestehen müsse.

Was bei Mayow der salpetrige Luftgeist oder »nitro-aereus« ist, wird bei Francisci in eine quellende Sprachwolke aufgeblasen, die das ganze alchemistische Vokabular enthält und sich immer weiter von der eindeutig identifizierten Substanz entfernt, um völlig zerzaust in den durch die Alchemie schon weitgehend zerstörten Elementen und Sphären des Aristoteles zu enden. Es gebe, sagt Francisci, »in der Lufft ein allgemeines Saltz oder einen subtilen Geist voller Würckungen, welcher die Natur der Lufft und des Feuers habe; diesen nenne man gemeinlich das Lufft-Nitrum, das flüchtige Nitrum, den allgemeinen Geist oder Spiritum. Die Erde, welche seines Bedunckens anders nichts als ein Gemisch aus Saltz und Schwefel, zeucht diesen allgemeinen Spiritum an sich: und nachdem sie ihn in ihrem Busen empfangen, wird selbst ein Körper daraus formirt, welchen man das Nitrum nennet, welches in seinen subtilen und flüchtigen Theilen etwas von der Lufft und in den gröbern etwas von der Erden in sich begreifft«.

Für Francisci ist der »nitro-aereus« Mayows also ein »allgemeines Salz«, ein »subtiler Geist voller Würckungen« mit der »Natur der Lufft und des Feuers«, ein »Lufft-Nitrum«, ein »flüchtiges Nitrum«, ein »allgemeiner Geist« oder ein »Spiritus«. Dieser »allgemeine Spiritus« dringt in das Salz-Schwefel-Gemisch der Erde ein, nach alchemistischer Nomenklatur also in ein Gemisch von brennbaren Substanzen und Substanzen aus ihrer Asche, wird dort zu einem Körper geformt und heißt dann »Nitrum« (Salpeter). Der Salpeter enthält die flüchtigen Teile der Luft (Sauerstoff) und die gröberen der Erde (Stickstoff).

Mayows Salpeterluft (»nitro-aereus«, Sauerstoff) wird hier von Francisci so lange zu einem subtilen Geist ohne Konturen verschwiemelt, bis sie wieder die aristotelische »Natur der Lufft« und die des Feuers hat und noch ein bisschen Erdiges enthält. Francisci hat also nicht wirklich begriffen, dass es bei Mayow nicht mehr um ein Element der Luft nach Aristoteles geht, sondern um zwei flüchtige Bestandteile in ihr, die zusammen den Charakter der Luft ausmachen und zu seiner Zeit grob als verbrauchte und unverbrauchte Luft bezeichnet wurden. Die beiden Gase lassen sich durch ihre Eigenschaften voneinander trennen, wie das Mayow vorgeführt hat. Der eine Teil unterhält Verbrennung und Atmung, der andere lässt Kerzen erlöschen und Mäuse sterben. So unscharf wie Francisci haben auch seine Zeitgenossen an Mayows Entdeckung vorbei gedacht und sind wieder bei den gewohnten Elementen des Aristoteles und den Prinzipien der Alchemie gelandet.

Robert Boyle, der für Francisci die bevorzugte Referenz der experimentellen Chemie und eine schon beinahe himmlisch verehrte Persönlichkeit der neuen Wissenschaften ist, beschreibt den Zustand der Alchemie dieser Zeit giftig als einen Tummelplatz von Zauberkünstlern, die ihr Publikum mit verwirrenden Begriffssalven hypnotisieren. Sein »Sceptical Chemist« von 1661 ist eine klar formulierte, durch Experimente belegte Abrechnung mit »der willkürlichen Art wie die Chemiker mit ihren Benennungen spielen … Denn sie belegen jede in Frage stehende Substanz dreist mit dem Namen Schwefel oder Quecksilber oder einem anderen der hypostatischen Prinzipien und leisten sich eine unerträgliche Doppelsinnigkeit in ihren Schriften und Ausdrücken«. Und treiben damit Missbrauch.

> »Ich weiß, was die bedeutendsten dieser Chemiker vorzubringen pflegen. Zwar seien die getrennten Substanzen, in die sie gemischte Körper durch das Feuer zu zerlegen pflegen, nicht rein und homogen; aber da die vier Elemente, in welche die Aristoteliker die gleichen Körper durch dasselbe Mittel aufzulösen vorgeben, nach ihrem eignen Zugeständnis ebensowenig einfach seien, so sei es den Chemikern ebensowohl gestattet, die anderen Elemente zu nennen, da doch in beiden Fällen die Beilegung des Namens nur nach dem vorherrschenden Element geschieht. Ich streite nicht ab, dass dieses Argument der Chemiker den Aristotelikern gegenüber nicht übel ist. Welche Antwort ist das aber für mich, der ich ebenso gegen die Aristotelischen Elemente wie gegen die Prinzipien der Chemiker kämpfe und einen Körper nicht als ein wahres Prinzip oder Element, sondern vielmehr immer noch als zusammengesetzt ansehen muss, der nicht vollkommen homogen, sondern noch weiter in eine Anzahl gesonderter, wenn auch noch so winzigen Substanzen auflösbar ist! Und wenn die Chemiker einen Körper deshalb Salz, Schwefel oder Quecksilber nennen, weil das Prinzip, das denselben Namen trägt, darin den Hauptbestandteil ausmacht, so ist das an sich selbst eine Anerkennung dessen, was ich behaupte; nämlich dass diese Produkte des Feuers noch zusammengesetzte Körper sind.« (4. Teil, 129)

Er lehnt es deshalb ab, auf die Phraseologie jedes einzelnen Chemikers Rücksicht zu nehmen und beschränkt sich auf die Auseinandersetzung mit den vier Substanzen Erde, Wasser, Feuer und Luft des Aristoteles und den drei Prinzipien Schwefel, Salz und Quecksilber der Paracelsisten. Die Feueranalyse als Methode kritisiert er scharf. Schon geringe Änderungen der Bedingungen führten zu ganz unterschiedlichen qualitativen Ergebnissen. Aus dem gleichen Grund verwirft er auch Paracelsus mit seinen drei Prinzipien. Vielleicht seien sie vorhanden, aber man habe genügend Beispiele dafür, dass sie nicht bei allen Reaktionen zu finden sind. Das Problem für die Praktiker war, dass Boyle alle aus der Feueranalyse gewonnene Substanzen nicht als Elemente akzeptieren wollte, sondern sie immer als gemischte Substanzen ansah. Die Chemiker behalfen sich deshalb mit der unglücklichen Unterscheidung von chemisch und physikalisch und betrachteten solche bei der Verbrennung entstehenden Substanzen jetzt als chemische und ließen offen, ob sich dahinter noch feinere physikalische verbergen.

Die Geburt der Chemie aus dem Verständnis der Verbrennung

Aus diesem Dilemma half zunächst die Francisci noch nicht bekannte Phlogistontheorie der Verbrennung, die fast das gesamte 18. Jahrhundert die Chemie beherrschen sollte. Sie stammt von Johann Joachim Becher (gest. 1682) und vor allem von Georg Ernst Stahl (gest. 1734). Er war ein Kameralist, der die Praxis der Metallverarbeitung sehr gut kannte. Sein entscheidender Schritt war, die organische Verbrennung und die Verbrennung (Verkalkung) der Metalle als einen einheitlichen Vorgang zu sehen. Alle brennbaren Körper enthielten eine vom ihm Phlogiston genannte Substanz, die bei der Verbrennung oder beim Schmelzen von Metallen mit Holzkohle solange entweicht, bis sie aufgebraucht ist, weshalb das Feuer erlischt. Der Prozess ist umkehrbar. Wird der gewonnene Metallkalk (Metalloxid) wieder mit Holzkohle verbrannt, entsteht das reine Metall. Ein schlichter, sehr eingängiger Kreislauf, der für organische Substanzen nicht galt. Die Asche einer Kartoffel lässt sich durch erneutes Verbrennen mit Holzkohle nicht wieder zu einer Kartoffel machen. Stahls System hatte den Vorteil, dass erstmals in der Geschichte der Alchemie die Verbrennung (Oxidation) und die Umkehrung des Prozesses (Reduktion) in einem plausiblen Zusammenspiel erklärt werden konnte, ohne auf die inzwischen viel zu grob gewordenen Prinzipien des Paracelsus zurückgreifen zu müssen. Es gelangen damit zyklische Verwandlungen von Stoffen, ihre kontrollierte Zersetzung und Rückgewinnung.

Wegen dieser Vorteile blieb das Phlogiston selbst für Carl Wilhelm Scheele, einem der Wiederentdecker des Sauerstoffs 100 Jahre nach Mayow, die Grundlage seiner Argumentation. In seiner »Chemischen Abhandlung von Luft und Feuer« beschrieb er die Verbrennung als eine Art virtuellen Austauschs eines Phlogistons zwischen brennbaren Körpern:

> »Das Phlogiston ist ein wahres Element und ein ganz einfaches Principium. Es kann durch die Anziehungskräfte gewisser Materien von einem Körper in dem andern versetzet werden; diese Körper erleiden alsdann wichtige Veränderungen, so daß sie nicht selten dadurch geschickt werden, durch die Wirkung der

> zwischen ihren Theilchen sich setzenden Wärme oder Hitze, in Fluß oder auch in elastischen Dunst zu gerathen ... Mit der Feuerluft aber gehet dieses Element in eine so zarte Verbindung, daß es sehr leicht durch die zartesten Oefnungen aller Körper dringet ... Bei allen diesen Verbindungen untergeht das Phlogiston nicht die geringste Veränderung und kann aus der letzten Verbindung wieder von neuem geschieden werden. Für sich allein kann das Phlogiston unmöglich erhalten werden, denn es scheidet sich von keinem Körper, wenn es auch noch so lokker mit ihm verbunden ist, woferne nicht ein anderer zugegen ist, welcher er unmittelbar berühret«.

Niemand hatte dieses »wahre Element« je nachgewiesen. Es war eine Fiktion des Feuers. Der Phlogistontheorie nach hätten die Metalle nach der Verbrennung gleich schwer sein müssen, da sie nur das gewichtslose Phlogiston abgegeben hatten, oder für diejenigen, die dem Phlogiston ein Gewicht zusprachen, leichter. Die Metalle waren aber durch den aufgenommenen Sauerstoff schwerer geworden, was allerdings durch Rauchverluste in den teilweise zu hohen Temperaturen bei der Verbrennung oftmals nicht bemerkt wurde. Das Phlogiston selbst, das angeblich bei der Verbrennung von einer Substanz auf eine andere übertragen wurde, war schon qua Definition nicht nachweisbar, wie Scheele schreibt, weder alleine noch in seiner Verbindung. Es war eine Art geisterhaftes Teilchen, flüchtig wie ein Geist, materiell eine Erde (die terra pinguis oder fettige Erde des Johann Joachim Becher), ein alchemistischer Zwitter mit ausufernden Wirkungsmöglichkeiten.

Das lange Negieren der beweiskräftigen, experimentell gewonnenen und öffentlich zugänglichen Ergebnisse Mayows durch eine anschwellende Gemeinde von Alchemisten, Iatrochemikern und Chemikern ist ein hervorragendes Beispiel für die subversive und zersetzende Wirkung althergebrachter Vorstellungen auf neue Erkenntnisse. Der als Begründung im allgemeinen angeführte frühe Tod Mayows oder eine angebliche Eifersüchtelei unter Chemikern mit Robert Boyle an der Spitze jedenfalls können das hundertjährige Vergessen dieser wichtigen Entdeckung nicht befriedigend erklären. Das zeigt gerade Scheele mit seinem hartnäckigen Festhalten an der Phlogistontheorie, der Generationen später mit diesen Ereignissen nicht mehr in Zusammenhang gebracht werden kann. Die Stärke der Phlogistontheorie beruhte vielmehr auf den in sie eingeprägten gewohnten aristotelischen Denkmustern. Die Akzidentien waren den Körpern, ganz wie das Phlogiston, nur beigeordnet und verliehen ihnen bestimmte Eigenschaften, konnten aber mühelos von einem Körper auf den anderen übergehen, ohne sich dabei selbst zu verändern. Scheele spricht von einem Versetzen des Phlogiston von einem Körper in den anderen, wodurch sich zwar die Körper verändern, das Phlogiston aber ganz ungeschoren bleibt. Mit demselben Muster wird in der katholischen Kirche auch die Transsubstantiation beim Abendmahl erklärt: Die Akzidentien Brot und Wein bleiben erhalten, während sich ihr Wesen (ihre Substanz), in den realen Leib und das Blut Christi verwandelt. Es muss also nicht unbedingt Aristoteles draufstehen, wenn Aristoteles drin ist. Sein Denken war zweitausend Jahre lang so allgegenwärtig, dass die Verwandlung von Brot in den Leib Christi und die Verwandlung von

Eisen in Rost wie selbstverständlich nach genau demselben Denkschema ablief und Religion und Wissenschaft hinter dem Rücken der Beteiligten auf gleicher Grundlage arbeiten ließ.

Deshalb war der Todesstoß, den Lavoisier dem Phlogiston versetzt hat, auch eine Lösung der versteckten aristotelischen Bindungen der Chemie. Er hat den Sauerstoff als Träger der Verbrennung und Atmung in ein umfassendes, damals »antiphlogistisch« genanntes, neues chemisches System eingeordnet und schrieb 1785 einen Essay über das Phlogiston, in einem ähnlichen Duktus, mit dem Robert Boyle 120 Jahre vorher die Alchemisten angegangen hatte:

> »Die Chemiker verwenden das Phlogiston als vages Prinzip ohne genaue Definition. Deswegen taugt es dazu, alles zu erklären, was man will. Manchmal schreibt man ihm Gewicht zu, manchmal nicht, manchmal soll es freies Feuer sein, ein andermal Feuererde, manchmal dringt es durch die Poren der Gefäße, manchmal nicht. Es erklärt das Vermögen zu ätzen ebenso wie das, nicht zu ätzen, es erklärt Transparenz und Opazität, Farbe und Farblosigkeit. Phlogiston ist ein wahrer Proteus, der seine Form jeden Moment ändert!«

Die Enthronung der Phlogistontheorie bedeutete gleichzeitig das Ende einer beliebig spekulierenden Chemie und mit dem Nachweis, dass Wasser kein Element ist, sondern sich aus Wasserstoff und Sauerstoff zusammensetzt, auch das Ende der Elemententheorie des Aristoteles. Von ihr blieb als kleiner Rest der Wärmestoff, der sich noch im Verbrennungsvorgang tummelte und sein Verständnis erschwerte. Lavoisiers Sauerstoff, der bei der Verbrennung die Metalle »ansäuerte«, erwies sich letztlich als der falsche »Sauer«-Stoff. Der richtige Säurebildner war der Wasserstoff, der bei der Lösung der Metalloxide in Säure frei wurde. Diese Säuretheorie wurde aber erst später ausgearbeitet.

Das Verschwinden des Wärmestoffs

Dass mit der Entdeckung des Sauerstoffs die Vorgänge bei der Verbrennung noch nicht vollkommen verstanden wurden, wird bei einem Zeitgenossen des Lavoisier und frühen Propagandisten der antiphlogistischen Theorie in Deutschland deutlich. Der Göttinger Arzt Christoph Girtanner beschrieb in der zweiten Auflage seiner »Anfangsgründe der antiphlogistischen Chemie« von 1795 die Verbrennung als einen komplizierten Prozess, bei dem ihm der Wärmestoff in die Quere kam, jener Stoff, der angeblich unabhängig von den Körpern existiert, in sie eindringen und sie wieder verlassen kann. Bei Aristoteles »umstellte« die Wärme als Akzidenz die Körper. Für Lavoisier und Girtanner war das »Caloricum« ein selbständiges Element, das mit dem Sauerstoff bei der Verbrennung konkurriert. Girtanners Verbrennung besteht »in der Zerlegung des Sauerstoffgas, durch einen Körper, mit welchem der Sauerstoff eine größere Verwandschaft hat, als mit dem Wärmestoffe. Brennbare, oder verbrennliche Körper, sind solche welche eine große Verwandschaft zum Sauerstoffe haben. Während des Verbrennens verbindet sich der Sauerstoff mit dem verbrennlichen Körper und säuert denselben. Der vorher mit dem Sauerstoff verbundene Wärmestoff, wird frei, und verbindet sich mit den benachbarten Körpern; daher Licht und Wärme«.

Voraussetzung für die Verbrennung sei, dass der Körper, der brennt, in moderner Ausdrucksweise, erstens eine größere Affinität zum Sauerstoff als zum Wärmestoff hat, denn sonst würde er sich nicht mit ihm verbinden und brennen können, und dass zweitens der zu verbrennende Stoff auf eine Temperatur gebracht wird, die über der gewöhnlichen Temperatur unserer Atmosphäre liegt, weil sonst der Sauerstoff nicht aus seinem natürlichen Gleichgewicht in der Luft gerissen werden kann. Ist der Verbrennungsprozess einmal in Gang gesetzt, werde er weiter von dem aus dem Sauerstoff freigesetzten Wärmestoff unterhalten. »Ist aber der entwickelte Wärmestoff hierzu nicht hinlänglich; so hört das Verbrennen auf«. Etwas später sagt er, »ein brennbarer Körper hört auf brennbar zu seyn, sobald er mit Sauerstoffe gesättiget ist«.

Was also bestimmt und begrenzt den Verbrennungsvorgang? Der Sauerstoff oder der Wärmestoff? Der Sauerstoff war inzwischen bekannt, der Wärmestoff spielte jetzt ein wenig die Rolle des Phlogistons. Er war nicht zu wiegen, er war im Raum ohne ihn zu erfüllen wie das Licht, er hatte keine Masse, er wurde bei chemischen Prozessen frei und entstand auch in tierischen und menschlichen Körpern. Fünfzehn Jahre nach Girtanner schien auf jeden Fall geklärt zu sein, dass der Sauerstoff alleine die Verbrennung bewirkt und der Wärmestoff dabei nur freigesetzt wird. Der Chemiker und wichtige Promoter der böhmischen Industrie, Karl August Neumann, sah den Sauerstoff in eine Verbindung mit dem brennbaren Stoff treten, wobei »der eigenthümliche Wärmestoff beyder aus dem latenten in den freyen Zustand versetzt« wird und von denselben ausstrahlt. Der verflüssigte Sauerstoff sei dazu nicht in der Lage. Er enthalte sehr wenig von diesem Wärmestoff.

Zaghaft noch kündigt sich hier der Verlust der Selbständigkeit des Wärmestoffes an, dessen Freiwerden ohne den ausschließlich für die Verbrennung verantwortlichen Sauerstoff nicht mehr denkbar ist. Nach dem Verschwinden von Akzidenz und Phlogiston wird mit dem Verschwinden des Wärmestoffs um die Mitte des 19. Jahrhunderts die vorerst letzte Krücke eines hypothetischen Stoffes beseitigt, mit denen man die Eigenschaften von Substanzen und die chemischen Prozesse verstehen wollte. Die Wärme, die seit Aristoteles ein Akzidenz, seit den Alchemisten ein subtiles Feuerteilchen und über Lavoisier hinaus ein unwägbarer Wärmestoff gewesen war, wurde allmählich, und von der Mehrheit akzeptiert, zu einer Eigenschaft der Körper, ihrer Bewegung und der Strahlung ihrer Teilchen. Über den Vergleich von Strahlungswärme mit Licht öffnete sich das Tor zum Verständnis des Wesens der Wärme. Das war die Idee des Musiklehrers, Organisten und späteren Privatastronomen des englischen Königs Georg III., Friedrich Wilhelm Herschel, der um 1800 nach prismatischer Brechung des Lichts in seine Farben mit einem einfachen Thermometer eine von rot nach blau abnehmende Temperatur festgestellt hatte.

Auf dem langen Weg der Alchemie in die Chemie wurden die vier Elemente des Aristoteles zerlegt, die drei Prinzipien des Paracelsus beiseite gefegt und mit der Phlogistontheorie ein für den Anfang praktikables Modell chemischer

Verfahrensweisen geschaffen. Bereits mit Mayow war ein Punkt erreicht worden, der die abendländischen Alchemisten weit über die von der muslimischen Welt angeregten nassen Verfahren, die fraktionierte Destillation und die Kenntnis einiger Säuren hinausführte. Diese Verfahren, die Rhases oder Geber praktizierten, waren erst seit dem 13. Jahrhundert in Europa bekannt, waren von den Arabern aber seit dem Mittelalter nicht mehr nennenswert weiter entwickelt worden. Sie blieben bei sieben Metallen stecken, die den fünf Planeten und Sonne und Mond entsprachen, bei Zinn, Eisen, Kupfer, Blei, Quecksilber, Silber und Gold, und nannten die seither rein dargestellten oder als Metall erkannten Arsen, Wismut, Zink und Antimon abwertend »Bastarde der Metalle«. Die magische Sieben, die Mikro- und Makrokosmos verband und auch Paracelsus heilig war, obwohl ihm Zink schon wohlbekannt gewesen ist, hat erst der Iatrochemiker Libavius Ende des 16. Jahrhunderts überschritten und von Zink als achtem Metall gesprochen. Das war ein erster Tabubruch gegen die gesamte hermetische Tradition des Orients und Okkzidents.

Für die Araber rächte es sich nun, dass sie die Alchemie aus dem wissenschaftlichen Codex ausgeklammert und quasi in den Untergrund gedrängt hatten. Der genannte Politiker und Historiker Ibn Khaldun wetterte aus religiösem Vorbehalt schon Ende des 14. Jahrhunderts nicht nur gegen die Physik, sondern auch gegen die Alchemie und die Alchemisten als Lügner und Betrüger, was sie oft waren und vielen ein wegen Falschmünzerei einhändiges und nach Schwefel stinkendes, schmutziges Leben bescherte, aber er machte das philosophisch so unerbittlich und apodiktisch, als sei von vorneherein klar, dass der Mensch niemals den tausendjährigen Reifungsprozess der Metalle in der Natur weder beschleunigen, noch ein Metall in ein anderes werde transmutieren können. Das Herumprobieren nicht nur der Adepten der Alchemie, sondern vor allem der Bergleute führte in Europa seit Paracelsus und Georg Agricola (1494-1555) zur Reindarstellung weiterer Metalle und zu beschleunigenden chemischen Produktionsverfahren der Verhüttung, die einträglicher waren als alle Versuche, Gold zu machen.

Bei Agricola gehen alchemistische Probiererei und bergmännische Probierverfahren Hand in Hand. Sein technisches und geistiges Instrumentarium, Metalle im Gestein zu analysieren, stammt aus den Erzschmelzöfen *und* den Alchemistenküchen. Mit den Probierverfahren, sagt Agricola, »erkennt der Hüttenmann, ob in einem Erz Metalle vorhanden sind oder nicht, ferner, wenn in einem Erz das Vorhandensein eines oder mehrerer Metalle sich zeigt, ob viel oder wenig davon vorhanden ist, endlich auch, auf welche Weise die metallhaltigen Teile eines bestimmten Erzes von den metallfreien und die metallreichen von den metallarmen Teilen getrennt werden können. Wenn dies nämlich nicht sorgfältig geschieht, bevor man die Erze auf Metall verschmilzt, kann die Verarbeitung nicht ohne Schaden für den Besitzer ausgeführt werden. Denn diejenigen Teile des Erzes, welche nur schwer schmelzen, reißen Metalle an sich und halten sie fest. Sie entweichen dann mit dem Rauch oder verbleiben in den Schlacken oder Ofenbrüchen, wodurch die Arbeit des Hüttenmannes, die er bei der Erbauung der Öfen und Herde aufgewendet hat, vermehrt und er gezwungen wird, erneute Kosten für Verarbeitung der Schlacken und andere Dinge aufzuwenden« (Vom Berg- und Hüttenwesen, 7. Buch).

Deutlicher lässt sich kaum formulieren, dass ein richtiges Verständnis des Schmelzprozesses Zeit und Kosten spart und Verunreinigungen und Metallverluste verhindert. Die Entdeckung des Sauerstoffs und seiner Rolle bei der Verbrennung waren denn auch die Initialzündung für eine sprunghafte Produktivitätssteigerung in der Metallgewinnung- und verarbeitung und Mitauslöser der industriellen Revolution, während seine Rolle bei der Atmung zum Ausgangspunkt eines tieferen Verständnisses energetischer Naturabläufe werden sollte.

Literatur

Georg Agricola, Vom Berg- und Hüttenwesen, Übersetzung des lateinischen Orginals von 1556, München 1994.

Robert Boyle, Der skeptische Chemiker, Ostwalds Klassiker der exakten Wissenschaften, Bd. 229, Reprint, Frankfurt 2000.

William H. Brock, Viewegs Geschichte der Chemie, Braunschweig 1997.

Kurd Lasswitz, Geschichte der Atomistik vom Mittelalter bis Newton, Hamburg und Leipzig 1890.

Antoine Laurent de Lavoisier, Traité Élémentaire de Chimie, Présanté dans un Ordre Nouveau et d'Après les Découvertes Modernes. 2. Ausg., Paris 1793.

John Mayow, »Tractatus Quinque Medico-Physici«, 1674, dt. »Untersuchungen über den Salpeter und den salpetrigen Luftgeist, das Brennen und das Atmen«, Leipzig 1901.

Karl August Neumann, Lehrbuch der Chemie mit besonderer Hinsicht auf Technologie, zur Selbstbelehrung für gebildete Gewerbetreibende. Leipzig 1810.

Carl Wilhelm Scheele, Chemische Abhandlung von Luft und Feuer, Leipzig 1782.

Blitz ohne Elektrizität

Am 25.4.1676 schlug ein Blitz in die Abtei St. Medarde ein, was Monsieur Guerin, ein Advokat aus Soisson, dazu veranlasste, einen minutiösen Bericht an den Sekretär des Königs von Frankreich zu schicken, der den Weg des Blitzes in allen Einzelheiten beschrieb. Es ist ein bemerkenswertes Dokument, das sogar Eingang in die berühmten »Philosophical Transactions« der Royal Society in London gefunden hat, und das zeigt, wie genau die wissenschaftlich interessierte Welt gegen Ende des 17. Jahrhunderts Naturphänomene analysierend zu beobachten gelernt hatte, und dass sie sich nicht mehr einfach mit antiken Erklärungsmustern zufrieden gab. Auch Francisci ist fasziniert und gibt den Bericht wieder:

> Von der Spitze des Glockenturms ausgehend deckte »der Donner = Strahl« die schiefergedeckte Seite des Dachs ab, fuhr durch das selbst gemachte Loch an die Aufhängung der Glocken, zerschmolz einen Messingdraht, der zur Uhr führt, in voller Länge und teilte sich dann in drei unabhängige Strahlen. Der erste fuhr die Seile hinunter, an denen das Gewicht für die Glocken hing, ohne sie zu beschädigen, »mitten durch sechs Religiosen, die eben läuteten, doch im geringsten dadurch nicht versehret wurden«, passierte ein winziges Löchlein hinein in die Sakristei, wo er vom Stab des Vorsingers einen Teil des silbernen Beschlags ablöste. Der andere durchschlug durch ein kleines Loch 3-4 Schuh dicke Mauern, schnitt die Hälfte des Zeigers ab, raste durch die Küche und schmolz die Töpfe, riss an einigen Orten das Pflaster auf, warf einen Jungen zu Boden, dem nichts geschah und machte noch ein 1 Schuh großes Loch in eine Mauer. Der dritte Strahl drehte sich nach rechts durch eine hölzerne Tür in die Vorkammer des Schlafsaales hinein, raste 50 bis 60 Schuhe an einem Messingdraht entlang, der zu einen Wecker führt, schmolz diesen so, dass an der Wand eine 18 Zoll breite, flammende, verschieden gelb, braunrot, grün und schwarz gefärbte Markierung zurückblieb, schnitt diesen entzwei, machte einen Umweg zu einer Rolle und einen dicken Strick, fand das andere Ende des Messingdrahtes und raste unter Schmelzen und »brandmählern« weiter bis zum Wecker. »Von dieser Seiten gieng er in die letzte Kammer deß Schlaff-Gemachs und zündete daselbst im geringsten nichts an; obgleich dieselbe gleich voller Stroh lag. Er erschütterte nur den Umfang und Fenster.

Niemand wusste damals etwas von der elektrischen Natur des Blitzes, geschweige denn von den Möglichkeiten eines Blitzableiters und doch hatte der Advokat alle Elemente beschrieben, die damit zusammenhängen. Es dauerte dann noch mehr als drei Jahrzehnte bis zur Vermutung eines Zusammenhangs zwischen Elektrizität und Blitz. Dr. Wall war es, der nach Reiben eines großen Stückes Bernstein an die »Philosophical Transactions« 1708 schrieb, dass die Funken bis zu einem gewissen Grad »Thunder and Lightning« repräsentieren. Auch der französische Abbé Nollet und der in Eperies in Ungarn praktizierende Arzt Johann Adam Raymann (Reinmann), Mitglied der Leopoldinischen Akademie, machten entsprechende Beobachtungen. Reinmann hatte gesehen, wie 1717 ein Blitz in Eperies an verschiedenen Drähten entlang in den Boden gefahren war und nur beim Übergang von dem einen zum anderen die Mauer durchschlagen hatte. Genau den gleichen Weg hatte ein Blitz schon einmal 1673 genommen, weshalb er eine Sympathie des Blitzes mit dem Eisen vermutete. Aber erst um die Mitte des 18. Jahrhunderts gingen Franklin und andere diesen Vermutungen systematisch nach, was 1760 zum ersten von ihm eingerichteten Blitzableiter in Philadelphia führte.

Es waren also noch rund 80 Jahre, bis der Blitz elektrisch und teilweise beherrschbar wurde, bis zu dieser wissenschaftlichen Revolution gegen die Angst vor göttlichen Strafgerichten und hinterhältigen Angriffen von Teufeln und Hexen, die die Menschheit bis dahin eingeschüchtert und hilflos gemacht hatte. »Die Elemente sind mit uns verschworen, und auf Vernichtung läuft's hinaus«, sagt Mephisto dem Doktor Faust und lässt Lemuren Gräber ausheben. Es gibt wohl kein anderes Wetterphänomen, das die Phantasien der Menschen so ängstlich göttlicher Willkür unterworfen hat wie das des Gewitters. Aber der ganz und gar unerklärliche Blitz aus heiterem Himmel blieb trotzdem die Ausnahme und die Beobachtungen von Abhängigkeiten der Entstehung der Gewitter bei bestimmten Wetterlagen die Regel. Das Fragen nach natürlichen Ursachen begann schon in der Antike. Seneca wird von Francisci zum Hauptzeugen des Gewitters gemacht. Dieser hatte das gesamte 2. Buch seiner »Naturwissenschaftlichen Untersuchungen« Blitz und Donner gewidmet und ein häufig wiederholtes Erklärungsmuster geliefert. Franciscis Rückgriff auf Seneca und mit ihm auf Aristoteles war, wenn nicht Konsens, so doch weit verbreitete wissenschaftliche Meinung seiner Zeit.

Seneca sprach von drei Erscheinungen: »Wetterleuchten, Blitze und Donner. Das Wetterleuchten zeigt nur das Feuer, der Blitz schleudert es«. Sein Donner folgt dem Blitz nach, weil wir schneller sehen als hören, sein Wetterleuchten ist ein Blitz mit zu geringer Kraft, seine drei Blitzeigenschaften sind bohrend, sprengend, zündend, und die Materie des Blitzes ist Feuer. Die eingangs von Francisci gestellte Frage, warum der Blitz herunterkommt und nicht in die Höhe fährt, findet sich auch bei Seneca und wird dort eindeutig beantwortet: die Natur des Feuers geht in die Höhe, also ist es ein Zwang, das es nach unten treibt, und dessen Ursprung liegt in den Wolken.

Im 17. Jahrhundert ist das so eindeutig nicht mehr zu beantworten. Es gibt neue Beobachtungen und neue Vorstellungen von der Natur der Materie. Sie kündigen sich in der Art und Weise an, wie Francisci die Frage des Seneca nach der Ursache für das Herabfahren des Blitzes stellt: »Warum doch der Wetter-Strahl, nachdem er gleichwol ein so trefflich subtiles Feuer, dennoch herunter zur Erden fahre?« Das Feuer müsste eigentlich nach seiner ›aristotelischen‹ Natur wie das ebenso nach Schwefel riechende »Büchsen-Kraut«, das Schießpulver, in einer Feuerwerksrakete nach oben schießen. Mit dem Unterschied, dass das natürliche Feuerwerk der »Donnerschläge und Wetter-Flammen« nicht wie das Schießpulver mit »freyer Lufft, sondern Wolcken umfangen« ist. Diese verdickten und kalten Wolken sind es, die nach der »Anflammung« ein aufwärts Fahren verhindern und die »Wetter-Flammen« ungestüm zu den niedrigen Wolken zurückwerfen, die sie durchbrechen und weiter zur Erde fliegen.

Bis dahin ist der seit der Antike gewohnte Gedankengang ganz gut nachzuvollziehen. Dann beginnt eine Begriffsverwirrung, die einen schwindlig machen kann. Francisci macht einen Unterschied zwischen Strahl und Blitz, wo Seneca einen zwischen Wetterleuchten und Feuer macht: »Der Blitz weiset nur das Feuer; der Schlag (oder Strahl) wirfft es heraus. Jener ist so zu sagen nur eine Bedrauung und ein Versuchen oder Anwurff (Conatus) sonder Schlag oder Schuß: dieser ein Wurff mit einem Streich oder Schuß«. Danach wäre das Wetterleuchten die Lunte, die nicht gezündet hat, und der Donner die Explosion des Pulvers, die den Blitz (bei ihm Schlag, Wurf, Streich, Schuss) wie eine Kugel aus der Kanone schießt. Aber es kommt noch schlimmer, weil er nicht wie Seneca zwischen Blitz und Donner unterscheidet, sondern den Blitz mal als »Wetterschlag«, mal als »Donnerschlag« bezeichnet und diesen weiter unterteilt in den »spitzigen und subtilen Donner-Schlag und bohrenden Strahl« und in den Wetterschlag, den »aufreissenden und zerschmetternden«. Der eine macht Löcher, der andere zerstückelt. Der spitze Donnerschlag entspricht unserem Blitz, der zerschmetternde weitgehend dem Donner. Aber das ist durchaus nicht immer eindeutig. Manchmal ist ein anzündender, brennender und schwärzender Wetterschlag ein Blitz und ein zerschmetternder, atomisierender, das Vieh erschlagender, Weinfässer zerbrechender ein Donner. Dann wieder ist ein Donnerstreich beides zugleich und macht »eine Spaltung oder Zerschmetterung oder Zerwerffung und zugleich auch einen Brand«. Noch verwirrender wird es, als die Herren statt mit zwei Blitzeigenschaften mit deren drei zu jonglieren beginnen.

Damit geht das alte Weltbild in Auflösung über und macht neuen Erklärungsversuchen Platz. Aus der »subtilen und reissenden« wird »dreyerlei Spiritus, nemlich deß borenden, deß zerschmetternden und deß brennenden«. Alle drei werden vermutlich in einem einzigen Wetterstrahl, aber voneinander getrennt, herabgeführt und »würcket hernach ein jeder derselben, an dem Ort, da er hintrifft, nach seiner Art«. Seine Wirkung braucht nicht eng begrenzt zu sein, weil ein solcher Strahl »gewaltig viel brennenden Schwefels und Salpeters« in sich begreift, der nach dem Durchbruch durch die Wolken »nochmals in der Lufft oft voneinander springet und zwar so ungestümlich, daß die von dem gantzen Strahl-Feuer abgesprungene Particular-Strahlen, bald hie, bald da Gewalt üben und ihrer Eigenschafft nach mancherley Würckungen vollbringen können«. Wie in der oben beschriebenen Abtei. Da die elektrische Natur des Blitzes nicht bekannt ist, werden Unterscheidungen nach den Wirkungen eines Blitzschlags getroffen, die zum Teil dem Krachen des Donners zugeschrieben werden, sodass der eine Strahl brennt, der andere spaltet und ein dritter zerschmettert. Und es wird vermutet, dass diese Wirkungen in unterscheidbaren Anteilen des Wetterstrahls nach unten fahren, aber doch gemeinsam, und dass sie getrennt zuschlagen als Wetterschlag, Donnerschlag oder bohrender Strahl. Die materielle Grundlage ist alchemistisch als brennender Schwefel und Salpeter definiert, der Zwang nach unten ist noch den Vorstellungen des Aristoteles und des Seneca entnommen, wobei die begriffliche Orientierung ganz verloren geht. Dies wird besonders an den Erklärungsversuchen deutlich, die Francisci später an zahlreichen Beispielen vornimmt. Die Herren verrennen sich in einem immer wilder werdenden Spiel der Worte und enden in völliger Ratlosigkeit. Das neue alchemistische Kauderwelsch liegt wie ein unverdaulicher Brocken im träge gewordenen Darm der alten Theorie.

Aus der stammt auch noch die Giftwirkung des Donnerschlags, die an Mensch und Tier, an Wein und Bier beobachtet werden kann. Sie war von Seneca mit Giftschlangen ins Spiel gebracht worden, die voller Würmer waren, wenn sie vom Blitz erschlagen worden waren. Die allgemeine Auffassung war, dass in giftigen Tieren keine Würmer entstehen können. Wenn nach Blitzschlag in den Schlangen Würmer wachsen, wäre das ein Zeichen für die Neutralisierung ihres Giftes durch einen göttlichen Blitz gewesen, wie der, der in den faustischen Einsiedlerschluchten »flammend niederschlug, die Atmosphäre zu verbessern«, und eben nicht ein Zeichen für einen Gifttransport. Deshalb löst Francisci den Widerspruch auf: Durch die gewaltige Hitze des Wetterstrahls, der »das natürliche Naß oder die Wurtzel-Feuchte, darinnen der Gifft steckt« verzehrt, nimmt das Gift des Blitzes ab. Sie verschwinden schließlich beide. Schott geht noch weiter, wenn er sagt, viel wahrscheinlicher sei, dass die verwurmten Schlangen mit einem Gift angesteckt worden seien, das ihrem eigenen widerspricht, auch wenn allgemein richtig ist, dass »Gifft mit Gifft vertrieben werde«. Auch der Teufel wird mit dem Belzebub ausgetrieben.

So Gott will. Noch schleudern er oder sein Höllenfürst die Blitze und erschlagen einen Edelmann in einer Kutsche, der mit ruchlosen Worten das Maul zu voll genommen hat. Noch gibt es Bücher mit magischen Praktiken gegen Donner und Blitz, die Bestseller sind, wie das des Starizius, den Francisci benützt. Und noch schämen sich die Priester nicht, wenn sie vor kniendem Volk ein Gewitter wegzubeten versuchen. Der Blitz musste erst elektrisch werden. So weit war er 1680 nicht.

Literatur

Johann Wolfgang Goethe, Faust. Der Tragödie Zweiter Teil. München 1987.
Seneca, Naturwissenschaftliche Untersuchungen in acht Büchern, Würzburg 1990.

Echo oder Widerhall

Die traurig-schöne Geschichte von Echo und Narziss war im Barock überall präsent. Sie prangte von den Decken der Kathedralen und den Wänden der Paläste, sie fand ihren Ausdruck in Poesie, Literatur und Musik, und sie illustrierte die Wissenschaften.

Die Nymphe Echo hatte Hera, die eifersüchtige Gemahlin des Zeuss, mit stundenlangem Geschichtenerzählen abgelenkt, damit die Bergnymphen, die Konkubinen des Zeus, entkommen konnten. Zur Strafe nahm Hera der Echo die Stimme und ließ sie nur noch die der anderen nachschwätzen. Sie verliebte sich in Narziss, als dieser Hirsche jagte, konnte aber nur auf seine Worte reagieren. Als Narziss rief »lass uns hier vereinen«, rief sie »hier vereinen«, rannte aus ihrem Versteck und umarmte ihn. Der aber lief davon. »Ich würde eher sterben, als mit dir zu liegen« rief er, und Echo: »mit dir liegen«. Narziss war weg, und Echo siechte in den Schluchten, »in die Luft verflüchtigt sich jeder Saft des Leibes. Die Stimme allein und die Knochen sind übrig; Jene hat Dauer; die Knochen, sie wurden zu Stein, so erzählt man. Und jetzt ist sie verborgen in Wäldern; man sieht sie auf keinem Berg, doch jedermann hört sie: ihr Ton ist lebendig geblieben« (Ovid, Metamorphosen III). Der von allen begehrte Narziss wurde später von Artemis, einer Tochter des Zeus, mit unstillbarer Selbstliebe bestraft, nachdem er einen Freier in den Freitod getrieben hatte. An einer Quelle verliebte er sich in sein eigenes Spiegelbild: »Doch wie den Durst er zu stillen begehrt, erwächst ihm ein andrer Durst: beim Trinken erblickt er herrliche Schönheit; ergriffen liebt er ein körperlos Schemen: was Wasser ist, hält er für einen Körper ... Streck ich die Arme nach dir, von selber streckst du die deinen; lache ich, lachst du mir zu; und oftmals habe ich deine Tränen bemerkt, wenn ich weinte; durch Nicken schickst du mir Zeichen, und deines reizenden Mundes Bewegung lässt es mich ahnen, dass du auch Worte mir spendest, die nicht zu den Ohren mir dringen«. Narziss wird unter Wehklagen, das von Echo erwidert wird, von innerem Feuer verzehrt. »Müde entsank ihm das Haupt auf den grünenden Rasen; der Tod schloss ihm die Augen, die so die eigene Schönheit bestaunten. Und auch später, nachdem er zur Wohnung der Toten gelangt war, spiegelt er sich im Wasser der Styx«.

Für Poeten und für Wissenschaftler waren eine Stimme ohne Körper und ein Körper ohne Stimme faszinierend. Athanasius Kircher erwähnt nicht nur eine Stelle bei Vergil, um seine wissenschaftliche Untersuchung der »Hall- und Thon-Kunst« und des Echos mit diesem »Schertz der spielenden Natur« einzuleiten, sondern lässt noch eine ganze Reihe Bilder folgen, die alle auf einen Vergleich von Schall und Licht hinauslaufen: »Die Steine geben laut, und wie die Stimme rufft, so last sich auch ihr Bild vernehmen in der Lufft« (Saxa sonant vocusq; offensa resultat imago). Nach Francisci nennen die Hebräer Echo »Tochter der Stimme«, diese mit dem Bild der Stimme fliehende Nymphe, die den Schall zum Affen macht. Und Vergil habe »die Hunde im Schatten bellen sehen«, und nicht gehört, weil er glaubte, »daß nun Licht und Hall in gewisser Maß einerley und sehr viel miteinander gemein« Er wollte damit andeuten, dass, wo Licht verschluckt wird auch die Stimme fehlt, dass beide Male keine Reflexion stattgefunden hat. Ob die Nymphe Echo nach Verlust der Sprache nur nachschwätzen konnte, was ihr gesagt worden war oder »wasch-hafftig« für ein Wort zehn von sich gibt, oder ob der sie schmähende Narziss nur sich selbst im Spiegel sah, es handelt sich um Reflexion, um eine Reflexion des Schalls oder um die des Lichts, die den gleichen Gesetzen gehorchten (Abbildung 22 und 23).

Abbildung 22: Die Gleichbehandlung von Echo und Licht als Reflexion bei Kircher. Eine in sich selbst zurückfallende Stimme. »Hieraus erhellet Sonnen-klar, warum denen, die auf den Bergen stehen, die Stimme von dem understen oder tieffesten Thal entgegen halle, nemlich weil die Stimm-linie oder Strich an den Felsen C. anfallend, so gerad und eben ist in A. zurück fället; also wann einer in dem Thal F. stünde, würde er die Stimm von A. in O anfallend hören, und im Gegentheil auß D. als dem Grund und Boden des Bronnen, wird die anfallende Stimme mit vermehrt- und gestärcktem Thon in A. zurück kommen«.

Kircher geht sogar noch weiter. Er stellt sich vor, dass jemand die subtilste Luftbewegung sehen könne und ist sich sicher, dass er dann »ein von mancherley Farben bestehendes Gemählde« vor sich hätte, oder die spürbare Luftbewegung durch den Laut präsentiere sich den Augen eines Tauben so wie sie in die Ohren eines Blinden fällt. Für Francisci kann die Echo Tochter der Luft sein, ihre Hebamme oder ihre Mutter, von denen es dann viele geben würde, die das Geschrei des Menschen nachmalen, mit ihm wuchern. Die »echonische Antwort«, die der »Gegenstimmfelsen erteilt« kann durch Gebüsch zu einem

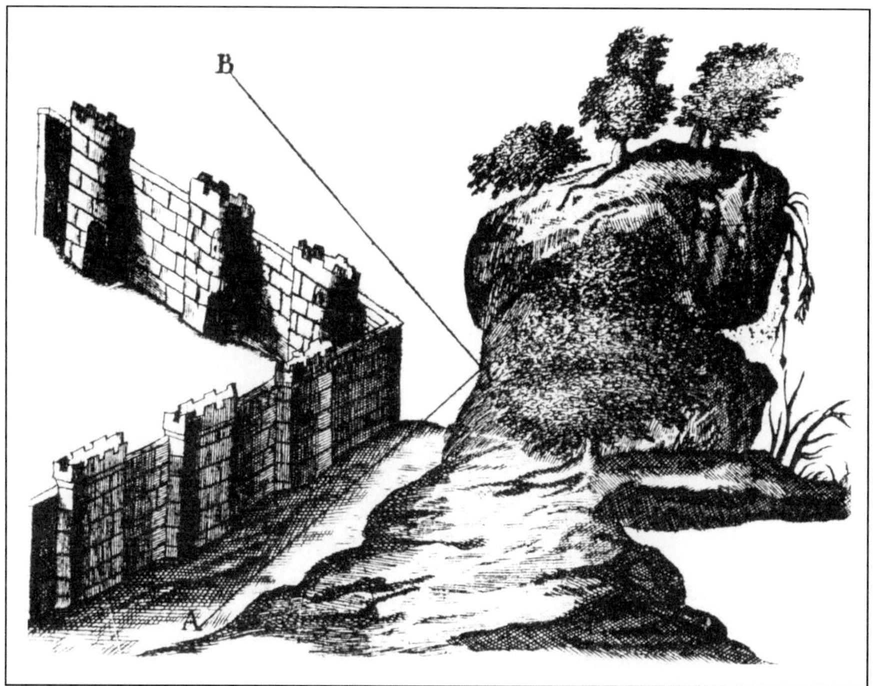

Abbildung 23: Die Stimme wird von A über den Felsen nach B weitergeleitet, ohne ein Echo zu geben. Kircher schlägt ein Spiel mit verteilten Rollen vor, in dem A eine Frage stellt, die B beantwortet, die Zuhörer bei A aber ein Echo erwarten und statt dessen eine Antwort bekommen, was sie verblüfft, weil sie den Rufer B nicht sehen können. Aus: Athanasii Kirchers è Soc: Jesu Neue Hall- und Thon-Kunst oder Mechanische Gehaim-Verbindung der Kunst und Natur durch Stimme und Hall-Wissenschafft gestifftet, Worin ingemein der Stimm, Thons, Hall- und Schalles Natur, Eigenschafft, Krafft und Wunder-Würckung, auch deren geheime Ursachen, mit vielen neu- und ungemeinen Kunst-Wercken und Proben vorgestellt werden. Ingleichem wie die Sprach- und Gehör-Instrumenta, Machinen und Kunst-Wercke, vorbildender Natur, zur Nachahmung, so wohl die Stimm, Hall- und Schall an weitentlegene Ort zu führen, als auch in abgesonderten Gehaim-Zimmern, auf kunstverborgene Weise, vertreulich und ungefahr sich mit einander zu unterreden sollen verfertigt werden. Endlich wie solche schöne Erfindung zu Kriegs-Zeiten nutzlichen könne angebracht und gebrauchet werden. In unsere Teutsche Mutter-Sprach übersetzet von Agatho Carione. Nördlingen 1684 (aus dem lateinischen Orginal von 1673 »Phonurgia Nova«).

»verschlagenen Widerhall« werden, weil Äste, Blätter und Zweige keinen freien Durchgang gestatten. Die Resonanz kann sich selbst durch Ackerfurchen wie aus einem trichterförmigen Mund ergießen oder der »anfallende Laut« wird vom ebenen Wasserspiegel zurückgestoßen oder von Brunnen »wolvernehmlich nachgeplaudert«. So sei der Brunnen im Vatikanspalast ein rechter Papagei. Würde man den Rhein, die Donau oder die Elbe mit der Trompete herausfordern, würde bald der Gegenklang mit ihm streiten, und die Hügel ließen kein Geschrei aus Köln unbeantwortet. Bei manchen dieser Echos schalle die Widerrede vollkommener und klarer als die Anrede gelautet und nachts empfinde die Echo ein größeres Verlangen nach Narziss und horche fleißiger nach ihres Geliebten Stimme, weil da die Erde und die Luft zur Ruhe gekommen und die Stimmen im Schatten redseliger als in der Sonne sind. Es liege also an der Luft, wenn der Schall einmal langsamer, einmal schneller komme, weshalb eine schwache Stimme auf einem breiten Wasser keinen Wiederschall erlangen könne.

Eine andere Vorstellung vom Lauttransport hatte Lukrez. Vor 2000 Jahren verdichtete er die Atomistik des Demokrit zu einem Epos der Natur und erzählte, wie ein Ton zustande kommt:

> »Denn dass körperlich auch die Stimme besteht, muss man sagen, und auch der Ton, da zu treffen imstand sie die Sinnesempfindung. Außerdem kratzt die Stimme oft die Kehle, und Schreien steigt aus ihr heraus, bewirkt, dass die Luftröhre rauher. Freilich: wenn in der Enge mit größrem Getümmel entstanden, nun nach draußen zu gehen beginnen die Teilchen der Stimme, wird auch natürlich die Tür zum Munde verletzt, ist der Hals voll. Also besteht kein Zweifel, dass Stimme und Worte bestehen, dass zu verletzen imstand sie sind, aus massigen Teilchen.«

Das ist schon eine abenteuerliche Vortellung von tobenden Teilchen im Hals, die eine Türe aufstoßen und Worte entlassen. Die Teilchen der Stimme werden wir bei v. Guericke wieder antreffen.

Aristoteles sieht keine Teilchen, die durch die Luft fliegen: »Schallerzeugend ist also, was fähig ist, die einheitliche Luftmasse zusammenhängend bis zum Gehörorgan in Bewegung zu setzen… Die Luft selbst ist zwar ohne Schall, weil sie leicht zerflattert. Wird sie aber am Zerflattern gehindert, so ist ihre Bewegung Schall« (Über die Seele II, 7, 8). Beim Echo, sagt er, geht es beim Schall zu wie beim Licht, er wird reflektiert. Auch Seneca und Vitruv waren nach Francisci dieser Meinung, obwohl Vitruv, wie Edmund Hoppe schreibt, »absoluten Unsinn aus den griechischen Orginalen zusammengeschrieben hat«. Wir finden sie auch bei Athansius Kircher, auf dessen Erklärungen sich Francisci hauptsächlich stützt, nachdem er wie üblich verschiedene Auffassungen seit der Antike referiert hat. Für Kircher ist ganz klar, dass der Schall wie das Licht durch eine Bewegung der Luft übertragen wird, selbst die Übertragung im Wasser und im Holz geschieht durch die dort eingeschlossene Luft. Er untersucht deshalb seine Ausbreitung mit denselben geometrischen Methoden wie die Lichstrahlen und spricht dann von Stimm- und Tonlinien, von Ein- und Ausfallswinkeln und von Brennpunkten. Mit diesem Handwerkszeug konstruiert er Megaphone, Abhöranlagen und Trompeten, von deren geheimdienstlichen und militärischen Verwendungsmöglichkeiten Francisci hell begeistert ist, und gibt eine Anleitung, wie mehrstimmige musikalische Echos herzustellen sind.

Zwei Jahrtausende hatten sich die Anhänger des Aristoteles und des Demokrit ritualisierte Gefechte geliefert, als die Herstellung eines künstlichen Vakuums die festgefügte Front gründlich durcheinander brachte. Der spektakuläre Versuch v. Guerickes auf dem Regensburger Reichstag von 1654 war mit dem alten Gedankenapparat nicht mehr zu verdauen. Das Vakuum war durch die an den beiden luftleer gepumpten Halbkugeln zerrenden Pferde so augenscheinlich geworden, dass alle Aristoteliker große Schwierigkeiten bekamen, aber auch die Atomisten gerieten ins Schwimmen, wie man an v. Guerickes Gedankenwindungen bei der Schallübertragung sehen kann. Sie hängen mit seiner atomistischen Grundeinstellung und mit der fehlerhaften Durchführung und Interpretation seiner Versuche über die Schallleitung im Vakuum zusammen. Er versucht, den widersprüchlichen experimentellen Ergebnissen durch die Unterscheidung von Schall und »Hallkraft« zu entkommen. Ein Experiment, das auch Francisci beschreibt (S. 471), zeigt, wie er den Beweis der Nichtbeteiligung der Luft an der Schallübertragung führen will, das ich direkt aus v. Guerickes »Neue(n) Magdeburger Versuche(n)« zitiere:

»In einem luftleeren Gefäße klingen Glocken, Saiten von Musikinstrumenten und andere Tonquellen überhaupt nicht«. Er lässt dazu eine Uhr, die alle halbe Stunde schlägt, an einem Faden in ein Glasgefäß hinunter, pumpt es leer und »nahm wahr, wie mit wachsender Luftverdünnung der Schall schwächer wurde und bei völliger Luftleere nicht mehr zu hören war«. Wenn er sein Ohr ans Glas legte, war allerdings noch ein dumpfer Schlag zu vernehmen. Er befestigte deshalb ein kleines Brett im Innern des Glases, auf das der Klöppel der Uhr alle halbe Stunde schlug. Jetzt war der Hall auch bei Luftleere noch zu hören. Leider beschreibt v.Guericke nicht genau genug, wo er das Brett befestigt hat. Ein Kontakt zum Glas ist aber anzunehmen. Seine Interpretation des Ergebnisses ist,

> »dass tönende Körper, wie es Glocken, Zymbeln, Gläser, die Saiten der Musikinstrumente und ähnliche sind, ihren Klang vermöge der Luft verbreiten, nämlich mittels der Bebung oder Erzitterung, die sie auf die Luft übertragen. Ein Geräusch oder Schalleindruck, der lediglich von einer Reibung oder einem Anstoß der Körper aneinander herrührt, wird dagegen nicht von der Luft, sondern durch die Hallkraft direkt hervorgerufen.«

Diese seltsame »Hallkraft« nennt er an anderer Stelle »Schallungsfähigkeit körperhafter Dinge« und meint damit die unterschiedliche Wirkung des Schalls auf die verschiedenen Körper, so wie das Licht an den Körpern unterschiedliche Farben hervorruft. Er unterscheidet deshalb auch zwischen »Echo« und »Rückhallen oder Schallrückprall«. Das Echo entsteht, wenn der Schall auf einen Körper trifft, der »zur Aufnahme von Schall mit allen seinen Eigentümlichkeiten fähig ist«, der Rückhall entsteht, wenn der Schall auf einen Körper trifft, »der zur Aufnahme der Schallwirkkraft ungeeignet ist«. Auch von dort wird der Schall zurückgeworfen, aber unsauber. Der auslösende Klang ist nicht mehr zu erkennen.

Bis dahin kann man v. Guericke auch in seinen Windungen noch folgen. Wenn er aber mit diesen Grundlagen erklären soll, wie der Schall übertragen wird, stößt man auf den Schall als »Weltwirkkraft unkörperlicher Art« und auf die stehende Luft als Gegenbeweis für die Schallübertragung durch die Luft:

> »Aber Schall, Krachen, Geräusch, Stimme usw. bereiten sich eigentlich nicht vermittels der Luft aus, wie die Gelehrten gewöhnlich behaupten. Sondern ganz wie die unkörperlichen Wirkkräfte (unter sonst gleichen Umständen) alles

durchdringen, dringt auch der Schall durch all das Körperliche hindurch, durch das nicht einmal Luft Durchlass findet.«

Er schreibt das nicht zufällig im vierten Buches seiner »Neue(n) Magedeburger Versuche über den leeren Raum«, in dem es um die »kosmischen Wirkkräfte« geht. Er nennt sie so, weil sie an den Planeten zu beobachten sind. Sie sind weder Substanzen noch Akzidenzen, sondern Ausflüsse dieser Weltkörper. Wenn sie aus einem Körper ausfließen, sind es Kräfte, die zu diesem Körper gehört haben. Wenn sie in einen anderen einfließen, werden sie nur zu Akzidenzen des aufnehmenden Körpers. Besitzen sie eine »körperhafte Wirkkraft«, also eine auf der Basis von Atomen, dann strömen sie von einem Weltkörper in den umgebenden Raum aus, jedoch nur bis zur Grenze der betreffenden Sphäre. Als Körper können sie feste und harte Substanzen nicht durchdringen. Das gilt auch für die Luft als stoffhaltiger Ausfluss aller irdischen Dinge. Eine »unkörperliche Wirkkraft« ist vom Allerfeinsten. Sie entströmt dem Körper, breitet sich aus und durchdringt innerhalb eines Kraftfeldes oder einer Wirkungssphäre auch feste und harte Körper. Unkörperliche Wirkkräfte, die aus der Erde stammen, sind beispielsweise die Antriebskraft, die Erhaltungs- oder Abstoßungskraft, die Richtkraft, die Drehkraft, die Wärmkraft und nicht zuletzt die Hallkraft.

Es gibt also kaum einen Theorieansatz, den v. Guericke nicht benutzt. Eigentlich ist er der Meinung, dass die Materie aus Atomen besteht. Darin denkt er so wie die von ihm einge Male genannten Demokrit und Lukrez gedacht haben. Dann wieder spricht er von scharfen Grenzen der Sphären, die die körperlichen Wirkkräfte nicht überschreiten können, und von Akzidenzen der Körper, hier ganz Aristoteles. Seine unkörperlichen Wirkkräfte sind wie die Geister der Alchemie und die »Influenzen« der Astrologen. Sie überschreiten in ihrer Wirkung alle Grenzen und wirken in die Ferne. In den so verschlungenen Pfaden der europäischen Geistesgeschichte wird die Erklärung eines Phänomens weiter kompliziert, da die genannten Kräfte je nach Körper auch noch unterschiedliche Wirkungen entfalten. Nicht jeder Körper sei »geeignet und passlich zum Empfang jedweder Kraft. Je nach ihrer eigenen Beschaffenheit wählt vielmehr die Wirkkraft ihren Sitz und bemächtigt sich eines Stoffes, sowohl was das Eindringen als auch den Austritt anbelangt«. Mit diesen sehr differenzierenden Grundanschauungen im Kopf hat v. Guericke seine Versuche über die Schallleitung interpretiert.

»Es ist auch wahr«, schreibt er, »dass bei Windstille, wenn die Luft also unbewegt ist, ein Schall besser als bei Sturm hörbar ist. Pflanzte er sich aber mit Hilfe der Luft fort, wie könnte er da bei stehender Luft zu unseren Ohren gelangen?«

Er kommt nicht auf die Idee, dass Windstille und unbewegte Luft nicht dasselbe sind und braucht den Wind als Überträger des Schalls, der ihn zu uns trägt wie wenn man eine tönende Glocke von einem Platz zum anderen tragen lässt. Bei ihm bewegt der Schall nicht die Luft, sondern die Luft den Schall, aber nur wenn sie sich bewegt. Der Schall ist ein Körper, der einem anderen

Körper, der Luft, wie ein Reiter aufsitzt und von ihm fortgetragen wird. Den Versuchen mit dem Vakuum ist zu entnehmen, dass für ihn Luft etwas Feines, Körperhaftes ist. Seine fehlerhafte Beobachtung, dass auch im Vakuum Schall noch transportiert werden kann, zwingt ihn zur Annahme einer Kraft, die alle Körper durchdringt und die er »Hallkraft«, eine unkörperliche Wirkkraft, nennt. Die Töne fahren auf Grund dieser unkörperlichen Wirkkraft von ihrem Ausgangspunkt in konzentrischen Kreisen durch die Luft und andere Körper und werden auch vom Wind fort getragen oder vom Sturm zerstreut, sodass sie nicht mehr gehört werden können. Die Töne selbst sind körperhaft, der Schall ist es noch bei seiner Entstehung und danach ist er nicht mehr so recht von dieser Welt. Seine Experimente haben ihn in eine Falle gelockt, aus der er nur als spekulativer Geist entweichen kann.

Aristoteles hätte ihn an diesem Punkt auch nicht weiter gebracht, obwohl dieser die Luftbewegung eindeutig als Ursache der Schallübertragung angegeben hatte. Da er ein Vakuum gar nicht zugelassen hat, brauchte er sich nicht zur Schallleitung im Vakuum zu äußern. Der eineinhalbtausend Jahre alte Heron von Alexandria hätte ihm sogar sagen können, wie Luftteilchen schwingen und wie sie als Wellen, die sich beim Stoß an die benachbarten verdichten und wieder verdünnen, den Schall fortpflanzen. Auch das half ihm beim angeblich tönenden Vakuum nicht. Herons korrekte Beschreibung einer Longitudinalwelle wird erst wieder Christian Huygens 1690 zur Grundlage seiner Wellentheorie machen, in der er als Cartesianer allerdings Schall- und Lichtwellen gleichermaßen als Stoßwellen von Teilchen behandelte. Fast 30 Jahre nach v.Guericke war eindeutig geklärt, dass im luftleeren Raum Schall nicht weitergeleitet wird. Der Pionier des Vakuums, sein hartnäckiger Mechaniker und technologischer Vollender, war noch mit seinen theoretischen Ansätzen in den Strudel sich auflösender Denksysteme geraten, den er mit seinen Beiträgen selbst entscheidend gefördert hatte. Nirgendwo lässt sich das in seiner barocken Mischung besser erkennen als bei seinen Erklärungsversuchen der Schallleitung. v. Guericke ist so typisch für das Zusammengehen von Mechanik, Mathematik, aristotelischen Sphären, demokritischen Korpuskeln, von geisterhafter Materie und substanzlosen Kräften, dass man ihn, hätte es ihn nicht gegeben, für ein lebensechtes Portrait des facettenreichen Bildes der Wissenschaften des frühen Barock hätte erfinden müssen.

Zu einem solchen Portrait müssten auch die Metamorphosen der antiken Mythologie und poetischen Naturbeschreibungen in wissenschaftliche Neugier gehören. Mit dem Echo, dem lebendigen Ton der versteinerten Nymphe, hat Marin Mersenne 1640 zum ersten Mal versucht, die Geschwindigkeit des Schalls zu messen. Er kam auf den zu niedrigen Wert von 316 m/sec. Athanasius Kircher, in dieser Frage Franciscis Referenz, verzweifelte an den unterschiedlichen Zeiten, die ein Echo zu verschiedenen Tages- und Nachtzeiten benötigte und konnte sich den Zusammenhang nicht richtig erklären. Die beiden Galileischüler Giovanni Alfonso Borelli und Vincentino Viviani beobachteten 1660 aus großer Entfernung mit einem Fernglas den Abschuss einer Kanonenkugel. Aus der Differenz von Mündungsfeuer und Schalleindruck kamen sie ebenfalls auf ca. 316 m/sec. Sie haben den Einfluss des Windes geleugnet. Erst eine Kommission der Akademie der Wissenschaften in Paris von 1738 fand für die Luft einen annähernd richtigen Wert von 337 m pro Sekunde (332,5 m bei 0°C und 344 m bei 20°C), betonten die Unabhängigkeit der Schallgeschwindigkeit von der Intensität des Schalls, ihre Zunahme mit der Temperatur, addierten in Windrichtung die Geschwindigkeit des Windes und zogen sie bei Gegenwind ab. Da die Schallgeschwindigkeit sehr stark abhängig ist vom Medium – sie ist z.B. im Wasser ca. viermal höher -, von seiner Dichte und seiner Temperatur, nimmt es nicht Wunder, dass in den meisten Stellungnahmen des 17. Jahrhunderts, wie auch in der von Kircher, lediglich davon gesprochen wurde, dass der Schall mehr oder weniger Zeit brauche, während das Licht sich sofort ausbreite.

Literatur

Aristoteles, Über die Seele, Darmstadt 1969.

Otto von Guericke, Neue Magedeburger Versuche über den leeren Raum, Übersetzung der lateinischen Ausgabe von 1671, Düsseldorf 1996.

Edmund Hoppe, Geschichte der Physik. Braunschweig 1926.

Athanasius Kircher, Neue Hall- und Thon-Kunst, Nördlingen 1684, Übersetzung der lat. Phonurgia nova von 1673, Reprint Hannover 1983.

Lukrez, De rerum natura, Welt aus Atomen, Stuttgart 1986.

Ovid, Metamorphosen, Stuttgart 1986 und München 1990.

Froschregen und Urzeugung

Von den zahlreichen Regenwundern oder Wunderregen, die Francisci anführt und ihm das ganze abergläubische Repertoire seiner Zeit entlockt – es regnet Blut und Steine, Fleisch und Schwefel, Silber und Gold, Pfennige, Korn, Wolle, Pfeile, Fische, Kreuze, Mäuse und Asche – ist der Froschregen seit altersher biblisch und wissenschaftlich fundiert, wenn man unvollständige und unzusammenhängende Beobachtungen und ihre kurzschlüssigen Begründungen so bezeichnen will. Der Froschregen steht für vorwissenschaftliche Behandlung von Erscheinungen der Natur mit ihren manchmal hochtrabenden Erklärungsversuchen, für den Versuch, einem unverstandenen Phänomen durch Anhäufen von Beispielen beizukommen, und für einen tiefsitzenden Ekel vor niederem Getier seit Moses Zeiten.

Um den Pharao dazu zu zwingen, das Volk Israels aus Ägypten abziehen zu lassen, hat Gott zehn Plagen über das Land und seine Bewohner kommen lassen. Als zweite Plage wimmelte der Nil von Fröschen, die krochen und hüpften in alle Häuser, Betten, Backöfen- und Tröge, auch in die der Großkopfeten und starben und stanken dort zum Davonlaufen (Mose 2, 7. 8). Sicher nicht zufällig bedeutet das ägyptische Schriftzeichen für Frosch auch die Zahl hunderttausend. Später kam Ovid mit seinen Metamorphosen aus vergammelndem Fleisch. Bei ihm ist Verwandlung nicht nur ein Privileg der Diane, die ihren Gaffer zum Hirschen macht oder des Pygmalion, der seine Statue liebt, sondern es wachsen auch Bienen, Hornissen, Skorpione, Schmetterlinge und Frösche aus Verfaulendem:

> Sollte es gar für bewiesene Dinge Bestätigung brauchen:
> Nimmst du nicht wahr, wie in kleinere Wesen sich Körper verwandeln,
> Die mit der Zeit oder auch durch zersetzende Hitze verwesen?
> Decke geschlachtete Stiere – du magst sie erlesen – mit Erde:
> Blütensammelnde Bienen entstehn aus dem faulenden Fleische
> Allenthalben – man hat es erprobt –; nach dem Brauch der Erzeuger
> Sind in den Feldern sie tätig und fleißig und schaffen in Hoffnung.
> Wenn man ein Schlachtross begräbt, so erfolgt der Hornisse Entstehung.
> Wenn du die Scheren dem Strandkrebs nimmst, die gekrümmten, das andre
> Unter der Erde verbirgst, so entsteigt dem begrabenen Stücke
> Ein Skorpion aus dem Boden und droht mit gebogenem Schwanze.
> Raupen, die draußen im Freien gar häufig die Blätter mit grauen
> Fäden umspinnen, verwandeln – den Bauern vertraute Erscheinung!-
> Ihre Gestalt: sie werden zu Faltern, den Tierchen der Gräber.
> Samen gibt es im Schlamm, die grüne Frösche erzeugen,
> Erst noch verstümmelt, der Füße beraubt; dann erhalten sie Beine,
> Tauglich zum Schwimmen und so, dass die hinteren Schenkel die vordern
> Weit überragen: so sind sie zugleich zum Springen verwendbar. (15. Buch, 361-378)

Schon der Schüler des Anaxagoras und Lehrer des Sokrates, Archelaos, äußerte sich um 440 v. Chr. ähnlich. Wie Laertius berichtet, sei er der Meinung gewesen, lebende Wesen entstünden aus der Erde, »die in durch die Sonne erwärmten Zustand einen milchähnlichen Schlamm als Nahrungsstoff hervortreten lässt; und das hat denn auch zur Menschenschöpfung geführt«. Aber es war Aristoteles, der die lange nachwirkende wissenschaftliche Begründung für diese Urzeugung lieferte, mit der Francisci die Debatte über die Möglichkeit eines Froschregens bestreitet. Wie, so fragt er sich, entstehen die Frösche, die dem Nil entsteigen? Kann Staub, der vom Regen befeuchtet wird, von jetzt auf gleich die Frösche bilden? Werden sie in die Luft hinaufgezogen und fallen wieder herunter, oder ist es nur ihr Spiritus, der sich in den Wolken formt?

Im Grunde sind es Fragen nach dem Werden des Lebens der »unvollkommenen Tiere«, der Insekten, der Frösche, Kröten, Lurche und Schlangen, die seit Aristoteles in immer gleicher Weise beantwortet werden, aber eigentlich nicht wirklich erklärt werden können. In seiner Tierkunde hatte er davon gesprochen, dass die Mücken aus den Larven entstehen, »die sich im Schlamm der Brunnen und zusammenlaufenden Teichen bilden mit erdigen Rückständen« (V, 19), und die Aussage in »Über die Zeugung der Geschöpfe« so ergänzt: »Tiere dagegen, die keine Ableger haben und keinen Schleim absondern, entstehen durch Urzeugung. Alle wieder, die so entstehen, in der Erde wie im Wasser, scheinen eine gewisse Fäulnis vorauszusetzen und eine Mischung mit Regenwasser. Wenn nämlich das Süße abgesondert ist für den sich bildenden Keim, nimmt der Rest eine solche Gestalt an. Allerdings wächst nie etwas durch Faulen, sondern immer durch Reifen, Fäulnis und Faules ist nur eine Ausscheidung beim Reifen. Denn nie wird etwas aus dem ganzen Stoff, so wenig wie bei den Erzeugnissen unserer Kunst. Sonst brauchte man es ja nicht mehr zu machen. So aber wirft hier unsere Kunst die unbrauchbaren Abfälle fort, dort die Natur. Es entstehen in der Erde und im Wasser Tiere und Pflanzen, weil in der Erde Feuchtigkeit, im Wasser Lebensluft und überall seelische Wärme ist« (III, 11).

Aus der Urzeugung durch Reifung in Schlamm und Wasser hatte der Scholastiker Albertus Magnus die Reifung gestrichen und nur die Fäulnis übrig gelassen, die Aristoteles als Abfallprodukt des Reifungsprozesses angesehen hatte. Albert schrieb im 3. Kapitel seines Traktats »Von den Geheimnissen der Weiber«: »Die unvollkommenen Tiere werden nicht aus Samen, sondern aus der Fäulnis erzeugt. Wobei zu merken, dass solche unvollkommenen Tiere wie Mücken und dergleichen nicht immer auf eben die gleiche Weise erzeugt werden wie die vollkommenen Tiere, weil sie nicht durch ein Abstreifen des Samens gezeugt werden, sondern aus der Fäulnis«. Der Verflachung der aristotelischen naturphilosophischen Kenntnisse, möglicherweise auch durch die ihm untergeschobenen oder ihm unwissentlich zugeordneten pseudoaristotelischen Schriften, folgten jahrhundertelange haltlose Spekulationen, die Avicenna dazu brachten, die Entstehung der Schlangen sowohl aus Samen als auch aus Weiberhaaren für möglich zu halten. Aristoteles beschreibt in seinem »Über die Zeugung der Geschöpfe« die Begattung der Schlangen genau, und er rechnet sie zu den Samen produzierenden Tieren.

Mit unbewaffnetem Auge waren die Eier von Kleinlebewesen kaum zu erkennen. Deshalb ist es nicht zu verwundern, wenn man glaubte, Fliegenlarven seien direkt aus dem faulenden Fleisch entstanden. Als Francesco Redi, der Leibarzt der Großherzöge der Toscana, Ferdinand II. und Cosimo III., und Mitglied der experimentelle Methoden propagierenden »Accademia del Cimento« in Florenz 1668 Fleischstücke mit einem feinen Netz umspannte und keine Larven entstanden waren, war das ein wichtiger Schlag gegen die Vorstellung einer Urzeugung. Redi legte rohes Fleisch in mehrere Schalen, von denen einige dicht verschlossen waren, und ließ es verwesen. Nur in den nicht versiegelten entstanden Maden. Bei der Wiederholung des Experiments deckte er die Schalen mit einer dünnen Gaze, um sicher zu sein, dass er mit dem Versiegeln nicht eventuell schon vorhandene Keime abgetötet hatte. In seinem Buch über die Viper, das Francisci zitiert, äußerte er seinen Vorbehalt gegenüber der angeblichen spontanen Entstehung von Fröschen nach einem Regen und fordert einen Gelehrten auf, die Frösche zu sezieren, um zu sehen, dass in ihrem Magen Gras und Kraut zu finden seien als Beweis, dass sie schon vor dem Regen gelebt haben. Er hätte allerdings nicht Gras, sondern Insekten und Würmer gefunden. Redi formuliert erstmals eindeutig »omnis vivum ex ovo«, alles Leben aus dem Ei (in »Esperience intorno alla Generazione degli insetti«), ein Ausspruch, der meist fälschlicherweise dem Entdecker des großen Blutkreislaufs William Harvey zugeschrieben wird.

Tatsächlich ließ dieser das nur für die höheren Tiere gelten. Insekten- und Froscheier hat er selbst nie gesehen, weil er kein Mikroskop besaß. Harvey schloss die Dominanz des Eis aus der Sektion von Hirschkühen einige Wochen nach der Begattung und konnte dann natürlich keinen Samen mehr finden (1651). Für ihn wie auch 100 Jahre später für den Botanikprofessor aus Göttingen und praktischen Arzt in Bern, Albrecht von Haller, der mit Schafen experimentierte, war klar, dass der Samen sich nicht direkt mit dem Ei vereinigte, sondern nur durch seinen Reiz die Eier aus dem Eierstock mobilisierte, sodass sie in die Gebärmutter wanderten, eine ideelle Befeuchtung mit Magnetwirkung. Diese sogenannte »Aura seminalis« trieb seltsame Blüten, mit ihr erklärte man die Befruchtung einer Jungfrau ohne Zerstörung des Hymens und durch sie wurde Spallanzani dazu veranlasst, den Froschlaich eine zeitlang nur dem Samenduft auszusetzen, um zu beweisen, dass so die Eier nicht befruchtet wurden.

Im Jahrhundert nach Francisci nahm die Zahl derjenigen zu, die die Zeugung mit experimentellen Methoden zu klären versuchten, aber die Verwirrung stieg mit jedem Erfolg und führte zu einem Anschwellen dogmatisch vertretener Theorien und einem Wiederaufleben der Urzeugung. Lazarro Spallanzani (1729-1799) wird gegen Toberville Needham (1713-1781) mit seinen Versuchen klären, dass der Froschlaich, solange er in den Eileitern und überhaupt im Körper steckt, steril ist und erst nach dem Ablaichen während der Kopulation besamt wird. Er hatte den männlichen Fröschen ganz einfach Hosen angezogen und den Samen darin gefunden, während die unbefruchteten Eier verfaulten. Needham hatte eine Urzeugung angenommen, Spallanzani schließt aus seinen

Versuchen die Präformation des Frosches im Ei. Er war ein Ovist. Leeuwenhoek, der als erster Samenflüssigkeit unter dem Mikroskop betrachtet hat und erstaunt war über die Millionen Tierchen, die sich da bewegten, glaubte im Samenkopf menschliche Formen zu erkennen und Unterschiede in den Samentierchen ausmachen zu können, die den Geschlechtsunterschied von Mann und Frau abbildeten und kam zur Präformation im Samen statt im Ei. Er war ein Animalculist.

Die von den ersten Mikroskopierern in einem Wasseraufguss auf Heu oder ähnlichem gesehenen Mikroorganismen und von ihnen deshalb so genannte Aufgußtierchen (Infusorien) und die Eingeweidewürmer, deren komplizierter Kreislauf durch den Körper nur schwer zu durchschauen war, haben der Idee einer Urzeugung noch bis in die erste Hälfte des 19. Jahrhunderts hinein Auftrieb verschafft. Infusorien entstanden eben nicht aus Eiern, wie das Redi und Harvey apodiktisch formuliert hatten. Der spätere Professor der Medizin in Jena, München und Zürich, Lorenz Oken (1779-1851), der sich 1805 vehement gegen die Vorstellung einer Urzeugung wendet, aber zugestehen muss, dass die Infusorien im faulenden Fleisch beobachtet werden können, will ihre Entstehung als Zerfallsprodukt des Fleisches, als »Auseinandergehen der vorher in eine Masse verwachsenen Infusorien« erklären, und nennt sie Urtierchen, die die höheren Formen des Lebens erzeugen, die »ersten Keime aller Fleischwerdung«. Aus ihnen konstruiert er die höheren Lebewesen. Mit dieser weiteren und in missionarischem Eifer vorgetragenen Ungereimtheit wettert er gegen die Ungereimtheiten der Urzeugung und der Präformationstheorie und benutzt dabei sogar pythagoreische Zahlenmystik, um aus dem Gegensatz von plus eins und minus eins die Entstehung einer Einheit aus dem Nichts, der Null zu begründen. Da er die Samentierchen mit den Aufgusstierchen gleichsetzt, kommt er auf die Idee, den Samen mit einer Flüssigkeit zu vergleichen, die in Fäulnis überzugehen beginnt, und die Samenbildung zum allgemeingültigen Prozess zu erheben, »durch den bei der Fäulnis die Infusorien aus ihren Fesseln treten« und der »bei dem Samen zu einem individuellen geworden ist«.

Zum Nachweis der Entstehung des Lebens aus Fäulnis gehören die Experimente mit Tau, die schon das Gründungsmitglied der Royal Society und Alchemist Thomas Henshaw 1665 veröffentlicht hat: »Some experiments and observations upon may-dew«. Francisci faszinieren diese Experimente so sehr, dass er sie in allen Einzelheiten schildert. Frisch gesammelter Tau sei gelb wie Harn. In verschlossenen Gläsern unterschiedlicher Wärme ausgesetzt, fault er nicht. Lässt man aber einen Sommer lang ein paar kleine Löcher offen, bilden sich Wasserlinsen. Mit einem dicken Leinentuch abgedeckt, so dass kein zusätzlicher Staub eindringen kann, und einige Wochen in den Schatten gestellt, fing dieser Tau zu faulen an und bildete an der Oberfläche feine Häutchen, die zum Grund absanken. In ein enges Glas verbracht, stiegen die Häutchen in die Senkrechte, und es bildete sich, nach Abgießen der Flüssigkeit, eine Art Schwamm, wie er auch auf abgestorbenem Holz wächst. Ließ man Tau in großen Fässern faulen, konnte man Asseln beobachten, die mit ihren Schwänzen aneinanderhingen. Als man den Tau durch ein Tuch seite, erhielt man eine Art grünes Pulver, das, in ein abgedecktes Glas verbracht, nach einigen Tagen voll kleiner Mücken geworden war. Ein solches Glas, viele Wochen der Sonne ausgesetzt und abgedeckt, produzierte Würmer, die sich an der Oberfläche tummelten, wenn man sie aus der Ferne beobachtete, die aber sofort nach unten verschwanden, wenn sich jemand nahte. Aus ihnen wurden Schnaken als »Wiedergeburt« der Würmer, deren Menge entsprechend abnahm. Nach Austrocknen des Taus konnte Henshaw Blätter einer Art braunen Papiers gewinnen, die sich leicht zerreißen ließen. Nach Calcinierung (Brennen) der abgesetzten Erde entstand schließlich »Salis volatis«, ein flüchtiges Salz, das die Alchemisten vollständig »Salis volatis fixatum« nannten und das unter dem Vergrößerungsglas dem Salpeter ähnelte. Als Ergebnis des Experiments wird gesehen, »daß der Thau und folgends auch der Regen, sammt der Materi, daraus sie geflossen kommen, nemlich die von der Erden aufgestiegene Dämpffe und Dünste, nebst vielen andren Verändrungen, auch ein lebendiges Gewürm oder Ungeziefer herfürbringen können...«, was beim Froschregen argumentativ verwendet wird.

In der ideologisch aufgeheizten Atmosphäre, in der die Zeugungsfragen zwei Jahrhunderte lang debattiert wurden, und in dem Experimente nur dem Beweis vorgefasster Meinungen dienten, gingen wichtige Versuche und Entdeckungen unter. Kenelm Digby, ein Gründungsmitglied der Royal Society, hatte bereits 1644 nach Beobachtungen am Hühnerei eine Embryonalentwicklung geahnt. Der Militärarzt im siebenjährigen Krieg und spätere Professor für Anatomie in St. Petersburg, Caspar Friedrich Wolff, hatte die Entwicklung pflanzlicher und tierischer Embryos gründlich studiert und in seiner Dissertation von 1759 festgestellt, dass bei keinem der Organe vorgeformte Elemente im Sinne einer Präformation zu finden waren, die ihrem späteren Aussehen entsprachen. Aus bläschenförmigen Körpern, die er Zellen nannte, die aber nur zellförmige Strukturen waren, formten sich sukzessive immer höher organisierte Gewebe durch Aufnahme und Aushärtung anorganischer Substanzen. Er konnte damit zeigen, dass nirgendwo eine Miniaturausgabe des späteren Lebewesens, die nur noch zu wachsen brauchte, nachzuweisen war. Diese Organbildung nach der Zeugung nannte er Postformation oder Epigenese. Von ihr wollte 70 Jahre lang niemand etwas wissen. Es regierten weiterhin alle möglichen Spielarten einer Präformation, und noch 1824 musste der Zoologe und vergleichende Anatom Johann Friedrich Blumenbach (1752-1840) in seiner Naturgeschichte resignierend feststellen:

> »Sich die Entstehung der organisierten Körper zu erklären, hat man, zumal neuerlich, die sogenannte Evolutions-Hypothese für bequem gefunden, und gemeint, es werde gar kein Mensch, und kein anderes Tier, und keine Pflanze erzeugt, – sondern sie lägen alle schon seit der ersten Schöpfung als völlig präformierte Keime längst vorräthig, die verschiedenen Generationen steckten, gleichsam wie eingepackte Schachteln in einander, und würden nur nach und nach, so wie die Reihe an sie käme, durch die Befruchtung entwickelt und ans Licht gebracht...«

Er spielte dabei vor allem auf den sehr einflussreichen Genfer Charles de Bonnet (1720-1793) an, der die Jungfernzeugung (Parthenogenese) bei den Blattläusen entdeckt hatte und daher glaubte, dass jede Art seit ihrer von Gott geschaffenen Urmutter alle zukünftigen in sich verkapselt halte. Andere hielten sich immer noch an Aristoteles und sahen die Keime des Lebens in der Luft herum fliegen, wie La Mettrie und Buffon, und sie das Geschäft einer Urzeugung verrichten, die ganz ohne Gott auskam, und wieder andere vermuteten einen »Spiritus« in der Luft, der an die wärmende Seele des Aristoteles erinnert, als göttliches materieloses Zeugungsprinzip, das den Bildungstrieb in der Natur steuere.

Diese zeitlich vorgreifende Einleitung war nötig, um durch die disparaten Elemente durchzusteigen, die in der Debatte des Francisci anklingen. Denn zunächst ist ja nicht einsichtig, was ein Froschregen mit der Zeugung zu tun haben sollte. Es wird aber schnell klar, dass das Hauptproblem der vom Himmel fallenden Frösche in ihrer Entstehung liegt, egal ob am Boden oder in der Luft. Aus der Antike äußern sich dazu Athenaeus, Philarchus, Aelianus und Lembus, Renaissanceteilnehmer sind Martyr, Scaliger, Cardanus und Fallopius, und die übrigen stammen alle aus dem Jahrhundert Franciscis und sind teilweise Zeitgenossen: Gerardus Vossius, Fromondus, Schott, Cabaeus, Jonstonus und Redi. Alle reden vom Frosch, aber keiner von den Kaulquappen. Sie sind, solange sie sich noch in der Eihülle befinden, in des Namens ursprünglicher Bedeutung weichfleischige, schleimige Kugeln und werden von Conrad Gesner in seinem ›Thierbuch‹ (1670, lat. 1558) Kaulärsche oder Kaul-Krotten genannt und ganz richtig mit Fröschen in Verbindung gebracht, vermehren sich durch Eier, wachsen aber auch aus Schleim und Kot der faulen Wasser und manchmal regnet es sie. Francisci erwähnt Gesner aber nur mit Mäusen, die vom Himmel fallen. Die Unterschlagung der eigentlich bekannten Quappen verleiht der Diskussion eine surreale Note.

Einig sind sie sich über das massenhafte Auftreten der Frösche, so »daß die Häuser und alle Strassen damit angefüllt worden«. Solche Beobachtungen sind nicht phantasiert. Der Laubfrosch, der in Erdhöhlen überwintert, verlässt diese im März, um zu den Laichgewässern zu wandern, paart sich dort Mitte April bis Ende Juni und verschwindet aus ihnen meist noch in derselben Nacht. Der Teichfrosch ist ständig in allen Arten von Gewässern, in Gräben, Altwässern, in Mooren, sogar in Brackwasser. Er überwintert am Boden der Gewässer oder an Land.

Aber was sonst noch gesehen wird, ist Kolportage. Aelianus z. B. sieht Frösche auf ein Feld regnen, »welche mit dem vorderen Theil des Leibs auf zweyen Füssen gekrochen, indem der hintere Theil annoch unförmlich oder ungebildet war und, als wie aus einem feuchten Erdreich zusammengeronnen, hinten nach geschleppt ward«. Wenn man das Wasser der Sümpfe auf das Pflaster sprengt, seien daraus, so Martyr, »zu Stunde Kröten erwachsen«. Die Entstehung der Frösche aus Erde oder Wasser ist eine Variante, die diskutiert wird, die andere die einer Bildung in der Luft. Schott gibt zu bedenken, sie könnten in der Luft generiert werden »wiewol allda noch unvollkömmlich und ohne Perfection aller Glieder«, aber »doch an der Erden, aus einer unzeitigen Geburt gleichsofort in eine zeitige verwandelt werden«. Die Bildungskraft des Regentropfens trifft auf die bequeme Unterlage des zur Perfektionierung fähigen Staubs und holt sich »durch einen magnetischen Zug eiligst so viel« wie zur völligen Konsistenz und Verdickung nötig ist. Die trockene Eigenschaft des Staubes geht augenblicklich verloren, »worauf denn alsdenn die Bildungs-Krafft zugleich das ihrige thut und den unvollkommenen Frosch in die Vollkommenheit seines Geschlechts setzet«. Und diese Bildungskraft des Regentropfens ist zuvor aus irdischem Staub entsprossen, in die Luft gefahren, den Wolken eingemischt und dort ein unzeitiger Frosch, »gleichsam eine unreiffe Frucht (Foetus)« generiert worden,nachdem eine »andere bequeme Materi« hinzugestoßen sei. Daher könne es sehr wohl sein, dass Frösche sowohl in den Wolken als auch auf der Erde entstehen, es komme nur darauf an, ob die Luft »die völlige Disposition zu einer Generirung erlangt hätte«.

Das glaubt Scaliger nicht: »Wer da vermeint, die Wolcken hätten solche Frösche aus den Pfützen geschöpfft und zu sich hinauf gezogen, der hat nicht gesehn, was wir gesehn; nemlich, daß die allein vom Wasser geregnete Erde, ohne Frösche, dennoch nach einer halben Stunden gantz voll junger runder… Fröschlein gelegen«. Eine halbe Stunde hat es also gedauert, bis die Frösche da waren, und es waren allesamt sehr junge Tiere. Auch Fromondus und Cabaeus, die beobachtet haben, dass sie zur Sommerszeit, bei großer Hitze, niemals auf Dächern oder Brettern oder im Wasser erscheinen, sondern nur auf dem mit Regen besprengten Staub, hätten gesehen, dass »in den Wolcken und in der Lufft keine Theile einer geheffteten oder festen Materi erscheinen, die zu einer solchen Menge Frösche erfordert werden; auch man nicht begreiffen kann, wie solche Theile oder Stücker in der Lufft möchten zusammenwachsen und allda so lange hafften oder schweben bis sie, in einer gewissen Weile oder Frist zu einer gählingen Belebung disponirt würden« (gähling = vor-lutherische Form von jählings, plötzlich). Cabaeus, der gesehen haben will, wie große Regentropfen in den Sand gefallen waren und eine Menge sehr kleiner, gleich großer und schwärzlicher Frösche entstanden waren, hat auf seinem Kopf nur Wassertropfen, aber keine Frösche gespürt. Eine ähnliche Beobachtung hat auch Schott gemacht. Also, so wird geschlossen, könnten die Frösche nicht aus den Wolken fallen, sondern werden aus der vom fruchterweckenden Regen fruchtbar gemachten Erde geboren. Denn in der Luft und den Wolken »befinden sich die Dämpffe und Dünste aller Sachen und Saamen aller gemischten Dinge; folgendlich könne aus selbigen Dünsten und Saamen, wenn dieselbe mit einer bequemen Materi sich zusammen fügen, Thierlein entstehen: weil sie eine Krafft die Thiere zu bilden in sich begreifen. Daher kommts, daß das Regen-Wasser leichter Würmer gebiert als das Brunn- und Fließ-Wasser: sintemal keine solche Saam-Geisterlein bey diesen vermischet seynd wie bey jenem«.

Vossius sieht das ganz ähnlich. Frösche oder Kröten könnten nicht vom Himmel mit dem Regen kommen, sondern der Regen regt nur ihre Bildung an: »Wenn der Regen auf einen Staub fällt so zu zur Erzielung der Frösche tauglich, fermentirt und temperirt er denselben mit seinem Spiritu und seiner Feuchtigkeit dermassen, daß davon die Fröschlein erboren werden: nicht anders, als wie aus dem Leimen und Lettich des Nils Mäuse erwachsen: welche man bisweilen an dem vordersten Theil ihres Leibs ganz fertig und ausgebildet; an dem hinterem aber annoch ganz irdisch findet«. Auch Fromondus und Fallopius haben das beobachtet, als sie gesehen haben wie »im Heumonat«, also im Juli, ein Regentropfen, der in den Staub fällt, »alsobald die Gestalt und Bildung eines Frosches angezogen«.

Scaliger als Anhänger der Präformation im Samen, ein Animalculist, der glaubt, im Samen sei schon »die rechte Form und wesentliche Form deß Dinges begriffen«, äußert sich gegen Cardanus und dessen Glauben, die Bienen würden aus dem Honig geboren und die Frösche aus dem in die Luft gehobenen Laich in den Regentropfen gebrütet. Das, so Frommondus und Cabaeus, sei nicht möglich, weil sie nicht daran glauben, dass sich Frösche in der Luft halten könnten. Aber wenn die eigentliche Verdickung erst unten im Staub stattfindet oder die Regentropfen erst im Herabfallen einen Frosch erzeugen? Und was ist mit dem Eisen, das herunterfällt und erst in den Wolken gebildet worden ist, den Meteoriten, oder dem Regen aus Steinen? Wenn es möglich ist, dass Steine aus den Wolken fallen, warum sollten es nicht die viel leichteren Frösche können? Das grundsätzliche Problem ist, ob die Wolken zu ihrer Bildung fähig sind, das gilt für Frösche, für Steine, auch für Eisen, Fische und Mäuse, die später dran sind.

Der barocke Freigeist Isaac Vossius, des Gerardus Sohn, gibt zu bedenken, dass zwar viele gelehrte Leute schreiben, es habe an vielen Orten Frösche geregnet, aber keiner habe sie herunterfallen sehen, sondern erst, nachdem sie gefallen waren. Auch Heuschrecken, Raupen, Spinnen, Regenwürmer würden gelegentlich die Erde bedecken, aber keiner käme auf die Idee, zu sagen, sie seien aus den Wolken gefallen. Eine häufig gemachte Aussage sei noch nicht die Wahrheit. In diesem Fall widerspricht sie der Vernunft, die uns sagt, dass Tiere, die von so hoch herabfallen, sofort tot sein müssten. Aber für andere ist das kein Beweis, denn es könnte durchaus vorstellbar sein, dass die Frösche überleben, denn Katzen und Mäuse würden oft von größer Höhe herabfallen, ohne sich zu verletzen. Unter Fallen und Werfen ist eben ein großer Unterschied. Und wenn Vossius meint, sie kämen bei Regen aus ihren Löchern, dann müssten auf dem Meer und in den Booten auch Erdlöcher sein. Undsoweiter.

Im Durcheinander der Beobachtungen und Thesen formuliert Francisci eine Art Erkenntnistheorie, in der das Zeugnis eines Bauern, der etwas gesehen hat, genauso hoch zu bewerten ist wie das eines Gelehrten, besonders dann, wenn diese Beobachtung aus Ländern stammt, die wir nicht selbst kennen und deshalb auch nicht beurteilen können:

> »Meine Weise ist diese, daß ich alle Meinungen, die einer allgemeinen Aussage vieler Völcker, welche sich auf den Augenschein gründen, entgegen stehn, zuforderst fleissig erwege, ob sie auch von solchem Gewigte, daß die Beweisthümer der alten Meinung dadurch überwogen werden: denn wofern solches nicht geschicht, sondern beyde gleich entstehen; so bleibe ich allezeit lieber bey dem Ausspruch gantzer Nationen, weder bey eines oder andren hochgelehrten Manns Urtheil allein.«

Er beginnt sich der alten auf Deduktionen aus Prinzipien basierenden Denksysteme dadurch zu erwehren, dass er jedem einzelnen Phänomen allergrößte

Abbildung 24:
Es regnet Lemminge in Norwegen.
Aus dem besprochenen Band von Francisci.

Beachtung schenkt und sich weigert, dieses unter dem Mantel der Wissenschaft beiseite zu fegen. So steht des Bauern Bericht, dem eine Maus auf den Kopf gefallen ist, unvermittelt neben den vernünftigen Einwänden eines Vossius. Allerdings fehlen ihm die Kriterien, Gesehenes nach richtig oder falsch, nach Phantasie und Wirklichkeit, nach Ursache und Wirkung zu sortieren. Eine Wertung wird daher unterlassen, statt dessen Genauigkeit in akribischer Beschreibung geübt.

Francisci beschreibt z. B. das Verhalten der Lemminge, einer Wühlmausart, sehr exakt. Wormius glaubt, wie schon vor ihm Olaus Magnus, dass sie vom Himmel herabregnen. Diese Auffassung schien sich noch bis in die 2. Hälfte des 19. Jahrhunderts bei den norwegischen Bauern gehalten zu haben, so Brehm. Ihre vierjährigen Massenwanderungen, bei denen Millionen Tiere ihre Höhlen verlassen und schnurstracks aus den Bergen in Richtung Meer laufen, wurden erst von Linné in einer Arbeit, die 1740 in den Abhandlungen der Königlich-Schwedischen Akademie der Wissenschaften erschien, der »Anmerkung über die Tiere, von denen in Norwegen gesaget wird, daß sie aus den Wolken kommen«, in der Abfolge richtig aufgefasst. Die Lemminge durchschwimmen Flüsse und Seen, erklettern Boote, die im Wege sind, umgehen eigentlich nur Steine, um wieder geradeaus weiterzulaufen, und verenden letztlich im Meer. Alle Einzelbeobachtungen, die Francisci dem Wormius entnimmt, sind verblüffend genau und ließen sich in das Verhalten der Lemminge bei der Massenwanderung mühelos einordnen, aber in den Köpfen steckt eben der Glaube, sie müssten mit dem Regen heruntergekommen sein. Deshalb fügt sich das Puzzle nicht zusammen, obwohl alle Teile vorhanden sind. Auch als er die Beobachtung Samuel Rheens vom Selbstmord der Lemminge anführt, die eigentlich alle vorherigen Interpretationen über den Haufen werfen müsste, bleibt es beim ungeordneten Puzzle (Abbildung 24).

Es endet vorerst im Gebet, in Beschwörungsformeln gegen alles Ungeziefer, im Bannfluch und in der Beschreibung von Krankheiten bei Mensch und Vieh, die das stinkende Aas der Mäuse ausgelöst hat.

Literatur

Aristoteles, Über die Zeugung der Geschöpfe, Paderborn 1959.
– Vom Werden und Vergehen, Paderborn 1958.
– Tierkunde, Paderborn 1957.
Diogenes Laertius, Leben und Meinungen berühmter Philosophen, Hamburg 1998.
Lazarro Spallanzani, Expérience pour servir à l'histoire de la génération des animaux et des plantes, Geneve 1785.
Lorenz Oken, Die Zeugung, Bamberg 1805.
Antonio Vallisneri, Historie von der Erzeugung der Menschen und Thiere nebst einer Untersuchung: Ob solche durch die Saamen-Würmer oder durch die Eyer geschehe, Schaumburg-Lippe 1739.

Das Klima der Erde und seltsame Sitten fremder Völker

An Alexander von Humboldts 170 Jahre jüngeren »Entwurf einer physischen Weltbeschreibung«, seinen »Kosmos«, darf man die Klimaberichte und Sittengemälde Franciscis aus der ganzen Welt nicht messen. Humboldt schrieb aus eigener Anschauung und nach eigenen wissenschaftlichen Anstrengungen. Er versuchte zusammenzufügen, was ihm aus den Beschreibungen anderer wichtig erschien, und er hatte bereits eine gute Vorstellung vom Klima der Welt und von vielen Ursachen seiner Entstehung. Der Stubenhocker Francisci erlebt Abenteuer in den Berichten der aus den europäischen Ländern in die ganze Welt ausschwärmenden Handelsräuber der ostindischen Kompanie, der rabiaten Missionare in der neuen Welt, der Besatzungen von Kriegsflotten, von frierenden Gesandtschaften in Moskau und durstenden im Orient, von wissenschaftlich begeisterten Bischöfen am Nordrand Europas und vermittelt seinen nur die deutschen Greuel kennenden Lesern ein Bild der Welt, das sie neugierig machen und schaudern lassen soll. Eher nebenbei entsteht so auf dem Globus eine rudimentäre Klimakarte wie sie Tageszeitungen produzieren: Überschwemmungen dort, Hurrikans da, Schneestürme, Gewitter, Trockenheit. Dazu die seltsamen Bräuche der götzendienerischen Wettermacher und andere seltsame Sitten seltsamer fremder Völker. Das Staunen ist groß, und es ist gewollt. Die Kompilationen von Reiseberichten wie die des holländischen Arztes Olfert Dapper oder Berichte wie die des Jesuiten José de Acosta aus Peru, Bolivien, Chile und Mexiko waren Bestseller.

Im Rückblick und dem Wissen seiner Zeit um »das Zusammenwirken der physischen Kräfte« hat Alexander v. Humboldt eine solche vorwissenschaftliche Herangehensweise in seinen »Einleitende(n) Betrachtungen über die Verschiedenartigkeit des Naturgenusses und die wissenschaftliche Ergründung der Weltgesetze« im ersten Band des »Kosmos« in ihrer unausgegorenen Mischung treffend charakterisiert:

> »So wie der Mensch sich nun Organe schafft, um die Natur zu befragen und den engen Raum seines flüchtigen Daseins zu überschreiten; wie er nicht mehr bloß beobachtet, sondern Erscheinungen unter bestimmten Bedingungen hervorzurufen weiß; wie endlich die Philosophie der Natur, ihrem alten dichterischen Gewande entzogen, den ernsten Charakter einer denkenden Betrachtung des Beobachteten annimmt: treten klare Erkenntniß und Begrenzung an die Stelle dumpfer Ahndungen und unvollständiger Inductionen. Die dogmatischen Ansichten der vorigen Jahrhunderte leben dann nur fort in den Vorurtheilen des Volks und in gewissen Disciplinen, die, in dem Bewußtsein ihrer Schwäche, sich gern in Dunkel hüllen. Sie erhalten sich auch als ein lästiges Erbtheil in den Sprachen, die sich durch symbolisirende Kunstwörter und geistlose Formen verunstalten. Nur eine kleine Zahl sinniger Bilder der Phantasie, welche, wie vom Dufte der Urzeit umflossen, auf uns gekommen sind, gewinnen bestimmtere Umrisse und eine erneuerte Gestalt.«

Dumpfe Ahnungen, unvollständige Induktionen, dogmatische Ansichten, symbolisierende Kunstwörter und geistlose Formen. Ein ziemlich hartes Urteil und auch ein bisschen überheblich, wenn man bedenkt, unter welchen Bedingungen beobachtet wurde und welche Mittel zur Verfügung standen. v. Humboldt als Nachgeborener kann sich natürlich klüger vorkommen als die Menschen früherer Epochen und sich erhaben dünken, wenn er jetzt Weltgesetze ergründet statt sich in Kunstwörtern ausdrücken zu müssen. Der Reichtum, der in den unbewaffneten Beobachtungen und unvollständigen Induktionen steckte, bildete jedoch das Fundament auch für seine eigenen Untersuchungen.

Allein die Zahl der Korrespondenten aus der ganzen Welt ist beeindruckend. Francisci nennt rund 40 überwiegend außereuropäische Berichterstatter, die selbst in den betreffenden Ländern gewesen sind. Einen großen Teil von ihnen findet auch noch v. Humboldt erwähnenswert und fügt sie in sein Puzzle der Physik der Erde ein. Sie ermöglichen ihm immerhin schon erste Langzeitstudien oder wenigstens tabellarische Zusammenstellungen von Erdbeben, Vulkanausbrüchen, Veränderungen des Magnetfeldes und von Klimaveränderungen. Die ersten Entdecker waren oft ausgezeichnete Kartographen, die mit unvollkommenen Messinstrumenten und großen astronomischen Kenntnissen ihre Positionen zu bestimmen hatten, damit das, was sie entdeckt hatten, wieder gefunden werden konnte. Ihre Anregungen und Wünsche beflügelten die technischen Entwicklungen von Kompass und Uhren und diese wiederum ermöglichten genauere Karten und erste Angaben über das Magnetfeld der Erde. Meteorologisch verwertbare Messungen waren nicht darunter. Sie wurden erst gegen Ende des 17. Jahrhunderts mit mobilen Thermometern und Barometern möglich. Franciscis Luftkreis umspannte jetzt wirklich die ganze Welt, aber die Erklärung der Wettererscheinungen hing noch an den uralten Beobachtungen aus der vergleichsweise winzigen Welt des Aristoteles.

Die folgenden vier exakt messenden Globetrotter hat Francisci erwähnt. Es handelt sich vor allem um kartographische Messungen. Über sie berichtet Francisci nicht. Er bedient sich anekdotisch und pickt sich einzelne Beobachtungen heraus, die zu seinen Kapiteln passen oder ihnen ein wenig exotische Farbe verleihen. Da ist der Jesuit Martino Martini, der seine Ausbildung am Collegium romanum erhalten hatte und dessen Mathematiklehrer Athansius Kircher war. Martini errichtete in Hangzhou in China eine Missionsstation und fertigte nach Reisen in 7 Provinzen und eigenen astronomischen Messungen einen Atlas von China an. Der schon genannte Jesuit Acosta maß kontinuierlich die Abweichungen des magnetischen vom geographischen Nordpol und erkannte die Gezeiten als weltweites Phänomen. Der englische Ingenieur, Seemann und spätere Duke of Northumberland, Robert Dudley, veröffentlichte genaue Segelanweisungen nach Trinidad und der Kapitän der dänischen Marine und Walfänger Jens Eriksen Munk kartierte die Nordwestpassage bis zur Hudson Bay.

Zur Zeit Franciscis war der bewaffnete Kolonialhandel, von wenigen Ausnahmen abgesehen, noch nicht wissenschaftlich verbrähmt. Es gab auch noch keine kombinierte Forschungsexpeditionen wie die von Charles Darwin mit dem Vermessungsschiff »Beagle«. Wissenschaftliche Ergebnisse waren meist ein zufälliges und von einzelnen Personen abhängiges Nebenprodukt missionarischer Infiltrationen, der Errichtung kolonialer Stützpunkte in kriegerischen Handlungen, von Raubzügen ins Landesinnere, von Freibeuterei und diversen Handelsinteressen. Da alles neu war, war auch alles ohne ausdrückliche Gewichtung berichtenswert. Besonders beliebt waren Berichte wie die des französischen Pastors der protestantischen Kirche von Rotterdam, Charles de Rochefort, der einige Jahre auf den Antillen war und darüber 1658 ein Buch zu Naturgeschichte, Gebräuchen und Sprache der Karibik schrieb, das zahlreiche Auflagen und Übersetzungen erlebte. Oder solche des Schneidersohns Adam Oelschläger, der sich als Magister der Philosophie, Ausrüster der Gottdorfischen Kunstkammer und Kenner der orientalischen Sprachen Olearius nannte. Er war im Auftrag des Herzogs Friedrich III. von Schleswig-Holstein-Gottdorf im Rahmen einer Gesandtschaft unterwegs, die Möglichkeiten des Orienthandels auf dem Landweg erkunden sollte, und gelangte über Reval, Nowgorod, Moskau, Kazan 1637 nach Astrachan, worüber er in »Moskowitische und persische Reise« alles mögliche zusammentrug, von den Gärten in Bagdad bis zu Lemmingen, die vom Himmel fallen. Grimmelshausen hat den Simplicissimus sich auf den Spuren des Olearius nach Moskau und Persien verschlagen lassen.

Francisci sieht die kolonialen Eroberungen nicht. Sie kommen ihm gar nicht in den Sinn. Er sieht von Gottes Segen abhängige sturmgepeitschte Handelsunternehmungen und verabscheuungswürdige Abwehrmaßnahmen der betroffenen Völker, heldenhafte missionarische Austreibungspraxis primitiver Riten und gefährliche oder grotesk-peinliche Gesandtschaftsempfänge. Dabei spielt Aeolus, der Gott der Winde, auch mal als Gott der Fürze eine Rolle, ein dralles, sehr barockes Thema, das natürlich in ein Buch über die Luft gehört. Ein Furz eines Schiffers beim Kotau vor dem »aracanischen (burmesischen) Herrscher und derselben Frauenzimmer«, bringt die Gestrandeten der Vereinigten Ostindischen Companie in Schwierigkeiten, wie der Wundarzt Schulz schreibt, denn »weil dieser Niderländische Aeolus seinen Wind-Sack so übel verwahrt; so dörffte ein solcher Sturm daraus erwachsen, der ihm und den Mitgesellen seines Unglücks bey diesen Grossen des Arakanischen Reichs alle Gnade und Barmhertzigkeit hinweg bliese«. Das passierte nicht. Die Seeleute wurden verköstigt, trotz »solcher Salven und Ankunffts-Grüsse«, trotz »allgemeiner stinkender Bestürtzung« und obwohl bei den holländischen Schiffern »die zween halbe Monden deß Hinter-Kastells schlecht forificirt seynd«. Und weil er immer gründlich recherchiert, findet Francisci heraus, dass der Furz auch bei Cicero und Melander eine Rolle spielt. Und ich füge Grimmelshausen hinzu, der ihn mit ungewohnter Völlerei und Pumpernickel verbindet und dem Simplicissmus eine Nacht im Schweinestall beschert, in der er erstmals die schweinischen Praktiken eines Geschlechtsverkehrs beobachten darf.

Eher im Sinne einer ethnographischen Feldforschung ging schon der von Francisci ausgiebig benutzte schwedische Geistliche und Kartograph Olaus Magnus vor, der 1518 als junger Kanoniker Giovanni Arcimboldi, den Gesandten Roms, zur Inspektion der nordischen Bistümer mit dem Ziel der Ankurbelung des Ablasshandels ein Jahr lang über 7000 km bis an den Polarkreis begleitete. Ergebnis der Inspektion war eine 1,25 x 1,70 große »Carta marina« der recht exakt getroffenen nordischen Länder und Islands, die von Seeungeheuern und Fabelwesen wimmelte, und 22 Bücher über Sitten und Gebräuche der Nordvölker, die in einer etwas verkürzten Fassung seit 1567 zu einem 100jährigen europäischen Erfolg wurden. Ihre Kapitel zeigen sein Arbeitsprogramm: Buch 1 und 2 beschreiben Klima und Geographie, 3 Aberglauben der Heiden, 4 Leben der Lappen, 5 Riesen der Vorzeit, 6 Bergbau und Bodenschätze, 7-11 Waffen und Kriegswesen, 12 Hausbau, 13 Landwirtschaft, 14 Feste, 15 Spiel, Turnier, Tanz, 16 Religion. Es folgt die Naturgeschichte: 17 Haustiere, 18 wilde Vierbeiner, 19 Vögel, 20 Fische, 21 Wale, Seeschlangen, Meerwunder, 22 Schnaken, Bienen, Ameisen. Die Bücher waren mit anregenden Holzschnitten illustriert, die den phantastischen Eindruck verstärken.

100 Jahre später war der Blick auf das Fremde beim Zeitgenossen und Kronzeugen Franciscis, Ioannis Scheferus alias Johannes Schäfer aus Straßburg sehr viel genauer. Scheferus hatte von Königin Christina von Schweden die Skytteanische Professur für Politik, Rhetorik und Natur- und Völkerrecht in Upsala erhalten und hatte als Bibliothekar der Universität ungehinderten Zugang zu vielen Quellen der schwedischen Geschichte. Seine Beschreibung Lapplands, die »Lapponia«, stützt sich aber vor allem auf Pastoren, die dort gelebt und missioniert haben und wie Jonas Tornaeus in einem 1000seitigen Handbuch erstmals das von 70 Prozent der Samen Finnlands gesprochene Nordsamisch festgehalten oder wie Samuel Rheen einen Bericht über das Leben der Lappen veröffentlicht haben. Über die Lappen kursierten unglaubliche Geschichten, die Scheferus nicht mehr in der Art eines Olaus Magnus kolportiert, sondern kritisch gegenüberstellt. Er behandelt magische Praktiken nicht einfach als Teufelskram, sondern beschreibt ihren Ablauf ganz genau. Francisci erwähnt unter vielem anderen die angebliche Fähigkeit der Lappen, durch Öffnen von drei Knoten in einem Riemen einen lauen, mäßigen oder stürmischen Wind zu machen. Scheferus hält das für einen schlitzohrigen Versuch, gestrandeten Seeleute solche Riemen zu verkaufen und betont dagegen ihren Glauben, sie könnten genau den Wind machen, der bei ihrer Geburt geweht hat. Außerdem stellt er Widersprüche bei Zieglerus und Olaus Magnus fest, die von den Windknoten berichtet hatten, und dass bei den jüngeren direkten Beobachtern, bei Rheen und Tornaeus, nichts davon zu finden sei. Obwohl Scheferus selbst nie in Lappland war, kommt er durch geschickten Vergleich der Quellen und mit unvoreingenommenem Geist zu einer fast wissenschaftlichen Ethnologie. Als Begründung für sein Interesse gibt er Schwedens schlechten Ruf durch die angeblichen Teufelspraktiken der Lappen an, der seinen Gegnern nach seinem erfolgreichen Eingreifen in den Dreißigjährigen Krieg einen billigen Vorwand zur Diffamierung liefern würde.

Dem Drunter und Drüber zwischen den Menschen entsprechen die Kapriolen, die das Wetter schlägt und die Kreatur zu einem Spielball des göttlichen Welttheaters werden lässt. Die Zahl der Havarien war enorm und noch größer die Verluste durch gegenseitige freubeuterische Kaperei, durch Krankheit und ungewohntes Klima. Die Geldgeber wollten solche Risiken unbedingt vermindern. Die aufstrebenden Handelsnationen England und Holland waren deshalb schon dazu übergegangen, nicht nur wie zuvor schon die Spanier bei ihren Gold- und Silbertransporten, ihre dickleibigen und schwerfälligen Transportschiffe unter dem Geleitschutz schneller Fregatten fahren zu lassen, sondern auch eine spezielle Ausbildung für Schiffschirurgen vorzusehen, sie zu einer Buchführung über den Gesundheitszustand an Bord zu verpflichten und einen Schlüssel festzulegen: ein Chirurg pro 20 Mann Besatzung. Eine Atlantiküberquerung konnte leicht 70 Tage dauern, in denen der Skorbut grassierte. Mittel dagegen, Sauerkraut und Zitrone, waren erst Mitte des 18. Jahrhunderts gefunden. Von den zigtausenden Schiffs- und Kolonialärzten wurden nur wenige namentlich bekannt. Francisci nennt den Jesuiten und Begründer der physikalischen Geographie José Acosta (Josephus à Costa), den Begründer der Tropenmedizin Jacobus Bontius, den Leiter des Klosterkrankenhauses in Guadelupe Francisco Hernandez, den Leibarzt des Moritz von Nassau-Siegen in Brasilien und Beschreiber der brasilianischen Medizin Willem Piso, Henry Stubbe, der als Royal Physician eine Fahrt nach Jamaica begleitete, den Schiffsarzt bei Barents' Suche nach der Nordostpassage Gerard de Veer und den schon genannten Wundarzt bei der Vereinigten Ostindischen Companie Walther Schulz. Sie alle waren mehr als nur Ärzte. Ihr aufgeschlossener Blick erforschte Natur und Klima und die Sitten der heimgesuchten Völker. Über sie gelangten Kenntnisse indianischer Drogen, wichtiger Arzneipflanzen und der Akupunktur nach Europa. Da selbst unausgebildete Schiffsbesatzungen nur schwer aufzutreiben waren, wurde es immer wichtiger, mit ihnen sorgsam umzugehen, was die relativ hohe Zahl der sie begleitenden Ärzte erklärt. Deren Aufzeichnungen waren in Verbindung mi den Logbüchern der Kapitäne eine ständig sprudelnde Quelle genauer Beobachtungen. Sie brachten den Schiffsarzt James Lind ein Menschenalter nach Francisci schließlich auf der Grundlage der weit verbreiteten falschen Annahme, Skorbut sei eine Krankheit der Fäulnis, die mit Säure zu bekämpfen sei, aber nach gründlichen Testreihen mit Schwefelsäure, Sauerkraut und Zitrone, zum Vorschlag einen regelmäßigen Einnahme von Zitronensaft. James Cook sollte dann schon auf seiner Weltumseglung 1758 seine Mannschaft unter Androhung von Exekution zum täglichen Genuss eines Löffels Sauerkrauts zwingen, so als hätte er das seitenlange Lob des Sauerkrauts bei Francisci gelesen. Andere Verbesserung der Hygiene auf Schiffen, bessere Durchlüftung und Ausräuchern mit Arsen folgten, sogar Destillationsöfen wurden angeschafft, um Trinkwasser aus Meerwasser zu gewinnen. Frisches Wasser wurde besonders bei Fahrten in die Tropen zu einem großen Problem, da auch die angesteuerten Quellen oft verseucht waren. Am besten half noch die Tagesration von 3 ½ l schwachen Biers, das sich relativ lange in Fässern konservieren ließ, weil es beim Brauen gekocht worden war.

Das tropische Klima interessiert Francisci ganz besonders, weil die Europäer damit nicht klar kamen. Henry Stubbe beschreibt eine seltsame, am ehesten als Hitzschlag zu identifizierende Krankheit, die »Calenture«, bei der die Seeleute nach dem Passieren des Wendekreises des Krebses (23° nördlicher Breite) unter hohem Fieber auf dem Meer grüne Zweige schwimmen sehen oder »Gärten voll Pomerantzen- und Zitronen-Bäume« und ins Meer gesprungen wären, um dorthin zu gelangen, wenn man sie nicht davon abgehalten hätte. Als Prophylaxe machte Stubbe bei den armen Kerlen vor dem Wendekreis einen »Aderschlag«, er ließ sie zur Ader, damit die Schweißlöcher aufgehen und meldete als Erfolg, dass nur drei gestorben seien und nur zwei die Calenture bekommen hatten. Man kann verstehen, dass beim Passieren des Wendekreises in Gegenrichtung Freudensalute abgefeuert wurden.

Franciscis »Clima« hat mit unserem heutigen Verständnis kaum etwas gemein. Es bezeichnete ursprünglich die Neigung der Erdoberfläche vom Äquator zu den Polen hin und mit den Breitengraden eine astronomische Zone gleicher Sonneneinstrahlung. Die antiken Geographen wie Strabo und Ptolemäus teilten so 8 bzw. 13 »Climate« als Zonen ein, in denen die Dauer der größten Tageslänge im Jahresverlauf um eine halbe Stunde zunimmt (Abbildung 25).

Dabei sparten sie die nördlichsten und in Äquatornähe liegenden Regionen aus, weil sie dort wegen zu großer Kälte oder Hitze ein Leben für nicht möglich hielten. Spätere Astronomen machten daraus 24 oder gar 48 Climate, in denen sich die Tageslänge dann nur noch um eine Viertelstunde änderte, und rechneten vom Pol bis zum Äquator. Nur dort ist der Tag das ganze Jahr hindurch zwölf Stunden lang. Auch Riccioli benutzt den Ausdruck in seiner »Geografia reformata« so. Ich habe diese uralte Definition für Clima noch in Zedlers Lexikon und sogar noch im »Dictionnaire D'Histoire Naturelle« von 1807 gefunden. Erst Alexander von Humboldt wird seine Weltbeschreibung auf physikalische Größen wie die Isothermen als Orte mit gleicher Temperatur, auf Barometermessungen, Regenmengen, Windverhältnisse, Meeresströmungen und die Oberflächengestaltung der Erde stützen. Natürlich hatten auch die Climate etwas mit der Meteorologie zu tun, da die Dauer der Sonneneinstrahlung ein wesentliches Element der Wetterbildung ist, aber eben nicht das einzige. Francisci nennt deshalb sein »Clima« auch »Erdzwinger«, weil es für ihn nicht auf der Erde entsteht, sondern von der Sonne erzwungen wird.

Es gab bereits einen wissenschaftlichen Rahmen, der eine gewisse Ordnung in die Phänomene brachte. Er stammte von Bernhardus Varenius, einem in Hitzacker bei Hannover geborenen und in Amsterdam praktizierenden Arzt. In seiner »Allgemeinen Geographie. Eine Erklärung der Grundbestimmungen der Erde« (»Geographia generalis«) von 1650 ging er vor wie die ersten Systematiker der Botanik und Zoologie seiner Zeit: er versuchte, den vielen Einzelbeobachtungen ein gemeinsames Grundmuster abzugewinnen, eine Gesetzmäßigkeit zu erkennen und die ganze Erde, vor allem ihre Oberfläche, als einheitlichen Körper zu erfassen, der Stoffwechselvorgängen unterliegt. Er hatte in Amsterdam die Gelegenheit, sich mit den vielen Kapitänen und Handelsreisenden auszutauschen, die es ihm ermöglichten, ganze Listen von Vulkanen, Inseln, Gebirgszügen, Windrichtungen, Temperaturen und vieles andere zusammenzustellen und eine Art vergleichende Geographie zu betreiben. Er erkannte in der Erdrotation die Ursache für die Entstehung des Golfstroms

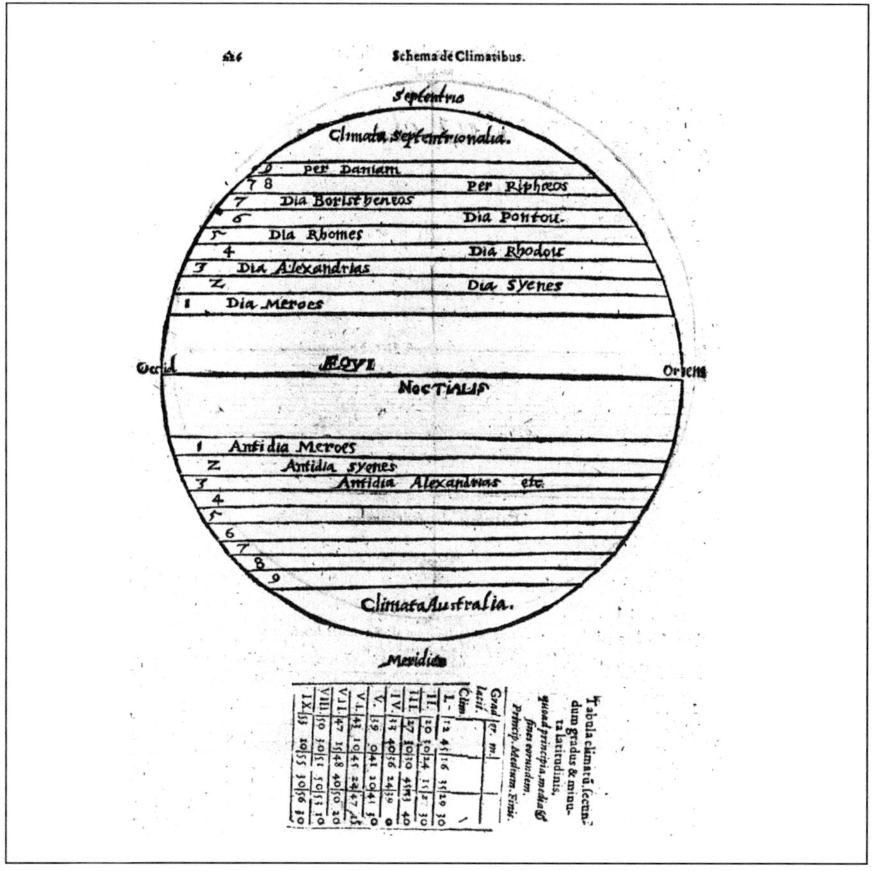

Abbildung 25: Klimazonen in der antiken und mittelalterlichen Geographie nach Peter Apianus (1495-1552) von Johann Heinrich Alsted 1611.
Aus: Hans-Günther Körber, Vom Wetteraberglauben zur Wetterforschung. Leipzig 1987.

und beschrieb sehr genau die Meeresströmungen längs der westafrikanischen Küste. Ausführlich diskutierte er die Methoden der Längengradbestimmung und gab praktische Anweisungen für die Navigation. Newton hielt das Buch für so wichtig, dass er 1681 eine dritte Ausgabe besorgte. Varenius macht in seiner Systematik die sinnvolle Unterscheidung von »terrestisch, kosmisch und durch den Menschen bestimmt«. Zum Terrestischen zählt er all das, was wir auch heute unter Geografie subsummieren, einschließlich Wassergüte und Pflanzen nach Bestandsdichte. Zum Kosmischen gehören u.a. das vom Sonnenstand beeinflusste Klima und der Lauf der Gestirne »nach Copernicus«, nicht aber die Astrologie, von der er überhaupt nichts hält. Die menschliche Geografie umfasst die heutige Ethnologie, die politische Organisation und landesgeschichtliche Daten. Zu guter Letzt soll all das nach Orten untereinander verglichen werden, um Wesentliches herauszuarbeiten. Methodische

Anweisungen schließen ein Arbeitsprogramm ab, an dem sich die künftigen Generationen messen lassen müssen und das noch v.Humboldt mit großer Bewunderung erwähnt. Wenn Francisci von Aristoteles abweicht, geschieht das mit Varenius, den er häufig bei grundlegenden Prinzipien des kosmischen Teils seiner Geographie ins Spiel bringt, bei jahreszeitlichen Abhängigkeiten der Lufthöhe, bei Temperaturunterschieden oder bei der Windentstehung.

Literatur

Siegmund Günther, Varenius, Leipzig 1905.

Alexander von Humboldt, Kosmos. Entwurf einer physischen Weltbeschreibung, Stuttgart 1869.

Olaus Magnus, Wunder des Nordens mit Carta marina, Frankfurt 2006.

Joannis Schefferi von Straßburg, Lappland. Das ist: Neue und wahrhafftige Beschreibung von Lappland und dessen Einwohnern…, Franckfurt am Mayn und Leipzig 1675.

Karl Schneider-Carius, Wetterkunde, Wetterforschung. Geschichte ihrer Probleme und Erkenntnisse in Dokumenten aus drei Jahrtausenden, Freiburg 1955.

Bernhard Varenius, A compleat System of General Geography. Since improved and illustrated by Sir Isaac Newton and Dr. Jurin. Second Edition. London 1734.

Ebbe und Flut, Passat und Hurrikan

Sobald die Seeleute aufs Meer hinaus fahren und sich in auf die Reise nach fernen Kontinenten begeben, sind sie Mächten von bisher nicht gekannter Gewalt ausgesetzt. Windhosen »von einem unbekannten Schneider«, donnernden Schwänzen von Orkanen, krachenden *Wirbelwinden* mit einem Auge, die die Luft mit einem Besen reinigen, dichtet Francisci. Die antiken Erklärungsmuster müssten eigentlich versagen, aber sie werden, um dem Ungestüm gerecht zu werden, bis zur Absurdität auf die Spitze getrieben. Die Belagerung der aufgestiegenen warmen Dünste durch die kalte Luft wird dann so eng, dass der Wind nur durch sehr enge Röhren aus den Wolken pfeifend ausbrechen kann, und eine Wolke schießt mit einer solchen Macht aus großer Höhe in die Tiefe, dass die durchstoßene Luft auseinanderstiebt und in alle Richtungen davonjagt. Francisci scheint das Fragwürdige an solchen theoretischen Übungen zu spüren und beschränkt sich daher im Großen und Ganzen auf die Vorzeichen, die die Unwetter ankündigen und die aus den Berichten Seeleuten stammen. Riccioli und Varenius liefern die Regionen und Jahreszeiten, in denen sie am häufigsten auftreten und einzelne Bibelstellen das dringend notwendige Gottvertrauen.

Ein Beispiel dafür ist der Wirbelwind, »ein plötzlicher Wind, der aus einer zerrissenen Wolcken herfürbricht, sich herumringelt, alle Begegnisse ergreifft, empor hebt und wie Rad herumtreibt«. Das Ochsenauge, eine kleine Wolke mitten im klaren Himmel, kündigt ihn an. Aus hinterlistiger Ruhe bricht der Sturm los. Der Sturm würde so übel die Schiffe traktieren, dass er bei den seefahrenden Leuten »das Feuer der Andacht und deß Gebets könne aufblasen … Das Gebet, welches sonsten mehrentheils so kaltsinnig zu geschehen pflegt, wurde allhie mit grössestem Eifer ausgeschüttet und mit vielen Trähnen und Seufftzen von vielen verrichtet«. Erst nachdem die Segel in Stücke zerrissen und die stark herabstürzenden Winde das Meer eben gemacht hatten und die Stimmen der Matrosen nicht mehr zu hören waren, zerteilten sich die Wolken und alles wurde still. In 20 Stunden drehe sich ein solcher Wirbel um sein Auge, sagt Riccioli und ein andrer Jesuit, der in Indien und Japan missionierende Pater Organtinus aus Brescia, »auf dem morgenländischen Meer kommt er am öfftersten geflogen, fürnemlich auf der Siammischen, Sinischen und Japonischen See zwischen Malacca und Japonien«. Der holländische Wundarzt bei der Vereinigten Ostindischen Companie, Walther Schulz (Wouter Schouten), berichtet darüber in seiner ostindischen Reisebeschreibung. Die Holländer würden von solchen Stürmen sagen, »de Windt drayt rond om het Compas«, Wirbelwinde, die um den Kompass drehen.

Die Entstehung solcher Stürme blieb ein Rätsel. Man wusste, wo sie gehäuft anzutreffen waren, kannte ihr Maximum im Herbst und ihre Drehung. Niemand wusste damals etwas über ihre Fortbewegung und niemand etwas von Zyklonen und Antizyklonen, wie die Hoch- und Tiedruckgebiete meteorologisch genannt werden. Alexander v. Humboldt kannte bereits dieses »Drehungsgesetz der Winde«, das der Berliner Physikprofessor Heinrich Wilhelm Dove 1827 angedeutet hatte. Bis dahin war vor allem die Sonne für die Winde verantwortlich, was nicht falsch ist, aber nur lokale Erscheinungen erklären kann, keineswegs eine großräumige Dynamik des Druckausgleichs. Das Ochsenauge markiert den Bereich des niedrigsten Luftdrucks, der mit dem gesamten Wirbelsystem wandert, weil die Geschwindigkeit der drehenden Luftmassen so groß ist, dass sie dort einen stehenden Wirbel bilden wie bei einem flüssigkeitsgefüllten Eimer, der schnell gedreht wird. Man sieht in der Mitte ein Loch entstehen. Warum der Druckausgleich in der Atmosphäre nicht geradlinig, auf kürzestem Weg also, sondern in Kreisbewegungen erfolgt, blieb so lange unverstanden wie der Luftdruck nicht gemessen werden konnte und die Erddrehung von West nach Ost nicht berücksichtigt wurde.

Am Äquator beträgt die Drehgeschwindigkeit der Erde 1674 km/std., an den Polen, die die Rotationsachse markieren, 0 km/std., in den gemäßigten Zonen um den 40. Breitengrad ca. 1200 km/std. Der Wind nimmt die Geschwindigkeit der Zone auf, in der er entstanden ist, ein Südwind vom Äquator also 1674 km, kommt in Gebiete mit geringerer Geschwindigkeit der Erddrehung, läuft ihr voraus und wird dadurch nach Osten abgelenkt. Die Kraft, die das bewirkt, wird nach ihrem Entdecker Corioliskraft genannt. Sie entspricht im Versuch der Ablenkung einer Kugel auf einer rotierenden Scheibe, wenn sie vom Mittelpunkt aus geradlinig gestartet wird. Ein Nordwind aus höheren Breiten startet mit entsprechend geringerer Geschwindigkeit nach Süden und kommt in Gebiete, die sich schneller drehen, er läuft der Erdrotation zunehmend hinterher und wird deshalb nach Westen abgelenkt. Beide Winde, der Nordwind, der nach Süden strömt, und der Südwind nach Norden, weichen also nach rechts ab. Die Luft, die ihren hohen Druck an den niedrigeren abgibt und ausgleichen will, würde somit an der Zone mit niedrigem Druck vorbeiströmen, wenn der Kern des Tiefdruckgebietes, die Zone tiefsten Druckes, sie nicht dorthin zwingen würde. Aus der Ablenkung durch die Corioliskraft und dem Fließen der Luft aus Gebieten hohen in Gebiete niedrigen Luftdrucks entsteht die Kreisbewegung gegen den Uhrzeigersinn bei den Zyklonen, den Tiefdruckgebieten. Die Luft, die aus den Antizyklonen, den Hochdruckgebieten, herausströmt und nach rechts abgelenkt wird, führt zur Drehung im Uhrzeigersinn. Auf der Südhalbkugel ist alles umgekehrt, es sei denn, man stellt sich auf den Kopf und schaut Richtung Südpol.

Vielleicht ist jetzt verständlich geworden, warum die um den 5. Breitengrad entstehenden Wirbelstürme, ab dem die Corioliskraft wirksam wird, bei Wassertemperaturen von 26,5° C und mehr eine zerstörerische Drehgeschwindigkeit entwickeln können. Sie resultiert aus der geballten Energie des sich zu einer Wolke verdichtenden aufschießenden Wasserdampfs aus den stark erwärmten Ozeanen und dem Corioliseffekt, der hohen Geschwindigkeit der Erdrotation in Äquatornähe. Die frühen Seeleute haben die auffallende Häufung solcher Hurrikans (aus der Sprache der Maya der Gott des Windes) in der Karibik und im chinesischen Meer genau registriert und ihre Fahrten oft mit dem Leben

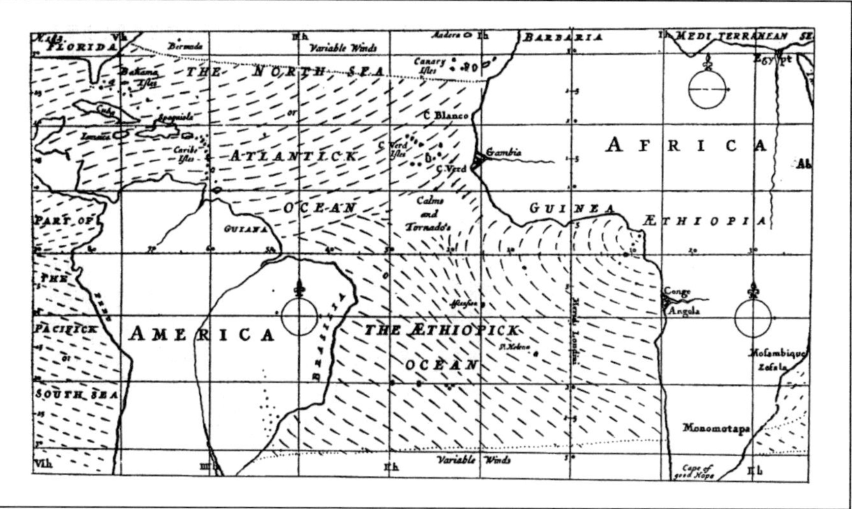

Abbildung 26: Windkarte von Edmond Halley 1677.
Aus: Hans-Günther Körber, Vom Wetteraberglauben zur Wetterforschung. Leipzig 1987.

bezahlt. 1697 hat dann der rabiate Freibeuter, dreimalige Weltumsegler und begnadete Wissenschaftler William Dampier »A New Voyage around the World« veröffentlicht, die neben vielem anderen auch eine Beschreibung von Windsystemen lieferte, die für 100 Jahre bestimmend geblieben ist.

Francisci nennt die großen Windsysteme »Generalwind« und beschäftigt sich neben den Wirbelstürmen insbesondere mit dem *Passat* (auf dem Meer) und dem *Monsun* (an Land), deren konstante Windrichtung zwischen den Wendekreisen, nordost auf der nördlichen Halbkugel und südost auf der südlichen, den namengebenden Holländern schon früh aufgefallen war. Die Winde satteln nicht um, wie Francisci das ausdrückt. Ein Zusammenhang mit der Erdrotation wurde schon lange vermutet, aber es gab ein wichtiges Gegenargument: Wenn der »General-Umschwung« der Luft mit der Rotation der Erde die Ursache der konstanten Windrichtung wäre, dann müsste das ja überall und für alle Winde gelten. Tatsächlich sind die Subtropenhochs entscheidend, wie das Azorenhoch, aus denen die Luft in die Tiefdruckrinne des Äquators fließt und dabei durch die Erdrotation abgelenkt wird. Der britische Astronom und Mathematiker Edmond Halley studierte 1677 auf einer Fahrt nach St. Helena im Südatlantik die Monsun- und Passatwinde und konnte sie 1686 in der ersten physikalischen Windkarte eindrucksvoll darstellen. Das war wenige Jahre nach Franciscis Buch keine Karte mehr, bei der prustende Putten vom Rand her griechische Windrichtungen repräsentieren, sondern eine, in der sich in Linien die gemessenen Richtungsänderungen der Passatwinde nördlich und südlich des Äquators zwischen Südamerika und Afrika abzeichneten. Die Karte war physikalisch geworden (Abbildung 26).

Welche Reichtümer an historischen Informationen sich auf solchen Karten zusammenführen lassen, zeigt der physikalische Begleitatlas zu Humboldts

Kosmos, der von Heinrich Berghaus 1845 bis 1848 herausgegeben wurde. Er enthält auf einer einzigen Karte vom Pazifik alle Daten, die von Seeleuten seit Magellans Weltumsegelung von 1520 »bis zu den Preußischen Weltreisen« über Meeresströmungen, Temperaturen und über Handelsstraßen zusammengetragen werden konnten, mit exakten Angaben der Messpunkte. Berghaus spricht auf die viermaligen Weltumsegelungen von 1817-1834 durch den Kapitän Johann Wilhelm Wendt an, der im Auftrag der unter Kriegsflagge fahrenden »Preußischen Seehandelsgesellschaft«, eine Gründung des Alten Fritz, auf der Suche nach neuen Handelsverbindungen auch genaue Messungen von Wind- und Meeresströmungen vorgenommen hat. Diese verrückte Mischung von Raffgier und Neugier, die hier hinter den sogenannten Entdeckungsreisen zum Vorschein kommt, wurde zum Markenzeichen der Eroberung der Welt durch die europäischen Nationen.

Dem Umschwung des Generalwindes, d. h. der durch die Erdrotation mitgerissenen Luft, ist es zu verdanken, dass *Ebbe und Flut* bei Francisci in das Kapitel über Winde geraten sind. Descartes wollte Ebbe und Flut mit dem gleichen Mechanismus erklären, der angeblich auch allen Luftbewegungen zugrunde liegt: Mit der Erdrotation von West nach Ost, die eine »unablässige Strömung (der Luft und des Wassers) von den östlichen Bereichen der Erde in die westlichen« hervorruft. Den Erklärungsversuch aus seinen »Principia philosophica« (im 4. Teil »Über die Erde«) bricht Francisci allerdings ab, weil er mit dessen komplizierten Ansatz nicht klar kommt oder weil er ihn seinen Lesern nicht zumuten will (Abbildung 27).

Bei Descartes basiert der weitere Gedankengang, da er von Gravitation nichts wissen kann, auf unterschiedlichen Geschwindigkeiten der Materie des Himmels, der Erde, des ihr aufliegenden Meerwassers und der Luftschicht darüber, die sie wegen der Störung durch den Mond bei ihrer gemeinsamen Drehung als »Himmelswirbel« erleiden, ein dem Demokrit heimlich entnommener Gedanke, der davon gesprochen hatte, dass die Wirbelbewegung die Ursache allen Geschehens sei. Wäre der Mond nicht vorhanden, könnte die Himmelsmaterie frei fließen, und der Erdmittelpunkt läge genau im Mittelpunkt des gesamten Wirbels. So aber muss er sich wegen des Gleichgewichts der Kräfte etwas in Richtung der dem Mond abgewandten Seite verschieben. »Deshalb entfernt sich die Erde stets etwas vom Mond«. Auf dieser abgewandten Seite entsteht so in dem als geschlossen gedachten Wirbel ein verengter Raum, durch den die Himmelsmaterie schneller fließen muss und dort die Oberfläche des Wassers und die Luft stärker presst. Wasser und Luft entkommen diesem Druck und fließen in eine Richtung ab, die von der Erdrotation bestimmt wird. Da sie von West nach Ost verläuft, findet der allmähliche Druckausgleich von Ost nach West statt, was sowohl Ebbe und Flut als auch die permanenten Ostwinde erklärt. Descartes meint hier den Passat.

Seit José de Acosta Ende des 16. Jahrhunderts war bekannt, dass Ebbe und Flut überall auf der Welt zu beobachten sind. Die schwache Ausprägung der Gezeiten im Mittelmeer und in der Ostsee, ihr ganz anderer Charakter an den Atlantikküsten Europas und entlang der arabischen Handelsrouten im Indi-

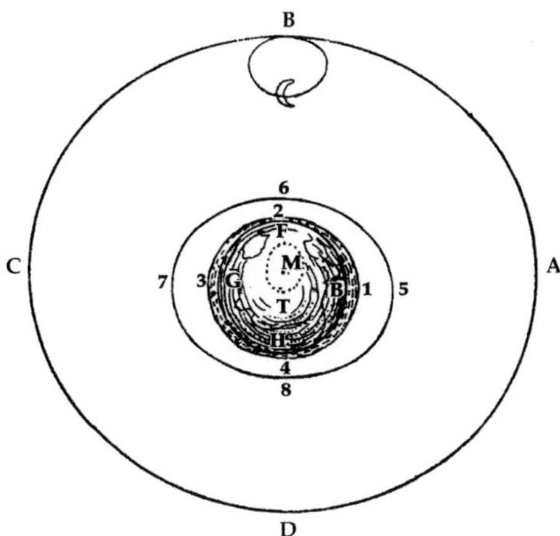

Abbildung 27:
Ebbe und Flut bei Descartes. In einem geschlossenen kleinen Himmelswirbel A, B, C und D mit der Erde als Mittelpunkt markieren 1, 2, 3 und 4 die Oberfläche des Meeres, 5, 6, 7 und 8 die Luft. Wenn es keinen Mond gäbe, wäre der Mittelpunkt der Erde T identisch mit dem Mittelpunkt des Wirbels M.
Aus: Principia Philosophiae 1644. Reprint Hamburg 2005.

schen Ozean hatten lokale Ursachen nahegelegt. Bis Newtons Entdeckung der Gravitation konnte niemand die Gezeiten befriedigend erklären. Aristoteles hat für sie nicht, wie für viele andere Naturerscheinungen, eine Theorie geliefert. Strabo erwähnt in seiner um Christi Geburt geschriebenen »Geographica« die verloren gegangenen persönlichen Beobachtungen des Posidonius, die dieser zwei Generationen vor ihm in Cadiz gemacht hatte, und nach Befragung der Bevölkerung die Abhängigkeit der Gezeiten vom Umlauf des Mondes konstatierte. Auch Plinius war diese Abhängigkeit bekannt. Und beide stützten sich auf den babylonischen Astronomen Seleukus (um 150 v. Chr.), der bereits ihre Variabilität im Roten Meer mit der Position des Mondes verknüft hatte. Er lieferte eine Erklärung, die sehr nah bei der des Descartes liegt: die Atmosphäre, die sich nach Seleukus' Meinung bis zum Mond erstreckt, wird durch den Mond bei der täglichen Rotation der Erde zusammengepresst und erzeugt dadurch Winde, die wiederum das Meer bewegen. Der frühmittelalterliche Mönch Beda Venerabilis widmet in seiner berühmten Geschichte der englischen Kirche (»Opera de temporibus«, 703) ein ganzes Kapitel der »Harmonie von Meer und Mond« und und lässt Ebbe und Flut durch »Atmungen des Mondes« entstehen. Auch seine Vorstellungen enthalten etwas von der des Descartes. Dieser musste Beda und Strabo gekannt haben, aber er nennt sie einmal mehr nicht als Referenz.

Literatur

Hanno Beck, Geographie. Europäische Entwicklung in Texten und Erläuterungen, Freiburg/München 1973.

David Edgar Cartwright, A scientific history of tides. Cambridge University Press 1999.

Heinrich Berghaus, Physikalischer Atlas zu Alexander von Humboldts Kosmos, Reprint der Ausgabe von 1838-1848, Frankfurt 2004.

René Descartes, Die Prinzipien der Philosophie. Hamburg 2005.

Heinrich Wilhelm Dove, Das Gesetz der Stürme in seiner Beziehung zu den allgemeinen Bewegungen der Atmosphäre, dritte sehr vermehrte Auflage Berlin 1866.

Religionen der Welt, der Tanz und die Regenmacher

Es ist ein misssionarischer Blick, den der gläubig versteifte Protestant Francisci in seinen Berichten über die religiösen Praktiken fremder Völker einnimmt. Er hat große Probleme mit Naturreligionen und magischem Denken, von dem er selbst in seinem Hexenglauben keineswegs frei ist. Die Naturgötter sind allesamt Götzen, ihre Verehrung nach gutem lutherischen Verdikt Abgötterei oder Götzendienst, so wie der der Juden zur Zeit des Tanzes um das goldene Kalb. Die »Götzen-Pfaffen« in China sind nur eines von vielen Beispielen, die von ihm aus aller Welt berichtet werden.

Diese chinesischen Götzenpfaffen haben es nach einer großen Trockenheit, der Androhung von Prügelstrafe durch den Statthalter von »Hoksieu« (Fuhkien) und des Besuches von Götzenhäusern durch die Edelleute schließlich geschafft, den ersehnten Regen herbeizuzaubern (Abbildung 28).

Sie waren von Johann Neuhoff (Nieuhof) 1655-57 als Gesandtem der niederländischen Ostindienkompanie in China beschrieben worden, was deutlich macht, dass nicht nur die Missionare, sondern auch die Kaufleute ein Augenmerk auf religöse Praktiken legten. Sie hatten inzwischen fast 200 Jahre Erfahrung mit dem Aufknacken der Kulturen fremder Völker gesammelt und gelernt, den einheimischen Glauben als Hebel zu benutzen. Die jährlichen Berichte der jesuitischen Missionen an ihren Oberen in Rom sind eine wahre Fundgrube für heute verschwundene Riten und ein Beweis für den durchdachten Sinneswandel im Umgang des Ordens mit den vorgefundenen religiösen Gebräuchen.

Francisci schildert ihre Praktiken ausführlich am Beispiel Goas, der portugiesischen Kolonie an der Westküste Indiens. Dort haben es die Jesuiten vestanden, aus der Tanzfreude der Bevölkerung eine nicht abreißende Kette von Prozessionen zu machen. Sie haben

> »weder in Ost- noch in West-Indien den Ingebohrenen das Tantzen verwehret, sondern gar gern zugelassen, wenn nur alle heidnische Abgötzereyen davon ausgeschlossen bleiben...Denn weil diese Völcker, vorab die West-Indianer zum Tantzen sehr geneigt sind: muß man sich ihrer Gemüts-Neigung ein wenig bequemen und ihnen mit ehrlichen Ergetzungen als geistlichen Schau-Spielen, Aufzügen und Täntzen einen Appetit zu der Christlichen Religion machen«.

Der Appetit sollte aus ihnen christliche Arbeitskräfte machen, man metzelte sie nicht mehr einfach nieder oder schindete sie wie im Goldbergwerk von Haiti zu Tode, wie das noch die Praxis der goldräuberischen Conquistadoren in Mittel- und Südamerika auf der Suche nach dem Eldorado gewesen ist. Immerhin waren die Jesuiten da deutlich lockerer als die meisten Katholiken und die noch viel verklemmteren Protestanten, denen Tanzen als Inbegriff unzüchtiger Wollust besonders leichtfertiger Weibsbilder galt, als vom Teufel besessene, die

Abbildung 28: Dreierlei Donnergötzen. Peru, Taiwan, Japan.

Sinne beraubende Ablenkung von rechter Gottesfurcht, als »Sprung von der Sittsamkeit zur Geilheit«. Genüsslich schildert Francisci 50 lange Seiten alle ihm seit der Antike untergekommenen tänzerischen Ausschweifungen und deren weltliche und göttliche Strafen.

Wie eng ist der »lachenden Blutader« des Menschen die Grenze zu ziehen? Diese Frage treibt Francisci um. Beim Nackttanzen ist das klar. Der reformierte Magistrat von Danzig hat 1530 »siben verhurte Kauffleute mit eben so vielen Metzen«, die einen nackten »Adams- und Eva-Tanz« aufführen wollten, mit löblichem Eifer und obrigkeitlichem Befehl gleich zu Beginn gestoppt, die Betreffenden ins Gefängnis geworfen, sie an der Pranger gestellt, enteignet, mit dem Henker vor die Tore der Stadt führen lassen und ihnen das Gebiet auf ewig verboten. »Die Anacharna, oder Dame de l'Isle d'Ayty (Haiti), hat sich gleichfalls vor der Welt stinckend gemacht: indem sie, die jungen Leute brünstig zu machen, einen öffentlichen Tantz von dreyhundert trefflich-schönen und allbereit mannbaren gantz nackten Mägdlein angestifftet«. Der wahre Christenmensch hat Tanzen als Dressur der Begierden zu betreiben, mit nicht zu schnellen Bewegungen und ohne Erhitzung des Blutes, als Mäßigung des Temperaments. Der Tanz an sich ist jedoch so wenig das Problem wie Essen und Trinken. Überall könne man zu Säuen werden, wie Francisci Luther sagen lässt: »Der Glaube und Liebe lässt sich nicht austantzen noch aussitzen; so du züchtig und mässig darinnen bist«. An den Geschlechtsakt darf er nicht erinnern, und er darf nicht verbunden sein mit götzendienerischen Orgien. Ihn wie die Jesuiten dazu zu benutzen, die christliche Religion unterzujubeln, wird ausdrücklich begrüßt, »lassen sie doch die bey ihnen studirende junge Indianer nicht allein in der Music, sondern auch in zierlichen Balleten unterweisen«. Das Jesuitentheater war auch in Europa berühmt.

Die Übergänge zum magischem Denken vorpatriarchalischer Religionen waren innerhalb der christlichen Religion fließend. Sie werden in der »Vor-Unterredung« benannt. Schon der lateinische Dichter Prudentius aus dem 4. Jahrhundert hatte Schwierigkeiten mit der Unterscheidung der alten Götter von Engeln und Heiligen. Ob und wann der Teufel ins menschliche Jammertal pfuschte oder die Engel das Leben erleichterten, blieb immer umstritten. Noch im Frühniederhochdeutschen des 14. Jahrhunderts nannte man die Heiligenbilder »Götze«, und die katholische Heiligenversammlung kennt rund ein Dutzend, deren Bild für oder gegen Regen angebetet wurde, darunter Honorat, Scholastika (die Schwester Benedikts), Isidor, Medard, Viktoria von Cordoba. Auf sie konnten die Eingeborenen jetzt ihre magischen Rituale richten. Von solch geschicktem Vorgehen der Jesuiten war selbst der protestantische Pfarrer der Ostindischen Handelskompanie in Jaffna (Nord-Ceylon), Philippus Baldaeus, begeistert. In der christlichen Arroganz gegenüber der Götzendienerei der Kolonialvölker waren sich Katholiken und Reformierte also ausnahmsweise einmal einig, obwohl die Heiligenverehrung von den Protestanten in Europa als papistischer Hokuspokus denunziert wurde (Abbildung 29).

Der Protestant Francisci hat sogar einen Jesuiten ausgiebig gefeiert, den vom Ordensgründer Ignatius von Loyola 1542 nach Indien geschickten »christlichen Märtyrer« und portugiesischen Aristokraten Franciscus Xavier, den er Navarrus nennt. Ihm wurde das Wunder angedichtet, er habe sich von einem Schiff ins Meer heruntergelassen und mit dem Eintauchen seiner Füße das Meerwasser in Süßwasser umgewandelt. Als dieser mit einigen Glaubensbrüdern 1549 als erster Europäer auf der japanischen Insel Kiushu landete, war er im Umgang mit dem örtlichen Herrscher besonders geschickt. Er erhielt die Erlaubnis zu missionieren. Innerhalb von 20 Jahren konnte er eine Kirche in der Hauptstadt Kyoto bauen, 40 Gemeinden gründen und dreißigtausend Seelen taufen. Die Kirche war in japanischem Stil gehalten und den Getauften ließ man ihre sonstigen Gewohnheiten und Festlichkeiten. Sie versprachen sich Vorteile vom Handel mit den Portugiesen. Die Jesuiten verlegten ihren Hauptsitz nach Nagasaki, aber nachdem ihnen Franziskaner, holländische und englische Kaufleute gefolgt waren und sich die Zahl der Christen verzehnfacht hatte, steuerten die Japaner erschreckt um. Sie wussten inzwischen, dass überall da, wo sich das Christentum ausgebreitet hatte, Unterwerfung folgte. 1614 mussten alle Missionare das Land verlassen. Der Shogun von Kyoto bezeichnete sie als »eine fanatische und verderbliche Sekte, die für das Reich gefährlich ist«. Von der Vertreibung der christlichen Missionare aus Japan berichtet Francisci nicht.

Da der Regen vom Himmel fällt, so Francisci, genüge es eigentlich für einen wahren Christenmenschen, mit gen Himmel gefalteten Händen um Regen zu flehen. Diese direkte Beschwörung hatte primitives Getrommele, Blutopfer oder unzüchtige Tänze nicht nötig. Aus einem fatalen Überlegenheitsgefühl, dem schlimmen und sich als blutig erweisenden Geburtsfehler aller drei großen

Abbildung 29:
Der Gott des Windes auf Taiwan.
Beide Abbildungen aus dem besprochenen Band von Francisci.

abrahamitischen Offenbarungsreligionen, leiteten die christlichen Kirchen ein gottbefohlenes Recht auf Zerstörung der Naturreligionen ab, was der europäischen Öffentlichkeit als missionarisches Heldentum verkauft wurde. Dieser Hochmut der christlichen Religion, die sich im Besitz der einzig richtigen Wahrheit wähnt und gegen die vergleichsweise geringfügige Anmaßung eines naturreligiösen Magiers auf Geisterbeschwörung vorgeht, macht sich leicht gemein mit der waffenstrotzenden Gewalt der Eroberer, weil der Hochmut einher geht mit der Angst vor den unkalkulierbaren höllischen Geistern, die in einer fremdem Welt unter den fremden Völkern überall lauern. Als sich in Amerika seit dem 16. Jahrhundert die Plantagenwirtschaft der Sklavenhalter etabliert hatte, unterdrückten diese regelmäßig und brutal die alten magischen Praktiken der Schwarzen und der Indianer, so sehr fürchteten sie die unheimliche Kraft des Aufruhrs, die in ihnen steckte. Für Francisci war das kein Thema, obwohl zu seiner Zeit schon mindestens eine halbe Million Schwarzer allein in die spanischen und portugiesischen Kolonien verschleppt worden waren. Für ihn war die Sklaverei noch eine Erwerbsquelle des Mittelmeers und wurde allein »dem Türken« und den Barbaresken, den Freibeutern Nordafrikas angelastet. Dabei hatte sich auch Venedig und nicht nur für seine Galeeren reichlich bedient. Es war ein Geschäft auf Gegenseitigkeit und wurde von christlicher Seite über den Orden der Trinitarier geregelt. Der Preis richtete sich nach der Nachfrage, und nach einer Niederlage Karls V. gegen die Barbaresken in einem Sturm vor Algier, bei der viele »Christenmenschen« gefangen wurden, kosteten sie nur noch so viel wie eine Zwiebel.

Literatur

Russel Miller, Time-Life-Bücher, Die Ostindienfahrer, Amsterdam 1983.

Rosenkreuzer und Makrokosmos

Als Muster einer Geheimorganisation, die nie richtig zu fassen war, haben die Rosenkreuzer von Anfang an und bleibend eine mythische Faszination ausgeübt. Dieser Aspekt nährte schon immer subversive Phantasien und erlaubte haltlose Spekulationen. Es ist aber eher die geistige Substanz dieser Bewegung, die historisch höchst interessant ist, weil sie viele spekulative Elemente zusammenführt, die im Denken des 17. Jahrhunderts vorhanden waren und zur Auflösung der wohlgeordneten geistigen Welt des Mittelalters beigetragen haben. Sie traten an als Reformatoren der Reformation und endeten als Feinde der Aufklärung. Sie verstanden sich als Wissenschaftler und konnten doch mit kontrollierten experimentellen Methoden nichts anfangen. Sie haben Gott in Licht aufgehen lassen, Aristoteles beiseite geschoben und Platon an seine Stelle gesetzt. Aber auch er war danach nicht mehr wiederzuerkennen. Francisci greift häufig missbilligend auf sie zurück, ohne sich wirklich zu ereifern. Es ist eher ein müdes und manchmal nachsichtiges Lächeln über die ihm inzwischen schon reichlich obsolet gewordenen Auffassungen, die von kirchlichen und staatlichen Autoritäten einmal als sehr bedrohlich empfunden worden waren.

Es war der aus einer einflussreichen schwäbischen Bürgerfamilie stammende Johann Valentin Andreae (1586-1654), der den Reigen mit einem 1614 ohne Verfasser herausgegebenen Sammelband aus drei Texten eröffnete: »Allgemeine und General Reformation der gantzen weiten Welt; Fama Fraternitatis; Dess Löblichen Ordens des Rosenkreutzes, an alle Gelehrte und Häupter Europae geschrieben ...«. Zwei Jahre später folgte sein wohl berühmtestes Werk, die »Chymische Hochzeit Christiani Rosenkreutz, Anno 1459«, das er schon als 17jähriger Theologiestudent in Tübingen verfasst hatte, und weitere, mit der er die losgetretene Debatte beherrschen und eindämmen wollte. Obwohl Andreae später als Kirchenmann und evangelischer Hofprediger in Stuttgart versuchte, sich von den Schwärmereien und Hirngespinsten einer »gewissen rosenfarbenen Bruderschaft« zu distanzieren, waren alleine bis 1630 rund 300 Schriften erschienen. Der Stein, den er ins Rollen gebracht hatte, war nicht mehr zu stoppen. Das Kreuz und die Rose hatte er aus seinem Familienwappen abgeleitet mit dem Kreuz des Apostels Andreas und den roten Rosen des Märtyrertods. Später wurde deutlich, dass hinter dem Kreuz auch eine pythagoreische Zahlenymbolik steckte und hinter dem Rot die »rubedo« des alchemistischen Prozesses, des letzten Farbumschlags von weiß, dem Symbol des Mondes und der Nacht, zum Rot des Erwachens und der Morgenröte, der überführen sollte in eine Harmonie und vollkommene Einheit von Anima, Spiritus und Corpus, von Seele, Geist und Körper.

Die seltsame Mischung des Weltbildes der Rosenkreuzer hat mehrere Väter. Einer der wichtigsten ist Paracelsus mit seiner Auffassung, dass »wer die Natur durchforschen will, der muss ihre Bücher mit den Füßen lesen«, eine Kriegserklärung an die Stubenhocker, die ihre Weisheiten aus den antiken Schriften ziehen und wieder und wieder verdauen. Die Natur offenbare äußere Zeichen, durch die ihr Inneres ergründet werden kann. Der erkennende Mensch ist nur Hilfskraft im Prozess einer Alchemie, in dem Gott die Mischungen klärt, die Schlacken entfernt und Gutes vom Bösen trennt. Paracelsus entwickelte die Lehre der »tria prima« oder der drei Prinzipien Salz (Körper), Schwefel (Seele) und Quecksilber (Geist). Diese drei »formen alles, was in den vier Elementen liegt, sie tragen alle Kräfte und alle Fähigkeiten der vergänglichen Dinge«. Es sind die vier Elemente des Aristoteles, Erde, Wasser, Luft und Feuer, in denen die drei Prinzipien stecken. Wird z. B. Holz in der Destillation zersetzt, entsteht Rauch als der flüchtige Teil: Quecksilber. Die Glut des Feuers beweist: Schwefel. Der Ascherest ist: Salz. Wasser war im Prinzip des Quecksilbers enthalten und für den Zusammenhalt der Körper verantwortlich. Die Prinzipien haben also rein gar nichts mit den heute chemisch definierten Substanzen zu tun. Es sind die uralten Vorstellungen aus den hermetischen Schriften, die Paracelsus reaktiviert hat und die der Alchemie ihren Stempel aufgedrückt haben.

Diese unter dem Namen des ägyptischen Gottes Thot alias Hermes Trismegistos (des dreimal größten Hermes) firmierenden und fälschlicherweise für vorbiblisch gehaltenen Schriften wurden schon von Lactantius im 4. Jahrhundert anerkennend und nicht korrekt als Vorläufer des Christentums betrachtet. Tatsächlich waren die Verfasser unbekannte Schriftsteller heidnischer Religion aus dem Alexandria des 2. und 3. nachchristlichen Jahrhunderts, also beinahe noch Zeitgenossen des Lactantius, und nicht solche, die zur Zeit Moses im 13. Jahrhundert vor Christus gelebt hatten, wie das allgemein angenommen worden war. Das konnte der französische Altphilologe Casaubon aber erst 1614 nachweisen. Die arabischen Alchemisten waren der Meinung, dass die Alten ihre Kunst der Herstellung von Gold in den Hieroglyphen verewigt hätten, und versuchten sie zu entziffern. Im Westen waren zwar die Bemerkungen des Augustinus in seinen »De civitate Dei« bekannt, der die Schriften noch gelesen hatte, aber erst mit ihrem Erwerb durch Cosimo von Medici nach dem Fall von Konstantinopel 1453 und ihrer Übersetzung durch den Neuplatoniker Marsilio Ficino stand der volle Text in Europa als »Corpus hermeticum« zur Verfügung, während die muslimische Welt schon lange vorher Zugriff auf sie hatte. Wahrscheinlich haben die auf ihr Heidentum stolzen Anhänger eines babylonischen Stern- und Mondkultes, die Sabier von Harrān, dem hellenistischen Karrhai in Mesopotamien, die griechische Fassung der hermetischen Schriften über die Zeit gerettet, als sie zwischen dem 6. und dem 11. Jahrhundert deren alleinige Besitzer waren.

Als Ibis wurde er dargestellt, der ägyptische Gott Thot alias Hermes Trismegistos. Er war der Vogel, der die jährliche Nilflut ankündigte, und er war beinahe ein Alleskönner. Als der Gott des Mondes beherrschte er die Zeit, er stand für Maß und gleichmäßige Ordnung der Welt. Als Gott der Intelligenz und der Riten war er der Erfinder der Schrift und der Wissenschaften. Seine Schriften nannten die Griechen »hermetische Bücher«, weil sie Thot mit ihrem Götterboten Hermes identifizieren, aus dem die Römer schließlich Merkur machen sollten. Für Christen und Moslems wurde er zu einem alten Weisen oder ägyptischen König, dem viele neuplatonische, mystische oder abergläubische Schriften untergeschoben wurden. In der Renaissance galten die »Hermetica« in weiten Kreisen als Lehrbücher für Natur und Religion. Ihre Magie und Okkultismus pflegenden Adepten bedienten sich einer für nicht Eingeweihte undurchschaubaren Weisheitsprache, die sie in den angeblichen Bilderzeichen der Hieroglyphen zu finden glaubten und mit deren Hilfe sie zum Wesen der Dinge, wenn nicht direkt zu Gott vorzudringen dachten (Abbildung 30).

Die Ägypter, die für die Rosenkreuzer und die Alchemisten so wichtig waren, hatten die tägliche Sonnenbahn in 36 Dekane eingeteilt, sodass einem Dekan 10° entsprachen. Bei der Betrachtung des Nachthimmels durchquerten die Fixsterne einen Dekan also in 40 Minuten (einer Stunde entsprechen 15° = 360°: 24 h), was zur Berechnung der Zeit verwendet wurde. Das willkürliche mathematische Konstrukt der Dekane wurde aber als eine Ansammlung von Göttern und Dämonen verstanden, die aus ihrer Mittelstellung zwischen All und Mensch die Herrschaft über die Menschen und den Himmel ausübten. Wie sie das machten wird von Hermes in einem Lehrgespräch seinem Sohn erklärt. Hermes schildert die Verteilung der Energien, die von Sonne, Planeten und Sternen ausgehen, und wie sie den Menschen mit dem All und den Göttern verbinden. Die Vorstellung eines energetisch einheitlichen Mikro- und Makrokosmos hatte zur Zeit des Barock Konjunktur, deshalb möchte ich Hermes etwas ausführlicher zu Wort kommen lassen:

> »Ich habe dir gesagt, dass das, was das Weltall umfasst, ein Körper ist. Stelle dir nun diese Gestalt kreisförmig vor. Denn so ist das All ... Stelle dir nun vor, dass unter dem Kreis dieses Körpers die 36 Dekane aufgestellt sind, mitten zwischen dem Kreis des Alls und dem Kreis der Lebenden; sie trennen diese beiden Kreise voneinander, und wie sie jenen ihre Energien entnehmen, so bestimmen sie andererseits den Tierkreis. Sie schwingen sich mit den Planeten um und haben gleiche Kraft wie die Bewegung des Alls, abwechselnd mit den sieben (Planeten). Sie hemmen den Körper, der das Himmelsgewölbe umschließt, denn es wäre das Ende, wenn man dulden würde, dass der Umschwung sich nach eigenem Willen des Alls vollzöge, sie beschleunigen andererseits die sieben anderen Sphären (der Planeten), denn die bewegen sich naturnotwendig langsamer als die Sphäre des Alls (weil sie auf einer kleineren Kreisbahn umlaufen). Unter ihrem Regiment steht die sogenannte Bärin (gemeint ist das Sternbild des Großen Bären) in der Mitte des Zodiakus (Tierkreises); diese ist aus sieben Sternen zusammengesetzt und hat eine andere Bärin über ihrem Kopf, die ihr das Gleichgewicht hält. Sie hat aber die gleiche Energie wie die Weltachse, sie geht niemals auf oder unter, sondern bleibt stets an demselben Platz und dreht sich um denselben Punkt; sie bewirkt die Drehung des Zodiakus und übergibt das Weltganze nach der Nacht dem Tag und nach dem Tag der Nacht. Wir müssen uns nun vorstellen, dass sowohl die Sphären der Sieben (Planeten) als auch der ganze Kreis (des Alls) den Dekanen unterworfen sind, oder besser, dass sie sich wie Wächter über alle Geschehnisse im Kosmos herumstellen und über die richtige Ordnung aller Dinge wachen, da sie alles zusammenhalten ... Bedenke weiter, dass sie auch frei sind von all den Leiden, welche die anderen Sterne (die Planeten) erdulden. Denn weder halten sie in ihrem Laufe inne und stehen still, noch werden sie in der Bewegung gehindert und setzen den Fuß zurück (wie z. B. beim scheinbaren Rückwärtslaufen des Mars während 70 Tagen bei einer Gesamtumlaufzeit von

ARCANA
ARCANISSIMA
HOC EST
HIEROGLYPHICA
ÆGYPTIO-GRÆCA,
Vulgo necdum cognita,
ad demonstrandam falsorum apud anti-
quos deorum, dearum, heroum, animantium
& institutorum pro sacris receptorum, origi-
nem, ex vno Ægyptiorum artificio, quod aureũ
animi & Corporis medicamentum peregit, deduc-
tam; Vnde tot poëtarum allegoriæ, scriptorum
narrationes fabulosæ & pertotam Encyclo-
pædiam errores sparsi clarissima veritatis
luce manifestantur, suæq; tribui
singula restituuntur, sex
libris exposita
Authore
MICHAELE MAIERO COMITE
PALATII CÆSAREI, EQVITE EXEMTO,
Phil: & Med: Doct: et: Cæsar:
Mai: quondam Aulico.

Abbildung 30: Die ägyptischen Wurzeln der Rosenkreuzer. Frontispiz von »Arcana Arcanissima«, des ersten Werkes von Michael Maier, ohne Zeit- und Ortsangabe, wahrscheinlich 1613 oder 1614. Mit Osiris und Isis als den beiden Prinzipien Schwefel und Merkur, und Typhon gleich Python gleich Chaos gleich Materia Prima. Hercules, der Alchemist, verfolgt den Hirsch mit den eisernen Hufen und dem Goldgeweih. Der Hirsch ist der Stein des Weisen. Dionysos hat eine doppelköpfige Schlange mit einem Weinstock getötet. Er symbolisiert das Fixieren des flüchtigen Merkur mit Hilfe des Schwefels. Der Ibis ist ein großer Vernichter der Schlangen und symbolisiert die Auflösung von Substanzen im alchemistischen Prozess. Apis ist der heilige schwarze Stier des Sonnengottes. Er trägt einen zunehmenden Mond, und er wurde alle 40 Tage rituell ersäuft. Er symbolisiert das Schwarzwerden der Verbindungen im Tiegel während desselben Zeitraums in Erwartung des Sonnenaufgangs durch den fixierten Schwefel, der den letzten Schritt zum Auffinden des Steines des Weisen einleiten sollte. Cynocephalus, der Hundsköpfige, ist der ägyptische Gott Anubis, der Wächter zur Unterwelt und der Vorläufer der Osiris, und wurde später von den Griechen mit Hermes gleichgesetzt. Er steht für Männlichkeit und den alchemistischen Prozess des Fixierens. (Aus: Stanislas Klossowski de Rola, Le jeu d'or. Paris 1997.)

780 Tagen), auch werden sie nicht vom Licht der Sonne bedeckt, was die anderen Sterne erdulden müssen. Sie sind vielmehr freie Wesen und gehen hoch über allen wie sorgsame Wächter und Aufseher über das Weltall in einem Zeitraum von einem Tag um das All herum«. Sie üben eine Macht aus, die entweder direkt oder indirekt über die Vermittlung der Planeten für alle möglichen Katastrophen der Menschheit verantwortlich ist. Ihre Saat bringen sie als Dämonen auf die Erde, gute oder böse, die weder Körper noch Seele haben, es sind »reine Energien von diesen 36 Göttern ...« (in Klammern Ergänzungen von mir, die das Verständnis erleichtern)

Die Erdachse, die auf den Großen Bären ausgerichtet ist, weshalb dieses Sternbild bei der Drehung immer am gleichen Ort zu beobachten ist, und die mathematische Kreiseinteilung als personifizierte Götter, deren Energien sowohl den Lauf des Himmels steuern, als auch das Leben der Menschen beeinflussen, haben im Verständnis der Hermetiker, der Paracelcisten und Alchemisten die Verbindung von Mikro- und Makrokosmos, zwischen Mensch und All und damit Gott geprägt, und sie ist auch einer der Gründe für den nahezu hemmungslosen Gebrauch, der von der Astrologie gemacht wurde. An die Stelle der Götter traten die Beamten Gottes, die Engel. Übrigens haben erst die arabischen Astronomen aus der Bärin einen Bären gemacht.

In vielen hermetischen Schriften fand sich folgender Wahlspruch, der das Verhältnis von Mikro- und Makrokosmos beschreibt: »Quod est inferius est sicut quod est superius, et quod est superius est sicut quod est inferius, ad penetranda miracula rei unus«. Das übersetzte der am berühmt-berüchtigten Goldmacherhof Kaiser Rudolphs II. in Prag lebende Alchemist und Hermetiker Heinrich Khunrath 1602 so: »Wahrhafftig, sonder Luegen gewiss und auff das aller wahrhafftigste, diss so *Unten* ist, ist gleich dem *Obern,* und diss so *Oben* ist, ist gleich dem *Vntern*; damit man kann erlangen und verrichten Miraculae oder wunder zeichen EINES EINIGEN DINGES«. Deshalb ist z.B. die Sonne (oben) philosophisches Gold (unten). Die Gleichsetzung von oben und unten ist eindeutig gegen Aristoteles gerichtet, der die Himmelsmaterie von den Erdsubstanzen voneinander getrennt und ihrem Wesen nach als völlig verschieden aufgefasst hatte. In ihr zeigt sich zaghaft und von vielen spirituellen Schichten verdeckt modernes naturwissenschaftliches Denken, das, von allen Schlacken befreit, um 1610 in den Auffassungen Galileis klar zum Ausdruck kommmen sollte: Himmelsphänomene sind anhand irdischer Analogien zu behandeln (Abbildung 31).

Die Hauptfigur der Alchemie im Lichte der Natur und der Alchemie im Lichte des Heiligen Geistes ist also Hermes = Mercurius, der als »Quecksilber« Wasser, Feuer und Luftgeist sein kann. Er wurde neben Christus als zweiter Gottessohn angesehen, als »filius macrocosmi«, der zugleich, wie Christus, auch »filius microcosmi« war. Die Wandlungsfähigkeit des Mercurius sollte die heilige Dreifaltigkeit sichern, Wasser – Feuer – Luftgeist entsprachen Gottvater – Sohn – Heiliger Geist, und so war Mercurius der Beweis für die Gegenwart des Geistes in der Materie. Diese Vorstellung hatte einen berühmten und sehr interessierten Adressaten. Der junge Leibniz hat an den Sitzungen der 1654

Abbildung 31: Mikrokosmos – Makrokosmos. Frontispiz des »Utriusque Cosmi Historia« (Geschichte beider Cosmi) von Robert Fludd 1619. Der Mensch ist in den Kreis seines Himmels eingeschlossen und von ihm und den Säften Galens gesteuert (Pituita = Schleim, Sanguis = Blut, Cholera = Galle). Der Makrokosmos mit Sonne und Mond und den Planeten- und Fixsternsphären wird von einem Engel mit einem Seil abgerollt, dessen Ende er wohl zum ersten Beweger bringen will, der aber auffallenderweise nicht mehr zu sehen ist.
Aus: Grillot de Givry, Le musée des sorciers mages et alchimistes. Paris 1929.

in Nürnberg gegründeten Rosenkreuzergesellschaft teilgenommen, selbst alchemistische Versuche durchgeführt und sich intensiv mit deren Schriften beschäftigt. Später sollte er die magischen Rituale der Rosenkreuzer öffentlich ablehnen, aber seine hierarchisch gegliederte Monaden waren als kleinste Einheiten dann auch von Gott ausgeströmte und von ihm beseelte unteilbare, unsterbliche, reaktions- und ausdehnungslose Kraftzentren, über die Gott die körperlichen Substanzen beherrscht, genauer – sie in prästabiler Harmonie begleitet, und in denen sich das ganze Universum konzentriert und spiegelt:

> »... dass jede Seele in ihrer Weise ein fortwährender Spiegel des Universums ist und ihrem Grunde eine Ordnung enthält, die der des Universums selbst entspricht, dass die Seelen in unendlich vielfacher Weise, die alle verschieden und alle wahrhaft sind, das Universum variieren und darstellen und es sozusagen sovielmal vervielfältigen als möglich, derart, dass sie sich auf diese Weise der Gottheit nähern, soweit sie das ihren verschiedenen Graden gemäß können, und sie geben dem Universum die ganze Vollkommenheit, deren es fähig ist.«

Es ist eine Gedankenwelt, die sich auf die Neuplatoniker zurückzuführen lässt, vor allem auf Plotin und den genannten Marsilio Ficino, der sie in eine mit der Religion verschmolzene Form gebracht hatte (Theologia platonica). Eine berühmte Schrift der Rosenkreuzer heißt denn auch »Annulus Platonis« (s. nächstes Kapitel, Abbildung 32). Gemeinsam ist allen ein Denken in Stufen: je höher, desto näher an Intelligenz, transzendentalen Ideen, Einheit und Gott, je tiefer, desto näher an Körper, Vielheit und Zerfall. Für die mit Aristoteles argumentierenden, aus Spanien und Portugal stammenden, meist jesuitischen und sehr einflussreichen Spätscholastiker schwebte Gott dagegen als allgemeine Ursache eher über den Dingen, und natürliche Abläufe waren ohne sein Herabsteigen aus höheren Sphären und ohne sein konkretes Eingreifen denkbar. Eine dritte Möglichkeit des Einwirkens Gottes auf die Natur stammte von Descartes. Für ihn musste Gott seine Hand ständig im Spiel haben, damit seine kraftlosen Körper sich überhaupt bewegten. Der gefeierte Vernunftmensch Descartes theologisierte damit die Physik besonders gründlich und genau da, wo die Wissenschaftler des 17. Jahrhunderts nach Antworten suchten: Was macht Gott, wenn sich in der Natur etwas ändert? Laufen dynamische Prozesse ohne sein Zutun ab? Ist er nur der Gott der Schöpfung und überlässt sie danach ihrem Schicksal oder ist er an der Feinsteuerung beteiligt? Diese und ähnliche Fragen haben im 17. Jahrhundert alle Wissenschaftler umgetrieben und erbitterte Auseinandersetzungen um zahllose Spekulationen hervorgebracht. Von den Rosenkreuzern wurden Antworten in symbolhaften Gleichnissen gegeben. Der altägyptische Mythos des Sonnengotts Osiris, der jeden Abend ins Meer stürzt, zerstückelt und wiedergeformt wird und morgens als sein Sohn Horus aufs neue erscheint, war das Symbol für die Verwandlungen in der Alchemie und für eine Wanderung der Seelen, die Sonne eine göttliche Emanation mit Auflösung aller Materie in Licht, und Gold seine irdische Entsprechung.

Der ursprüngliche Antrieb der Rosenkreuzer war eine »allgemeine und Generalreformation der gantzen Welt«, nachdem die lutherische gescheitert war und sich die religiösen Lager in grausam dogmatisch verhärteten Positionen befeindeten. Sie wollten als Ritter an der Verbesserung der Menschen und der Welt mit einem naturwissenschaftlich und mystisch inspirierten Programm arbeiten, das aus der Bibel heraus begründet wurde. Einige verstiegen sich darin, zu behaupten, dass Adam der erste Rosenkreuzer gewesen sei. Die »Chymische Hochzeit« strotzt vor biblischen Anspielungen und apokalyptischen Prophezeihungen. Am Spiel mit dunklen Begriffen, bilderreichen Andeutungen und der Magie der Zahlen hat sich auch mancher Theologe beteiligt und die Bibel auf solche Symbolik und apokalyptische Rechnungen abgeklopft. Im theosophischen Taumel ist dem antiken Erbe die analytische Schärfe genommen und der Bibel mit unverdaulichen naturwissenschaftlichen Spekulationen zugesetzt worden. Als die Naturwissenschaften mit beweiskräftigen experimentellen Methoden zu arbeiten gelernt hatten, wurden die Rosenkreuzer zu ihren erbitterten Gegnern. Aber noch unter den Gründungsmitgliedern des Gelehrtenvereins, aus dem die Royal Society hervorgehen sollte, gab es sie. Und auch Leibniz hat bis an sein Lebensende mit missionarischem Eifer versucht, der Menschheit mit Hilfe der Wissenschaften auf die Sprünge zu helfen.

Literatur

Johann Valentin Andreä, Die Chymische Hochzeit, München 1957.

Roland Edighoffer, Die Rosenkreuzer, München 2002.

Edward Grant, Das physikalische Weltbild des Mittelalters, Zürich 1980.

Gottfried Wilhelm Leibniz, Von einem einzigen allumfassenden Geiste. In: Fünf Schriften zur Logik und Metaphysik. Stuttgart 1995.

Theophrastus Paracelsus, Das Buch Paragranum. Hg. Franz Strunz Jena 1903 (Frankfurt 1565)

– Volumen Paramirum und Opus Paramirum. Hg. Franz Strunz, Jena 1904 (Basel 1589-1591).

Klossowski de Rola, Le Jeu D'Or, Paris 1997.

Hermann Alexander Schlögl, Die Weisheit Ägyptens, München 2007.

Hans-Werner Schütt, Auf der Suche nach dem Stein der Weisen. Die Geschichte der Alchemie. München 2000.

Zu viele Geister sind des Heiligen Geistes Tod

Es ist wohl nicht übertrieben, sich die Menschen der Barockzeit als in einem Geisterhaus lebend vorzustellen. Geister waren überall, kein Bereich der Gesellschaft blieb von ihnen verschont. Der Geist des Herrn war von allen Seiten umstellt vom allgemeinen Weltgeist der Alchemisten und Philosophen, von den Geistern der Heiligen, den bösen Geistern der Teufel und Hexen, den neuen Geistern der Völker in den Kolonien und den zahllosen Geistern des chemischen Prozesses. Im Barock flossen alle Geister der Antike, aus Ägypten, Babylonien, Griechenland, dem vorderen Orient, aus Arabien, Asien und der Neuen Welt zusammen. Sie waren philosophisch, alchemistisch, theologisch, animistisch, dämonisch und alle sehr real. Der Mensch war ihnen beinahe hilflos ausgeliefert und versuchte vergeblich, sie zu beherrschen. Das Wort »Spiritus« war so allgegenwärtig, dass das Zedler-Lexikon aus der ersten Hälfte des 18. Jahrhunderts 940 Notierungen vornimmt, die meisten mit alchemistischem Hintergrund. Deren Zunahme ist auch ein verquaster Ausdruck vieler neu beobachteter naturwissenschaftlicher Phänomene. Bei Francisci geht »Spiritus« so locker über die Lippen seiner Diskutanten, dass nicht immer deutlich wird, was damit gemeint ist.

Der Geist als von der Materie getrenntes Wesen geht im Abendland wahrscheinlich auf den griechischen Philosophen Anaxagoras (5. Jahrhundert v. Chr.) zurück. Seine Auffassung findet sich noch fast unverändert bei den Alchemisten wieder als Anima mundi oder Weltgeist. Anaxagoras hatte davon gesprochen, dass der Geist »das feinste und reinste von allen Dingen« sei und »alles Wissen über ein jedes und größte Macht« habe. »Alles, was Leben hat, beherrscht der Geist«. Die Alchemisten sahen in ihm den allgemeinen Geist, der »allen natürlichen Sachen das Wesen oder Leben gebe« (Zedler) und bei Pflanzen, Tier und Mensch wirke. Alle Seelen stammten von ihm ab und würden wieder in ihn zurückgeführt. Die Stoiker hielten Gott für die Seele der Welt, der in einem unauflöslichen Band mit der Materie als gestaltbildende Kraft verbunden war.

In der Brust des Alchemisten steckten die beiden Seelen eines materiegebundenen und eines substanzlosen Spiritus. Er wusste sie nicht immer auseinanderzuhalten, sie gingen während des Kochens, Brennens und Destillierens ineinander über. Die Hermetiker und Rosenkreuzer sahen in ihren Prozeduren gar das direkte Wirken Gottes und in den aufsteigenden Quecksilberdämpfen den Luftgeist, der sie mit dem Makrokosmos verbindet. Sie dachten sich eine Art Pater Noster auf- und absteigender Geister, und in ihren Versuchen, Gold zu machen, eine spirituell vermittelte Analogie von oben und unten, von Gold und Sonne. Ihre Geister waren Ausfluss göttlichen Lichts.

Der inflationäre Gebrauch von »Spiritus« oder »Geist« in einer diffusen und widersprüchlichen Verbindung zu Gott verwirrte das Denken des Barock zum Schaden von Seele und Heiligem Geist. Auch die Materie blieb nicht ungeschoren, die seit Aristoteles eine relative Selbständigkeit gegenüber höheren Eingriffen gewonnen hatte. Sie geriet in einen Strudel geisterhafter Lösungsansätze und lief Gefahr, sich in substanzlosen verfeinerten Dünsten und in Licht aufzulösen. Wenn von der »Materia prima« gesprochen wurde, war eben nicht Materie gemeint, sondern eine diffuse Weltseele, wenn von der Bewegung der Geister die Rede war, bewegten sich nicht mehr die Destillationsprodukte der Alchemisten, sondern unkörperliche Wesen. Sie hatten die Kraft zum Leben in sich, waren entweder in Körpern eingeschlossen oder nicht, also entweder zu einer selbständigen Existenz oder zu einer Verbindung mit Materie fähig. Da sie auch für Denkvermögen und Bewegung verantwortlich gemacht wurden – Denken als Bewegung des Geistes und Bewegung als Bewegung von Körpern durch den Geist – verkrampften die philosophischen Debatten zu begrifflichen Seiltänzereien und zur Erfindung von noch mehr Geistern mit abenteuerlichen Konstruktionen. Als komplette Geister galten solche, die »nach dem Zweck ihres eigenen Wesens (wirken), und müssen also ihren eigenen Gedancken nachdencken können, und hätten entweder die Fähigkeit, mit Körpern vereinigt zu seyn oder nicht, da jenes die Menschen, dieses die Engel wären« (Zedler). Sie waren also Ausdruck des Denkvermögens und der Vernunft, die in körperlicher Vereinigung den Menschen ausmachen, als unkörperliche Wesen aber das Denkvermögen der Engel bezeichnen. Den inkompletten Geistern fehlen Bewegung und Denken. Sie gehören deshalb zu den Pflanzen. Die Geister der Alchemisten waren, sofern sie nicht chemischen Definitionen entsprachen, weder komplett noch inkomplett. Sie waren rein und frei zur spirituellen Verbindung von Mikro- und Makrokosmos. Und sie waren wegen dieser verschwommenen Vorstellung anfällig für eine Verbindung mit den unsichtbaren Geistern des Schicksals, den guten der Engel und den bösen der Teufel, anfällig für den schwebend bewegten faustischen Geisterkreis, eine Verbindung, die umso sicherer ablief, je höher der Geist des Adepten aufgestiegen war.

Geist und Seele verschränkten sich zu unauflöslichen Knoten und produzierten nicht enden wollende Debatten über ihre Wirkungen, ihre Herkunft und ihren Ort. Der allgemeine Weltgeist geisterte als platonische Anima mundi (Weltseele), als paracelsischer Archaeus (ursprünglicher Geist) oder als Spiritus plasticus (bildender Geist) durch die Literatur. Paracelsus hatte noch ein weiteren Geist auf Lager. Er sprach von einem Geist, der aus dem Willen kommt und der den Kindern noch fehlt. Erst wenn sie einen Willen haben sind Körper und Geist vereinigt, »dann die Geist kommen vom Cörper durch seinen willen«. Dieser Geist lebe trotzdem in seiner eigenen Welt und sei der Träger von Gunst, Neid, Hass und Zorn, »ohne Verwilligung der Cörper«. Wenn die Geister aneinander geraten, leide letztlich aber auch der Leib, der die Bürde zu tragen hat, die der Geist empfangen hat.

Als alchemistischer Spiritus mundi war der Geist wieder materiell und nur Dampf, der bei der Herstellung von Vitriolweinstein (Sulfat der Weinsäure) entwich. Eine seit dem frühen 18. Jahrhundert weit verbreitete anonyme Schrift

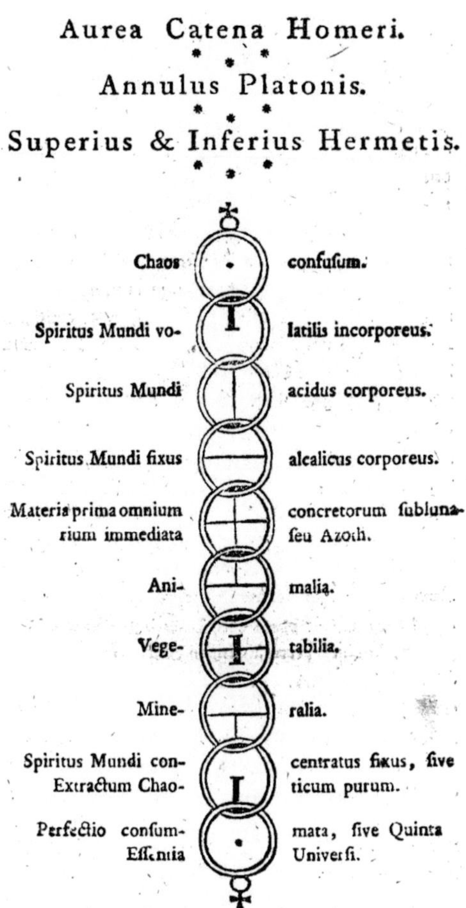

Abbildung 32:
Annulus Platonis.
Aus: Annulus Platonis oder physikalisch-chymische Erklärung der Natur nach ihrer Entstehung, Erhaltung und Zerstöhrung von einer Gesellschaft ächter Naturforscher aufs neue verbessert und mit vielen wichtigen Anmerkungen herausgegeben. Berlin und Leipzig 1781.

der Rosenkreuzer, der »Annulus Platonis«, organisierte das Universum in einer Kette, deren einzelne Glieder vom obersten »Chaos confusum« bis zur untersten »Quintessentia Universi« reichten und einen »Spiritus Mundi volatilis incorporeus« (unkörperlicher flüchtiger Weltgeist) vorsahen, dann einen »Spiritus Mundi acidus corporeus« (körperlicher saurer Weltgeist), einen »Spiritus Mundi fixus alcalicus corporeus« (körperlicher Weltgeist aus fixem Alkali), gefolgt von der »Materia prima omnium« (erste Materie von allem), den tierischen, pflanzlichen und mineralischen Kettengliedern und einem »Spiritus Mundi concentratus fixus, sive Extractum Chaoticum purum« (fixierter und konzentrierter Weltgeist oder reiner Chaosextrakt) (Abbildung 32).

Die Anima mundi oder der von Aristoteles geprägte Weltgeist der Scholastiker wiederum war weder Seele noch Geist, sondern eine Art Prinzip, das für Wachstum, Empfindung und vernünftiges Denken stand, ein Akzidenz des Körpers. Das Wesen der Seele blieb als »geistliche Substanz« selbst geisterhaft. Das war ihr Bindeglied zu den anderen Geistern. Die Seele war ein mit Verstand und Willen begabter Geist. Oder man sah sie nur dann als Seele, wenn sie mit dem menschlichen Körper verbunden war, aber als Geist, wenn sie außerhalb der leiblichen Gemeinschaft war. Solange sie mit dem Körper verbunden ist, kann man sich einen Begriff von ihr aus den Wirkungen machen, die sie erzeugt: die Empfindung, das Denken, die Begierden. Außerhalb des Körpers weiß man nur, was sie nicht ist, nämlich ein Körper mit Gestalt, Ausdehnung und Teilen. Immaterialität ist nicht vorstellbar. Von den bösen Geistern, den Teufeln, hat man eine wahrscheinliche Kenntnis, nicht jedoch von den guten, den Engeln. Von ihnen weiß man wohl nichts, es sei denn, die Bibel kommt zu Hilfe.

Aber diese verwirrte eher noch mehr. Im 1. Buch Moses schwebt der Geist Gottes auf dem Wasser, in Hiob 34 ist Gott in der Lage, »seinen Geist und Odem« wieder an sich zu ziehen und alles Leben zu Staub werden zu lassen. Im ersten Korintherbrief redet Paulus von vielen Gaben, aber einem Geist. Er vergibt unter anderem auch die Gabe, Geister zu unterscheiden. In der Apokalypse wird von sieben Geistern gesprochen, die an ihren Wirkungen zu erkennen sind, aber alle auf den einen zurückgehen und den Geist Christi haben usw. Geist blieb Geist, solange er in körperlosen Engeln wirkte, aber nach der Bibel hatten die Engel eine Gestalt, somit die Ausdehnung einer Materie, sie konnten also nach scholastischem Verständnis nicht immaterielle Geister sein. Deshalb war es so schwer, sich vom Geist der Engel einen Begriff zu machen, auch wenn man sie sie sehr exakt zu malen wusste.

Die Scholastiker haben sich eine spitzfindige Erklärung ausgedacht, mit der sie den Widerspruch zu lösen hofften. Nach ihrer Vorstellung waren Engel und Teufel zwar reine Geister, aber sie vermischten sie mit Luft und mit den Ausdünstungen der Erde und konnten ihnen so eine lockeres, nicht gefestigtes Aussehen geben. Wenn sie dann Mensch oder Tier ähnelten, wurden sie nicht mehr als rein geistige Wesen betrachtet, sondern als Geister mit realen körperlichen Funktionen in luftiger Gestalt. Der Materiebegriff des Aristoteles war damit unterlaufen und ad absurdum geführt. Jetzt konnten Geister als in Tänzer verwandelte Teufel mit obszönen Bewegungen den Geschlechtsverkehr vorbereiten, wie das Francisci in der Einleitung beschreibt. Auch die Wolkenbilder, aus denen die Einbildungskraft den Ablauf ganzer Schlachten, Heerzüge und Seegefechte ablesen kann, könnten von Dämonen aus Luft und Dunst fabriziert worden sein und sind Zeichen unheilvoller teuflischer Präsenz mit nachfolgenden Schrecken, Plagen und Nöten (Abbildung 33, S. 166).

Der Teufel ist ganz selbstverständlich präsent im Sturm, in dem die Flotte Kaiser Karls V. vor Algerien im Sturm schwer geschädigt wird und viele Christen gefangen werden. Im 17. Jahrhundert war aus der scholastischen Dialektik realistische Gewissheit geworden. Der mittelalterliche Gott, der in seiner Unendlichkeit jenseits des Fixsternhimmels thronte, hatte sich in widerstreitenden, unverstandenen und bedrohlichen Geistern mitten unter den Menschen breitgemacht.

Die »mosaischen Physiker«, die die Schöpfungsgeschichte physikalisch erklären wollten, wie Johann Amos Comenius (Physicae synopsis, 1633) und viele andere, machten den biblischen Geist über dem Wasser zu einem Spiritus mundi, der allem Leben einhaucht und alles in allem bewirkt. Der Heilige

Abbildung 33:
Eine Seeschlacht in der Luft bei Stralsund 1665. Aus dem besprochenen Band von Francisci.

Geist hat diesen Weltgeist hervorgebracht, so wie Gottvater die Materie und sein Sohn das Licht. Dieser »Spiritus mundi« als Sohn des Heiligen Geistes war wie er immateriell, reine Seele, Anima. Ihrem Wirken auf die Körper entspracht kein materielles Substrat des alchemistischen Prozesses. Die reine Seele war eben alles und nichts und überall und nirgends. Begriffliche Verschränkungen oder Erweiterungen in ganz andere Bedeutungszusammenhänge ließen selbst den Heiligen Geist nicht ungeschoren. Unter »Spiritus sancti motus« wurde ein innerer Trieb verstanden, der Apostel in die Wüste schickt oder in den Kindern Gottes unmittelbar das Wort Gottes hervorbringt. Als außerordentlicher Spiritus sancti motus bewirkte er Wunder. Physiologisch bezeichnete der Spiritus die Lebensgeister des tierischen Leibes, chemisch entstand er als saurer, ansteckender und brennender Geist in den Verwandlungsprozessen. Bei Giordano Bruno war die diffuse Weltseele als alles beherrschender unendlicher Geist immerfort mit einer Materie zusammen, die er wie die Babylonier und Perser nur als Schatten des Geistes versteht, wie er im 2. Dialog von »Über die Ursache, das Prinzip und das Eine« schreibt:

> »Wenn also der Geist, die Seele und das Leben in den Dingen vorkommen und in gewissen Abstufungen die gesamte Materie erfüllen, so sind sie zweifellos die

> wahre Wirklichkeit und die wahre Form aller Dinge. Die Weltseele ist mithin das formale und konstitutive Prinzip des Universums und aller Dinge, die es enthält«.

Die alchemistischen Geister sind seit Ǧabir (Geber), seit dem frühen 9. Jahrhundert, Substanzen, die sich verflüchtigen. Er zählte dazu Schwefel, Arsen, Quecksilber, Ammoniak und Kampfer, aus denen er sich alle mineralischen Substanzen zusammengesetzt dachte. Ihre Zahl nahm im Verlauf der Jahrhunderte alchemistischer Praxis der Destillation und Verbrennung zu und wurde mit regional unterschiedlichen Attributen eines Spiritus ausgestattet, so dass im 17. Jahrhundert selbst Spezialisten den Überblick verloren hatten und niemand mehr sagen konnte, ob hinter einem Spiritus das Prinzip der Flüchtigkeit stand, wie es Geber und später Paracelsus mit seinem Mercurius vertreten hatte, oder ob bereits konkrete Vorstellungen von der Zusammensetzung der Destillationsprodukte ausgedrückt werden sollten. Einer, der es wissen musste, der Alchemist Johann Joachim Becher, dem wir die erste Gewinnung von Leuchtgas aus Kohle und Teer verdanken, hat das Durcheinander 1682 in seinem »Chymischen Glückshafen« so ausgedrückt:

> »Die Philosophi haben den Universalen himmlischen Geist mit unterschiedlichen Namen genennet, indem sie ihn bißweilen nennen den Astrologischen himmlischen gemeinen Geist, bißweilen die Universal himmlische Seel der Welt; denn das natürliche Philosophische Feuer; jetzt das Universal-Saltz der Natur; jetzt das unsichtbare truckene Wasser, welches die Hände nicht netzet; jetzt ein Nebel und Wind; jetzt ein Fischgen, das weder Schuppen noch Gräten hat, und schwimmet in unserm Philosophischen Meer; jetzt das Mercurium Philosophorum; und endlich nennen sie es nichts, und sagen es sey nichts, denn aus nichts muß etwas werden«.

Und obwohl die meisten Philosophen den himmlischen Geist und die Seele der Welt als ein einziges Wesen verstünden, hätten doch »etliche gelehrte, subtile und hocherleuchtete Philosophi die Seele vom Geist, und diese beyde von dem Saltz der Natur distinguiret und unterschieden«. Je weiter Becher fortfährt, desto tiefer gerät er in dieselben Definitionsnöte wie seine Zeitgenossen und setzt auf die herrschende Verwirrung noch eins oben drauf:

> »Allwo zu mercken, daß obwohl dieser Univers, aller himmlischer Geist und diese Seele der Welt, geistlich spiritualistisch, unsichtbar und unhandgreiflich ist, so ist er doch ein lauterer und purer Geist ohne alle Materie, Leib und Cörper, wie da seynd die Engel und die Seele der Menschen; sondern ist ein Compositum, welches von Seele, Geist und Leib zusammen gefügt ist: wie der Mensch, ob er schon ein eintziges Ding oder Subjectum ist, dennoch aus dreyen Sachen und Essentzen, nemlich dem Leib, der Seelen und dem Geist componirt ist. Derohalben in diesem Universalen himmlischen Subjecto und spiritualischer himmlischer Kraft, welche der himmlische Geist, oder das himmlische Feuer, als ein Mittler, welcher die Seele mit dem Leib vereiniget, begriffen; aus welchen Universalen Principiis nicht allein die Metallen, sondern alle Creaturen der Welt ihren Ursprung und Anfang haben; wenn man derohalben diesen himmlischen Geist, oder die Seele der Welt hat, so hat man auch die wahren und rechten Principia des philosophischen Steins der Weisen.« (Abbildung 34, S. 168)

Abbildung 34: Die Väter der Alchemie. Frontispiz der »Basilica Chymica« des Oswald Croll (ca. 1560-1609) aus Hessen, fürstlich-anhaltischen Leibarzt und Chemie- und Medizinprofessor in Marburg. Eigentlich kein Alchemist, sondern ein Iatrochemiker, ein Arzt, der chemische Produkte in der Behandlung einsetzte, deren Herstellung er in dieser »Königlichen Chemie« beschreibt.
Links oben der Ägypter Hermes Trismegistos mit dem zentralen Wahlspruch der Hermetiker »Quod est superius, est sicut id quod est inferius« (Das was oben ist, ist so wie das, was unten ist). Rechts oben der Araber Geber (al-Gâbr) mit dem Spruch »In sole et sale naturae sunt omnia« (In der Sonne und im Salz der Natur ist alles

enthalten). In der Mitte links Morienes Romanus, ein Römer, der vor den Kreuzzügen in Alexandria landete, sich als christlicher Eremit nach Jerusalem zurückzog und dort auf arabisch alchemistische Schriften verfasste. Sein Spruch: »Occultum fiat manifestum, et viceversa« (Das Verborgene wird offenbar und umgekehrt). Rechts der Engländer Roger Bacon mit dem Krokodil, dem ägyptischen Gott für Wasser und Fruchtbarkeit, Sobek, und dem Spruch »Per elementorum conversionem Ternarius purificatur fiat Monas« (Durch die Verwandlung der Elemente wird die gereinigte Dreiheit zur Einheit). Links unten der Spanier Raimundus Lullus mit dem Zeichen des Hexagramms aus der spanisch-jüdischen religionsphilosphischen Kabbala, das in der Alchemie Wasser (umgekehrtes Dreieck) und Feuer (stehendes Dreieck) symbolisierte, aus deren Vereinigung das Chaos entsteht. Sein Spruch ist jedoch: »Cum Igne tandem In gratiam redit Aqua« (Mit Feuer söhnt sich schließlich das Wasser aus). Und zuletzt der deutsche Paracelsus, der in der Hand einen Behälter mit Aloe hält, seinem Elixier für langes Leben: »Separate et ad mauritatem perducite« (Zerteile es und fahre nach Art der Mauren fort).
Die obere Scheibe versammelt unter dem unendlichen Licht die Engel um ein Dreieck der Heiligen Dreifaltigkeit, die dem Menschen »Lux in Accessa«, Licht in der Flut vermittelt. Die untere steht vor den Utensilien eines alchemistischen Labors, in dem auch eine Laute hängt, ein Hinweis, dass seit Nicolaus Flamell, einem Alchemisten des 14. Jahrhunderts, einige Adepten mit einer »Musique chimique«, statt mit Worten, die chemischen Reaktionen beschwörend begleiteten. Die Scheibe beschreibt die Ideen, die in die Alchemie eingehen und in »Luminis naturae bonum finitum«, im Licht der Natur zu einem guten Ende gebracht werden. »Ora et Labora«, bete und arbeite, »reputans omnia vana«, berücksichtige alles Flüchtige, »praeter amare Deum et illi soli servire«, während du Gott lieben und seiner Sonne dienen sollst. Unter den Tierkreiszeichen und nach der Nennung der Wissenschaften, Alchemie, Medizin, Kabbala, Theologie, Magie und Astronomie, werden die vier Elemente des Aristoteles mit Terra Adamica (bewohnte Erde) in der Mitte, Ignis (Feuer), Aer (Luft) und Aqua (Wasser) einem Dreieck mit Anima (Seele), Spiritus (Geist) und Corpus (Körper) zugeordnet, das die tierischen, pflanzlichen und mineralischen Elemente umschreibt. An den Ecken des Dreiecks die alchemistischen Charaktere der Metalle und Mineralien für die drei Prinzipien des Paracelsus, für Schwefel, Salz und Quecksilber.
Aus: Stanislas Klossowski de Rola, Le jeu d'or. Paris 1997.

Der Hanauer Apotheker Johann Christoph Sommerhof (1644-1723) hat wegen der großen Unübersichtlichkeit der Geister und einer undurchsichtigen Nomenklatur 1701 einen Versuch unternommen, alle in der alchemistischen Literatur vorkommenden Bezeichnungen und Symbole zusammenzutragen. Er gibt für Spiritus zehn verschiedene Zeichen («Characteres«) an, die eine seltsame Mischung von Buchstaben des hebräischen und lateinischen Alphabets, von bildhaften Abstraktionen mit Zuordnungen zu Planeten, Sternzeichen und Monaten und ihrer Kombinationen darstellen. Den Spiritus definiert er als Zwitter zwischen dem Feuer des Aristoteles und der hermetisch-makroskopischen Sonne, die dem mikrokosmischen Gold entspricht, und einer Flüssigkeit nahekommt.

In dieser Gemengelage von Vorstellungen zweier Jahrtausende haben die Alchemisten gekocht, gebrannt und destilliert und ihre Begriffe gebildet. Gemeinsam war allen »chymischen« Spiritus nur der Vorgang der »Subtilisierung«, der Verfeinerung der Materie, die sich in Rauch, Dampf oder Dunst auflöste. Der aufsteigende Rauch oder Dunst war also nicht materielos, wie die Bezeichnung Geist suggeriert, sondern bestand aus Substanzen, die man einfangen, wieder verwenden und neuen Verfahren unterziehen konnte. Sie haben sich in der Luft nicht in nichts aufgelöst, sondern wirkten weiter. In den Alchemistenküchen wurden mit ihnen Versuche angestellt. Die Subtilisierung der Materie mit dem Resultat eines Geistes führte dazu, dass sich alchemistisches Denken im Alltag mit den volkstümlichen Vorstellungen von Geistern traf, die aus den Formen aufsteigenden Rauches, wandlungsfähiger Dünste und quellender Wolken reale, aber körperlose Geister machte. Die verfeinerte Materie in eigentlich materielosen Geistern ließ den Unterschied von Seele, Geist und Materie in einem einzigen großen spirituellen See verschwinden, in dem es immer höher herging.

Im barocken Geisterhaus herrschte Anarchie. Sie wirkte weiter zersetzend auf sämtliche durch die Antike und durch das Christentum geschaffene geschlossene Welterklärungen und sie war das Produkt der Zersetzung dieser großen Systeme. Die Himmelsschalen des Aristoteles waren schon so weit durchlöchert, dass sie unwirksam geworden waren. Der eine Heilige Geist der göttlichen Unendlichkeit hatte einem Kampf der Geister Platz gemacht, der auf der Erde tobte und nur über die magischen Praktiken der Astrologie und die theosophischen Interpretationen der Chemie Verbindung zu himmlischen Sphären besaß. Diese anmaßenden oder hochnäsigen Quälgeister, die auf eigene Faust zu handeln begannen, jeder mit einer speziellen Aufgabe, beherrschten jetzt die Köpfe.

Einer machte Steine, ein anderer die Pest, einer verbrannte und ein anderer ließ atmen. Der steinmachende Spiritus z.B. bezeichnete nach Francisci, obwohl Geist, eine Eigenschaft der Materie. Er ist *in allen Elementen* »geschäfftig« und »bemühet«, »wird leicht erhöhet in die Lufft und gebiert daselbst einen Wetterkeil«, also einen Meteoriten. Mit Spiritus bezeichneten die Alchemisten sonst die Ergebnisse nasser und trockener Destillation. Hier werden sie zum Motor der Gesteinsbildung, die nichts mehr mit den Destillationsversuchen zu tun haben. Sie werden zu einer Art Erklärungsersatz für Erscheinungen, deren naturwissenschaftliche Durchdringung noch nicht weit genug vorangeschritten, aber schon in den Blick genommen worden war. Vom Steingeist wird der Kondensationskeim der Kristalle übrig bleiben, vom Feuer- und Salpetergeist der Sauerstoff und von den Lebensgeistern Atmung und Stoffwechsel. Die bösen und die guten Geister lebten viel länger, für einige leben sie immer noch. Für die meisten blieben vom bösen Geist nur ein Pferdefuß und von allen guten Geistern nichts als nackte Knaben mit Flügeln.

Leibniz hat in diesem Geisterhaus einen großen Wurf gelandet und mit seiner persönlichen alchemistischen Erfahrung und großen philosophischen Kenntnissen ein wenig Ordnung in das Chaos gebracht. Allerdings sollte seine »Monadologie« erst 1720 erscheinen, 40 Jahre nach Franciscis »Lufft-Kreys«. Leibniz machte aus dem Durcheinander ein abgestimmtes Zusammenspiel von Gottes Geist und materiellen Körpern in einer von ihm so genannten prästabilisierten Harmonie. Er ließ eine seelische Uhr mit einer gleichlaufenden körperlichen, die nicht aufeinander wirken, beständig harmonieren, und zwar bis in die kleinste unteilbare Einheit, die er Monade nannte. Diese unsterbliche beseelte Einheit ohne Ausdehnung und ohne eine Wirkung nach außen (»keine Fenster«), aber mit Tätigkeit im Innern ist zwar in ihrer Funktion zu beschreiben, aber ebenso wenig vorstellbar wie die Weltseele und andere Geister, die sie ersetzen wollte. Die Monade wirkt über ihre inneren Qualitäten der bewussten und unbewussten Wahrnehmung (Apperzeption und Perzeption), ihr Streben (»Appetition«) auf Veränderungen, wie das Leibniz nennt, sie ist autark, ein »lebender Spiegel des Universums«, ein »unkörperlicher Automat«. Je höher sie in einer von oben nach unten abfallenden Reihe angesiedelt war, desto stärker die bewusste gegenüber der unbewussten Wahrnehmung. Gott ist die einzige Monade mit ausschließlich bewusster Wahrnehmung, die unterste »nackte« ist nur zur Perzeption fähig. Der vernunftbegabte Mensch, der ein »Ich« und Gott erkennen kann, nimmt als »vernünftige Seele oder Geist« eine Sonderstellung ein.

In der Monade waren alle denkbaren Geister gefangen, die bisher ein eigenständiges und unkontrolliertes Dasein geführt hatten, in sie integrierte Leibniz Mikro- und Makrokosmos, Wahrnehmung und Vernunft, Seele und Gott, Aristoteles und Platon und eröffnete einen Weg, Gottes Herrschaft über die Natur in die kleinsten unteilbaren Einheiten hinein zu verlegen, ohne seinen Geist die Materie dominieren oder ihn darüber schweben zu lassen. Leibniz ließ ihn statt dessen in strenger Harmonie parallel zu ihr agieren. In seinem System, sagt er, »wirken die Körper so, als ob es (was unmöglich ist) gar keine Seelen gäbe; und die Seelen wirken, als ob es keine Körper gäbe; und alle beiden tun so, als ob eines das andere beeinflusse«. Sein verkünsteltes und durchaus nicht widerspruchsfreies Konstrukt brachte etwas zustande, was seinen Vorgängern einschließlich Descartes nicht gelungen war: Gottes Willen, seine Vernunft direkt in der Natur aufzuspüren, und in ihren Abläufen, ihren Zusammenhängen seine Gesetze zu entdecken. Der Gegensatz von Körper und Geist blieb bestehen, aber die Körper waren nicht mehr nur ein Schatten des Geistes oder seiner Willkür ausgeliefert, sondern wurden unauffällig vom Geist begleitet, der niemals mehr in Widerspruch zu den Körpern geraten konnte. Engel und Teufel hatten in diesem System keinen Platz mehr. Nach Leibniz gibt es keine »ganz und gar für sich bestehende Seelen wie reine Geister ohne Körper. Gott allein ist des Körperhaften völlig frei«.

Die göttliche Herrschaft über die Natur konnte nun ohne einen Apparat von Sendboten und ohne willkürliche Eingriffe auskommen. Sie ließ sich an chemischen und physikalischen Prozessen erkennen und mathematisch berechnen. Der Zweifel am voluntaristischen Durchregieren eines allmächtigen Gottes und an teuflischen Machenschaften gegen die Naturgesetze, ihrem Aushebeln nach böser Lust und strafender Laune war geboren. Je mehr innere Zusammenhänge verstanden wurden, desto geringer war die Bereitschaft geworden, sie als Ausdruck einer beliebigen Machtfülle Gottes zu interpretieren. Gott beginnt allmählich selbst in der Geisterwelt alchemistischer Praktiken, aufsteigender Dünste und beweglicher Materie nur noch die Gesetze zu befolgen, die er einmal erlassen hat. Er will jetzt gesetzestreu und vernünftig regieren, nicht mehr mit aller Macht. Der neue Gott der Naturwissenschaften hieß Mathematik und sein Diener Experiment.

Literatur

Johann Joachim Becher, Chymischer Glücks-Hafen oder: Grosse Chymische Concordantz und Collection von funffzehn hundert Chymischen Processen. Durch viele Mühe und Kosten aus den besten Manuscriptis und Laboratoriis in diese Ordnung zusammen getragen. Neue und viel verbesserte Ausgabe. Leipzig 1755.

Giordano Bruno, Über die Ursache, das Prinzip und das Eine. Stuttgart 1986.

Heinrich Krauss, Die Engel. Überlieferung, Gestalt, Deutung. München 2002.

Gottfried Wilhelm Leibniz, Monadologie. Franz.-dt. Parallelausgabe, Hamburg 1982.

Annulus Platonis oder physikalisch-chymische Erklärung der Natur nach ihrer Entstehung, Erhaltung und Zerstöhrung von einer Gesellschaft ächter Naturforscher aufs neue verbessert und mit vielen Anmerkungen herausgegeben. Berlin und Leipzig 1781.

Johann Heinrich Zedlers Grosses vollständiges Universallexicon aller Wissenschaften und Künste, Online. Schlagwörter »Welt-Geist«, »Seele«, »Anima«, »Spiritus«.

Johann Christoph Sommerhoff, Lexicon pharmaceutico-chymicum latino-germanicum et germano-latinum. Nachdruck der 2. Ausg. Nürnberg 1713, Hildesheim 1977.

Pestregime und verpestete Luft

Die letzte große europäische Pestepidemie von 1663 bis 1684, die allein in London mehr als 70 000 und in Wien wahrscheinlich mehr als 140 000 Tote gefordert hatte, machte vor allem eines besonders deutlich: Dort, wo der Seuche mit vielfältigen Abwehrmaßnahmen begegnet wurde, die von der Exekutive auch durchgesetzt werden konnten, gelang es, die Zahl der Toten merklich zu begrenzen. Seit dem Schwarzen Tod von 1348 hatte es immer wieder größere und kleinere Pestzüge gegeben, die die Verantwortlichen vor fast unlösbare Aufgaben stellten. Da niemand die Ursache kannte, half nur eine genaue Beobachtung der Verbreitungswege und der Umstände, unter denen sie geschah. Die Zahl der Pestordnungen, die medizinische Literatur war angeschwollen ohne eindeutige und wirkungsvolle Handlungsanweisungen. Einiges schien klar: Es war eine hochansteckende Krankheit, sie verlief in unglaublicher Geschwindigkeit tödlich oder als Beulenpest langsam und mit der Chance, sie zu überleben, es starben auch Tiere wie Hunde, Katzen, Schweine, Mäuse und Ratten, es starben vor allem die, die mit Stoffen oder Wolle zu tun hatten und die in schäbigen Unterkünften zusammengepferchten Armen, es genügte eine einzige von außerhalb gekommene Person, um die Pest in Gang zu bringen (Abbildung 35, S. 174).

Als Francisci schrieb, wurde gerade Wien heimgesucht. Er nennt den Arzt de Sorbait, der ausharrte und die Gegenmaßnahmen leitete, was durchaus nicht üblich war. Entweder wollten sich die Ärzte eine goldene Nase verdienen oder sie liefen gleich davon. Auch von übler Erbschleicherei wird berichtet. Andere wurden von den Behörden drangsaliert und sogar eingesperrt, wenn sie es gewagt hatten, die Pestdiagnose zu stellen. Viele Interessen standen auf dem Spiel, z.B. die Ausrichtung von Messen, Handelsbeziehungen. Frankfurt hat sich in den Jahren 1666 und 1667 gegenüber dem Kurfürstentum Mainz zu einem gefährlichen Spiel der Vertuschung hinreissen lassen, nur um seine Messen offen zu halten, während der Kurfürst alle erdenklichen Maßnahmen ergriff, um ein Übergreifen der Pest zu verhindern. Diejenigen, die die Krankheit überstanden hatten, durften sich sechs Wochen lang nicht in der Öffentlichkeit zeigen, selbst der Kirchenbesuch war verboten, die Bruderschaften hatten auf ihre Versammlungen zu verzichten, die Prediger sich kurz zu fassen. Die Soldaten mussten auf den Wällen kampieren, Gesindel wurde ausgewiesen. Einer der bestellten Pestärzte wurde wegen Beutelschneiderei zum Rapport bestellt. Reisende, die Mainz betreten wollten, mussten ein Papier über ihre Herkunft und eine Unbedenklichkeitsbescheinigung vorweisen, die Jahrmärkte wurden eingestellt und der Adel dazu gezwungen, sich an den Maßnahmen in seinem Territorium zu beteiligen. Schweine, Tauben, Gänse sollten allmählich abgeschafft, Gassen und Brunnen sauber gehalten werden. Gegen den Widerstand der Geistlichen wurden Prozessionen verboten. Es gelang Mainz, die Zahl der Toten auf 2300 zu begrenzen. Bern war besonders erfolgreich, aber an einigen

Abbildung 35 (links und rechts): Die Prozession des Heiligen Gregor bei der Pest in Rom 590. Eine Darstellung in den »Très Riches Heures« des Jean Duc de Berry, illuminiert Anfang des 15. Jahrhunderts von den Brüdern Limburg. Nach seiner Wahl zum Papst hatte Gregor eine große Prozession befohlen, um den Himmel um ein Ende der Pest anzuflehen. Auf der Burg, die seitdem Engelsburg heißt, erblickte er einen Engel, der sein Schwert in die Scheide steckte und zu dem er seine Arme emporhebt. Gregor nahm das als Zeichen für ein Ende der Pest. Die Brüder Limburg sahen etwas, was zu ihrer Zeit wohl bei allen Prozessionen beobachtet werden konnte: Kranke kippten einfach um, die Prozession drückte sich an ihnen vorbei und geriet in direkten Kontakt mit ihnen. So war eine Ausbreitung der Seuche so sicher wie das Amen in der Kirche, die von den ersten, wahrscheinlich schon infizierten Mönchen betreten wird.

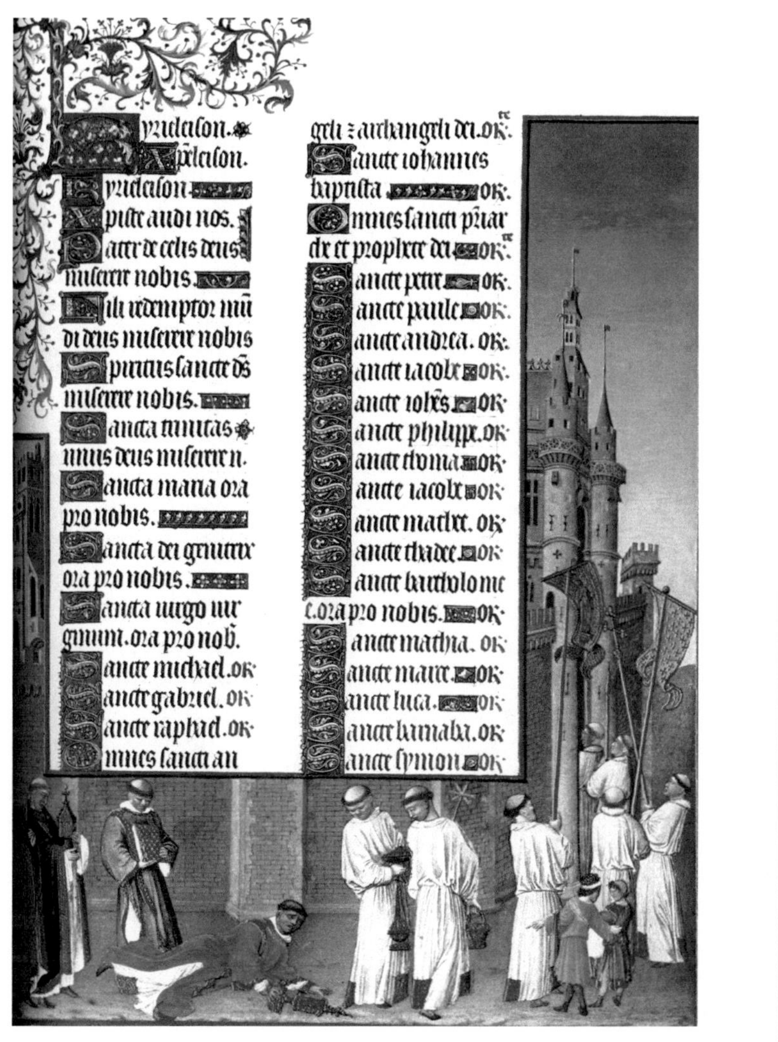

Orten in der Schweiz widersetzten sich die Reformierten, hielten Badehäuser offen, gestatteten das Betteln und besuchten sich nun besonders häufig. Sie hielten die Pest nicht für eine ansteckende Krankheit, sondern für eine Strafe Gottes, und die Pfarrer hatten nichts besseres zu tun, als von der Kanzel heftig gegen die Sünden zu wettern.

In Wien wurde der Beginn der Pest 1679 von den Behörden vertuscht. Sie wollten Feste der Kaiserlichen Residenz nicht stören. Als sie dann voll im Gang war, floh der kaiserliche Hof nach Prag, die Bürger aufs Land. Weil sich keiner um die Kranken kümmern wollte, mussten die Chirurgen gefesselt zu ihnen geführt werden, Verbrecher wurden aus den Gefängnissen geholt, um die hunderte von Leichen zu beseitigen, die 12 Tage lang in den Häusern und auf den Straßen gelegen hatten »und einen unaußsprechlichen Gestanck verursachet«, wie de Sorbait schreibt. Am schlimmsten war es, dass die Kadaver zusammen mit den Lebenden auf die Karren geschmissen und dann einfach in den Straßengräben abgestellt wurden. Es wurde keinerlei Absperrungen vorgenommen, so dass sich die Pest ins Umland verbreiten konnte Viele stinkende Böcke wurden in die Wohnungen gebracht, um die Pest zu vertreiben. Erst als Fürst Ferdinand von Schwarzenberg die Durchsetzung der Pestordnung übernahm, Delinquenten aufknüpfen ließ, das korrupte Sanitätspersonal zur Verantwortung zog, die Kranken in die Häuser einsperrte und die Gesunden ins Spital schickte, konnte ein bißchen Ordnung wiederhergestelllt werden. Nach Angaben des Augustiner-Barfüßers Abraham a Santa Clara, eines rabiaten Predigers, dem Tausende in den Kirchen und auf den Plätzen zuhörten und der mit seinen Türkentiraden bekannt geworden ist, starben über 70000 Menschen, mehr als die Hälfte der Einwohner Wiens.

Überall da, wo die Leute glaubten, der allmächtige Gott habe ein Strafgericht entfesselt, ließ man die Bevölkerung im Massensterben alleine, besonders schlimm in Neapel, wo der Vizekönig zu allem Überfluss aufkommende Pestgerüchte unterdrücken ließ, um die Vorbereitungen zu einem Feldzug gegen die Franzosen in Mailand nicht zu gefährden. Das Volk versammelte sich zu Prozessionen, was die Lage weiter verschlimmerte. Die Maßnahmen bestanden im Tragen von Amuletten und Büßerhemdem, in der Selbstgeißelung, im Streuen von Asche aufs Haupt. Bei der Pest in Mailand von 1630, die wegen ihrer Schilderung in Manzonis »Die Verlobten« eine traurige Berühmtheit erlangt hat, setzten die Stadtoberhäupter gegen den Widerstand des Kardinals einen Bittgang zu den Reliquien des heiligen Carlo Borromeo durch, der die Seuche erst richtig in Gang brachte. Die Leichenträger feierten Orgien auf den Leichenhaufen, brachen in Häuser ein, schleppten Gesunde, die sich weigerten, Lösegeld zu zahlen ins Lazarett. Dann gab es das Gerücht, dass der Teufel in der Stadt ein Büro aufgemacht habe, wo er Leuten eine Pestsalbe in die Hand drückte (so wie die Hexen mit ihren Salben hantierten), die sie auf Kirchenbänke, Mauern, überallhin schmieren sollten. Sie soll aus dem Eiter von Pestopfern gewonnen worden sein. Dieser Teufel war natürlich von ausländischen Mächten gesteuert, die außerdem noch Pestpulver streuten. Aber auch der Festungskommandant persönlich konnte es sein usw. Mailand verlor von 200000 Einwohnern 140000.

Es ist auffallend, dass Rom 27 Jahre später ganz anders mit der Pest umgegangen ist. Beim ersten Gerücht eines Pestausbruchs in Neapel kehrte Papst Alexander VII. aus Castell Gandolfo nach Rom zurück, ließ den Verkehr des Kirchenstaates mit Neapel stoppen und die Grenzen streng bewachen. Briefboten wurden schon an der Grenze abgefangen, die Briefe wurden aufgeschnürt und an langen Zangen überreicht, in neue Hüllen gepackt und an einem nicht öffentlich zugänglichen Ort von zwei Ministranten geräuchert. Obwohl der spanische Gesandte die Seuche in Neapel noch immer leugnete, ließ der Papst eine Pestordnung anschlagen, in der den Gastwirten die Beherbergung Fremder verboten wurde und strenge Regeln für den Schiffsverkehr und gegen den Schleichhandel verkündet wurden. Die Straßen und Plätze wurden gereinigt. Niemand durfte mehr Lumpen, Betten, Stroh, tote Katzen und Hunde auf die Straße werfen. Als ein Marinesoldat in Cività Vecchia erkrankte und kurz danach zwei Laienbrüder und starben, mussten alle verdächtigen Schiffe den Hafen verlassen und an der Küste gereinigt werden, der Verkehr zwischen Rom und Cività Vecchia wurde untersagt und alle, die seit den Erkrankungen von dorther gekommen waren, bei Androhung von Enteignung und Todesstrafe gezwungen, sich zu melden und in Quarantäne außerhalb der Stadt gebracht. In kurzer Zeit entstanden mehrere solcher Stationen für Reisende aus verschiedenen Orten. Jeder Kranke und Tote musste angezeigt werden, und die päpstliche Kongregation forschte genau nach, woher er gekommen war und mit wem er Kontakt gehabt haben könnte. Als die Zahl der Toten stieg, wurde sogar der Verkehr zwischen den Tiberufern gesperrt. Selbst in den engen Gassen des Judenghettos wurde Quarantäne praktiziert und von den Juden mit reichlich Mitteln versorgt. Viele Einzelmaßnahmen zum Kleiderhandel, zum Ablauf der Begräbnisse, zur Anstellung und Absonderung von Ärzten und Pflegepersonal, zu Hebammen, Apothekern und Beichtvätern, zur Einfuhr von Nahrungsmitteln, der Regelung des Kirchenbesuchs, den Huren, die Reinigung der Krankenhäuser und zu freilaufenden Tieren wurden gegen anhaltenden Widerstand des Volkes und einiger unverantwortlicher Ärzte durchgesetzt. Der Papst und der hohe Klerus blieben in der Stadt. Rom verlor nicht mehr als 14 500 Menschen, Neapel mindestens 280 000.

In den Maßnahmen des gegenreformatorischen Rom lag ein sehr hohes Maß an Rationalität, politischer Verantwortung und Durchsetzungsfähigkeit, was so gar nicht in das einfache historische Raster einer geistig dumpfen Reaktion gegen eine geistig aufgeklärte Reformation passen will. Papst Alexander VII. war der Sohn eines Bankiers aus Siena, hatte als Inquisitor in Malta und als Teilnehmer an den Münsteraner Friedensgesprächen Karriere gemacht und war ein großer Förderer der Wissenschaften. Was er während der Pest praktizierte, war modernes staatliches Handeln unter Einsatz von Wissen, das seine Wirksamkeit durch das frühe Ende der Seuche für alle offenkundig unter Beweis gestellt hatte. Es basierte noch auf völlig unzureichenden theoretischen Annahmen, aber auf genauer Beobachtung von immer wiederkehrenden bedrohlichen Fehlern, die die römische Kurie vermeiden wollte. Dort, wo die Religion ohne dieses Wissen agierte und der Bevölkerung mit einem vermeintlichen göttlichen Strafgericht nichts als Angst einjagte und sie in blödsinnige Prozessionen trieb, haben nur die Glücklichen oder die sowieso schon Immunen überlebt. Am Collegium Romanum in Rom waren hervorragende Wissenschaftler als Lehrer tätig, unter ihnen der Jesuit Athanasius Kircher, der noch während der Pest einen Untersuchungsbericht verfasste, der 1658 veröffentlicht wurde (Scrutinum pestis) und aus dem Francisci die überwiegende Zahl seiner Informationen bezieht. Kircher spricht hier erstmals von »corpuscula« (Körperchen), die die Pest verursachen, von denen er annimmt, dass sie durch die Luft übertragen werden und in der Fäulnis entstehen. So unvollkommen seine Vorstellungen sein mögen, sie halfen ihm, eine ganze Menge der Erscheinungen richtig zu erklären und vor allem die Ansteckungsgefahren in ihrer Dramatik zu schildern und zu deuten. Er gibt Testverfahren an, mit denen er im Sinne der Urzeugung die Entstehung von Würmern aus der Fäulnis beweist und schließt daraus auf die hohe Ansteckung, die von toten Leibern ausgeht. Er fährt zwar den ganzen barocken Katalog von teuflischen, göttlichen, astrologischen und Kometeneinflüssen auf, sogar die noch nicht lange entdeckten Sonnenflecken fehlen nicht, aber er versucht, vernünftig damit umzugehen. Worauf es ankam, hat er festgehalten: die Vermeidung der Ansteckung durch Mensch, Tier, Gerät und die Betonung der sehr hohen Ansteckungsfähigkeit des Contagions. Seine Schrift liest sich streckenweise wie eine Handlungsanweisung für staatliche Stellen.

Dass der Erreger der Pest von den Ratten über die Flöhe auf den Menschen übertragen wird, wusste damals noch niemand. Francisci diskutiert, offensichtlich von Kircher inspiriert, verpestete Luft, in der sich ein Contagion befindet, das durch den Wind aus üblen Gewässern auf Mensch und Tier übertragen wird, verschiedene Einflüsse von Sonne, Mars und Saturn, ob ein stinkender Bock oder die damals noch stinkende, aus Eingeweidenfett und Asche hergestellte Seife gegen sie wirksam sind und warum die Pest in Ägypten im »Brachmonat, wann die Sonn den Krebs besteiget«, im Juni also, plötzlich aufhört. Den wertvollsten Teil bei Kircher, die genaue Beschreibung der Übertragungswege, lässt er beiseite. Sie tauchen ganz unsystematisch in einem Anhang bei anderen Schriftstellern auf. Für Francisci wird die Pest durch giftigen Wind übertragen und steht deshalb in den Kapiteln über Winde.

Aus der Lebensweise des Flohs lassen sich die Erscheinungen leicht erklären. Er legt seine Eier vor allem zwischen April und September, seine Larven machen drei Stadien durch, bevor sie sich verpuppen. Sie leben von den Blutresten Gestochener, die sich in den Betten finden. Die Larven, wie auch die Eier, sterben bei Temperaturen von über 35° ab, der Rattenfloh lebt nur 6 Wochen. Bei günstigen Bedingungen können drei Flohgenerationen in einem Jahr aufeinander folgen. Die Puppen überleben den Winter. In ihnen verbleibt der voll ausgebildete Floh so lange, bis er auf den geringsten Erschütterungsreiz aus dem Kokon ausbricht.

Durch das Räuchern der Briefe wurden Larven und Eier abgetötet. Das Verbot, altes Stroh und tote Katzen und Hunde auf die Straße zu werden, verhinderte die Verteilung der Larven und das Überspringen der die Toten schnell verlassenden Flöhe auf Passanten. Die Beschränkungen des Kleiderhandels, Todestrafen für Diebe, die sich den Utensilien Verstorbener bemächtigten, und die Reinigung der Krankenhäuser bekämpften weitere mögliche Ausbreitungsherde. Die Vernunft machte auch vor den Gottesdiensten nicht halt. Alles lief auf eine Beschränkung von Kontakten hinaus, die dem »Contagion« das Handwerk legen sollten. Man wusste, dass je näher der Kontakt, desto größer die Gefahr, man kannte offensichtlich die Inkubationszeit der Pest von maximal 10 Tagen, weshalb die Fremden nur 10 Tage in Quarantäne (eigentlich 40 Tage) gehalten wurden, bis sie die Stadt betreten durften, man ahnte das Ende der Ansteckungsfähigkeit mit dem Ablauf der 6. Woche (die Lebensdauer des Rattenflohs) und verbot deshalb den Genesenden, sich solange in der Öffentlichkeit zu zeigen.

Aus den Pestverläufen des 17. Jahrhunderts schält sich sehr deutlich heraus, dass eine wirksame Pestbekämpfung ohne eine aufgeklärte Priesterschaft kaum zu bewerkstelligen war. Solange diese von der Kanzel lediglich gegen Sünden wetterten, statt den Gläubigen konkrete Verhaltensmaßregeln zu verkünden, solange sie selbst zu Bußprozessionen aufriefen statt zum häuslichen Gebet, waren sie für die verängstigte Bevölkerung ein hohes Sicherheitsrisiko. Das gilt für alle Religionen. S.D. Samoilowitz hat diese Erfahrung bei der Pest in Moskau 1771 machen müssen und deshalb speziell für die Geistlichen einen Verhaltenskodex aufgeschrieben, einschließlich einer Anweisung, wer, wie und wann die Kirchen zu reinigen habe. In den türkischen Besitzungen wurden außer einer Quarantäne für Reisende keinerlei Maßnahmen im Innern ergriffen, um die Pest einzudämmen. So blieb Konstantinopel von 1698 bis 1841 ein ständiger Pestherd, und die Pestzüge in der islamischen Welt waren von grausamer Heftigkeit und oft jahrelanger Dauer. Von der ägyptischen Pest der Jahre 1834 -1840 gibt es durch die Arbeit französischer Ärzte in Alexandrien bemerkenswerte Zahlen: von 42 000 Einwohnern waren 35% gestorben, bei den Arabern waren es 55%, bei den Maltesern 61%, bei den Negern und Berbern 85%, bei den Europäern 6%, andere (Griechen, Türken, Juden, Armenier, Kopten, Soldaten) rund 12%. Überall dort, wo die Kontaktsperren und andere Vorsichtsmaßnahmen eingehalten worden waren, gab es nur wenige Opfer. Überall dort, wo Allah alleine bestimmte, wer starb, waren es viele. 1603 starben in Alexandrien und Kairo eine Million Menschen an der Pest, nachdem es 1581 schon eine halbe Million Tote gegeben hatte, in Venedig dagegen 5600.

Seit dem Ende des 14. Jahrhunderts versuchten immer mehr europäische Regierungen, durch Verordnungen und Maßregeln, die nach und nach verfeinert wurden, dem Ausbreiten der Seuche Einhalt zu gebieten. Es war ein schwieriges Unterfangen, nicht nur, weil sie gegen einen unsichtbaren Feind zu kämpfen hatten, sondern vor allem, weil sie auf uneinsichtige Bevölkerungen trafen und das schnelle Sterben die miesesten Eigenschaften aktivierte. Sticker beschreibt zahlreiche Pestzüge, die durch Habgier erst richtig angeheizt wurden, und ebenso viele, die durch religiöse Praktiken katastrophal endeten. Es war, wie immer bei Seuchen, zu allererst eine mühsame Erziehungsaufgabe, die lange vor einer Seuche Hygiene einüben musste und ein Bewusstsein dafür zu schaffen hatte, dass der gottgewollte Anteil am Desaster durch eigene Beiträge deutlich vermindert werden konnte. Und in Städten für hygienische Verhältnisse zu sorgen, in denen jeder seinen Unrat auf die Straßen kippte, in denen Tiere verendeten und Schweine in den Wohnungen gehalten wurden, bedeutete mehr zu tun als nur Reden zu schwingen. Der Umbau der Städte begann mit der zunehmenden Verstädterung seiner vom Land gekommenen Bevölkerung, die gelernt hatte, auf engstem Raum einige Grundregeln des Zusammenlebens einzuhalten.

Literatur

Athanasius Kircher, Natürliche und Medicinalische Durchgründung der laidigen ansteckenden Sucht und so genanten Pestilenz. Augspurg 1680.

Paulus de Sorbaith, Consilium Medicum Oder Freundliches Gespräch über den betrübten und armseligen Zustand der Kayserl. Residentz und Haupt-Stadt Wien in Oesterreich bey dieser gefährlichen und vorhero nie erhörten Contagion … Saltzburg 1679.

Georg Sticker, Die Pest. Gießen 1908.

Strandgut – fürstlicher Raub und bürgerliches Recht

An manchen Ufern haftet das unbarmherzige Recht des zufälligen Raubes an Gestrandeten als ein Schandfleck des Christentums, beklagt Francisci und nimmt sich die Regelungen vor, die zu unterschiedlichen Zeiten und von verschiedenen Völkern und Herrschern getroffen worden sind. Er war selbst studierter Jurist, kannte die einschlägigen Gesetze und lässt im Kapitel »Von den Sturm-Winden«, die Grenzen seines Gesprächs über das Wetter bewusst überschreitend, einen historischen Film an konkreten Fallbeispielen ablaufen, der einen tiefen Einblick in die brisante und von Fürsten oft nach Gutdünken behandelte Eigentumsfrage erlaubt. Man spürt, dass sich hier eine Gegnerschaft zur Macht des Adels herausbildet, die von bürgerlichem Selbstbewusstsein getragen ist.

Das älteste Seerecht der Welt stammt von der Insel Rhodos aus dem 10. Jahrhundert vor Christus. Diese »Lex Rhodia de Iactu« stellt klar, dass alles Strandgut, das von einem in Seenot geratenen Schiff an Land gespült wird, dem Eigentümer zurückzugeben sei. Diese Regelung ist in das römische Recht und später in die Gesetzessammlung des byzanthinischen Kaisers Justinian I., die »Digesta«, aufgenommen worden. Francisci referiert diese alte Genealogie, weil er aus christlichem Gerechtigkeitsempfinden heraus nicht einsehen will, dass sich zufällige Finder, Strandräuber, Feudalherren oder Könige das Eigentum von in Seenot geratenen Leuten aneignen dürfen.

Seit dem Mittelalter war dieser nicht vom römischen Gesetz vorgesehene Brauch eingerissen, den einige Landesherren zum Gesetz hochstilisierten (jus naufragii) und der ihnen manchmal ungeahnte Reichtümer bescherte. Einige gingen so weit, auch die Schiffbrüchigen als ihr Eigentum anzusehen und sie mit vollem Recht als Sklaven zu verkaufen. Das Mittelmeer bot den Anrainern wegen des regen Transportverkehrs, den unberechenbaren Winden, den zahlreichen Seeräubernestern und den Seegefechten häufig Gelegenheit, zu Dieben zu werden oder den Diebstahl in großem Stil zu organisieren, wie das Cervantes in seinen Novellen beschreibt. Der Handel mit Waren war häufig nichts anderes als ein Handel mit Beutegut, Menschen oder Sachen, die auf See oder an Land aufgebracht worden waren, und von dem ganze Staaten lebten, wie die Barbaresken Algier und Tunis. Als Genua im 12. Jahrhundert begann, mit den Muslims der Balearen Abkommen zu schließen, die das Recht auf Versklavung beschränkten und die Rückgabe des Strandguts beinhalteten, war das nicht viel mehr als Papier. In der Realität blieb die Räuberei auf See und an Land ein einträgliches Geschäft. Peffersäcke, Tuchballen, die persönliche Habe der Passagiere, die Planken der havarierten Schiffe, alles wurde requiriert. Sogenannte Treter suchten in Strandnähe den Meeresgrund ab. Schiffe in Seenot warfen, um nicht unterzugehen, Ware über Bord, die an Land gespült wurde. Noch einträglicher waren die Reichtümer, die von Schiffen aus der neuen Welt geborgen werden konnten. Ganze Silber- und Goldladungen wurden geraubt. Francisci beschreibt den Untergang einer »Indianischen Flotte« aus zwei Lastkähnen und vier Kriegsschiffen als Begleitschutz, nachdem der Wind sie »bekriegt« hatte, 1627 an der Atlantikküste in der Nähe von Arcachon, bei der 4000 »Portugaller vom Meer eingeschluckt« wurden, die einige tausend Fässer mit Waren im Wert von 8 Millionen (wahrscheinlich Golddukaten) transportiert hatten. Es handelte sich um Zimt, Zucker, Pfeffer, Smaragde, Karfunkel (rote Granate, ein Edelstein), Diamanten und Gold. Der Lehnsherr des Küstenstreifens, der Herzog Ersparnon, eilte aus Bordeaux herbei, ließ alles auffischen oder herausholen. Einige Überlebende, die im bloßen Hemd in der Stadt herumirrten, wurden von ihm zwar eingekleidet, aber vom Strandgut sahen sie nie wieder etwas.

Im feudal zersplitterten, von selbständigen Handelsstädten gesprenkelten Europa war ein einheitlicher römischer oder byzanthinischer Rechtsraum von vorneherein eine Illusion. Das zeigen die zeitlich sehr weit auseinanderliegenden Regelungen, die von den Landesherrn oder dem Papst zu Gunsten der Schiffbrüchigen erlassen wurden. Seit dem 9. Jahrhundert, als Sicard von Benevent für sein Herrschaftsgebiet das mittelalterliche Gewohnheitsrecht der Aneignung durch den Finder oder den jeweiligen Herrn abschaffte, über seine Einschränkung im Reich Karls V. und im Frankreich Franz I. bis zu wechselseitigen vertraglichen Bestimmungen zwischen England, den Niederlanden, der Türkei im 17. und 18. Jahrhundert galt das oft beliebig ausgelegte Recht des Stärkeren auf Beute. Letztlich haben erst die Auseinandersetzungen um ein »Mare liberum«, ein freies Meer, wie das der Holländer Hugo Grotius nannte, oder ein »Mare Clausum«, ein geschlossenes Meer, nach dem Engländer John Selden, die zwischen den großen Seefahrernationen mit den stärksten Handelsinteressen ausgetragen wurden, das Beutemachen verboten. Das war eng verbunden mit der Forderung nach der Einrichtung von Hoheitsgewässern, einer Drei-Meilen-Zone (heute sind es zwölf), die damals der Reichweite der Kanonen entsprach, und der Rückgabepflicht von Strandgut, wenn der Eigentümer sich innerhalb »Jahr und Tag« meldete.

Francisci diskutiert die Frage als eine der christlichen Moral, denn solche alten Gewohnheiten kann das Evangelium rechtlich nicht ausbooten, es muss sie dulden. Aber den christlichen Stachel steckt er tief ins Fleisch der Fürsten. »Nicht alles, was nach menschlichen Satzungen und Rechten erlaubt ist, kann für erbar und Christlich passieren«, so sagt er mit Besoldus, vor allem nicht Eigennutz und Eigenliebe. Und Francisci droht nach Johannes 16 mit dem Jüngsten Gericht, der letzten Instanz des höchsten Fürsten dieser Welt. Er verlässt sich nicht mehr darauf, dass die Herren Gnade gewähren, wie das für die scholastischen Moraltheologen noch selbstverständlich gewesen ist. Francisci setzt auf das positive römische Recht, das »verstattet, daß man denjenigen welcher die Güter der Schiffbrüchigen aufgesammlet und für sich behält, auf Diebstahl anklagen möge«. Er nennt Cicero, Seneca, Caius, Ulpianus, Antoninus und deren teilweise in die Digesta des Justinian eingegangenen Auffassungen als nachzuahmende Beispiele zur Einschränkung der Habgier des Fiskus, dieser staatlichen Schatzkammer ohne »Gewissensgericht«, die die Ausplünderung Gestrandeter schon längst abgeschafft hätte, wenn sie nicht so einträglich wäre. Der Bürger Francisci müpft auf und ist sich bewusst, dass der christliche Wahlspruch, den Nächsten zu lieben wie sich selbst, alleine nichts gegen den Eigennutz ausrichten kann.

Es gab seit der Renaissance und besonders im 17. Jahrhundert eine ganze Reihe politisch argumentierender Juristen, die gegen fürstliche Willkür Rechtssicherheit für die Untertanen einforderten. Der sich aus durchsichtigen Gründen auf ein Gottesgnadentum berufende Herrscher sollte in die irdische Pflicht genommen werden. So ging im Bauch des Absolutismus die Saat des Rechtsstaats auf. Das wird selbst bei Jean Bodin und Thomas Hobbes deutlich: der eine, der im Souverän einen überkonfessionellen Schiedsrichter in den Glaubenskriegen erhoffte, der andere, der die natürliche Bestie Mensch in ihrem unbedingten Streben nach Lust, Reichtum und Macht zum Frieden untereinander zwingen wollte. Beide verlangten sie von dem oder den Herrschenden vernünftige Regeln des Zusammenlebens, die jedem einzelnen die selbständige Gestaltung seines Lebens ermöglichen sollten. Francisci nennt Bodin als einen, der gegen die mittelalterliche Strandräuberei wetterte, Bodin, »der doch Frantzos und gleichwol dieses für eine barbarische, den Alten ungebräuchliche Weise, ja gar eine Grausamkeit und Buben-Stück schilt«. Die Raubzüge Ludwigs XIV. und dessen nicht zu übersehende Unterstützung der Türken gegen Habsburg haben sich bereits zum Ressentiment gegen »die Franzosen« verfestigt.

Hobbes erwähnt er nicht. Dieser hat sich nicht explizit zur Strandräuberei geäußert, wohl aber zur Moral der politischen Macht, die Francisci in der Vorrede als Kommödie aufführen lässt. Dort bleibt sie mit Religionsfragen eng verwoben, während Hobbes vom Naturzustand des Menschen ausgeht und die Religion erst nach der Konstruktion seines Staatsgebildes als unumgängliches moralisches Korektiv einführt, was ihm seine Zeitgenossen nicht abgenommen haben. Sein 1651 in London erschienener »Leviathan« beschrieb mit einem auf sich gestellten, das Leben durchbeißenden Individuum schon die nackte Konkurrenzmaschine, die in England zu laufen begonnen hatte, das genaue Gegenteil von dem, was Francisci vorschwebt: eine christliche Demut aller Beteiligten, die auch die Herrschenden in die Pflicht nimmt und in der die von Gott vorgegebenen moralischen Werte als Selbstverpflichtung aller die Regeln des Zusammenlebens bestimmen. Die gesellschaftliche Praxis und die Gesetze werden danach beurteilt.

Die Autoren, die er anführt, gehen teilweise ganz anders damit um. Der 1630 heimlich zum katholischen Glauben übergetretene und danach Juraprofessor in Ingoldstadt gewordene Christoph Besold passt noch am ehesten in dieses Raster. Er hatte nach dem Restitutionsedikt Kaiser Ferdinands II. von 1629 ein Gutachten verfasst, das auf die Rückgabe der württembergischen Klöster aus der Verfügung des Landesherrn an die katholische Kirche hinauslief und beurteilte auch das Verfahren bei Schiffbruch als vom christlichen Standpunkt verwerflich. Der Bauernsohn aus Wallenheim und Juraprofessor in Tübingen,

Johann Harpprecht, war von anderem Kaliber. Seine »Institutiones«, ein Sammelband mit Traktaten zu juristischen Fragen, lehnten sich bewusst an die »Institutes« des Römers Cajus an. Er bezog sich auf Justinian, um die Frage zu klären, wem die Güter von Havarierten gehören. Die andren drei waren fast bürgerliche Freigeister. Christoph Peller von und zu Schoppershof war ein Nürnberger Patrizier, Zeitgenosse von Francisci, mit einem berühmten Garten, der mit Pflanzen aus der Neuen Welt bestückt war, ein einflussreicher Jurist und Dekan der Universität von Altdorf. Er hat sich mit der Polemik gegen einen bestimmten Politiker, den er verkalkt, einen »Politicus scleratus« nannte und der darin enthaltenen strukturellen Kritik am Staatsapparat 1684 einen ehrenvollen Platz im päpstlichen »Index librorum prohibitorum« gesichert, den er bis 1948 behielt, zusammen mit Caspar Klock, Kanzler in Stolberg und Minden und Obersyndicus in Braunschweig, der dort landete wegen eines Traktats über Staatsfinanzen und die erlaubten Mittel, der Bevölkerung das Geld aus der Tasche zu ziehen. Heute gilt Klock als der Begründer der Finanzwissenschaften. Der dritte im Bunde ist Gotofredus Engelhard mit einem Buch über das Zollrecht. Alle drei halten den Fürstenraub am Strand für schändlich und einer zivilisierten Gesellschaft unwürdig. Selbst der Aristoteliker Henning Arnisaeus, der mit seinen Schriften die Fürstenmacht stärken wollte, sieht darin mangelnde Moral.

Literatur

Ulrich Eisenhardt, Deutsche Rechtsgeschichte. 5. Auflage München 2008.

Thomas Hobbes, Leviathan oder Stoff, Form und Gewalt eines kirchlichen und bürgerlichen Staates. Frankfurt 1992.

Stephan Meder, Rechtsgeschichte. 3. Auflage Köln 2008.

Matthias Schmoeckel, Stefan Stolte, Examinatorium Rechtsgeschichte. München 2008.

Herbert Wagner, Lex Rhodia de iactu. Marburg 1997. www.2.ulg.ac.be/vinitor/rida/1997/wagner.pdf

Das intellektuelle Milieu

Es gibt ein solches Milieu im Barock, nur sieht es etwas anders aus als das, was heute darunter verstanden wird. Die geistige Elite des Barock hat sich in die gesellschaftlichen Angelegenheiten nicht weniger eingemischt, als man das den heutigen Intellektuellen zuschreibt oder von ihnen verlangt. Die Wissenschaftler waren umfassend gebildet, haben oft als Philosophen oder Theologen begonnen, bevor sie sich auf eines der etablierten oder sich erst herausbildenden Spezialfächer beschränkten. Die Physik ist aus der Philosophie herausgewachsen im buchstäblichen Sinn des Wortes als Lebenslauf eines einzelnen Intellektuellen. Oder die Philosophie ist zeitlebens mit der Theologie in einer einzigen Person vereint geblieben.

Der Physiker *Sturm* war zuerst Theologe und als beides Kalendermacher und ein Revolutionär der Lehre; der Altphilologe *Vossius* war später auch Theologe; der Jesuit *Riccioli* war lieber Astronom und Geograph und bekam Schwierigkeiten mit der Zensur als Theologe; der Mediziner *Bartholin* fing als Theologe an, machte viele Jahre mit Altertumsforschung und Sprachstudien weiter und wurde zum Herausgeber der ersten dänischen wissenschaftlichen Zeitschrift; der Politiker, Unternehmer und Abenteurer *Digby* wurde zu einem der experimentierfreudigsten Wissenschaftler seiner Zeit und Mitinitiator gelehrter Gesellschaften. Die Veröffentlichungsliste eines Physikers oder Mediziners konnte weitaus mehr Titel zu allgemeinen religiösen und politischen Fragen und Auseinandersetzungen umfassen, als zu ihrem eigentlichen Fachgebiet. Die Form der Einmischung war zwar notwendig anders, weniger aktuell und weniger direkt als heute, aber sie war an eine Öffentlichkeit gerichtet, die mit denselben Mitteln antworten und eine Debatte entfachen konnte, die von den misstrauischen politischen und religiösen Obrigkeiten peinlich kontrolliert wurde. Deshalb spreche ich von einem intellektuellen und nicht eingeschränkt von einem wissenschaftlichen Milieu, aus dem ich die Folgenden vorstelle:

- Johann Christoph Sturm, Physiker, ein Universitätsprofessor neuen Typs
- Isaac Voss, ein barocker Freigeist, Philologe und Historiker
- Giambattista Riccioli, ein Jesuit, Mathematiker und Astronom und Antikopernikaner
- Sir Kenelm Digby, ein Freibeuter und Hansdampf in vielen wissenschaftlichen Gassen
- Thomas Bartholin, ein medizinischer Alleskönner auf akademischer Wanderschaft

Alle fünf sind Zeitgenossen Franciscis. Sie gehören zu den weniger berühmten oder heute beinahe unbekannten, von Francisci jedoch häufig genannten und wurden gerade deshalb von mir ausgewählt, um die Welt abzustecken, in der sich Intellektuelle damals bewegten. Über die ganz Großen, denen entscheidende Fortschritte in der Geschichte der Wissenschaften bescheinigt werden, ist fast alles bekannt, veröffentlicht und in Übersetzungen zugänglich gemacht. Francisci erwähnt von ihnen Boyle, v. Guericke, Hevelius, Hooke, Pascal, Redi, Wallis. Die von mir Ausgewählten sind für die große Masse der damals wissenschaftlich Arbeitenden wahrscheinlich repräsentativer, weil sie die allgemeine Zerissenheit in Glaubensfragen im ausgehenden 17. Jahrhundert auch in ihrem Leben widerspiegeln und in ihren Auffassungen über die Natur erkennen lassen und doch schon mitten in der der neuen Zeit der Naturwissenschaften stecken. Es ist diese Nahtstelle, die für die weitere Entwicklung so entscheidend wird und an der die Risse im religiösen und antiken Welterklärungsmodell immer länger und tiefer werden. Es gibt kaum eine einzelne Frage, die nicht von einer großen Zahl von Professoren, Priestern und Privatiers lebhaft diskutiert wird. Die genialen Ideen Einzelner wuchsen aus dieser breiten Basis, aus Netzwerken Briefe Schreibender, aus der ungeheuren Beweglichkeit des studentischen Nachwuchses und der erzwungenen der Exilanten. Sogar Abenteurer wurden von der allgemeinen Neugier auf alles angesteckt und griffen zur Feder oder experimentierten. Bei Kenelm Digby und Johann Christoph Sturm merkt man bereits, worauf die ganze Wissenschaft hinauslaufen wird: auf die technologische und ökonomische Verwertung ihrer Ergebnisse. Entweder waren sie selber Tüftler wie Digby oder sie waren es in Zusammenarbeit mit einem wie Sturm. Die Zahl der Bücher, die die Mathematik unter dem Aspekt der Mechanik behandelten, stieg gegen Ende des 17. Jahrhunderts parallel zu denen, die die Bibel naturwissenschaftlich interpretierten, sprunghaft an.

Johann Christoph Sturm

Zu seinen Lebzeiten war Johann Christoph Sturm (1633-1703) ein in ganz Europa und Nordamerika bekannter Mathematiker und Physiker. Nicht etwa wegen herausragender Entdeckungen. Es waren zwei Lehrbücher der Mathematik für Anfänger und Fortgeschrittene und Vorlesungen über Experimentalphysik, die ihn berühmt gemacht hatten. Experimente hatte es vor ihm an Universitäten nicht gegeben. Er war modern, der kommende Physikprofessor (Abbildung 36).

Sturm stammte aus einer Dienstbotenfamilie in Hilpoltstein südlich von Nürnberg. Sein Vater war dort beim Pfalzgrafen Kammerdiener, Silberkämmerer und Hofschneider. Als sein Dienstherr starb, dessen acht Kinder nicht das dritte Lebensjahr erreicht hatten, und das Gebiet wieder an das katholische Pfalz-Neuburg fiel, musste die Familie das Land verlassen und ging in die 30 km entfernte Freie Reichsstadt Weißenburg, die sich als eine der ersten schon 1530 für protestantisch erklärte hatte. Johann Christoph besuchte dort sieben Jahre lang die Lateinschule. Eine »gute Recommendation« brachte ihn zum Prediger Wülfer als dessen Schreibkraft nach Nürnberg, der empfahl ihn als frommen, begabten und fleißigen, aber mittellosen Jungen für ein Nürnberger Stipendiat. Er ging 1656 für vier Jahre nach Jena und studierte Philosophie, Theologie, Mathematik und Physik und für zwei nach Leiden in den Niederlanden, das

Abbildung 36:
Johann Christoph Sturm.

Mekka der deutschen Studenten. Sie stellten fast ein Viertel der 470 Immatrikulierten und sorgten für reichlich Zoff in der Stadt. Sturms wichtigster Lehrer war Johann de Raei, ein Cartesianer auf dem Lehrstuhl für Physik, der eigentlich Aristoteles unterrichten sollte. Seine Vorlesungen arteten nicht selten in Werfen von Bohnen und Abfall, Klatschorgien, Trompetengeschmetter und Schlägereien zwischen den Anhängern der beiden Schulen aus. Die reinen Aristoteliker unter den Professoren rümpften die Nase über das ungebührliche Benehmen und »die lächerlichen Händel dieses echten Holländers«.

Dort muss Sturm das gelernt haben, was er 1672 so formulierte: Dass es falsch sei »das Joch der aristotelischen Monarchie bloß deswegen abwerfen zu wollen, um sich unter die cartesianische Herrschaft zu begeben«. Ihm passten auch die maßlosen Angriffe der Cartesianer auf die Kirche nicht. Er wurde Eklektiker und veröffentlichte 1679 seine »Philosophia sectaria et electiva« als wissenschaftliches Programm. Da die Natur in allen ihren Erscheinungen viel zu komplex, »der Ozean der erkennbaren Dinge unendlich groß« ist, als dass sie ein einziger Mensch in seinem Leben jemals bewältigen und durchdringen könne, bleibe nichts anderes übrig, als ihn »Tropfen für Tropfen zu schmecken und aufzulecken«. Die Philosophie habe sich in feindliche Sekten aufgespalten, deren Mitglieder an die absolute Autorität des Sektengründers glaubten. Zu ihnen zählt er die scholastischen und humanistischen Anhänger des Aristoteles, die Cartesianer, die Atomisten und Epikureer des Gassendi und die Neuplatoniker. Die Streitereien zwischen den Sekten führten nicht zur Problemlösung, weil kein Sektenmitglied nach der Wahrheit suche, sondern nur der Autorität eines einzelnen Philosophen folge. Eklektiker sehen, dass es unmöglich ist, dass ein einziger Philosoph in allem recht behalte, daher seien alle Doktrinen als provisorisch und offen anzusehen. Gegen den ewigen Zank und Streit sei die zeitgemäße Antwort die experimentelle Methode, die nicht nach dem Zufall arbeite, sondern planvoll die »verborgenen Geheimnisse der Natur in der Natur selbst« aufzufinden suche. Physiker sollten sich nicht mit Dingen außerhalb sichtbarer Strukturen, also nicht mit Metaphysik beschäftigen. Der Auflösungsprozess der alten philosophischen Großsysteme begann in Westeuropa Ende der 70er Jahre sehr schnell Fahrt aufzunehmen und schon Elemente planvollen Experimentierens und einer naturwissenschaftlichen Grundhaltung erkennen zu lassen, die in den Positivismus des 19. Jahrhunderts führen wird.

Aber Sturm war 1664 nach jahrelangen Studien erst einmal Pfarrer in Deiningen geworden, einem winzigen Dorf im Nördlinger Ries. Die Deininger Kirche war ein sogenanntes Simultaneum, in dem beide Konfessionen an unterschiedlichen Altären ihre Gottesdienste abhielten, ein dauernder Anlass zum Streit. Als Sturm seinen drei Wochen alten Sohn beerdigen musste, lief zwischen Protestanten und Katholiken ein surreales Stück mit hasserfüllter Energie ab. Auf dem Friedhof hatte der Totengräber mit seiner Arbeit schon begonnen, als »sich zwey Catholische hefftig widersetzt, mit dem Vorwand, es wäre ihre Großmutter und Mutter erst vor 20 Jahren da begraben worden und noch nit verwest«. Daraufhin wollte Sturm den Säugling in der Kirche begraben, wozu er als Pfarrer berechtigt war. Das trieb einige Katholische zur Herrschaft nach Wallerstein, und sie erwirkten einen Unterlassungsbefehl. Falls er sich widersetze, sollte ihm die Kirchentüre verriegelt werden. Nun mussten seine Gemeindemitglieder Schmiere stehen, bis der kleine Leichnam beerdigt war. Sturm blieb fünf Jahre dort.

Schon in Leiden hatte er zu publizieren begonnen. Es war eine kleine Abhandlung zur euklidischen Geometrie, die er der Anregung durch seinen Lehrer Erhard Weigel in Jena verdankte. Dieser Mathematikprofessor war ein Schulreformer. Er wollte einen Wechsel zwischen Hand- und Kopfarbeit, Mathematik als Schulfach verankern (»der tote Ast am Baum der Gotteserkenntnis« bei den Calvinisten), galt als Kapazität für Mechanik und Technologie und engagierte sich für die Übernahme des Gregorianischen Kalenders durch die Protestanten, die aus antikatholischem Ressentiment immer noch nach dem fehlerhaften Julianischen lebten. Von ihm hatte Sturm die Idee, die Lehre von den Proportionen universell anzuwenden und auf die Metaphysik auszudehnen, eine platonische Idee, die er später fallen ließ. Als Pfarrer in Deiningen hatte er die Sandrechnung des Archimedes ins Deutsche übersetzt, dessen Abhandlung über die Berechnung großer Zahlen, und eine mathematische Anleitung zum Bau von Erd- und Himmelsgloben des Straßburger Mathematikers Isaak Habrecht (1589-1633) mit Ergänzungen auf Deutsch herausgegeben. Diese Publikationen und die Protektion Weigels katapultierten ihn 1669 auf die Professorenstelle für Mathematik und Physik an der Universität in Altdorf, einer Akademiestiftung Nürnberger Patrizier, die sich die Anerkennung als Universität durch den katholischen Kaiser Ferdinand II. 1622 einiges kosten ließen: Sie hatten aus der Protestantischen Union auszutreten und mussten 25 Gulden Hilfsgelder an den Kaiser bezahlen. Wenigstens 20 Studenten waren in einem Internat untergebracht, ungefähr die Hälfte Söhne von Familien, die gespendet hatten, die andere Hälfte Nürnberger Stipendiaten, die unter armen, begabten, frommen ausgewählt worden waren, wie Sturm für sein Studium in Jena. Acht Professoren konnten dort mit ihren Familien wohnen, es gab vier Hörsäle, eine Bibliothek, eine Sternwarte, zwei Studentenkarzer (»Bärnkasten« im Dachstuhl und »Hunds-Loch« im Keller) und ein »Gefängnis böser Zahler«. 34 Jahre, bis zu seinem Tod, wird er dort den Unterricht revolutionieren und eine kaum glaubliche Menge naturwissenschaftlicher Werke herausgeben.

Bei seinem Vorgänger Abdias Trew, einem von Leibniz gelobten tüchtigen

Abbildung 37: Universität Altdorf.
Bild: Wikipedia.

mathematischen Modernisierer des Aristoteles und Gegner des Descartes (nur ein Klügling, »der neue principia schmieden« wolle), wurden in den Physikvorlesungen fast ausschließlich die physikalischen und meteorologischen Werke des antiken Philosophen diskutiert, erweitert um ein bisschen Metaphysik, Biologie und Psychologie. Sturm war anders gestrickt. Bereits drei Jahre nach Antritt seiner Professur hatte er in Altdorf eine der Accademia del Cimento in Florenz ähnliches Collegium Curiosum gegründet, in dem vor 20 Teilnehmern physikalische Experimente gemacht und diskutiert wurden. Sein Jugendfreund Johann Sigmund Doppelmayr, ein Lederhändler aus Nürnberg und verkappter Wissenschaftler, stellte ihm die Instrumente her (Abbildung 38).

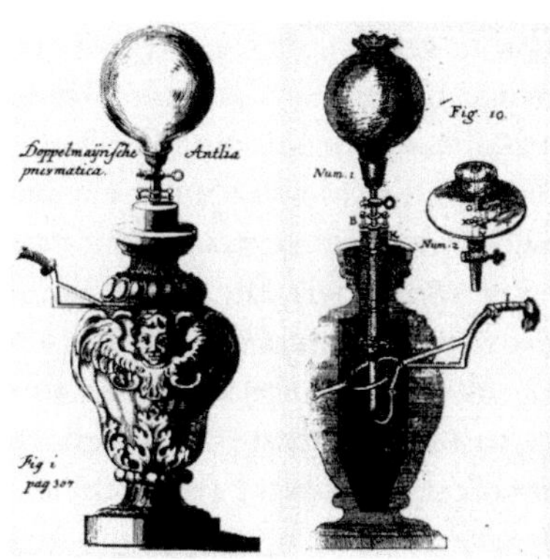

Abbildung 38:
Luftpumpe für Sturm von Doppelmayr.

Sturm machte aus den Vorlesungen ein Buch, das »Collegium experimentale sive curiosum«, das in zwei Folgebänden 1676 und 1685 erschien. Er behandelt Versuche u.a. mit Tauchglocke, Toricellis Barometersäule, Luftpumpe, Thermometer, Hygroskope, Teleskope, Mikroskope und eine Camera obscura mit Spiegel, der das Bild vom Kopf auf die Beine stellte. Die Royal Society in London wurde auf ihn aufmerksam, kaufte angeblich von ihm als erstem Wisssenschaftler des Kontinents ein Porträt und veröffentlichte seine Beiträge in den Philosophical Transactions. Er war ein gemachter Mann. Sein Physikunterricht machte weltweit Schule, so wie später seine didaktisch geschickt geschriebenen Lehrbücher der Mathematik.

Interessant ist, womit er sich als Wissenschaftler befasste. Dabei konnte er einmal mehr seinen volkserzieherischen und auf die gesellschaftliche Praxis ausgerichteten Impetus nicht verbergen. Er wollte zum Beispiel die Genauigkeit der in Nürnberg zahlreichen Sonnenuhren erhöhen, die für die Bestimmung der »wahren Ortszeit« noch immer unentbehrlich waren und nach denen die Besitzer mechanischer Uhren die Zeit nachregulierten. Zeitzonen, wie wir sie heute kennen, gibt es erst seit 1893. Die Sonnenuhren hatten Fehler, die mit der falschen Ausrichtung der Nord-Süd-Achse zu tun hatten. Bei ihrer Herstellung verwendete man den Kompass, aber obwohl schon seit einiger Zeit bekannt war, dass sich der magnetische Nordpol im Laufe der Zeit verschob, hielt man in Nürnberg an einer Missweisung von 8° zur Nord-Süd-Ausrichtung des Zeigerschattens während der Tag- und Nachtgleiche fest. Sie lag aber inzwischen bei 5° westlicher Abweichung. Sturm schlug schon damals ein weltweites Beobachtungsnetz vor, um die Veränderungen des Magnetfeldes kontinuierlich zu messen. Erst Alexander von Humboldt wird damit Erfolg haben (Abbildung 39).

Sturm kümmerte sich um den Kauf eines astronomischen Fernrohrs für die Sternwarte von Altdorf, ließ ein Planetarium nach der Theorie des Kopernikus anfertigen, das zu Unterichtszwecken diente und schrieb dazu ein Lehrbuch der Astronomie mit der Besprechung der Systeme des Ptolemäus, Brahe und Kopernikus. Den Professoren war freigestellt, welches der astronomischen Weltsysteme sie propagieren wollten. Das war nicht unbedingt ein Zeichen für Liberalität, sondern eher ein Hinweis darauf, dass die astronomischen Daten noch widersprüchlich und nicht beweiskräftig genug waren, Kopernikus vorzuziehen. Erst mit Newton wird das endgültig geklärt. Sturms Vorgänger Trew verteidigte Tycho Brahe. Sturm verfasste julianisch – gregorianische Kalendarien unter ausdrücklichem Verzicht auf »abergläubische Waarsagereien«. Die Kalenderreform Papst Gregors XIII. von 1582 hatte die seit Caesar zwischen Kalender- und Sonnenjahr abweichenden zehn Tage gestrichen, was vollkommen den astronomischen Tatsachen entsprach, aber weil es eine Bulle des Papstes war, die den vernünftigen Beschluss verkündete, hielten sich Orthodoxe und Reformierte nicht daran. Es war Weigel, der Lehrer Sturms in Jena, der schon seit 1664 den Protestanten mit wissenschaftlicher Hartnäckigkeit zusetzte und ihnen einen Ausweg aus ihrem Stellungskampf anbot, der als »verbesserter Julianischer Kalender« mit dem gregorianischen deckungsgleich

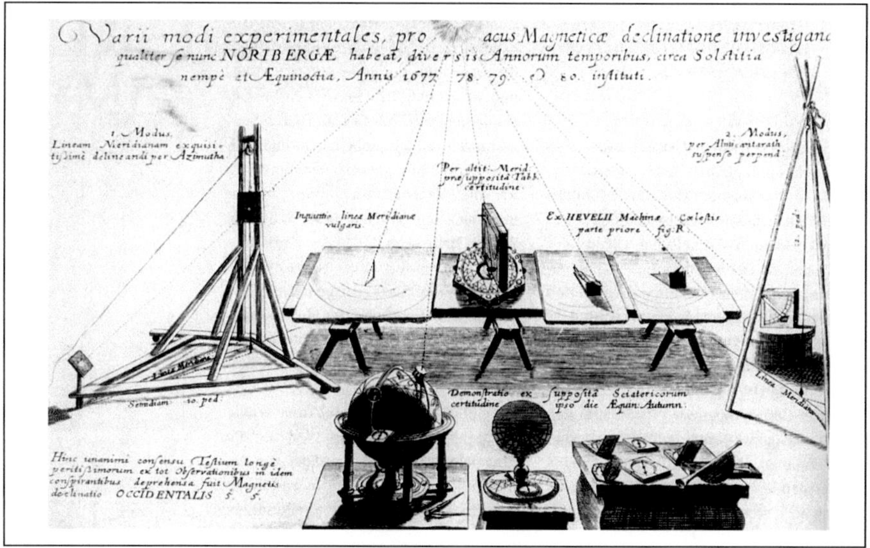

Abbildung 39: Versuchsanordnung von Sturm zum Nachweis der magnetischen Missweisung, der Abweichung des magnetischen vom astronomischen Nordpol, die er an drei aufeinander folgenden Jahren 1677, 1678 und 1679 zur Zeit der Sommersonnenwende und der herbstlichen Tag- und Nachtgleiche vorgenommen hat. Das Gestell links diente zur Bestimmung des Azimuts, der Koordinaten des Sonnenstandes. Auf dem Tisch wurde links der Meridian eingetragen als Projektion eines mit einem Kompass bestückten Globus, in der Mitte mit dem vorher angenommenen Meridian verglichen (der Schatten einer Sonnenuhr projiziert sich auf den Azimutalkreis) und rechts diesselben Daten mit einer weiteren Methode erhoben, die Sturm von Hevelius genommen hat. Aus: Volker Herrmann und Thomas Platz (Hg.), Johann Christoph Sturm 1633-1703. Büchenbach 2003.

war und nur bei der Berechnung des Osterfestes zu einem gelegentlich anderen Datum führte. Den haben die evangelischen Reichsstände auf dem Reichstag in Regensburg 1699 weitgehend angenommen, sechs Monate nach Weigels Tod. Er trat 1700 in Kraft und strich die jetzt auf elf angewachsenen Tage. Erst Friedrich der Große hat aus der Farce des nur selten abweichenden Osterfestes 1775 im protestantischen Preußen den Gregorianischen Kalender eingeführt, dem alle evangelischen, müde gewordenen Kalenderkämpfer anstandslos folgten. Die Orthodoxen brauchten bis ins 20. Jahrhundert für den Kalender, feiern Weihnachten und Ostern aber immer noch julianisch.

Wissenschaftliche Höchstleistungen sind von Sturm nicht zu melden. Seine Leistung waren seine Lehrbücher und sein experimenteller Physikunterricht. Er hat sich in die wissenschaftlichen Auseinandersetzungen seiner Zeit eingemischt, u.a. mit Leibniz korrespondiert, der in ihn in seiner Schrift »Über die Natur an sich« würdigt und sich mit seinen Vorstellungen von Kraft und Bewegung auseinandersetzt, die Sturm in »Natura sibi incassum vindicata« von 1698 veröffentlicht hat (etwa: es ist unnütz, der Natur Gewalt anzutun). Es gibt eine Disputation über Kurz- und Weitsichtigkeit, in der Sturm seinen später wohl berühmtesten Schüler Johann Jakob Scheuchzer aus Zürich prüft, den naturwissenschaftlichen Beschreiber der Alpen und Verfasser einer opulenten »Physica sacra«, und die aus der Feder Sturms stammt. In ihr ist zu verfolgen, wie er die alten Philosophen und ihre Kommentatoren auseinander nimmt. Er kritisiert deren dunkle Sprache, das Verschweigen von Widersprüchen und die Theorie vom Sehstrahl, die aus den Augen die Umgebung ertasten. Dann stellt er die neueren Autoren vor, von Kepler über Scheiner zu Newton, analysiert sie und vergleicht zuletzt das Auge mit einer Camera obscura, in die eine konvexe Linse eingebaut ist, untersucht den Strahlengang und nennt Experimente. Das war genügend Munition zur Immunisierung gegen den Leerlauf scholastischer Disputationen, und deshalb war er berühmt.

Isaak Vossius

Es ist wohl der schlimmste Vorwurf, der einem Wissenschaftler des bigotten Barock gemacht werden konnte: er sei ein Epikureer. Isaak Vossius, des berühmten Humanisten und gottesfürchtigen Gerardus Johannes Vossius Sohn, musste damit leben. Epikur galt seit der Antike als ungebildet und »säuisch und hündisch.« Er hatte die Lust und das Fehlen von Schmerz als »Anfang und Ende des glückseligen Lebens« bezeichnet. Faul soll Vossius gewesen sein und sogar, wenn er als Kanonikus in Windsor die Stundengebete besuchte, statt des Common-Prayer-Book »nicht selten erotische Schriften bei sich gehabt« haben. Das jedenfalls schreibt der evangelische Historiker und Braunschweiger Gymnasialdirektor Friedrich Koldewey (1839-1909) in der Allgemeinen Deutschen Bibliographie. Mehr noch: »Über den Verkehr der Geschlechter hatte er sehr laxe Ansichten und erregte durch seine Liebeshändel vielfach Anstoß und Unwillen«. In seinen commentierten Catull-Gedichten mache sich »sein Gefallen an Obscönitäten in unliebsamer Weise bemerkbar«. Wahrscheinlich hätte es zum schlechten Ruf gereicht, sich überhaupt mit Catull zu beschäftigen. Vossius aber hatte mit Catull noch einen Auszug aus einer anzüglichen Betrachtung zu den Huren der Alten des zu ihm nach London geflohenen Adrian Beverland untergebracht, nachdem dessen Buch über das sündhafte Verhalten Adams und Evas in Leiden verbrannt worden war. Es wurde Vossius sogar Bücherklau unterstellt, und es wird kolportiert, er habe als Kanonikus auf dem Sterbebett die Sacramente zunächst verweigert bis Gemeindemitglieder aus Angst vor Rufschädigung darauf insistiert haben. Fast wäre es ihm gelungen, in der Haltung Epikurs zu sterben, der sich in einem Brief an Menoikeus so zum Tod geäußert hatte: »Das angeblich schaurigste aller Übel also, der Tod, hat für uns keine Bedeutung; denn solange wir noch da sind, ist der Tod nicht da; stellt sich aber der Tod ein, so sind wir nicht mehr da«. Vossius starb 1689 zudem noch unverheiratet.

1616 als Sohn des damals berühmten Humanisten und Schulreformers Gerardus Vossius in Leiden geboren, wurde Isaak zusammen mit seinem Bruder zuhause von einem remonstrantischen Geistlichen erzogen. Die Remonstranten waren eine liberale Abspaltung von den Calvinisten, propagierten Glaubensfreiheit und machten aus dem unduldsamen calvinistischen Gott einen gnädigen. Früh lernte er griechisch, arabisch und antike Geographie und studierte klassische Philologie beim französischen calvinistischen Gelehrten Claude de Saumaise (Salmasius) in Amsterdam. Er wird ihn sich später in Stockholm zum wütenden Feind machen. Schon als 21jähriger veröffentlichte er den griechischen Geographen Skylax, der im Auftrag des Perserkönigs Dareios I. eine Erkundungsreise bis zum Indus und um die arabische Halbinsel gemacht hatte, und den »Periplus Ponti Euxini« eine Segelanweisung für das Schwarze Meer des Arrianus, eines Senators unter Kaiser Hadrian. Mit dem vorauseilenden guten Ruf eines hoffnungsvollen jungen Mannes finden wir ihn auf einer 3 ½ jährigen Bildungsreise durch England, Frankreich, Deutschland und Italien, speziell in Florenz, auf der Suche nach unveröffentlichten Manuskripten und Verbindungen zu Gelehrtenkreisen. In Paris lebte er längere Zeit beim Freund seines Vaters, dem Begründer des Völker- und Seerechts Hugo Grotius, und wurde bald nach seiner Rückkehr nach Amsterdam dort der Leiter der öffentlichen Bibliothek und der Geschichtsschreiber für Holland und Seeland. Er hat die zwanzig Geschichtsbände zusammen mit den Arbeiten seines Vorgängers, seines verstorbenen Bruders Matthäus, allerdings erst veröffentlicht, nachdem er 1671 längst seines Amtes enthoben worden war.

Zwischenzeitlich folgte er einem Ruf der Königin Christina nach Schweden. Man kann sie getrost als einen Freigeist auf dem Thron bezeichnen. Diese Tochter des bei Lützen gefallenen Gustav Adolf wurde als Junge erzogen, ritt wie der Teufel, war wahrscheinlich bisexuell, weigerte sich zu heiraten, verbrachte die Nächte mit Studien und besaß aus der Beute des 30jährigen Krieges eine riesige Bibliothek. Ihre glänzende Hofhaltung verschaffte Schweden Anerkennung und große finanzielle Probleme. Wenn sie Wissenschaftler zu sich rief, kamen sie alle gerne. Descartes musste mit ihr Sommers wie Winters ab morgens um fünf diskutieren, sie holte Claude de Saumaise, der gerade in eine berühmte Auseinandersetzung mit John Milton über das Recht des Volkes, seinen Tyrannen, in diesem Fall Charles I., zu töten, verwickelt war, und sie hatte die Stelle eines Hofbibliothekars für Vossius, der ihr Griechischlehrer wurde. Er ergänzte ihre Bibliothek durch weitere Käufe, auch aus der Bibliothek seines verstorbenen Vaters, und geriet mit seinem früheren Lehrer Saumaise fürchterlich aneinander, angeblich weil er ein Buch in Vorbereitung hatte, in dem er einige Positionen Saumaise' kritisieren wollte. Nach sechs Jahren Aufenthalt in Stockholm ging er 1654 nach Den Haag, wo er bei seiner Mutter zusammen mit seinem Onkel, dem Philologen Franz Junius lebte. In Brüssel traf er noch einmal die abgedankte und zum Katholizismus konvertierte Christina. Die Tochter des großen Gegenspielers der katholischen Kirche im 30jährigen Krieg wird unter dem triumphierendem Jubel der Jesuiten, die ihre Lehrer gewesen waren, für den Rest ihres Leben in Rom bleiben. Christina jedoch blieb eine Anhängerin der Religionsfreiheit.

Onkel und Neffe verband ihre philologische Leidenschaft. Isaac für die Antike, Franz für die Ethymologie alter englischer, deutscher und niederländischer Dialekte. Als Vossius in Stockholm auf den »Codex argenteum« stieß, sorgte er dafür, dass Junius ihn in die Hände bekam. Er ist eines der ältesten schriftlichen Dokumente in gotischer Sprache, ein Manuskript der Wulfila-Bibel in silbener (daher der Name) und purpurfarbener Tinte auf extrem feinem Pergament, um 500 in Ravenna geschrieben. Königin Christina soll es Vossius verkauft, vielleicht sogar als Kompensation für Verluste seiner eigenen Bibliothek in Stockholm überlassen haben. Jedenfalls war es im 16. Jahrhundert noch im Besitz des Benediktinerklosters in Werden an der Ruhr, geriet irgendwie an Kaiser Rudolph II. in Prag und schließlich als Kriegsbeute nach Schweden. Es wirft ein bezeichnendes Licht auf die Arbeitsweise der Philologen, wie Junius damit umgegangen ist: er bereitete den Druck vor, schrieb die erhaltenen 187 der ursprünglich 336 Seiten in gotischen Zeichen ab, glossierte sie und fügte eine kommentierte, von seinem Schüler Thomas Marshall entdeckte frühe anglo-sächsische Übersetzung hinzu. Nach 13jähriger Arbeit erschien das Werk 1665 im Druck. Vier Jahre später verkaufte Vossius den Codex an den schwedischen Kanzler und Kanzler der Universität Uppsala, Magnus de la Gardie, einen wahrscheinlichen Liebhaber der Königin Christina, für 600 Gulden, das waren ca. 6 kg Silber. Der schenkte ihn der Universität, wo er noch heute ist.

Nach England gelangte Vossius 1670 durch ein frühes Mitglied der Royal Society, Bischof John Pearson, den er in der Echtheit der »Ignatianischen Briefe« gegen den reformierten Theologen Daillé unterstützt hatte, sieben für die Kirchen- und Dogmengeschichte wichtige Briefe des Ignatius von Antiochia aus dem 2. Jahrhundert. Ohne religiöse Skrupel und wahrscheinlich auch ohne innere Teilnahme dann sein Übertritt in die Anglikanische Kirche für eine Pfründe als Kanonikus in Windsor, zusätzlich zu einem stattlichen Gnadengeld Ludwigs XIV. durch Vermittlung Colberts.

Seine stärksten Leistungen erbrachte er als klassischer Philologe, mit Arbeiten zur Geographie der Antike und zu den Kirchenvätern. Aber er scheute auch keine ungewöhnlichen Stellungnahmen zu naturwissenschaftlichen Fragen. Er warf Descartes sehr wahrscheinlich zurecht vor, er habe seine Lichttheorie von Snellius gestohlen, und lieferte selbst eine. Sie war alchemistisch: hell, das war Feuer, dunkel sein Fehlen, die Farben waren nicht Licht, sondern Sulfur. Er lehnte den Einfluss des Mondes oder der Sterne auf die Gezeiten ab und schrieb Ebbe und Flut dem Einfluss der Sonne, richtungsstabilen Winden und dem Widerstand der Kontinente zu. Er war gegen die damals vorherrschende Theorie der Entstehung der Quellen aus Meerwasser und meinte, alles käme vom Regen. Er verlachte Goldmacher, äußerte sich zu den Quellen des Nils, zur Bestimmung der Längengrade, zur Erddrehung und schrieb sogar über die Herkunft des Schießpulvers, über Japaner und Chinesen. Ziemlich viel für einen mit angeblich liderlichem Lebenswandel und epikureeischer Faulheit. Seine Bibliothek wurde von seinen Erben an die Universität von Leiden verkauft und bildet dort noch heute den Grundstock einer an Manuskripten reichen Sammlung antiker und mittelalterlicher Literatur.

Giambattista Riccioli

Der Protestant Francisci nennt unter 500 Autoren 45 Jesuiten. Sie waren im 17. Jahrhundert eine nicht zu übersehende, straff organisierte geistige und wissenschaftliche Macht. Giambattista Riccioli (1598-1671) war einer von ihnen und neben den weiteren jesuitischen Größen Caspar Schott, Niccolo Cabaeo und Athanasius Kircher der von Francisci am häufigsten zitierte (Abbildung 40).

Abbildung 40: Giambattista Riccioli. Stich von Giambattista Galli. Aus: Maria Teresa Borgato (Hg.), Giambattista Riccioli e il merito scientifico dei gesuiti nell'età Barocca. Florenz 2002.

Geboren in Ferrara und an Jesuitenschulen in Bologna erzogen, trat er als 16jähriger in den Orden ein und blieb darin bis zu seinem Tod. Bereits während seiner Zeit als Lehrer der Logik in Parma von 1629 bis 1631 machte er zusammen mit seinem Ordensbruder Niccolo Cabeo Versuche zur Bestimmung der Geschwindigkeit fallender Körper. Als Logik- und Mathematikprofessor am Jesuitenkolleg in Mantua half ihm Cabeo beim Vermessen von Pendelbewegungen. 1635 und wieder in Parma beobachtete er den Mond, diesmal als Lehrer der Theologie. Und auch als er für einige Jahre Theologie in Bologna unterrichtete, galt sein eigentliches Interesse der Astronomie, und er wehrte sich gegen den Druck seitens des Ordens und der Studenten, zu der üppig ins Kraut schießenden theologischen Literatur noch eigenes beizusteuern. Schließlich akzeptierten seine Oberen weitere astronomische Beobachtungen, zur Ehre Gottes, wie er in seiner »Astronomia reformata« von 1665 schrieb. Er baute im »Collegio di Santa Lucia« in Bologna ein Observatorium, in dem er neben den traditionellen Sextanten und Quadranten auch Teleskope einsetzte, und korrespondierte mit Hevelius, Huygens, Cassini und Kircher nicht nur über Astronomie, sondern auch über Geographie.

Zwei Werke katapultierten Riccioli mitten in die großen wissenschaftlichen Auseinandersetzungen seiner Zeit. 1651 veröffentlichte er »Almagestum novum«, eine Wiederaufnahme des Titels des berühmten astronomischen Werkes des Ptolemäus (seit dem Mittelalter durch die arabische Version verballhornter griechischer Titel, »Mathematike syntaxis«, mathematische Sammlung, arabisch »Tabrir al magesthi«). Riccioli gibt einen umfassenden Überblick über die neuen und alten Planetentheorien, vor allem aber eine lange Liste von Erscheinungen, die für oder gegen den Heliozentrismus und die tägliche Erdrotation sprechen. Das zweite Werk ist »Geographia et hydrographia reformata« von 1661, das in ähnlicher Weise altes und neues Denken zusammenführt und umfangreiche Tabellen zur Ortsbestimmung liefert, nach denen sogar Karten angefertigt wurden.

Als Jesuit war Riccioli nicht wirklich frei in der Durchführung und Interpretation seiner wissenschaftlichen Ergebnisse. Er hatte zu allererst zu gehorchen und sich an die Beschlüsse des Ordens zu halten wie an die umfängliche »Ordinatio pro studiis superiobis« von 1651, dem Jahr der Veröffentlichung seines »Almagest«, die die Lehrinhalte festschrieb. Dort wurden die Erddrehung, eine atomistische Auffassung der Materie und die Himmelsdrehung ohne Hilfe der Engel (gegen Aristoteles !) ausgeschlossen. Die private Meinung war nicht entscheidend. Man wollte vielmehr verhindern, dass zu viele Neuerungen, die zum Teil auch von Jesuiten vertreten wurden, zur Grundlage der Lehre gemacht wurden und die Einheitlichkeit und Festigkeit der Doktrin Schaden erleidet.

Das wurde Riccioli im Vorfeld der Veröffentlichung seines »Almagestum novum« klar gemacht. Die Leitung des Ordens in Rom forderte ihn auf, vorab schon einmal zu beschreiben, was an seinem Werk neu und besser sei als das, was in denen eines Tycho Brahe, eines Johannes Kepler und eines Philips van Lansberg schon zu lesen ist, und wollte Teile des Almagest »zur Information« einsehen. Riccioli hat den Wink sehr wohl als Drohung verstanden und versicherte sich deshalb der Hilfe Athanasius Kirchers für das Recht auf Publikation. In seinem Antwortbrief an die Oberen schilderte Riccioli sein Vorhaben in allen Einzelheiten und wie er mit den verschiedenen Auffassungen der Astronomen über den Bau der Welt umzugehen gedenke:

> »Mein Rat ist es, die Astronomie eines Tycho, Longomontanus, Kepler, Lansberg. Boulliau, Wendelin und ähnlicher Autoren nicht zu verdammen, sondern in einem einzigen Buch Elemente von diesen und anderen, die in irgendeiner Weise Beiträge zur Astronomie geleistet haben, zusammen mit deren ausreichenden Grundlagen und ersten Prinzipien zu sammeln, um das miteinander zu vereinbaren, was vereinbart werden kann, zu kritisieren, was nicht vereinbart werden kann, die Gründe jeder Seite anzugeben, so dass jeder der Hypothese folgen kann, die er bevorzugt.«

Er nannte Kopernikus und Galilei nicht namentlich, aber mit Kepler und Boulliau immerhin zwei allgemein bekannte Kopernikaner. 49 Thesen für und 77 gegen sie. Für die These des Kopernikus sprachen Einfachheit und Ökonomie der Bewegung und die Natur der himmlischen und irdischen Körper. Gegen sie wurden die Kategorien des Aristoteles über Schwere und Leichtigkeit und seine Klassifikation der Bewegung angeführt, auch theologische Argumente spielten eine Rolle. In sechs »vernünftigen Schlussfolgerungen« wird eine schärfere Position deutlich als die des Kardinals Bellarmin im Prozess gegen Galilei:

Erstens: »Stellt man alleine auf die himmlischen Phänomene ab, werden sie mit astronomischer und mathematischer Präzision von beiden Hypothesen abgedeckt, der der Unbeweglichkeit der Erde und der ihrer täglichen und jährlichen Bewegung. Bis jetzt gibt es auf der Grundlage der astronomischen Phänomene keinen Beweis, der die eine der beiden Hypothesen als richtig oder falsch demonstriert«. Nach seinen Untersuchungen an fallenden Körpern und mit Kanonenkugeln favorisiert er das geozentrische System, seine zweite Folgerung. Wenn die Erde sich von Ost nach West drehte, müssten fallende Körper von der sich mitdrehenden Luft nach Westen abgelenkt werden statt senkrecht herunterzufallen. Kanonenkugeln müssten beim Schuss nach Westen weiter fliegen als bei einem nach Osten, wo sie von der gegenläufigen Luftbewegung abgebremst würden. Beides ist nicht der Fall. Wenn man viertens »die heilige Autorität und die Göttlichen Schriften in Rechnung stellt« ist fünftens das heliozentrische System wahr. Mit seiner sechsten Schlussfolgerung ist die Unterwerfung unter die kirchlichen Autoritäten und die Bibel perfekt: »Es ist nur fair, dass von jetzt an die Unterstützer der Hypothese des Kopernikus – wenn es denn noch welche geben sollte! – anerkennen müssen, dass Theologen und Kirchenmänner über ausreichende Gutachten verfügen und über diese Hypothesen ein Urteil abgeben können; und dass die kopernikanische Hypothese nicht nur fallen gelassen werden muss, um den kirchlichen Dekreten eine große Referenz zu erweisen, und wegen ihrer fehlenden Übereinstimmung mit den Heiligen Schriften, sondern auch auf der Grundlage tiefschürfender Analyse beider Hypothesen und sehr sorgfältiger Folgerungen«. Es genügte ihm nicht, wenn die Astronomen und andere Wissenschaftler sich dem machtvollen Druck der Kirche aus Angst oder Glaubensgründen beugten. Er wollte den Oberen Munition für einen wissenschaftlichen Anstrich der schon getroffenen Entscheidungen der Kirche liefern. Riccioli konnte drucken lassen (Abbildung 41, S. 198).

Bei Riccioli kreisen Sonne, Mond, Jupiter und Saturn um die Erde, Merkur, Venus und Mars um die Sonne. Auf dem Titelbild des »Almagestum novum« hält eine Frau mit Flügeln (Urania, die Muse der Astronomie) und sternübersätem Mantel eine Waage mit zwei Kugeln, auf denen das kopernikanische und das ricciolische System dargestellt sind. Ricciolis System wiegt schwerer. Eine weitere Kugel mit dem ptolemäischen System liegt am Boden, neben ihm der alte Ptolemäus, der mit dem Finger auf den stehenden, mit Argusaugen übersäten und einem Teleskop bewaffneten Riccioli zeigt, dem von nun an zu folgen ist. Das Teleskop ist auf Ricciolis Knie gestützt, als Hinweis darauf, dass das Werk Gottes nicht erforscht werden darf, ohne es kniend zu verehren. Seht her ihr Glaubenshüter, will Riccioli sagen, ich habe euch alle Mittel an die Hand gegeben, um mit dem kopernikanischen System fertig zu werden. Gottes Engel hat es gewogen und für zu leicht befunden.

Mit zunehmendem Alter schwand die ursprüngliche Bereitschaft, beide Thesen gelten zu lassen. Seiner Meinung nach hatte er die ruhende Erde bewiesen. Er schrieb nun doch theologische Traktate über die unbefleckte Empfängnis, das Evangelium, Gottes Kreaturen und Heilige und geriet ausgerechnet mit diesen ins Visier der Inquisition und wurde zusammen mit seinem Verleger des Missbrauchs des Genehmigungsstempels, einer Buchveröffentlichung ohne Lizenz und der Fälschung eines römischen Dekrets angeklagt und eine Veröffentlichung ohne Korrektur verboten, zu der Ricciolli nicht mehr gekommen ist oder die er nicht vornehmen wollte.

Abbildung 41:
Das Frontispiz des »Almagestum Novum« von 1651. An der Waage der Himmelsgöttin Urania das Kopernikanische und Tychonische Weltsystem, am Boden das des Ptolemäus. Aus: Newtons Universum. Spektrum der Wissenschaft Heidelberg 1990.

Seine Naturwissenschaft entpuppte sich vor allem gegen Ende seines Lebens als kämpferischer Gottesdienst an vorderster Front eines von allen Seiten einschließlich einiger Ordensbrüder bestürmten gefährdeten Bollwerks der Kirche. 1668, drei Jahre vor seinem Tod, griff er in den »Philosophical Transactions« Nr. 36 zum verdeckten Mittel der Auseinandersetzung und stritt sich unter dem Pseudonym Michael Manfredi mit seinem Ordensbruder und Mathematikprofessor aus Padua, de Angelis, um sein, Ricciolis, Argument gegen den täglichen Umlauf der Erde (»Argumento fisico-mathematico contro il moto diurno della Terra«). Riccioli war der Meinung, ein fallender Körper müsse, wenn die Erde sich drehte, eine Kurve beschreiben, was de Angelis bestritten hatte.

Als junger Mann hatte Riccioli selbst nach der Lektüre zweier Werke über fallende Körper, darunter und mit ausdrücklicher Erlaubnis seiner Oberen, des auf dem Index stehenden Galileis »Dialog über die beiden hauptsächlichen Weltsysteme, das ptolemäische und das kopernikanische«, mit seinen Ordensbrüdern Fallversuche durchgeführt, weil sie Galileis Ergebnisse und dessen Fallgesetze bezweifelten und ihn mit wissenschaftlichen Mitteln widerlegen wollten, oder, anders ausgedrückt, sie wollten dem kirchlichen Verdammungsurteil ein wissenschaftliches hinterherschicken (Abbildung 42 und 43).

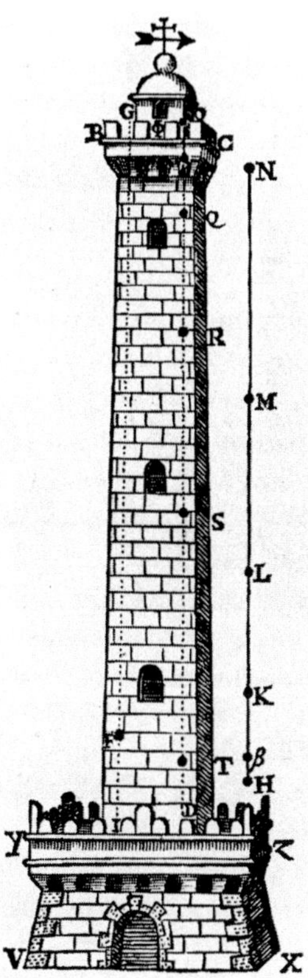

Abbildung 42 : Die Fallversuche des Riccioli.

Aristoteles hatte gesagt, dass je schwerer ein Körper, desto schneller die Fallgeschwindigkeit, Galilei hatte behauptet, dass die Fallgeschwindigkeit vom Gewicht unabhängig ist, wenn man den Luftwiderstand außer acht ließe. Von verschiedenen Türmen in Bologna, meist jedoch vom 92 m hohen Torre degli Asinelli ließ Riccioli deshalb zusammen mit seinem später berühmt gewordenen Schüler Francesco Maria Grimaldi Bälle von unterschiedlichem Gewicht und Größe herabfallen und maß die Fallgeschwindigkeit. Sie sahen, dass leichtere Körper nur etwas hinter den schwereren zurückblieben, keinesfalls so viel und nicht proportional zum Gewicht, wie Aristoteles behauptet hatte, aber eben auch nicht, wie Galilei unter Annahme eines Vakuums bzw. eines fehlenden Widerstandes geschlossen hatte, gleich schnell. Ein Vakuum war für die Jesuiten jedoch nicht denkbar, der fehlende Widerstand passte ganz und gar nicht zur Impetustheorie der Scholastiker, die Voraussetzung Galileis eines widerstandslosen Falls war daher nicht akzeptabel. Aber nach vielen tabellarisch zusammengestellten Versuchsergebnissen von Messungen nach 1, 2 und 3 Sekunden mussten sie sich eingestehen, dass Galilei recht hatte und die Gesamtfallstrecke direkt abhängig war vom Quadrat der benötigten Zeit. Dieses Eingeständnis weist sie ganz klar als Wissenschaftler aus, die sich trotz gegenteiliger Annahmen den erhobenen

Ordo experimentorum	Vibrationes Simplices Perpendiculi alti vnciam 1 13/100.	Tempus primi Mobilis reſpondens Vibrationibus.		Numeri Quadrati Vibrationum.	Spatia cõfecta à Globo argillaceo Vnciarũ 8. in fine temporũ.	Spatia ſeorſim confecta ſingulis temporibus.	Proportio Incrementi Velocitatis Grauium in Aëre noſtrate.
	Vibr. Simpl.	Secũda	Tertia	Quadrata	Pedes Romani	Pedes Romani	Numeri minimi
I.	5	0″	50‴	25	10	10	1
	10	1	40	100	40	30	3
	15	2	30	225	90	50	5
	20	3	20	400	160	70	7
	25	4	10	625	250	90	9
II.	6	1	0	36	15	15	1
	12	2	0	144	60	45	3
	18	3	0	324	135	75	5
	24	4	0	576	240	105	7
	26	4	20	676	280	40	8 1/6
III.	6 ½	1	5	42	18	18	1
	13 0	2	10	169	72	54	3
	19 ½	3	15	381	162	90	5
	26 0	4	20	676	280	118	6 7/128

Abbildung 43: Ergebnistabelle des Riccioli, die Galilei bestätigt.

Daten beugten. Darüber freute sich besonders ihr Ordensbruder und Schüler Galileis, Bonaventura Cavalieri, der als Professor für Mathematik in Bologna wegen heftiger Gichtanfälle an den Versuchen nicht teilnehmen konnte.

Riccioli und Grimaldi kamen bei den Fallversuchen nach heutiger Nomenklatur auf eine Erdbeschleunigung von 9,14 m/sec^2 (der richtige Wert für g, die Erdbeschleunigung, ist in Bologna rund 9,80 m/sec^2). Das Hauptproblem dabei war die Sekunde. Die Methode, mit der sie diese für damalige Verhältnisse sehr genaue Zeitmessung vornehmen wollten, zeigt dann allerdings im Vergleich zum Erbauer der Pendeluhr, Christiaan Huygens, dass sie noch keine wirklich modernen Wissenschaftler waren. Sie wollten in ihren Pendelversuchen ein Pendel herstellen, das genau einmal pro Sekunde schwingt oder 86 400 Mal in 24 Stunden und variierten dabei die Pendellänge (Abbildung 44).

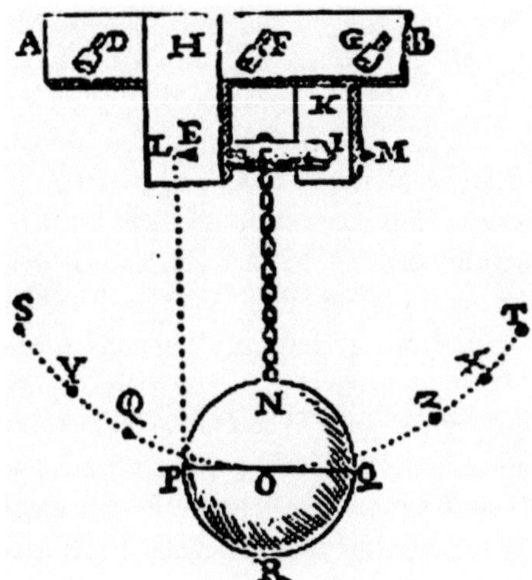

Abbildung 44:
Das Pendel, das Riccioli benutzte.
Abbildungen 42-44 aus: Maria Teresa Borgato (Hg.), Giambattista Riccioli e il merito scientifico dei gesuiti nell'età Barocca. Florenz 2002.

Zu Beginn der Versuche benutzten sie eine Auslaufuhr, die mit Zinnpulver gefüllt war und sich in 10 Minuten leerte. Später, seit 1642, versuchten sie eine Eichung in wahrer Sonnenzeit und Sternzeit (tempus Primi Mobilis, die Zeit des ersten Bewegten). Ihre Ordensbrüder zählten die Schwingungen unterschiedlich langer und schwerer Pendel Tag und Nacht bis zur Erschöpfung, ohne auf die genannte Zahl zu kommen. Sie wechselten sich alle halbe Stunde ab, zählten laut und warfen nach 30 Halbschwingungen einen Rechenstein in ein Gefäß, während einer von ihnen den Sonnendurchgang zur Mittagszeit bzw. einen Fixsterndurchgang in der Nacht beobachtete, um die Schwingungen astronomisch zu eichen. Ihr bester Wert lag bei 86 958 Schwingungen. In weiteren Versuchen näherten sie sich drei Jahre später der Stunde auf 59 Minuten und 36 Sekunden.

Die Pendeleichung gelang deshalb nur annähernd und durch Probieren, weil Riccioli nicht auf die entscheidende Idee gekommen war, den Schwingungsmittelpunkt des Pendels zum Ausganspunkt von Berechnungen zu machen. Diese Idee hat erst Christiaan Huygens 1673 veröffentlicht, in »Horologium oscillatorium sive de motu pendulorum« (Uhr der Schwingungen oder über die Bewegung der Pendel), aber schon fast zwanzig Jahre lang verfolgt, nachdem sich so viele Astronomen beim Pendelzählen die Nächte um die Ohren geschlagen hatten. Fast alle wichtigen Wissenschaftler der Zeit haben sich seit der Anregung durch Mersenne mit dem Problem der Zeitmessung beschäftigt. Erst Huygens gelang es, eine Methode anzugeben, mit der die aus der Pendellänge resultierende Schwingungszeit vorab berechnet werden konnte. Alle wussten zwar, dass kurze Pendel schnell, lange langsam schwingen, aber keiner wusste exakt anzugeben, bei welcher Pendellänge die Schwingungsdauer eine Sekunde beträgt.

Huygens stellte sich vor, dass die Pendelgewichte unterschiedlich langer Pendel an einem einzigen Pendelstab in entsprechender Höhe angebracht wären. Die Schwingungsdauer der kürzeren Gewichte würde die Schwingungsdauer der längeren vermindern, als fest miteinander verbundenes, zusammengesetztes Pendel hätten sie aber einen ihnen allen gemeinsamen Schwingungsmittelpunkt, der dort genauso schwingt wie ein einfaches Pendel dieser Länge.

Er erklärte das mit einem Gedankenexperiment: Wenn die Verbindung der Pendel genau in dem Moment plötzlich gelöst würde, in dem sie die Senkrechte durchlaufen, behielten die jetzt vereinzelten Massen die einmal mitgegebene Geschwindigkeit bei und erreichten dieselbe Steighöhe, wie wenn sie noch verbunden wären. Hielt man die dann weiter ausschwingenden, jetzt getrennten Pendel in ihrer jeweiligen größten Höhe an, zeigte sich, dass die kürzeren unter der Steighöhe des Gesamtsystems geblieben waren, die längeren darüber. Huygens' entscheidender Gedanke war, dass der Schwingungsmittelpunkt des Gesamtsystems (sein »centrum oscillationis«) für alle getrennt schwingenden Pendel erhalten bleibt und ein einfaches Pendel von der Abstandslänge zum Schwingungsmittelpunkt genau so schwingt wie der Schwingungsmittelpunkt des zusammengesetzten Pendels (Abbildung 45).

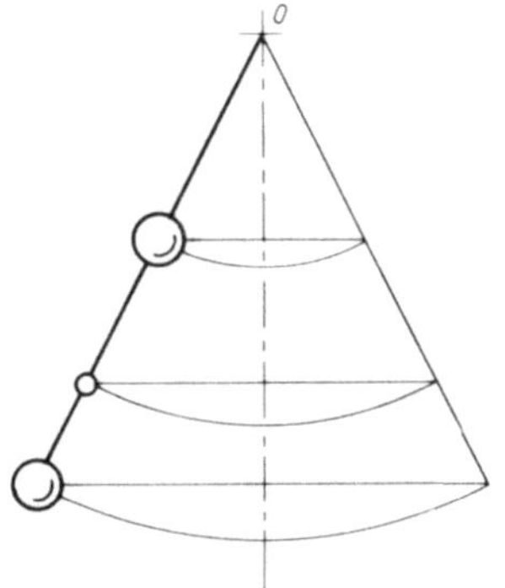

Abbildung 45:
Das Huygen'sche Schema eines physikalischen Pendels mit mathematischem Schwerpunkt.
Aus: Károly Simonyi, Kulturgeschichte der Physik. Thun und Frankfurt am Main 1990.

Damit konnte er zwar das Verhältnis der Schwingungszeiten beliebig langer einfacher Pendel berechnen, hatte aber noch nicht die Zeit als berechenbare absolute Größe. Sie musste ausgehend von der Fallgeschwindigkeit auf der schiefen Ebene gefunden werden. Huygens stützte sich dabei auf die Experimente Galileis und auf dessen Beobachtung, dass Pendel ganz unterschiedlicher Länge bei einer sehr kleinen Auslenkung bis 3° annähernd gleich lang, isochron, schwingen. Aus der Analogie der Messergebnisse auf der schiefen Ebene mit der vom Pendel zurückgelegten Wegstrecke ließ sich die notwendige Länge des Sekundenpendels geometrisch konstruieren und berechnen. Sein größter Geniestreich war jedoch, dass er eine Kurve fand, bei der aus jeder Starthöhe des Pendels die gleiche Laufzeit resultiert und deren Pendelschwingungen deshalb so stabil waren, dass seine Uhren auch auf Schiffen eingesetzt werden konnten: die Zykloide. Sie beschreibt den Weg eines Punktes auf einem Kreis, der sich auf einer Geraden abrollt. Nach dieser Vorarbeit für ein mathematisches Pendel, die noch ohne Integral- und Differentialrechnung auskommen musste, hat Huygens die physikalischen Pendel seiner Uhren konstruiert. Huygens hatte für die Länge eines Sekundenpendels »3 Paris feet 8 ½« angegeben, das wären 1000,89 Millimeter (1 Pariser Fuß = 32,48 cm, 1 Zoll = 2,707 cm), was nur um wenige Millimeter von später gewonnen Daten abweicht. Dieser gründliche mathematische Abgleich eines physikalischen Sachverhalts, den Huygens noch in vielen weiteren Aspekten vorgenommen hat, die enge Verzahnung von rechnerisch zu erwartenden und experimentell gewonnen Ergebnissen war die neue Wissenschaft, sie war so modern, dass sie bis heute mit den formalen Veränderungen der höheren Physik in den Lehrbüchern zu finden ist.

Die Fixierung der Sekunde auf der Grundlage physikalischer Gesetze war etwas ganz anderes als die Bestimmung der Stunden und Minuten durch Beobachtung des Himmels, nicht nur wegen des höheren Grades potentiell zu erreichender Genauigkeit, sondern auch wegen des direkten konstruktiven Zusammenhangs von Zeitmessung mit mechanischen Abläufen. Mit der Sekunde war die Zeit sichtbar von der Erdanziehung abhängig, irdisch und feinmechanisch geworden. Sie konnte jetzt durch Verfeinerung der Mechanik auf der Grundlage von Kenntnissen der physikalischen Bedingungen immer exakter dynamische Prozesse messen. Riccioli und seine hartnäckig zählenden Ordensbrüder haben am gleichen Problem gearbeitet, aber noch mit den aristotelischen Vorgaben von natürlichem Ort und absoluter Schwere im Kopf eher am Pendel herumprobiert und damit eine astronomische Eichung versucht, als den Kern des Zusammenhangs von Schwingungsdauer und Pendellänge zu verstehen und sie vorab berechnen zu können. Ihren ordentlichen Näherungswert verdanken sie ihrer Ausdauer und Hartnäckigkeit beim Zählen, nicht ihrem Durchblick. Dass sie trotzdem schon fast moderne Wissenschaftler waren, haben sie mit der letztendlichen Akzeptanz von Galileis Fallgesetzen bewiesen, nachdem sie sich selbst in Versuchen davon überzeugt hatten. Ein waschechter scholastischer Professor hätte alle Argumente von vorne herein durch Zitieren einschlägiger Stellen bei Aristoteles totgeschlagen.

Ricciolis Schüler Grimaldi entdeckte später Lichtbeugung- und Interferenz und gab zusammen mit Riccioli eine berühmt gewordene Mondkarte heraus. Giovanni Domenico Cassini, ein weiterer Schüler, wurde Professor der Astronomie in Bologna, entdeckte vier Saturnmonde und erbaute im Auftrag von Ludwig XIV. das Observatorium in Paris. Der Mathematikprofessor aus Padua und Mitexperimentator Niccolo Cabaeo schrieb 1629 ein wichtiges Werk über den Magnetismus, in dem zum ersten Mal die elektrische Abstoßung erwähnt wird. Die jesuitischen Wissenschaftler waren fähige Leute, viele ihrer Beiträge eine Bereicherung für Physik, Astronomie und Mathematik.

Sir Kenelm Digby

Sir Kenelm Digby gehört zu den Wissenschaftlern, die in diesem Jahrhundert der religiös aufgeheizten Kriege – wie der Bürgermeister von Magdeburg, Otto v. Guericke – hartnäckig ihren Neigungen inmitten eines konfliktbeladenen politschen Lebens nachgingen (Abbildung 46).

Abbildung 46: Kenelm Digby. Familie und Portrait von van Dyck.

Mit seinen europaweiten Verbindungen wurde er zu einem wichtigen Mann im sich bildenden Netzwerk experimentierender Wissenschaftler, das in die Gründung von wissenschaftlichen Gesellschaften münden sollte. Aber das war nur ein Teil seiner weit gesteckten Interessen. Er entstammte einer Familie des katholischen und begüterten Landadels. Sein Vater Everard wurde 1605 als Beteilligter am »gunpowder plot« bis zur Bewusstlosigkeit gehängt, seine Gedärme herausgerissen und der Leichnam gevierteilt. Der plot war eine katholische Verschwörung gegen den aus Schottland stammenden presbyterianischen englischen König James I. und das englische Parlament. Sie sollten allesamt in die Luft gesprengt werden. Damals war Kenelm drei Jahre alt. Er wuchs bei seinem Onkel auf. Als 17jähriger verließ er die Universität von Oxford ohne Diplom und machte sich auf eine dreijährige Reise durch Europa, konvertierte zur anglikanischen Kirche und wurde als geheimer Staatsrat nach einer ergebnislosen Eheanbahnungsreise für den späteren König Charles I. zu Philipp II. nach Spanien zum Ritter geschlagen, heiratete heimlich eine Schönheit von zweifelhaftem Ruf, kaperte als Privatier im Mittelmeer einige spanische, flämische und holländische Schiffe und besiegte bei Iskanderun französische und

Abbildung 47 (links): Das erste in einem von ihm verfassten Buch veröffentlichte Portrait im Alter von 62 Jahren.
Abbildung 48: Im Alter von 26 Jahren kurz nach seinem Sieg bei Scanderoon (Iskanderun).
Alle Abbildungen aus: Davida Rubin, Sir Kenelm Digby F.R.S., 1603-1665. San Francisco 1991.

venetianische. Damit allerdings hatte er es zu weit getrieben, da Repressalien für die englischen Handelsschiffe befürchtet wurden, und er musste nach Hause (Abbildung 47 und 48).

Dort wurde er zum Bevollmächtigten für die Flotte gemacht, erhielt mehrere Monopole, u. a. das einträgliche für das Verschiffen von Wachs an den Küsten von Wales und zusammen mit fünf anderen ein 30jähriges für den Handel mit Kanada, für Guinea, Benin und Angola, und er wurde der Leiter des Trinity House, der Dockanlage in London und Experimentierstation für Leuchttürme. Das Trinity House war ein Anziehungspunkt für viele an Experimenten interessierte Reisende und Seeleute. Nach dem plötzlichen Tod seiner Frau 1633 vergrub er sich experimentierend für zwei Jahre im Gresham College, eine damals schon 100jährige Londoner Einrichtung, deren Professoren öffentliche Vorlesungen hielten und in der im Gegensatz zu der noch mittelalterlichen Lehre der Universitäten Experimente gefördert wurden. Er nahm wieder den katholischen Glauben an und ging deshalb für die nächsten 25 Jahre nach Frankreich ins Exil, mit einer Unterbrechung 1642, als er einen Franzosen im Duell wegen dessen Beleidigungen von Charles I. getötet hatte.

Nach Frankreich zurückgekehrt, wurde er der Kanzler von Henrietta-Marie de Bourbon, der katholisch gebliebenen Frau des englischen Königs Charles I., die mit ihren Söhnen nach dem Scheitern mehrere Versuche, die Royalisten zu unterstützen und das Parlament auszuschalten, mitten im Bürgerkrieg 1644 nach Frankreich geflohen war. In ihrem Auftrag intervenierte er beim Papst und bei Cromwell zugunsten der Katholiken in England und erhielt von Cromwell sogar eine Pension, nachdem seine Güter konfisziert worden waren. Unter Charles II. war er wieder in England, eckte immer mal wieder an und wurde trotz seiner Beziehungen zur Königsmutter Henrietta-Marie des öfteren vom Hof verwiesen. Er starb an den Folgen jahrelanger Nierensteinkoliken im Alter von 62 Jahren. Wahrscheinlich hatte er, wie viele seiner reichen Zeitgenossen, zu viel Fleisch gegessen.

Dieser Kenelm Digby war trotz seines irrwitzigen Lebenslaufs auch ein begnadeter Literaturkritiker, religiöser und fiktionaler Schriftsteller, Autobiograph, Physiker, Alchemist, Mediziner, Botaniker, Astrologe, Mathematiker, Experimentator und Organisator des Wissenschaftsbetriebs. Während Digby sich in der Welt herumtrieb, vor allem während seines Exils in Frankreich, knüpfte er Kontakte zum Mathematiker, Philosophen und Musiktheoretiker Marin Mersenne, der Spinne im Netz der europäischen Intellektuellen, die er über einen regen Briefwechsel in Verbindung brachte, und nahm an dessen »Académie Mersenne« teil, einem privaten Debattier- und Experimentierclub, gehörte zum »Newcastle Circle« der englischen Emigranten in Frankreich, der auch Hobbes einschloss, diskutierte brieflich Probleme der Zahlentheorie mit den wichtigsten Mathematikern der Zeit, mit Fermat und Willis, und unterstützte Descartes. Er kannte gut den königlichen Leibarzt und Chemiker und Mitglied der Académie des Sciences, Pierre Borel, den Physiker Huygens, der mit seiner Undulationstheorie des Lichts berühmt werden sollte, und er verkehrte in privaten chemischen und anatomischen Demonstrationszirkeln. Schon als ganz junger Mann war er in die ersten Versuche der Gründung eines Zusammenschlusses experimentierender Wissenschaftler beteiligt, an der Royal Academie, und er gehörte später zur Royal Society. 18 Buchveröffentlichungen sind ihm gewidmet, was seinen Bekanntheitsgrad beweist. Er wurde nicht nur wegen der königlichen Patronage mehreremals vom englischen Hofmaler Anton van Dyck protraitiert. Der Maler war sein Freund. Zusammen studierten sie Astrologie, Alchemie und Chemie.

Seine wichtigsten wissenschaftlichen Ergebnisse und theoretischen Auffassungen wurden erstmals 1642 veröffentlicht, in »Two Treatises, in the one of which the nature of bodies, in the other, the nature of mans soule is looked into: in way to discover, of the immortality of reasonable soules«, auf Englisch, eben nicht auf Latein, und noch in Frankreich. Darin wird er als Atomist und Vertreter einer Korpuskulartheorie erkennbar, die auf Descartes basiert und als einer, der die Unsterblichkeit der vernünftigen Seele beweisen will. Er demonstriert sein voll entwickeltes atomistisches System in zahlreichen Experimenten auf hohem technischen Niveau mit einfachen und gemischten Körpern in physikalischen und physiologischen Versuchen. Allein 20 der 38 Kapitel sind Experimenten gewidmet. Zum erstenmal seit dem Albertus Magnus des Mittelalters stellt er die Frage nach der Entwicklung von Pflanzen und Tieren und kommt nach Untersuchungen an bebrüteten Hühnereiern zur Auffassung, dass eine Organentwicklung stattfindet und nichts vorgeformt vorliegt. Er schneidet einer Viper das Herz heraus und stellt die Autonomie des Herzschlags fest, was ihn von Harveys System der Blutzirkulation überzeugt, obwohl er die Einwände Descartes' aus persönlichen Kontakten gut kennt. Nach Beobachtungen an Kranken mit Bewegungseinschränkungen oder Sensibilitätsstörungen formuliert er ein Reflexsystem, in dem die Empfindungen zum Hirn transportiert und motorisch beantwortet werden. Er wagt sich sogar an psychologische Testverfahren: er kombiniert die Wahrnehmung schreckenerregender Gegenstände mit angenehmer Umgebung und umgekehrt und kommt damit dem sehr nahe, was Pawlow unter »bedingter Reaktion« versteht, eine Reizantwort, in diesem Fall die Auslösung von Angst, alleine durch die Konditionierung auf ein wiederkehrendes Signal. Eine weitere große Unterscheidung gelang ihm bei der Antipathie gegen Rosen. Um die psychische Aversion von der körperlichen Allergie zu trennen, legte er einer davon betroffenen schlafenden Frau eine Rose auf den Nacken, eine Art Patch-Test, mit dem heute noch Allergien diagnostiziert werden.

Als erste Publikation eines Mitglieds der Royal Society erschien 1661 Digbys »Discourse Concerning the Vegetation of Plants«, ein Vortrag, den er vor dem Gresham College gehalten hat. Ausgangspunkt war der Wunsch herauszufinden, ob Pflanzen, die der Hitze ausgesetzt und letztlich zu Asche werden, wiederbelebt werden könnten. Das hätte die alte, auf Epikur zurückgehende Idee ewiger Formen bestätigt. Statt dessen hatte Digby die Ahnung einer neuen. Es müsse etwas in der Luft sein, eine Art »hidden food of life«, eine versteckte Lebensnahrung, die Pflanzen und Menschen wieder belebt. Mehr aber auch nicht. Es wurde trotzdem versucht, aus Digby den ersten zu machen, der so etwas wie Sauerstoff in die Debatte geworfen hat, was natürlich Unsinn ist.

Sein größter Erfolg zu Lebzeiten, von dem heute niemand mehr unter wissenschaftlichen Aspekten spricht, war der »Powder of Sympathie« von 1658, den auch Francisci erwähnt, so etwas ähnliches wie die Waffensalbe des Paracelsus. Statt die Wunde zu behandeln, wurde die Salbe auf die Waffe geschmiert, die die Wunde verursacht hatte. Digbys Puder wurde auf ein Tuch gestreut, die Wunde kurz damit berührt, aber dann beiseite gelegt. Die Wirkung war sympathetisch und wurde mit Magnetismus oder einer anderen Art von Anziehungskraft erklärt, bei der auch, wie bei Digby, korpuskulare und hypnotische Kräfte eine Rolle spielen konnten. Der Puder bestand aus wasserfreiem Ferrosulfat, mit dem man Blutungen stillte. Der eigentliche und immer wieder bestätigte Erfolg der Therapie lag aber in der Nichtbehandlung der Wunde mit den bisher gebräuchlichen Salben. Statt die Wunden zuzuschmieren, wurden sie für Digbys sympathetische Behandlung nur gesäubert und der Verband häufig gewechselt. Das ermöglichte eine natürliche Wundheilung. Innerhalb von drei Jahren war das Werk englisch, französisch, lateinisch, holländisch und deutsch erschienen. In Deutschland war das Geheimnis der Sympathie, Wunden in der Ferne zu heilen, besonders erfolgreich und wurde noch 1800 aufgelegt. Ich habe europaweit 44 Auflagen gezählt. Digbys umfängliche medizinische Rezeptsammlungen erschienen erst nach seinem Tod.

Das war der experimentierende Digby. Der andere war ein literarischer Schöngeist. Über sein »Brave and resolute Sea-Fight« vor Scanderoon (Iskenderun) schrieb er schon als junger Mann von 25 Jahren einen aufsehenerregenden Bericht. Er untersuchte einige Abschnitte des großen Epos der Renaissance aus der Feder von Edmund Spenser »Observations on Spencers Faery Queen«, eine Allegorie auf die Artussage. Dabei ging es ihm vor allem um die Rolle der vernünftigen Seele, ein Thema, das ihn sein ganzes Leben nicht mehr los ließ. Es folgten mehrere religiöse Schriften, darunter eine Schilderung, wie er eine vor einer arrangierten Ehe von England nach Frankreich geflohene Lady zum katholischen Glauben überredete.

Thomas Bartholin

Der Anatomieprofessor Thomas Bartholin (1616-1680) aus Kopenhagen gehört zu einer ganzen Dynastie dänischer Ärzte, die mit ihrem Umfeld der Medizin, der Pharmakologie, der Physik und der nordischen Altertumsforschung im 17. Jahrhundert ihren Stempel aufdrückte (Abbildung 49).

Er wurde nach dem Tod seines Vaters, dem Medizinprofessor in Kopenhagen Caspar Bartholin, von seinem Schwager groß gezogen, dem von Francisci häufig zitierten Nachfolger auf dem Lehrstuhl für Medizin Olaus Wormius. Er war vorher schon Griechisch- und Physikprofessor gewesen und hat mit seinen vielfältigen Interessen an Geschichte und Naturgeschichte dem jungen Thomas einen weiten Horizont verschafft.

Thomas Bartholins wichtigster Beitrag zur Anatomie ist die Beschreibung des Lymphgefäßsystems 1652. Nach der Entdeckung des Lungenkreislaufs, des sog. kleinen Blutkreislaufs, durch den ägyptischen oder syrischen Arzt Ibn Al-Nafîs (gest. 1289) und seiner Bekanntmachung im Abendland durch den spanischen Arzt Miguel Serveto (1553 auf Betreiben Calvins in Genf verbrannt), nach William Harveys Endeckung des Blutkreislaufs 1628 und mit Marcello Malpighis mikroskopischen Befunden des Kapillarkreislaufs in der Lunge 1661, den roten Blutkörperchen wenig später und der Beschreibung des arteriellen Kreislaufs an der Hirnbasis durch Thomas Willis 1664 war das Kreislaufsystem in groben Zügen aufgeklärt, die Säftelehre Galens schwer angeschlagen. Ab jetzt begann endgültig die gründliche Revision der antiken Medizin. Für Francisci ist Bartholin Kronzeuge und oft letzte Instanz in medizinischen Fragen und der am meisten zitierte Autor, häufiger noch als Aristoteles, Seneca, Cardanus und Kircher.

Aber das ist nicht der eigentliche Grund, warum ich Thomas Bartholin hier vorstelle. Es sind seine Beweglichkeit als Student und der glückliche Umstand, dass er über seine Beweggründe als alter Mann in einem an seinen Neffen Holger Jacobsen und seine Söhne Caspar und Christopher gerichteten »Rat zur medizinischen Wanderschaft« (»Consilio de Peregrinatione medica« 1674) berichtet hat. Bartholin war zehn Jahre unterwegs.

Im Gegensatz zur Beweglichkeit der Soldaten, die sich überall herumtreiben, Unheil stiften und sich bereichern, sei die der Studenten nützlich, wenn sie bestimmte Regeln befolgen. Er selbst hat sich die besuchten Universitäten nach der Qualität und dem Ruf ihrer Lehrer ausgesucht. Deshalb war er in Leiden,

Abbildung 49: Thomas Bartholin im Alter von 56 Jahren.
Aus: Charles D.O'Malley (Übersetzer), Thomas Bartholin: On The Burning of His Library and On Medical Travel. University of Kansas Libraries 1961.

Paris, Orléans, Montpellier, Padua, Rom, Neapel, Messina und Basel. Vor Antritt seiner Reise hatte er drei Jahre Theologie studiert und sich mit Hebräisch, Aramäisch, Koptisch und Altertumsforschung beschäftigt, hörte Vorlesungen über Recht und Philosophie und erfreute sich an Poesie. »Ich habe ein Großteil davon vergessen, aber ich bedaure es nicht, eine nicht lukrativ zu verwertende Last auf mich genommen zu haben«. Sie bringt einen mit sich ins Reine und sie kultiviert. Erst in Leiden begann er mit dem Medizinstudium, das ihn nicht mehr loslassen sollte. Seine Hauptbegründung für die »Peregrinatio medica«: Alles. »Alles was passiert, erregt die Aufmerksamkeit eines Arztes: die Luft der verschiedenen Regionen, die Beschaffenheit des Landes, die Bekömmlichkeit des Wassers, der Einfluss des Himmels, das Naturell der Bewohner, die Diätvorschriften, die Krankheiten, die heimischen und fremden Heimittel und alles übrige, was die Natur zu schenken hat, wie Pflanzen, Tiere, Heilwässer, Säfte, medizinische Erden, Metalle und andere Dinge bestimmter Regionen«. Er zählt dann noch genauer auf, was von den einzelnen Berufsgruppen zu lernen ist, von den Ärzten, Chirurgen, Pharmazeuten, Chemikern, und vom gemeinen Volk gewöhnliche Dinge. Danach fragt man sich, was den Medizinstudenten nicht interessieren soll und versteht, weshalb so viele Ärzte eine so hervorragende Rolle in allen Naturwissenschaften, in der Philosophie und den Geschichtswissenschaften gespielt haben. Ihre vorher schon angestachelte Neugier zu genauen Beoabachtungen auf Reisen haben dafür den Grund gelegt. Sie sollten »solche Dinge sammeln, die die medizinische Schatzkammer aus allen Richtungen bereichern, so dass wir wie die Argonauten das goldene Flies nach Hause bringen können«. Bartholinus selbst ist ein gutes Beispiel dafür. Die von ihm sieben Jahre lang bis zu seinem Tod herausgegebene erste wissenschaftliche Zeitschrift Dänemarks, die »Acta medica et philosophica hafniensa« lieferte wichtige Beiträge auch zu Botanik, Zoologie und Mineralogie.

Als er um 1643/44 in Neapel war, wohnte er bei Marco Aurelio Severino, dem Chirurgen am Incurabili Krankenhaus (für Unheilbare), einem Schüler Campanellas, der nicht nur eine blutige Chriurgie betrieb, sondern auch Fische, Vipern und viele andere Tiere sezierte, und die Kiemen, Giftwerkzeuge, Geschlechtsorgane und Embryonen beschrieb (Zootomia Democritea). Severino war berühmt und der Inquisition ein Dorn im Auge. Bartholin hatte durch ihn Zutritt zu allen über Neapel hinaus bekannten Ärzten und listet ihre Verdienst auf. Der eine hat ein neues Gegengift gefunden, ein anderer war gegen Doktrinen und für Erfahrung in der Behandlung von Fieber, wieder ein anderer erichtete mit seiner Sammlung aus der Natur ein Museum oder schrieb Gelehrtes über den Ausbruch des Vesuv. Es gab 120 Apotheken in Neapel, ohne die zahlreichen in den Klöstern, und 500 Barbiere (Chirurgen). Es gab auch Krankenhäuser mit einer säuberlichen Trennung von Fieberkranken und Verwundeten, mit Frischluftterassen, Abteilungen für randalierende psychische Kranke und für Moribunde. Er hat im Museum des Ferrante Imperato das Skelett eines Pygmäen zu sehen bekommen, in zehn voluminösen Bänden mit getrockneten Pflanzen geblättert, den Kopf eines Lamas und die aus seiner Wolle gemachten Kleider, eine doppelköpfige Schlange und einen doppelköpfigen Foetus bewundert und sich in unzählige Mineralien und Metalle versenkt. Ein anderes von einem ehemaligen Apotheker des Klosters Santa Caterina eingerichtetes Museum stellte ungewöhnliche Öfen und die Skelette verschiedener Tiere aus. In der Bibliothek von San Giovanni in dem kleinen Dorf Carbonara di Nola bei Neapel fand er viele Manuskripte, unter anderem eines des griechischen Arztes aus dem 1. Jahrhundert nach Christus, Pedacius Dioscorides, »mit eleganten Illustrationen« von Pflanzen, und lateinische Handschriften Galens und Hippokrates' aus dem 14. Jahrhundert. Im bischöflichen Stall eines Palastes entdeckte er einen kolossalen Pferdekopf aus Bronze, von dem erzählt wurde, dass kranke Pferde um ihn herumrennen und sofort gesund würden »vielleicht durch die Hilfe ihrer Bewegung«.

Bartholin beschließt seine napolitanischen Beobachtungen mit einem Überblick über epidemische Krankheiten besonders bei Kindern, über ernährungsbedingte Erkrankungen und solche durch den Mangel an Sonne in den tiefen Straßenschluchten. Die Luft in Neapel sei wegen einer erfrischenden Seebrise in heißen Sommern gesünder als in Rom, der in Neapel getrunkene Wein von Sorrent dünner als früher und nicht lange haltbar, und weil die Trauben sauer seien, würden sie nicht von Dieben verdorben. Aus den Eschen gewinne man durch Anritzen der Rinde Manna, einen süßlichen Sirup, aus getrockneter Vulva der Kühe ein Ingredients zu einer Salbe, die nach Moschus riecht, und Tomaten würden gerne von den Mönchen gegessen und sehr gut zubereitet, obwohl sie auf Grund ihrer Farbe Anlass für Melancholie seien. Die beste Feige mit Namen »Paradies« wurde von den Napolitanern beschrieben als »verarmter gehängter Verrückter, der eine verführerische Träne vergießt«. Er preist noch die Schwefelquellen auf Ischia und in der Umgebung des Vesuv, den er auch bestiegen hat.

Eines Seitenhiebs auf die einstmals berühmte Schule von Salerno konnte er sich nicht enthalten. Diese medizinische Ausbildungsstätte war schon im 9. Jahrhundert gegründet worden und genoss im Mittelalter hohes Ansehen. Jetzt musste er feststellen, dass ihre Studenten nur mit einem Buchwissen von Hippokrates und Aristoteles geprüft wurden und nach dem Eid mit ihrem Diplom einer alterwürdigen Universität im Königreich Neapel und im ganzen Heiligen Römischen Reich sofort und ohne Überwachung durch einen Oberarzt praktizieren durften. Bartholins Vorstellungen von Medizin waren das nicht. Aber seine Bemerkung wirft ein bezeichnendes Licht auf den Spagat zwischen Mittelalter und Neuzeit in der Ausbildung zum Mediziner im selben Königreich, gerade mal 100 km von Neapel entfernt, und sie lässt erahnen, welche ideologisch gesteuerten Kämpfe sich unter den Ärzten in ihrer alltäglichen Praxis um die richtige Behandlung der Kranken abgespielt haben. Es ist ein Spagat zwischen spekulativer Betrachtung des Körperbaus bei Aristoteles und der auf Anatomie und Sektion beruhenden Physiologie bei Harvey und einer zwischen gesunder Lebensführung bei Hippokrates und chemisch definierter Therapie bei Thomas Willis. Da gab es theoretisch keine Gemeinsamkeiten mehr, praktische vielleicht noch in der diagnostischen Empirie des Hippokrates, seiner Diätetik und seinen Bäderkuren. Bartholin kann noch alles integrieren und spricht oft bewundernd sogar von Galen, dessen fortdauernde Verehrung die spanische Medizin schon weit zurückgeworfen hat. Aber Bartholin hat mit seiner Entdeckung des Lymphgefäßsystems eben selbst zum modernen Bild des menschlichen Körpers beigetragen.

Und wie kamen die Studenten von einem Ort zum anderen? Schon zu Thomas Bartholins Wanderschaft um die Mitte des 17. Jahrhunderts war es anscheinend nicht mehr üblich, zu Fuß zu gehen, außer »für Studenten mit Verstand, aber sehr kargem Vermögen«. Aber manchmal fehlten Pferde, und dann musste man zu Fuß gehen, wie er das auf dem Weg von Nizza über Ventimiglia nach Genua gemacht hat. Studenten, die Medizin oder Geographie studieren, sind nicht immer für die Kutsche gemacht, denn sonst würden sie keine Pflanzen sammeln, die Landschaft vermessen, Längengrade und Entfernungen bestimmen können. Für Fußgänger gelten einfache Regeln: trockenes Schuhwerk, am besten Holzpantinen, die nicht lange nass bleiben, bei felsigem Untergrund dünne eiserne Schuhsohlen wie bei den Türken, bei kurzen Wegen und trockenem Wetter auch mal Sandalen. Beim Reiten Beinschienen und hohe Stiefel mit dem Nachteil von nassen Füssen bei Regen und Aufquellen des Leders. Bartholin informiert seine jungen Studenten in allen Einzelheiten, auch über die richtige Nahrung unter Zuhilfenahme alter Autoritäten wie Avicenna, Isidor von Sevilla, Hippocrates und anderen, stellt eine Reiseapotheke zusammen und gibt Ratschläge zur Behandlung von häufigen Reisekrankheiten wie Durchfall und Verstopfung, Übelkeit und Seekrankheit

Auch eine Meerwasserentsalzungsvorrichtung fehlt nicht. Man kann das Salzwasser durch drei oder vier mit Sand gefüllte Ärmel sickern lassen, man kann es in einem Kolben destillieren oder in einem mit einem Tuch bedeckten Topf kochen und das Tuch nachher auswringen. Chemiker extrahieren Salz aus dem Urin, warum sollte das mit Meerwasser nicht auch funktionieren? Man kann das Meer als Urin betrachten, wie die Brahmanen. Dort gebe es ein daumengroßes Männchen, eine heilige Person mit Namen Gastea, das sich wegen seiner Winzigkeit über das riesige Meer geärgert und befohlen habe, dass es sich in einen einzigen Tropfen zusammenziehen solle, den er verschlang. Zwei Dämonen sagten ihm, er hätte eigentlich keinen Grund für eine solch große Wut und überzeugten ihn, den Tropfen wieder abzugeben, worauf er ihn pinkelte. Deshalb sei aus Urin Salz geworden. Bartholin kann seine ungeheure Bildung einmal mehr nicht verbergen.

Auch nicht, als er sie ermahnt, sich auf ihrem Weg von Jesus leiten zu lassen, so wie ein Sprichwort bei den Arabern besagt, wer ohne Gott hofft, verliert seinen Weg. Wer tugendhaft und von ausgeglichenem Geist sei, werde nicht vom Teufel vom rechten Weg abgelenkt, Gefahren, die er mit dem Neuplatoniker Marsiglio Ficino benennt: Venus, Bacchus, Ceres, Hecate, was soviel bedeutet wie Weib, Wein, Opium und Glücksspiel. Bartholin konnte davon ausgehen, dass die jungen Kerle den verklausulierten mythologischen Hinweis verstanden und auch nicht vergaßen, nach Hause zu kommen. »Bewundert fremde Länder, aber nicht unter Ausschluss des eigenen«. Sie müssten der Heimat etwas zurückgeben und wissen, dass auch in Rom gestorben wird, und sie sollten immer daran denken, »dass sie bei aller Beschäftigung mit der Natur nicht ihren Urheber aus dem Auge verlieren, damit sie nicht in der Sorge um die Gesundheit des Körpers die der Seele zerstören«. Ganz nebenbei formuliert Bartholin hier das Prinzip einer psychosomatischen Medizin, in der eine gesunde Seele eine gläubige ist.

Literatur

Thomas Ahnert: The Culture of Experimentalism in the Holy Roman Empire: Johann Christoph Sturm and the Collegium Experimentale 2002.

Allgemeine Deutsche Bibliographie, Leipzig 1896.

Allgemeine Deutsche Biographie (ADB), Digitales Register 2007

Alma mater librorum, Ausstellungskatalog, Bologna 1988.

Thomas Bartholin, On the Burning of His Library and On Medical Travel, translated by Charles D. O'Malley, University of Kansas Libraries, 1961 (Consilio de Peregrinatione medica, Kopenhagen 1674).

Biographisch-Bibliographisches Kirchenlexikon: www.bautz.de/bbkl

Biography from Answers.com Giovanni Battista Riccioli.

Maria Teresa Borgato (Hg.), Giambattista Riccioli e il merito scientifico dei gesuiti nell'età Barocca. Florenz 2002.

Ole Daniel Enersen 1994-2008, Thomans Bartholin.

Volker Hermann, Kai Thomas Platz (Hg.) Johann Christoph Sturm. Büchenbach 2003.

Christiaan Huygens, Horologium oscillatorium sive de motu pendulorum ad horologia aptato demonstrationes geometricae, Paris 1673.

Jesuit Science and the Republic of Letters, Massachusetts Institute of Technology 2003, darin: Edward Grant, The partial transformation of medieval cosmology by Jesuits in the sixteenth and seventeenth centuries. Alfredo Dinis, Giovanni Battista Riccioli and the science of his time.

Diogenes Laertius, Leben und Meinungen berühmter Philosophen, Hamburg 1998.
Kurd Lasswitz, Geschichte der Atomistik vom Mittelalter bis Newton, Hamburg und Leipzig 1890.
Gottfried Wilhelm Leibniz, Über die Natur an sich. In: Philosophische Schriften 4. Frankfurt am Main und Leipzig (1698) 1992.
Ernst Mach, Die Mechanik in ihrer Entwicklung, 8. Aufl.Leipzig 1921.
Meyers Konversationslexikon, 5. Aufl. Leipzig und Wien 1897.
Johann Heinrich Jacob Müller, Lehrbuch der Physik und Meteorologie, 5. Aufl. Braunschweig 1858.
Philosophical Transactions Juni 1668, Nr. 36.
Davida Rubin, Sir Kenelm Digby F. R. S. 1603-1665, San Francisco 1991.
Hans Schimank, Pendelversuche und Fallversuche in Bologna. In: Ernst Brüche (Hg.), Sonne steh still. 400 Jahre Galileo Galilei. Mosbach 1964.
Károli Simoyi, Kulturgeschichte der Physik. Frankfurt 1990.
Richard S. Westfall, The Galileo Projekt, Giambattista Riccioli 1995.
Johann Heinrich Zedlers Grosses vollständiges Universallexicon aller Wissenschaften und Künste 1731-1754, Online 2007

Vom Gesetz Gottes zum Drehungsgesetz der Winde

Wer weiß, ob Franciscis »Lufftkreys« eine andere Schlagseite bekommen hätte, wenn ihm Edme Mariotte bekannt gewesen wäre. Francisci muss gerade mit dem Redigieren beschäftigt gewesen sein, als dieser 1679 in Paris seinen »Seconde essai de physique, de la nature de l'air« veröffentlichte (Zweiter physikalischer Versuch über die Natur der Luft). Dieser Essai hat in der noch kleinen experimentierenden Gemeinde der Naturwissenschaftler großes Erstaunen ausgelöst, weil zum ersten Mal Luftdruck und Volumen von Gasen nicht nur als einzelne Zustandsgrößen behandelt, sondern miteinander in Beziehung gesetzt und berechenbar wurden. Sie trägt heute die Namen von Boyle und Mariotte und besagt, dass bei konstanter Temperatur das Produkt aus Druck und Volumen konstant bleibt. Erhöht sich der Druck, sinkt das Volumen, erhöht sich das Volumen, sinkt der Druck.

Es war der erste physikalische Zusammenhang, der aus Messungen der Atmosphäre gewonnen worden war, ein einschneidendes Ereignis, obwohl uns das Ergebnis heute fast als Binsenweisheit erscheint. Ein Gesetz, wie es von der Nachwelt genannt wurde. Aber Mariotte selbst hat in diesem Zusammenhang nach zahlreichen und genau beschriebenen Experimenten nicht von einem Gesetz, sondern von einer »Regel der Natur« gesprochen, die in einer »mittelmäßigen Rechenoperation« ein vorhersagbares Ergebnis liefert. Er war also viel zu vorsichtig, um die gefundenen Beziehungen als fest und absolut im Sinne eines Gesetzes anzusehen, oder er war sich des Unterschieds zwischen einer Regel und einem Gesetz nicht bewusst. Die Mathematik kennt Regeln, die Natur kennt sie. Gesetze, die kannte man bisher nur von Gott, den menschlichen Obrigkeiten und einige aus der Mechanik.

Gott war immer noch der eigentliche und von allen unangefochtene Gesetzgeber der Natur. Umstritten war, wie er seinen Gesetzen Geltung verschafft, durch permanentes Intervenieren oder nur indirekt über die von ihm der Schöpfung eingepflanzten Regeln. Spinoza gehörte zu denen, die Gott in seiner Natur vollkommen aufgehen, ihn beinahe mit ihr verschmelzen ließen, wie er das in seiner Ethik (1644) erläuterte: »Gott handelt bloß nach den Gesetzen seiner Natur und von Niemandem gezwungen (17. Lehrsatz), und »die Dinge haben auf keine andere Weise und in keiner anderen Ordnung von Gott hervorgebracht werden können, als sie hervorgebracht wurden« (33. Lehrsatz). Danach steuert Gott die Natur eigentlich gar nicht mehr, sondern er lässt sich eher von ihr steuern. Einmal in die Welt gesetzt, regelt die Natur sich selbst nach vorgegebener Ordnung und Gott braucht nur noch zuzuschauen. Sogar auf seine ureigene Schöpfung scheint sein Einfluss begrenzt gewesen zu sein, denn er hat eine Ordnung hervorgebracht, die er gar nicht anders hätte gestalten können als sie geworden ist, weil sie vernünftiger nicht sein kann. Spinoza hat in diese beiden Lehrsätze mit einiger Raffinesse, von Leibniz jedoch bemerkt und von ihm deshalb als gottlos bezeichnet, als Zirkelschluss eine Selbstentmachtung Gottes versteckt, die dazu auffordert, ihn in der Natur zu suchen. Leibniz schildert auch das Vokabular, mit der von einigen die Auseinandersetzung um Gottes Wirken in der Natur geführt wurde: Gott würde die Dinge bewegen, sagten sie, »wie ein Holzfäller seine Axt und wie der Müller durch Absperrung oder Einlassung das Wasser auf das Rad seine Mühle betreibt«. Der »göttliche Haudegen«, der »Wille«, »Befehl«, die »beschwerliche Tätigkeit« und der »Kraftaufwand« sind weitere Bezeichnungen für sein Wirken, in denen er sich wie ein Kraftmeier aufführt oder als ein Malocher zu schwitzen hat. Im Wortgebrauch spiegelte sich der Streit um Gottes Omnipotenz, die als eine den Dingen äußerliche oder als eine in ihnen selbst liegende Kraft angesehen wurde.

Solche Fragen hat sich Mariotte nicht gestellt. Er hat mit seinen Experimenten lediglich die Natur befragt und so eine ihrer Regeln gefunden, die gesetzmäßig abläuft, eine vernünftige Regel, an der sich Gottes Wirken in der Natur ablesen lässt. Aber war sie deshalb gleichbedeutend mit einem göttlichen Gesetz?

Der zutiefst gläubige Newton, für den Gott wirklich herrscht, »überall und zu jeder Zeit« und allgegenwärtig ist, »nicht nur virtuell, sondern auch substantiell«, hat nicht von Gesetzen, sondern von Prinzipien der Natur gesprochen, aus denen sich Theoreme (Lehrsätze) ableiten lassen. Damit hat er das Kernproblem umschifft, das die Wissenschaftler im 17. Jahrhundert umgetrieben hat: Sind die Naturgesetze von Gott, sind sie quasi von ihm erlassen und können sie von ihm jederzeit und nach seinem Belieben geändert werden? Newtons allmächtiger Gott wird von ihm nur beschworen, ohne Angabe eines konkreten Zugriffs auf die Natur.

Whitehead (gest. 1947) spricht bei Newton und Descartes gleichermaßen von »Deismus«, weil es sich um Gesetze handele, die der Natur von Gott »auferlegt« sind. Ich halte aber die Unterschiede zwischen beiden für zu groß, um sie unter ein gemeinsames Dach zu stellen. Newtons ausschließlich aus der mathematischen Behandlung von Beobachtungsdaten gewonnenen Theoreme beschreiben Beziehungen zwischen Körpern, die gemessen wurden und in denen jedes spekulative Element fehlt. Trotzdem war sich Newton ganz und gar nicht sicher, ob ihm die endgültige Formulierung eines von Gott der Natur gegebenen Gesetzes gelungen ist. Ihm gegenüber ist Descartes unglaublich dreist. Er postuliert Körper, die keiner je beobachtet hat und schreibt ihnen Eigenschaften zu, die er sich bis in alle Einzelheiten passend zurecht phantasiert. Er hat so, im Gegensatz zu Newton, selbst Gott gespielt und eine eigene Welt erschaffen, die er Gott in einer Mischung aus Versuchsergebnissen und selbst erdachten Naturabläufen als Naturgesetz untergeschoben hat. Das war eigentlich nicht Whiteheads Verständnis von Deismus. Für ihn impliziert er, »dass es keinerlei Abweichungen von den Naturgesetzen geben kann. Denn Gott hat sicherlich genau das getan, was er wollte«. Spinoza ist darin gut herauszuhören. Aber die Streitfrage um 1700 war ja nicht, ob Gott Gesetze auferlegt hat oder nicht, sondern wie sie sich durchsetzen. Whiteheads Aussage gilt deshalb eher für Newton, der sich in Demut Gott unterordnet, als für Descartes, der sich an seiner Stelle wähnt. Diese Haltung ist in den Formulierungen seiner Naturgesetze deutlich zu spüren.

Descartes' erstes Naturgesetz lautet:

> »Ein jedes Ding behält von sich aus denselben Zustand bei, und daher fährt ein Ding, das sich einmal in Bewegung gesetzt hat, immer fort, sich zu bewegen«. Begründung: »Im Rückgriff auf diese Unbeweglichkeit Gottes können bestimmte Regeln erkannt werden, die Ursachen zweiter Ordnung und besondere Ursachen der verschiedenen Bewegungen sind, die wir an einzelnen Körpern bemerken. Das erste dieser Naturgesetze ist: Ein jedes Ding, sofern es ein einzelnes und ungeteiltes ist, verbleibt von sich aus in demselben Zustand und verändert sich niemals außer durch äußere Ursachen« (Prinzipien der Philosophie 2. Buch, 37).

Auch das zweite Naturgesetz wird mit Gott begründet:

> »Jede Bewegung ist aus sich selbst heraus geradlinig, und deshalb tendiert alles, was sich kreisförmig bewegt, sich vom Mittelpunkt des Kreises zu entfernen, den es beschreibt....Die Ursache dieser Regel ist ebendieselbe wie die der vorangegangenen, nämlich die Unveränderlichkeit und Einfachheit der Tätigkeiten, durch die Gott die Bewegung in der Materie aufrecht erhält. Denn Gott hält eine Bewegung gerade so aufrecht, wie sie zu dem Zeitpunkt, an dem er sie aufrecht erhält, beschaffen ist, ohne Rücksicht darauf, wie sie kurz vorher vielleicht gewesen ist« (2, 39).

Mit dem dritten Naturgesetz holt Descartes in seiner Begründung bis zur Schöpfung aus. Es lautet:

> »Ein Körper verliert nichts von seiner Bewegung, wenn er auf einen anderen auftrifft, der eine größere Kraft besitzt; trifft er hingegen auf einen mit geringerer Kraft auf, verliert er gerade so viel Bewegung, wie er auf jenen überträgt... Es ist offensichtlich, dass Gott vom Anfang der Welterschaffung an nicht nur verschiedene Teile dieser Welt auf verschiedene Weise in Bewegung versetzt, sondern bewirkt zugleich auch, dass die einen die anderen anstoßen und ihre Bewegung auf sie übertragen... Indem Gott also die Welt durch dieselbe Handlung aufrecht erhält und sie unter die Bedingung ebenderselben Gesetze stellt, mit denen er sie erschaffen hat, heftet er die Bewegung nicht ständig an dieselben Stücke der Materie, sondern erhält die Bewegung in der Weise, dass sie von den Stücken einer Materie so auf die anderen übertragen wird, wie sie aufeinander auftreffen. Und auf diese Weise ist selbst diese unablässige Veränderung an dem Geschaffenen ein Argument für die Unveränderlichkeit Gottes« (2, 40, 42).

Die Unbeweglichkeit Gottes und die Erklärung der Bewegungsabläufe zu Ursachen zweiter Ordnung sind der Kunstgriff, der es Descartes erlaubt, die Bewegung der Materie nach seinem erdachten Mechanismus ablaufen zu lassen. Die erste Ursache ist Gott der Schöpfer. Mit der Ursache zweiter Ordnung bezeichneten die Scholastiker die Wirkungsbeziehungen, die in der Natur erkannt werden können, nachdem sie ihr von Gott bei der Erschaffung der Welt einmal mitgegeben worden waren. Im zweiten Naturgesetz geht Descartes einen Schritt weiter. Er erklärt jede willkürliche Änderung der Bewegungen, die er sich ausgedacht hat, damit sie in seine Maschinerie passen, als Beweis für die Omnipotenz göttlichen Wirkens in der Natur, ungeachtet des Widerspruchs zu seiner Aussage im ersten Gesetz, dass es sich bei der Bewegung um Ursachen zweiter Ordnung handelt. In diesem zweiten Naturgesetz hat Descartes die Trennung von erster und zweiter Ursache aus recht durchsichtigen Gründen aufgehoben. An ihre Stelle tritt nun die reine Willkür göttlichen Eingreifens. Gott kann danach die Bewegung der Materie bestimmen wie er will, »ohne Rücksicht darauf, wie sie kurz vorher vielleicht gewesen ist«. Descartes hat sich damit einen Freibrief verschafft, der es ihm erlaubt, an seiner Teilchenmaschinerie so lange herumzubasteln, bis alle Elemente passend gemacht sind. Im dritten Naturgesetz läuft die neue Maschine rund und braucht Gottes ständiges Eingreifen nicht mehr. Sie funktioniert nun wieder nach Art der Scholastiker als Räderwerk, das bei der Erschaffung der Welt in Bewegung gesetzt wurde und dessen Ursachen zweiter Ordnung erkannt werden können, jetzt aber mit der göttlichen Weihe der Schöpfung für die Kopfgeburt des Descartes. »Die bloße Fiktionalität dieser Annahmen«, die er zugibt, hindert ihn nicht daran zu behaupten, dass alles trotzdem stimmt. Er glaube nicht, »dass irgendwelche einfacheren oder dem Verstand leichter fasslichen, oder auch nur wahrscheinlicheren Prinzipien der Dinge erdacht werden können«, als er sie selbst erdacht hat (3, 47).

Das sind beinahe die Worte, die Spinoza für die von Gott etablierte Ordnung gefunden hat, die »auf keine Weise und in keiner anderen Ordnung hervorgebracht werden« konnte. In einer schwachen Stunde hat Descartes einen beinahe humorigen Umgang mit sich selbst formuliert, der durchaus der Haltung enspricht, in der er die »Principia Philosophiae« geschrieben hat: »Weil wir nunmehr Gott erkannt haben, erfassen wir ihn als eine so unermessliche Macht, dass wir es für unstatthaft halten, zu meinen, irgend etwas könne von uns getan werden, das nicht zuvor von ihm vorbestimmt gewesen wäre. Hingegen können wir uns leicht in großen Schwierigkeiten verlieren, wenn wir diese vorausbestimmte Ordnung Gottes mit der Freiheit unserer Willkür vereinigen und beide zur selben Zeit zu begreifen suchen« (I, 40). Er hat offensichtlich bemerkt, was er veranstaltet, und hat sich wenigstens ein bisschen damit gequält. Seine Naturgesetze waren durch und durch willkürlich und in keiner Weise nachprüfbar mathematisch formuliert. Auch das unterscheidet ihn von Newton.

Gläubige Zeitgenossen haben die Selbsterhöhung des Descartes als Gotteslästerung empfunden und nicht wenige Wissenschaftler als Anmaßung eines Philosophen und Mathematikers, der mit ungedeckten Schecks arbeitet, oder ihn, wie der Vorgänger des Johann Christoph Sturm auf dem Lehrstuhl für Physik in Altdorf und Modernisierer des Aristoteles, Abdias Trew, abschätzig als »Klügling« bezeichnet, der nur neue Prinzipien schmieden wolle. Das System des Aristoteles steht, was seinen Gehalt an Empirie betrifft, in keiner Weise dem des Descartes nach, und es war deshalb überhaupt nicht ausgemacht, das des Descartes vorzuziehen, der als Philosoph Gott mit der Attitude eines Herrschers über die Natur spielte. Sein Gesetzeswerk verlieh dem Ausdruck »Gesetz« für Erscheinungen der Natur eine überhöhte Bedeutung und den Physikern, die ihn verwenden, eine gottähnliche Aura.

Die Physiker haben vom Begriff des Gesetzes in den folgenden Jahrhunderten einen inflationären Gebrauch gemacht, bis sie merkten, dass sie sich damit keinen Gefallen tun, sondern sich eher Stolpersteine in den Weg legen und unnötige Hürden aufbauen. Denn spätestens seit dem Ende des 19. Jahrhunderts, als sich die Verstöße der Materie gegen die jetzt Gesetze genannten Prinzipien Newtons häuften, mussten sie erkennen, dass ihre in mathematischer Form ausgedrückten Gesetze im besten Fall provisorisch gültig sind und einen vorübergehenden Kenntnisstand ausdrücken. Etwas demutsvoller spricht man daher heute von Hypothesen, auch wenn sich dahinter immer noch der Eine oder Andere verbirgt, der sich wie Descartes gebärdet und jede noch so kleine Änderung der wissenschaftlichen Anschauung großspurig zum Paradigmenwechsel erklärt, mit dem die Wissenschaft umgeschrieben werden müsse.

Mit den sprunghaft steigenden experimentell gewonnenen Ergebnissen der Physik und Chemie ausgangs des 17. Jahrhunderts wurde Gott Mathematiker. Die Ähnlichkeiten zwischen der Konstruktion mathematischer Beziehungen, die sich um deren Realitätsgehalt in keiner Weise kümmern muss, sondern nur ihre logische Stringens beweisen will, und der Konstruktion der Person Gottes, die von den Menschen auch nicht in der Realität nachgewiesen werden muss, sondern einfach gesetzt wird, ist frappierend. Die Beweisführung der Mathematik ist außerdem so schlüssig, ihre Logik so zwingend, dass sie nur aus göttlicher Vernunft erklärbar war. Bei Leibniz ist die mathematische Argumentation in vielen Fällen so eng verwoben mit den grundsätzlichen Fragen nach der Existenz Gottes – sei es beim mathematischen Unendlichen mit der Unendlichkeit Gottes, sei es bei der physischen Ordnung des Universums mit der Gestalt von Parabeln, Ellipsen und Hyperbeln – dass die Schönheit der Geometrie und ihre sinnfälligen Ableitungen für die hervorragende Einrichtung der Welt durch Gott zu stehen scheint. Da die Mathematik seit Pythagoras und Plato schon immer anfällig für göttliche Regelhaftigkeit und ihre Zahlenreihen Anlass für magische und tranzendentale Beschwörungen gewesen war, führte ihre Verbindung mit den Erscheinungen der Natur zur Übertragung einer fast gläubigen Verehrung auf die mathematisch formulierten Naturgesetze. Sie waren beweisbar geworden und daher wahr. Wahr auch, weil sie Gottes Wirken in der Natur enthüllten und seiner Vernunft auf die Schliche kamen. Es galten zudem diejenigen Beziehung als wertvoller, die sich mathematisch einfach ausdrücken ließen. Sie entsprachen der Meinung, dass die göttliche Ordnung in ihrer Klarheit unübertroffen sei und dass diese Klarheit und Sicherheit in der Verknüpfung von Ursache und Wirkung am schönsten in einfachen mathematischen Beziehungen zum Ausdruck komme.

Von der göttlichen Vernunft blieb bald nicht mehr viel übrig. Bei Laplace findet sich in seinem »Exposition du Système du Monde« etwas mehr als hundert Jahre nach Mariotte und 150 Jahre nach Descartes kein einziger Hinweis mehr auf Gott. Es genügte nun allein die streng mathematisch formulierte Wahrheit. Laplace sah sie in dem von Huygens entdeckten Gesetz der Doppelbrechung verwirklicht: »Bis jetzt war dieses Gesetz nur ein Beobachtungsresultat, das der Wahrheit innerhalb der Fehlergrenzen, denen die genauesten Resultate unterworfen sind, nahekam. Jetzt lässt die Einfachheit des Wirkungsgesetzes, von dem es abhängt, es als ein strenges Gesetz erscheinen« (zitiert nach Pierre Duhem ohne Angabe der Ausgabe). In der 3. Auflage von 1808 steht das etwas anders: »Einer der größten Vorteile der mathematischen Theorie ist es, und der geeignetste, um Sicherheit zu bekommen, besteht darin, die Phänomene, die auseinanderzuliegen scheinen, miteinander zu verbinden, indem man ihre gegenseitigen Beziehungen aufzeigt, nicht durch vage und auf Vermutungen beruhende Überlegungen, sondern durch rigoroses Rechnen« (wie bei Duhem im Kapitel »De l'attraction moleculaire« – über die molekulare Anziehung). Streng oder rigoros, beide Adjektive lassen das schon alt gewordene Regime der Mathematik als erzkonservative, erbarmungslose Herrschaft erscheinen, die sich mit ihren rigorosen Gesetzen und rechnerischen Methoden die Natur unterwirft und mit dem göttlichen Auftrag, sich die Erde untertan zu machen, erstmals in der Geschichte der Menschheit und nun ohne Rückgriff auf Gott wirklich ernst macht.

Der als »Reichskanzler der Physik« titulierte Hermann von Helmholtz hat das neue Credo in seinen Vorlesungen zur theoretischen Physik 1893 so ausgedrückt: Wir seien »mittels einer solchen vorgängigen Kenntnis der Gesetze in der Lage, die Naturkräfte nach unserem Willen und unseren Wünschen für uns arbeiten zu lassen. Die ganze Entwicklung der Industrie in der Neuzeit, und die ganze damit verbundene Aenderung in der Form des menschlichen Lebens und der menschlichen Thätigkeit, hängt wesentlich von dieser Herrschaft über die Naturkräfte ab«.

Statt sich im Lichte der Aufklärung zu erwärmen, kühlte das Klima der Vernunft zusehends ab und erstarrte in mathematischer Folgerichtigkeit zu Eis, das bald auch die Humanwissenschaften, die Geschichte und die Ökonomie mit einem frostigen Kalkül bedeckte. Der vermessene Knochenschädel lieferte den Beweis für rassische Intelligenzunterschiede, die lebendige Geschichte wurde einem ihr angeblich inhärenten logischen Kalkül unterzogen, die Ökonomie ersetzte menschliche Beziehungen durch Rechenoperationen und die messende Physik produzierte eine »Wolke von Zahlen« aus ihren Daten (Hugo Dingler) als Spielmaterial für die theoretische Physik.

Später erst wurde bemerkt, dass die Zahlenwolke keine Gesetze mit einer strikten Verknüpfung von Ursache und Wirkung hervorgebracht hatte, sondern eher statistische Wahrscheinlichkeiten abbildeten. Diese Einsicht hatte viel mit den Entwicklungen der Thermodynamik und der Atomphysik zu tun, die die Bewegungen von einzelnen Teilchen nicht mehr verfolgen, sondern nur durchschnittliche Aussagen über ihr Verhalten machen konnten. Die Quantenphysik ist von vornherein eine statistische gewesen, und sie hat nachgewiesen, dass nicht zugleich und mit einer beliebigen Genauigkeit Ort und Impuls eines Teilchens bestimmt werden können. Es bleibt immer eine prinzipielle Unschärfe. Man fühlt sich beinahe an die antike Methode erinnert, die Geschwindigkeit zu messen, entweder die Zeit oder die durchlaufene Strecke, nie beide gleichzeitig. v.Helmholtz gehörte noch zur alten positivistischen Schule und wandte sich ausdrücklich dagegen, bei Hypothesen stehen zu bleiben. Er verlangte vielmehr, das hypothetische Element herauszuschaffen, und über eine probeweise Formulierung des Gesetzes schließlich zu einem allgemein gültigen vorzudringen. Der Erfolg, auch der seine, gab ihm damals Recht.

Alexander von Humboldt, der in seinem »Kosmos« von einer »wissenschaftlichen Ergründung der Weltgesetze« gesprochen hatte, versuchte noch »den Besorgnissen über den Verlust eines freien Naturgenusses unter dem Einfluß denkender Betrachtung oder wissenschaftlicher Erkenntnis« und des aufkommenden Gefühls von Kälte der Wissenschaften etwas Wärme entgegenzusetzen:

> »Einseitige Behandlung der physikalischen Wissenschaften, endloses Anhäufen roher Materialien konnten freilich zu dem, nun fast verjährten Vorurtheile beitragen, als müßte nothwendig wissenschaftliche Erkenntniß das Gefühl erkälten, die schaffende Bildungskraft der Phantasie ertödten und so den Naturgenuß stören. Wer in der bewegten Zeit, in der wir leben, noch dieses Vorurtheil nährt; der verkennt, bei dem allgemeinen Fortschreiten menschlicher Bildung, die Freuden einer höheren Intelligenz: eine Geistesrichtung, welche Mannigfaltigkeit in Einheit auflöst und vorzugsweise bei dem Allgemeinen und Höheren verweilt. Um dies Höhere zu genießen, müssen in dem mühsam durchforschten Felde specieller Naturformen und Naturerscheinungen die Einzelheiten zurückgedrängt und von dem selbst, der ihre Wichtigkeit erkannt hat und den sie zu größeren Ansichten geleitet, sorgfältig verhüllt werden«.

Sein ihm Freude bereitender Forscherdrang war geprägt von Erkenntnisinteresse. Bei v. Helmholtz war daraus der Wille geworden, über die Naturkräfte zu herrschen und sie für den Menschen auszubeuten. Gerade in Deutschland war die Reaktion auf die Enteignung des erhabenen Naturgefühls durch die rechnende Physik und die naturzerstörerische Technik mit Romantik, Naturphilosophie und religöser Rückbesinnung besonders stark. v. Humboldt war vielleicht der letzte bedeutende Naturwissenschaftler mit einer einheitlichen Betrachtung des Naturganzen und der Fähigkeit, die kalten Teile der Wissenschaften in ein warmes Naturgefühl zu integrieren, ohne gleich an Verwertung zu denken.

Die Meteorologie zur Zeit Franciscis hatte alle diese Probleme nicht. Sie hatte, gemessen am Wissen über die Mechanik der Körper, erst einmal die nötige Datenmenge zusammenzubringen, die die Dynamik des Geschehens in der Luft erfassen konnte. Das frühe mathematische Gesetz von Mariotte zum Verhältnis von Druck und Volumen der Gase war schlicht und hat bis Mitte des 19. Jahrhunderts gehalten. Es fiel den mit genaueren Aparaturen gewonnenen Messergebnissen des französischen Physikers und Chemikers Henri Victor Regnault und anderen zum Opfer, die es unter verschiedenen Temperaturen und Gasdichten überprüften und geringfügige, aber zukunftsweisende Abweichungen feststellten. Sein Wirkungsbereich wurde begrenzt und schloss die neuen Ergebnisse der magnetischen und elektrischen Veränderungen der Gase aus.

Der Begriff des Gesetzes begann schon obsolet zu werden, als der Berliner Physiker Heinrich Wilhelm Dove in den 30er Jahren des 19. Jahrhunderts von einem »Drehungsgesetz der Winde« sprach, das er in den kommenden

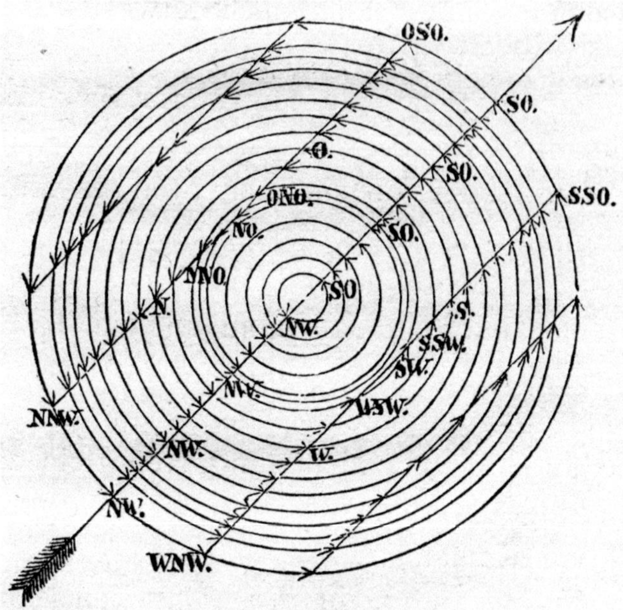

Abbildung 50: Das Gesetz der Stürme und das Drehungsgesetz der Winde von Dove. Mit den beiden Scheiben eines Tiefdruckgebiets, das sich als Sturm in Richtung des Hauptpfeils von Südwest nach Nordost vorwärts bewegt, diskutiert Dove hypothetisch die Drehung der Windfahne an einem gegebenen Ort, wenn der Zustrom zum Zentrum des tiefsten Drucks »centripetal«, geradlinig von außen nach innen erfolgt oder sich in einem Wirbel hineindreht. Seine Beobachtungen sprechen entschieden für die zweite These. Die Windrichtungen sind durch die vielen keinen Pfeile markiert.

Jahrzehnten als Direktor des von ihm angeregten Meteorologischen Instituts in Berlin zu einem »Gesetz der Stürme« erweiterte. Er hat zwei Dinge klar gestellt, die damals umstritten waren oder falsch interpretiert wurden: in Tiefdruckgebiete strömt die Luft nicht geradewegs zur Stelle des tiefsten Drucks, sondern dreht sich entgegen dem Uhrzeigersinn dort hinein. Und die Tiefdruckgebiete sind Folge der Windströmung, nicht ihre eigentliche Ursache (Abbildung 50 und 51).

Eine mathematische Formel hatte er dafür nicht parat, dafür aber zahlreiche weltweite Beobachtungen und Messungen, die seine Schlussfolgerung stützten. Die regelmäßige Beobachtung einer bestimmten Drehrichtung des Windes allein nannte er Gesetz. Die variablen Faktoren einer sich ständig in Turbulenzen befindlichen Atmosphäre sind aber noch heute selbst von gigantischen Rechnern eine kaum zu bewältigende Aufgabe, so dass ein »Gesetz der Stürme« wie eine Anmaßung wirkt, vor allem vor dem Hintergrund dessen, was Physiker damals als Gesetz verstanden haben und welche Kriterien sie an ein solches legten. Der Erklärer der Passatwinde, George Hadley, hatte sich 1735 noch nicht so weit vorgewagt und nur von Grundsätzen gesprochen, die einen Zusammenhang von Erdrotation und Passatwinden nahe legen. Auch Kant, der

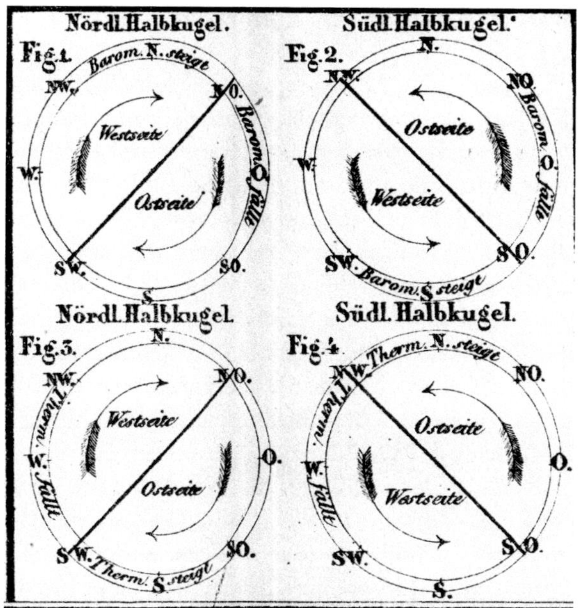

Abbildung 51: Die Kreise beschreiben das zyklische Steigen und Fallen von Barometer (oben) und Thermometer (unten) im Fortschreiten der Hurrikans nördlich oder südlich des Äquators an Beobachtungen im Golf von Mexiko und vor Madagaskar.
Beide Abbildungen aus: H. W. Dove, Das Gesetz der Stürme in seiner Beziehung zu den allgemeinen Bewegungen der Atmosphäre. Dritte sehr vermehrte Auflage, Berlin 1866.

20 Jahre später unabhängig von Hadley das gleiche Problem behandelte, sprach nur von einer Theorie der Winde und von der Regel, die er mit der Windabweichung nach rechts durch die Drehung der Erde gefunden hatte. Ein Gesetz setzt Berechenbarkeit bis in alle Einzelerscheinungen hinein voraus, und so gesehen wäre es bis heute nicht zulässig, von einem solchen zu sprechen, höchstens von einer auf Basis umfangreicher Daten gewonnenen allgemein gültigen Theorie oder von einem Modell, wie das die Klimaforscher machen. Aber bis zu den beiden sogenannten »Hauptsätzen« der Thermodynamik, bis zur Mitte des 19. Jahrhunderts wurde beinahe jede mathematische Beziehung zwischen physikalischen Erscheinungen als Gesetz bezeichnet und von einigen wie ein Gesetzbuch in Paragraphen präsentiert.

Nach dem kurzen Ausflug in die Gesetzeslage der Meteorologie ist Francisci nicht zu beneiden. Abgesehen von einzelnen Untersuchungen des Luftdrucks und der Temperatur gab es keine gemessenen Werte, die direkt mit der Wetterlage verknüpft waren. Seine genauen Beschreibungen von Unwettern, Winden, Wolken und anderen am Himmel zu beobachtenden Erscheinungen aus allen Erdteilen und zu allen Zeiten sind daher die einzige Möglichkeit, den Phänomenen auf den Leib zu rücken. Erste Experimente, die die Zusammensetzung der Luft aufzuhellen beginnen, können in das Wettergeschehen nicht eingeordnet werden. Sie werden genau so interessiert gesammelt wie die Berichte

Schiffbrüchiger, der Missionare in den Kolonien, von Bauern in Norwegen oder von Gesandtschaften in China.

Francisci hat nur zwei in sich schlüssige Erklärungsmodelle zur Verfügung. Beide stammen aus der Antike: Seneca und Aristoteles. Es ist also kein Wunder, dass er auf sie zurückgreift, wenn er verstehen will, wie das Wetter entsteht, warum es regnet und schneit, warum es blitzt und donnert. Sekundiert werden die antiken Größen von einem ganzen Heer von Modernisierern, die vor allem Aristoteles mit experimentellen Beweisführungen unterfüttern und noch einmal stabilisieren wollen. Dass das ein zweischneidiges Unterfangen ist, bemerkt auch Francisci. Viele neue Erkenntnisse unterhöhlen eher das alte Fundament als es zu stärken. Das bedeutet, dass die Erklärungsmuster ihre Geschlossenheit verlieren und entscheidende Nahtstellen alchemistisch zersetzt werden und physikalisch aufgehen. Die raumgreifenden Beispiele, die Francisci anführt, deuten erstmals einen Zusammenhang des Weltklimas an, der noch nicht richtig verstanden und auch nicht bewusst weiter verfolgt wird. So exotisch und prall die Schilderungen daherkommen, so dürftig ist die eigentliche wissenschaftliche Ausbeute. Hier schwimmt Francisci hilflos im Meer der Erscheinungen, die ihm die Weltreisenden, Welteroberer und Missionare liefern, und tappt herum in finsterer Nacht, wie Bacon (bei Francisci Verulamius) die reine Erfahrung als eine Mischung aus Zufall und Versuch bildlich zu fassen suchte. Bacons Mittel, der Nacht zu entkommen, waren lange Listen von Einzelbeobachtungen, aus denen er Gemeinsamkeiten herauszukristallisieren versuchte, wie er das am Beispiel der Wärme vorgeführt hat. Er nannte dieses Verfahren der Konzentration Empirie im Gegensatz zur reinen Erfahrung. Francisci konzentriert nicht, er häuft Beschreibungen an, die nur zufällig gestreute gemessene Daten enthalten. Keine Spur von wissenschaftlich fundierten Regeln und erst recht nicht von einem Gesetz, statt dessen die Belebung des animistischen Urgrunds der christlichen Religion durch die Praktiken bisher unbekannter Völker. Teufelsspuk in jeder Wolke, in jedem Pfeifen des Sturms und in jedem krachenden Donnerschlag. Das alles passt nur schwer unter einen Hut.

Auch die biblischen Vorgaben für die Tätigkeit der Engel werden unterlaufen. Die barocken Engel machen, was die Wissenschaftler machen und spielen als verzärtelte Knaben mit Zirkeln, schauen durch Teleskope, sammeln Insekten und Pflanzen, wiegen Materie aus und vermessen die Welt. Oder sie verzetteln sich, erwachsen geworden, in aufreibenden Scharmützeln mit der Teufels- und Hexenbrut und den überhandnehmenden Geistern, so dass der liebe Gott hinter dem Szenarium verschwindet, statt sein Regisseur zu sein. Wie er da noch das Bild eines allmächtigen, gerechten und vernünftig handelnden Gottes aufrecht erhalten will, ist von Francisci nur noch schwer zu vermitteln und endet meist in einer gebetsmühlenartigen Beschwörung seiner positiven Attribute und seiner Fähigkeit, Wunder zu vollbringen. Es wirkt hohl und angekränkelt von Vernunft.

Mit einem angeschlagenen Gott als Kommandeur und einem kurz vor dem Aus stehenden Berater Aristoteles scheint die christlich-antike Truppe im Gleichschritt dem Untergang entgegen zu marschieren, so eng verwoben präsentiert sich der Auflösungsprozess der alten wissenschaftlichen Weltbilder und der christlichen Welterklärung. Francisci versucht beide noch einmal zu versammeln und mit der neuen Zeit zu versöhnen. Einen Großteil seiner Debatten bestimmen Einordnungsversuche und Integrationsbemühungen. Seine hin- und hergerissenen Zeitgenossen vor Augen will er Trost im Glauben vermitteln, kann aber nicht verhehlen, dass es zum »Am Anfang war das Wort« wissenschaftlich kein Zurück gibt. Ein bißchen Nestwärme in Gott in einer kälter werdenden Welt, in der nicht mehr Engel die Wolken verschieben und Gotteslästerer vom Blitz getroffen werden, in der die Gläubigen sich an die Gurgel fahren und jedes Bibelwort auf die Waagschale legen, ist den aufkommenden experimentellen Wissenschaften kaum mehr abzutrotzen. Der Schatten am Zeiger Ahas ist für sie jetzt ein Schatten zu viel auf Gottes weißer Weste. Da machen selbst die meisterhaft perspektivisch zeichnenden und den Kompass beherrschenden kleinen Engel keine Ausnahme, die von den Frontispizen naturkundlicher Bücher bereits in die Kirchen ausgeschwärmt sind.

Die Frösche, die Francisci immer noch so regnen lässt, wie sie es seit zweitausend Jahren getan haben, und die Lemmige, die jüngeren Datums sind, sind für die mit subtilisierten alchemistischen Dünsten beladene Luft zu schwer geworden, ihre Zeugung nach dem Muster meteorologischer Erklärung schon ziemlich absurd. Sie sind die Nachhut der zahlreichen kurzschlüssigen Wetterbeobachtungen, die aus der zeitlichen Abfolge von verschiedenen Ereignissen einen Zusammenhang von Ursache und Wirkung konstruieren. Einige seiner Zeitgenossen wie Isaac Vossius versuchen nicht mehr, die alten Berichte mit neuem Repertoire zu bestätigen, sondern lassen die aus den Wolken fallenden Frösche und Lemmige schlicht zu Tode kommen. Man fragt sich heute, warum dieses nahe liegende Ergebnis eines Sturzes aus großer Höhe nicht schon früher in Erwägung gezogen worden ist. Die Verantwortung liegt, so scheint es mir, eindeutig beim lieben Gott. Dem Allmächtigen alleine war es zuzutrauen, dass eine fallende Kreatur unbeschadet die Erde erreicht, unabhängig vom Ausgangspunkt ihres Sturzfluges. Die nachrangige Verantwortung gebürt den scholastischen Dialektikern, die die antiken Wissenschaften den Glaubensvorstellungen angepasst haben und solange die Begriffe zerlegten, bis ihnen die Bestätigung der Allmacht Gottes gelungen war. Denn beim Frosch- und anderen Wunderregen handelt es nicht um einen einfachen Volksglauben, sie waren Gegenstand wissenschaftlicher Dispute. Das heißt, wer die Meinung des Vossius akzeptierte, bewies damit, dass er Gott eine so unwahrscheinliche Leistung nicht mehr zutraute. Auch das ist barock.

In der Niederwelt des Francisci herrschen Disharmonie und Anarchie. Es ist ein Interregnum, zwischen den Gesetzen Gottes und seines unfreiwilligen Gehilfen Aristoteles und den Gesetzen der Naturwissenschaften. Der Abstand zwischen den Regenten ist so klein, dass er nur bei genauem Hinschauen zu erkennen ist, selbst der zwischen Aristoteles und der Dampfmaschine wird etwas später kaum auszumachen sein. Die epochale Auseinandersetzung um den Mittelpunkt der Welt ist noch nicht eindeutig zugunsten der Sonne entschieden, wird es aber mit Newton drei Jahre später. Der wissenschaftliche Streit um die

Luft, den sublunaren Raum des Aristoteles oder die Niederwelt des Francisci beginnt sich gerade erst zu entfalten, nachdem die Existenz eines Vakuums bewiesen und das Vakuum experimentell und technisch hergestellt werden kann und die Messungen von Temperatur und Luftdruck eine neue, noch ungestüme Kraft erahnen lassen. Francisci bewegt sich in einem Kampfgebiet, in dem kein Gesetz gilt, in dem die Änderungen des alten nicht ausreichen, um den Forderungen des neuen zu genügen und von allen Seiten Unfertiges in die Arena geschleudert wird. Alle wollen Erklärungen bieten, die in sich geschlossen sind, aber keiner ist dazu in der Lage.

Literatur

Francis Bacon, Neues Organon der Wissenschaften. Nachdruck der Ausg. Leipzig 1830. Darmstadt 1981.

René Descartes, Die Prinzipien der Philosophie. Hamburg 2005.

Hugo Dingler, Das Experiment, sein Wesen und seine Geschichte. München 1928.

H. W. Dove, Das Gesetz der Stürme in seiner Beziehung zu den allgemeinen Bewegungen der Atmosphäre. Berlin 1866.

Pierre Duhem, Ziel und Struktur der physikalischen Theorien. Franz. Orginal 1906. Hamburg 1978.

E. Gerland, F. Traumüller, Die Geschichte der physikalischen Experimentierkunst. Nachdruck der Ausgabe Leipzig 1899. Hildesheim 1965.

Hermann v. Helmholtz, Einleitung zu den Vorlesungen über theoretische Physik. Leipzig 1903.

Alexander v. Humboldt, Kosmos. Stuttgart 1869.

Gottfried Wilhelm Leibniz, Über die Natur an sich. In: Philosophische Schriften 4. Frankfurt am Main und Leipzig (1698) 1992.

Edme Mariotte, Seconde essai de physique, de la nature de l'air. Paris 1679.

Isaac Newton, Mathematische Prinzipien der Naturlehre 1687. In: Lust an der Erkenntnis: Triumph und Krise der Mechanik. Hg. Karl von Meyenn. München 1990.

K. Schneider-Carius, Wetterkunde, Wetterforschung. Freiburg 1955.

Spinoza, Ethica. Darmstadt 1967.

Alfred North Whitehead, Abenteuer der Ideen. Frankfurt 2000.

Nachschlagewerke

Allgemeine Deutsche Biographie (ADB), Digitales Register 2007.
Biographisch-Bibliographisches Kirchenlexikon, Online 2007 (bbkl).
Castiglioni, A., Histoire de la médicine 1931.
Dannemann, Friedrich, Die Naturwissenschaften in ihrer Entwicklung und ihrem Zusammenhange dargestellt. 1911.
dtv Brockhaus Lexikon 1982.
Eckart/Gradmann, Ärztelexikon von der Antike bis zum 20. Jahrhundert 1995.
Encyclopaedia Britannica 2005, DVD.
Gehler, J. S. T., Physicalisches Wörterbuch 1787, 1798 Online (ECHO Project).
Georges, Karl Ernst, Lateinisch-Deutsches Handwörterbuch 1861.
Gottfried Büchner, M., Biblische Real und Verbal Hand-Concordanz oder Exegetisch-Homiletisches Lexicon 1756.
Hutton, Charles, A Mathematical and Philosophical Dictionary 1795 Online (ECHO Project).
Jahn, Löther, Senglaub, Geschichte der Biologie 1985.
Killy, Walther, Literaturlexikon (digital) 2005.
Kopp, Hermann, Die Alchemie in älterer und neuerer Zeit 1886.
Lasswitz, Kurd, Geschichte der Atomistik vom Mittelalter bis Newton 1890.
Metzler Philosophen Lexikon 2. Aufl. 1995.
Meyers Konversationslexikon 5. Aufl. 1896-1897.
Nouveau Larousse Illustré 1898-1907.
Poggendorf, J. C., Biographisch-Literarisches Handwörterbuch zur Geschichte der Exacten Naturwissenschaften 1863.
Sarton, George, Introduction to the history of science 1927-1948.
Savérien, M., Histoire des Philosophes modernes 1763.
Schmieder, Karl Christoph, Geschichte der Alchemie 1832.
Simonyi, K., Kulturgeschichte der Physik 1990.
Soldan-Heppe, Geschichte der Hexenprozesse 3. Aufl. 1911.
Sournia, Poulet, Martiny, Illustrierte Geschichte der Medizin 1984.
Spektrum Lexikon der Naturwissenschaftler 2000.
Stolle, Gottlieb, Anleitung zur Historie der Medicinischen Gelahrtheit 1731.
Thorndike, Lynn, A History of magic and experimental science 1923-1958.
Victor Carus, J., Geschichte der Zoologie 1872.
Volpi, Franco (Hg.), Großes Werklexikon der Philosophie 2004.
Johann Heinrich Zedlers Grosses vollständiges Universallexicon aller Wissenschaften und Künste 1731-1754, Online 2007.

Biographien der von Erasmus Francisci genannten Autoren

Francisci latinisiert beinahe jeden Namen und beraubt ihn so seiner Nationalität. Oft fehlen Vornamen, exakte Literatur- und Jahresangaben und Verweise auf sekundäre Quellen. Eine überraschend lautmalerische Schreibweise verwischt zusätzlich Spuren. Ich habe bewusst auf Angaben zum Druckort verzichtet, die der Zitierweise Franciscis, die oft kompiliert, nicht gerecht wird. Es ging mir nicht darum, die Spuren der Plünderung anderer Autoren zu verfolgen, sondern Personen lebendig werden zu lassen, die hinter der von Francisci referierten Meinung stecken. In einigen Fällen ist die angebene Literatur nur aus dem besprochenen Problem erschlossen und wurde nicht nachgeprüft. Quellenangaben in den Biographien sind Verweise auf weiter gehende Informationen. Den Biographien zugeordnet sind kurze Charakterisierungen der von Francisci verwendeten Aussagen aus der genannten Literatur, die einen Eindruck von der Fülle der angesprochenen Themen vermitteln und den Seitenzahlen des Orginals weitgehend folgen. Es steht online von der Sächsischen Landesbibliothek unter folgendem Link zur Verfügung:

http://digital.slub-dresden.de/ppn278294316

Als Lektüre für das naturhistorische Verständnis und die meteorologischen Erscheinungen besonders empfehlenswert sind der erste Diskurs »Von der Lufft« (S. 345-452), der zweite »Von der Nothwendigkeit der Lufft und vom Schall« (S. 453-457), der achte »Vom Regen« (S. 699-726), der zehnte »Vom Thau, Reiff und Nebel« (S. 798-812), der elfte »Vom Schnee« (S. 813-929), der dreizehnte »Von den Winden« (S. 982-1070), der sechzehnte »Vom Donner, Hagel und Ungewitter« (S. 1206-1275) und der Anhang »Von dem Welt-Ort und Beweg- oder Unbeweglichkeit der Lufft-umfangenden Erd-Kugel« (S. 1404-1450). Die übrigen Kapitel befassen sich mit Regenbogen und Irrlichtern oder sind üppige Erweiterungen in gesellschaftliche Moral, in Religion und Aberglauben, in Schilderungen weltweiter Reisen und fremder Völker.

Abarbenel, Isak ben Jehuda (Abravanel) 805
Geb. 1437 Lissabon, gest. 1508 Venedig. Stammte aus einem vornehmen jüdischen Geschlecht, das seine Abkunft von David herleitete. In Diensten Alfons V. von Portugal, Finanzminister Ferdinands des Katholischen bis zu seiner wie die anderer Juden Vertreibung 1492. Weitere Stationen, immer im Dienst von Herrschern, und teilweise erzwungener Flucht: Neapel, Sizilien, Korfu, Monopoli, Venedig. Er schrieb exegetische und religionsphilosophische Kommentare (zu Maimonides »More«). (Meyer V) Francisci diskutiert, wie das Manna der Israeliten ausgesehen hat.

Abele, Matthias (von und zu Lilienberg) 514
Geb. vermutlich 1616, gest. 1677. Jurist, Comes Palatinus (kaiserlicher Hofmeister) für die österreichischen Eisen- und Stahlgewerke, seit 1652 Mitglied der Fruchtbringenden Gesellschaft. Francisci spricht auf seine Sammlung seltsamer Gerichtshändel von 1661 an (»Metamorphosis telae judicariae«), in der er sich mit dem verwickelten Fall einer Scheintoten auseinandersetzt, die, von zweien geliebt, vom Verlobten beerdigt, vom vergeblichen Freier wieder ins Leben geholt worden war (Zedler, ADB).

Abelin, Johann Philipp (Philipp Arlanibäus/Abele) 1274
Geb. wahrscheinlich in Straßburg, gest. zwischen 1634 und 1637 dito. Lehrer im Elsass. Schrieb »Inventarum Svevica« 1633, den letzten Band der Weltchronik von Johann Ludwig Gottfried und wurde deshalb von Matthias Merian für die ersten beiden Bände des »Theatrum Europaeum« 1635 verpflichtet, einer Chronik der Ereignisse, die bis 1738 fortgeschrieben wurde und schließlich auf 21 Bände wuchs. Abele wurde aus dem Projekt ausgebootet, weil er sich wahrscheinlich zu eindeutig nach der Schlacht bei Lützen auf die Seite Gustav Adolfs geschlagen hatte, auch mit seiner »Arma suevica« von 1631, in der er das schwedische Eingreifen in den Krieg beschreibt. Abelin war auch der letzte Herausgeber des ersten Periodikums der Welt, des Mercurius Gallo-Belgicus (s. dort). Francisci zitiert aus der »Continuation historischer Chronicken«, das ist der erste Band des »Theatrum Europaeum«, der eigentlich als Fortsetzung der Weltchronik Gottfrieds gedacht war. Hier gerät der Hofstaat Ludwigs XIII. bei Narbonne in ein Unwetter.

Aben Sina s. Avicenna 899, 912

Abenzoar (Avenzoar, Ibn Zuhr, Abu Marwan Ábd al-Malik ibn Abi-l-Álá Zuhr) 1199
Geb. um 1091-1094 Sevilla, gest. 1161/1162 dito. Latinisiert Abhomeron Avenzoar. Zu seiner Zeit wohl der berühmteste Arzt des gesamten muslimischen und christlichen Westens, der einer regelrechten Dynastie von Ärzten entstammte. Francisci zitiert aus »l. 1. Theisir. tr. 6« unter Vermittlung des Mercurialis, der richtige Titel lautet »Taisír« (»Kitab al-taisír fi-l-mudawat wal-tadbír«), Buch über einfache Therapie und Diät, das viele klinische Beschreibungen von Krankheiten enthält. Der Text wurde von Jacobus Hebraeus sofort ins Hebräische übersetzt und daraus von Paravici 1280 ins Lateinische. Von 1490 bis 1594 erschienen sehr viele Ausgaben. Francisci findet die Beobachtung, dass der Gestank von Bocks-Seiche die Pest vertreibe, bemerkenswert. Sie wird Avenzoar zugeschrieben.(Siehe ausführlich Sarton II,1, S. 230-234.)

Abramus, Nicolaus (Nicolas Abram) 41
Geb. 1589 Xaronval, gest. 1655 Pont-à-Mousson. Lothringischer Jesuit, Philologe, Historiker, Professor der Literatur und der Heiligen Schrift. Francisci zitiert ihn nach Kirchmayer »De Paradiso« mit »Pharus Vet. Testam.«und bezeichnet ihn als Pater. Der volle Titel lautet »Pharus veteris testamenti sive sacrarum quaestionum libri XV ... Quibus accesserunt eiusdem authoris De veritate et mendacio libri IV.« 1648. Er beleuchtet das Alte Testament und macht sich Gedanken über Wahrheit und Lüge. Weil Adam bei Damaskus auf dem Lande gebildet worden sei, müsse das Paradies in der Nähe liegen.

Abulensis, Tostatus (Alonso Tostado) 27, 267
Geb. ca. 1400, gest. 1455. Großkanzler von Kastillien, Bischof von Avila (=Abulensis). Schrieb Kommentare zum Alten Testament u.a., woraus Francisci wohl seine Auffassung zum Paradies und zur Änderung des Laufs der Sonne frei nach Gottes Wille entnimmt. Er nennt übrigens Abulensis und Tostatus als zwei verschiedene Quellen.

Achmetes s. Bartholinus, Thomasius

Aconensis, Jacobus 369
Francisci nennt keine Textquelle. Bei dem Bericht des Aconensis über Christina handelt es sich um Christina Mirabilis von Saint-Trond (1150-1224), die eine der Mystikerinnen im Lüttich des 13. Jahrhunderts war: »jacobi aconensis episcopi vita sancte ancille Marie de Oegnies« ca. 1475 Utrecht, worin auch das Leben der Christina geschildert wird. Der Bericht wurde noch einmal 1630 in Antwerpen von Chr. Henriquez (oder Henschen, wahrscheinlich ein Pseudonym des Abtes Arnulf II. von Villers) veröffentlicht und ist in »Vita de Scarembecanae« unter »Quinque prudentes virgines« S. 168-198 enthalten; diese fünf Jungfrauen waren Äbtissinnen des Zisterzienserklosters von Schaerbeek bei Brüssel. Francisci interessiert seine und des Dionysius Chartusianus (s. dort) positive Meinung zum Flug der Heiligen Christina über die höchsten Baumwipfel und Türme.

Acta anglica / Acta philosoph. Anglica / Philosophical Transaction 749, 803, 1064, 1069, 1094, 1261, 1337
Bestehen seit 1665. Francisci zitiert aus den Jahrgängen 1665-1668.

Adamus, Tobias 820
Er veröffentlichte 1617 ein Compendium mit Schriften von Campanella über die Natur der Dinge: »Prodomus philosophiae instaurendae, id est, dissertationis de natura rerum compendium, secundum vera principia ex scriptis Thomae Campanellae praemissum, cum praefatione ad philosophos Germaniae«. Adamus brachte einige Schriften von Campanella aus dem Gefängnis nach Deutschland (Thorndike VII, 292). Francisci zitiert ihn ohne genaue Angaben unter Vermittlung von Thomas Bartholinus mit einer Beobachtung gesalzenen Schnees im Apennin.

Adelarius, Erich 660
War Pfarrer in Anderßleben an der Gehr. Schrieb eine Chronik von Jülich, Cleve und Berg: »Gülichische Chronik, Darinnen der Uhralten Hochlöblichen Grafen, Markgrafen und Hertzogen von der Marck, Gülich, Cleve, Bergen etc. Genealogi, fürnembliche Thaten, Item der Städte und Lande ... Geschichten beschrieben, und biß 1610 continuiert werden«, 1611. Daraus nimmt Francisci die Geschichte einer kunstvollen Abbildung von Soldaten in einem vom Sturm gespaltenen Stamm einer Esche.

Aegineta, Paulus 903
4. oder 7. Jahrhundert n. Chr. Griechischer Arzt, der eine 7-bändige Synopsis der Medizin geschrieben hat, die vor allem wegen seiner Chrirurgie berühmt geworden ist. Jemand hat vor Galle oder Jähzorn das Podagra, also Gicht bekommen.

Aelianus, Claudius 752
Geb. um 175, gest. 235 n. Chr. Schriftsteller aus Praeneste (heute Palestrina) bei Rom. Er schrieb rund 1000 Geschichten über absonderliches Verhalten der Tiere und verglich es mit dem menschlichen (»De natura animalium«), wobei er das aus vielen Quellen kompilierte zoologische Werk des Alexandros von Myndos aus dem 1. Jahrhundert als wichtigste Quelle benutzte. Aelianus verband selbst die niedrigsten Lebenwesen mit einer Gottheit, so dass kirchliche Schriftsteller des Mittelalters nur die antiken Gottheiten

durch christliche Heilige ersetzen mussten (Jahn S. 93, 94; Nordenskjöld, The History of Biology, S. 65). Francisci zitiert als »liber de animal.« und erzählt die Geschichte vom Froschregen.

Aetius (Aetios von Amida / Amidenus / Antiochenus) 200
6. Jahrhundert n. Chr. Geb. in Amida/Mesopotamien. Arzt am byzanthinischen Hof Justinians I. Schrieb eine Kompilation ärztlichen Wissens in 16 Büchern, die von historischem Interesse ist, weil er heute verloren gegangene antike Schriftsteller verwendet. Seine Ophthalmologie ist die beste der Antike, er beschrieb die Diphtherie. Erste griechische Veröffentlichung Venedig 1534, lateinisch in der Übersetzung von Cornarius 1533-35, 1542. (Sarton). Unterscheidet »mit dem Ruso« (eigentlich Rusius, s. dort) fünf Gewässer. Francisci zitiert das aus« lib. 3. de Re medica«.

Agricola, Georg 944, 1378
Geb. 1490 Glauchau/Sachsen, gest. 1555 Chemnitz. Der Verfasser von »de re metallica« (Vom Bergwerk). Francisci zitiert aber »De natura fossilium« mit der Verwandlung von Gletschereis in Kristalle und »De ortu et causis subterraneorum« (Über die Entstehung der Stoffe im Erdinnern), beide 1546, mit der Verwandlung von »Wettersteinen« (Meteoriten) durch Feuer in Rauch und Asche.

Agricola, Johannes 904
Geb. 1589, gest. 1643. Iatrochemiker, der als Feldscher tätig war und eine »Chirurgia parva oder kleine Wund-Artzney auff alle eusserliche Gebrechen 1646« geschrieben hat, aus der Francisci ohne Angabe der Fundstelle die Beobachtung nimmt, kurländische Fischer würden sich ihre erfrorenen Nasen mit Schnee oder Eis behandeln.

Alaymus, Marcus Antonius 826
Geb. 1590, gest. 1662. Der »sizilianische Medicus« ist der Meinung, der rote Schnee komme vom Trockenen wie beim alten Fleisch, das salpetrig und rötlich werde. Francisci zitiert aus »Consultatio pro ulceris Syriaci nunc vagantis curatione«, etwa »ein Rat, wie das syrische Geschwür jetzt ganz nebenbei geheilt wird«. Er dürfte damit die Aleppobeule meinen, ein gutartiges Hautgeschwür durch Leishmannia tropica, die durch Stechmücken übertragen wird.

Albertus s. Magnus, Albertus 26

Alciatus, Andreae 914
Geb. 1492 Alzate bei Mailand, gest. 1550. Jurist, Begründer der »eleganten Rechtsschule«, der humanistischen im Gegensatz zur scholastischen Auslegung des römischen Rechts. Francisci nennt ihn nebenbei beim silbernen Schneesieb für die Reichen.

Alcman (Alkmaion von Kroton) 799
Um 500 v. Chr. Gehört zu denjenigen Naturphilosophen, die am Viererschema (Feuer, Wasser, Luft, Erde) ausgerichtet, auch andere Eigenschaften diesem unterordneten: Warm-kalt, trocken-feucht, eine dualistische Philosophie (Jahn S. 55). Nach Sarton, Introd.hist.of science I, S. 77 war er der erste, der das Gehirn als Sitz der intellektuellen Aktivität erkannte, der als erster Sektionen machte, der den nervus opticus, den Sehnerv, entdeckte. Er nannte den Tau »Tochter des Mondes«.

Aldrovandus; Ulysses (Ulisse Aldrovandi) 10, 11, 587, 890
Geb. 1522 Bologna, gest. 1605 dito. Professor der Logik und der »Simplicia«, der Arzneimittellehre in Bologna, Gründer und Direktor des Botanischen Gartens und eines Naturalienkabinetts. Während seines Jurastudiums in Bologna wurde er 1549 für ein

Jahr bis zum Tod Papst Paul III. von der Inquisition in Rom wegen des Verdachts, ein Anhänger Luthers zu sein, eingekerkert. Aldrovandi fing erst gegen Ende seines Lebens mit der Veröffentlichung seiner Arbeiten an, so dass nur die drei Bände der Naturgeschichte der Vögel, ein Band über Insekten und einer über die »übrigen Blutlosen« noch von ihm selbst editiert wurden. Dort sind erste Ansätze einer Klassifizierung nach der Anatomie zu finden. Seine Werke über fast alle Tierreiche beeinflussten noch Buffon und hatten im 17.Jahrhundert einen großen Einfluss, nicht zuletzt wegen der Informationen zur Bedeutung der Tiernamen, zu Sitten und Gelehrigkeit, zu Stimmen, Nahrung und Begattung, zur Jagd und Kämpfen, zu Antipathien und Krankheiten, zur Geschichte, Mystik und Moral u.v.a. (Thorndike V, VI, Jahn S.190/191, Carus, Geschichte Zool. S.288-291). Francisci entnimmt aus »Ornithologiae« 1599-1603 die Wiedergabe eines Streitgeprächs zwischen Wirtsleuten durch Nachtigallen, aus »Quadrupedum omnium bisculorum historia« 1621 (Paarhufer) nicht benannte Teufelswunder und aus »De animalibus insectis« 1602-1638 Holz- und Schneewürmer.

Alexander ab Alexandro (Alessandro Alessandrini) 826
Geb. 1461 Neapel, gest. 1523 Rom. Protonotar des Königreiches Neapel (hoher Beamter der Kanzlei), Rechtsgelehrter, der erheblichen Anteil an der Rekonstruktion des römischen Zwölftafelgesetzes (Lex duodecim tabularum) von 449 v.Chr. hatte, das 390 n.Chr. bei einem von den Galliern gelegten Brand Roms verloren gegangen war. Dieses Gesetz gilt als die ursprüngliche Form des Römischen Rechts. Er schrieb mit «Genialium dierum libri sex« (ergötzliche Tage), ein Buch, das auch viele Traum- und Gespenstergeschichten enthält (Poggendorf I). Hier geht es um roten Schnee in Skythien.

Alexandrinus, Clemens 191-196
Auch Titus Flavius Clemens oder Clemens von Alexandria, geb. um 150 Athen, gest. um 215 in Alexandria, kam vom Platonismus zum Christentum, wurde Lehrer an der Katechetenschule in Alexandria. Er schrieb: eine »Mahnrede an die Griechen«, »Der Erzieher« und »Stromateis« (Teppiche). Er wurde von Papst Benedikt XIV 1748 (!) aus dem römischen Heiligenkalender gestrichen, weil von ihm zu wenig bekannt sei und weil seine Lehren zweifelhaft seien. Francisci zitiert aus »Paedagog« eine Mahnung gegen den Suff.

Alexandrinus, Julius (von Neustein) 222, 233
Geb. 1506 Trident, gest. 1590 dito. Philosoph, Leibarzt Ferdinands I. und Maximilians II. Einer der ersten Platoniker in Deutschland, Erklärer Galens. Schrieb u.a. »Libri XXXIII de sanitate tuenda« 1575 (Über die Erhaltung der Gesundheit). Aus diesem zitiert Francisci die Wässerung des Weins und das Essen von Kraut, um ein hohes Alter zu erreichen.

Alhasen (Alhazen / Abu Ali al Hasan Ibn Al-Haitham) 361
Geb. 965 Basra, gest. 1039 oder 1040 Kairo. Einer der bedeutendsten Physiker des Mittelalters mit jahrhundertelangem Einfluss besonders seiner »Optik«, die in Europa durch Witelo (Vitellus) bekannt gemacht wurde. Er erkannte die Grundlagen des Sehvorgangs und räumte mit der Vorstellung eines »Sehstrahls« auf, der aus dem Auge kommend, die Umgebung wie mit einer Taschenlampe ausleuchtet, konstruierte eine Lupe, berechnete die Wirkung von Hohlspiegeln, beschrieb das Prinzip einer Camera obscura, bewies das Leuchten des Mondes durch Reflexion der Sonne. (Spektrum Lex.Naturw.). Francisci nennt ihn kurz zusammen mit Vitellius (Witelo), beide wohl dem Varenius entnommen, mit Brechungsfehler bei Dämmerung.

Alpinus, Prosper (Prospero Alpini) 204, 1062, 1197
Geb. 1553 Marostica/Venedig, gest. 1617 Padua. Leibarzt des Dogen Andrea Doria, ers-

ter Professor für Botanik in Padua. Verbrachte drei Jahre in Ägypten. Schrieb darüber »De plantis Aegypti« 1592, in dem die Zweigeschlechtlichkeit der Dattelpalmen beschrieben wird. Er starb, völlig taub, als er gerade dabei war, ein Buch über die Taubheit zu schreiben (Zedler). Francisci zitiert aus »De medicina Aegyptorum« 1591 den Samen »Bon calens« (was eigentlich »gut erhitzt« heißt), aus dem die Ägypter ein Getränk herstellen, sehr wahrscheinlich Kaffee, und das Sistieren der Pest, »wenn die Sonne in den Krebs tritt«, also mitten im Sommer.

Alstedius, Johannis Henricus (Johann Heinrich Alsted) 707
Geb. 1588 Ballersbach bei Herborn, gest. 1638 Weißenburg (heute Alba Iulia, Rumänien). Reformierter Theologe, Enzyklopädist, Philosoph und Pädagoge. Professor der Philosophie und Theologie in Herborn, Kopf der von Calvinismus und Ramismus geprägten sog. Herborner Enzyklopädisten, deren Ziel es war, ganze Bibliotheken zu ersetzen. Der Titel des von Francisci zitierten historisch-chronologischen Werkes lautet: »Johannis Henrici Alstedii thesaurus chronologiae In quo Universa temporum & historiam serres in omnia vitia genere ita ponitur ob oculos, ut fundamenta chronologiae ex S. Literis & calculo astronomico eruantur, & deinceptstituli homogenei in certas classes memoriae causo digerantur«, 1650. Im Jahre 1065 hat ein türkischer Sternseher das Hochwasser in Soria vorhergesagt.

Alvarez, Franciscus 840
Gest. 1540. Beichtvater König Emanuels von Portugal, der ihn als Kaplan einer portugiesischen Delegation nach Äthiopien (Abessinien) von 1520 bis 1527 schickte und darüber eine Geschichte dieses Landes schrieb, die 1540 als Auszug auf portugiesisch, 1555 lateinisch als »De rebus Aethiop.«, vollständig aber erst in der italienischen Ausgabe veröffentlicht wurde (Zedler). Darin äußert er sich auch über die Nilquellen. Francisci lässt ihn berichten, dass in Abessinien nie Schnee falle.

Ammianus (s. Marcellinus) 743

Anaxagoras 998, 1395, 1396
Geb. um 500 v. Chr., gest. um 428. Lebte 30 Jahre in Athen, Freund des Perikles, Philosoph. Was ist, kann nicht entstehen aus Nichts und nicht vergehen in Nichts. Er trennt einen Geist, der alle Materie durchdringt, von dieser. Materie lässt sich unendlich teilen und der Urzustand ist eine vollkommene Mischung all der unvergänglichen Teile, aus der die Welt entsteht. (Metzler) Francisci stellt seine Theorie des Ursprungs der Winde dar und nennt ihn bei der Frage der Entstehung des Donners (sicherlich aus Seneca, »Naturwissenschaftliche Untersuchungen«).

Anaximenes 1395, 1396
Geb. 585 v. Chr. Milet, gest. 525. Naturphilosoph, Astronom, Vertreter der Ionischen Philosophie, zu der noch Thales und Anaximander gehören. Schrieb »Über die Natur«. Darin wird die Luft (Arché) als Urstoff gesehen, aus der durch Verdichtung Wasser und Gestein hervorgehen. Francisci nennt ihm beim Donner. Er entstünde, weil die angezündete Flamme des Blitzes von den Wolken aufgefangen und gelöscht werde.

Angelis, Stefano de 1433, 1434
Geb. 1623 Venedig, gest. 1697 Padua. Jesuit, Professor der Mathematik in Rom und Padua. Schrieb Werke über die Geometrie der Parabel, der Spirale und wandte sich gegen seinen Ordensbruder Ricciolus (s. dort) aus Bologna, der aus verschiedenen Experimenten geschlossen haben will, dass die Erde ruhe. Francisci diskutiert den Streitpunkt ausführlich (aus den Philosoph. Transact. Juni 1668).

Angelutius, Theodorus (Theodoro Angelucci / Angelucius / Angelo da Belforte 422
Geb.? Belforte (Macerata), gest. ca. 1600. Arzt. Er schrieb u. a. eine Auseinandersetzung mit dem Neuplatoniker Franciscus Patricius (1529-1597) über die Frage, ob Physik und Metaphysik als gleich anzusehen sind. Francisci erzählt aber aus einem Buch über bösartiges Fieber (»De natura et curatione febris malignae«, 1593) den Tod von Leuten, die in einen stinkenden Brunnen hinuntergestiegen waren.

Angerianus, Hieronymus (Girolamo Angeriano) 867
Geb. ca. 1480, gest. 1535. Napolitanischer Dichter, den Francisci mit einem Poem über den Schnee zu Wort kommen lässt. Schrieb: »Erotopaegnion« 1512, »De miseria principum opusculum«, »De vero Poeta«, »De Parthenope«.

Anhorn, Bartholomäus 671-673
Geb. 1616 Fläsch,Graubünden, gest. 1700 Elsau, Zürich. Reformierter Pfarrer, der aus St. Gallen nach Mosbach bei Heilbronn 1649 fliehen musste. Wegen einer satirischen Schrift gegen den Heidelberger Rechtsprofesssor Böckelmann zurück in die Schweiz, Pfarrstelle in Thurgau. Schrieb: »Magiologica: Christliche Warnung für dem Aberglauben und Zauberey« 1674. Eine Inhaltsbeschreibung gibt Thorndike VIII, 571. Verteidigt darin den Glauben an die Wirksamkeit von Hexerei. Daraus erzählt Francisci den schnellen Ritt eines Spielmanns durch die Luft nach Baden.

Antiochenus, Eustathius 41
Die antiochenische theologische Schule stand im Gegensatz zur alexandrinischen im dogmatischen Streit um die beiden Naturen Christi. Die alexandrinische vertrat die monophysitische Auffassung einer einheitlichen fleischgewordenen göttlichen Natur Christi, die antiochenische trennte die göttliche von der menschlichen. (4.-5. Jahrhundert). Sie entwickelten auch eine historische Bibelexegese, wozu die Suche nach dem Ort des Paradieses passt, die Francisci hier diskutiert.

Antoninus Pius 1102
Geb. 86 Lanuvium, gest. 161 dito. Römischer Kaiser seit 138 bis zu seinem Tod. Nachfolger Hadrians, den er vergöttlichen ließ, daher sein Beiname. Er setzte ein Consilium aus Juristen ein und ergänzte das römische Recht. In den Digesta, der Gesetzessammlung Justinians I., sind davon große Teile übernommen worden. Francisci nennt ihn als einen, der den Schiffbrüchigen ihr Hab und Gut belassen wollte.

Antonius, der Heilige 1058
Das ist der Heilige Antoninus (Antonius) von Florenz (1389-1459), Prinzipal des Dominikanerordens, Gründer des Klosters San Marco in Florenz und Erzbischof, der eine der umfangreichsten Chroniken des Mittelalters geschrieben hat, die »Summa chronica«, aus der Francisci seine Zahl der Pesttoten von Florenz geschöpft haben muss.

Apelles 1304
Ein berühmter griechischer Maler des 4. Jahrhunderts vor Christus, dessen Werke nicht erhalten sind. Er wird von Plinius, Lucilius, Petronius und Lukian erwähnt. Francisci lässt ihn einen Blitz malen.

Aphrodisaeus, Alexander 190, 691, 973, 1026
Geb. Ende 2. Jh. Hat alle Schriften des Aristoteles kommentiert. Zahlreiche frühe Übersetzungen aus dem Arabischen, aber erst der flämische Dominikaner Wilhelm von Moerbeke (1215 bis ca. 1285), ein Freund des Thomas von Aquin, übersetzte sie direkt aus dem Griechischen. Francisci braucht ihn für die Verwirrung des spiritus visus durch

Wein, für die Höhe der Wolken, als Gewährsmann dafür, dass Essig nicht friere, und als Quelle für die »Meteora« des Theophrastus, die verloren sind.

Apollonius 54, 704
Francisci meint sicherlich den von Tyana, einen neupythagoreischen Philosophen aus dem 1. Jahrhundert nach Christus, von dem Philostratus um 250 n. Chr. behauptet hat, er sei in Babylon gewesen. Francisci nennt zwar »lib. 1.c.18.«, aber nicht den Buchtitel. Appolonius von Perge, der die Kegelschnitte beschrieben hat, kommt schon deshalb nicht in Frage, weil außer dieser Schrift nichts von ihm erhalten ist. Darüber hinaus könnten noch spätere Kirchenschriftsteller in Frage kommen. In Verbindung mit Seite 704 und Philostratus (s. dort) sind allerdings kaum Zweifel möglich.

Apuleius, Lucius 436, 437
Geb. 125 n. Chr. in Numidien. Hauptwerk der Roman »Metamorphosen«, die Abenteuer eines vornehmen Griechen, der in einen Esel verwandelt wird. Hier geht es um den Sitz der Seele nach dem Tod (»Manem Deum«, cit. »in libr. de Deo Socratis«).

Aquila, Caspar 26
Geb. 1488, gest. 1560 Saalfeld. Reformator. Schrieb: »Christliche Erklärung des kleinen Katechismus« 1538, »Fragstücke der ganzen christlichen Lehre« 1547. Bei Francisci geht es um den Ort des Paradieses ohne genaue Angabe der Fundstelle.

Aquin, Thomas von 843
Geb. 1225 Roccasecca bei Aquino, gest. 1274 Kloster Fossanuova. Dominikaner, Schüler von Albertus Magnus, lehrte in Paris, Orvieto, Viterbo, Rom, Neapel. Wird hier mit der Auffassung zitiert, der Schneefall sei das Ergebnis der Austreibung einiger Teile des Feuers aus den Wolken oder dem Himmel, aus »l.de Gen.& Corr.l.24.text.84.citante s.d.authore«, also aus »De generatione et corruptione«, einem Kommentar zu »Vom Werden und Vergehen« des Aristoteles, in dem dieser den Kreislauf der Materie untersucht, ihre Mischung, Trennung und Verwandlung.

Arbiter, Petronius (Titus Petronius) 1220
Geb. um 14 n. Chr., gest. 66. Schrieb den Roman Satyricon. Francisci zitiert »Pred. Sal. 3.B.14.«, also Prediger Salomo 3,14: »Ich merkte, dass alles, was Gott tut, das besteht für ewig; man kann nichts dazu tun oder weg tun. Das alles tut Gott, dass man sich vor ihm fürchten soll.« Und dann ein Gedicht des Arbiter, das zeigt, dass die Götter hinter Blitz und Donner stecken, um den Menschen richtig einzuheizen.

Arcadius und **Honorius** 282
Die beiden Söhne des Kaisers Theodotius I., die nach dessen Tod 395 n. Chr. oströmischer (Arcadius 395-408) und weströmischer Kaiser (Honorius 395-423) wurden. Francisci bezieht sich auf die von Theodotius erlassenen scharfen Bestimmungen gegen heidnische Bräuche, die praktisch dazu führten, das Christentum zur Staatsreligion zu machen. Seine Söhne waren toleranter und haben »allgemeine Freude nicht abgeschafft«. Als Beispiele dienen einige Bestimmungen aus dem Codex (C.): »De spectaculis et scaenis et lenonibus« (Über Schauspiel, Theater und Kuppelei), »De expensis publicorum ludorum« (Über die Kosten öffentlicher Spiele), »De paganis sacrificiis et templis« (Über heidnische Opfer und Tempel).

Archimedes 647, 649, 1419
Geb. um 285 v. Chr. Syrakus, gest. 212 dito. Mathematiker, Physiker: Darstellung beliebig großer Zahlen, Bestimmung der Quadratwurzel, Lösung kubischer Gleichungen, Berechnung von Körpern und Flächen, die von Kegelschnitten begrenzt werden, Hebel-

gesetz, Schwerpunkt, geneigte Ebene, statischer Auftrieb, spez. Gewicht. Baute hydraulische Kriegsmaschinen und ein Planetarium. Francisci zitiert ihn mit Waagen, Brennspiegel und der Meinung, die Erde laufe, die Sonne beharre, aus dem »Arenarius«(die Sandzahl), in dem Archimedes das System zur Darstellung großer Zahlen entwickelte.

Aretus (Arethas von Caesarea) 439
Geb. ca. 860 Patrae, gest. nach 932. Erzbischof von Caesarea in Kappadokien. Byzanthinischer Humanist. Sammelte und kommentierte klassische Werke: Plato, Euklid, Eusebios. (Sarton I, 618) Schrieb einen griechischen Kommentar zur Apokalypse, auf den sich Francisci ev. bezieht.

AReyes (Caspar a Reies / Gaspar á Reyes) 447, 562, 577, 916, 917, 1355
Arzt in Evora und Carmona bei Sevilla. Francisci bedient sich aus dessen Werk »Campus Elysius«, eigentlich »Elysium iucundarum quaestionum campum« 1661, seliger Ort vergnüglicher Fragen. Dabei geht es um Schutzgeister, Irrlichter in Gestalt eines Kindes, um Feuer schnaubende Pferde, kaltes Wasser beim Purgieren, ausbleibende Verwesung nach Donnerschlag. (Stolle).

Argolus, Andrea (Argoli) 1003
Geb. 1570 Tagliacozzo, gest. 1651 Padua. Mathematiker und Astronom. Prof. für Mathematik in Rom, danach in Padua. Angeblich war er der astrologische Lehrer Wallensteins. Er stellte ein Gegensystem zu Kopernikus auf, in dem die unteren, der Sonne am nächsten kommenden Planeten Venus und Merkur wie bei den alten Ägyptern Trabanten der Sonne waren, die zusammen mit ihr um die Erde als Mittelpunkt kreisen. Er schrieb zur Astronomie: »Pandosion sphaericum« 1644, »Ptolemaeus parvus« 1652, »Problemata astronomica« und die »Ephemeriden ab anno 1631 usque ad 1640« von 1621, die Francisci mit den starken Winden anführt, die von Mars und Sonne erregt werden (Zedler).

Aristarchus Samius (von Samos) 1413,1419
Geb. 310 v. Chr., gest. um 230. Das einzige Werk, das noch erhalten ist, behandelt Größe von Sonne und Mond, gibt ein Messverfahren für deren Entfernung von der Erde an und basiert auf einem Weltbild, bei dem die Erde um die Sonne läuft (Sarton I,156). Francisci zählt ihn zu den Pythagoreern, obwohl deren zentrales Feuer nicht einfach mit der Sonne gleichzusetzen ist.

Aristoteles 51, 52, 61, 123, 178, 190, 348, 375, 420, 470, 535, 538, 543, 547, 681, 720, 722, 774, 782, 804, 824, 825, 842, 874, 884, 890, 912, 923, 924, 972, 982, 989, 990, 1025, 1026, 1027, 1029, 1030, 1032, 1395, 1398, 1402, 1403
Francisci braucht ihn für die Diskussion um die Größe Babylons, die Fleischkost des Meders Cyrus, die berauschende Wirkung verdünnten Weines, die Luft als Element, das Gewicht der Luft, vergiftete Luft durch Drachen, den Ursprung des Schalls, die Farben und die Form des Regenbogens, den Pflanzengeruch nach einem Regenbogen, den Charakter von Wolken, die Vorhersage von Regen, die Fruchtbarkeit von Mäusen, Wärme und Feuchtigkeit als Elixiere des Lebens, die weiße Farbe des Schnees, die Entstehung des Schnees, die Pflanzen im Schnee, Würmer unter der Wärme des Schnees Regenwürmer, die Geschwindigkeit des Gefrierens von Wasser, das Nichtgefrieren von Öl, die Materie des Windes, das Krachen des Donners.

Arnisaeus, Henning 1104
Geb. um 1575 Schlanstedt bei Halberstadt, gest. 1636 Kopenhagen. Mediziner, Philosoph, Politiker. War 1612 Lehrer der Moral in Frankfurt/Oder, 1613 Lehrer der Medizin in Helmstedt, 1620 Rat und Leibarzt Christian IV. in Kopenhagen. Aristoteliker,

der mehrere Schriften verfasste, die auf Stärkung der Fürstenmacht hinausliefen. Von seiner politschen, aus Aristoteles abgeleiteten Doktrin (»Doctrina politico in genuinam methodum, quae est Aristotelis reducta«, 1606) gab es bis 1685 15 Auflagen. Francisci zitiert aus seinem Werk abgestufter Herrschaftsrechte (»De Jure Majestatis libri Tres, Quorum primus agit De Majestate in Genere. Secundus De Juribus Majestatis Maioribus, Tertius De Juribus Majestatis Minoribus« 1610). Arnisaeus erwähnt dort **Rebuffus** (Pierre Rebuffi Montispessulanus 1487-1557), ohne die Stelle anzugeben, aber wahrscheinlich handelt es sich um dessen Abhandlung zum Zivilrecht über den Vergleich (»Tractatvs De Pacificis Possessoribvs, Hoc in regno ac in toto orbe non minus frequens, quam vtilis«, 1539). Es ist moralisch verwerflich, wenn die Fürsten aus dem »Jammerwasser« des Schiffbruchs Kapital schlagen.

Arrianus 26
Francisci nennt nichts Genaues, erwähnt ihn nur beim Ort des Paradieses, das da sei, wo Donner und Blitz entstehen. Vielleicht meint Francisci Candidus Arianus, der im 4. Jahrhundert lebte und dessen Werk »De Generatione Divina« (Über die Göttliche Schöpfung) 1540 in Basel veröffentlicht wurde. Oder es ist Josephus Ariano, ein Dominikaner aus Neapel, von dem Zedler schreibt, er sei dem Glauben nahezu verfallen gewesen, und der »Rosario fiorito e paradiso dell'anime« (blühender Rosenkranz aus dem Paradies der Seele) geschrieben hat und 1649 gestorben ist.

Ascleipiodorus (Askleipiodotus) 1303,1399
1. Jahrhundert n. Chr. Philosoph, Schüler des Poseidonius. Schrieb eine berühmte militärische Abhandlung über die Taktik. Francisci erwähnt ihn zusammen mit Seneca, der in den »Quaestiones Naturales« über ihn berichtet. Auch er meint, dass Donner aus heiterem Himmel entstehen könne.

Astunica, Didacus (Diego de Zúñiga) 1424
Geb. 1536, gest. ca. 1598. Spanischer Augustiner, dessen Kommentare zum Buch Hiob (»Commentaria in librum Job« 1584) zusammen mit dem Hauptwerk des Kopernikus und einem Werk des Foscarini am 6. 3. 1616 auf den Index gesetzt wurden. Er hatte zur Bibelstelle Hiob 9,6 »Er bewegte die Erde vor ihrem Ort, dass ihre Pfeile zitterten« erklärt, »dass sie der kopernikanische Lehre nicht nur nicht widerspreche, sondern gar leicht mit ihr vereinbar wäre« (zit. n. Hans Bieri, Der Streit um das Kopernikanische Weltsystem im 17. Jahrhundert S. 86). Franciscis Gesprächspartner meint dazu, Astunica habe sich vergeblich darum bemüht, aus Hiob 9 »die Bewegung des Erdbodens nach dem Wahn der Pythagoricorum zu befestigen«. Diese Auffassung des Pythagoras sei von Coelius Calcagninus (s. dort) und Kopernikus wieder hervorgezogen worden.

Athenaeus 7, 309, 317, 751, 793, 905, 937, 938
Geb. um 200 n. Chr. Griechischer Schriftsteller aus Naukratis in Ägypten. Er schrieb das »Gastmahl der Götter« (»Deipnosophistai«) mit einer Fülle von Anekdoten und Berichten über griechische und römische Lebensgewohnheiten, aus dem Francisci zitiert, u. a. den Frosch- und Fischregen (s. auch **Bisciola**).

Augustinus, Aurelius 21, 22, 23, 25, 353, 438, 691, 709, 937, 942, 943, 1253, 1448, 1450
Geb. 354 Tagaste/Numidien, gest. 430 Hippo Regius/Nordafrika. Der einflussreichste lateinische Kirchenlehrer, einer der Kirchenväter des christlichen Altertums, Neuplatoniker. In seiner Jugend stand er noch in der Tradition der klassischen Wissenschaften der Griechen, im Alter lehnte er sie vehement ab. Sie seien für einen Christen zu nichts nütze. Augustinus schrieb mit den »Confessiones« und »De civitate Dei« die einflussreichsten Bücher des Mittelalters. Aus dem Gottesstaat zitiert Francisci am häufigsten: Wenn

es ums Paradies geht, dann bei der Definition des Himmels, der Definition der Engel (er konnte sie zwar nicht definieren, aber er wusste, dass in die Gottesbürger durch den Abfall der bösen Engel eine Lücke gerissen worden war, die von von den Gläubigen wieder aufgefüllt werden musste), der Höhe der Wolken. In anderen Schriften scheint er sich auch zu Fragen von Eis und Schnee, die Unverletzlichkeit der Körper der heiligen Märtyrer, zu den kleinen Sünden, deren Tropfen einen Fluss füllen, geäußert zu haben (Psalmen 91, 108). Und er verlachte, wie Lactantius, die, die glaubten, die Erde sei rund, denn die Gegenfüßler würden ja dann mit dem Kopf nach unten laufen.

Aurigarum 550
Kein Eigenname, sondern die lat. Bezeichnung für Wagenlenker in einem Wettrennen.

Aventinus (Thurmair, Johannes) 1388
Geb. 1477 Abensberg, gest. 1534. Hofhistoriker der bayrischen Herzöge Wilhelm IV. und Ludwig. Schüler des Humanisten Conrad Celtis (1459-1508). Schrieb eine heute noch wertvolle bayerische Chronik, in die viele verschollene Dokumente eingearbeitet sind: »Annalium Boiorum Libri VII.« 1554 (posthum).

Averroës (Ibn Ruschd) 1199, 1374, 1375
Geb. 1126 Cordoba, gest. 1198 Marrakesh. Richter in Sevilla und Cordoba. Der berühmteste Ausleger des Aristoteles, der im Mittelalter einfach nur »der Kommentator« genannt wurde. Als er 1195 nach Marrakesch ins Exil ging, bedeutete das den Anfang vom Ende der Wirkung des Aristoteles in der islamischen Welt. Francisci nennt seine Meinung zur Pest und zu Wettersteinen ohne exakte Angabe einer Quelle.

Aversa, Raphael 694
Geb. 1589, gest. 1657. Minorit (der erste Orden der Franziskaner) von San Severino bei Neapel und Professor der Theologie. Francisci gibt nicht an, woraus er dessen Behauptung hat, dass die Befreiung des Olymp von Wind und Regen der Teufel verursacht habe. Wahrscheinlich stammt sie aus dessen 2-bändigem Werk zur Physik und Metaphysik des Aristoteles »Philosophia metaphysicam physicamque complectens quaestionibus contexta...« 1625, 1627, das Thorndike VII, 393-396 bespricht. Es ist einer der Versuche, die Entdeckungen der Astronomie, der Paralaxe der Kometen, der Mechanik und Korpuskulartheorien mit Bibel und Aristoteles in Einklang zu bringen.

Avicenna (Ibn Sina) 899, 912, 924, 1374, 1378
Geb. 980 Buchara, gest. 1037 Hamadan. Philosoph und Arzt. Verschmolz aristotelisches mit platonischem Denken. Sein »Canon medicinae« wurde für ein halbes Jahrtausend das maßgebliche Lehrbuch, sein »Buch der Genesung der Seele« wurde in Auszügen noch im 15. Jahrhundert gedruckt und behandelt die gesamte Philosophie in der Systematik des Aristoteles, also Logik, Physik (wozu auch die Seele gehört), Mathematik, Metaphysik. Auf Arabisch scheint das Gesamtwerk erst 1952-1985 herausgegeben worden zu sein. Francisci erwähnt: Bei Gastritis Schneetrunk. Warmes Wasser gefriert schneller als kaltes, weil es »verseltelt und lufft-löchrig« ist. Schneewasser Trinken kann Leibschmerzen machen.

Baco, Rogerius (Roger Bacon) 646-650
Geb. 1214 bei Ilchester/Somersetshire, gest. 1294 Oxford. Franziskanermönch. Studium in Paris und Oxford, dort Lehrer für Astronomie und Mathematik (»Doctor mirabilis«). Stand in Paris mit Billigung zweier Päpste insgesamt 14 Jahre unter Arrest, wegen seiner Angriffe gegen Scholastiker, Mönche und Geistliche, wegen Mystizismus, Astrologie und Alchemie und der Umgehung des Veröffentlichungsverbots seiner Oberen. Er erfand Vergrößerungsgläser, schrieb über Perspektive und Lichtbrechung, entdeckte die

Irrtümer im Julianischen Kalender und stellte eine dem Schießpulver ähnliche Mischung her. Er vermied das Vakuum durch geometrische Körper für die vier Elemente des Aristoteles, die den Raum vollständig ausfüllten. Schrieb u. a. das von Francisci zitierte »De secretis operibus artis et naturae et de nullitate magiae«(»Über die geheimen Werke der Kunst und der Natur und die Nichtigkeit der Magie«), zuerst gedruckt 1542. Sein »Opus majus« zuerst gedruckt 1733, konnte Francisci nicht kennen (Meyer V, Lasswitz I, 203, Poggendorf I). Es geht hier im wahrsten Sinn des Wortes um Vorspiegelung falscher Tatsachen, um Flug- und Tauchgeräte und um »das schwartze Kräutlein«, das Schießpulver, allesamt bezeichnet als »Wunder-Erscheinungen der Lufft«.

Baldaeus, Philippus 33, 334, 335
Geb. 1632 Delft, gest. 1672 Geerdit. War von 1658 an 7 Jahre protestantischer Pfarrer der Ostindischen Handelskompanie in Jaffna (Nord-Ceylon) Schrieb »Beschrijving der Oost-Indische kusten Malabar en Coromandel, benevens het eiland Ceylon« 1672. Darin besonders sprachliche Untersuchungen und heidnische Kulte. Ceylon habe einmal »an Indien gehangen«. Er lernte japanisch, um zu missionieren, was Francisci berichtet.

Balduinus, Christianus Adolphus (Baldewein, Christoph Adolph) 461, 463, 1226, 1389, 1390
Geb. 1632 Döbeln bei Meissen, gest. 1682 Grossenhayn/Sachsen. Dort Amtmann und Alchemist. Entdeckte durch Ausglühen von Kalksalpeter das allerdings noch nicht reine Calcium, welches leuchtete. Er nannte diesen Leuchtstein Phosphorus hermeticus und glaubte, den Stein der Weisen gefunden zu haben. Schrieb u. a.: »Oedipus chymicus, oder Chymischer Rätseldeuter« 1664, »Physica subterranea« 1669, zum Teil gegen Kirchers Mundus subterraneus, »Chymischer Glückshafen, oder Große chymische Concordanz« 1682 (Poggendorf I, Schmieder S. 448, 449). Um diesen Phosphorus hermeticus geht es auch Francisci, dann um den in Sonnenhitze inbegriffenen Schwefel und um Silbernitrat als Materie der Meteore und der feurigen Lufterscheinungen.

Ball, Guilielmus (Ballonius / Guillaume Baillon / de Baillou) 938
Geb. 1538 Paris, gest. 1616 dito. Dekan der med. Fakultät in Paris und Leibarzt Heinrich IV. Gilt als Wegbereiter einer Medizin, die sich wieder unter Bezugnahme auf Hippokrates auf die genaue Beobachtung stützte. Zahlreiche epidemiologische Beobachtungen. Astrologie als ein wichtiges Instrument des Arztes (Stolle). Francisci zitiert ihn mit einem Bericht in den Acta der Royal Society vom Dez. 1665 über die Konservierung von Schnee in Livorno.

Bangen, Johann (Johann Bange) 1273, 1376
Geb.? Mihla/Thüringen, gest.? Hohenlohischer Hofprediger, um 1599 in Eschwege nachweisbar. Er veröffentlichte und schrieb teilweise selbst die von Francisci zitierte »Thüringische Chronick ...«, Mühlhausen 1599. Eine Wasserflut in Thüringen, und nach Donnerschlag ist ein 39 Pfund schwerer Stein vom Himmel gefallen.

Barbosa, Odoardo (Duarte, Eduard B.) 34, 43
Geb.? gest. um 1546 Cananor/Südostindien. Machte seine erste Indienreise 1500, diente seit 1506 als Übersetzer im Orient, 1511 noch einmal in Indien als Schreiber der Faktorei von Kalkutta, seit 1520 bis zu seinem Tod der Faktorei von Cananor (er ist nicht zu verwechseln mit dem Begleiter Magellans auf dessen Weltumsegelung). Sein Bericht wurde unter verschiedenen Titeln aufgelegt: »Livro das Coisas da India ou Livro do que viu e onviu no oriente« 1518, »De Indiis & provinciis indicis degentibus illius et gentium moribus«, »Libro die viaggi«, »Narratione Di Vn Portoghese Comüagno die Ordoardo Barbosa« 1554, »Sommario del Indie Orientale«. Hier geht es aus Kirchmayer (s. dort)

um die Quellen von Euphrat und Tigris als Flüsse des Paradieses und um den goldhaltigen Ganges.

Barclajus (John Barclay) 904
Geb. 1582 Pont-à-Mousson, gest. 1605 Angers. Neulateinischer Dichter und Satiriker. Fancisi zitiert aus »Euphormionis Lusinii satyricon« 1603, einem gegen die Jesuiten geschriebenen Roman, die Geschichte der Rettung eines Fingers König Jakobs von England durch Eintauchen in geschmolzenen Schnee (Meyer V).

Barenz, Willem (Barents) siehe **Veer**

Barlaeus, Gasparis (Caspar van Baerle) 98, 99
Geb. 1584 Antwerpen, gest. 1648 Amsterdam. Humanist, Theologe und Dichter, Prof. Logik Leyden, wurde wegen der »arminianischen Streitigkeiten« (Zedler), ein Familienzwist unter Calvinisten über Gnade und Erlösung, entlassen und hat Medizin studiert. Prof. Philosophie am neu errichteten Gymnasium in Amsterdam. Sein Gedichtband »Argenis« wurde von Opitz übersetzt. Er schrieb eine Geschichte Brasiliens unter dem Statthalter Johann Moritz von Nassau-Siegen, der 1637-1644 für die Holländer dort eine Kolonie gegründet hatte (»Rerum per octenium in Brasilia et alibi gestarum« 1647), aus der Francisci die Beschreibung des üppigen fürstlich – nassauischen Gartens nimmt.

Baronius, Caesar 265
Geb. 1538 Sora/Kampanien, gest. 1607 Rom. Schrieb die »Annales ecclesiastici« 1568 als katholisches Gegenstück zu den protestantischen »Magdeburger Zenturien« 1559-1574, um zu beweisen, dass die Papstkirche mitnichten einen Abfall vom ursprünglichen Christentum bedeutet, wie es die Magdeburger gesehen hatten. Das machte ihn zu einem wichtigen Mann in Rom, der nur wegen spanischen Einspruchs gegen sein Werk über Sizilien »De monarchia Sicula« nicht zum Papst gewählt wurde (bbkl). Er hielt nichts von Turpinius als Historienschreiber. (s. dort)

Bartholinus, Erasmus (Rasmus Bartholin) 824
Geb. 1625, gest. 1698. Der jüngere Bruder des Thomasius B. Professor in Copenhagen erst für Geometrie, dann für Medizin. Entdeckte die Doppelbrechung des Calcit (Kalkspats), die erhebliches Aufsehen erregte, weil das mit dem einfachen Brechungsgesetz des Snellius nicht mehr zu erklären war. Das eine Bild bewegte sich bei der Drehung des Kristalls, das andere blieb stehen. (Dannemann II, 254, 306). Bartholin hat seine Entdeckung in »Experimenta crystalli islandici disdialclastici quibus mira & insolita refractio detegitur« 1669 veröffentlicht. Francisci spricht nur von der Bildung von Schneefiguren aus einem kleinen Traktat, das an »De usu nivis« (Über den Gebrauch des Schnees) seines Bruders Thomasius angebunden sei.

Bartholinus, Thomasius (Thomas Bartholin) 178, 400, 425, 451, 433, 434, 580, 792, 794, 807, 817, 819, 820, 822, 823, 825, 826, 829, 842-845, 848, 849, 852-857, 859, 874, 875, 885, 886, 888, 891, 894, 895, 896, 903, 907, 908, 914, 919, 924, 938, 943, 945, 946, (949), 964, 965, 973-975, 1261, 1391
Geb. 1616 Kopenhagen, gest. 1680 Kopenhagen. Studierte in Leiden Medizin, danach ausgedehnte Reisen und Studien nach Padua, Rom, Neapel, von Bauhin in Basel zum Doktor gemacht, erneute Reisen in Frankreich, Deutschland, den Niederlanden und schließlich Prof. Mathematik, Anatomie und Medizin in Kopenhagen, Leibarzt König Christians. Er gilt als Entdecker des Lymphgefäßsystems und Mitbegründer der experimentellen Medizin, war Herausgeber der ersten wiss. Zeitschrift Dänemarks, der »Acta medica et philosophica Hafniensa« und führte 1673 die Hebammenprüfung in Kopen-

hagen ein. Er beschrieb 400 medizinische Fälle (»Epistolarum Medicinalium centuriae IV« 1663/64), 600 anatomische Beobachtungen (»Historiam anatomicarum Centuriae VI«) 10 Abhandlungen über medikamentöse Therapie (»Dissertationes X. Cista medica Hafniensis variis consiliis, curationibus, casibus rarioribus, vitis medicamentorum Haffniensum aliisque ad rem medicam, anatomicam, bortanicam & Chymicam spectantibus referta« 1662), ein Buch über Biolumiiniszenz, in dem Leuchtkäfer und andere Lichterscheinungen bei Tieren und Menschen beschrieben werden (De luce animalium« 1647) u.v.a. Daneben noch Schriften im Sinne eines Polyhistor. (Ärztelexikon, Stolle S. 258) Francisci lässt ihn bei nahezu allen medizinischen Fragen zu Wort kommen, oft als Autorität, auch wenn er Katzen seziert und meint, sie regnen herab, oder wenn bei klarem Himmel in der Provence am 29.12.1637 ein 54 Pfund schwerer Stein auf die Landstraße fällt und als Beweis dafür genommen wird, dass dann die Natur »einen Frosch, eine Maus oder andres lebendiges Ungeziefer ohne Verweilung oder Frist schnell erzeuge und herabfallen lasse«. Aus »De usu nivis« meldet er Traumgeschichten über den Schnee.

In einer reichlich dunklen Andeutung, »Achmetes Oneir.«, ist ein solcher Traum Zeichen der Trübsal und Kümmernis und Plagen für ein ganzes Volk.:Es handelt sich um die »oneirocritica«, die Traumdeutung des **Achmetes**, das ist **Ahmad Ibn Sirin**, der im 9. Jahrhundert lebte und die Träume des Kalifen Ma'm n (von 813-833) beschrieb. Sein Werk ist auf Arabisch verloren, auf Griechisch jedoch erhalten und wurde 1603 zusammen mit der »oneirocritica« des Wahrsagers Artemidorus Ephesius (Daldianus) in einer lateinisch-griechischen Parallelausgabe veröffentlicht, der um 100 v. Chr. lebte und sein Material während ausgedehnter Reisen im vorderen Orient gesammelt hatte und auch dasjenige seiner sechszehn namentlich genannten Vorgänger verwertete (Sarton).

Bartholus, Daniel (Bartolus / Daniello Bartolo / Bartoli) 331
Geb. 1608, gest. 1685. Jesuit, der mit seinen Predigten in Ferrara, Rom, Lucca und Florenz berühmt wurde. Er war Lehrer am Collegium Romanun. Seine Werke umfassen 50 Bände, u. a. zur Musik, zu den zwei Ewigkeiten, den glücklichen Glauben, zur italienischen Orthographie, eine Übersetzung des Vergil ins Italienische, eine Geschichte der Jesuiten in Asien. Für Francisci ist er der Gewährsmann für tiefen Glauben ohne Bildungsfirlefanz.

Basilius von Caesarea, genannt der Große 438, 849, 854
Geb. 330 Caesarea, gest. 379 dito. Bischof, Asket. Lebte 5 Jahre in einem abgelegenen Kloster in Kappadokien. Auf ihn gehen die orthodoxen Mönchsregeln zurück. Sein Bruder war Gregor von Nyssa. Kämpfer gegen den Arianismus. Francisci lässt ihn sagen, dass Engel einen jeden Gläubigen begleiten und beschützen, und von 40 Märtyrern berichten, die vor Kälte halb gebraten waren.

Baudartius, Guilielmus (Wilhelmus / Willem Bodaert) 637-644
Geb. 1565 Deinze, gest. 1640 Zutphen. Theologe, wütender Contra-Remonstrant (oder Contra-Arminianer, einer von den Reformierten abgetrennte Gruppe, die Calvins Prädestinationslehre ablehnten und die Willensfreiheit betonten). Mitherausgeber der »Statenbijbel«, der offiziellen holländischen protestantischen Bibel und Mitübersetzer des Alten Testaments. Bekannt für ausgezeichnete Hebräischkenntnisse. Flucht nach England aus den Niederlanden des Herzogs von Alba, Studium in Canterbury, Gent, Leiden, Franeker, Heidelberg. Prediger in Kampen, Lisse, Zutphen. Schrieb christliche Sinnsprüche, eine Polemik zum belgischen Krieg, eine Nassauische Chronik, eine Darstellung der religiösen Ursachen des spanisch-holländischen Krieges. Francisci zitiert »Memorabil.Eccles.& Secular.« und meint »Memoryen ofte Cort Verhael. Der Gedenck-weer-dichste so kerklicke als weltlicke Gheschiedenissen von Norderland, Vrackryck, Hooghdytschland, Groot Britannyen, Hispanyen, Italyen, Hungaryen,

Bohemen, Savoyen, Sevenburghen ende Trukyen, Van der Jahre 1603 tot 1624« eine Geschichte weltlicher und kirchlicher Geschehnisse. Es geht um ein ungarisches Heer, das am Himmel aufmarschiert mit Wolkengesichtern, roten Röcken und hoch zu Ross, um einen wolkigen Walfisch, der von kleinen Fischen zertrümmert wird und um die Geschichte eines Mannes, der die Prognose einer Pest und anderer Plagen gegen die Deutschen in Friesland nicht, wie von drei unwirklichen Gestalten befohlen, weiter gegeben hatte, und deshalb des Nachts einiges aufs Auge bekam.

Beal, Johannes (John) 382
Geb. 1603 Herefordshire, gest. 1683 Yeovil. Theologe, königlicher Kaplan und Mitglied der Royal Society. Schrieb u.a. »Of Barometers and some Observations made with them« (Phil. Transactions 1666), worauf sich Francisci mit der Aufforderung bezieht, an vielen Orten und zu allen Tageszeiten Luftdruckmessungen durchzuführen (Poggendorf I). Er korrespondierte mit Robert Boyle über Fragen neuer wissenschaftlicher Methoden und Religion, über Astrologie, Zoologie und Behandlung der Skrofulose (Thorndike VIII).

Beaulieu, de 1249, 1259
Beschreibt nach Francisci 1562 ein Gewitter in der Champagne und einen Kugelblitz in der Nähe von Poitiers 1536 in »Tractatus de tonitru & fulgure«. Ich konnte die Person nicht identifizieren. Ich nehme deshalb an, dass sich der Protestant Francisci ein Spiel mit wichtigen Daten der Religionskriege in Frankreich erlaubt hat, die er mit Kugelblitz und Gewitter verbindet: 1536 wird Diane von Poitiers die Maitresse König Heinrichs II. Sie galt als sehr schön und verführerisch und war vorher seine Erzieherin gewesen. 1562 lässt der Anführer der katholischen Liga, der Herzog von Guise (Franz I. von Lothringen) in Wassy in der Champagne 74 Protestanten massakrieren und hunderte verletzen und löst damit den ersten Religionskrieg aus. 1576 unterzeichnet König Heinrich III. in Beaulieu – les – Loches ein Edikt, das die Rehabilitation der Opfer der Bartholomäusnacht vorsieht, den Protestanten weitgehende Religionsfreiheit gewährt und damit den fünften Religionskrieg beendet. Francisci hat gelegentlich Anspielungen auf das Leiden und die Siege der Protestanten in angeblichen Zitaten versteckt (s. auch Elevther).

Beda (Venerabilis) 712, 1075
Geb. 674 Northumerland, gest. 735 als Lehrer an der Klosterschule von St. Paul in Jarrow. Er schrieb eine Enzyklopädie »Über die Natur der Dinge« und Abhandlungen »Über die Zeitabschnitte« und »Über die Zeitrechnung«, in denen er wie Dionysius Exiguus (s. dort) Christi Geburt zum Ausgangspunkt nahm, und sein Hauptwerk »Historia ecclesiastica gentis Anglorum«. Dieses ist die Quelle für Francisci, wenn er Beda erzählen lässt, dass die Südsachsen nach drei regenlosen Jahren wieder genügend Regen bekamen, nachdem sie sich zum Christentum bekehrt hatten. Wahrscheinlich aus der Enzyklopädie der Mondhof als Sturmprognose.

Belley, Guillaume du Bellay 1256
Geb. 1491 Château de Glatigny / Souday / Loir-et-Cher), gest. 1543 Saint-Symphorien-de-Lay. Gehört zu einer sehr einflussreichen Familie unter Franz I. Wurde Gouverneur von Turin, dann Vizekönig von Piemont, mehreremals Gesandter während des großen itaienischen Krieges. Historiker. Schrieb: »Instructions sur le fait de la guerre« 1548, »Epitome de l'antiquiteé des Gaules et de France, suivi de quelques opuscules du même auteur« 1556, »Les mémoires de messire Martin Du Bellay, seigneur de Langey ...« 1585. Die beiden Brüder Martin und Guillaume haben bei der Herausgabe ihrer Memoiren zusammen gearbeitet. Das von Francisci geschilderte Ereignis, eine der ersten Minenexplosionen der Kriegsgeschichte, findet sich bei Guillaume du Bellay (Liv. I, 174 und Liv. II, 60, 75-76).

Bellus, Julius (Michael Caspar Lundorp / Ventura / Philippus Honorius / Georg Erhard) 879
Geb. 1580 Frankfurt/Main, gest. 1629. Publizist, Historiker. Schon fast ein Journalist, Vielschreiber, der davon leben musste. Zahllose Pseudonyme. Obwohl wahrscheinlich evangelisch, in seinen Schriften auf Seiten der Habsburger. Schrieb z. B.: »Hermes politicvs, Sive de Peregrinatoria Prudentia« (Politischer Sendboten oder Erkenntnisse auf Auslandsreisen), hieraus zitiert Francisci die polnischen Schneehühner (ADB).

Benedictus, Alexander 1196, 1198, 1199, 1200
Geb. 1455, gest. 1525. Professor der Medizin in Padua, ital. Militärarzt, beobachtete 1495 den Ausbruch der Syphilis in Fornovo. Veröffentlichte 1493 die von Francisci zitierte Pestschrift »de peste« (Ill.Gesch.Med.). Pestgift im Kissen, beim Ausschütteln sind alle Umstehenden angesteckt worden. Pest bei den Kosaken hörte auf, als alle Hunde verbrannt wurden – wegen des Gestanks.

Benivenius, Antonio (Benevenius / Benivieni) 562, 925, 1340
Geb. 1440, gest. 1502. Arzt aus Florenz. Schrieb »De abditis nonnulis ac mirandis morborum et sanationum causis«, das erst nach seinem Tod 1507 veröffentlicht wurde und einhundertelf Krankenberichte enthält, davon 20 Autopsieberichte (Ill. Gesch.Med.). Hier geht es um Irrlichter über einem Grab, um die Schädlichkeit kalter Getränke und um zwei vom Blitz Getroffene, die nach sieben Tagen Starre wieder lebendig geworden sind.

Benzo, Hieronymus (Girolamo Benzoni) 718
Geb. 1518/19, gest. 1570. Ging 1541 als Soldat der span. Armee nach Gran Canaria und Westindien, kam 1547 nach Peru und blieb drei Jahre. Zurück über Nicaragua, Guatemala nach Mailand. Er wollte wirtschaftliche Möglichkeiten erkunden, musste aber feststellen, dass die Spanier überall das Monopol besaßen. Sein Bericht (im Orginal italienisch) »Historia del Mundo Nuevo« 1565 ist der erste nicht spanische Blick auf die Neue Welt und enthält genaue Beobachtungen der Sitten und Gebräuche der Indianer. Francisci erwähnt 80 Tage Dauerregen auf der Insel Gorgona. Sie liegt im Pazifischen Ozean 30 km vor der Küste Kolumbiens und hat ihren Namen von den zahlreichen Schlangen, die dort leben, eben wie auf dem Haupt der Gorgo.

Bergomà (Jacobus Philippus / Giacomo Filippo Foresti u.v.a.) 1261, 1262
Geb. 1434, gest. 1520 Bergamo. Stammt aus dem Geschlecht der Grafen Foresti in Solto bei Bergamo. Augustiner. Prior in Bergamo. Schrieb vor allem eine Chronik vom Anfang der Welt bis hin zur Kommentierung der Zeitgeschichte: »Supplementum chronicarum« 1483, 1485, als »Cronicha de tuto del mondo vulgare« 1491, als »Novissima historiarum omnium repercussiones quae supplementi chronicarum nuncupantur« 1506. Er überliefert Hagelschauer im Welschland und solche in Rom bis zu Strausseneiergröße.

Bernhard (Saint Bernhard de Clairvaux) 570
Geb. 1091 Fontaines bei Dijon, gest. 1153 Clairvaux. Gründer des Zisterzienserklosters in Clairvaux. Sorgte für den zweiten Kreuzzug, der im Fiasko endete, für die Verdammung von Abaelards Dialektik und für ein scharfes Vorgehen gegen die Sekten im Süden Frankreichs. Prägte die Marienverehrung und Christusmystik des Mittelalters. Sein Sekretär und Bibliothekar Nicolas de Clairvaux (Anfang 12. Jahrh. bis 1176), den er wegen Missbrauchs seines Amtssiegels entließ, hat die »Sermones« des Bernhard zusammengestellt, aus denen Francisci das Gebet der Seeleute an den Heiligen Nikolaus beim Erscheinen des Elmsfeuers zitiert.

Bertramus, Cornelius (Corneille Bonaventure Bertram) 267
Geb. 1531 Thouars, gest. 1594 Lausanne. Protestantischer Theologe und Hebräist. Studierte in Poitiers, Paris, Toulouse, Cahors. Floh wegen eines drohenden Massakers an Protestanten 1567 nach Genf und wurde dort Professor für orientalische Sprachen. Er schrieb u.a. eine vergleichende Grammatik des Aramäsichen und Hebräischen und »Comparatio »Lucubrationes Franktallenses sive specimen expositionum in difficultiora utriusque Testamenti loca 1588« (Arbeit bei Licht oder Darlegung der schwierigsten Stellen des Testaments). Das letztere dürfte Francisci vorgelegen haben. Es geht um Gottes Wille, den Sonnenlauf zu ändern, hier beim Schatten an der Sonnenuhr Ahas.

Bertus 949
Francisci zitiert ihn versteckt nach Bartholinus mit »De Frigid.Pot.c.ult.« (Über kalte Getränke u.a.) aus seinem italienischen Diskurs bei der Frage, ob Kaltwassertrinken schädlich sei. Es dürfte sich um des Thomasius Bartholinus Schrift über die Verteidiger des Trinkens von 1663 handeln (»Epistolarum medicinalium a doctis vel a doctos scripturam… Cui accessere bibi discursus apologeti«), und italienisch nur deshalb, weil es hier um einen Fürsten am römischen Hof geht, dessen Leber nach zu vielen kalten Getränken ganz verbrannt war. Mit Bertus dürfte Albertus Magnus gemeint sein, der häufig so abgekürzt zitiert wurde. In Frage käme dann dessen »De nutrimento et nutribili«oder »De sensu et sensato«.

Besoldus, Christophorus (Christoph Besold) 559, 1100, 1101
Geb. 1577 Tübingen, gest. 1638 Ingoldstadt. Prof. Pandectarum (die »alles enthaltende« Sammlung des alten corpus iuris civile) Tübingen. Seine »Synopsis politicae doctrinae« von 1623, ein Extrakt aus seinen politisch-juristischen Werken, wurde als ein Lehrbuch zur Einführung in die Staatslehre noch häufig aufgelegt. Trat 1630 heimlich zum katholischen Glauben über, machte das 1635 öffentlich und war seit 1636 Prof. in Ingoldstadt. Verfasste 1634 und 1636 zwei Gutachten im Nachtrab des Restitutionsedikts Kaiser Ferdinand II. von 1629, die zum Ergebnis kamen, dass die württembergischen Klöster der katholischen Kirche zurückgegeben werden müssten, weil sie schon immer reichsunmittelbar gewesen seien, was die Säkularisierung von Kirchengut durch die reformierten Reichsstände und den Augsburger Religionsfrieden in Frage stellte (ADB, Zedler). Francisci benutzt seine politische Betrachtung über Leben und Tod (»Vitae et mortis consideratio politica«, 1623) für eine Geschichte, die Felix Malleolus (s. dort) erzählt, und zitiert aus einer Abhandlung über Recht und Teilen des Besitzes (»Dissertatio de Jure & Divisione Rerum«) Besolds Auffassung, dass nicht alles, was nach menschlichen Satzungen und Recht erlaubt ist, christlich genannt werden könne, so auch nicht die Versklavung Schiffbrüchiger.

Betulius, Xystus (Sixtus Birck / Birk) 1289
Geb. 1501 Augsburg, gest. 1554 dito. Philologe, Gymnasialdirektor in Augsburg, Verfasser von Kirchenliedern und Dramen mit biblischem Hintergrund, die die Volkstheater beeinflussten und zur Bildung von Schuldrama und Jesuitentheater beigetragen haben (ADB). Francisci nennt ihn kurz durch Vossius, als er an einen Jupitertempel erinnert, den Vitruv beschreibt.

Beuning 1103
Es ist nicht klar, wen Francisci da meint. Er ist einer, der das Strandgut den Schiffbrüchigen belassen will. Möglicherweise handelt es sich um den Amsterdamer Schöffen Joost van Beuning, der als holländischer Unterhändler am Frieden von Aachen 1668 mitgearbeitet hat, bei dem Ludwig XIV. die Franche Comté wieder abgeben musste, aber Flandern behalten konnte.

Bielke, Dithmarus 940
Francisci läst ihn von Island berichten, wo die in Eisschollen eingeschlossenen gequälten Seelen des Nachts in großen Haufen angetrieben werden, zitiert aus: Johann Rudolph Camerarius (1578-1635) »Horae succisivae oder Sparstunden etlicher Betrachtungen gerichtet auf...« 1607. Dabei handelt es sich um 200 Horoskope, denen zum Teil Bild und Namen zugeordnet sind, und um die Wahrheit der Astrologie. Die von Francisci angegebene Textstelle in cent. III, S. 56 bezieht sich auf die Gesamtausgabe mit etwas abweichendem Titel (s. Camerarius).

Billy, Jacobus (Jacques de Billy) 693
Geb. 1602 Compiègne, gest. 1679 Dijon. Lehrer für Theologie, später Mathematik an verschiedenen Kollegien der Jesuiten: Pont-à-Mousson, Rheims, Dijon, Grenoble. Beschäftigte sich mit Zahlentheorie (»Diophantus Redivivius«), veröffentlichte astronomische Tafeln (»Tabulae Lodicaeae...), versprach, die Rolle der Astrologie als Wissenschaft zu beerdigen, schrieb über die Komenten von 1664 und 1665 als Ereignisse, die die Astronomie in eine Krise stürze. War eng vernetzt mit den Mathematikern seiner Zeit (Poggendorf I, Thorndike VIII, 309). Für Francisci misst er die Höhe der Wolken.

Biörne, Paulus 521
Er soll nach Francisci einen Bericht an die »der Engländischen gelehrten Societät« verfertigt haben über zwei Sonnen und drei Regenbögen auf Island. Wahrscheinlich ist der Name völlig falsch geschrieben, und es handelt sich um Biarno / Björn / Biarne / Biorne / Bjarne / Börne / Börner / Paul / Paulsen / Paulson / Poulsen / Povelsen o. ä. Bei den Philosophical Transactions der Jahre 1665-1678 habe ich ihn nicht gefunden. Aber es wäre schon interessant, die Daten zu sichern, weil sie eventuell eine weitgespannte Korrespondenz, die bis nach Island reichte, dokumentieren würden.

Biringuccius, Vannocius (Vannoccio Biringuccio) 1231
Geb. vor 1480 Siena, gest. 1537 Rom. Leiter der Silberminen am Avanzaberg, Studienreisen nach Innsbruck, Hall, Schwaz und in italienische Bergwerke. Als Leiter der Münze von Siena der Fälscherei angeklagt, Flucht und Wanderleben nach Rom, Sizilien, Neapel, 1524 Privileg der Salpeterherstellung in Siena, erneute Flucht nach Volksaufstand, später Mitglied des Senats, Artilleriehauptmann- und Kanonengießer von Papst Paul III. Schrieb ein Handbuch über die Metallurgie »De la pirotechnia« 1540 (das erste überhaupt, das die gesamte Metallurgie abdeckt), aus dessen 10. und letzten Buch Francisci die Anleitung zur Herstellung von Schießpulver entnimmt.

Bisciola 309
Francisci zitiert ihn als »Herrn der Bisciola« mit lib.7.Horar.Subcesivar.c.21, was eigentlich Nonsens ist. Denn Bisciola ist eine italienische Süßigkeit, und das Zitat heißt übersetzt wörtlich »die unten abgeschnittene Uhr«, was im übertragenen Sinn »Mußestunden« oder »Freizeit« bedeutet. Dieser Herr der Bisciola ist Athenaeus (s. dort), der geschrieben hat: »Operae Horarum subcisivarum, Sive Meditationes Historicae«. Er schreibt über ausgelassenen Tanz.

Blanc, Vincentius **Le Blanc** (Vincent Leblanc) 1093
Geb. 1568 Marseille, gest. 1632. Fuhr seit seinem 12. Lebensjahr 48 Jahre lang über die Weltmeere. Seine Memoiren wurden posthum herausgegeben: »Voyages Fameux du Sieur Vincent Leblanc marseilois qu'il a faits depuis l'âge de douze ans jusques à soixante, aux quatre parties du Monde...« 1648. Für Francisci geht es um große Kälte nach Wirbelstürmen vor Jamaica, von denen Leblanc berichtet hatte, was Stubbe (s. dort) bezweifelt.

Blancanus, Robertus (Guiseppe Biancani) 490
Geb. 1566 Bologna, gest. 1624. Professor der Mathematik in Parma und an anderen Orten in Italien. Jesuit. Er glaubte, dass nur durch das Eingreifen Gottes verhindert werde, dass die Erde ersäuft oder verbrennt. Lehrer von Riccioli. Er schrieb u.a. ein Werk in Auseinandersetzung mit Tycho, Kepler und Galilei, in das er auch noch die Mathematik und die Geometrie des Echos aufnahm: »Sphaera Mundi seu Cosmographia. Demonstrativa, ac facili Methodo tradita...« 1615. (Zedler). Es konnte erst 1619 erscheinen, nachdem es vorher auf den Index geraten war. Francisci interessiert ein mehrfaches Echo in der Nähe von Mailand.

Bocatio, (E.) Boccaccio,Giovanni 1239
Francisci lässt ihn berichten von einem »Wasser-Pfuhl« Scafagiolus im Apennin, der Sturm produziert, wenn ein Stein hineingeworfen wird. Das »E.« bedeutet sicherlich »Ex«, und zwar nicht aus dem »Decamerone«, sondern aus »De montis, silvis, fontibus, lacubus, fluminibus, stagnis, seu paludibus et de nominibus maris liber« 1355-1375. Es ist ein Katalog geographischer Orte, die in der klassischen Literatur vorkommen. Er lag, zusammen mit »Genealogibus Deorum« seit 1532 in einer Baseler Ausgabe vor und war für mindestens 100 Jahre das Standard – Nachschlagewerk für die antike Mythologie.

Bochartus, Samuel (Bochard / Bochart) 28, 43, 47, 53, 67, 266, 1063
Geb. 1598 Rouen, gest. 1667 Caen. Französischer Protestant und Bibelinterpret. Seine »Geographica sacra...«, aus der Francisci mehrfach zitiert, wenn es um Ortsbestimmungen der in der Bibel erwähnten Orte geht, wurde auch noch nach seinem Tod häufig aufgelegt (Zedler). Francisci benutzt auch »Phaleg.c.de Turri Babylon«, was aus der »Phaleg & Canaan« genannten 1. Ausgabe der »Geographia sacra« von 1646 stammt. Phaleg ist der Name des Architekten Nimrods, der den Plan für den Turmbau von Babel entworfen hat, der dann nicht eingehalten wurde. Bochartus gibt beim Schatten des Zeigers Ahas zu bedenken, dass auf keinen Fall die Sonne zurückgelaufen ist, denn dann hätte ein so unerhörtes Ereignis die ganze Welt erschreckt, weil es niemandem verborgen geblieben wäre.

Bodinus, Johannes (Bodin, Jean) 274, 297, 302, 666, 784, 1008, 1098, 1099, 1101
Geb. 1530 Angers, gest. 1596 Laon. Seit 1561 Rechtsberater der königlichen Familie. Staats- und wissenschaftstheoretische Schriften, vor allem »Six livres de la République« 1576, das mit seiner Definition der Souveränität als Inbegriff des Absolutismus angesehen wird. Befürworter der Hexenverfolgung. Schrieb dazu: »Démonomanie des Sorciers« 1580. Francisci zitiert aus »De republica«, »Methodus Historiae«, »Theatrum Naturae« und der »Daemonomania«: ein Schauspiel, das ein venezianischer Legat am Hofe des Papstes von Avignon aufführte, einen Brand des Magdeburger Rathauses, in dem getanzt worden war, einen Veitstanz in Niedersachsen, eine Jungfrau in Spoleto, die zu einer Hexenversammlung geladen war, Mäuseplagen, gute und böse Engel, die Winde erzeugen, die barbarische Aneignung der Güter Schiffbrüchiger.

Boetius, Anicus Manilius Torquatus Severinus (Boethius) 1405
Geb. um 480 Rom, gest. 524 Pavia. Konsul des Ostgotenkönigs Theoderich, von diesem des Hochverrats bezichtigt und hingerichtet. »Der letzte Römer und erste Scholastiker« mit Griechischkenntnissen. Übersetzer des Aristoteles und Porphyrius. Seine Kommentare dazu, zu Cicero und seine Schriften zu den sieben freien Künsten, seine Übersetzung der »Einführung in die Arithmetik« des Nichomachos von Gerasa und sein im Kerker verfasstes »Trost der Philosophie« hatten lange großen Einfluss. Aus letzterem bemerkt Francisci, die Erde sei ein schönes Stück eines wunderschönen Werkes.

Boetius, Anselm (de Boodt, s. unten) 1377
Francisci zitiert sehr nachlässig ohne Unterschied zum antiken Boetius aus »lib.2.c.24.« Boetius nenne Donnersteine Cheloniten, schildkrötenförmige Edelsteine.

Boissardus, Jean Jaques (Boissard) 486-487
Geb. 1528 Besancon, gest. 1602 Metz. Nach Thorndike VI,504 wahrscheinlich ein »antiquarian and poet«. Ordnet ihn unter die Wahrsager (divination) mit geringer Bedeutung ein. Schrieb: »De divinatione et magicis praestigiis« 1602 u. ä. Hört ein achtfaches Echo an der Via Appia.

Bonannus 483
Francisci spricht im gleichen Absatz auch von Athanasius Kircher, dessen Schüler und Mitarbeiter Bonanni war und der nach dessen Tod Direktor des Museum Kircherianum wurde. Giacomo **Buonanni e Colonna** ist jedoch wahrscheinlicher, der erste von den Spaniern eingesetzte Herzog von Montalbano, der 1624 ein zweibändiges Werk mit dem Titel »Dell'anttica Siracusa illustrata« herausgegeben hat, was man als »sizilianische Antiquitäten« lesen kann.

Bonaventura, Frederico 1026
Geb. 1555 Ancona, gest. 1602 Urbino. Früh verwaist wurde er von Kardinal Giulio Della Rovere in Rom aufgezogen und trat 1573 in den Dienst des Fürsten Francesco Maria II. von Urbino. Wurde bekannt durch einen Kommentar der Medizin und Naturwissenschaften des Aristoteles, woraus Francisci wohl die Diskussion um die Entstehung der Winde genommen hat: »De partus octomestris natura adversus vulgatam opinionem. Libri decem ...«. 1600.

Bonfinius, (wahrscheinlich Matteo) 1262
Geb. 1441 Ascoli, Schriftsteller. Prof. Rhethorik in Rom. Die von Francisci angegebene Stelle in »Museum liber I, Sect.2 c.12« bezieht sich auf Olaus Wormius mit seinem »Museum Wormianum« von 1655 (s. dort). Es hagelte in Frankreich, als Paschalis I. Papst war, also zwischen 813 und 824.

Bontius, Jacobus 115
Geb. 1592 Leiden, gest. 1631 Indien. Arzt, wurde Schatzmeister von Neu-Batavia und arbeitete mit Anselm Boetius (de Boot) zusammen. Beobachtungen über Steine und Edelsteine (Thorndike VI,319) und Verfasser einer »Historia animalium item Plantarum« Indiens (Zedler). Gilt mit seiner »Medicina Indorum orientalis« von 1642 als einer der Begründer der Tropenmedizin. Francisci wundert sich, dass in Indien Vogelnester als Delikatesse gelten.

Bonvicino, Jacobus (Giacomo) 485
Mehr als die Angaben Franciscis sind nicht zu finden. Er zitiert ihn nach Schott als einen Professor der Mathematik im Collegium von Genua, der im Briefwechsel mit Kircher stand. Nach John Fletcher »Athanasius Kircher and his correspondance« waren es 9 Briefe, der Inhalt von zweien betrifft am 4.11.1651 die unbefriedigende wissenschaftliche Atmosphäre in Genua, wo er von 1651 bis ca. 1656 am Jesuitenkolleg unterrichtete, und einen zu Cometen. Dieser hier berichtet von einem Echo, das nach dem Ausbruch des Vesuv entstanden war.

Boot, Anselm de (Boèce, de Boodt, Boetius) 1369
Geb. um 1550 Brügge, gest. 1632 dito, Leibarzt des Kaisers Rudolph II. in Prag um 1610. Schrieb eine Naturgeschichte der Steine und Edelsteine: »Gemmarum et lapidum histo-

ria...« 1609 (ausführl. Thorndike VI, 318-320). Nach Zedler soll er alles abgeschrieben haben. Der Malachit schützt vor Donner (s. auch Boetius).

Borellus, Petrus (Borel, Pierre) 821
Geb. 1620 Castres, gest. 1689 Paris. Königlicher Leibarzt und Mitglied der Académie des Sciences als Chemiker. Schrieb u. a. »Historiam et observationum Medico-Physicarum Centuria IV« 1657 (Schmieder S. 431, Thorndike VII,VIII, Poggendorf I). Aus Cent. II eine Beobachtung, dass Wasser, welches Salpeter in sich hat, beim Gefrieren Figuren erzeugt.

Borrichius, Olaus (Borrich) 275, 647-649
Geb. 1626 Borchen/Jütland gest. 1690. Dr.med., Prof. Philologie und Poesie, Chemie und Botanik in Kopenhagen. Von Haus aus Lehrer, durch eine »glückliche Praxis«, wie Schmieder (S. 420-421) sagt, während der Pest 1655 in Kopenhagen reich geworden, so dass bei seinem Tod und dem großen Erbe, das er hinterließ, gemunkelt wurde, er habe den Stein der Weisen gefunden: »Dissertatio de ortu et progressu Chemiae« 1668 (eine Geschichte der Alchemie, aus der Francisci Kunstwerke zum Fliegen und Schiffsruder nimmt), »Hermetis, Aegyptiorum et Chemicorum sapientia, ab Herm Conringii animadversionibus vindicata« 1674, zitiert als »Sapientia Hermetis«, hermetische Wissenschaft. Hermann Conring war Arzt, Politiker und Polyhistor, aber er hat sich auch zur Alchemie geäußert und mit Borrichius gestritten. Hieraus das Feuerwerk des Königs von Bantam (Zedler).

Boterus, Giovanni (Botero) 13, 486
Geb. 1544 Bene Vagienna, gest. 1617 Turin. Jesuit, Lehrer für Philosophie und Rhetorik vor allem im Paris der Religionskriege. Weil er sich an antispanischen Protesten beteiligt hatte, wurde er nach Italien zurückgerufen, wo er in Mailand, Padua und Genua an Jesuitenkollegien unterrichtete. Nach einer Rede, in der er die temporäre Macht des Papstes in Frage gestellt hatte, wird er aus dem Orden geworfen. Danach der persönliche Assistent von Bischof Borromeo in Mailand und in dieser Funktion eine Art Gesandter in Frankreich. Seine Werke befassten sich mit den Fragen politischer Machtausübung in Auseinandersetzung mit Jean Bodin und Machiavelli: Fürsten sollten sich um Anerkennung beim Volk bemühen, sich von wirtschaftlicher Betätigung fernhalten und diese dem Volk überlassen. In Rechtsfragen stützte er sich auf Thomas von Aquin. Schrieb über Weltbeziehungen, über Staatsraison, die Gründe für die Macht der Städte u.v.a. (Sarton). Francisci lässt ihn von fehlenden Nachtigallen in Irland (ohne Fundstelle) und von einem Echo am Grab des Metellus in der Nähe Roms berichten (aus »Tractatus de origine Urbium«, über den Ursprung der Städte).

Boullayle Gout de la (La Boullaye Le Gouz, François) 575, 1064, 1168
Geb. ca. 1610 Baugé, gest. ca. 1669 Isfahan. Söldner französischer Truppen im Dienst Charles I. von England, bereiste dann Europa und den Orient (Kleinasien, Ägypten, Persien, Indien). Verfasste darüber das von Francisci zitierte Buch »Voyages et observations du sieur de La Boullaye Le Goust, gentilhomme angevin« 1653, in dem von Schiffsleuten berichtet wird, die bei Elmsfeuer ein Bild des Hl. Antonius geiseln, und von einem Wind, der im August zwischen Bagdad und Ninive ganze Karawanen tötet. Als »Le Gouz de la Boulla-je« erzählt er auf S. 1168 von Matrosen in Seenot, die eine Statue des Heiligen Antonius von Padua prügeln (Nouv.Lar. Ill.).

Bourge, Jacques M. de 80
Wahrscheinlich lag Francisci die deutsche Ausgabe von 1671 vor: »M. de Bourges wahrhaffte und eigendliche Erzehlung von der Reise des Bischofs von Beryte/Auß Franckreich zu wasser und Lande nach China: Nemlich Auß Marsilien übers Mittel-Meer nach

Algier und so ferner durch Syrien/Arabien/Persien/und unterschiedne Indianische Landschafften/Mit genauer Beschreibung der Städte und Plätze/Gottesdienste und Sitten der Völcker/sammt derer zu dieser Reise nützlichen Kosten/item von der Müntze/ so in selbigen Landen gangbar«. Für Francisci beschreibt er Lustgärten in Isfahan.

Bourgese, Louise (Marie-Louise Bourgeois) 948
Geb. 1563 Paris, gest. 1636 dito. Sie war die berühmteste Hebamme Frankreichs, verheiratet mit dem Armeechirurgen Martin Bousier, einem Schüler von Amboise Paré (s.unter Paraeus), aber schon nach 4 Jahren mit 3 Kindern verwitwet. Schlug sich als Hebamme in den Armenvierteln von Paris durch, sammelte 2000 Fälle und veröffentlichte sie 1608 in einem Hebammenbuch und wurde die Hebamme der Maria von Medici. Für die Entbindung eines Prinzen bekam sie 1000 Dukaten, für die einer Prinzessin 600. Francisci schildert den Fall einer Frau, die nach Eisgenuss mit aufgedunsenem Leib verschieden ist.

Boyle, Robert 374, 377, 379, 382, 413, 414, 459, 466, 468, 469, 939, 1195, 1197, 1198, 1201, 1327, 1328, 1354
Geb. 1627 Lismore/Irland als Sohn des Grafen von Cork, gest. 1691 London. Physiker und Chemiker. Ein zutiefst gläubiger Mensch, der Bibelübersetzungen ins Malayische, Türkische, Walisische und Irische finanzierte, Hexen und Dämonen für möglich hielt. Gehörte in Oxford zum Kreis der Naturphilosophen, die 1661 die Royal Society gründeten. Hat das Druck-Volumen-Gesetz aus Versuchen erkannt, die er mit einer eigenkonstruierten Luftpumpe zusammen mit Robert Hooke ausführte, die selbständige Entdeckung dieses Zusammenhangs durch Mariotte ist umstritten (»Essai sur la nature de l'air« 1679). Thorndike VIII, 171-201 gibt einen Überblick über das gesamte, auch abstruse Schaffen unter Betonung seiner Rolle in der Etablierung experimenteller Methoden und Poggendorf I liefert eine lange Literaturliste. Boyle hat 42 Bände veröffentlicht.

Francisci zitiert ihn meistens dann, wenn es um Experimente und exakte Naturbeobachtung geht: bei der Konstruktion eines Thermoskops (Thermometers) mit dem Spiritus vini, beim Wiegen der Luft mit einer kupfernen Luftkugel und einer Luftwaage (Barometer) aus quecksilbergefülltem Glasrohr, beim Experimentieren mit Schießpulver zur Messung des Rauchvolumens, bei der Entzündung des Schießpulvers unter Luftabschluss, beim Nachweis der Magnetwirkungen durch Glas hindurch, bei der Magnetisierung eines Diamants (electrica effluvia), bei der Konservierung von Eis, beim Verharren des Pestgiftes in einem kalt gelagerten Strohhaufen und der fortbestehenden Ansteckungsgefahr nach Waschen von Leintüchern mit Seife, bei der Verformung eines Bechers durch Blitz, bei der Verhinderung von Donnerschlag und Bierverlust durch eine mit glühenden Kohlen gefüllten Pfanne. S.466 ein Ausflug in theoretische Überlegungen: Es gäbe nichts in der Natur ohne Luftlöcher, so subtil auch immer. Beweis ist die Wirkung des Magneten, dessen »Ausflüsse durch alle Körper ohne Widerstand fahren«.

Brahe, Tycho 354, 518, 681, 692, 1427, 1428, 1429, 1435, 1449
Geb. 1546 Knudstrup in Schonen, gest. 1601 Prag. Dänischer Astronom, der durch die Genauigkeit seiner Beobachtungen viel zum entgültigen Durchbruch von Kopernikus und Kepler beigetragen hat, obwohl er selbst an der Epizykeltheorie des Ptolemäus festgehalten hat. Francisci zitiert aus: »Epistolarum astronomicarum libri etc.« 1596 (Astronomische Briefe) und »Astronomicae instauratae progymnasmata, quorum haec prima pars de restitutione motuum solis et lunae stellarumque inerrantium tractat etc.« 1603 (Eine Vorführung erneuerter Astronomie, deren erster Teil von der Wiederherstellung der Sonnen- und Mondbewegung und der Bewegung herumirrender Sterne handelt). Weitere Schriften in Poggendorf I. Es geht Francisci um die Entfernung der Erde zum

Mond mit Annahmen über die Ausdehnung der Erdatmosphäre, um die Zuordnung der Kometen zum Himmel statt zur Luft, um seine Gleichbehandlung von Dunst und Wolken, um die Entfernung des Saturn von der Erde und um Scheiners Rückschlüsse auf deren Rotation.

Braun, Edoardus (Edward Browne / Brown) 525
Geb. ca. 1642, gest. 1708 Northfleet/Kent. Arzt am Bartholomäus-Hospital London, Leibarzt König Charles II. Reiste viel. Schrieb: »A brief account of some travels in Hungaria, Servia, Macedonia, Thessaly etc.« 1673, »An account of several travels through a great part of Germany« 1677 (Poggendorf I). Hier berichtet er aus Wien an die Philosophical Transactions am 3. März 1669 von einer Nebensonne bei Pressburg (»Two Parhelias or Mocksuns, Lately Seen in Hungary«).

Braunschweigische Topographia 655
Hierbei handelt es sich um Merians und Zeillers »Topographia und eigentliche Beschreibung der vornembsten Stäte, Schlösser auch anderer Plätze und Örter in denen Herzogthümern Braunschweig und Lüneburg« von 1653. Eine Schlacht im Jahre 1553 wird eine Woche vorher durch ein Getöse in der Luft angekündigt.

Brixianus, Organtinus 1090
s. Maffejus und Organtinus

Brochmandus, Caspar Erasmus (Jesper Rasmussen Brochmand) 44
Geb. 1585 Kjoge/Seeland, gest. 1652 Kopenhagen. 1610 erst Prof. Pädagogik, dann Griechisch Uni Kopenhagen, 1639 Bischof von Seeland. Gilt als der wichtigste lutherische Dogmatiker in Dänemark, polemisierte gegen Jesuiten, Reformierte und Spiritualisten (bbkl). Ist der Meinung, das Paradies sei Mesopotamien. Francisci nennt dazu die Bibelstellen.

Brügn, Georg 1254
Wird von Francisci zitiert »apud Majolum« ohne nähere Angaben, hat eine Beschreibung der Stadt Mecheln verfasst. Die von Francisci beschriebene Explosion des Sandtors im August 1546 taucht in der Geschichte Mechelens als große Katastrophe auf, bei der die halbe Stadt abgebrannt ist, und von der auch Sebastian Münster berichtet hat. Ich konnte ihn nicht identifizieren.

Brulius (Joachim Bruel) 291
Geb. Anfang 17. Jahrhundert Vorst bei Brabant, gest. 1653. Augustinermönch, zuletzt Provincial der Niederlande, Historiker. Schrieb: »Historiae Peruanae Ordinis Eremitarum S. P. Augustini« 1651. Es geht um die Sittsamkeit des Tanzes bei den Peruanern.

Brunnerus, Andreas (Brunner) 815
Geb. 1589 Hall/Tirol, gest. 1650 Innsbruck. Jesuit. Francisci nennt als Quelle Zeiler mit dem zweiten Teil seines Handbüchleins für den Schneefall in Bayern mitten im Heumonat (Juli) 1281. Es dürfte sich ursprünglich um Brunners »Annales virtutis & Fortunae Bojorum« (Annalen der Tapferkeit und des Geschicks der Baiern) gehandelt haben (Zedler).

Bruyerinus, Ioannes (Jean Baptiste Bruyerin) 948
Geb. 1500, gest. ca. 1560. Arzt in Lyon, Leibarzt Henry II. Übersetzer des Averroës. Francisci zitiert aus »De re cibaria libri XXII, genera, omnium gentium moribus & vsu probata complectens« 1560, einem Buch über Getränke und die damit verbundenen

Sitten und Gebräuche. Daraus eine Meldung des Spigelius (s. dort) über das Auftreten von Tertianfieber nach Genuss kalter Getränke.

Bullialdus, Ismael (Bouillau) 1413,1423
Geb. 1605 Loudun bei Vienne, gest. 1694 Paris. Astronom und Mathematiker, konvertierte mit 21 Jahren vom Calvinismus zum Katholizismus und wurde Priester, dann Bibliothekar der Bibliothèque du Roi, Sekretär des französischen Botschafters in Holland und zuletzt Priester in der Abtei St.Victor in Paris. Er galt als einer der Größen der Astronomie seiner Zeit, wurde 1667 zum Fellow der Royal Society gewählt und war mit Gassendi, Huygens, Mersenne und Pascal befreundet, mit denen er einen regen Briefwechsel unterhielt. Schrieb u. a. über die Natur des Lichts, über Spiralnebel und das von Francisci zitierte »Philolaus seu Dissertatio de vero systemate mundi libr.IV« 1639 (eine Anspielung auf das Weltsystem des antiken Pythagoräers Philolaus mit Zentralfeuer und umlaufender Erde) (Poggendorf I). Francisci erwähnt ihn als einen, der die Erde nicht für den Mittelpunkt der Welt hält, und aus »Philolaus« als Kritiker des Landsbergius (s. dort).

Bungus, Petrus (Pietro Bongo) 859
Geb.? Bergamo, gest. 1601. Zahlenmystiker, Kanonikus, Mathematiker, Theologe und Philosoph. Publizierte 1585 in Bergamo: »P.Bungi Numerorum mysteria ... opus«. Zum Inhalt ausführlich Thorndike VI, 458/459. Hieraus und unter Vermittlung von Bartholinus lässt Francisci ihn berichten, dass am 7. April 1579 in Norditalien kalter Schnee die Weinstöcke erfrieren ließ.

Burgensis, Paulus 265
Geb. 1353, gest. 1435. Bischof von Burgos/Spanien. Bibelexegetker mit antijüdischen Einschlag. »Scrutinium scriptuarum. Exilium opus ... quo Iudaica perfida ... confoditur ...« 1515. (Durchsuchung der Schriften. Das Exil, ein Werk (...).in dem jüdische Treulosigkeit (...)herausgearbeitet wird). Er lässt bei der Lebensverlängerung des judäischen Königs Hiskias um 15 Jahre nicht die Sonne zurücklaufen, sondern nur den Schatten am Zeiger Ahas (2. Könige 20, 9-11).

Busbequius, Augerius (Ogier Ghiselin de Busbecq) 670
Geb. 1522 Comines/Flandern, gest. 1592 Schloss Maillot bei Rouen. Nach Jurastudium in Löwen, Paris, Venedig, Bologna, Padua im diplomatischen Dienst des römischen Königs und späteren Kaisers Ferdinand I., vermittelte einen achtjährigen Waffenstillstand zwischen Ferdinand und Suleiman II. und verbrachte sechs Jahre (1556-1562) als Gesandter in Konstantinopel. Nach seiner Rückkehr Erzieher der Söhne Kaiser Maximilians II. und Verwalter der Güter der Witwe Karl IX. in Frankreich. Über seinen Aufenthalt in Konstantinopel schrieb er »Itinera Constatinopolitanum et Amasium ...« 1581, die später als »Vier Sendschreiben der Türkischen Botschaft ...« in der deutschen oder lateinischen Version fast ein Jahrhundert lang immer wieder aufgelegt wurden und wegen der Schilderung der inneren Verhältnisse im osmanischen Reich viel dazu beitrugen, den Schrecken vor den Türken abzubauen. Hinterließ eine Sammlung von griechischen Manuskripten, Münzen und Medaillen, brachte den Flieder und die Tulpe nach Deutschland, endeckte in Ankyra (Engüri im Inneren Kleinasiens) den Tempel des Kaisers Augustus und konnte noch Reste des Krimgotischen dokumentieren (Meyer V). Ohne Fundstelle ein türkischer Wundertäter, der ein glühendes Eisen unverletzt in den Mund genommen hat.

Buxtorffius, Johannis (Johann Buxtorf, der Ältere) 805,1063
Geb. 1564 Kamen, gest. 1629 Basel. Reformierter Theologe, Begründer der aramäischen Sprachwissenschaft in Deutschland und der erste hervorragende Hebräist seit Reuchlin.

Wollte die Zuverlässigkeit der hebräischen Bibel beweisen, um Septuaginta und Vulgata der Katholiken überflüssig zu machen. Schrieb: »Manuale hebraicum et chaldaicum« 1602 (eine Grammatik), »Synagoga judaica, d. i. Juden-Schul« 1603 (Sitten und Gebräuche), aus der Francisci den jüdischen Brauch zitiert, das Brot einzuwickeln, um daran zu erinnern, dass das Manna zwischen Tautropfen eingeschlossen gewesen sein soll (aus Psalm 78,24 und 25). Aus seiner hebräischen Bibel mit chaldäischer Übersetzung und Rabbinerkommentaren (»Biblia hebraica cum paraphrasis chaldaicis et commentariis Rabbinorum« 1618/19) wohl die Meinung der Rabbiner, dass die Luft in Babylon Menschen vergesslich mache (bbkl).

Cabaeus, Niccolo 683, 690, 693, 755-761, 819, 825, 827, 912, 918, 924, 975, 991, 992, 993, 1024, 1025, 1027, 1028, 1029, 1306, 1307, 1366, 1367, 1392, 396
Geb. 1585 Ferrara, gest. 1650 Genua. Jesuit und eine Zeitlang Prof. Mathematik in Parma. Schrieb eine magnetische Philosophie, in der die innere Natur des Magneten erklärt wird (»Philosophia magnetica in qva magnetis natura penitus explicatur« 1629), welche neben Gilbert's »De Magnete« alle anderen Werke über Magnetismus zu Beginn des 17. Jahrhunderts überragt. Er erwähnt zum ersten Mal die elektrische Abstoßung, lehnte aber die richtige Auffassungen Gilberts über den Erdmagnetismus ab. Als Jesuit war er selbstverständlich gegen Copernicus. Francisci zitiert ausschließlich aus seinem auch auf Experimenten beruhenden Kommentar zur Meteorologie des Aristoteles (»Philosophia experimentalis sive Commentaria in IV libr. Aristotelis metereologicorum« 1644) (Thorndike VII, 422-424, Poggendorf I). Ein Experiment, das zeigt, wie 100 Pfund Wachs von einem Pfund Wasser emporgetragen wird, ein anderes, dass Wasser gefriert, wenn man Salpeter hineinschüttet, dass die Wolken keine einheitliche Figur haben können, weil ihre Bestandteile schwanken, dass Frösche nicht vom Himmel regnen können, weil sie sich nicht wie Wolken in der Luft halten könnten, dass Wasser mit Salpeter schneller gefriert, dass die unterschiedliche Schneefarbe aus der unterschiedlichen Natur des Schwefels entspringt, dass warmes Wasser langsamer gefriert, weisse Lämmer durch Einbildung der Schafe entstehen, gefrorenes Öl im ungefrorenen absinkt, dass aufsteigende Dünst erkalten und wieder herabsinken gemäß ihrer irdischen Eigenschaft, dass Wind auf den Regen zuweht, weil kühlere Luft weniger Raum einnimmt, dass der Blitz aus dem Wolkengefängnis ausbricht und der Donnerkeil ein harter Stein ist, fast so hart wie Eisen, dass man bei Gewitter nicht am offenen Fenster stehen soll, dass der Adler wegen seines schnellen Flugs vor dem Donner sicher ist, dass kein Knall beim Löschen der Wetterflammen in den Wolken entsteht.

Caesius, Bernardus (Bernardo Cesi / Cesio) 743,744
Geb. 1581 Modena, gest. 1630 dito (an der Pest). Jesuit, Prof. Philosophie, Theologie und Moral zuerst Parma, dann Modena, Mineraloge. Gab dem Turmalin seinen Namen. Schrieb über Steine mit verdichteten Metallen (Meteoriten), Medikamente und Fossilien aus wertvoller Erde etc. »Mineralogia sive naturalis philosophiae Thesauri, in quibus metallicae concretionis, medicamentorumque fossilium miracula terrarum pretium etc.« 1636 (Poggendorf I, Zedler). Hieraus interessieren Francisci die Steine, die vom Himmel fallen.

Caesar Constantinus 895
Francisci zitiert aus Bartholinus »L.19.Geopon.c.9.«. Dabei handelt es sich um die »Geoponica«, eine Sammlung in 20 Büchern über die Landwirtschaft, die im 10.Jahrhundert in Byzanz unter Kaiser Constantin VII. (= Caesar Constantinus) zusammengestellt wurde. Von ihr gab es in Westeuropa seit 1538 bis zu Francisci 10 Ausgaben in verschiedenen Sprachen. Im 19. Buch geht es um Hunde, Hasen, Hirsche, Schweine und das Salzen des Fleischs. Ihm entnimmt Francisci die Anweisung, das Fleisch in Schnee zu packen und mit Spreu abzudecken. Das erhöhe die Lieblichkeit des Geschmacks.

Cagnatus, Marsilius (Cagnato) 893
Geb. 1543 Verona, gest. 1612 Rom. Arzt, Philosoph und Lehrer am Collegium Romanum. Kritisierte Aristoteles, Platon und Hippokrates. Schrieb über gesunde Luft in Rom und wie man sich gesund halten soll. Francisci nennt seine Auffassung zum Schnee, der warm sein müsse, weil Feuchtes immer Wärme enthielte. (aus: »Opuscula varia lib.1«, richtig: »varia observationum« 1603)

Caietanus, Thomas de Vio cardinalis 267
Geb. 1469, gest. 1534. Thomist, Kommentare zu Thomas von Aquin und Aristoteles, Streitschriften gegen Luther. Seine Werke sind noch in den 30er Jahren des 20. Jahrhunderts veröffentlicht worden. Hier geht es um die Macht Gottes, den Sonnenlauf zu verändern.

Cajus (Gaius, Caius) 1101
Lebte zwischen 130 und 180 n.Chr. Einer der wichtigsten römischen Juristen, dessen Schriften noch jahrhundertelang zu Rate gezogen wurden. Francisci benutzt die »Institutes«, ein Grundlagenbuch zum Römischen Recht, auf das sich Justinian im wesentlichen gestützt hat. Sie enthalten eine Menge wertvoller historischer Informationen (Sarton). Es geht um die Rechte Schiffbrüchiger und das Recht auf Strandgut.

Calcagninus, Coelius (Celio Calcagnini) 1413,1424
Geb. 1479 Ferrara, gest. 1541 dito. Er war alles, was einen Gebildeten der italienischen Renaissance ausmacht: päpstlicher Soldat gegen die Invasion des französischen Königs Charles VIII., Diplomat am Hof des Herzogs von Ferrara, Professor für Latein und Griechisch in Ferrara, Kanonikus der dortigen Kathedrale, apostolischer Protonotar und als solcher im Auftrag des Kardinals von Ferrara auf Reisen in Europa: Venedig, Rom, Krakau, Ungarn Botschafter des Herzogs von Ferrara beim Papst Paul III (Zedler). Philosophisch ein Platoniker und Anhänger des Erasmus von Rotterdam. Francisci zitiert ihn als Hassfolie für Waltherus wegen seiner angeblichen Propaganda für Kopernikus, dessen 1543 erschienenes Werk Calcagnini gar nicht kennen konnte. Calcagnini hatte eine Abhandlung über den ruhenden Himmel und die das ganze Jahr andauernde Drehung der Erde geschrieben (»Quod coelum stet, terra vera moveatur vel de perenni motu terrae commentatio« 1541) und sich darin auf Nikolaus von Kues berufen, der die Erde in einem unendlichen All zwar nicht in dessen Mittelpunkt sah, aber sie sich um die eigene Achse drehen ließ.

Caldera de Heredia, Caspar 213-215
Geb. 1591 Sevilla, gest. nach 1668 Sevilla. Jesuitenschüler, Stud. med. in Salamanca. Schrieb u.a. »Tribunales medici illustrationes et observationes practica« 1663 (Zedler). Thorndike VII,335-337 beschreibt den Inhalt als Versuch der Unterscheidung zwischen natürlicher und teuflischer Magie, doch enthalten die Beobachtungen auch einen »Tractatus perutilis de peste«, in dem die verheerende Pest von Valencia, Murcia und Sevilla von 1647-49 mit scharfem klinischem Blick beschrieben und auf ein »Pulveris febrifugis Occidentalis Indiae« hingewiesen wird, das Chinin, das er wahrscheinlich aus Peru bezogen hat. Francisci zitiert aus »Tribun.Med.Discursu I,de Pariorum varietatae«. Er lässt ihn darüber klagen, dass die Spanier wegen des großen Reichtums nach der Eroberung Amerikas dem Müßiggang verfallen seien.

Callistratus Aristophanei 908
Beginn 2. Jahrh. v.Chr. in Alexandria. Grammatiker. Veröffentlichte griechische Dichter. Die von Francisci zitierten Miscellaneae (griech. Summikta) wurden von späteren Lexikographen benutzt. Er erwähnt, dass der Poet Simonides (s. dort) auch ein bisschen Schnee im Wein haben wollte.

Calvisius Sethus (Kalwitz) 1265
Geb. 1556 Gorschleben/Thüringen, gest. 1615 Leipzig. Komponist und Musikschriftsteller, Mathematiker, Thomaskantor (ADB). Schrieb u.a. eine Harmonie der Kirchenlieder, mathematische und chronologische Studien wie das als vorbildlich geltende und häufig aufgelegte »Opus chronologicum« 1605, und die »Formula calendarii novi« 1613 (Verbesserung des Gregorianischen Kalenders). Francisci zitiert aus der Chronologie eine Überschwemmung in Weimar nach Gewitter.

Camdenus, Guilielmus (Cambdenus/Camden, William) 1131-1144
Geb. 1551 London, gest. 1623. Altertums- und Geschichtsforscher. Beschrieb England, Schottland, Irland und die angrenzenden Inseln. Francisci zitiert aus »Annales rerum anglicarum et hibernicarum regnante Elisabetha 1615-1627« (Meyer V). Hier geht es um den Hochmut der sich als unüberwindlich bezeichnenden spanischen Flotte und um das Schicksal der in Irland Gestrandeten.

Camerarius, Joannis Rudolphus (Johann Rudolf) 302, 511, 1066, 1065 (richtig 1067), 1388
Geb. 1580, gest. 1635. Arzt und Apotheker in Reutlingen. Entstammt einer Arztfamilie aus Nürnberg und ist der Großvater von Rudolf Jacob Camerarius, der als Professor in Tübingen das Geschlecht der Pflanzen entdeckte. Francisci zitiert ihn mit »Horae succisivae Centur. 2« (200 Mußestunden) und »Cent.7.Mirabil.naturae arcanor« (700 geheimnisvolle Naturwunder). Das sind aber nur Teile des Gesamtwerks mit dem Titel »Sylloges memorabilium naturae arcanorum centuriae sedecim« 1626-52 (Logische Begründung von 1600 bemerkenswerten Naturwundern). Francisci interessieren der Veitstanz bei Ravensburg, das Sarg Aufbrechen von Scheintoten, die unversehrten ausgedörrten Leichen bei den Indianern.

Campanella, Thomas 842, 975
Geb. 1568 Stilo/Kalabrien, gest. 1639 Paris. Dominikanermönch, von einem Rabbiner in die »Lullische Kunst« eingeführt, kämpfte gegen die Scholastiker, wurde verfolgt, eingekerkert und blieb 26 Jahre im Gefängnis. In seinem »Sonnenstaat« (»Civitas solis«) von 1623 erträumte er sich als großer Metaphysikus in eine vollkommene Gemeinschaft hinein. (Meyer V). Die von Francisci angegebene Zitatstelle »Physiol.c.26.Art.5« stammt aus der erweiterten Fassung seiner Philosophie der Realität (»Philosophia realis«) mit einem Anhang über Fragen der Physiologie (»Quaestiones physiologicae«) von 1637. Das Werk gehört zu den von den Deutschen Thomas Adamus und Schoppe aus dem Neapolitaner Gefängnis gebrachten Schriften. Hier geht es um die Temperatur des Schnees und darum, dass Wein und Öl ihre natürliche Wärme behalten, wenn sie gefrieren.

Canapitius, Javellus Chrysostomus 799
Geb. ca. 1470, gest. 1538. Dominikaner. Schrieb Kommentare zu Aristoteles und Plato. Francisci zitiert seine »Meteorologica« mit der Auffassung, dass der Tau »nicht in der nidrigsten Lufft, sondern in der Mittel-Lufft geboren« werde.

Candidius, Georgius 208
Geb. 1597, gest. 1647. Missionar der reformierten holländischen Kirche im Dienst der Vereinigten Ostindischen Companie (VOC) auf Formosa und den Molukken seit 1627. Verfasste Berichte, die als »Discours ende Cort verhaal, van't Eylandt Formosa, ondersocht ende beschreven, door den Eerwaardigen D. Georgius Candidus« veröffentlicht wurden. Beschreibt die abstoßende Prozedur der Herstellung von Reiswein.

Cantipranensis, Thomas (von Chantimpré / van Bellenghem / Brabantius) 809
Geb. 1201 bei Brüssel, gest. zwischen 1263 und 1272 Löwen. Studierte in Lüttich, Köln,

Paris. Seit 1230 Dominikaner, zuletzt in Löwen. Schrieb eine Enzyklopädie der Naturgeschichte »Liber de natura rerum« unter Benutzung antiker Quellen. Sein bekanntestes Buch ist: »Bonum universale de apibus« (»Apiaris«), in dem er den Bienenstaat mit dem Klosterleben vergleicht (bbkl). Francisci zitiert die Beobachtung, dass Mehltau den Getreidebrand verursacht.

Capella, Martianus 54, 55, 694
5. Jahrhundert n. Chr. Enzyklopädist und Prokonsul in Rom. Sein Hauptwerk »Satyra« besteht aus neun Büchern, von denen die ersten beiden »De nuptiis Philologicae et Mercurii« (Über die Hochzeiten der Philologie mit Merkur) am häufigsten zitiert werden, auch von Kopernikus im 1. Buch seiner »De revolutionibus orbium caelestium« (Über die Kreisbewegungen der Weltkörper). Er behandelt Grammatik, Dialektik, Rhetorik, Geometrie, Arithmetik, Harmonik und Astronomie, den Fächerkanon der »Septem artes liberales«, der sieben freien Künste, der auf ihn zurück geht (Zedler). Die ersten drei bilden das »Trivium«, die letzten vier das »Quadrivium«. Capella verpasste den Künsten auch ihre allegorischen Zuordnungen, der Dialektik z. B. die Schlange oder den Hundekopf. Das Werk wurde vielfach aufgelegt, möglicherweise lag Francisci die vollständige Ausgabe des Hugo Grotius in Leiden von 1599 vor. Er braucht ihn beim Streit um die Größe Babylons und die Höhe der Wolken im Atlasgebirge.

Cardanus, Hieronymus (Geronimo / Girolamo Cardano) 222, 227, 279, 476, 549, 562, 566, 568, 572, 576, 589, 688, 691, 740, 741, 744, 760, 761, 818, 844, 883, 884, 903, 982, 991, 1325, 1339, 1355, 1368, 1382
Geb. 1501, Pavia gest. 1576 Rom. Philosoph, prakt. Arzt und Prof. Mathematik in Mailand, dann Prof. Medizin in Pavia und Bologna. Verlor nach hinterhältigen Anschuldigungen wegen Ketzerei und sechsmonatiger Haft 1570 seine Ämter und wurde für den Rest seines Lebens gnädig vom Papst ausgehalten. Er steht für die Popularisierung der schon von Tartaglia bzw. Ferrari gefundenen Lösungen von Gleichungen 3. und 4. Grades und der schon Philon von Byzanz bekannten kardanische Aufhängung und des darauf basierenden Kardangelenks. Er erkannte die Bedeutung negativer und imaginärer Zahlen, legte den Grundstein für die Phlogistonlehre, bezeichnete Feuer als entzündete Luft und stellte erstmals reinen Alkohol her. Schrieb: »De subtilitate« 1550, »De rerum varietate« 1557 (Über die Mannigfaltigkeit der Dinge), »Liber de vitali aqua seu de ethere« 1566 (Über Leben spendendes Wasser oder über den Äther), »Synesiorum somniorum libri IV« 1562 (4 Bücher über das Verstehen von Träumen), aus denen Francisci zitiert, und zahlreiche andere Werke (Poggendorf I / Spektr.Lex.Naturw.). Für Francisci geht es um die Verdünnung von Wein, um ein infames und schreckliches Schauspiel, um Echo und Irrlicht, um Funkensprühen aus Haaren und Nacken, um die Entstehung des Regenbogens aus taufeuchten Wolken (aus dem »Arabischen Scribenten«, womit der in Oberägypten geborene Ptolemäus gemeint ist), um flache Wolken und ihre Höhe, Kreuzregen, Froschregen, Steinregen, wenig und reichlich Schnee, die Wärme des Schnees, Waschen mit kaltem Wasser, Wind als fließende Luft, Podagra, tödlichen Blitzschlag, Hyancinth als Amulett gegen den Donnerschlag, um aus der Luft fallende schwefelige Steine.

Carpzovius, Benedictus (Carpzov) 666
Geb. 1595 Wittenberg, gest. 1666 Leipzig. Er ist einer der berühmtesten Juristen des 17. Jahrhunderts. Hof- und Geheimrat des Kurfürsten Johann Georg I. von Sachsen und Professor für Jura in Leipzig. Francisci zitiert mit »Iurisprudentia forensis Rom-Sax« 1638, seinen meist unter dem Nebentitel »Opus definitionum« gehandelten Kommentar zur Verfassungsgesetzgebung des sächsischen Kurfürsten August I., den »Codex Augusteus« von 1572. Andere Werke befassen sich mit Kriminal- und Prozessrecht. Seine 1635 publizierten und neunmal nachgedruckten »Practica Rerum Criminalium«

sind ein Kommentar zu den sächsischen Gesetzen gegen Hexerei. Noch Ende des 18. Jahrhunderts haben die Juristen sich an ihm abgearbeitet, obwohl er an der Verschärfung der Hexenprozesse und ihrer Ausdehnung auf Österreich und Ungarn beteiligt gewesen ist (ADB). Es geht Francisci um die Befragung von Hexen, bzw. einer Frau, die dafür gehalten wurde, weil sie einen Liebestrank gekocht hatte, um einen Bauersmann zu verführen. Der ist auf einem Bock abgeholt worden, hat dann aber nicht gekonnt oder gewollt.

Carrera, Pietro 841
Geb. 1573 Militello bei Catania, gest. 1647 Messina. Priester und Kaplan am Hof von Francesco Branciforte in Militello/Sizilien. Buch über das Schachspiel »Il gioco degli scacchi« 1617, in dem er ein Schachbrett mit 80 Feldern und Bewegungskombinationen von Turm, Springer und Läufer erfand. »Memorie istoriche della Città di Catania« 1639 mit der Beschreibung antiker Stätten Catanias, der Bäder und Quellen und des Ätna. Daraus zitiert Francisci.

Cartesius, Renatus (René Descartes) 353, 354, 542, 561, 1049, 1397, 1398, 1406, 1408, 1409, 1434
Geb. 1596 La Haye, gest. 1650 Stockholm. Francisci zitiert aus »Principia Philosophica« 1644 die Frage der Luftpartikel und die des Umlaufes der Planeten, seine Theorie von Ebbe und Flut (falsch Propos.222, richtig IV, 49-53) und die Überzeugung, dass Gott nicht alles nur für den Menschen gemacht hat. Aus »Les Météores« 1637 (das sind einige Essays als Appendix zu »Discours de la Méthode«) die Entstehung von Blitz und Donner, die Reflexion von Licht an Tau (eine nicht genannte Fundstelle aus dem 8. Diskurs der »Météores« über den Regenbogen), eine ihm fälschicherweise untergeschobene Ansicht von Irrlichtern als selbstentzündete Dampfteilchen. De Angelis berichtet von einem Experiment des Descartes mit Geschützen zum Beweis für die Erdrotation. Siehe seine Auffassung zur Luft im Kapitel »Horror vacui« und zu Ebbe und Flut im Kapitel »Klima der Erde«.

Carthusianus, Dionysius (Dionysius der Karthäuser / Heinrich von Leeuwen) 369
Geb. 1402 oder 1403 Rijckel bei St.Trond (Belgisch-Limburg) als Heinrich aus dem alten Adelsgeschlecht derer van Leeuwen, gest. 1471 Roermond. Philosoph, Theologe, Mystiker und Scholastiker. Visionäre Erlebnisse und asketische Lebensweise, deshalb von den Zeitgenossen »Doctor Ecstaticus« genannt (bbkl). Schrieb ca. 100 Traktate religiösen Inhalts, die eine klinische Diagnose nahelegen. Francisci zitiert ihn aus »Colloquium de Judicio Animae« (Gespräch über das Urteil der Seele) mit der Frage, ob die Heilge Christina fliegen konnte.

Carve, Thomas 407
Geb. 1590, gest. 1672(?) Kaplan von Walter Butler, einem Obersten eines irischen Regiments in der Armee Ferdinands II. von Österreich. Hielt sich immer wieder lange in Deutschland auf und wurde schließlich apostolischer Notar in Wien. Schrieb: »Rerum Germanicum ab anno 1617 ad annum 1641« (Germanische Angelegenheiten von 1617 bis 1641), »Itinerarum« 1639 (Reisebeschreibung), u.a. Daraus zwei irische Inseln, auf denen niemand sterbe, die Insel der Lebendigen. Auch Carve will sie gesehen haben.

Casaubonus, Isaac (Casaubon) 848, 849, 865
Geb. 1559 Genf, gest. 1614 London. Altphilologe, Vertreter eines gemäßigten Calvinismus. Herausgeber vieler lateinischer und griechischer Autoren, Übersetzer des Neuen Testaments. Entlarvte die hermetischen Schriften als viel spätere Werke heidnischer Schriftsteller aus dem 2. und 3. nachchristlichen Jahrhundert (s. Lactantius). Professor in Crest, Montpellier und Lyon, königl. Komissar bei Heinrich IV. Nach dessen

Ermordung bei Jakob I. in England (bbkl). Ohne Angabe einer Fundstelle die Etymologie des griechischen Wortes für Verbrennung. Mit Fundstelle »Exercitationes ad Annales Ecclesiasticae Baronii« 1588-1609 die Farbe weiß als königlich und priesterlich. Die Annales sind eine unvollendet gebliebene Kritik an einer 12 Bände umfassenden Kirchengeschichte von Christi Geburt bis 1198 des Caesar Baronius (1538-1698), das katholische Gegenstück zu einem ähnlich gigantischen Projekt der Reformierten, den Magdeburger Zenturien 1559-74.

Caserta, Francesco Antonio 855, 910
Aus Neapel. Schrieb 1629 »De Natura et Usu Vinorum« (Über Natur und Gebrauch des Weins) und »De Febribus« (Über die Fieber) (Zedler). Er ist für die Kühlung des Weins mit zerstampftem Salpeter und der Meinung, das Erfrieren der Füße käme von der Austrockung durch die Bewegung. Francisci bemerkt dazu: »inepte, ni fallor«, was heißt: unpassend, wenn ich nicht irre. Nicht Bewegung führe zur Kälte, sondern die Unbeweglichkeit.

Casmannus, Otto (Casmann) 698
Geb. 1562 Warburg/Westfalen, gest. 1607 Stade. Erster Lehrer der Schule in Steinfurt und ihr Rektor, dann Rektor des Gymnasiums und reformierter Prediger im lutherischen, aber toleranten Stade. Schrieb eine Ethik, über menschliche Anatomie und Psychologie, »Quaestiones marinae« (über Gezeiten) und »Nucleus mysterium naturae« (Der geheimnisvolle Kern der Natur) u. a., ohne dass damit klar wäre, woraus von Francisci die Wetterprognosen von Morgen- und Abendröte genommen worden sein könnten (Zedler / ADB). Heute wird vor allem seine »Psychologia anthropologica et fabrica humani corporis« 1594-1596 (Menschliche Psychologie und Bau des menschlichen Körpers) in Auseinandersetzung mit dem Menschenbegriff Kants angeführt. Casmann sprach von einem »animal rationale«, einem vernunftbegabtem Lebewesen.

Cassaneus, Bartholomaeus 69, 103
Geb. 1480, gest. 1541. Aus Burgund. Schrieb den »Catalogus Gloriae Mundi« 1529, ein Wappenbuch, das allein in Deutschland vier Auflagen erlebte. Francisci zitiert ihn nach Bergoma (s. dort) als Zeugen für sechs Orte des Paradieses, und aus »gloria mundi« das von Porsenna erbaute Labyrinth.

Cassianus, Johannes (Johannes von Massilia) 439
Geb. um 360 Provinz Scythia minor, gest. um 435 Marseille. Priester, Mönch und Schriftsteller. Wurde von Augustinus des Semipelagianismus bezichtigt (also als einer, der seine Gnadenlehre nicht bedingungslos akzeptierte). Trieb sich in Ägypten bei den Mönchen herum, war einer der ersten Klostergründer im Westen des Römischen Reiches. Schrieb über die 8 Hauptlaster der Klöster und das von Francisci zitierte »Collationes patrum« (Gleichnisse der Väter) (bbkl). Es gibt Schutzengel.

Cassius Dio, Cocceianus (s. auch Dionis) 54
Geb. ca. 160 n. Chr., gest. nach 229. Römischer Geschichtsschreiber, verschiedene Positionen im Staatsdienst. Publizierte 80 Bücher einer Römischen Geschichte, wobei er Thucydides als Modell genommen hat. Francisci zitiert ihn nach »Tzetz.Chil.9.v.568.« Das sind die »Chiliades« des Johannes **Tzetzes** (um 1000 n. Chr. Konstantinopel), ein philologisch-historisches Lehrgedicht in 12674 Versen, aufgeteilt in 13 Verstausende (Meyer V). Es geht um die Größe von Babylon.

Castaldus, Iacobo (Giacomo Gastaldi) 45
Geb. 1505 Villafranca/Piemont, gest. 1566. Kartograph, der in Venedig arbeitete und seine ca. 100 gezeichneten Karten zusammen mit dem Verleger Ramusio herausgab. Dass

er es ist, den Francisci mit der Gleichsetzung von Bagdad mit Babylon meinte, konnte wegen mangelnder Angaben nur wahrscheinlich und nur durch Ausschlussverfahren ermittelt werden.

Castro, Rodericus à (Stefano Rodriguez de Castro / Castrensis) 594, 1059
Geb. 1559 Lissabon, gest. 1638 (Pisa?). Arzt. Ein sephardischer Jude, kam um 1594 nach Hamburg, wurde vom König von Dänemark und anderen Fürsten vielfach konsultiert. Danach Professor der Medizin in Pisa. Schrieb u. a.: »De universe mulierum medicine« 1603 (Über die gesamte Medizin der Frauen) u. a. Es bietet einen Überblick über den Stand der Gynäkologie, u. a. auch zur Frage eines Kaiserschnitts an einer Sterbenden. Und »De meteoris microcosmi« 1621 (Über Meteore des Mikrokosmos), aus dem Francisci zitiert (Poggendorf I). Seine Auffassung vom Einfluss der Gestirne auf die Pest stammt aus »de Sorbait.Lib3.de Morb. mulier.c.3.«. Paul **de Sorbait** (1624-1691) war der berühmteste Arzt in Wien während der Pest 1679 und der türkischen Belagerung 1683.

Castro, D. P. (Dr. Petrus à Castro) 204
Geb. ca. 1603, gest. 1657. Arzt in Verona und Leibarzt des Herzog von Mantua. Francisci zitiert ihn nach der »Ampelographie« des Sachsius, des Leipziger Arztes Philipp Jacobus Sachs (s. Sachsen) mit einem Bericht über die Frucht Cavae (Kaffee). Nach Francisci soll es von ihm »Collectaneae« geben, aber eine »Sammlung« gibt es nicht, sondern eine »Bibliotheca medici eruditi«, eine »Bibliothek hervorragender Mediziner« (Stolle).

Celsus, Aulus Cornelius 400
Geb. um 25 v. Chr., gest. um 50 n. Chr., römischer Enzyklopädist, verfasste unter Tiberius mehr als 20 Bände »Artes«, in denen er Landwirtschaft, Medizin, Rhetorik und Kriegswesen darstellte. Allein 8 Bücher über Medizin (De medicina), die heute die wichtigste Quelle für die Medizingeschichte des Hellenismus darstellen und von der Renaissance bis ins 19. Jahrhundert als vorbildlich galten (Ärztelex.). Francisci zitiert ihn wohl aus »De medicina« bei der Frage, ob Luftveränderung einem Patienten gut tut.

Censorinus 435
3. Jahrh. n. Chr. Römischer Grammatiker und vielseitiger Schriftsteller. Noch erhalten: »De Die Natali ad Q.Caerellium« von 238. Es befasst sich mit Fragen des Kalenders und der Astronomie und wurde von Kopernikus häufig benutzt. Hieraus anscheinend die Frage, wo die Geister der Verstorbenen sich aufhalten.

Chalcondylas, Laonicus (Chalcondyles / Chalconcondylas) 45
Geb. 1423 Athen, gest. 1490. Byzant. Historiker, der eine Geschichte der Türken von 1300 bis 1463 geschrieben hat. Francisci erwähnt ihn bei denen, die Bagdad für Babylon halten.

Charleton, Walter 1250
Geb. 1619, gest. 1707. Arzt in Oxford. Eines der ersten gewählten Mitglieder der Royal Society, Leibarzt von Charles I. und II. Er beschrieb in Anlehnung an Epikur und Gassendi seine Auffassung der sichtbaren Welt als Ausfluss (Emanation) aus dem Urgrund verschiedener Korpuskeln, die ständig in Bewegung sind: »Physiologica Epicuro-Gassendo-Charletonia: or a fabrick of science natural, upon the hypothesis of atoms« 1654 (ausführl. Thorndike VII, S. 459-464). Die Sektion eines vom Blitz erschlagenen Knaben findet sich in den »Exercitationes pathologicae in quibus morborum pene omnium naturae, generatio et causae ex novis anatomicorum inventis sedulo inquirintur« 1661.

Chassanion, Jean de 1246,1247,1258
Geb. 1518 Monistrol/Velay, gest. 1572. Protestant, schrieb eine Geschichte der Albigen-

ser 1595, eine über den Handel der Papisten und untersuchte die Irrtümer in der »Gigantomachia« des Ionnes Goropius (1518-72), in dem Menschen von ungeheuerlicher Größe beschrieben werden, die an verschiedenen Orten und zu allen Zeiten beobachtet worden sind. Francisci zitiert aus seinem »Traktat von dem Zorn Gottes über die Sünden deß Volks« und meint damit wohl »Histoires mémorables des grans et merveilleux jugemems et punition de Dieu advenu au monde, principalement sur les grans, a cause de leurs méfaits« 1581.

Chaveton, Urbanus **Calveton (!)** 1106, 1107, 1108
Wird hier im Zusammenhang mit der »Historia del nuova mundo« des Girolamo Benzonis von 1565 zitiert, die eine frühe Quelle für die Geschichte Mittelamerikas, der Karibik und der spanischen Eroberungen darstellt. Der Genannte heißt in Wirklichkeit Calveton und sein angeblicher Discursus ist die lateinische Übersetzung des Werkes von Benzo (s. dort) mit eigenen Anmerkungen: »Nova orbis Historiae libri 3. Urbani Calvetonis opera ex Italicis Hyeronimi Benzonis commentariis descripti et illustrata« 1581. Es geht um einen schweren Sturm auf See.

Chifletius, Joannes Jacobus (Jean-Jacques Chiflet / Chifflet) 734
Geb. 1588 Besançon, gest. 1660. Arzt in Brüssel, dann Leibarzt der Erzherzogin Isabella von Burgund und den Niederlanden, Leibarzt Philipp IV. Altertumsforscher und politischer Schriftsteller. Es gibt von ihm eine Gesamtausgabe seiner Werke »Opera politica et historica« von 1652 und die »Insignia gentiliana Velleris Aurei« von 1632, das sind die Eigenschaften des Goldenen Flieses. In einer »Sammlung von Meinungen grosser Gelehrten die Wunder-Regen betreffend« von 1755 ist ein Briefwechsel zwischen Wendelius, Chifletius, Gassendi, Moreau, Fervaquius u. a. veröffentlicht, die Francisci möglicherweise im mir nicht bekannten Orginal meint, wenn er »aus dem Chifletio« einen dort beschriebenen interessanten Erklärungsversuch für den Blutregen in Brüssel 1646 abgibt.

Choniate, Niceta (Niketas Akomiatos) 401
Geb. 2. Hälfte des 12. Jahrh. n. Chr. Chonä / Phrygien, gest. ca. 1215 Nikaä / Bythien. Byzant. Geschichtsschreiber, der hohe Ämter am Kaiserhof bekleidete und nach der Eroberung von Konstantinopel durch die Lateiner 1204 nach Nikäa floh. Er schrieb eine Geschichte der griechischen Kaiser in 21 Büchern und eine Beschreibung der von den Franken bei der Einnahme der Stadt zerstörten Statuen. (Meyer V) Als Beispiel, dass schlechte Luft schädlich ist, dient Francisci die Gefängnisgeschichte des Kaisers Isaacus von Byzanz.

Chronica carionis (Carion, Johannes, Johannes Negelin/Nägele) 1130
Geb. 1499 Bietigheim, gest. 1537 Berlin. Historiker und Astrologe. Melanchthons Schüler. Hofmathematiker in Berlin. Schrieb: »Prognosticatio und Erklerung der großen Wässerung«, in dem er für 1524 eine große Sintflut ankündigte. »Bedeutnus und offenbarung warer himlischer Influxion« 1526. »Chronica« 1532. Beschreibt hier den Untergang der Flotte Karl V. im Sturm bei Bugia, damals ein Piratennest in Algerien (bbkl).

Chytraeus, David (Kochhafe) 1149
Geb. 1530 Ingelfingen, gest. 1600 Rostock. Ev. Theologe, Historiker, Schulorganisator. Er spielte eine wichtige Rolle bei der praktischen Umsetzung des Augsburger Religionsfriedens. Er war auch an der Konkordienformel der lutherischen Kirchen von 1577 beteiligt, die in scharfer Form die Reformierten verdammte. Schrieb u. v. a »Chronicon Saxoniae«, aus der Francisci über die Geschichte des Untergangs der dänischen Flotte 1566 berichtet.

Ciampini, Giovanni Giustino 508
Geb. 1633 Rom, gest. 1698 dito. Prälat, studierter Jurist, Historiker, Mathematiker, Archäologe, Naturwissenschaftler. Begründer zweier Periodica, 1668 des »Giornale di Letterati« und 1685 des »Giornale de Dotti« (Journal der Gelehrten) und zweier Akademien, 1671 der »Accademia Ecclesiastica« (Studien zu Moral und Kirchengeschichte) und 1677 der üppig mit Instrumenten ausgestatteten »Accademia fisico-mathematica romana«. Er schrieb u.a. »Nuove invenzioni de tubi ottici dimonstrate« 1682, auf das Francisci noch nicht zurückgegriffen haben konnte, als er ohne Angabe der Fundstelle von einer gigantischen Trompete (einem Megaphon) berichtet (Poggendorf I).

Cicero 292, 313, 1180, 1223, 1260
Geb. 106 v.Chr. Arpinum/Latium, gest. 43 bei Formiae. Francisci zitiert aus »De officiis« (Von den Pflichten), wenn es um die Lustbarkeiten des Tanzes geht, aus »De Divinatione« (Von der Weissagung), wenn es um die Auffassung der Stoiker bei der Entstehung von Blitz und Donner geht, aus den »Tusculanae disputationes« (Tuskulanische Gespräche) göttliche Strafe durch Hagel, aus einer Briefsammlung die launige Beschreibung einer Begrüßungsszene in den Niederlanden mit Furzen und Rülpsen.

Cicogna, Strozzi 704
Geb. 1568 Vicenza, gest. 1613 Venedig. Er hat, um Engel und Teufel in ihrer Wirkung auf die Natur besser verstehen zu können, eine Art Genealogie der beiden beschrieben, das von Francisci so zitierte »Th.N.«: »Magiae omniferae vel potius universae naturae theatrum in quo, a primus rerum principiis arcessita disputatione, universa Spiritum et Incantationum natura explicatur« 1606. (Theater allseitiger Magie oder vielmehr des natürlichen Universums, in dem vor allem die Prinzipien der Dinge, die Welt der Geister und die Natur der Zauberei untersucht werden). Der Teufel kann Wind und Wetter nicht machen.

Claudi, Petrus (Peder Clausson Friis) 829, 880, 919, 1019
Geb. 1545, gest. 1614. Dänischer Priester und Schriftsteller, der die meiste Zeit seines Lebens in Norwegen verbrachte. Er schrieb »Norriges Bescriffuelse« 1613, das Francisci zitiert als »Descript.Norwag.Dan.«. Darin geht es um blauen Schnee, um harten Schnee, um Nistplätze für Vögel in Felsenritzen und um den lappischen Geist Gani in Gestalt einer Mücke.

Clavius, Christopherus 361
Geb. 1537 Bamberg, gest. 1612 Rom. Seit 1555 Jesuit und Lehrer der Mathematik am Collegium Romanum. Epaktenrechnung, das ist die Anzahl der Tage vom letzten Neumond des alten Jahres bis zu Neujahr, um das Osterfest exakter festzulegen. Gehörte zu den ersten, die Himmelsbeobachtungen mit dem Fernrohr machten. Behauptete, dass das, was man zu sehen bekomme, nur in den Linsen und nicht am Himmel vorhanden sei, darüber Streit mit Galilei. Widersprach der Existenz von Bergen und Kratern auf dem Mond, da sie der idealen Kugelform widersprachen. Benutzte die Bibel als Argument gegen die Erdrotation in einem Kommentar zu den Sphären des Ioannis de Sacro Bosco (gest. um 1250), die vier Jahrhunderte lang Lehrbuch der Astronomie gewesen waren (Poggendorf I, Spektrum Lex.Naturw., Stillman Drake, Galilei, Edward Grant, The Partial Transformation of Medieval Cosmology by Jesuits in the Sixteenth and the Seventeenth Centuries, in: Jesuit Science and the Republik of Letters, Cambridge/Mass. 2003). Bestimmte nach Francisci aus der Refraktion der Sonnenstrahlen die Lufthöhe.

Clitarchus 55
Schrieb eine Geschichte Alexanders des Großen in zwölf Büchern, die als wenig zuverlässig gilt. Vielleicht ist es auch deshalb nicht die Größenangabe Babylons.

Clusius, Carolus (Charles de l'Ecluse) 419
Geb. 1526 Arras, gest. 1609 Leiden. Arzt, Prof. Botanik Leiden. Von 1573-88 Hofbotaniker Kaiser Maximilians II. und seines Sohnes Rudolf, des Königs von Ungarn und Böhmen in Wien, wo er einen Kräutergarten und ein Alpinum anlegte. Verfasser der ersten österreichischen Pflanzenkunde, führte die Rosskastanie, die Kartoffel und die Tulpe in Österreich ein, beschrieb erstmals zahlreiche Pflanzen. Schrieb über die medizinische Verwendung von Pflanzen des Orients und der Neuen Welt (Zedler, ADB, Jahn). Aus »Exotis« (Exoticorum Libri X, quibus animalium, plantarum, aromatum, aliorumque peregrin. fructuum historiae describuntur ...« 1605), dass es in Amerika eine Lärchenart gibt, in deren Schatten Schlafende unsinnig werden.

Cluverius, Johannis (Cluverus, Cluever) 1391
Geb. 1593 Krempe/Unterelbe, gest. Mehldorf/Dithmarschen. Diakon in Meldorf und Marne, Lektor der Philosophie in Rostock, 1623 Prof. Theol. an der von König Christian IV. von Dänemark neugegründeten Ritterakademie in Soro/Seeland. Schrieb mit »Historiarum totius mundi Epitome« 1631 ein chronologisches Geschichtswerk, das bis 1678 12 Auflagen erlebte (ADB). Francisci gibt falsch Cluverius statt Cluverus an. Hier geht es »aus dem Trithemio« um einen 300 Pfund schweren Wetterstein bei Basel. Johannes **Trithemius** (Heidenberg/Zeller/von Trittenheim 1462-1516) war Abt im Kloster Sponheim, das wegen seiner außergewöhnlichen Bibliothek von 2000 Bänden von der Humanistenwelt geschätzt wurde. Seine 90 Bücher gehen phantasievoll mit der historischen Wahrheit um, und er arbeitet mit Zeugen, die nie existiert haben. Früher Vertreter des gedruckten Hexenwahns.

Coelius Rhodiginus (Ludovicus) 442, 1368, 1413
Geb. 1469 Rovigo, gest. 1525 Padua. Prof. Rhetorik Vicenca und Padua. Humanist, schrieb »antiquarum lectionum« 1516 über Strafverfahren der Antike. Sein Credo: das beste sei die Freiheit, das schlimmste die Abhängigkeit. Aus »lib.2« die Auffassung dieses Platonikers über die Wirkung von Schutzgeistern und aus »lib.18« die Freiheit des Feigenbaums vor dem Donner. Er gehört nicht zu denen, die die Erde für den Mittelpunkt der Welt halten.

Columella, Lucius Junius Moderatus 1366
Mitte des 1. Jahrhunderts n. Chr. Von Gades (Cadiz). Er schrieb zwölf Bücher über Landwirtschaft (»De agricultura«), wovon aber nur das über Bäume erhalten ist. Schott benutzt eine Information, nach der er geraten haben soll, den Hühnern beim Brüten Lorbeerblätter unter die Eier zu legen, »um damit den schwefelichten Dampff der Donnerschläge zu vertreiben« (Sarton).

Comes, Natalis (Natale Conti) 573
Geb. 1520 Mailand, gest. 1582 dito. Lebte die meiste Zeit in Venedig als Historiker und Spezialist für griechische und ägyptische Mythologie. Er glaubte, in den Fabeln wissenschaftliche und philosophische Wahrheiten finden zu können. Schrieb darüber »Natalis Comitis mythologiae, sive explicatorum fabularium ...« 1551, das viele Auflagen erlebte, mehrfach übersetzt wurde und noch C. G. Jung und Cassirer beeinflusst hat. Daraus die Vorhersagekraft von Irrlichtern an Schiffsmasten.

Cominaeus, Philippus (Philippe de Commines) 854, 973
Geb. 1447 Renescure/Flandern, gest. 1511 Argenton. Als Diplomat an den Höfen von Burgund und Frankreich tief in die Politik der Zeit verwickelt und auch von ihr profitierend und gebeutelt, schrieb er nach dem Frieden von Vercelli zwischen Mailand und dem französischen König Charles VIII. 1495 eine von tiefen Einblicken in seine Zeit geprägte Geschichte, die vorbildlich geworden ist: »De rebus gestis a Ludovico XI et

Carlo VII, in Tres Gallicarum rerum scriptores...« 1525 posthum (Encycl. Brit.). Am Ende des 3. Buches die Schilderung eines sehr harten Winters mit seinen Erfrierungen, und den Kriegsleuten des Herzogs Carl von Burgund wird Wein mit Beilen ausgeteilt.

Conimbricensische Vernunftlehrer (Kommentatoren von Coimbra) 540, 825, 826, 943, 982, 1395
Sammelbezeichnung für die jesuitischen Kommentatoren des Aristoteles an der Universität von Coimbra (lat. Conimbria, nach der alten römischen Siedlung in der Nähe.) Sie spielten eine bedeutende Rolle während der Gegenreformation und bemühten sich, die neuen naturwissenschaftlichen Erkenntnisse mit Aristoteles zu vereinbaren. Bei Thorndike, bes. VII und VIII, tauchen sie bei zahlreichen Diskussionen um verschiedene Naturphänomene auf. Hier bei der Meteorologie des Aristoteles um die Vervielfältigung des Regenbogens, um die Farbe des Schnees und den Ursprung der Schneekristalle und um die Meinung des Empedokles zum Donner.

Copernicus 350, 1413, 1419-1432, 1440-1443, 1449
Es wird keine Textstelle angegeben, sondern das Weltbild insgesamt diskutiert. Nach dem Diskussionsverlauf und den von Kopernikus zitierten antiken Autoren zu schließen, kann sich Francisci eigentlich nur aus dem berühmten »De revolutionibus Orbium Caelestium« von 1543 bedient haben. Warum er das seit 1616 auf dem Index stehende Werk nicht nennt, obwohl er ausführlich darüber redet, ist mir nicht klar. Vielleicht wollte er den Besitz des Buches oder den Zugang zu ihm verschleiern.

Cornarius, Diomedes 513
Geb. 1537 Zwickau, gest. 1600 Wien. Arzt an der Universität Wien, ein Querkopf, der Zeit seines Lebens Ärger mit seinen Kollegen hatte, Gerichte und den Erzherzog beschäftigte. Schrieb ein Traktat über ein ärztliches Konsil der Untersuchung von Scheintoten durch teilweise abergläubische Ärzte (»Consiliorum medicinalium habitorum in Consultationibus...« 1599). Francisci zitiert ihn durch Horstius mit einer toten Schwangeren, die noch entbunden hat, was man erst nach einigen Monaten bei der Eröffnung des Grabes entdeckte.

Cornelius, Aloisius 430
Hier geht bei Francisci alles durcheinander. Aulus Cornelius wäre Celsus, wie er so häufig genannt wurde, aber der konnte weder Venezianer sein noch der Herausgeber der genannten Schrift »De vita sobria«, weil außer »De medicina« nichts von ihm erhalten geblieben ist. Es ist deshalb der Venezianer Luigi **Cornaro** (1475-1566), dessen Schrift »Trattato (Discorsi) della vita sobria« 1558 (Über vernünftiges Leben) in Padua erschien und eben die von Francisci referierten Diätvorschriften enthält (Stolle).

Corsalius, Andreas (Andrea Corsali) 274
Florentiner. Seefahrer, der vom portugiesischen König Emmanuel den Auftrag erhielt, Indien und China zu erforschen. 1516 fuhr er mit einer portugiesischen Botschaft über Abessinien, Maskat, Ormuz nach Goa. Seine Eindrücke hat er in zwei Briefen an Giuliano de Medici 1515 und Lorenzo de Medici 1516 festgehalten. Er war der erste, der eine astronomische Beschreibung des Kreuzes des Südens lieferte: »De navigatione maris rubti et sinus Persici« (»Delle navigazioni et viaggi« 1550), was Francisci nach Majolus zitiert mit der extremen Trockenheit Adens bei gleichzeitiger üppiger Vegetation durch den Tau. (Nouv. Lar. Ill.)

Costa, Josephus à (José de Acosta) 550, 714, 717, 812, 1068, 1293
Geb. 1539 Medina del Campo/Spanien, gest. 1600 Salamanca. Gilt nach dem Urteil von Humboldt als Begründer der physikalischen Geographie. Kam als Jesuit 1572 nach

Amerika und blieb 15 Jahre in Peru, Bolivien, Chile und Mexiko. Schrieb darüber »De natura novi orbis« 1589, dessen erweiterte Fassung 1590 als »Historia natural y moral de la Indias« in Sevilla erschienen war, innerhalb von 20 Jahren vier Auflagen erlebte und ins Französische, Deutsche, Italienische, Holländische und Lateinische übersetzt wurde. Seine klimatischen Beobachtungen führten ihn zu einer Kritik an Aristoteles. Er maß kontinuierlich die Abweichung des magnetischen vom geographischen Nordpol, erkannte, dass die Gezeiten kein örtliches, sondern ein weltweites Phänomen sind, trennte die bisher gültige Auffassung einer gemeinsamen Ursache von Erdbeben und Vulkanen voneinander und berichtete über zahlreiche Erdbeben. Außerdem schrieb er über indianische Medizin: «N. Christophori Acosta medici et cheirurgie Aromata et medicamentora in orientali India nascentium liber« (www.faculty.fairfield.edu). Francisci benutzt Wettererscheinungen, jahreszeitliche Verhältnisse und den Donnergott in Peru, ohne den Titel des Buches anzugeben.

Cowell, John 1103
Er schrieb ein Buch zum Vergleich des englischen mit dem römischen Recht »Institutiones juris Anglicani ad methodam Institutionem imperialium« 1605. Francisci zählt ihn in einer Fußnote zu denen, die den Schiffbrüchigen ihre Habe belassen wollen.

Crato, Johann (von Krafftheim, Krafft, Johannis Cratonis) 900
Geb. 1519 Breslau, gest. 1585 dito. Humanist und Arzt. Wohnte 6 Jahre im Haushalt von Luther und hielt dessen Tischreden fest. Theologe, Mediziner, studierte in Padua, nach Wanderjahren in Italien 1550 Stadtarzt in Breslau. Berühmte Pestordnung 1554. Leibarzt Kaiser Ferdinand I. und Maximilians II. An ihm 1576 die erste schriftlich belegte Leichensektion (Zedler, ADB). Empfiehlt Schneewasser bei Augenentzündungen in »Consil. medicinali 61,« exakt: »Consiliorum et epistolarum medicinalium« 1650-1654 (posthum).

Crescentius (Bartolomeo Crescentio) 1040,1193
Päpstlicher Admiral. Schrieb: Nautica mediterranea 1601. Über mediterrane Schifffahrt, Navigation, Kartographie und den Galeerenbau im Westen Italiens, woraus Francisci Stoff für die Frage der Stellung der Sterne bei der Vorhersage von Winden und für den Kampf gegen eine Flaute vor Neapel durch Begrüßung des Elmsfeuers mit Trompeten holt.

Creue, Alzaravius à (Alzaharavius / Abul Cassis / eigentl. Abu Al-qasim al-Zahrawi) 173
Geb. 936 bei Cordoba, gest. 1013. Einer der bekanntesten mittelalterlichen arabischen Chirurgen. Schrieb: Al-Tasrif, eine med. Encyklopädie (bei Francisci »centuria«). In den neueren Medizingeschichten nicht erwähnt, jedoch ausführlich bei Stolle. Alzaravius war 5 Jahrhunderte lang im christlichen Abendland der wichtigste Autor für die Chirurgie, die Araber hatten ihn bald vergessen. Warum Francisci ihn à Creue nennt, ist mir nicht klar geworden. Alzavarius ist für Wässerung des schweren spanischen Weins für die Alten.

Cromerus, Martinus (Martin Cromer / Marcin Kromer) 816, 860, 861, 879
Geb. 1512 Biecz bei Krakau, gest. 1589 Heilsberg. Wichtiger Diplomat im Dienst des polnischen Königs Sigismund I. und heftiger Gegner der Reformation (Zedler). Schrieb eine polnische Geschichte: »De origine et rebus gestis polonorum« 1558, aus der Francisci Eiseskälte in Polen und Schneehühner entnimmt, und vor allem eine türkische Niederlage in »Reussen«, nördlich der Walachei durch eisigen Frost, bei der angeblich 40 000 Mann erfroren sein sollen. Einige von ihnen habe man in den aufgeschnittenen Bäuchen der Pferde gefunden, wo sie Schutz vor der Kälte gesucht hatten.

Crusius, Jakob Andreas 110
Geb. 1636 Hannover, gest. 1680 dito. Jurist, Syndikus in Minden, später dort Hofrat. Schrieb: Opuscula varia politico-iuridico-historia 1668, aus denen Francisci wahrscheinlich das Karrierewesen bei hochgestellten Persönlichkeiten der Politik, des Klerus und der Wissenschaft angreift.

Ctesia (Ctesias) 55
Um 400 v. Chr. Herausragender Arzt der Schule von Knidos. Wurde von den Persern um 417 gefangen genommen und war dann Arzt an deren Hof. Schrieb ein Buch über die Naturphänomene in Indien und eine Geschichte Persiens, die nur noch als Fragment erhalten ist. Wohl daraus wieder einmal die Größe Babylons. (Sarton)

Cummenus, D. Alardus (Hermannus Alard Cumme) 1324, 1342
Das erste Zitat betrifft die Frau des Turmwächters von Schloss Dannenberg, bei der ein Blitz nur ein kleines Loch in eine Silbermünze in ihrer Tasche gemacht hat. Das zweite Zitat über die Behandlung eines vom Donner gerührten Mädchens ist genauer, hier wird das Jahr der Veröffentlichung in der besagten Zeitschrift genannt: »D.Cummenus in literis ad D.Elsnerum in Observat.182.Anni tertiae Acad.Cur. Es handelt sich bei dieser Zeitschrift um die seit 1670 bestehende und von Francisci abweichend genannten »Miscellanea curiosa sive ephemeridum medico-physicarum Academia Caesareo-Leopoldinae Naturae Curiosorum« der Academia Naturae Curiosorum, der späteren Leopoldina. Sie wurde 1652 von vier Schweinfurter Ärzten als »Collegium Naturae Curiosorum« gegründet.

Curaeus, Joachim 1116, 1117
Geb. 1532 Freistadt/Schlesien, gest. 1573 Brieg. Theologe, Arzt in Glogau. Schüler Melanchthons, hat die Geschichte Schlesiens bis 1526 erstmals dargestellt: »Gentis Silesiae annales ad necem Ludovici Hungariae et Bohemiae regis« 1571 (Zedler). Francisci zitiert aus dieser Geschichte die Frage, ob sich Engel am Streit der Menschen erfreuen oder an ihm teilnehmen.

Curopalates, Codinus (Georgius Codinus) 45
Lebte um 1460 in Konstantinopel. Schrieb über Ämter und Pflichten des Hofs und der Kurie in Konstantinopel und eine Geschichte der Herrscher in dieser Stadt von 95 bis zu Konstantin dem Großen. Er gehört nach Franciscis unvollständigen Angaben zu denen, die Bagdad als Babylon sehen (Zedler).

Curtius Rufus, Quintus 50, 53, 54, 59, 62, 1355
Röm. Geschichtsschreiber, schrieb um 50 n. Chr. die Historiae Alexandri Magni in 10 Büchern (Meyer V). Francisci nimmt das fünfte zu Babylon und das zehnte zu Alexanders Leiche, die, noch tagelang auf dem Thron sitzend, sich von selbst mumifizierte.

Cusanus, Nicolaus (Nikolaus von Kues) 377, 378, 1413
Geb. 1401 Kues an der Mosel, gest. 1464 Todi. Philosoph, Theologe, Bischof von Brixen, Kardinal und Teilnehmer am Basler Konzil gegen die Hussiten. Nach ihm fallen alle endlichen Gegensätze in Gott zusammen, darüber hinaus gibt es nur eine »Docta ignorantia« (gelehrte Unwissenheit). Träumte von einer Weltreligion mit gemeinsamem Gott und versuchte als Gesandter des Papstes in Konstantinopel eine katholisch-byzanthinische Union gegen die Türken zu schmieden. Zahlreiche naturwissenschaftliche Schriften (Zedler). Hier geht es um Versuche, die Feuchtigkeit der Luft zu wiegen, und das Gewicht der Luft durch Fallversuche von Türmen mit Wasseruhren zu bestimmen, die aus »Idiota de staticis experimentis« (Der Laie über Versuche mit der Waage) von 1450 stammen. Ist angeblich gegen die Erde als Mittelpunkt der Welt.

Cyrillus 700
9. Jahrhundert. Unter dem byzant. Kaiser Michael III. Missionar bei Chasaren und Bulgaren, Übersetzer der Bibel ins Kyrillische und Entwicklung der Schrift. Francisci zitiert dessen Auffassung vom Regen als Himmelstropfen nach Scheiners »Rosa ursina sive Sol« (s. dort).

Dach, Simon 690
Geb. 1605 Memel, gest. 1659 Königsberg. Seit 1639 Professor für Poesie. Schwermütige Gedichte und Lieder. Hier macht er die Wolken zum Sinnbild der menschlichen Eitelkeit.

Damascenus 985
Francisci gibt weder Vornamen noch Textstelle an. Es dürfte sich aber um Nikolaos D. handeln, der die aristotelische Philosophie erläutert und selbst eine Schrift über Pflanzen verfasst hat und der im 1. Jahrhundert n. Chr. als Historiker und Philosoph in Damaskus am Hof des Herodes lebte. Seit der Rückübersetzung aus dem Arabischen als »De plantis« durch Alfredus de Venedig 1496, der diese Schrift in einem Sammelband mit solchen des Aristoteles veröffentlich hat, gilt Nikolaus Damascenus als Pseudoaristoteles. Hier die Aussage, der Wind sei fließende Luft.

Danaeus, Lambertus (Daneau, Lambert) 348
Geb. 1530 Beaugency-sur-Loire, gest. 1595 Castres. Advokat in Orléans, ging nach Genf, als sein reformierter Lehrer 1559 in Paris gehängt und verbrannt worden war. Schüler Calvins und ein enger Freund dessen Nachfolgers Theodore Beza, Pfarrer in Gliens bei Orléans, Professor für Theologie in Genf und kurzzeitig in Leiden, danach in Gent, Orthez und schließlich Castres.Theologische Traktate, eines über Hexen »De venificiis in quos sortileges vocant dialogus« 1576. Francisci bemerkt seine Auffassung zur Luft, sie sei kein Element (gegen Aristoteles), aus seinem erfolgreichen Werk der Physikotheologie, das innerhalb kurzer Zeit drei Auflagen erlebte: »Physice Christiana sive de rerum creatorum origine et usu disputatio e sacrae scripturae fontibus hausta et decerpta« 1575. Es besteht aus 6 Teilen, korrespondierend zu den 6 Tagen der Schöpfungsgeschichte und ist in Dialogform gehalten. (Thorndike VI, 346-349).

Dandinus, Hieronymus (Hieronymo / Girolamo Dandino / Dandini) 490
Geb. 1554, gest. 1634. Jesuit aus Caesena. Kommentar über die Seele »De corpore animato, sive commentarius in Aristotelem de Anima« 1610, den Francisci nach Schott zitiert mit einem Echo bei Mailand. Burton erwähnt die Schrift in »Anatomie der Melancholie«.

Dapper, Olfert 102, 202, 204, 291, 388-392, 953, 1015, 1064, 1124
Geb. 1635 Amsterdam, gest. 1689 dito. Holländischer Arzt und Schriftsteller, verfasste Länderbeschreibungen unter Verwendung historischer Werke von Barros, Leo Africanus, Lopez u. a.: »Umbständliche und Eigentliche Beschreibung von Africa, Und denen darzu gehörigen Königreichen und Landschaften, als Egypten, Barbarien, Libyen, Bildulgerid, dem Lande der Negros, Guinea, Ethiopien, Abyßina, und den Africanischen Insulen: Zusamt deren Verscheidenen Nahmen, Grentzen, Städten, Flüssen, Gewächsen, Thieren, Sitten, Trachten, Sprachen, Reichthum, Gottesdienst und Regierung« 1670/71. Holl. Org. Ausg. 1668. Er schrieb ähnliche Werke über Syrien, Palästina, China. Francisci benutzt besonders o. g. Titel, einmal auch die Gesandschaft nach Sina und eine Beschreibung Amerikas.

Dardanus (Druckfehler, s. Cardanus) 744

Dausqueius, Claudius 826
Geb. 1566 St.Omer/Artois, gest. 1644. Jesuit in Tournai, der den Orden wieder verlassen hat. Griff in einen Disput in seiner Heimatstadt ein, als die Schuster glaubten, der Heilige Paul sei schon im Mutterleib heilig gewesen, schrieb dazu: »Sancti Pauli sanctitutio in utero, extra, in solo & in coelo latet« 1627 (Die Heiligkeit des Heiligen Paulus in der Gebärmutter ist außerhalb, auf der Erde und im Himmel verborgen). Arbeiten über den Punischen Krieg und den römischen Stamm der Silier. Francisci zitiert mit »Silii Italici lib.7. apud Bartholinum« und der Frage, ob und warum es roten Schnee gibt.

De la recherche de la vérité 448-450
Francisci nennt den Autor nicht. Es ist Nicolas **Malebranche**, geb.1638 Paris, gest. 1715 dito. Das von Francisci genannte 3-bändige Werk erschien 1674-78 und war eine Auseinandersetzung mit Descartes über das Leib-Seele-Verhältnis: alles Geschehen wird von Gott verursacht, die realen Zustände sind nur Anlass (Occasio), bestimmte Wirkungen hervorzubringen. Zur Erkenntnis der Natur gelangen wir, indem wir die Materie in reiner Ausdehnung aufgehen lassen, von den Sinnenqualitäten abstrahieren und den Schritt von der nur vorgestellten zur »intelligliblen Ausdehnung« tun. Mit diesem Akt der Vernunft verschmilzt Gott mit der menschlichen Seele. Das Licht, das uns den Weg der Erkenntnis erhellt, kommt von innen, von den Ideen, aber letztlich von Gott. Kant hat diesen Rückgriff auf Plato, das »noch daurendes immerwährendes Anschauen dieses Urwesens« und den »Deus ex machina« in einem Brief an Markus Herz 1772 zurückgewiesen (Lasswitz II, 421-428, Cassirer, die Philosophie der Aufklärung, S. 100-101). Malebranche war Mitglied im Orden »Kongregation der Väter vom Oratorium Jesu«, der eine wissenschaftliche Ausbildung nach Augustins Gott ist die »summa essentia« verfolgte. Hier geht es um die Möglichkeit einer engen Verbindung des Blutes mit der Luft.

Della Valle, Pietro (Pedro della Valle) 5, 49, 78, 81, 82, 86, 94, 95, 96, 141-167, 244-255, 259, 289, 316, 330, 394, 398, 483, 796, 911, 933-936, 1065, 1163-1165
Geb. 1586 Rom, gest. 1652 Rom, Forschungsreisender, Reiseschriftsteller und Komponist. Machte als Pilger ab 1614 von Venedig aus eine Reise in die Türkei, Ägypten, Arabien, Jerusalem, Syrien, Persien, Indien. Rückkehr nach Rom 1624. Schrieb darüber: »Viagi in Turchia, Persia et India descritti da lui medesimo in 54 lettere famigliari.« 1650-1653. Diese Epistola oder Sendschreiben benutzt Francisci excessiv.

Delrio (Del Rio, Martin Antoine) 841
Geb. 1551 Antwerpen, gest. 1608 Löwen. Entstammt einer vornehmen kastilischen Familie, die in den spanischen Niederlanden in den Diensten des Königs stand. Wurde Rechtsberater Philipp II. und 1578 Vizekanzler von Brabant. 1580 Eintritt in den Jesuitenorden. Lehrauftrag für Theologie in Douai, Graz und Salamanca. Schrieb mit »Disquisitionum magicarum libri sex« von 1600, das zwanzigmal nachgedruckt wurde, das maßgebliche Werk des 17. Jahrhunderts zur Hexenverfolgung. Systematisiert darin Magie als erlaubt oder nicht erlaubt und gibt den Richtern verfahrensrechtliche Anweisungen für Prozesse (historicum.net). Daraus entnimmt Francisci die Frage, warum der Schnee auf dem Aetna liegen bleibt.

Democritus (Demokrit) 842
Geb. 460 v. Chr., gest. 371. Begründer der Atomistik. Francisci zitiert ihn mit Senecas »Naturwissenschaftliche Untersuchungen in acht Büchern«, aus dem 4. Buch, VIII und IX. Dort beschreibt Demokrit, dass festere Körper schneller Wärme aufnehmen und sie länger behalten. Francisci schließt daraus, »dass der Schnee durch seine kleine Löchlein die Hitze aus der Erden und von der Sonne leichter empfinde und behalte«.

Denis, Jean Baptiste 415
Geb. ca. 1643 Paris, gest. 1704 Paris. Sohn des Wasseringenieurs, der für die Ableitung der Seine in die Gärten von Versaille zuständig war. Beschrieb in seinen »Lettres« von 1667/68 erstmals die Übertragung von Schafblut auf den Menschen (in Dictionary of Scientific Biography, Vol. IV, 37-38). Er hielt in seiner Wohnung in Paris Vorlesungen über Physik, Mathematik und Medizin, die er als »Recueil des mémoires et conférence qui ont été présentées à Monseigneur Le Dauphin pendant L'année 1672 (1673-1674) veröffentlichte. Hier äußert er sich in seiner 8. Konferenz 1673 zur Qualität subtiler Luft.

De Sales, Saint François 324
Geb. 1567 Thorens bei Annecy, gest. 1622 Lyon. Jesuit, Mystiker, Missionar, Schutzheiliger der Journalisten. Bischof von Genf 1602, dessen Sitz nach dem misslungenen Versuch des Herzogs von Savoyen, Karl Emmanuel I., in einer nächtlichen Aktion die Stadtmauer zu übersteigen und sich Genf einzuverleiben, nach Annecy verlegt worden war. Ein rabiater Gegenreformator, der über 3000 Predigten und 20 000 Briefe hinterlassen hat und von Papst Alexander VII. 1665 heilig gesprochen wurde. Aus »Je länger je lieber (Cap.32)« nennt Francisci die Drohung der Höllenpein oder die Freuden des Ewigen Lebens nach dem Tanzsprung vom Leben in den Tod.

Descartes, René siehe Cartesius

Diaconus, Johannes 712,746
Geb. 825, gest. 880/82. Historiker Papst Paul VIII. Schrieb eine Vita des Heiligen Georg, aus der Francisci die magische Praktik berichtet, mit Hilfe der herumgetragenen Kleider des Hl. Johannes Sonne oder Regen zu erflehen, und die Geschichte mit den Pestpfeilen, die Gregor erzählte.

Dicaearchus (Dikaearchus) 692
Geb. ca. 350 v. Chr. Messina, gest. 285. Philosoph, Kartograph, Geograph, Mathematiker. Studierte bei Aristoteles. Es sind nur wenige Werke von ihm erhalten. Schrieb: »Tripolitico«, in dem er die Regierungen in den Einen, die Wenigen und die Vielen einteilt, »Lesbiaci«, über die Unsterblichkeit der Seele. Er konstruierte geometrisch die Hyperbel u. a. und verwendete als erster geographische Koordinaten bei der Herstellung von Karten. Francisci erwähnt ihn bei der Höhe des Berges Cyllene.

Didacus Astunica (Diego de Zúñiga / von Stunica) 1424
Geb. 1536 Salamanca, gest. 1597 Toledo. Prof. Theologie Osuna. Seinen Zeitgenossen vor allem bekannt durch seine Kommentare zu Aristoteles. Bei Francisci taucht er als Hassobjekt für Waltherus mit seinem Kommentar zu Hiob auf (»In Job Commentaria« 1584), in dem er aus Hiob 9,6 die Bewegung der Erde ableitet. Dieses Werk wurde von der Indexkongregation 1616 zeitgleich mit dem Gesamtwerk des Kopernikus suspendiert, bis sie korrigiert sind, während der Hiobkommentar des Foscarini (»Epistula de mobilitate terrae et stabilitate solis« 1615) sofort verboten und verurteilt wurde.

Dieterici, Conradus (Dietericus / Konrad Dietrich) 673, 1118
Geb. 1575 Gemünden, gest. 1639 Ulm. Feldprediger des Landgrafen Philipp von Hessen, Prof. Theol. an der neuen Universität Gießen, Superintendent in Ulm. Schrieb über Logik, christliche Ethik und die Geschichte der Juden. 1606 berichtete er über einen Wirbelwind in Hessen. Ohne Angabe einer Fundstelle die Geschichte von Pfeifern und Spielleuten, die, vom Hexensabbat berauscht, glaubten, in einem warmen Bette zu liegen, beim Aufwachen aber festellen mussten, dass sie unter dem Galgen lagen. Die

zweite Fundstelle ist: »Conc.7.super c.5.Sapient.fol.557.«, sie soll wahrscheinlich »De formula Concordia« bezeichnen (Zedler).

Dietericus, Ioh.Cunradus (Johannes Conrad Dietrich) 274
Geb. 1612 Butzbach, gest. 1699 Gießen. Prof. Griechisch und Geschichte in Marburg, dann Gießen, wohin er sich wegen der Auseinandersetzungen unter den Fürstenhäusern Hessens wie viele andere der Universität geflüchtet hatte. Schrieb über römische und deutsche Geschichte, ein Philologisch – theologisches Lexikon und die von Francisci benutzte Papstgeschichte: »Breviarium Pontificum Lino usque ad Alexandrum VII.« 1663 (Zedler). Daraus die seltsame Maskerade eines venezianischen Legaten, der als Hund verkleidet unter dem Tisch von Papst Clemens saß.

Digbaeus, Kenelmus (Kenelm Digby) 412, 504
Geb. 1603 Gayhurst/Buckinhamshire, gest. 1665 London. (s. Kapitel »Intellektuelles Milieu). Francisci zitiert den »Tractatus de Pulvere sympathico«. Dabei geht es um Weinstein, der den Duft von Rosenöl annimmt, weil draußen vor dem Keller die Rosen blühen. Und als Gutachter für die Erfindung eines Sprachrohrs durch Morland (s. dort).

Dilherr, Johann Michael 281
Geb. 1604 Themar/Henneberg, gest. 1669 Nürnberg. Seit 1661 in Jena, Professor der Eloquentia, für Poesie und Geschichte, Direktor des neuen Gymnasiums, Inspektor der Bibliothek, ab 1642 Professor für Theologie und Philosophie in Nürnberg. Francisci legt ihm die Worte »was nicht aus dem Glauben kommt, ist Sünde« in den Mund und Gegnerschaft zu verwegenen Seilspringern, vielleicht aus »Contemplationes et Suspiria Hominis Christiani« (Betrachtungen und Seufzer eines Christenmenschen) (Zedler).

Dillichus, Wilhelmus (Wilhelm Dillich / Dilich) 1298
Geb. 1571 Wabern oder Bad Wildungen, gest. 1650 Dresden.Festungsbaumeister des Landgrafen von Hessen, von diesem verhaftet, mit sächsischer Hilfe Flucht nach Dresden und dort Leiter des gesamten Festungsbaus. Chronist von Bremen, Ungarn, der von den Türken besetzten Gebiete und von Hessen: »Hessische Chronica« 1605 (Killy, Zedler). Aus ihr der Blitz, der 1551 in eine Fürstenrunde schlug, als sie gerade einen Krieg beschließen wollten, der Bischof das aber als gutes Zeichen für einen Erfolg interpretierte.

Dimmerbrokius (Isbrand de, oder Ysbrand van Diemerbroek) 1196, 2001
Prof. med. in Utrecht. Francisci zitiert aus seiner Pharmacopoeia, aber es geht hier um die Pest 1636 in Holland, worüber er 1646 »De Peste«geschrieben hat. Er ist der Meinung, dass der wenig liebliche Geruch des Seifenwassers in Pestzeiten die Luft verunreinige (Seifen wurden aus »Unschlitt« hergestellt, das ist tierisches Eingeweidefett mit Asche), und er schildert, wie ein Mann, dessen Diener acht Monate vorher an der Pest gestorben war, seinen Fuß in das Stroh steckte, das den ganzen Winter draußen gelagert hatte, und plötzlich einen stechenden Schmerz verspürte. Dort sei eine Pestbeule entstanden (Stolle).

Diodorus Siculus 55
1. Jahrh. v. Chr. aus Agyrion/Sizilien. Schrieb eine Weltgeschichte mit dem Titel Bibliotheke. Francisci diskutiert einmal mehr die Größe Babylons.

Diogenes von Sinope 871
Francisci muss diesen »wunderseltsamen Philosophen« meinen, den aus der Tonne, der ein Wanderleben in absoluter Bedürfnislosigkeit führte und sich als bissigen Hund

(Kyniker) bezeichnete. Geb. 391/399 Sinope, gest. 323 Korinth. Hier wälzt er sich am heißen Strand in der Sonne herum und umarmt im Winter »schneebedeckte Bilder«.

Dionis (Dion Cassius, Cassius Dio) 731, 743
(s. Cassius) Es geht um Blutregen, bzw. rot scheinendes Wasser, das wie Menschenblut aussieht, und silbrigen Tau.

Dionysius Carthusianus 369
s. Carthusianus

Dionysius, Exiguus 268
Skythischer Mönch, kam um 500 nach Rom, starb als Abt vor 540. Er war der erste, der 525 in seinem »Liber de Paschate«, den Ostertafeln, das Geburtsjahr Christi als Ausgangspunkt seiner Jahreszählung nahm (von ihm irrtümlich auf 754 nach Gründung Roms festgesetzt). Allerdings interessierte sich erst Beda (s. dort) 200 Jahre später dafür, als es diesem darum ging, apokalyptische Ängste vom Ende der Weltzeit abzubauen. Das brachte 200 Jahre Aufschub gegenüber bisherigen Berechnungen. Dionysius sammelte Kirchenbeschlüsse und päpstliche Dekrete. Es existieren zahllose Epistolae zu Persönlichkeiten der Antike und frühen christlichen Bischöfen. (Meyer V) Francisci zitiert die »Epist. ad Polycarpum«, den Bischof von Smyrna, (geb. 156), und es wird diskutiert, ob die Sonne ihren Lauf verlangsamen oder gar rückwärts laufen könne.

Dioscorides, Pedanius oder Pedacius 40
Griechischer Arzt aus Cilicien, 1. Jahrh.n.Chr. Schrieb eine Materia medica in 5 Büchern, ein Werk über die Gegengifte in 2 Büchern (Antipharma) etc. (Poggendorf I). Francisci geht es um die Namensgebung der vier Paradiesströme, die ev. auf Edelsteine zurückzuführen sind.

Dodonaeus (Dodoens, Rembert van Joennckema) 925,1199
Geb. 1517 Mechelen, gest. 1585 Leiden. 1575 Leibarzt Kaiser Maximilian II. und Rudolf II. in Wien, seit 1582 Prof. med. in Leiden. In seinen »Commentariorum de stirpium historiae imaginum« 1559 (Kommentar zur Geschichte der Pflanzenabbildungen), und »Stirpium historiae pemptades sex sive libri« 1583 (Zusammenfassung der Geschichte der Pflanzen), beschrieb er die Flora Nordflanderns und bemühte sich um eine Systematik. Die medizinischen Schriften, die Francisci benutzt, sind weniger bedeutend (Ärztelex.). Eiskalte Getränke können Unheil stiften. Der Vorschlag, Pest mit stinkenden Sachen, statt mit wohlriechenden zu behandeln.

Donatus, Marcellus 456, 893, 920, 948
Geb. 1538, gest. 1602. Arzt in Mantua. Schrieb: »De medicina historia mirabili« 1586, in dem er sich für die Sektion einsetzte. (Ill.Gesch.Med.VI,2112) Daraus nimmt Francisci die Auffassung, dass wir Luft zum Leben brauchen, wie auch Speise und Getränke, mit der entsprechenden Theorie. Wenn man Schnee trinkt, bekommt man Podagra (Gicht), Zipperlein (Fußgicht), Kolik, Steine, »Stranguria« (zugeschnürte Kehle), innerliche Geschwulst, bösen Magen, Engbrüstigkeit, schwarze Zähne, stinkenden Atem, »Verruckung deß Haupts«. Und von schneegekühltem Wein ist einer auf der Stelle verblichen.

Drebellius, Cornelius 648
Geb. 1572 Alkmaar, gest. 1633 London. Erfinder (Thermometer, optische Linsen, Perpetuum mobile, U-Boot). James I. von England lud ihn an seinen Hof, dann Rudolf II. nach Prag (1610-1619). Er geriet zwischen die Mühlen der Politik, wurde gefangen gesetzt, kam auf Intervention von James wieder frei und ging nach London. Auf der

Themse präsentierte er einer großen Öffentlichkeit sein U-Boot. Darauf bezieht sich Francisci. Schrieb zu den Naturgewalten Wind, Regen, Blitz und Donner »De natura elementorum, quomodo venti, pluviae, fulgura, tonitrua, ex liis provocantur et quibus serviant usibus« 1621 (Poggendorf I).

Drexelius (Jeremias Drexel/Drechsel) 222-229
Geb. 1581 Augsburg, gest. 1638 München. Jesuit, Hofprediger des bayerischen Kurfürsten Maximilian I. Asketischer Erbauungsschriftsteller der Gegenreformation mit ungeheurer Auflage, der es geschickt verstand, seine Reden und Predigten mit geplündertem Material antiker Schriftsteller anzureichern (Zedler, ADB). Aus »de Jejunio« die Beobachtung eines Wein saufenden Kalbs während des 30jährigen Krieges, das starb, und viele andere Geschichten zum Wein.

Drusius, J. (wahrscheinlich Johannes, nicht John van den Driesche) 268
Geb. 1550 Oudenarde/Flandern, gest. 1616 Franeker Protestant, Orientalist, Prof. für orientalische Sprachen in Oxford, später Leiden und Franeker/Friesland. »Sein Vater muste wegen der protestirenden Religion, zu welcher er sich bekannte, an. 1567 seine Güter mit dem Rücken ansehen, in welchem Zustande er sich nach England wandte, seine Mutter aber blieb beständig bey dem catholischen Glauben...« (Zedler). Ausbildung in Cambrigde und Oxford, mit 22 Jahren Professor. Zurück in Flandern schrieb er im Auftrag der Generalstaaten Kommentare zu den schwierigsten Passagen des Alten Testaments, die erst nach seinem Tod in voluminösen Bänden veröffentlicht wurden. Aus den »Comm. ad diff. Loc.«, wahrscheinlich »Miscellanea sacrarum Locutionum« von 1586, die Frage der überlangen Wundertage bei Josua. Sieht darin ein Übersetzungsproblem des hebräischen Urtexts.

Dudley, Sir Robert 1040
Geb. 1574 Richmond/Surrey, gest. 1649 Florenz. Der uneheliche Sohn des Earl of Leicester. Nach Ablehnung seines Antrags auf Ehelicherklärung verließ er zweite Frau und Kinder und ging nach Italien ins Exil. Dort wurde er Katholik und schmückte sich mit den Titeln, die ihm England vorenthalten hatte. Seemann, Mathematiker, Architekt, Chemiker und Ingenieur. Segelte auf der Suche nach Eldorado, das den Orinoko aufwärts vermutet wurde und Fiktion geblieben ist, nach Trinidad. Im Dienst des Herzogs der Toskana zur Trockenlegung der Sümpfe zwischen Pisa und Leghorn. Schrieb: »De Arcanis Maris« 1646-1647 (Über die Geheimnisse des Meeres) mit Schiffsbauplänen und Navigationsanweisungen (Encycl. Brit., V.S. Naipaul »Abschied von Eldorado«). Hier die Vorzeichen eines Witterungsumschwungs.

Elevther., Eurar. 1116
Francisci lässt sich ein symbolisch verklausuliertes Spiel einfallen. Elevther. = Eleutherius = Befreier, Erretter und Eurar. = Eurus = Südoststurm und in face Magdeburg = angesichts der Geschehnisse in dieser Stadt im Mai 1631, als die kaiserlichen Truppen (aus Südost) sie nach langer Belagerung völlig zerstörten und 20 000 Einwohner massakrierten. Der Erretter angesichts Magdeburg ist dann Gustav Adolf, der im gleichen Absatz als »heroischer König« bezeichnet wird.

Elmerus de Malmaberia (Olivier Malmesburius/Eglemerus/Eilmer of Malmesbury) 369
Geb. 980, gest. ca. 1060. Dieser Mönch aus Malmesbury in Witshire/Südwestengland soll 1010 von einem sächsischen Wachturm oder dem Turm der Abbey mit Flügeln an Armen und Füßen ca. 200m weit geflogen sein und sich bei der Landung beide Beine gebrochen haben. Dies berichtet William von Malmesbury in seiner »Gesta Regum Anglorum« (Geschichte der englischen Könige), die er allerdings erst um 1125 verfasst

hat. Francisci könnte die Geschichte von Nauclerus (s. dort) haben, der sie um 1500 aufgegriffen hat, oder auch von John Wilkins (s. Wilckius), der schon 1640 über einen Flug zum Mond nachdachte und von Eilmer in seinen »Mathematical magic« von 1648 berichtete.

Empedocles (Empedokles) 1395
Geb. 490 v. Chr., gest. um 430. Griechischer Philosoph, der meinte, es gebe kein Entstehen und Vergehen, sondern nur Mischung und Entmischung der vier Elemente Erde, Wasser Luft und Feuer. Der Donnerknall entsteht durch Löschen des Feuers in den Wolken.

Engelbertus 1294
Zisterzienserabt um 1250. Beschrieb das Leben der Hl. Hedwig, worüber Surius unter dem 15. Oktober (ihrem Todestag 1243) berichtet. Sie glaubte, bei Gewitter das Jüngste Gericht zu erleben und brauchte einen Priester, unter dessen Händen sie während des Unwetters betete.

Engelgrave, Hendrik 72,273,710,1254
Geb. 1610 Antwerpen, gest. 1670 dito. Jesuit, Rektor der Kollegien von Oudenaarde, Kassel und Brügge. Sehr beliebtes Emblembuch: »Lucis euangelicae Sub velum Sacrorum Emblematum« (Zedler). Francisci zitiert aus dem 3. Buch der »Selecta Historia et morali doctrina varie adumbrata« die Geschichte des Kapuzinerpaters Rho, der mit einem Gebet die Zeche prellen wollte, und aus den »Lucis« eine Geschichte von Lobbetius (s. dort), und eine weitere vom starken Regen, der in der Ebene breite Flüsse schaffe.

Ens, Caspar 685
Geb. 1569 Lorch/Württemberg, gest. ca. 1642. Abgebrochener Student aus Tübingen, freier Publizist in Köln, neulateinische Dichtungen (»Delitiae Poetarum Germanorum«), zeitgeschichtliche Fortsetzungswerke, Übersetzungen. Hat 1636 die »Recréation mathématique« des Jean Leurechon von 1624 in lateinischer Übersetzung mit zahlreichen eigenen Ergänzungen herausgegeben unter dem Titel »Thaumaturgus mathematicus«, in dem zum ersten Mal das Wort Thermometer gebraucht wird. Es enthält auch Kapitel über die Proportionen des menschlichen Körpers mit Statuen und Monstren, Konstruktionen über beidseits zu öffnende Türen, Schiffe mit automatischer Drainage, einer Brücke rund um die Erde usw. Daraus das Gewicht und die Tragfähigkeit des Wassers (Thorndike VII, 593-94).

Ephemer.Gallic. 525,527
Gemeint ist die französische Wissenschaftszeitung »Journal des Sçavans«, die in Raubkopien in Köln und Amsterdam und seit 1667 in Leipzig fünf Jahre lang in einer lateinische Übersetzung des Gießenener Juristen Friedrich Nitzsch(e) erschienen ist: »Journal des Sçavans, hoc est: Ephemerides eruditorum anni MDCLXVII ...in linguam latinam versae operâ atq(ue) studio M.F:Nitzschi tomus primus ...«. Hevelius hat dort mehrere Artikel veröffentlicht, auch den von Francisci erwähnten über die Nebensonnen. (Poggendorf I, Thorndike VII, 477).

Epicur (Epikur) 1413
Geb. 341 v. Chr. Samos, gest. 271 Athen. Griechischer Philosoph. Francisci nennt ihn kurz mit der Bemerkung, er würde die Erde auch nicht für den Mittelpunkt derWelt halten.

Erathostenes 26
Geb. 273 v. Chr. Kyrene, gest. 192 Alexandria. Mathematiker und Astronom, der erste große Geograph der Antike, der eine bis auf 100 km genaue Messung des Erdumfangs vornahm und das Problem der Verdoppelung des Würfels löste. Francisci nennt ihn bei der Frage, ob das Paradies nicht dort zu suchen sei, wo ständig Tag- und Nachtgleiche herrsche.

Erithraeus (Nicio Erythreo, Gian Vittorio Rossi) 700
Geb. 1577 Rom, gest. 1647. Aus vornehmer römischer Familie, der Karriere hätte machen können, nachdem er schon mit 19 Jahren juristische Vorlesungen gehalten hatte. Er endete aber nach geringfügiger Beschäftigung in der Kurie als Verwalter einer Quelle. Schrieb u.a. Beispiele von Tugend und Laster: »Exempla virtuum et vitiorum« 1645. Hieraus die Geschichte des Infanten Philipp III., der nicht glauben will, dass sein Vater keinen Regen machen kann. (Zedler, unter Johann Victor Rossi)

Ernstius, Henricus (Heinrich Ernst) 744
Geb. 1603 Helmstedt, gest. 1665. Prof. Jura an der königlich dänischen Ritterakademie Sora. Rat des dänischen Königs Friedrich III. Er wird mit seinen Werken politischen und moralischen Inhalts unter die frühen Politologen eingereiht (Zedler). Die von Francisci zitierten »Varias observationes« von 1636 enthalten die Geschichte des Pfennigregens bei Magdeburg 1622.

Eugubinus (Agostino Steuco / Steuchus) 26
Geb. 1496 Gubbio/Umbrien, gest. 1549. Scholastiker, Lehrer für orientalische Sprachen und Theologie, Bibliothekar des Konvents Sant Antonio in Venedig, dann Prior der Kongregation von St. Saviour, Bischof von Chisamo auf Kreta. Er findet das Paradies in Mesopotamien.

Euclid (Euklid) 1428
Francisci benutzt die 16. Proposition aus dem 12. Buch der Elemente (Geometrie der Körper) für die Berechnung der Größe der Fixsterne.

Eunus 595
Geb. Apamea/Syrien, gest. 132 v. Chr. Morgantea (im Kerker an der »Läusesucht«, wahrscheinlich Fleckfieber). Sklave auf Sizilien, Anführer eines Aufstandes und Errichter eines Sklavenstaates mit seleukidischem Königtum (Akklamation durch das Heer, Beiname Antiochus) (Zedler). Er galt als Wahrsager und Feuerschlucker, worauf Francisci anspielt.

Eusebius von Caesarea 41
Geb. 260-264 Palästina, gest. 337-340. »Vater der Kirchengeschichte«. Bischof von Caesarea. Schrieb: »Chronikon«, ein Grundriss der Weltgeschichte bis 325 n. Chr. und eine zehnbändige Kirchengeschichte. Nach Francisci hat er Indien zum Paradies erklärt.

Eustathius Antiochenus 41, 267
Bischof von Beröa in Syrien, seit 325 von Antiochia, auf der Synode von Antiochia vom Kaiser abgesetzt, starb in Thrakien. (Meyer V) Macht Indien zum Paradies. Und es geht darum, ob die Sonne auf Befehl Gottes ihren Lauf verändern kann.

Eustathius 826
Geb. 300, gest. 377 (380). Bischof von Sebaste in Armenien (heute Westbank), Metropolit des römischen Armenien. Arianer. Mönch und Eheverächter. Führer der Pneumato-

machen (der Kämpfer für den Heiligen Geist). Von ihm die Beobachtung roten Schnees in Armenien.

Evagrius Scholasticus 710
Geb. um 536 Epiphania/Syrien, gest. nach 600 Antiochichia. Anwalt. Schrieb eine Kirchengeschichte. Berichtet über Sturzregen, Schlammlawinen in Konstantinopel, Bithynien.

Ezra, Aben (Abraham ben Meir ibn Esra) 37
Geb. 1092/93 Tuleda/Navarra oder Toledo, gest. 1167 Calahorra (an der Grenze von Navarra und Aragonien). Ein im Mittelalter bis zu den evangelischen Nachreformatoren einflussreicher jüdischer Kommentator des Pentateuch (schon 1488 in lateinischer Version gedruckt), der auch die erste hebräische Grammatik, Kabalistisches und Astrologisches geschrieben hat. Verließ das muslimische Spanien, führte ein unruhiges Wanderleben nach Nordafrika, Palästina, Bagdad, Italien, Frankreich und England (bbkl). Lokalisation von Aram, das fruchtbares Land bedeutet und mit Mesopotamien identisch ist.

Faber, Petrus Johannes (Pierre Jean Fabre) 944
Geb. 1588, gest.? Aus Castelnaudari. Arzt Montpellier, königlicher Leibarzt, veröffentlichte in Toulouse 6 alchemistische (spagyrische) Schriften, die deutsch 1652 als Sammelband in Frankfurt erschienen sind (Schmieder, S. 386, Zedler) Francisci zitiert aus »Hydrographum Spagyricum« 1639 (alchemistische Wasserkunde). Der einzige Unterschied zum echten Kristall sei, dass dem Eiskristall der Salzgeist fehle.

Fabricius, Georg 1316
Geb. 1516 Chemnitz, gest. 1571 Meißen. Protestantischer Dichter, Historiker, Archäologe. Seit 1546 Rektor des Gymnasiums in Meissen, vorher jahrelange Reisen durch Italien zum Studium der Altertümer. Schrieb mehrere Werke über Meißen und Sachsen, u. a. »Rerum Misnicarum« 1569, das Francisci zitiert als »Annalium urbis Misniae Libri 3«. Ein Donnerschlag sei ins Schloss von Meissen gefahren und habe einige Kammern verbrannt.

Fabritius, Nicolaus Claudius (Fabricius, Nicolas Fabri de Peiresc) 735,736
Geb. 1580 Belgentier / Var, gest. 1637 Aix-en-Provence. Gehört zu denen, die selbst fast nichts veröffentlicht haben, aber die noch junge »New Science« eng miteinander vernetzten. Als Senator in Aix sammelte er Antiquarisches, vor allem Münzen, deren Wert für die historische Forschung er erkannte, legte einen geometrischen Garten an und war der erste, der Harveys Blutkreislauf verifizierte Sezierte Augen, beschäftigte sich mit Optik und Astronomie und entdeckte dabei den Orionnebel, beteiligte sich an einer Mondkarte und korrigierte die Länge des Mittelmeers um 1000 km. Seine Korrespondenz, die mehr als zehntausend Briefe mit nahezu allen und nicht nur wissenschaftlichen Größen seiner Zeit umfasst, darunter Hugo Grotius, Rubens, Mersenne, wird erst seit Ende des 19. Jahrhunderts nach und nach veröffentlicht. Gassendi schrieb eine Biografie »Vita Pereiskii« (Encycl. Brit.). Gassendi berichtet von seiner Meinung zum Blutregen, der durch Schmetterlinge (»Zwiefalter«) ausgelöst worden sein sollte.

Fairfax, Nathaniel 1261
Geb. 1637, gest. 1690. Nonkonformistischer Minister und Arzt. Schrieb von 1666-1669 neunzehn Briefe an die »Philosophical Transactions« über seltsame medizinische und Naturbeobachtungen. Hier führen Hagelkörner zu blutigen Köpfen.

Fallopius (Gabriele Fallopia) 753,755
Geb. ca. 1523 Modena, gest. 1562 Padua. Der aus ärmlichen Verhältnissen stammende Fallopius sezierte 1544 in Modena öffentlich eine Leiche, ohne Medizin studiert zu haben. Dies holte er erst in den folgenden Jahren nach und wurde schon drei Jahre später Lektor für Anatomie in Ferrara und Pisa und 1551 Prof.med. in Padua. Die Ergebnisse seiner zahlreichen Sektionen sind in den »Observationes anatomicae« von 1561 veröffentlicht und sie zeigen, dass er die Beschreibungen seines Vorbildes Vesal verfeinern wollte. Er hielt auch Vorlesungen über Metalle und Fosslien und andere Naturerscheinungen (Ärztelex.). Aus dem »Liber de Fossilibis« zitiert Francisci eine Beobachtung, nach der aus dem Sand nach einem starken Regen sofort Frösche herausgesprungen waren.

Faria Sousa, Emanuel de 441
Geb. 1590 wahrscheinlich Pombeiro, gest. 1649 Madrid. Studium in Braga, dann im Dienst des Bischofs von Porto, Mitglied der portugiesischen Gesandtschaft in Rom, lebte dann in Madrid. Wegen einiger Passagen im unten zitierten Werk von der Inquisition eingesperrt (Zedler). Schrieb die » Epitome de las historias portugueses« 1628, die bei Francisci »Epitomus Regni Lusitan« heißen. Daraus eine Gespensterschichte.

Farnabius, Thomas (Farnaby) 911
Geb. 1575, gest. 1647 Sevenoaks. Student in Oxford, Schüler einer Jesuitenschule in Spanien, im Gefolge von Francis Drake und John Hawkins, Lehrer einer von ihm gegründeten Schule in London. Im 17. Jahrh. berühmter englischer Altphilologe, der die römischen Klassiker herausgab und mit eigenen Bemerkungen in ausgefeiltem Latein versah. Francisci nimmt die oft obszönen Epigramme des Martial, hier Schlangen als Lustobjekt der Römerinnen.

Faust, Johann 29, 30, 31
Geb. ca. 1480 Knittlingen oder Helmstadt oder Roda, gest. 1538-41 Staufen/Breisgau. Wandernder Magier, Astrologe und Wahrsager. Starb als Georg Faust durch eine Explosion im Hotel Löwen, als er versucht haben soll, Gold zu machen. Die Historia von D.J. Fausten 1587 des Frankfurter Druckers J. Spieß wurde von Widmann 1599 erweitert und von J.N. Pfizer 1674 umgearbeitet. Marlowe hatte 1589 eine Übersetzung dramatisiert. Francisci hält sich an Widmann. An ihm fasziniert die Antwort des Geistes an Faust über Lage und Beschaffenheit des Paradieses.

Fehr, Jan Richard 973
Nach Francisci der Sekretär von Boguslaw Radziwill. Er ist vielleicht der Schreiber von des Fürsten Autobiografie, die bisher nur in Polnisch vorliegt. Die Quelle wird nicht genannt.

Fehb (falsch, richtig **Fehr**) Johann Michael 496
Geb. 1610 Kitzingen/Main, gest. 1688 Schweinfurt. Ist einer der vier Schweinfurter Ärzte, die die »Academia Naturae Curiosorum«, die spätere Leopoldina, 1652 gründeten. Er promovierte in Padua, war Stadtarzt und Reichsvogt in Schweinfurt, kurze Zeit auch kaiserlicher Leibarzt und von 1666 bis 1686 der zweite Präsident der Academie, nach Bausch. Er schrieb »Anchora sacra vel Scorconera« 1666 (»Heiliger Anker oder Hurerei«), »Hiera picra seu analecta de absynthio« 1667 (»Heiliges Bitterkraut oder Aufsätze über den Absinth«). Die von Francisci zitierten »Litterae an Philipp Jakob Sachs von Lewenhaimb« dürften in den von Sachs intiierten Ephemeriden der Akademie zu finden sein (350 Jahre Leopoldina). Er berichtet von einem traurigen Fall von Echolalie bei einem Knaben.

Fervaquius, Robert (Fervaques) 734, 736
Französischer Arzt Ende des 16. Jahrhunderts. Francisci zitiert Robert Fervaques mit dem Kalzinieren von Spießglas und Salpeter »Apud laudatum Posnerum« und mit einer Abhandlung über Blutregen »Dissertatio de Pluvia sanguinea«. Sicher ist damit Johann Caspar **Posner** (1626 Gera bis 1700 Jena) gemeint, der von 1656-1700 gleichzeitig mit Erhard Weigel Prof.Naturgeschichte und Physik in Jena war und dort als erster physikalische Versuche während der Vorlesung anstellte

Festus, Sextus Pompeius 804
2. Jahrhundert n. Chr. Römischer Lexikograph, der ein verlorenenes Werk des Verrius Flaccus (um Christi Geburt), das erste lateinische Wörterbuch, »de verborum significatu«, in gekürzter Form überliefert hat. Francisci konnte dessen, noch einmal durch Paulus Diakonus (725-797) verkürzte Version, in der Druckausgabe von 1560 gekannt haben: »M.V. Flacci quae extant ex Sex.Pompei Festi de verborum significatione«. Es geht um die Herleitung des lateinischen Wortes für Reif »pruina«, um zu erklären, dass er die Pflanzen durch den Frost quasi verbrenne.

Feudobrunus 1300
War nach Francisci als einer der Hofleute bei der Geburt des Prinzen von Condé dabei, als ein Feuer über den Himmel fuhr (1616), zitiert nach »Continuator.Thuani ad Annum 1616«. Das ist Jacobus Augustus **Thuanis** bzw. Jacques Auguste de Thou, geb. 1553 Paris, gest. 1617 dito. Staatsmann und Historiker. Beteiligt an der Ausarbeitung des Edikts von Nantes als toleranter Katholik. Hauptwerk: »Historia mei temporis« 1543-1607, wurde deshalb als hugenottenfreundlich angegegriffen und schrieb zur Verteidigung »Thuani Commentarius de vita sua, libri IV« 1616, woraus Francisci zitiert. (Nouv.Larousse Ill.)

Ficinus, Marsilius (Marsiglio Ficino) 442
Geb. 1433 Figline, gest. 1499 Careggi bei Florenz. Einer der einflussreichsten Humanisten der italienischen Renaissance. Wirkte an der von Cosimo gegründeten Platonischen Academie in Florenz. Übersetzer zahlreicher antiker griechischer Autoren und des »Corpus hermeticum« ins Lateinische. Hauptwerk: »Theologica Platonica de immortalitate animae«. Hier geht es um Schutzgeister, ob sie von den Sternen kommen und die Orte wechseln, zitiert aus dem 23. Kapitel von: »Liber de Vita in Tres Libros Divisus: Primus De Vita Sana, Secundus De Vita Longa, Tertius De Vita Coelitus Comaparanda« (über gesundes, langes und auf den Himmel vorbereitendes Leben).

Fienus, Thomas (Fyens / Feyens) 918
Geb. 1567 Antwerpen, gest. 1631 Leuven. Prof. med. Leuven. Schrieb: De cometis anni 1618 (1619), Disput. an. Coelum moveatur et terra quiescat 1619, Medizinisches (Poggendorf I). In seiner Schrift »De Formatione foetus« von 1620 vertrat er die These, dass der Foetus am 3. Tag nach der Kohabitation beseelt werde und geriet damit in einen heftigen Streit mit dem spanischen Medizinprofessor aus Valladolid, Ponce Santa Cruz (Zedler). Er hat in der Meteorologie des Fromondos an dem Buch über die Kometen mitgearbeitet. Das von Francisci zitierte »de virt.Imag.quaest.« heißt richtig »De viribus imaginationis tractatus« 1608, noch 3 weitere Auflagen bis 1658. Es beschäftigt sich mit der Frage, ob menschliche Einbildungskraft über Distanzen andere Menschen beeinflussen kann, was Fienus verneint. So auch bei den Schafen: Im Schneegebirge werden sie nicht von der Einbildungskraft, sondern von der Natur und dem Temperament des Ortes weiß.

Fincelius 614
Geb.?, gest. 1582. Professor der Philosophie in Jena, Arzt in Zwickau. Er legte die Fabel

vom Werwolf in seinen 1556 herausgegebenen »De miraculis sui temporis« erstmals schriftlich nieder. Francisci kritisiert ihn bei Luftschlachten und Wundergesichtern der Luft.

Flayder, Friedrich Hermann 370
Geb. 1596 Tübingen, gest. 1644 dito. Professor der Klassik an der Universität und der Fürstenschule in Tübingen (das sind von Landesherrn seit Mitte des 16. Jahrhunderts gegründete Internatsschulen, die begabte Kinder auf die Universität vorbereiten sollten). Großer Dichterhumanist und Dramatiker. Schrieb z. B.: »Omnia, quae extant« (Alles, was ist) 1622, »De arte volandi« 1627 (Curieuse Bedenken von der Kunst zu fliegen), wo er Vorschläge macht, die schon manchen zu Fall gebracht haben (Killy).

Flud, Robertus (Robert Fludd) 560
Geb. 1574 Milgate Park/Kent, gest. 1637 London. Philosoph, Arzt in London, Anhänger von Paracelsus und Cusanus, Verteidiger der Rosenkreuzer. Naturphilosophische und kabbalistische Schriften. Gassendi schrieb gegen ihn »Examen philosophiae Fluddianae«. (Meyer V) Das Irrlicht ist kein Feuer, sondern eine klebrige Masse, in der sich die Sterne schauen lassen.

Fonseca, Damianus à 11
Pater im Kloster »La Minerva« in Rom, der den Stieglitz zum Plappern der Litanei brachte. Dieses Dominikanerkloster »Santa Maria sopra Minerva« befand sich in der Via dei Cestari direkt neben dem Palazzo Fonseca, einer bedeutenden portugiesischen Familie, aus der der Begründer des »Cursus Conimbricensis« Pedro da Fonseca stammt, der mit seinen »Commentaria in libros Metaphysicorum Aristotelis« 1577 den Ruf der »conimbricenischen Vernunftlehrer« (s. dort) begründete. Francisci zitiert aus dem 1. Band der »Musurgia« des Athanasius Kircher von 1650, in dem dieser sich mit der Entstehung der Musik aus der Natur beschäftigt. Ob es sich um den Damian Fonseca handelt, der 1612 ein Buch über die Vertreibung der Moriscen aus Valencia 1609 geschrieben hat, konnte ich nicht klären.

Forestus, Petrus (Pieter van Foreest) 1196
Geb. 1522 Alkmaar, gest. 1597 dito. Medizinstudium in Bologna, Rom, Paris. Stadtarzt in Delft. Wird als der niederländische Hippocrates bezeichnet. Schrieb ein Buch über die Medizin, in dem alles steht, was zur Medizin zu sagen ist: »Observationum & curationum Medicinalium ...« 1619 posthum (Stolle). Aus dem 6. Buch die Beobachtung, dass sich das Gift der Pestilenz sehr lange in Spinngeweben halten kann.

Forstnerus, Christophorus 283
Geb. 1598, gest. 1667. Aus Österreich. Studierte in Tübingen, Wien, Padua. Wurde wegen einer Rede bei der Inthronisation des neuen Dogen von Venedig, Cornara, in den Ritterorden S. Marci aufgenommen. Bereiste Frankreich und wurde Gesandter des Grafen Hohenlohe in Wien und beim Regensburger Reichstag, Kanzler von Mömpelgard. Spielte im Auftrag von Graf Trautmannsdorf, des kaiserlichen Verhandlungsführers, eine wichtige Rolle beim Friedensschluss in Münster, der den 30jährigen Krieg beendete. Francisci nennt ihn einen fürtrefflichen Politicus. Schrieb politische Bemerkungen zu Tacitus: »Christopheri Forstneri In tres postremos libros Annalium C.Cornelii Taciti Notae Politicae« 1661 u. a., aus dem die Manier der Tyrannen geschildert wird, das Volk durch Lustbarkeiten abzulenken (Zedler).

Fortius, Joachim Ringelberg (Joachim Sterck van Ringelbergh) 577
Geb. ca. 1499 Antwerpen, gest. 1536 (?). Humanist, Mathematiker, Astrologe, Lehrer an der Universität Löwen im Collegium Trilinguae. Reisen nach Deutschland und Frank-

reich, auch zu Erasmus von Rotterdam nach Basel. Schrieb rund 30 Werke, die z. T. lange Zeit hohe Auflagen erlebten: »Rhetorica«, »De formis dicendi«, »De periodis«, »De ratione studii«, »De usu vocum quae non flectuntur« (Über den Gebrauch der Stimmen, die nicht moduliert werden) u. a. Darunter auch eine Cosmographie und eine Astrologie des Traums. Seine Werke wurden als »Lucubrationes« (nächtliche Arbeiten) gesammelt herausgegeben (Zedler u. a.). Thorndike (V, VI) betont seine »Experimenta«, Francisci die Beobachtung, dass ein Pferderücken Funken schlägt, wenn man über ihn streicht. Seine Werke gerieten auf den ersten Index der Librorum prohibitorum 1556 von Papst Paul IV. unter dem falschen Namen »Ioachimi Tingelbergen opera omnia geomatiae & cuifuis generis Diuinationis«. Eine sehr schlampige Arbeit der Inquisition, deren Organ seit 1542 das Heilige Offizium war.

Fracastorius, Hieronymus (Girolamo Fracastoro) 1251
Geb. ca. 1478 Venedig, gest. 1553 Incaffi. Arzt in Verona und beim Konzil von Trient (1545-63), das auf sein Anraten wegen drohendem Typhus von März 1547 bis September 1549 nach Bologna verlegt wurde. Typischer Humanist, verfasste Schriften zu Medizin, Astronomie, Theorie der Poesie, Naturphilosophie. Berühmt ist seine Abhandlung über die Syphilis (De contagionibus et contagiosis morbis et eorum curatione libri III, 1546), in der er eine Theorie der Ansteckung formulierte. (Ärztelex.) Francisci berichtet, dass Fracastorios Mutter mit ihm im Arm vom Blitz erschlagen wurde, während er unversehrt beblieben ist.

Francisci, Erasmus 1420
Hier zitiert sich Francisci selbst mit »Das eröffnete Lust-Hauß der Ober- und Nieder-Welt, von der Natur, Welt, Himmel und dem Gestirn insgemein« von 1676.

Francisci, Martinus 674, 675
Francisci zitiert ihn mit der »Relation des bekehrten Manicheers«. Es geht um den Bocksprung bei Bitterfeld.(D. Mengering Inform.Consc. p. 166). Francisci ist hier ein Pseudonym des Arnold **Mengering** (1596-1647), das er für das zitierte »Informatorium conscientiae evangelicum, oder Gewissensrecht« von 1644 gebraucht hat. Er war Pfarrer in Colditz, Magdeburg und Halle, Hofprediger in Dresden, Superintendent in Halle, Inspektor des lutherischen Gymnasiums und gehörte zur Fruchtbringenden Gesellschaft. Er schrieb zahlreiche Werke gegen den moralischen Niedergang und die Habgier in Kriegszeiten (bbkl).

Franck, Michael 1344
Geb. 1609 Schleusingen/Thüringen, gest. 1667 Coburg. Ein auf Grund ständiger Plünderungen verarmter Bäckermeister, der sein schweres Los mit Dichten und Komponieren erträglich machen wollte. Sein Lied »Ach wie flüchtig, ach wie nichtig ist des Menschen Leben« war bekannter als die Lieder Paul Gerhards und wurde von Bach in einer Kantate verwendet. Der Kaiserliche Pfalzgraf (einer, der die kaiserlichen Rechte gegen die Landesherren wahrnehmen sollte) Johann Rist, selbst Dichter und Mitglied der Fruchtbringenden Gesellschaft, gab ihm den Dichterlorbeer und nahm ihn unter dem Namen »Staurophilus« (der Kreuzliebende) in seinen Elbschwanorden auf, als er Lehrer an der Coburger Stadtschule geworden war. Er schrieb u. a. »Das alte sichere und in Sünden schlafende Teutschland« 1651, eine gereimte Geschichte des 30jährigen Krieges mit autobiographischen Elementen, aus dem Francisci die »teutschen Reime« eines Gewitters in Schleusingen genommen haben dürfte, bei dem ein gottesfürchtiges Ehepaar in einer Scheune vom Blitz erschlagen wurde, während die Magd überlebte (bbkl).

Francken, Sebastian (Franck) 1100
Geb. 1499 Donauwörth, gest. 1542 oder 1543 vermutlich Basel. Erst Priester, dann lutherischer Pfarrer, später von den Kirchen unabhängiger Mystiker, der einen spirituellen eigenen inneren Zugang zu Gott suchte. Schrieb eine damals berühmte »Chronika, Zeitbuch und Geschichtbibel mit Ketzerchronik« 1531, in der auch Erasmus von Rotterdam vorkommt, der deshalb dafür sorgte, dass Franck aus Straßburg ausgewiesen wurde, 1532 in Esslingen als Seifensieder lebte, 1533-39 Buchdrucker und Verleger in Ulm wurde. Seine Gegner (Martin Fecht, Martin Bucer, Philipp Melanchthon, Landgraf Philipp von Hessen) zwangen ihn nach Basel ins Exil u.a. wegen seines Buches »Germaniae chronicon. Von des gantze Teutschlands aller Teutschen völcker herkommen, Namen, Händeln, Guten vund bösen Thaten., Vnnd die Teutschen den Teutschen zu Teutsch, sichselbs darin, als in einem Spiegel zu ersehen, fürgestelt« 1538. Francisci erwähnt ihn zusammen mit Besold (s.dort) aus »Paradoxa« 1534, einem Buch der christlichen Mystik, von dem er Teile, um der Ulmer Zensur zu entgehen, außerhalb hatte drucken lassen. Auf Intervention des Stadtpfarrers Frecht verlor er deshalb sein Bürgerrecht.

Franckenbergs Chronik 301
Der genaue Titel lautet »Chronica und altes Herkommen der Stadt Frankenberg in Hessen...« 1619, und sie stammt von Wigand **Gerstenberger** (auch Buddenbender, Bodenbender, Vietor), geb. 1457 in Frankenberg, gest. 1522. Er war Kaplan des Landgrafen Wilhelm von Hessen und schrieb außer der genannten Chronik noch eine von Hessen und Thüringen (Zedler). Mitten im Sommer 1374 fingen an Rhein und Mosel plötzlich alle Leute wie wild an zu tanzen. Das Schlimme daran: 100 Mägde seien davon schwanger geworden.

Frankf. Relatio von1661 1111
Es handelt sich um die »Relationis historica« des **Jacobus Francus,** ein Halbjahresbuch mit Berichten aus aller Welt, das im Rhythmus der Frankfurter Oster- und Herbstmesse erschienen ist und als Vorläufer der Zeitungen angesehen werden kann. Begonnen hat das Unternehmen mit Michael von Aitzing, der erstmals 1583 eine »Relationis historicae« herausgegeben hat, in der von den Ereignissen in den Niederlanden berichtet wird und die zu Frankfurter Herbstmesse erschienen ist. Als halbjährliches Periodikum im Messerhythmus existieren sie seit 1588 (bis 1806 !) und wurden immer unter dem Namen Jacobus Francus veröffentlicht, hinter dem sich die neuen Autoren verbergen. Der Titel von 1595 lautet: z.B. »Relationis historica continuata. Wahrhaftige Beschreibung aller fürnemmen und gedenckwürdigen Historien, so sich hin und wider inn Hoch und nider Teutschlanden, Auch in Franckreich, Engellandt, Italien, Hispanieen, Hungern, Crabaten, Polen, Schweden, Sibenbürgen, Wallachey, Moldaw, Türckey, etc. hiezwischen nechstverschiener Franckfurter Herbstmess, und etliche Monat zuvor biss auff gegenwertige Fastenmess dieses 1595. Jahres zugetragen und verlauffen haben...von Tag zu Tag verfasset und gestellet« Ursel. Nicolaus Henricus. Später hießen sie »Relationis historicae semestralis continuatio«. Im Oktober 1661 wird von einem Mann aus Mechelen berichtet, der, von einem Sturm erfasst, eine halbe Stunde durch die Luft davongetragen worden ist.

Franzius, Wolfgangus 10
Geb. 1564, gest. 1628. Prof. Theologie Wittenberg. Er schrieb seine Geschichte der Tiere als Anleitung für Studierende und »Prediger des Wortes«: »Animalium Historia sacra, in qua plerorumque animalium praecipuae proprietas in gratiam studiosorum theologicae.« 1612. Carl Gustav Carus erwähnt ihn 1872 in seiner »Geschichte der Zoologie« S.312-314 deshalb, weil er die zu seiner Zeit herrschende Auffassung repräsentiert, das Werk ein Jahrhundert lang ungeheuer verbreitet war, bis 1712 zehn Auflagen erlebte

und sogar ins Englische übersetzt wurde. Es schließt einen Klassifizierungsversuch ein, beschreibt Drachen und Phönix ganz genau und bezeichnet den Teufel als Hauptdrachen. Interessant ist, dass in den späteren Titeln »sacra« fehlt. Für Francisci geht es um sprechende Nachtigallen.

Frencelius, Simon Fredericus (Frenzelius/Frenzel) 1386
Geb. 1636 Cottbus, gest.? Ev. Theologe, Professor für Philosophie an der Universität Wittenberg. Aus dieser Zeit gibt es zahlreiche Disputationen über politische Themen, Rechtsfragen und solche von Krieg und Frieden und eine Dissertation zur osmanischen Herrschaft. Er schrieb auch über Meteorologie (den Blitz), über Mineralien und Elemente, das Einhorn, den Stern von Bethlehem, menschliche Monstren und Kadaver, über Rübezahl und Insekten, über unterirdische Feuer und die von Francisci genannte »De Lapide Fulminari Disputationem Physicam« 1668 (Zedler). In ihr wird die Frage der Entstehung der Donnersteine behandelt.

Freylas, D. (Alonso de) 577
Spanischer Arzt, der 1606 ein Buch über die Pest geschrieben hat: »Conocimiento y preservacíon de la peste«. Er gilt als einer, der keine neueren Gedanken gelten ließ, ein Aristoteliker und Galenist. Leibarzt des Erzbischoffs von Toledo. Er berichtet von einer Frau, deren Gürtel, nachdem sie ihn abgelegt hatte, sich sofort angezündet und eine Flamme oder Licht abgegeben hat.

Fridericus, (M.) Valentinus (Valentin Friderici) 539, 540
Geb. 1630 Schmalkalden, gest. 1702 Leipzig. War zunächst Messerschmied, bevor er sich als 15-jähriger an der Universität Leipzig immatrikulierte. Kollegiat am Großen Fürstenkolleg (d.h. er lebte mit den Studenten als Assesor unter einem Dach), Prof. Philosophie. Seit Mitte der 60er Jahre zahlreiche Disputationen zu philosophisch-moralischen, philologisch-hebräistischen und theologischen Themen, die auch im Druck erschienen. Bekannt geworden vor allem durch »Über die Duldung der Religionen« 1669. Seit 1692 Prof. Hebräisch, dann noch Rektor. Als Unverheirateter stiftete er sein Vermögen zugunsten eines Freitisches im Konvikt, der Witwenkasse der Philosophischen Fakultät und Bücher für die Ratsschule. Schrieb u.a. noch: »De Venatione Aequivocorum Ad illustrandam Aristoteli« (Die Jagd nach Doppeldeutigkeiten am Beispiel von Aristoteles), das in einem »Volumen dissertationum in Aristotelem« Bd. 4 erschienen war, worauf sich Franciscis Literaturangabe der »Dissertation von dem Regenbogen« beziehen wird. Jeder sieht den Regenbogen mit seinen eigenen Augen, also sehen viele Augen viele verschiedene Regenbögen.

Friedrich II., Kaiser 1103
Francisci nennt ihn als leuchtendes Beispiel für eine gesetzliche Regelung, die u.a. die Aneignung der Güter Schiffbrüchiger verbot. Seine Fußnote ist reichlich verkürzt. Es handelt sich um ein Gesetz vom Dezember 1221: »Imp. Fridericii II. variae Sanctiones contra Civitatum Statua, contra haereticos circa Libertatem et jura. Ecclesiae, circa Navigia etc.«

Frölich, David (Frölichius/Frölik/Freolik/Groelichius) 364, 365, 385, 694
Geb. 1595 Käsmark (Késmárk), gest. 1648. Ungarischer Mathematiker, Geograph und Kalendermacher, der in Frankfurt/Oder und Wittenberg studierte. Veröffentlichte »Schreibkalender«, »Almanach« und »Tagbüchlein« jeweils deutsch und lateinisch, weiter »Mnemata Poetica«, »Anatome revolutionibus mundane« 1631 (»Anatomie der Erdumdrehung«, unterstützt darin die Auffassungen von Origanus und Brahe), »Medulla geographica practica« 1639, »Viatorum sive Peregrinatum« 1643 bis 1644 (mit reisetheoretischen Überlegungen und einem später u.a. von Guericke häufig zitierten Be-

richt der Besteigung der Hohen Tatra 1615), »Descriptio Hungari«. Francisci zitiert aus »Bibliotheca«, eigentlich »juratus bibliothecarus« (der eingeschworene Bibliothekar) und »Cynosuram Peregrinatus« (»Wanderer zum kleinen Bären«), eine Beschreibung der Karpaten und Transsylvaniens, die wahrscheinlich aus »Viatorum« stammt.

Fromondus, Libertus (Froidmont, Froimont) 367, 475, 561, 563, 569, 574, 581, 599, 600, 604, 608, 688, 740, 741, 753, 755, 784, 822, 843, 888, 889, 918, 1008, 1022, 1024, 1025, 1026, 1028, 1029, 1027, 1232, 1233, 1306, 1308, 1309, 1352, 1353, 1365, 1392
Geb. 1587 Hackör (Harcourt) an der Maas, gest. 1653 Löwen. Professor der Philosophie am Falkenkollegium in Löwen, ein guter Freund des Jansenius, für den er posthum dessen »Augustinus« herausgegeben hat. Schrieb über Labyrinth und Kontinuum, über die Seele der christlichen Philosophie u.v.a. (Poggendorf I). Francisci aber benutzt die sechs Bücher der häufig aufgelegten »Meteorologicorum« von 1627, von denen Thorndike (VII, 53,54) den Inhalt zusammenfasst: Meteorologie, das ist noch im ursprünglichen Sinn des Wortes die Lehre von allem, was in der Luft schwebt. Er beginnt mit Meteoren und Kometen, fährt dann erst fort mit Wind, Erdbeben, Meer, Quellen und Flüssen und endet mit den Erscheinungen der Luft, und die reicht bis zum Fixsternhimmel. Aristoteles schob zwischen Luft und Aether mit den Fixsternen die hitzige und chaotische Sphäre des Feuers, in der Kometen entstehen und Sterne vergehen. Fromondus akkzeptiert drei Regionen der Luft. Die oberste scheint nahtlos überzugehen in die feurige Region des Aristoteles bis hinauf zur äußersten Sphäre, wo Unendlichkeit und Ewigkeit beginnen. Wind, Blitz und Donner entstehen wie bei Aristoteles, die Irrlichter werden aus den Gegensätzen warm - kalt und subtil - verdickt erklärt, das Echo als »fließende Fortwallung der Lufft« und die Wärme des Schnees aus der Belagerung der Wolke durch umgebende Kälte. Seine Argumentationen fließen in die von Francisci inszenierten Debatten ein und wirken als Folie für abweichende Auffassungen.

Fulgentius, Fabius Claudius Gordianus (auch Fabius Planciades Fulgentius) 799
6. Jahrhundert n. Chr., wahrscheinlich aus Nordafrika. Schrieb »Mythologicae«, in der er klassische heidnische Sagen christlich auslegt, und eine christliche Interpretation des Vergil. Große Bedeutung im Mittelalter. Bei Francisci ist er derjenige, der den Tau als kalte Feuchtigkeit bezeichnet, die die Sterne in klaren Nächten ausschwitzen.

Furnerius, Georgius (George Fournier) 714, 1040, 1162, 1193
Geb. 1595 Caen, gest. 1652 La Flèche. Jesuit, Professor der Mathematik in Tournay, Almosenier (Kardinal der Militärgeistlichkeit) der franz. Flotte. Schrieb: »Commentaires géographiques« 1642, »L'hydrographie, contenant la théorie et la pratique de toutes parties de la navigation« etc. 1643, »Geographica orbis notitia per littora maris et ripas fluviorum« 1648 (Poggendorf I). Francisci nimmt die »commentaires géographique«, die er »geographia generalis« nennt, für das Beibehalten der Bezeichnung der Jahreszeiten beim Passieren des Äquators, für die Zeichen des Wetterumschwung und für die Anrufung von Heiligen bei Sturm, und die »Hydrographia«, um den Hl. Telmus, der in Galizien die Seeleute in Schutz genommen hat, ins Gespräch einzuführen.

Gage, Thomas 452, 939
Geb. 1600, gest. 1656. Irischer Katholik, ging 1612 nach Spanien und trat in den Orden der Dominikaner ein. Wurde von diesem 1625-37 nach Mittelamerika geschickt, um, wie Zedler schreibt, »den Christlichen Glauben zu predigen. Ob er gleich Anfangs einen grossen Eiffer zu diesem Werck bezeiget, ward er dessen doch bald überdrüssig, daher er sich heimlich wegmachte, und in die Provintz Guatimala begab. Daselbst ward ihm gleichfalls das geistliche Amt über 2 Gemeinden aufgetragen, welchen er bis zu Anfang des Jahrs 1637. vorstund, da er von neuem die Flucht ergriff, sich nach Engeland wandte, und daselbst den Römischen Glauben ablegte.« Schrieb ein Buch darüber und widmete

es Cromwell: »English-America: His Travail by Sea and Land, or, A New Survey of the West Indies« (Zedler). Über vollen und leeren Magen in Neuspanien und Kühltechnik in Mexiko.

Gaguinus, Alexander (Guagnini, Gwagnin) 835, 1261, 1291
Geb. 1538 Verona, gest. 1614 Krakau. Italienischer Chronist. Diente im Militär des Großfürstentums Litauen. Schrieb über eine Region, die er wie die Römer mit Sarmatien bezeichnet, die einen eigentlich unscharfen Raum des Nomadenvolkes der Sarmaten abdeckt, die seit dem 5. Jahrhundert v. Chr. zwischen Wolga und Don bis ans Schwarze Meer heimisch waren und deren Reste nach Alanen- und Hunnensturm in den Osseten aufgegangen sind. Ihre Sprache war ostiranisch, Spuren finden sich im heutigen Ungarisch: »Sarmatiae Europeae descriptio, quae Regnum Poloniae, Lituaniam, Samogitiam, Russiam, Masoviam, Prussiam, Pomeraniam ... completur« 1578. Über Schneeschuhe, die Größe von Hagelkörnern, eine Stimme des Donnergotts aus einem ins Wasser geworfenen brennenden Balken.

Galenus (Galenos) 173, 174, 177, 187, 202, 805, 824, 846, 853, 895, 903, 906, 909, 938
Geb. 129 n. Chr. Pergamon, gest. zwischen 199 und 216 Pergamon oder Rom. Sein »Pneuma« ist die Essenz des Lebens und besteht aus dem »pneuma psychicon«, der tierischen Seele, die ihren Sitz im Gehirn hat und das Zentrum für Gefühl und Bewegung ist, dem »pneuma zotichon«, dem Lebensgeist, der seinen Sitz im Herz hat und die Wärmezirkulation reguliert, und dem »pneuma physichon«, dem Geist der Natur, der in der Leber sitzt, dem Zentrum für Ernährung und Austausch. Der Körper ist für ihn nur ein Instrument der Seele. Daher war es für die Kirchenväter ein Leichtes, sein System zu akzeptieren. Es wurde bis zur Renaissance so dogmatisch vertreten, dass auch an seinen Einzelbeobachtungen nicht zu rütteln war, so wie es auch Aristoteles erging (Castiglioni). Francisci zitiert von seinen womöglich 500 medizinischen Schriften immerhin zehn.

Galilei 376, 1406, 1407, 1408, 1413
Galilei habe ein Experiment mit einer Flasche gemacht, Luft hineingestoßen, sie gewogen und für schwerer befunden, zitiert Francisci nach Lipstorpius »Specima Cartesianae Philosophia« von 1653 (s. dort). Es handelt sich dabei um vier Versuche, die Galilei in den Gesprächen und Demonstrationen über die Mechanik und die Fallgesetze beschreibt (»Discorsi e demonstrazioni matematiche intorno a due nuove scienze attenti alla mecanica & i movimenti locali« 1638). Er bezieht sich auf Aristoteles, der schon einen Schlauch aufgeblasen und für schwerer befunden hatte (»Über den Himmel«, der Begriff des Schweren und Leichten in Buch IV). Das andere Interesse Franciscis gilt der Frage, ob die unzähligen Sterne nur für die Erde und die Menschen gemacht seien, nach den »Dialogi, 1.Syste.Cosmici«, dem »Dialog über die beiden hauptsächlichen Weltsysteme, das ptolemäische und das kopernikanische.« Gilbert würde lachen, Galilei fände es komisch, wenn Gott alles auf diese Schlammgrube aller Unreinheiten ausgerichtet hätte. Biblischer Bezug ist Genesis I: »Es werden Lichter an der Feste des Himmels, die scheiden Tag und Nacht«. Der Dialog wird erst 1835 vom Index der verbotenen Bücher gestrichen, obwohl das Dekret des Vatikan gegen die kopernikanische Lehre von 1616 bereits 1757 aufgehoben worden war.

Garzaeus, Johann. (Johannes Garcaeus der Jüngere / Gartze) 536, 539, 546
Geb. 1530 Wittenberg, gest. 1574 Neustadt/Dosse. Luth. Theologe und Astrologe. Bekannter von Melanchthon und Schüler des Mathematikers Caspar Peucer, seit 1556 Professor für Philosophie an der Universität Greifswald und Pastor, seit 1561 Superintendent in Neustadt. Ein Vielschreiber in Theologie und Astrologie: »Tres Tractatus de Tempore« 1563-65 (Drei Abhandlungen über die Zeit), »Meteorologica Additae sunt

tabellae, qua totam meteorum doctrinum complentur« 1565 (Meteorologie mit Kometentabellen), »Astrologiae methodus in qua secundum doctrinam Ptolemaei, exactissima facillima/que genituras quascunq. Indicandi ratio traditur« 1576 (Eine Methode der Astrologie auf ptolemäischer Grundlage), »Speculum firmamenti, quod globum coelestem vulgo vocant« (Himmelsspiegel oder auch Himmelssphäre) 1565 (Poggendorf I). Francisci zitiert »Epitome Philosophiae Naturae«, eine Farbtheorie des Regenbogens, die auf den beiden Farben Blau und Rot basiert und die stattgehabte Sintflut (blau) und die zukünftige Verderbnis der Menschen im Feuer anzeigen (rot) und seine Bedenken, dass mehrere Regenbögen gleichzeitig nicht natürlich, sondern ein Wunderzeichen seien, und aus »Meteorologica« die Prophezeiung von Regen bei einem Regenbogen nach schönem Wetter.

Gassendi, Pierre (Petrus Gassendus) 526, 528, 736, 823, 825, 888, 924, 925, 1350, 1352, 1438, 1439, 1440
Geb. 1592 Champterier/Provence, gest. 1655 Paris (an der Kunst der Ärzte, die kurz hintereinander 13 Aderlässe durchgeführt hatten). Kanonikus, Minorit, Priester in Digne, seit 1616 Prof. Philosophie in Aix, das er verließ, als die Jesuiten die Macht übernahmen, seit 1645 Prof. Math. am Collège Royal in Paris. Seine paradoxen Übungen gegen die Aristoteliker (»Exercitationes paradoxicae adversus Aristotelaeos...«) von 1624 entfachten unter den eingefleischten Scholastikern in ganz Europa ein wütendes Gebell, weil er nicht nur einzelne Schwächen nannte, sondern einen Frontalangriff auf Logik, Universalien und Kategorien startete. Er hat deshalb das Werk, das auf sieben Teile ausgelegt war, mit dem zweiten Teil beendet. Sein Hauptwerk, die »Syntagma philosophicum«, eine Abhandlung von 1658, gliedert sich nach der epikureischen Klassifikation der Wissenschaften und verbindet Epikur mit Christentum, Humanismus und neuen Wissenschaften. Auch gegen den Kabalisten und Rosenkreuzer Fludd zog er zu Felde, nachdem dieser Mersenne angegriffen hatte, und hielt überhaupt nichts von Astrologen. Gassendi wollte das christliche Dogma mit dem antiken Materialismus in Übereinstimmung bringen und entwickelte eine Atomistik, die eine bei Aristoteles ausgeschlossene und von der Kirche bekämpfte Leere zwischen den Atomen vorsah, und postulierte eine endliche, aber große Anzahl von Atomen, die die Materie konstruieren. Ohne Leere gäbe es keine Bewegung in der Welt. Auch den Schall und das Licht führte er auf Atome zurück. Bei der Vermehrung von Tier, Mensch und Pflanze lässt er die Seele wirken, die im Samen sitzt, das ganze Individuum repräsentiert und durch Imagination bei der Kopulation das zukünftige Aussehen festlegt. Deshalb könne jemand aussehen wie sein Großvater oder wie eine Skulptur oder mehr Vater oder Mutter ähneln. Diese Seele ist eine kleine Flamme, die das Tier belebt, das stirbt, wenn sie verlöscht. Aber sie ist mehr als das: sie ist so differenziert wie es Organe, Gewebe, Funktionen gibt, weshalb auch einzelne Organe ausfallen können ohne Tod des Organismus. Zur Monade von Leibniz ist es dann nur noch ein kleiner Schritt. Der verlegte die Seele in die Atome (Metzler, Volpi, Poggendorf I, Savérien). Francisci braucht ihn für Beispiele von Nebensonnen (in »Syntagma philosophicum« 2. Buch Physik, und in »Parhelia seu soles IV spurii qui circa verum apparuerunt Romae etc.« 1630 und in anderen astronomischen Schriften). Dann hat er sich gegen Aristoteles und Macrobius zur Wehr zu setzen, die Schmelzwasser aus Schnee für schädlich hielten, und er betrachtet den verhärteten Schnee als wärmendes Gewölbe (in »Animadversiones in Decinum Librum Diogeniis Laertii«, den Bemerkungen zum 10. Buch des Diogenes Laertios, einer Gesamtdarstellung des Philosophie des Epikur). In seiner »Vita Peireskii« schildert er die Auffassungen des Peieresc zum Blutregen (S. 736), zur fruchtbaren Wirkung des Schnees (S. 885) und wahrscheinlich auch die Fehlgeburten, wenn Frauen sich erschrecken, bei Gewitter oder auf andere Art (S. 1350) und die dreierlei Wirkungen des Gewitters (1352). Woher der von einem Mast eines schnell fahrenden Schiffes fallender Stein, der am Fuß des Mastes landet, stammt, lässt Francisci offen (S. 1438).

Gebrardus, Gilbertus (Gilbert Genebrard) 873
Geb. 1537, gest. 1597. Benediktiner in der Abtei Mozac von Riom/Auvergne, Professor für Hebräisch in Paris, Erzbischof von Aix. Ein scharfer Gegner Heinrichs IV. und Anhänger der Liga, dessen Buch über die kirchlichen Zustände verbrannt wurde, er seinen Posten verlor und als Prior in Saumur/Bourgogne endete. Francisci zitiert ihn sehr wahrscheinlich mit seiner »Chronographia ecclesiastica« von Adam bis 500 n. Chr., wenn er die Geschichte des von Papst Gregor dem Großen nach England geschickten Apostels Augustin erzählt, der in Dorcester wegen seiner Predigt verspottet wurde, weshalb Gott diesem Volk zur Strafe, auch für seine Nachkommen, Schwänze habe wachsen lassen. Die »englischen Schwänze« waren ein Sprichwort, dessen Ursprung nicht mehr genau nachzuvollziehen ist, aber zu drastischen Späßen Anlass gab.

Gellius, Aulus 924
Geb. 125, gest. nach 180. Möglicherweise aus Afrika. Wahrscheinlich aber geboren in Rom und dort aufgewachsen. Schrieb in den langen Nächten Attikas ein Buch, in dem er alles niederlegte, was ihm über Philosophie, Grammatik, Geometrie und Geschichte zu Ohren gekommen ist: »Noctium Atticarum libri undeviginti«. Er ist gegen den Schneetrunk, im 19. Buch.

Gemma-Frisius, Cornelius 580, 603, 732
Geb. 1534, gest. 1578 Löwen (an der Pest). Prof. med. Löwen, Astronom, Mystiker. Sohn des Rainer Gemma – Frisius, der als Arzt, Mathematiker und Astronom durch die Methode der Triangulation und durch den Vorschlag bekannt geworden ist, zur Längengradmessung eine Uhr zur Hilfe zu nehmen. Cornelius, der Sohn, schrieb anlässlich des Auftauchens eines Kometen 1556 und eines neuen Sterns 1572 im Sternbild der Kassiopeia, einer Nova also, ein mit Astrologie durchsetztes »De natura divinis characterismis« 1575 (ADB); über die Kunst des Schattenstabes, aus dessen Schattenlänge sich der Höhenwinkel der Sonne bestimmen lässt, »De Arte Cyclognomica« 1569; über den Astrolab; und die von Francisci benutzte »Ars Cosmocrittica« 1578, in der er berichtet, dass einer Frau kurz nach der Entbindung ein Feuer mit großem Krachen aus der Gebärmutter gefahren sei und die Hand des Neugeborenen und die der Hebamme verbrannt habe (zit.n. Marcellus Donatus), dass am 17.12.1560 ein Balken an einigen Orten in England zwei Stunden lang am Himmel am Himmel brannte und dass 1543 bei Schloss Sassenburg ein Blutregen vom Himmel gefallen sei.

Geminus 692
Griechischer Schriftsteller, wahrscheinlich aus Rhodos, der im 1. Jahrhundert v. Chr. lebte und eine Einleitung in die Astronomie schrieb, die 1590 von Edo Hildericus herausgegeben wurde: »Gemini Isagoge in phaenomena vel elementa astronomiae« (Poggendorf I). Francisci nennt das »clementiae astronomicae«, was astronomische Schonung heißen würde, aber wohl ein Druckfehler ist: »elementa astronomiae«. Der Berg Cyllene erhebt sich über Wind und Wolken.

Gerhardus, Johann (Gerhard) 34
Geb. 1582 Quedlinburg, gest. 1637 Jena. Professor Theolologie in Jena. Einer der wichtigsten evangelischen Theologen des nachreformatorischen Luthertums. Sein »Loci communes theologici« 1637 in 9 Bänden wurde bis ins 19. Jahrhundert immer wieder aufgelegt. Andere Schriften, wie die »Meditationes Sacrae« von 1606 waren ein Jahrhundert lang europäische Bestseller und wurden in viele Sprachen übersetzt. Zedlers Veröffentlichungsliste ist zwei Seiten lang. Francisci zitiert aus dem »Tractatus de legitima Scriptura Sacra interpretatione« von 1610, der 1612 auch auf deutsch erschien: »Tractätlein von heylsamer Außlegung der H.Schrifft/Darinn gründtlich und deutlich erkleret wirdt / welches die rechtmessige Außlegung der Schrifft sey / und wie man

darzu kommen möge…« Francisci bespricht mit ihm Übersetzungsschwierigkeiten der Bibel bei der Bestimmung des Ortes des Paradieses.

Gerike (s. Guericke)

Gesner, Conrad 9, 10, 765, 928
Geb. 1516 Zürich, gest. 1565 dito. Natur- und Sprachforscher. Prof. griech. Sprache Lausanne, Prof. Naturkunde Zürich, Oberstadtarzt, Chorherr am Großmünster Zürich. Er gilt heute neben Aldrovandi als Begründer der Zoologie mit seinen »Historia animalium« 1551-58, deren Gliederung sich noch ganz an Aristoteles und Albertus Magnus orientiert. In seinen »Stirpium historia« zieht er bereits die Blüten zur Beurteilung von Verwandschaftsbeziehungen heran. Und im »Thesaurus evonymi philiatri 1552, einer vielfältigen Zusammenfassung des Wissens über Naturlehre, Chemie, Arzneimittel und Medizin beschreibt er seine gekonnte Destillation von Pflanzen. Die »Bibliotheca universalis« enthält eine Sammlung sämtlicher, damals bekannter lateinischer und griechischer Autoren (Zedler, Spectrum Lex. Naturwiss.). Nachtigallen reden vernünftiges Deutsch, es fallen Mäuse aus den Wolken (Zitatstelle unscharf, möglicherweise aus dem »Thesaurus«) und es ist möglich, das extrem kalte Wasser des Berges Fractus bei Luzern zu trinken, der im Volksmund Pilatus genannt wird. (Nach Francisci »Descript. Mont.Tracti«, richtig: »Descriptio Montis fracti sive Pilati« 1542).

Gignochius, Johann Maria 753
Für mich nicht nachweisbar. Nach Francisci ein Doktor aus Padua, der im August aus einem Regentropfen, der in den Staub gefallen war, beobachtet hat, dass dieser sich in einen Frosch verwandelt habe. Er wird nach Fromondus, Lib.5.Meteorolog.c.6.art.4 zitiert.

Gilbert, William 1406
Geb. 1540 Colchester, gest. 1603 London. Prakt. Arzt in London, Leibarzt von Elisabeth und Jacob I., diese förderten seine wissenschaftlichen Untersuchungen. 1600 Präsident des »College of Physicians«. Sein »De magnete, magnetisque corporis et de magno magnete Tellure physiologia nova« von 1600 war über 300 Jahre nach Petrus Peregrinus (Pierre de Maricourt) die erste Veröffentlichung zum Magnetismus, die auf experimentellen Untersuchungen basiert. Gilbert stellte fest, dass die Erde ein großer Magnet ist, dass die Kompassnadel sich unverändert ausrichtet, auch wenn sie zerbrochen wurde, und dass sie je nach Breitengrad aus der Waagrechten abweicht (Inklination). Er meinte, dieser Magnetismus könnte die Kraft sein, die die Planeten auf ihren Bahnen hält. Bei Aristoteles war nichts über Magneten zu lesen, von den Griechen stammen lediglich die Begriffe: Elektros für Bernstein und Magnet für Magneteisenstein. Auffallend ist, dass Francisci nicht Gilberts detaillierte Auffassungen zu Luft, Wärme, Dunst und Gezeiten benutzt, die er in »De mundo nostro sublunari Philosophia nova,« posthum 1651, niedergelegt hat (Poggendorf I., Lasswitz I, 317-318). Nach »Liber 6 De Magnete« hier der Hinweis, dass Gilbert es lächerlich fände zu glauben, die Fixsterne und Planeten seien alleine dazu gemacht, um die Erde herumzulaufen.

Gill, Johannes 986
Biographische Angaben waren nicht zu finden. Aber noch heute gibt es im Nordosten des Lake Districts in England eine »Dry Gill Mine«, die berühmt für ihre Mineralien (Pyromorphite) ist. Queen Elizabeth I. hatte schon im 16. Jahrhundert deutsche Bergleute dorthin geholt, um Kupfer und Silber abbauen zu lassen. Das passt ganz gut zu dem von Oldenburg genannten, »in mineralischen Sachen und Bergwercken wolerfarenen Mann« mit deutschem Namen, der von schlagenden Wettern berichtet.

Godelmannus (Gödelmann), Johann Georg 952
Geb. 1559 Tuttlingen, gest. 1611 Dresden, Stud. Philosophie und Jura in Tübingen und Stuttgart. Prof. Jura in Rostock und ab 1592 kursächsischer Hofrat, als solcher 44mal Gesandter am kaiserlichen Hof. Er ist entschieden gegen den Hexenwahn aufgetreten und hat, basierend auf seinen Vorlesungen zur Carolina, dem ersten allgemeinen deutschen Strafgesetzbuch von 1532, geschrieben: »Tractatus de Magis, Veneficis et Lamiis recte cognoscendis et puniendis« 1591, das ein Jahr später auf Deutsch erschien: »Von Zauberern Hexen und Unholden, Warhafftiger und wolbegründter Bericht ...« und das er dem Frankfurter Magistrat widmete (ADB). Sein Bericht, den Francisci zitiert, das Hexengeschmeiß habe 1553 in Berlin ein Kind gekocht und dadurch ein gewaltiges Eis zuwege gebracht, passt in seinem Duktus so gar nicht zu seiner grundsätzlichen Einstellung.

Godignus (Nicolao Godinho) 840
Geb. 1559, gest. 1616. Jesuit. Schrieb »De Abassinorum rebus Déque Aethiopiae Patriarchis Ioanne Nonio Barreto & Andreas Oviedo Libri Tres« 1615 (Über abessinische Angelegenheiten seit den äthiopischen Patriarchen ...), aus dem Francisci vom milden Klima in Abessinien spricht, das Schnee unmöglich macht.

Goës, Damianus à 1017
Geb. 1502 Alenquer/Portugal, gest. 1574. Wurde am Hof des portugiesischen Königs Emanuel erzogen, reiste 24 Jahre lang in dessen Auftrag durch Frankreich, die Niederlande, Polen und Deutschland, war Sekretär des portugiesischen Handelskontors in Antwerpen, hatte Kontakte zu den Fuggern und Welsern, zu Melanchthon, Luther und Erasmus (dieser hat einige seiner musikalischen Kompositionen in sein »Dodechordus« aufgenommen). Im Alter Archivar des portugiesischen Königs Johann III. mit dem Auftrag, eine Geschichte Portugals zu schreiben, weshalb Neider ihn denunzierten und ihn für zwei Jahre zum Gefangenen der Inquisition machten. Schrieb 1540 einen Bericht über Lappland: »Deplorationem Lappianae Gentis« (Zedler). Die Finnen und Lappen könnten ein Schiff aus vollen Lauf anhalten, dass kein Wind es wieder von der Stelle rückte.

Goesius, Georgius Goetze / Goeze) 1265-1273
Geb. 1633, gest. 1699. Dozent für Politik in Jena, Superintendent. Schrieb: »De natura politices« 1668. Francisci zitiert ihn mit einer Dissertation, deren voller Titel als Beispiel eines universitären Schriftstückes dienen soll, bei dem es um ein Unwetter in Thüringen 1613 geht: »Cataclysmus Thuringiacus, vulgo die Thueringische Suendfluth cjus historiam sub Praesidio Dn. Georgii Goezii, Wichmaria-Thuringi, Phil.Pract...In Auditorio Philosophorum ad d. XV. M. Januar, 1670. Publico ruditorum examini obtulit Autor Georgius Henricus Celius, Crimmic. Misnic. Alumnus Ducalis Saxo-Vinar«. Das Unglück wird in allen Einzelheiten geschildert.

Goldstern 799
Ohne Vornamen nicht zu eruieren. Francisci zitiert ihn mit »Discursus de luna, ni fallor.«, was auch als Witz gemeint sein kann, etwa »Eine Abhandlung über den Mond, wenn ich mich nicht irre.«. Ist einer der Gesprächspartner im Buch, der Diskurs reine Fiktion.

G.P.H. 377
Siehe Georg Philipp Harsdörffer

Goulart, Simon 1244
Geb. 1543 Senlis, gest. 1628 Genf. Flüchtete als Protestant nach Genf, war dort Prediger

und wetterte 1593 gegen Henri IV., als dieser zum Katholizismus übergetreten war. 1607 wurde er Nachfolger von Théodore de Bèze an der Spitze der Genfer Calvinisten. Er übersetzte Plutarch und Xenophon, gab die Musik einer Reihe von Komponisten heraus und schrieb eine Zeitgeschichte »Trésor d'histoire admirable de notre tems« 1620, eine Geschichte der Liga gegen die Hugenotten »Mémoires historique sur la Ligue« und »Commentaire alphabétique de la Septaime de Guillaum du Bartas« 1581 (ein franz. Dichter des 16. Jahrhunderts, der die sieben Tage, »la semaine« der Schöpfung besingt und 50 Jahre lang in ganz Europa einen ungeheuren Erfolg hatte, ebenso wie dieser Kommentar). Hier wird der Sieur de Betulin vom Blitz erschlagen, weil er »Auf den Stoß, ihr Teufel« gebrüllt hatte, was Francisci nach Theobaldus und Zeilerus zitiert.

Grammaticus, Saxo 940
Geb. um 1140, gest. um 1220, dänischer Geschichtsschreiber und Geistlicher. Schrieb eine 16-bändige Geschichte Dänemarks. Im Vorwort schildert Saxo, dass ein Stückchen Eis, das eingesperrt wird, spätestens dann sich davonmache, wenn das Eis sich von der Küste löse.

Grammondus, Gabriel Bartholomaeus (Gabriel-Barthélemy de Gramond) 1097, 1098
Geb. 1590 Toulouse, gest. 1654 dito. Historiker, Staatsrat in Toulouse. Schrieb eine Geschichte Frankreichs seit dem Tod Heinrichs IV. »Historiam Galliae ab excessu Henrici IV« 1643, und über die Revolte unterdrückter Teile Frankreichs durch Ludwig XIII. »La Révolte des sectaires français réprimée par Louis XIII« 1623. Nouveau Larousse hält ihn für mittelmäßig: »C'est un historien médiocre, très partial, très passioné dans le sens catholique«. Im 16. Buch der Historia Gallica geht es um Schiffbruch und die dadurch ausgelösten Änderungen der Besitzverhältnisse. Er denkt dabei an das Jüngste Gericht.

Gregorius Magnus 745, 746
Geb. um 540 Rom, gest. 604 dito. Enstammt einer patrizischen Familie, errichtete das Kloster Monte Celio und lebte dort, bis er 575 Präfekt von Rom und 590 Papst wurde. Er reorganisierte das »Patrimonium Petri«, verfasste die »Regularia pastoralis« und reformierte die Messzeremonie, möglicherweise auch den Gesang, den »Gregorianischen«. Francisci zitiert aus einem Dialog über den Heiligen Benedikt (Dialogi, cuius libri secundus et quartus vitae Sancti Benedictus dicati sunt) die Beobachtung Gregors, dass Pfeile vom Himmel schossen, als Rom von der Pest verwüstet wurde.

Gregorius Turonensis 736
Geb. 538 Clermont-Ferrand, gest. 594 Tours. Bischof von Tours. Francisci erwähnt ihn über Gassendi als Gewährsmann für die Schilderung eines Blutregens.

Gretserus, Jacobus (Jacob Gretzer) 1240
Geb. 1562 Markdorf/Baden, gest. 1625 Ingoldstadt. Gymnasiallehrer in Fribourg, Ingoldstadt. Jesuit. Professor für Philosophie, Theologie, Moral in Ingoldstadt. Ein rabiater Gegner der Protestanten, Wortführer bei den Regensburger Religionsgesprächen mit dem Ehrennamen »Magnus Lutheranorum Dominator«. Verteidigte die Hexenprozesse. Schrieb: »Institutionum Linguae graecae« (ein Schulbuch), »Historia ordinis iesuitici« 1594, weiter ein tolles Pamphlet von 62 Seiten: »Lastwagen, so mit unerhortem Last von lauter Lugen und Lesterungen, nicht allein wider den Hochwiedigsten und Namhaftesten Cardinal Bellarminum sonder auch wider die gantze Societet Jesu, von einem übelfahrnen Teuschfrantzösischen Fuhrmann überladen, im Letten befleckt, und scheitern müssen, wann nicht gute Leute wären zugesprungen, alß Jacobus Gretserus, unnd Conradus Vetter, beide bemeldter Societet Priester, deren der erste Lateinisch, der

ander Teutsch, solchen Last widerumb sauber abgeladen dessen sich gegen ihnen der unbekandte, und unbenandte Namlose Fuhrmann zu bedanken hat« (Robert Bellarmin war Rektor des Collegium Romanum). Bei Francisci geht es um den Steinwurf in den Pilatus-See, der ein Unwetter auslösen sollte. Gretzer berichtet von einem Freund, der die Probe gemacht habe, und der Himmel sei klar geblieben.

Grillandus, Paulus (Paolo Grillandi) 664
Geb. ca. 1490, gest.? Als Jurist seit 1512 in Rom am päpstlichen Gericht Führer von Hexenprozessen. Er schrieb über Häretiker, Dämonen, Hexen, Folter und Befragungen, z. B. »Tractatus de Hereticis et Sortilegiis« 1536, »De malificiis« 1555. Seine Schriften gehören zu den meist zitierten in der Dämonologie. Hier fährt der Erzzauberer Simon in Gegenwart von Petrus in der Luft herum.

Grimaldus, Francesco Maria (Grimaldi) 542, 693
Geb. 1618 Bologna, gest. 1663 dito. Jesuit, Lehrer der Mathematik im Ordenskollegium von Bologna. Entdeckte Beugung und Interferenz und hatte eine Art Undulationstheorie dafür, obwohl sein Lichtfluidum aus Teilchen bestand (Lasswitz, Gesch.Atomistik II, 339-340), untersuchte die Zerlegung des Lichts in Spektralfarben und gab zusammen mit Ricciolus eine Mondkarte heraus. Schrieb: »Physico-Mathesis de Lumine, Coloribus et Iride aliisque adnexis« 1665 posthum (Physik und Mathematik des Lichts, der Farben und des Regenbogens und anderer damit verbundener Dinge). Von ihm nimmt Francisci die Wolkenhöhe und die Reflexion von 45° der Sonnenstrahlen in den Tautropfen einer morgendlichen Wiese.

Guaguino, Roberto (Robert Guaguin / Gaguin) 1261
Geb. 1425 Calonne-sur-la-Lys, gest. 1501 oder 1502 Préavin/Hazebrouck. Chronist und französischer Diplomat, Ordensgeneral der Trinitarier (Orden der allerheiligsten Dreifaltigkeit vom Loskauf der Gefangenen – von Christen aus türkischer Sklaverei, franz. »Mathurin« nach einem Heiligen, der Verrückte heilte). Ein wichtiger Mann der französischen Humanisten, Professor an der Sorbonne. War im Auftrag von Louis XI. und Charles VIII. in Deutschland, um die Hochzeit von Maria von Burgund mit Maximilian zu verhindern, in Florenz und Rom, um die Interessen des René von Lothringen gegen Ferdinand von Neapel zu vertreten, in England als Begleiter Franz von Luxemburgs und Charles de Marigny, und in Spanien. Er hat viel in ausgezeichnetem Latein geschrieben. Hauptwerk 1495: »Compendium super origine Francorum a Pharamundo usque ad annum 1491« (Kompendium über die Herkunft der Franken von den Pharaonen bis 1491). Es erreichte 22 Auflagen und wurde häufig übersetzt (Nouv. Lar. Ill.). Es geht um eiergroße Hagelkörner 1400 in Frankreich.

Gualtherius (Petrus Gualterius Chabot / Pierre Gautier Chabot) 218
Geb. 1516, gest. 1597. Professor für Dialektik, Grammatik, Rhetorik und Philosophie. Gab 1595 Horaz heraus, worauf sich Francisci bezieht.

Guarinonius, Hippolytus 216, 232, 342, 417-419
Geb. 1571 Trient, gest. 1654 Hall/Tirol. Arzt, Verfasser von medizinischen und religiösen Werken. Stadtphysikus und Salinenarzt in Hall, Contagionsarzt bei der Pest 1611/12 in Tirol. Kämpferischer Vertreter der Gegenreformation, was auch auf seine medizinischen Werke abfärbte, z. B. auf das von Francisci zitierte »Grewel der Verwüstung des menschlichen Geschlechts«, eine Mischung aus Dietetik und Aufruf zur moralischen Erneuerung (bbkl). Wein muss richtig bewertet werden, der Verzehr von 300 Schnecken führte zu Fieber, Luftzug ist ohne Tugend, die Luft ändert sich mit den Tages- und Jahreszeiten.

Guericke, Otto von 348, 351, 352, 359, 361, 365, 376, 381, 455, 465, 471, 476, 497, 686, 1030
Geb. 1602 Magdeburg, gest. 1686 Hamburg. Studierte Jura in Leipzig, Helmstädt, Jena und Mathematik in Leyden, Reisen in England und Frankreich, seit 1627 Ratsherr und von 1646 bis 1681 Bürgermeister von Magdeburg. Sein berühmtes Experiment mit den beiden Halbkugeln, die sich nach Herstellen eines Vakuums selbst durch Pferde nicht wieder trennen ließen, wurde schon 1654 auf dem Reichstag von Regensburg auf Aufforderung des Kurfürsten von Mainz, Johann Philipp v. Schönborn, öffentlich vorgeführt. Er schrieb darüber die neuen Magdeburger Versuche über den luftleeren Raum: »Experimenta nova, ut vocantur, Magdeburgica de vacuo spatio; quibus accesserunt simul certa quaedam de aeris pondere circa terram, de virtutibus mundanis et systemate mundi planetario; sicut et de stellis fixis ac spatio illo immenso, quod tam intra quam extra eas funditur« 1672. Francisci zitiert ausführlich seine Auffassung der Luft. Dann faszinieren ihn noch seine Meinungen zum Luftdruck, zur Verdünnung der Luft in großen Höhen, zum Vakuum »allernächst bey der Erden«, zur Geruchlosigkeit der Luft, zu Schallleitung und zur Entstehung von Orkanen.

Guerin 1328,1329
Nach Francisci ein Advokat in Soisson, aus dessen Brief an den Sekretär des Königs, M. Mariage, er zitiert. Wahrscheinlich ist es Jean-Baptiste Guerin, der 1650 als junger Advokat zusammen mit anderen die Société académique von Soisson gegründet hat. Er schreibt von einem Blitzschlag, den die Abtei S. Medarde am 25.4.1676 traf, und bei dem ein Messingdraht in voller Länge geschmolzen war. Der Brief stammt aus den »Philosophical Transactions« und ist heute zu finden im Sammelband »Classified Papers« unter »Guerin IV (1) 28«, im Band über »Physiology, Metereology, Pneumaticks Dec.11, 1661 – Dec.5, 1725«.

Guevarra (Antonio de Guevara) 295, 297
Geb. Ende 15. Jahrhundert Viscaya, gest. 1545. Spanischer Schriftsteller, Hofprediger und Günstling Karl V., Franziskaner, Bischof von Cadiz, Übersetzer Marc Aurels. Schrieb Lebensbeschreibungen von römischen Kaisern und über die Kunst des Heiratens u.a. Seine Werke wurden vom Jesuiten Aegidius Albertinus (um 1560-1620) ins Deutsche übertragen und von Grimmelshausen benutzt (Meyer V / Syrocki, Lit. des dt. Barock). Francisci zitiert aus »De Conviviis & Compotationibus« (Über Gastmähler und Trinkgelage) und aus den »Güldenen Sendschreiben« drastische Bemerkungen zur »Affen-Schlemmer-Zunft«, die wie die Juden besoffen ums Goldene Kalb tanzen.

Guilletière, Georges de la (Guillet de Saint-Georges) 1051
Geb. ca. 1625 Thiers, gest. 1705 Paris. Schriftsteller und Historiker, der erste, der die »Académie Royale de Peinture et Sculpture« beschrieben hat, die auf Weisung Ludwig XIV: 1648 gegründet worden war (später »Académie des Beaux Arts«, heute »Institut de France«). Seine Bücher waren sehr erfolgreich, so »Les Arts de l'homme d'épée ou le Dictionnaire de gentilhomme« 1670 (Die Künste eines Mannes von Stand oder das Wörterbuch des Edelmanns) und das von Francisci zitierte Werk »Athènes Ancienne & Nouvelle« 1675. Es basiert weitgehend auf Informationen der Franziskaner, die im 17.Jahrhundert, neben einigen Jesuiten und Kapuzinern, die einzigen nicht Orthodoxen in Athen waren, sich offensichtlich als Spione betätigten und auch eine recht exakte Karte der Stadt anfertigten. Grundlage dafür, dass es Franzosen waren, die das größte Interesse zeigten, war die Politik Ludwigs XIV. gegen Habsburg, der versuchte, die Türken zu einem Angriff auf die Stammlande zu animieren. Francisci lässt ihn das Haus der Winde in Athen beschreiben.

Gyraldus, Lilius (Giraldi Giglio Gregorio) 443,1289
Geb. 1479 Ferrara, gest. 1552 dito. War Tutor des späteren Kardinals Rangone, apostolischer Protonotar in Rom Er befand sich am Fürstenhof des Gianfrancesco II. Pico della Mirandola bei Modena, als Pico zusammen mit seinem Sohn während einer Familienfehde von Picos Neffen umgebracht wurde, und musste deshalb nach Ferrara fliehen (Zedler). Er schrieb neben vielem anderen ein während der Renaissance beliebtes Werk über die Geschichte der griechischen und römischen Götter und Dichter »Historia Deorum Gentilium et Poetarum sui temporis Graecorum et Latinorum«, aus dem Francisci die Schutzgeister bei Octavian, Augustus und Mark Anton zitiert und den Beinamen Jupiter für Blitz.

Haak, Theodor 942
Geb. 1605 Neuhausen bei Worms, gest. 1690 London. Studierte in England Theologie, wurde dort Diakon und übersetzte theologische Schriften wie die der Synode von Dordrecht für die englische Regierung, und die Hälfte von Miltons »Paradise lost« ins Deutsche. Von ihm ging 1645 die Idee für den wöchentlichen Treff von Naturwissenschaftlern in Oxford aus, mit Wilkins, Wallis, Goddard u. a., der in die Gründung der Royal Society mündete (Poggendorf I, ADB). Haak erhält den Bericht über den Fund eines riesigen Bergkristalls am St.Gotthard.

Hagecius von Libotschan, Wenzel (Václav Hájek z Libocan) 1325
Geb.?, gest. 1553 Prag. Stammt aus einer kleinen Adelsfamilie. Erst Anhänger der böhmischen Brüder (eine aus den Hussiten hervorgegangene Sekte mit Elementen der Waldenser und Taboriten), dann katholisch, brachte es bis zum Probst des Kapitels in Altbunzlau. Wegen Ungehorsams 1544 verhaftet. Er schrieb eine «Böhmische Chronik, vom Ursprung der Böhmen, v. ihrer Hertzogen u. Könige, Grafen u. Adel-Ankunfft, von Ritterlichen Ubungen und Turnieren ... von Befestigungen des Landes und der Städte, ... Wie auch von Bergwercken und Saltzbrunnen.« 1541 tschechisch, 1596 deutsch. Francisci berichtet von einem Blitzschlag, der die Storchenschnäbel der Schuhe eines Burggrafen und seiner Frau weggebrannt hatte, ohne die Füße zu verletzen.

Hainlinus, Johann Jacob Heinlin 539, 540, 547
Geb. 1588 Calw, gest. 1660 Bebenhausen. Pfarrer an mehreren Orten in Württemberg, dann Prof. Mathematik Tübingen und schließlich Abt in Bebenhausen und Superintendent von Württemberg. Schrieb: »Synopsis mathematica praecipuas totius metheseos tam abstractae quam concretae disciplinas, arithmeticam, geometricam, astronomiam, opticam etc. collecta« 1653 (Ein Überblick über die Mathematik, besonders über die abstrakten und konkreten Disziplinen von Arithmetik, Geometrie, Astronomie, Optik etc.) (ADB). Francisci zitiert ihn nach Fridericus (s. dort) mit der Vervielfältigung des Regenbogens durch die Zahl der Augen, die ihn ansehen, und der Regenbogentheorie des Aristoteles.

Haithon (Hethum / Hetoum) I. von Armenien 658
Herrschte von 1226 bis 1270 über das armenischen Königreich von Cilicien. Von 1224 bis 1225 reiste er durch Zentralasien in die Mongolei. Kirakos Gandzaketsi, ein Gefolgsmann, schrieb dazu: »Die Reise von Haithon, König von Kleinarmenien, in die Mongolei und zurück«. Francisci hat das wahrscheinlich aus »lib. 10 Artis magna lucis et umbrae« von Athanasius Kircher. Berichtet wird von gespenstischen Lauten blökender Schafe, wiehernder Pferde und schreiender Menschen in Flusstal Oby.

Hammer, Matthäus 1258
Geb. 1632, gest. 1666. Schrieb: »Visiones oder Offenbahrungen, auch sonderliche Wunder Zeichen, so vor der Schlacht als zu Prag, Gravenwerth in der obern Pfaltz,

Sunderburg in der Graffschafft Oldenburg, zu Sagen in Schlesien ...« 1632, und den von Francisci zitierten »Rosetum historiam«, deutsch: »Historischer Rosenkrantz gebunden und gewunden von allerhand Farben der Tugenden und Laster« 1657. Es geht um die Explosion eines Pulverturms in Avignon 1650 durch Blitzschlag.

Harprechtus, Joannis (Johann Harpprecht) 1101, 1102
Geb. 1560 Wallenheim, gest. 1639 Tübingen. Bauernsohn, verlor mit vier Jahren die Eltern an der Pest, wuchs bei einem Vetter auf, der aus ihm einen »Dorff=Schultheissen« (Zedler) machen wollte. Lateinschule in Befingheim, Stud. Jura in Straßburg, Marburg, Tübingen. Hofrat des Markgrafen von Baden, einige Monate am Reichskammergericht in Speyer, mit 32 Jahren Prof. Jura in Tübingen. Schrieb einige zig Traktate zu juristischen Fragen. Der Sammelband mit seinen »Institutiones« war berühmt und erinnert an die »Institutes« des Cajus (s. dort). Die von Francisci zitierte lautet: »Commentarius Johannis Harpprechti ... in eximium titulum Institutionum juris Imp. Justiniani: De rerum divisione, & acquirendo ipsarum dominio: & tit. Proxium sequentem 1610« (Kommentar zu den vortrefflichen juristischen Einrichtungen Kaiser Justinians: Über die Teilung der Sachen und die Aneignung derselben durch die Herrschschaft: und was genau daraus folgt). Wem gehören die Güter der Schiffbrüchigen?

Harsdörffer, Ph. (Harsdörfer, Georg Philipp) 370, 482, 513, 514, 995, 1043, 1419
Geb. 1607 Nürnberg, gest. 1658 dito. Dichter, Ratsherr der Stadt Nürnberg, Mitglied der Fruchtbringenden Gesellschaft, Mitglied und Mitbegründer des Hirten- und Blumenordens (Orden der Pegnitzschäfer). Schrieb 50 Bände deutsch oder latein. Meyer V hebt hervor: »Poetischer Trichter, die deutsche Dicht- und Reimkunst, ohne Behuf der lateinischen Sprache in 6 Stunden einzugießen« 1647-53, »Frauenzimmergesprächspiele« (Enzyklopädie aller möglichen wissenswerten Dinge in Gesprächsform). Setzte Schwenters »Mathematische Erquickstunden« fort. Aus ihnen entnimmt Francisci Beispiele für missratene Flugversuche, für Echos vom gesprochenen Wort, Trompetenschall und Geschützdonner, einer von zwei Liebhabern verehrten Scheintoten, eines Seesturmes beim Anprall an Land und die sinnvolle Mittellage der Sonne.

Harvejus (William Harvey) 431,432
Geb. 1578 Folkestone, gest. 1657 Hampstead. Stud.med. in Cambrigde und Padua. Prof. in London, Leibarzt Jakobs I. und Karls I. Entdeckte den großen Blutkreislauf, in den Worten Zedlers: »Er war der erste, der die Wahrheit der Lehre von dem Umlauffe des Geblüts im menschlichen Cörper entdecket.« Schrieb darüber: »Exercitatio anatomica de motu cordis et sanguinis in animalibus« 1628 (Anatomische Übung über die Bewegung von Herz und Blut bei den Tieren). Hier geht es um seinen Bericht über den im hohen Alter verstorbenen Thomas Parr (s. dort).

Heinsius, Daniel 826
Geb. 1580 Gent, gest. 1655 Den Haag. Neulateinischer Poet, Professor für Politik und Geschichte in Leiden, Ratgeber Gustav Adolfs, 1619 Sekretär der Synode von Dordrecht. Er schrieb Gedichte, Theaterstücke und ist der Herausgeber zahlreicher antiker Schriftsteller. Opitz war sein Student und hat vom ihm den Alexandriner übernommen. Francisci führt ihn mit der Nachricht vom roten Schnee in Armenien an, aus »Aristarchus sacer sive Exercitationes ad Nonni Paraphrasam Johannis« 1627 (Heiliger Aristarchus oder Übungen zu Nonnus' »Paraphrase des Johannes«). Es ist nach Zedler im wesentlichen eine Kritik an einem Gedicht von Nonnus Panopolita (s. dort). Mit dem heiligen Aristarchus ist der von Sampthracien gemeint (176-104 v. Chr.), ein Poet und Kritiker des Homer, der von allen Stellen, die ihm nicht gefielen, behauptete, sie seien nicht von Homer. Aristarchus wurde deshalb synonym für Zensor gebraucht, was auch Heinsius macht.

Helmont, Johann Baptist van 178, 463, 846, 852
Geb. 1577 Brüssel, gest. 1644 Vilvorde bei Brüssel. Arzt und Chirurg. Jahrelange Reisen in die Schweiz, Italien, Frankreich, England. Er wurde 1625 wegen seines Eintretens für die »Waffenheilung«, bei der die Waffe und nicht die Wunde behandelt wurde, als Häretiker von der spanischen Inquisition für den Rest seines Lebens unter Hausarrest gestellt (»De magnetica vulnerum naturali et legitima curatione« 1621). Betrachtete sich als Anti-Aristoteliker, Anti-Galenist und Schüler des Paracelsus, den er aber so verändert hat, dass nur zwei von drei Prinzipien blieben: Eine Flüssigkeit als »fluor generativus«, als gestaltendes Prinzip und samenerzeugendes Urferment (»initium ex quo«), und ein hervorbringendes, organisierendes Ferment, der Lebenshauch oder »aura seminalis«, der allen Dingen innewohnt und in Verbindung mit einer inneren Bildungskraft (»imago seminalis«) der Bildner aller Naturerzeugnisse ist (»initium per quod«), was er aus der Genesis 1 abgeleitet haben will: »Und Gott sprach: Es werde eine Feste zwischen den Wassern, die da scheide zwischen den Wassern ... Es wimmle das Wasser von lebendigem Getier ...«. Letztlich ließen sich daher alle Hervorbringungen der Natur wieder in Wasser verwandeln. Um das zu beweisen, machte er als erster quantitative Untersuchungsreihen, die ihm zeigten, dass nichts verloren ging. Luft als ein eigenes Element (kein Prinzip) konnte sich nicht in das davon völlig getrennte Element Wasser verwandeln. Die Aufgabe der Luft war die Trennung der Wasser in die unteren und die aufsteigenden. Luftähnliche Sustanzen, die bei chemischen Reaktionen frei wurden, und die er erstmals Gase nannte (aus dem holländischen »Gahst« für Geist), blieben Wasser durch lokale Teilung und Umlagerung der Teile. Das ist der Beginn eines Bewußtseins von Aggreagatzuständen der Materie. Die von Helmont benutzten paracelsischen Bezeichnungen Mercurius, Sal und Sulfur haben nicht mehr die Bedeutung von Geist, Körper und Seele, wenn er die Entstehung der Gase erklärt. Sie sind zwar noch nicht zu chemisch definierten Substanzen geworden, aber doch schon zu Teilchen mit definierten Eigenschaften: Mercurius ist flüssig, Sal ist fest und Sulfur ist von beiden nicht zu trennen. Daher bleibt die Unterscheidung der Gase grob physikalisch oder erfolgt nach ihrer Herkunft, z. B. aus der Holzverbrennung, der Fermentation, aus Höhlen, aus dem Darm, aus dem Bergbau. Die Materie war durchgeistigt, die Natur göttlich. (Lasswitz, Gesch.Atomistik I, 343-351, Brock, Geschichte der Chemie S. 34-36). Sein von seinem Sohn herausgegebener »Ortus medicinae id est Initia physicae inaudita« von 1648 (engl. »Oriatricke or Physick Refined« 1662, dt. »Aufgang der Arztney-Kunst« 1683) hatte um die Jahrhundertmitte einen außerordentlichen Einfluss auf religiöse puritanische Gruppen und hat Spuren bei Newton und Boyle hinterlassen. Zedler schildert ausführlich die Suchbewegungen eines unruhigen, beweglichen und spirituellen Geistes. Francisci zitiert aus »De Febris« (Über Fieber) die Nützlichkeit verdünnten Weins gegen die Pest, aus »Tractus de Genealogo auri« (Traktat über die Herkunft des Goldes) die Frage, ob der Lichtstrahl eine Substanz habe und aus dem »Liber de Aere« (Buch über die Luft), ob der Schnee oder die Luft wärmer sei.

Hemmius, Nicolas 79
Ein Händler, der 1623 von Ormuz nach Persien reiste, Freund von Rubens in Antwerpen. Es geht um einen persischen Garten.

Henning, Salomon 956
Geb. 1528, gest. 1589. Sekretär des Herzogs von Kurland und letzten Meisters des Deutschen Ordens, Gotthard Kettler, der mit Polen ein Bündnis gegen Iwan den Schrecklichen schloss und im Livländischen Krieg 1558-82 unterlag. Darüber schrieb Henning 1594 die von Francisci genannte »Lifflländische Chürländische Chronica, was sich vom Jahr Christi 1554. biß auff 1590. in den langwierigen Moscowiterischen vnd andern Kriegen, an notdrenglicher veränderunge der Obrigkeit und Stände in Lieffland, sieder des letzten Herrn Meisters und Es zu in Lieffland zu Churland vund Semigalln Hert-

zogen, gedenckwirdiges zugetragen, verfasset und gestellet von Salomon Henning«, mit einer Vorrede von David Chytraeus. Francisci schildert daraus wörtlich eine Bootsreise von Gesandten auf halb zugefrorenem See. Semigallia ist die alte Bezeichnung für Balten und liegt heute zum großen Teil in Lettland an der Düna (Daugava).

Henshau, Thomas (Henshaw) 800, 825
Geb. 1617 London, gest. 1699. Esquire. Studium in Oxford, Alchemist. Gründungsmitglied der Royal Society. Führte zusammen mit Sir Robert Paston, ebenfalls einem Mitglied, streng quantitative Experimente durch (Dazu ausführlich in »Notes & Records of the Royal Society 51/1997). Schrieb: »Some experiments and observations upon maydew« 1665 (Poggendorf I). Francisci faszinieren diese Experimente zum Tau im Mai so sehr, dass er sie in allen Einzelheiten schildert.

Heracleot (Heraklit) 1411
Geb. 550 v. Chr. Ephesos, gest. 480. Griechischer Philosoph. Francisci spricht von einer »Heracleotischen Kette«, in der von den höchsten Enden des Himmels bis in die tiefsten Körper der Welt ein Glied in das andere passt. Er meint wahrscheinlich die Vorstellung eines Kreislaufs der Rückkehr zur ursprünglichen Einheit, die aus der immerwährenden Bewegung von Feuer zu Wasser, aus diesem zu Erde und Luft, die als Meer zerfließt usw., entspringt.

Herberstein, Siegmund Freiherr von 314, 1290
Geb. 1486 Wippach, gest. 1566 Wien. Österreichischer Kaiserlicher Rat und Gesandter. Er soll 69 Auslandsreisen unternommen haben, nach Russland zum ersten Mal 1516 und noch einmal 1525. Er schrieb darüber einen Bericht, der im 16. Jahrhundert vielfach nachgedruckt und übersetzt wurde: »Rerum Moscoviticarum Commentarii« 1549 (ADB). In Persien überlassen die Weibsbilder den öffentlichen Tanz den Huren, zu Ehren des Donnergottes wird in Russland ständig ein Eichenfeuer unterhalten.

Herigonius, Petrus (Pierre Herigone) 1413
Geb. 1580, gest. 1643. Baske. Lehrte sein ganzes Leben lang in Paris Mathematik und Astronomie. Nach ihm ist ein Mondkrater benannt. Er konstruierte eine Camera obscura, die um die Ecke schauen konnte, und schrieb ein Grundlehrbuch der Mathematik, in dem er viele heute gebräuchliche Symbole erstmals einführte. Francisci erwähnt ihn kurz bei denen, die die Erde nicht für den Mittelpunkt der Welt halten.

Hernandez, Franciscus (Francisco) 944
Geb. 1514 Montalbán/Toledo, gest. 1578 Madrid. Arzt in Toledo und Sevilla, dann am Krankenhaus des Klosters in Guadelupe, seit 1565 Leibarzt Philipp II. Er ging 1572 als »protomédico general de muestras Indias, islas y tierra firme del mar Océano« nach Veracruz, blieb fünf Jahre in Zentralamerika, zuletzt in Mexiko, wo er die indianische Medizin studierte und sich archaeologisch betätigte. Er empfahl z. B. Tabak für offene Wunden, Brustkrankheiten und Kopfschmerzen. Seine Werke wurden nach seinem Tod vom Napolitaner Nardi Antonio Recchi 1635 und 1651 herausgegeben. Viele seiner Aufzeichnungen sind bei einem Brand verloren gegangen. Schrieb: »Plantas y Animales de la Nueva Espana y sus virtudes, por Francisco Hernandez, y de Latin en Romance pro Francisco Ximenez« Mexiko 1615 (Pflanzen und Tiere von Neuspanien und ihre Eigenschaften), »Rerum medicarum Novae Hispaniae thesaurus seu Plantarum animalium mineralium Mexicanorum historia« 1628 (Medizinische Schätze Neuspaniens oder die Geschichte der mexikanischen Pflanzen, Tiere, Mineralien). Aus letzterem entnimmt Francisci wahrscheinlich den Hinweis auf einen Eiskristall auf den Philippinen.

Herodot 52, 54, 55, 103, 952, 1068
Francisci lässt ihn berichten von der wegen ihrer Größe beinahe unbemerkten Einnahme Babylons an einem Feiertag, der Nachahmung des kretischen Labyrinths nach ägyptischen Vorbildern durch Dädalus, von Eis aus dem Schwarzen Meer, vom Verschlucken eines Kriegsheeres in Ägypten durch einen Sandsturm.

Herpot, Albrecht 1280
Geb. 1641 Bern, gest. 1680. Lutheraner. Soldat, von 1659-1668 in der »Vereinigten ostindischen Kompanie« (gegründet 1602). Fuhr nach Malakka und schrieb darüber »Eine kurze Ost-Indianische Reiß-beschreibung« 1669, aus der Francisci Wunderzeichen von Seeweibchen, Feuerzeichen und Gespensterlärm vor einer Niederlage der Christen auf Formosa zitiert.

Herrera y Tordesillas, Antonio de 420
Geb. 1549 Cuéllar/Segovia, gest. 1625 Madrid. Sekretär von Vespasian de Gonzaga, des Vizekönigs von Neapel, Navarra und Valencia, dann von Philipp II. zum offiziellen Geschichtsschreiber des spanischen Amerika (Archi-Chronographo Indico) ernannt. Schrieb: »Historia general de los hechos de los Castellanos en las islas y tierra firme del mar oceano« 1601-1615 in 4 Bänden, die den Zeitraum von 1492 bis 1554 abdeckt (Zedler). Francisci interessiert seine Beschreibung eines giftigen Baums »Aquapun« (etwa »rötliches Wasser«), bei dem schon ein Schlaf in seinem Schatten reiche, um geschwollene Glieder wie bei einer Wassersucht zu bekommen.

Heuterus, Pontus 1254
Geb. 1535 Delft, gest. 1602. Kanonikus in Gorcum, dann Probst in Arnheim. Er hinterließ Werke vor allem zur belgischen Geschichte, aber auch zu der Burgunds, Östereichs, der Habsburger. Francisci zitiert »Historia Belgica«, wozu zwei in Frage kommen: »Rerum Belgicarum atque Austriacarum« 1598 und »de vetere et nuouo Belgio« 1600 (Zedler). Es geht um den Blitzschlag in den Pulverturm von Mechelen, der 1546 die halbe Stadt zerstört hat.

Hevelius, Johann 521-523, 529, 530, 973, 1413, 1422, 1443
Geb. 1611 Danzig, gest. 1687 dito. Stammt aus einer Danziger Brauerfamilie, Stud. Jura in Leiden, Reisen durch England und Frankreich, Kontakte zu Gassendi, Mersenne und Kircher. Zunftmeister der Bierbrauer. Baute sich als Ratsherr in Danzig auf seinen Dächern eine Sternwarte mit einem 45 Meter langen Teleskop und einem selbst konstruierten Periskop, in der er zusammen mit seiner Frau arbeitete, die nach seinem Tod auch noch zwei seiner Werke herausgab. Er gilt als Begründer der Kartographie des Mondes, beobachtete Sonnenflecken und führte neue Sternbilder ein. Schrieb: »Epistola ad J.B. Ricciolum: De motu lunae libratorio« 1654 (Sendschreiben an Ricciolus über die ausgeglichene Mondbewegung). Diverse Schriften zu Cometen. Ein Werk über die Himmelsmaschine, »machina coelestis« 1673-79, »Selenographia, sive lunae descriptio« 1647 (Kartierung des Mondes), »Dissertation de Mercurio in sole viso et Venere invisa« 1661 (Abhandlung über den in der Sonne gesehenen Merkur und die unsichtbare Venus) als Antwort auf Gassendi, der zum ersten Mal eine solche Transition 1631 beobachtet hatte, u.v.a. (ADB, Poggendorf I). Hevelius beschrieb dem Pfarrer Georg Fehlau von der St. Marienkirche in Danzig ein Halophänomen, der es notierte und das Francisci erwähnt: »Siebenfältiges Sonnenwunder oder sieben Nebensonnen, so in diesem Jahr 1661 den 20. Februar neuen Stils am Sonntage Sexagesima um 11 Uhr bis nach 12 am Himmel bei uns gesehen worden«. Bei Francisci geht es neben diesen »Bastardsonnen« um einen Doppelmond aus »Mercurio«, um einen Bastardmond mit Schwanz aus »Phaenomenae aeris« und um den Lauf der Sonne durch die Tierkreiszeichen aus »Selenographia«. In einem Bericht an die Philosophical Transactions erzählt er eine Begebenheit aus dem

Jahre 1665, als das polnisch-litauische Kriegsheer von Kälte überrascht und der gefrorene Wein über dem Feuer wieder trinkbar gemacht wurde. Er bezieht sich dabei auf den »Sekretär des Fürsten Bogislaus Radzivil«, Fehr. Dann ist er der Meinung, der Lauf der Erde werde von Kometen bestimmt, ohne Angabe einer Quelle.

Hieronymus 26, 33, 438, 1413
Geb. um 347 Stridon (Dalamatien), gest. 419/420 Bethlehem. Einsiedler, Klostervorsteher, Bibelübersetzer (Vulgata), dogmatische Streitschriften, Mönchsbiographien. Francisci sucht den Ort des Paradieses und Schutzengel (Das spanische Schutzengelfest wurde 1608 von Rom erlaubt und wird seit 1670 am 2. Oktober in der ganzen katholischen Kirche begangen). Hieronymus hielt die Erde nicht unbedingt für den Mittelpunkt der Welt.

Hierosolymitanus, Cyrillus 1297
Geb. 312 oder 313, gest. 386 oder 387. Der Heilige. Seit ca. 348 Erzbischof von Jerusalem (Hierosolyma bei den Griechen und Römern). Einer der Kirchenväter. Teilnehmer am ersten Konzil von Konstantinopel 381, bei dem in der Auseinandersetzung mit den Arianern, die schon auf dem Konzil von Nikäa 325 verdammt worden waren, die Wesensgleichheit von Vater, Sohn und Hl. Geist als Trinität formuliert wurde. Francisci benutzt seinen Kommentar zu Sirach (aus der Septuaginta) und die »Catechesi« (Kap.6, 31 gegen die Häretiker), um die Furcht und den Schrecken biblischer Donnerschläge zu verdeutlichen.

Hildebrandus, Wolfgangus (Wolfgang Hildebrand) 819, 1021, 1370
Geb. 1570 oder 1580, gest. 1635. Notar in Gebesee/Thüringen. Schrieb u.a. ein Planetenbuch, ein Hexenbuch (Killy). Thorndike VII, 277 gibt eine ausführliche Inhaltsangabe seines 1609 oder 1610 erschienen Werkes: »Magia naturalis, das ist, Kunst und Wunderbuch, darinnen begriffen Wunderbare Secreta, Geheimnisse und Kunststücke...«. Hier sind es Träume, Mittel gegen Vergiftung, magische Butter, Wölfe Bienen, Fliegen, Krabben usw. Daraus zitiert Francisci unter Vermittlung von Bartholinus, dass Schnee, mit Salz versetzt, am Tisch kleben bleibt, und raffinierte, mit wohlriechenden Wassern gefüllten Gold- und Silbergefässe. Ein Donnerkeil fährt 24 Schuhe tief in die Erde.

Hippocrates 174, 175, 220, 899, 906, 925, 926, 990, 1032, 1033, 1197
Francisci nennt: Mit Wasser gemischter Wein ist gut gegen Unpässlichkeit, mit Milch vermischter bei Schädelbruch, Früchte zur Unzeit, die Schädlichkeit von kalten Getränken, den warmen Südwind und die Wirkung von Winden auf die Gesundheit, Pest als giftigen Ausfluss der Luft.

Hirtius, Aulus 201
Geb. um 90 v.Chr., gest. 43 v.Chr. Einer der Konsuln der römischen Republik direkt nach Caesars Ermordung. Wurde im Kampf gegen Marcus Antonius erschlagen. Schrieb: »Comentarii de bello gallo Gallico« (das 8. Kapitel von Caesars Werk), »de bello Alexandrino«, aus dem Francisci die kurze Bemerkung zum Nilwasser zitiert.

Hispalus, Petrus (Petro Hispalis) 713, 841
Francisci nennt ihn einen amerikanischen Skribenten, gibt aber keinen Buchtitel an. Berichtet über anhaltenden Regen in Westindien. Sehr wahrscheinlich meint er Pedro Mártir de Angleria (s.dort), den Autor von Briefen »de rebus Hispanicis«. Der hat die ersten Dekaden der spanischen Eroberungen in der Neuen Welt beschrieben – deshalb amerikanischer Skribent – und wird von Francisci einige Seiten weiter mit einer Wetterbeobachtung genannt.

Hodges, Nathan 460, 1059
Er gehörte zu den Ärzten, die bei der Pest in London 1665 die Stadt nicht verlassen haben und eine wichtige Rolle bei der Organisation der Abwehrmaßnahmen spielte. Schrieb: »Loimologia, sive Pestis Nuperae apud Populum Londoniensis grassantis narratio« 1672. »Loimos« ist das griechische Wort für Pest. Die englische Übersetzung »Loimologia or an historical account of the plague in London in 1665 erschien erst 1720. (Sticker / W.G.Bell, The Great Plague of London)

Hofmann 1376
Francisci zitiert ihn aus einem »Tractatus de Fulmine et Tempestate« mit einem Gewitter in Schlesien 1339, bei dem 165 Menschen erschlagen wurden. Wahrscheinlich ein Druckfehler, und es ist Abraham Hosmann (s. unten) gemeint.

Hollerius, Jacobus (Jacques Houllier) 902
Geb. in Éstampes, gest. 1562. Paris. Prof.med. in Paris. Übersetzte Galen und Hippocrates. Schrieb: »De morbis internis« 1571 (Über innere Krankheiten), »Opera practica«; »De Febribus« (Über Fieber); »De Peste« u. a. (Zedler). Francisci zitiert ihn nach Bartholinus ohne Vornamen und Fundstelle, weshalb auch noch Blasius H. in Betracht kommt, der »Institutionem Morborum curandorum« 1556 geschrieben hat. Ein Patient mit Zipperlein am Fuß steckt ihn in eiskaltes Wasser, um die Schmerzen zu lindern.

Homer 1301
In der Odyssee lässt Jupiter einen Donner so schnell verschwinden, wie er gekommen war.

Hondius, Jodocus (Hundius / Josse de Hondt) 66,67
Geb. 1563 Wakken / Flandern, gest. 1612 Amsterdam. Flämischer Kartograph. Kaufte 1604 die Druckplatten von Mercators Weltatlas und erweiterte die Ausgabe um 40 Karten. Bringt den Garten Eden mit dem Paradies zusammen, um es zu lokalisieren. Francisci zitiert ihn nach Kirchmayer, sicher aus dessen »Tractätlein vom Paradeis« (s. unten), und dieser wiederum den Hondius wahrscheinlich mit dessen »Orbis Terrarum Descriptio Geographica«.

Hookius (Robert Hooke) 382, 1449
Geb. 1635 Isle of Wight, gest. 1703 London. Assistent von Th. Willis und R. Boyle, seit 1662 »Curator of experiments to the Royal Sciety«, seit 1664 Prof. Geometrie Gresham College London. Es erscheint fast unglaublich, was er alles zustande gebracht hat: erfand die Federunruh und die Ankerhemmung der Taschenuhr, den optischen Telegraphen, verbesserte die Papin'sche Luftpumpe, führte die Libelle zur Einstellung optischer Achsen ein, konstruierte ein Quecksilberbarometer, eine Kreisteilmaschine, die Zahnradsirene. Beobachtete mit einem von ihm verbesserten Mikroskop Korkzellen und prägte den Zellbegriff, deutete die Atmung als chemische Beeinflussung des Blutes durch die Luft und verglich sie mit Verbrennungsvorgängen, deutete Fosslien richtig, schlug den Gefrierpunkt des Wassers als Nullpunkt der Thermometerskala vor (was er auch praktisch durchführte), bemerkte, dass sich Substanzen in jedem Aggregatzustand bei Kälte zusammenziehen und bei Wärme ausdehnen, erkannte die Proportionaliät zwischen Spannung und Deformation von Körpern, stellte Hypothesen über Gravitation und Wellennatur des Lichtes auf und prägte den Begriff des Äthers als Träger des Lichts (Spektrum Gesch. Naturwiss.) Streitbar war er auch, mit Huygens, Hevelius und Newton. Schrieb u. a. »Micrographia or philosophical description of minute bodies 1665«, zahlreiche astronomische Werke (Poggendorf I). Francisci erwähnt seinen Barometer und zitiert zu den Sonnenflecken aus dem Vorwort der »Micrographia« so: »V.Conamen Robertii Hooke ad Motum Telluris probandum«, was ungefähr heißt: »Siehe den An-

satz von Robert Hooke für den Beweis der Bewegung der Erde«. Dann geht es noch um die Fixsternparallaxe als Beweis des jährlichen Erdumlaufs um die Sonne.

Horaz, Quintus Horatius Flaccus 475, 1032, 1302
Geb. 65 v. Chr. Venusio/Apulien, gest. 8. Francisci nennt seine Bezeichnung des Echos »Jocosa imago«, das scherzhafte Ebenbild der Stimme und zitiert aus den Oden Nr. 34 die Bedeutung des Donners aus heiterem Himmel als Vorzeichen.

Horn, Peter von 881
Keinerlei Hinweis bei Francisci, wen er meinen könnte. Er sagt nur, dass er bei ihm nichts über Bisamratten gefunden hat. Vielleicht eine Verwechslung mit Hornius (s. unten), oder auch eine Verballhornung des Namens Pieter van Horne. Unter diesem Namen habe ich einen Schöffen in Valkenburg / Holland 1668 gefunden.

Hornius, Georgius (Geory ((Georg??)) Horn) 69
Geb. 1620 Oberpfalz, gest. 1670 Leiden. Historiker. Als Hofmeister eines jungen englischen Edelmanns in Haag, bekannte er sich seit einer Reise nach England zu den Presbyterianern. Prof. Geschichte in Hauderwick und Leiden. Er teilte in seiner »Arche Noae« von 1666 die Bevölkerung der Welt in 3 Rassen ein, die, wie damals allgemein geglaubt wurde, von den 3 Söhnen Noahs Japhet, Sem und Ham ausgingen, und deren Nachkommen die Urväter der 72 Völker der Erde geworden sind. Die Japhetiten bekamen als Weiße Europa, die Semiten als Gelbe Asien und die Hamiten als Schwarze Afrika. Schrieb noch eine von Francisci genannte Kirchengeschichte 1675 u. a. Darin meint er, das Paradies sei verbrannt worden wie Sodom und Gomorrha, weil dort, wo es war, nämlich in Babylon, alles schwefelig sei.

Horstius, Gregorius (Gregor Horst) 512, 513
Geb. 1578 Torgau, gest. 1638 Ulm. Erst Professor der Medizin in Wittenberg, seit 1608 in Gießen, und seit 1622 Stadtarzt in Ulm. Francisci zitiert Horstius nicht direkt, sondern aus »med.mirac.Marcelli«, einem Werk des Marcellus Donatus (s. dort): »De historia medica mirabili libri sex« 1613, mit zwei Geschichten von Scheintoten, von denen eine eigentlich von Diomedes Cornarius (s. dort) stammt. Wird von Thorndike VII, 344-345 unter »The occult at German Universities« erwähnt, während Zedler ihn zu den hochangesehenen unter den deutschen Ärzten zählt. Er schien sich intensiv mit der Frage beschäftigt zu haben, wo die Seele zum Todeszeitpunkt zu finden sein könnte, und welche anatomischen Veränderungen sich an Verstorbenen abspielen. Dazu schrieb er, dass das Fließen des Blutes an menschlichen Kadavern die Gegenwart einer Infektion anzeigt, und über die Anatomie Lebender und Toter. Außerdem eine Sammlung von medizinischen Beobachtungen mit einer Verlaufsbeobachtung einer Brustkorbverletzung, ein Büchlein vom Scharbock (Skorbut) und über die Natur der tierischen und bewußt gesteuerten Bewegung.

Hortulanus 464
Hermetische Schrift aus dem 10. bis 11. Jahrhundert. Francisci könnte die erste Ausgabe von 1541 vorgelegen haben: »Commentarius in Hermetis Tabulam smaragdinam«.

Hosmannus, Abrahamus (Abraham Hossmann / Hossmannus / Hosemann) 1246
Geb. 1561 Lauban, gest. 1617 bei Magdeburg (von Bauern erschlagen). Eigentlich Schuster, wurde kaiserlich gekrönter Poet, Geschichtsschreiber unter Ferdinand II. und III. »Man hat ihn in dem Verdacht, dass er sich auf Büchern und Schrifften berufen, die niemahls existiret« (Zedler). Francisci zitiert »de Tonitru & Tempestas«, der volle Titel lautet: »De Tonitru et Tempestate, Das ist: Nohtwendiger Bericht/ Von Donnern und Hagel-Wettern: wannen und woher sich dieselben verursachen/ Ob sie natürlich:

Item/ Ob Teufel und Zäuberer auch Wetter machen können/ Durch was mittel sie gestillet und abgewendet werden/... So wo/ was von denen zu halten sey/ so durch solche ungestüme Wetter umb ihr Leben kommen. Neben erzehlung etlicher seltzamen fälle/ Sonderlich so sich im verlaufenen 1611. Jahrs/ den 27.Augusti, im Königreich Behmen zu Ilmenaw/ 4.Meil von Prag/ mit einer Bauren Sohn begeben...«1618 (posthum). Es wird ein Edelmann von einem Blitz in der Kutsche erschlagen, weil er den Mund zu voll genommen hat.

Hotomanus (François Hotman / Hottomannus) 914
Geb. 1524 Paris, gest. 1590 Basel. Protestantischer Anwalt, der in die großen Auseinandersetzungen zwischen Katholiken, Hugenotten, Protestanten und Calvinisten zutiefst verstrickt war, eine Zeitlang Gesandter des späteren Heinrich IV., des Königs von Navarra war, in der Bartholomäusnacht (der »Bluthochzeit«) von 1572 in Bourges von deutschen Studenten gerettet wurde, nach Genf und Lausanne flüchtete, Calvins Sekretär und Prof. für Literatur (»Litteratura elegantia«) in Lausanne wurde (Zedler). Schrieb: »Franco-Gallia« 1573 (für repräsentative Regierung), Untersuchungen zum französischem Rechtssystem, Polemiken. Francisci streift ihn nur nebenbei mit dem silbernen Schneesieb für die Reichen.

Hundshagen (Johann Christoph Hundeshagen) 1084, 1087, 1314, 1357
Geb. 1635 Mühlhausen/Thüringen, gest. 1681 Rembda »...mit Ruhm so lange lehrete bis er an.1679. in eine schwere Kranckheit fiel, welche einer Wahnsinnigkeit sehr ähnlich war. Er ward also nach Rembda geführet, allwo er an.1681 mit Tode abging«. (Zedler). Prof. Metaphysik, Logik, Theologie in Jena. Gehört zusammen mit Johann Friedrich Nicolai (1639-1683) zur Jenaer evangelischen Hochschule der politisierenden Theologen, die zahlreiche Disputationen und Dissertationen auf Grundlage der politischen Ethik des Aristoteles verfasst haben. Dies kann man als den Anfang der Politikwissenschaft in Deutschland ansehen. Francisci zitiert »Exercitat. Physic. de Mater. nobilior« und »Disputatio de Materiis notabilioribus Thes. XV.«, die aber identisch sind. Sie stammen aus: »Tractatus politicus v. exercitationibus academicis/ exhibitus...decisiones metaphysicae de materiis notabilioribus« 1667 (Politischer Traktat oder über akademische Übungen, die metaphysische Entscheidungen über die bemerkenswertesten Gegenstände vorstellen). Es ist ein Sammelband mit Dissertationen von 1662 – 67. Hieraus die Auffassung, dass ein subtiler Spiritus den Blitz Feuer fangen lässt.

Hugenius, Christianus (Christiaan Huygens) 527
Geb. 1629 Den Haag, gest. 1695 dito. Sein Vater Constantijn war Sprachgelehrter und Diplomat, Komponist und der führende Dichter Hollands. Sohn Christiaan studierte zunächst Jura, später Mathematik und Naturwissenschaften. (Bibliographie in Poggendorf I). Er bemühte sich, Descartes vor den Angriffen der Jesuiten zu schützen und schrieb ihm: »Die Theologen sind wie die Schweine, zieht man einem am Schwanz, fangen alle an zu schreien«. Er konstruierte eine Pendeluhr, stellte eine Undulationstheorie des Lichts auf (1678 der Pariser Akademie vorgelegt, 1690 veröffentlicht) und postulierte einen Äther (ein Gravitationsfluidum) als Voraussetzung für die Gravitation nach Rotationsversuchen mit Wasser und darin eingetauchten Siegellackstücken. Darüber hat er sich mit Hooke einen heftigen Primogenitätsstreit geliefert. Mit Newtons Annahme einer gegenseitigen, auf Fernwirkung basierenden Attraktion von Massen hatte er Schwierigkeiten, weil er auf einer mechanisch zu erklärenden Ursache bestand. In der Frage, welche Kräfte die Teilchen zusammenhalten, so dass ein Körper entsteht, der Kohäsion, hatte er einen intensiven Briefwechsel mit Leibniz, der die postulierte absolute Härte der Atome wegen der Probleme mit dem elastischen Stoß nicht akzeptieren konnte. Aus seinen Stoßgesetzen harter Körper kommt er zur Annahme der Erhaltung der Energie, ohne sie noch so zu nennen, und zur Unmöglichkeit eines perpetuum

mobile (Lasswitz II, 341-397). Francisci zitiert aus den französischen »Ephemeriden« (s. dort) die Brechung der Sonnenstrahlen an Kristallen der Luft zur Erklärung von »Bastardsonnen«.

Hugo à S. Victoire 26, 40
Geb. Ende 11. Jahrhundert, gest. 1141 Paris. Augustiner im neu gegründeten Kloster St.Victoire bei Paris. Mystiker und Scholastiker. Berühmter Lehrer. Francisci interessiert, wo er das Paradies lokalisiert.

Ingrassias, Giovanni Filippo (Ingrassis) 916, 917
Geb. 1510 bei Palermo, gest. 1580 Palermo. Ein Anatom, der in der Kritik an der Knochenlehre des Galen, zum dem er einen Kommentar schrieb, zum Entdecker dreier Schädelknochen wurde und sie exakt beschrieb: Ethmoid, Sphenoid, 3.Knochen der Paukenhöhle. Er soll sich mit Sylvaticus (s. dort) über die Schädlichkeit kühler Getränke gestritten haben, wo, wann und wie ist unklar, vor allem auch wegen des doch beträchtlichen Altersunterschieds. Wahrscheinlich referiert Francisci eine fingierte Auseinandersetzung aus AReyes auf der Basis schriftlicher Veröffentlichungen. Ingrassis ist der Meinung, schneegekühlte Getränke helfen bei Verstopfung, selbst beim spanischen Statthalter von Sizilien.

Isidorus (von Sevilla) 103, 914, 982
geb.560 oder 570, gest. 636. Bischof. Schrieb eine Enzyklopädie, die er »Etymologiae« nannte, weil er aus der Untersuchung der Begriffe Aufschluss über den untersuchten Gegenstand gewinnen wollte. Deren Inhalt wird von Thorndike I, 623-625 referiert und Kurt Flasch, philosoph. Denken im Mittelalter, gibt einen guten Überblick. Francisci lässt ihn von einem Labyrinth bei Porsenna in Italien berichten, von einem Schneesieb aus Tuch und von seiner Meinung vom Wind als fließende Luft.

Isthuanfius, Nicolas (Istvanffy, Miklas) 592, 861, 862, 1376
Geb. 1538, gest. 1615. Ungarischer Kanzleisekretär. Schrieb eine Geschichte Ungarns von Matthias Corvin 1490 bis König Matthias 1612 in 24 Büchern. Es geht um Irrlichter auf Spießen und Lanzen von Soldaten (19. Buch), um den Ruin eines Heeres Erzherzog Ferdinands in Schnee und Eis und um fünf Meteoriten (Donnersteine) in Siebenbürgen.

Jamblichus von Chalcis 442
Geb. ca. 245, gest. ca. 325. War der Hauptrepräsentant des assyrischen Neuplatonismus. In seinem kosmologischen System stellte er das Eine, die Monade als das erste Prinzip des Intellekts an die Spitze (interessant, was den Gebrauch des Begriffs durch Leibniz betrifft). Francisci versteht ihn so, dass der Schutzgeist von der ganzen Weltordnung komme und in den menschlichen Leib herabfährt. Dazu aber keine Literaturangabe.

Jansenius, Cornelius 26
Geb. 1585, gest. 1638. Bischof von Ypern. Sprach sich gegen die Bevormundung durch den Papst aus und griff auf die Gnadenlehre und die Theorie der Erbsünde des Augustinus zurück. Die später Jansenismus genannte Variante des Katholizismus geriet in Frankreich unter Generalverdacht, weil sich die Jansenisten gegen die Allianz der Katholiken und Reformierten wandten, die Ludwig XIV. und Richelieu als Front gegen die Habsburger geschmiedet hatten. 1643 und 1653 wurde der Jansenismus vom Papst als Häresie verurteilt. Francisci interessiert nur die Auffassung Jansenius' über den Ort des Paradieses.

Janssonius, Johann (Jan Jansson) 1040, 1120
Geb. 1588, gest. 1664. Niederländischer Kartograph. Führte die Herausgabe der sog. Mercator-Hondius-Atlanten fort. Francisci zitiert aus »Introductio ad Orbem Maritinum« Vorzeichen der Witterung in den Sternen und den Untergang von Georg Spielberg (s. dort) bei einem Sturm vor Madagaskar.

Jarrichus (Jarricus) 396, 841
Vielleicht meint Francisci, bzw. Majolus, der Hispalis referiert, den Jesuiten Pierre Jarrige (1605-1670), der 1647 aus der katholischen Kirche ausgetreten ist und als Protestant ein heftiges Pamphlet gegen die Verbrechen der Jesuiten in Guayana verfasst hat. Francisci berichtet von der gesunden Luft in Guinea. Welches Tigre er meint, ist nicht klar, wahrscheinlich das in Äthiopien, das zeitweise ein eigenes Reich bildete, aber möglicherweise auch die Insel, die zu Honduras gehört.

Jenkinson, Anthony 197
Geb. 1529, gest. 1610/11. Er bereiste in den Jahren 1558, 1561, 1566, 1567 Russland auf der Suche nach einer Alternative für die darniederliegende Seidenstrasse im Auftrag der in London ansässigen Muscovy Company. 1562 veröffentlichte er darüber eine Karte mit Text, die Aufnahme fand in den Atlas von Ortelius »Theatrum Orbis« (s. dort) Er berichtet über einen Fluss in Bactrien mit Würmern, die ins Fleisch wachsen (Schistosomiasis, bzw. Bilharziose).

Jessenius, Johann (Ján/János Jesensky) 998
Geb. 1566 Nagy-Jessen/Ungarn, gest. 1621 (zum Tod verurteilt wegen Beteiligung an der ungarischen Revolte gegen Kaiser Ferdinand II.). Studierte in Wittenberg und Prag Medizin und wurde der Leibarzt von Kaiser Rudolph II. und Matthias. Er schrieb neben Werken zu Anatomie, Chirurgie und Hautkrankheiten eine Biographie Tycho Brahes und eine Zusammenfassung der Philosophie des Zoroaster (Zarathustra) »Nova brevis veraque de Universo Philosophia« 1593, aus der Francisci die in Bergen eingeschlossene Luft, die durch die Erdbewegung zu Wind wird, entnimmt.

J. E. T. (siehe Madeweis) 627

Jonas, Arngrim (Jonsson Arngrimr) 941
Geb. 1559, gest. 1648. Pastor in Island, Schulrektor in Holar. Schrieb: »Specimen Islandiae Historicum« 1643, »Crymogea« 1610 (Nordische Sagen) u. a. Francisci diskutiert die Frage, wie lange Eis sich halten kann, wenn es wärmer wird, hier bei einer Eisscholle vor Island.

Jonstonus, Johann 581, 635, 636, 750, 798, 1323, 1359
Geb. 1603 Samter/Polen, gest. 1675 Ziebendorf. Aufgewachsen in Schottland. Arzt. Studium in Saint Andrews, Cambridge, Leiden. Reiste lange Zeit in Deutschland, England und Frankreich herum, schlug eine ordentliche Professur in Frankfurt/Oder aus und ließ sich schließlich in der Nähe von Liegnitz nieder. (Poggendorf I, Carus). Er schrieb eine Encyclopädie vierfüssiger Tiere, blutloser Wassertiere, von Vögeln, Krokodilen, Schlangen und Drachen 1660, die sich in ihrer Einteilung auf Aldrovandi (s. dort) stützt, ohne sie wirklich durchzuhalten. Es werden auch Anleihen bei Gesner u. a. gemacht. Als Vorläufer dazu ist sein Buch über die Wunder der Natur zu sehen, aus dem Francisci zitiert: »Thaumatographica naturalis, in decem classes divisa, in quibus admiranda coeli, elementorum, meteorum, fossilium, plantarum, avium etc.« 1632. Außerdem eine Aufstellung der Mineralien (»Nota regni mineralis seu subterraneorum catalogus« 1661). Für Francisci geht es um Funken als leckende Flammen, die aus Haaren und Kleidern schlagen, um zwei streitende Löwen (»Leuen«) am Himmel Schleswigs am 3. Juli 1534,

eine Schlacht am Himmel unter der Führung eines Bären 1545, um Kornregen in Kärnten nach dem Bericht des Thuanus, um Ungeziefer im Regenwasser, und um Hunde und Katzen, die häufiger als andere Tiere vom Blitz getroffen werden.

Josephus Flavius (Joseph ben Mathitjahu) 37
Geb. 37/38 n. Chr. Jerusalem, gest. 100 Rom. Im Jüdischen Krieg Überläufer zu Vespasian, dem er die Kaiserkrone prophezeite, die dieser 69 erhielt. Er wurde deshalb mit Beinamen Flavius genannt, nach dem Geschlecht Vespasians. Ging 70 nach Rom und schrieb dort 7 Bücher über den Jüdischen Krieg (»Bellum Judaicum«) und 20 Bücher über die jüdische Geschichte (»Antiquitates Judaicae«). Francisci braucht ihn zur Klärung der Frage, wo Aram liegt.

Journal des Sçavans 531, 602
Älteste literarische und wissenschaftliche Zeitung Europas. Erschien zum ersten Mal 1665. Nur drei Monate später folgten die Philosophical Transactions in London (s. auch Ephemer. Gallic.).

Jovius, Paulus (Paolo Giovio) 925
Geb. 1483 Como, gest. 1552 Florenz. Ital. Historiker und Prälat, Bischof von Nocera. Schrieb: »Historiarum sui temporis libri XLV«, »Vitae virorum illustrum« (1549-57), »Elogia virorum bellica virtute illustrum« 1554 (Catholic Encyclopedia). Der Kardinal Columna stirbt an gekühlten Feigen.

Juvenal, Decimus Iunius 1099
Ca. 60 bis 140 n. Chr. Satiriker. Aus seinen Satiren nimmt Francisci den poetischen Spruch, dass das, was aus dem Meer herbeigeschwommen kommt, allen gehört.

Kampen, Joan van 115,1074
Zusammen mit Constantin Nobel Teilnehmer an der von Olfert Dapper (s. dort) beschriebenen Reise nach China, mit fünf Schiffen, bei der es um dauerhafte Handelsniederlassungen für die Holländer gehen sollte, die aber nicht zustande kamen: »Gedenkwürdige Verrichtung der Niederländischen Ost-Indischen Gesellschaft in dem Kaiserreich Taising oder Sina, durch ihre Zweyte Gesandschaft An den Unterkönig Singlamong und Feldherrn Taising Lipoui Ausgeführt durch Joan van Kampen und Constantin Nobel, wobey alles dasjenige was auf dem Sinisischen See-Strande/ und bey Tajowan, Formosa, Aimuy und Quemuy, unter dem Befehlshaber Balthasar Bort, im 1662. und folgenden Jahre vorgefallen/ erzählet wird.« 1675. Vogelnester ergeben leckere Tischgerichte. Die »Knöpflein« des chinesischen Krautes Chitung erlauben eine Vorhersage von Stürmen.

Keckermannus, Bartholomaeus 533, 540, 549, 923, 999, 1384
Geb. 1571, gest. 1609. Dozent der Theologie und Philosophie in Heidelberg und Danzig. Er gilt als Begründer der analytischen Theologie, die noch bis Schleiermacher große Bedeutung hatte. Er benützt Aristoteles, reichert ihn mit humanistischen und reformatorischen Gedanken an, gliedert die Ethik aus der Theologie aus und schlägt sie zur Philosophie und versucht, das Verhältnis von Naturwissenschaft und Theologie neu zu bestimmen und seine analytische Methode auf alle Wissenschaftsgebiete auszudehnen. In der Geschichte der Geografie wird er in einem Atemzug mit Varenius genannt. Beide haben sie eine systematische Betrachtungsweise in die Untersuchung der Erde, der Länder und ihrer Menschen eingeführt. Die meisten Schriften erschienen posthum (bbkl). Schrieb u.v.a.: »Systema physicum septem libris adornatum et anno Christi MDCVII publice propositum in Gymnasio Dantisco a Bartholomaeo Keckermanno SS. Theologiae licentiato et philosophiae ibisdem professore« (System der Physik zum

öffentlichen Nutzen vorgestellt von...). Thorndike VII, 375-377, referiert dessen Inhalt. Francisci zitiert daraus die Möglichkeit eines Regenbogens zur Mittagszeit und aus »Disputationes philosophicae, physicae praesertim« 1611 (Philosophische Abhandlung, besonders über Physik), dass sich Märzschnee länger hält, und im Sommer Regenbögen selten sind, aus »Problema nautica« von 1616, dass Wind aus bewegter Luft und den beigemengten Dünsten entsteht, aus »Disputatio de fulmine«, dass sich der Donnerkeil aus klebriger Luft entwickelt, die von der Sonne hinauf und von der Antiperistaltik hinabgezogen wird.

Kentmannus, Johannes (Kentmann/Kenntmann) 1382
Geb. 1518 Dresden, gest. 1574 Torgau. Arzt in Meißen und Torgau. Schrieb über die Pest, legte eine berühmte Fossliensammlung an, hinterließ ein Kräuterbuch mit 600 kolorierten Abbildungen und veröffentlichte eine Aufstellung der Fossilien in der Region von Meißen und anderen Gegenden, die Francisci benutzt haben dürfte, als es um den »Donnerstein«, einen Meteoriten, geht: »Nomenclaturam Rerum in Misnia fossilium« 1565. Darin ist auch eine genaue Beschreibung der Schichten des Eislebener Bergbaus enthalten. Versteinerungen hielt er für ein Spiel der Natur (Zedler, ADB).

Kepler, Johannes 543, 692, 822, 1006, 1413
Geb. 1571 Dorf Magstatt bei Weil/Württemberg, gest. 1630 Regensburg. Mit den drei Gesetzen, die er zur Bewegung der Planeten um die Sonne formulierte, war das kopernikanische Weltbild mathematisch bewiesen. Die beiden ersten veröffentlichte er in der »Astronomia nova« 1609, das dritte in »Harmonices mundi« 1619. Francisci entnimmt aus der astronomischen Optik zur Chronik des Vitello (s. dort) (»Ad Vitellionem Paralipomena, quibus astronomiae pars optica...« 1604), und den Auszügen aus der kopernikanischen Astronomie (»Epitome astronomicae copernicanae« 1618) die zur Brechung der Lichtstrahlen taugliche Höhe der Lufthülle. Ohne Literaturangabe die Aufforderung, ein rundes Glas mit Wasser zu füllen, es in einer dunklen Kammer durch einen Spalt vom Sonnenlicht bestrahlen zu lassen, um einen Regenbogen zu erhalten. Aus dem Traktat »De Nive sexangula« die Figur des Schnees. Und aus der »Harmonia Mundi« das drastische Bild, die Erde sei ein wildes Tier, das durch Aushauchen und Einatmen den Wind verursache (lib.4.c.7.). Es stammt aus dem Kapitel »Epilog über die sublunarische Natur und die niederen Seelenvermögen, besonders jene, auf die sich die Astrologie stützt«, in dem mit den Dummheiten der Astrologie abgerechnet wird, und dort heißt der Satz: »Denn die Erde ist nicht ein Tier mit der Art des Hundes, der auf jeden Wink pariert, sondern mit der eines Ochsen oder Elephanten, also ein Tier, das nicht leicht in Zorn zu bringen ist, dann aber um so wütender wird, wenn der Zorn entbrannt ist«. Er trieb die Analogie mit dem Tier noch weiter: »Ich fand dabei, dass das allermeiste, was aus einem Tierkörper herauskommt und damit bekundet, dass diesem eine Seele innewohnt, auch aus dem Körper der Erde herauskommt. Wie nämlich der Körper auf der Oberfläche der Haut Haare, so bringt die Erde Pflanzen und Bäume hervor, und wie dort Läuse entstehen, so hier Raupen, Grillen und andere Insekten sowie Meeresungeheuer. Wie der Körper Tränenflüssigkeit, Nasenschleim, Ohrenschmalz, bisweilen auch klebrige Flüssigkeit aus Pusteln im Gesicht ausscheidet, so die Erde Bernstein und Erdpech. Wie die Blase den Urin fließen lässt, so die Berge Flüsse. Wie der Körper ein Exkrement von schwefligem Geruch und laute Winde, die entzündbar sind, von sich gibt, so die Erde Schwefel und unterirdisches Feuer unter Donner und Blitz. Wie in den Adern des Tieres Blut entsteht und damit auch der Schweiß, der aus dem Körper ausgeschieden wird, so in den Adern der Erde Metalle und Kristalle sowie Regendampf«. Etwas früher in diesem Kapitel wehrt er sich gegen Philosophen, die die Sonne mit der niederen Welt umgehen lassen wie es der Bildhauer mit totem Stoff tut, und lobt Vergil, der den Schoß der Erde mit dem Schoß einer Gattin vergleicht, »und

zwar einer erfreuten, einer Gattin also, die mit Lust wahrnimmt, was ihr geschieht, und durch geeignete Bewegung den Gatten unterstützt«.

Kepler war ein tief religiöser Mensch. Er wurde 1619 vom württembergischen lutherischen Konsistorium endgültig vom Abendmahl ausgeschlossen, weil er sich konstant geweigert hatte, die Konkordienformel der lutherischen Kirchen von 1577 zu unterschreiben. Sie bot als Stein gewordene Auffassung Luthers zum Abendmahl eine Handhabe, gegen diejenigen vorzugehen, die an die Allgegenwart des Leibes Christi nicht wirklich glauben wollten, sondern die Transsubstantation, die Verwandlung von Brot und Wein in Leib und Blut als symbolische Anwesenheit oder als verklärte Leiblichkeit mit geistiger Wirkung betrachteten. Damit blieben die Reformierten, also Zwinglianer und Calvinisten, ausgeschlossen und verdammt. Kepler wollte zu solchen »Haarspaltereien« nicht Position beziehen. Im gleichen Jahr verbot der Vatikan die oben genannten »Grundrisse der Kopernikanischen Astronomie«. Das war drei Jahre, bevor Galilei erstmals in Konflikt mit der katholischen Kirche geriet, und 34 Jahre vor dessen Prozess.

Kimchi, Rabbi (Moses, Remak) 268
Geb.?, gest. um 1190. Lebte in Narbonne. Grammatiker des Bibelhebräischen und Bibelausleger. Nach der unscharfen Angabe von Francisci könnte es sich auch um seinen Vater oder seinen Sohn handeln. Es geht um Josua und Hiskias, von denen in der Bibel eine Veränderung des Umlaufs der Sonne erzählt wird, eine Frage, die die Omnipotenz Gottes berührt. Kimchi sei für eine Verdoppelung des Tages gewesen, während andere den Lauf der Sonne beschleunigen.

Kircher,Athanasius 11, 15, 19, 27, 29, 200, 363, 483, 488, 507, 515, 607, 649, 656-659, 793, 807, 819, 823, 944, 945, 988, 1004, 1058, 1062, 1074, 1108, 1388, 1390, 1443
Geb. 1602 Geisa bei Fulda, gest. 1680 Rom. Prof. Math., Hebräisch, Syrisch am Collegium Romanum. Jesuit. Herausragender Vertreter der gegenreformatorischen Wissenschaften. Francisci benutzt folgende Werke (nach Häufigkeit): »Ars magna lucis et umbrae« 1646 (Die große Kunst von Licht und Schatten), »Itinerarium exstaticum« 1646 (Wege der Exstase), »Latium id est nova et parallela Latii tum veteris tum novi descrptio« 1671 (Beschreibung des alten und neuen Latium), »Mundus subterraneus« 1664-1665 (Unterirdische Welt), »Magnes sive de arte magnetica« 1641 (Magnet oder über magnetische Kunst), »Scrutinium pestis« 1658 (Untersuchung der Pest), »Musurgia universalis sive ars magna consoni et dissoni« 1650 (Allgemeine Kunst der Musik oder große Kunst der Konsonanzen und Dissonanzen), »Oedipus aegyptiacus« 1652-1654 (Ägyptischer Ödipus), »Phonurgia nova« 1673 (Neue Hall- und Tonkunst), »China illustrata« 1667. Es geht Francisci um Salz im Schnee, die Form der Schneeflocken, einen Eiskristalltempel in Chile, Eis im Wein, eine Windkugel, Vulkane, Pest und Würmer, Pest und Wind, Pest und Schlangen, Manna am Tivoli, Drachen, um Orkane, Versteinerungen durch Gewitter, einen die Litanei plappernden Stieglitz, das Paradies am Kaspischen Meer, die Güte des Trinkwassers, die Höhe des Kaukasus, um den Kräuteraberglauben chinesischer Schiffer (im Kapitel über bemerkenswerte Pflanzen in China findet sich eine ausführliche Begründung, warum Kircher keinen Sinn darin sehen kann, aus der Häufigkeit von Knoten an der Wurzel einer Pflanze Sturm vorherzusagen), weiter um Sprachrohre, Luftspiegelungen, die ruhende Erde und um Entstehung von Blitz und Wettersteinen.

Kirchmayer, Georg Caspar 43, 44, 66, 988, 996, 1005, 1303, 1313, 1343, 1348
Geb. 1635 Uffenheim/Franken, gest. 1700 Wittenberg. Prof. Eloquenz Wittenberg, Mitglied der Leopoldinischen Academie. Der von Zedler geschilderte Lebenslauf eines Intellektuellen ist durch und durch barock. Auch bei Franciscis Zitaten klingt das an. Er schrieb rund 90 Arbeiten ganz verschiedenen Inhalts. »De elementis« 1659, »de fulmine

et tonitru« 1659 (Über Blitz und Donner), »De luce, ignae ac perennibus lucernis« 1676 (Über Licht, Feuer, nicht verlöschende Lampen), »De phosphoro et natura lucis nec non de igne commentatio epistolica« 1680 (Briefkommentar über den Phosphor und die Natur des Lichts und natürlich auch über das Feuer) uvm. (Poggendorf I). Lag das Paradies in Mesopotamien? Der Wind ist ein spirituöses oder geistiges Luftwesen, seine Materie Schwefel, Salz, Mercur. Die Ursachen des Donners sind Schwefel und Salpeter, sein Strahl so subtil, dass er Körper durchdringen kann.

Krantzius, Albertus (Crantzius) 300, 746, 954, 1192, 1263
Geb. 1440 Hamburg, gest. 1517. Prof. Theologie und Philosophie und Rektor Uni Rostock, später Canonicus in Hamburg. War viele Jahre in der Führungsspitze der Hanse. Schrieb eine Geschichte der Vandalen, Polen und Preußen (»Wandalia« 1518). Sie enthält auch eine Geschichte der Hussitenkriege, die von einem der schärfsten Gegner Luthers, Johannes Cochlaeus, 1523 ins Deutsche übersetzt wurde, um allen Christenmenschen„ wes Standes sie auch seien, vor Augen zu führen, wohin Ketzerei führt, wie »uß kleinen füncklin ein groß und schedlich feuer wird, das darnach niemand denn mit groser not und schaden möchte verleschen«. Weiter eine Kirchengeschichte (»Ecclesiastica historia (780-1504)«, 1548), eine Geschichte von Aquila, Dänemark, Schweden und Norwegen (»Rerum Germanorum historici clariss. Regnorum Aquilonarum, Daniae, Sueciae, Noruagiae«), und eine Sachsenchronik (»Chronica. Saxonia« 1522) (Zedler). Francisci interessieren der Bericht eines einjährigen Dauertanzes von 15 besoffenen Weibern auf dem Friedhof, Feuersteine, die wie Hagel auf ein Feld in der Mark Brandenburg fielen, die wundersame, kaum glaubliche Rettung der Gebeine der Heiligen drei Könige in Köln (aus »Saxonia«), Beispiele der zugefrorenen Ostsee, ein Lübecker Verbot, nach dem Martinstag (11.11.) nach Reval zu segeln., ein Schiffsuntergang aus Habgier und Hagel in den Nordländern mit menschlichem Antlitz (aus »Wandalia«).

Kronland, Joh.Marc à (Johannes Marcus Marci de Cronland) 1228
Geb. 1595 Landskron/Böhmen, gest. 1667 Prag. Arzt, Philosoph, Naturwissenschaftler. Prof. med. Prag, Leibarzt Kaiser Ferdinand III. und Leopold I. Er bietet eine wahrlich barocke Mischung. Interessierte sich für orientalische Sprachen, für Griechisch, Geometrie und Astronomie, studierte die Kaballa und besaß auf dem Dach seines Hauses eine eigene Sternwarte. Aristoteles und Galen lehnte er ab, hatte es eher mit Hippokrates, Paracelsus, van Helmont dem Älteren und Hermes und entwickelte daraus ein Gemengelage von Weltseele, Duns Scotus, Thomas von Aquin, persönlichen Geistern in der Natur und »omnia in omnibus«, alles ist in allem. Seine Zeitgenossen trauten ihm zu, Gold zu machen (ADB). Schrieb: »De proportione motus« 1639 (Über das Verhältnis der Bewegung), »Thaumantias liber de arcu caelesti« 1648 (Das Buch der Iris über den Regenbogen), »Dissertatio de natura iridis« 1650 (Erörterung des Regenbogens) u.a. Francisci zitiert aus »Philosophia vetus restituta« 1662 (Die alte Philosophie wieder hergestellt), dass je nach Beimengung von Quecksilber unter Schwefel Wetterleuchten oder Blitz und Donner entstehen.

Lactantius (Lucius Caecilius Firmianus od. Laktanz) 1413, 1448, 1450
Geb. ca. 250, gest. um 325. Aus der Provinz Afrika, Rhetoriklehrer, christl. Apologet, einer der sog. Kirchenväter. Unterrichtete Konstantin des Großen Sohn Crispius in Trier (der von Konstantin umgebracht wurde). Er kannte noch die unter dem Namen des ägyptischen Gottes Thoth, des Hermes Trismegistos (des dreimal größten Hermes) fälschlicherweise für uralt und vorbiblisch gehaltenen Schriften im griechischen Orginal und betrachtete Hermes anerkennend als Vorläufer des Christentums. Tatsächlich waren die Verfasser unbekannte Schriftsteller heidnischer Religion des 2. und 3. nachchristlichen Jahrhunderts. Er schrieb: »Institutiones Divinae«, »De falsa Religione«, »De falsa sapientia« (daraus zitiert Francisci fast genau so wie Kopernikus Lactantius in seiner

Vorrede zu »De revolutionibus orbium caelestium« anführt) u. a. Er verlacht die, die die Erde für den Mittelpunkt der Welt halten, und verneint die Möglichkeit von »Gegenfüßlern«. In »de falsa sapientia« III,24 liest sich das so: »Ist denn jemand so dumm zu glauben, es gebe Menschen, deren Sohlen oberhalb ihrer Köpfe sind? Oder dass dort, was bei uns am Boden liegt, alles umgekehrt sein soll, Früchte hängen und Bäume wachsen nach unten zu, Regen, Schnee und Hagel fallen nach oben zu auf die Erde?«

Laertus (Diogenes Laertios) 998
Lebte in der ersten Hälfte des 3. Jahrhunderts n. Chr. Schrieb 10 Bücher über Leben und Meinungen der berühmten Philosophen. Er hielt nichts von Dialektikern. Das sei einer, »der sich mit wortklauberischer Begriffsbildung abgibt«. Francisci zitiert aus ihm die Auffassung des Anaxagoras zur Entstehung der Winde.

Laet, Johannes de 944
Geb. 1581 Antwerpen, gest. 1649 Leiden. Geograph und Historiker. Beschreibungen Frankreichs 1629, Spaniens 1629, Belgiens 1630, der Türkei 1630 und Portugals 1642. Arbeitete für die holl. westindische Handelskompanie, gab nach dem Tod von Hugo Grotius dessen Beschreibungen der Vogelwelt Brasiliens heraus: »d'Historia naturalis Brasiliae« (Poggendorf I). Auch in Brasilien gibt es Eiskristalle (aus »De Gemmis et Lapidibus« 1647).

Lampridius 937
Einer der sechs Autoren, von denen man annimmt, dass sie die von Casaubon im 17. Jahrhundert zusammengestellte »Historia Augusta« im 4. Jahrhundert n. Chr. zur Zeit Diokletians und Konstantins geschrieben haben. Lampridius wird die Geschichte des Heliogabalus zugeschrieben, der nach Francisci einen ganzen Berg von Schnee im Sommer in seine Gärten fahren ließ (Der Text existiert im Internet in engl. Übersetzung).

Landsbergius, Philippus (Philips van Lansberg/Laensbergh/Lansbergen) 1413, 1423
Geb. 1561 Gent, gest. 1632 Middelburg. Arzt und Prediger in Antwerpen, Ter-Goës, Privatmann in Middelburg. Er schrieb Werke zur Astronomie (Poggendorf I). Francisci zählt ihn zu denen, die die Erde nicht für den Mittelpunkt der Welt halten und will von ihm wissen, dass er den schwankenden Lauf der Erde aus dem Umlauf des Mondes ablesen wollte, ursprünglich aus der »Uranometriae« von 1631, hier von Bouillau (Philolaus) erwähnt, der als dessen Kritiker auftritt.

Langius, Johannes 562, 914
Geb. 1485 Löwenberg/Schlesien, gest. 1565 Heidelberg. Leibarzt von fünf Kurfürsten der Pfalz nach gründlicher Medizinerausbildung in Italien. Schrieb die zu seiner Zeit berühmten, nach italienischem Vorbild verfassten »Epistolarum medicinalium« 1554, die oftmals wieder aufgelegt, noch im 17. Jahrhundert gelesen wurden. Er führte die Schädeltrepanation bei Hirnverletzungen mit einem schon von Galen benutzten Bohrer wieder ein, der zu tiefes Eindringen verhindern sollte, wandte sich gegen den Kalenderaberglauben und die Harnbeschauer (ADB, Stolle, S. 181-183) Francisci geht es um Irrlichter in Gestalt eines Kindes und um die Konstruktion eines Schneesiebes.

Lapide, Cornelius à (Cornelis Cornelissen van Stehen) 36, 39
Geb. 1567 Bocholt bei Lüttich, gest. 1637 Rom. Jesuit seit 1596. Prof. Exegese Leuwen, seit 1616 am Collegium Romanum. Seine zehn Bände umfassenden Kommentare zu fast allen Büchern der Bibel wurden bis ins 19. Jahrhundert gelesen (bbkl). Francisci geht es um Bibelauslegung zur Feststellung des Ortes des Paradieses.

Laudonnière, René Goulaine de 1317
Geb. 1542 (1529?) Poitou, gest. 1582 dito. Hugenotte, wurde vom Führer der Hugenotten, Coligny, 1562 beauftragt, zusammen mit Jean Ribaut in Florida eine protestantische Kolonie zu gründen, landete an der Küste von Carolina und errichtete das gleichnamige Fort. Da einige aus der Besatzung sich als Piraten betätigten, machten die Spanier der Intervention ein Ende, massakrierten den größten Teil der Kolonisten und hefteten ihnen ein Schild auf die Brust: »Nicht weil ihr Franzosen seid, sondern Ketzer«. Laudonnière konnte entkommen und nach Frankreich zurückkehren. 1570 machte er einen weiteren Versuch. Sein Auftraggeber Coligny wurde 1572 in der Bartholomäusnacht ermordet. Posthum erschien von ihm »L'Histoire notable de la Floride, contenant les trois voyages faits en icelle par des capitaines et des pilotes français« 1586 (Nouv. Lar. Ill.). Er berichtet von einem Gewitter in Florida, das zur Einschüchterung der Indianer missbraucht wurde.

Lauremberg, Petrus 1227
Geb. 1585 Rostock, gest. 1639. Respondent (Antwortsinger im Chor bei der lateinischen Liturgie) in Rostock, Leiden, Löwen, Paris u. a. Physiker, Mathematiker, Poet und Liedermacher, Prof. Physik und Mathematik in Hamburg und Prof. Poesie in Rostock. Schrieb über die Abenddämmerung 1615, die Heilung von Blasensteinen 1623, über Arithmetik und Algebra 1624 und: »Accera Philogica Das ist: Sieben Hundert. Historien und Diskursen, Aus den berühmtesten Griechischen und lateinischen Scribenten. insonderheit. der studirenden Jugend … beförderlich« 1637. Es handelt sich um Prosa-Anekdoten und kurze Auszüge aus klassischen Werken in deutscher Übersetzung, deren Anzahl von Ausgabe zu Ausgabe von ursprünglich 200 auf 300 anwuchs. Es war eines der populärsten Bücher des 17. Jahrhunderts. Francisci zitiert aus »lib.I Euphradiae«, richtig »Euphradia, sive prompta ac parabilis eloquentia« 1637 (Taschenbuch für Gesellschaftsspiel und Vergnügen) eine Theorie des Gewitters mit heißem Dunst als Dotter und kaltem als Eiweiß, durch das der heiße durchzubrechen versucht.

Lavaterus, Ludwig 666
Geb. 1527 Schloss Kyburg, gest. 1586 Zürich. Priester, dann Archidiakon der Zwingli-Gemeinde am Großmünster in Zürich. Schrieb: »Von Gespänsten/ unghüren/ fälen/ u. anderen wunderbaren dingen/ so merteils wenn die menschen sterben söllens/ oder wenn sunst gross sachen unnd enderungen vorhanden sind/ beschähend/ kuirtzer und einfaltiger bericht« 1569. Es war so erfolgreich, dass es auch lateinisch, englisch und französisch herauskam. Thorndike VI, 530 gibt einen Eindruck seines Hexenglaubens. Francisci wählt daraus die Geschichte des Versuchs einer betrügerischen Entführung des Erzherzoges Friedrich von Österreich aus dem Gefängnis Kaiser Ludwigs 1323.

Lembus,Heraclides (Herakleides Lembos) 751, 752
Antiker Historiker und Philosoph, von dem nicht viel bekannt ist. Er hat Auszüge von Aristoteles angefertigt, die sonst verloren wären. Schrieb (als Fragmente erhalten): »Epitome Hermippi«, »Excerpta politiarum«. Er lässt Frösche regnen.

Lemnius, Levinus 1201, 1310
Geb. 1505 Zierikzee, gest. 1568 dito. 40 Jahre Arzt ebenda. Schrieb ein ungeheuer populäres Buch, das noch 100 Jahre lang immer wieder aufgelegt wurde: »De miracvlis occvltis natvrae libri IIII. Item de vita cum animi et corporis in colvmitate recte instvenda….«1559 (Vier Bücher über die geheimen Wunder der Natur. Außerdem darüber, wie ein Leben für Seele und Körper richtig zu führen ist). Thorndike VI,393 bewertet seinen Inhalt. Francisci lässt ihn von seiner Heimat berichten, in der Hörner verbrannt wurden, um mit dem Gestank die Pest zu vertreiben, und zitiert nach Schott, dass Donner im Winter ein Zeichen für schreckliches Unwetter sei.

Leonclavius, Johannes (Leunclavius, Lewenklaw, Löwenklau u.v.a.) 286
Geb. ca. 1541 Coesfeld/Westfalen, gest. 1594 Wien. Francisci nennt ihn nur als Übersetzer des Xenophon ins Lateinische, aber er war viel mehr als das. Student in Wittenberg, Heidelberg und Basel, u.a. bei Melanchthon und dem Gräzisten Wilhelm Xylander. Bewegte sich als unruhiger Geist mit unterschiedlichen Aufgaben durch Europa, verbrachte 2 Jahre am Hof von Savoyen in Turin und einige Monate bei den Este in Ferrara. Dann ausgedehnte Reisen durch Deutschland, hauptsächlich Böhmen und Mähren, wo er calvinistische Kontakte knüpfte. War 1584/85 an der Gesandtschaft Rudolph II. unter Führung des mährischen Adligen Heinrich von Liechtenstein nach Istanbul beteiligt und veröffentlichte danach »Annales Sultanorum Othimanidarum« 1588 und »Historia Muselmannae Turcorum« 1591. Er übersetzte noch die Kirchenväter Gregor v. Nyssa und Gregor v. Nazianz, den Historiker Dio Cassius, die Reden des byzanthinischen Kaisers Manuel I. Komnenos, einen der letzten heidnischen Historiker der Antike und Gegner Kaiser Konstantins, Zosimos, und gab ein Buch zum griechisch-römischen Recht heraus (Killy).

Leonin 953
Biographische Angaben sind nicht zu finden. Francisci spricht von einem spanischen Naturkundigen, der vom dänischen Hofmeister nach Spitzbergen geschickt worden war. Er wird in der »Relation de Groenland« von Isaac la Peyrere (s.Peirerius) mit der Beschreibung der Eisberge erwähnt. Die Reise fand 1646 statt. Ein Ausschnitt des Textes ist in »Nature« vom 2.3.1872 abgedruckt. Die »Neueste Beschreibung von Alt- und Neu-Grünland«, die Francisci als Quelle angibt, existiert unter diesem Titel jedenfalls nicht. Mit Altgrönland ist der südliche Teil gemeint, mit Neugrönland ein hinter dem Eis nordwestlich von Spitzbergen vermutetes. Francisci könnte auch die »Spitzbergische und Groenlandische Reisebeschreibung gethan im Jahr 1671« des Hamburger Schiffsarztes Friedrich Martens benutzt haben.

Libanius 189
Geb. ca. 314, gest. ca. 394. Aus Antiochia. Rhetoriker, der in Konstantinopel zu einer Zeit lebte, als das römische Imperium christlich wurde. Von ihm sind 1600 Briefe erhalten, die größte Sammlung der Antike. Berühmt bis ins 17. Jahrhundert waren seine Deklamationen und Hypothesen und seine »Progymnasmata«, die als Modell für rhetorische Übungen genommen wurden. Francisci schildert drastisch die Wirkungen schlechten Benehmens (»Vituperatio«) am Beispiel Bein.

Libavius, Andreas (Libau) 588, 1199, 1382
Geb. 1550 Halle, gest. 1616 Franken. Arzt. 1588 Prof. Geschichte und Poesie in Jena, 1605 Rektor eines Gymnasiums in Coburg. Schrieb verschiedene Kontroversen gegen das wissenschaftliche Verständnis seiner Zeit, vor allem zur Auseinandersetzung zwischen Anhängern des Aristoteles und des französischen Humanisten Petrus Ramus (1515-1572 – in der Bartholomäusnacht), in der er einen falschen Umgang mit den bekannten Fehlern des Aristoteles beklagte. Statt eigene Untersuchungen anzustellen, würden die Ramisten sich in Methodisches verlieren. Die astrologischen und spirituellen Ausflüge des Paracelsus und die Geheimniskrämerei seiner Adepten lehnte er in teils wütenden Auseinandersetzungen mit Amwald und Gramanni ab und schrieb mit »Alchemia« 1595 (»Alchymia – collecta- accurata explicata et in integram corpus redacta«) und »Singularia« 1599 die ersten systematischen Lehrbücher der Chemie, in der Transmutationen beschrieben werden (ADB, Brock, Gesch. Chemie S.31, www.bium.univ.-paris). Sie wurden Vorbild für die vor allem in Frankreich sich etablierende Iatrochemie als Hilfsdisziplin der Medizin. Dort verfasste jeder Lehrstuhlinhaber ein Lehrbuch für den Unterricht der Apothekerlehrlinge, das bekannteste ist das von Leméry »Cours de Chimie« 1675. Libavius gab u.a. Nachweismethoden für Kupfersalzlösungen an

und entdeckte die Herstellung von Zinnchlorid (Spiritus fumans Libavii). Thorndike VI, 238-253 widmet ihm ein ganzes Kapitel. Er saß zwischen allen Stühlen: nicht mehr Aristoteliker und Galenist, nur noch halber Paracelcist. Auf dem Frontispiz seiner »Alchymia« sind Hippocrates, Hermes, Galen und Aristoteles abgebildet zusammen mit verschiedenen Beispielen aus der alchemistischen Praxis und der Konsultation eines Arztes am Krankenbett. Das sind die Elemente der Iatrochemie. Francisci bemerkt: Beim Abstreifen des Hemdes eines Knaben aus Jena entsteht Feuer, wer an der Kloake wohnt, bleibt von der Pest verschont (zitiert nach Horstius), und man habe schweflige Steine aus der Luft fallen sehen (aus »Singularia).

Liblerus, Georgius (Georg Liebler / Lieblerus) 536
Geb. 1524 Dentzlingen bei Nürtingen, gest. 1600 Esslingen (?). Zedler beschreibt mit liebevoller Akribie seinen schwierigen Werdegang als hungerleidender Schüler in Tübingen, einquartiert bei einem Schneidermeister mit »täglich zwey Suppen, doch ohne Brod«. Das verdiente er sich mit »Singen vor denen Thüren«. Wird trotzdem evangelischer Prediger in Derendingen und Prof. Linguarum, Physik und Rhetorik in Tübingen. Schrieb: »Basileae epistolae« 1586 (Briefe zum Buch der Könige), aus denen Francisci zitiert. »Margarita physica« (Perle der Physik) und »Epitome physicae« (Auszug aus der Physik) 1575 u.a. Es geht um nur zwei Farben des Regenbogens, die die Sündhaftigkeit des Menschen und seinen Tod durch Sintflut oder Feuer anzeigen.

Licetus, Fortunius (Liceti, Fortunio) 765, 777, 875, 888, 892, 921
Geb. 1577 Rapallo, gest. 1657 Padua. Dr. phil. et med., Prof. Logik und aristotelische Physik Pisa bis 1609, dann Prof. Philosophie in Padua und Bologna. Thorndike VIII,250 beschreibt die Beteiligungen des Licetus an Diskussionen im Journal des Sçavans zwischen 1640 und 1650 über Fragen der Herzbewegung, über die Kraft der Imagination, die Vorhersehung, von Erdbeben etc. Thorndike VII, 52 nennt die Argumente Licetí zur Erklärung der Cometen als mit der Sichtweise von Aristoteles vereinbar. Da er sich zu fast allen Themen schriftlich äußerte – es gibt von ihm 75 Veröffentlichungen – wurde er von seinen Zeitgenossen häufig zitiert (Zedler). Schrieb u.a.: »De novis astris et cometis« 1622 (Von neuen Sternen und Kometen), »Pyronarcha s. de fulminum naturae« 1634 (Vom Anfang des Feuers oder über die Blitze der Natur, »De luminis naturae et efficientia« 1640 (Über die Lichter der Natur und ihre Wirksamkeit), »De centro et circumferentia« 1640 (Über den Mittelpunkt und den Umkreis), »Hydrologica peripatetica, de maris tranquillitate, deque fluminum ortu et montibus« 1640 (Peripatetische Lehre von der Luftfeuchtigkeit, über Meere in Ruhe und über den Ort und die Berge der Flüsse), Philophisches und Medizinisches (Poggendorf I). Francisci benutzt »De Ortu viventium spontaneo« (Über den Ursprung spontanen Lebens) von 1618 und »De his, qui diu viunt sine alimentis« (Über die, die ohne Nahrung an den Tag kommen) von 1612. Er tut das mit Mäusen, die aus Wolken regnen, mit Schnee, unter dem nichts wächst, mit düngendem Schlamm unter dem Schnee, sodass Gras wächst, mit Würmern, die unter dem Schnee entstehen, mit reinem oder rauchigen Schnee.

Lieben-Tantz, Michael (Liebentantz, Liebetantz) 805
Geb. 1636, gest. 1678. Gilt als Politologe. Zedler nennt ihn einen Prediger aus Schlesien. Schrieb u.a. über den Hochverrat der Osmanen, über Wünschelruten und eine von Francisci zitierte »Disputatio de Manna Israelitariorum«, in der er die Ansicht über einen jüdischen Brauch, Brot einzuwickeln, verwirft, was angeblich daran erinnern sollte, dass Manna zwischen Tautropfen entstanden sei (s. auch Buxtorffius).

Limnerus, (Linimerus) Augustinus 651, 707
Francisci zitiert ihn mit einem Bericht über Wundererscheinungen in der Luft über Leipzig 1654 aus »Relatio von der Leipziger Neuen Jahrs = bis Ostermeß 1654«, bzw.

mit Überschwemmungen durch Platzregen aus »Leipzigsche Oesterliche Relation 1659. Jahrs«. Unter den genannten Titeln ist keine selbstständige Publikation zu finden. Die Leipziger Relation, ein Halbjahresbuch zur Messe mit Nachrichten aus aller Welt, ist angeblich von 1605 bis 1730 erschienen., nachweisen konnte ich nur einen Bezug zur Frankfurter Relation (s. dort) 1601, also vier Jahre vorher, und 1613, 1616, 1617, 1619, 1620, 1624-1627. Die von Francisci angegebenen enthalten diesen Bezug nicht. Die erste Tageszeitung der Welt waren seit 1650 die von Timotheus Ritzsch ins Leben gerufenen Leipziger »Einkommende Zeitungen«. Die hat Francisci sicher nicht gemeint, weil er sich ja auf einige Monate eines Jahres bezieht. Übersetzt heißt Limnerus Schmierer, aber einen Augustin habe ich für beide Möglichkeiten nicht entdeckt. Vielleicht heißt der Gesuchte August Limmer oder Limnaeus oder Lemm. Von August Limmer hätte ich immerhin einen Hinweis: Er taucht mit einer Lebensbeschreibung in den Curiosa Saxonia von 1738 auf: geb.1609 Schönborn, gest. 1661 Dewitz, wo er Pastor war. Auch Conrad Lautenbach, der Verfasser einiger Frankfurter Relationen, war Pfarrer. Das könnte passen, ohne dass damit das Problem mit der Relation von der Leipziger Neuen Jahrs bis Ostermeß geklärt zu haben.

Linnemanus, Albertus (Linemann / Linemannus) 687
Geb. 1603 Fischhausen/Preußen, gest. 1653 Königsberg. Seit 1630 Professor Mathematik Königsberg. Schrieb über das Flimmern der Sterne bei Regiomontanus, über die Lichtbrechungen in der Atmosphäre, über den Regenbogen, über den Feuerschweif der Meteore und über das Elementarfeuer. Außerdem eine »Anleitung zu niederländischen Fortification« und die von Francisci zitierten »Deliciae calendario-geographicae, darin die edelsten Geheimnisse der Physik, Astronomie, Astrologie, Geographie usw.«, beide 1654 posthum. (Poggendorf I). Thorndike VII, 148-150 referiert ausführlich die von Linemanns in den »Deliciae« gestellten Fragen, die er als wissenschaftlich und pseudowissenschaftlich klassifiziert. Francisci will aus ihnen wissen, warum die Wolken oben bleiben.

Lintschott, Johann Hugo van (Linschoten) 806, 1068, 1144-1148
Geb. ca. 1563 Harlem, gest. 1601 (1633) Enckhuysen. Begleitete den Erzbischof Fonseca als 20-jähriger Schreiber von Lissabon nach Goa und blieb dort drei Jahre. Sein reich bebildertes und sehr anschauliches Buch über das paradiesische Leben in Goa erweckte zum Schrecken der Portugiesen die Neugier und Gier der Engländer und Holländer, die sich als gefährliche Rivalen entpuppten: »Navigatio ac itinerarium in orientalem sive Lusitanorum Indiam« 1591 (Reise zu Wasser und zu Land in den Orient, bzw. in das Indien der Portugiesen), mit den ersten Berichten über Korallenfelsen des indischen Ozeans (Poggendorf I). Manna aus Persien als Medikament, ein Schiffsuntergang im indischen Ozean als Warnung vor Hochmut, und Eisen und Stein fressende Winde in Indien.

Linturius, Johann (Linthner) 745
Gilt als ältester bekannter Geschichtsschreiber des Vogtlandes. 1470 Magister »der Weltweißheit und der freien Künste« in Leipzig, Pfarrverweser in Hof und später Pfarrer. Schrieb: »Registrum sive directorium rerum agendarum parochialis ecclesiae sancti Laurentij« ca. 1479 (Register oder einfache Worte über die Ereignisse in der Pfarrei der Kirche des Heiligen Laurentius), einen Anhang zur Weltchronik des Werner Rollewink (»appendix ad fasciculum tempororum«), in dem er die Begebenheiten des Vogtlandes und Bayerns von 1474 bis 1514 beschreibt (Hofer Stadtgeschichte Bd.I 1937). Francisci lässt erzählen, dass es 1496 in Munckberg Steine geregnet habe.

Lipstorpius, Daniel (Lipstorf / Lipstorp / Liepstorff) 376
Geb. 1631 Lübeck, gest. 1684 dito. Stud. phil. und jur. in Leiden, Magister in Rostock,

Hofmathematiker und Hofmeister in Weimar (d.h. Ausbilder der Prinzen, die er sogar drei Jahre zum Studium nach Jena begleitete), von 1660 bis 1667 Prof. Jura Upsala, danach in den Niederlanden Advokat der Holländischen Kurie bis 1675, seitdem wieder in Lübeck (Zedler/Poggendorf I). Seine Position ist nur in einem Punkt wirklich klar: »Mathematik ist die wahre und beste Philosophie«. Das machte ihn zu einem Anhänger Descartes in den »Specima Cartesianae Philosophia« von 1653. Im 2. Teil dieses Buches mit dem Titel »Copernicus redivivus, seu de vero mundi systemate« (Der wiederbelebte Kopernikus oder über das wahre System der Welt) ist er unschlüssig. Erst bevorzugt er die Auffassung der Pythagoräer einer um ein Zentralfeuer rotierenden Erde gegen Ptolemäus, findet die kopernikanische Theorie mathematisch attraktiv, bekommt aber mit dem Ptolemäer Tycho Brahe Zweifel, um im sechsten und letzten Kapitel die Position der Bibel für unantastbar zu erklären und gleichzeitig zu sagen, man dürfe sie nicht mathematisch interpretieren. Francisci zitiert aus dem 1. Teil die Anweisung Galileis, sich mit einem kugelförmigen wassergefüllten Glas einen Regenbogen zu machen, auf das in einer dunklen Kammer ein Lichtstrahl fällt. Ein 1656 geschriebenes Buch über die ungenießbare päpstliche Monarchie (»Formatio & Exclusio infrunitae monarchiae Papalis ...«) landete auf dem Index und war dort auch noch 1949. Seit 1967 ist der Index außer Kraft und wird nicht mehr fortgeführt.

Lister, Martin 1226
Geb. 1638 Radcliff, gest. 1712 London. Studierte Medizin und Naturgeschichte in Cambridge und Medizin in Montpellier. Arzt in York, dann London. Seit 1681 Mitglied der Royal Society und 1685 deren Präsident, seit 1697 Mitarbeiter des College of Physicans, zahlreiche Artikel in den Philosophical Transactions. Schrieb: »Historiae animalium Angliae tres tractatus« 1678 (Geschichte der englischen Tiere), »Historia Conchyliorum« 1685/1692 (Geschichte der Muscheln), »On the nature of earthquakes« 1684, »On the Thunder and lightening«, »Proceeding from the pyrits« (Schwefelkies FeS_2), und als Herausgeber der lateinischen Version von Jan Godaerts »Metamorphosis Naturalis« Korrektor zahlreicher Fehler (Poggendorf I, Jahn). Er gilt als Anreger geologischer Karten, erkannte die Ähnlichkeit der Fossilien mit lebenden Tieren. Francisci erwähnt aus einem Bericht an die »Philosophical Transactions« die Beobachtung eines entzündlichen Dunstes in den Bergwerken.

Livius, Titus 510, 519, 575, 587, 731, 744, 763, 832, 1365
Geb. zwischen 64 und 59 v.Chr. Patavium (Padua), gest. zwischen 12 und 17 n.Chr. Der bedeutenste Historiker des augusteischen Zeitalters. Seine Geschichte Roms in ursprünglich 142 Büchern ist noch in 35 erhalten (Grant, Klassiker antiker Geschichtsschreibung). Es geht um die Rückeroberung von Tarent durch Fabius, um Nebensonnen und Pest in Rom, um den brennenden Kindskopf von Servius Tullius und ob der Teufel dahinter steckt, um Blut-Steine-Wolle-Erde-Regen, um Schneebretter beim Zug Hannibals über die Alpen, um die Einäscherung und das Verschwinden des Romulus während eines Gewitters.

Lobbetius, Jacobus (Jacques Lobbet de Lanthin) 273
Geb. 1592 Lüttich, gest. 1672 dito. Professor der Philosophie in Douay, Rektor verschiedener Kollegien, seit 1663 Jesuit. Zahllose theologische Schriften, die 1670-1672 in sieben Bänden erschienen (Zedler). Francisci zitiert aus »De Religioso templorum cultu« von 1642 die Geschichte eines venezianischen Ratsherrn einer Gesandtschaft zu Papst Clemens V., der sich als Hund verkleidet unter den Tisch legte und plötzlich hervorsprang, um mit dieser Demutshaltung den Bann gegen Venedig aufzuheben, der wegen der der Einnahme von Ferrara ausgesprochen worden war.

Lotichius, Johann Petrus 932
Geb. 1598 Nauheim, gest. 1669. Arzt in Hanau und Frankfurt, Prof.med. Rinteln, Marburg, Herborn, 1632 Kaiserlicher Feldarzt, dann Rat und Historiograph Ferdinands III. Ein vielseitig interessierter Mensch. Er schrieb neulateinische Gedichte (»Bibliotheca poetica« 1628), das Vorwort zu Band IV von Merians »Theatrum Europaeum« 1647, dann »Rerum Germanicarum« 1646 mit berühmten Kupferstichen Merians, weiter eine Geschichte Ferdinands III., ein Buch über medizinische Beobachtungen und Therapie »Consiliorum et observationum medicinalum« 1644 (ADB). Und einen Kommentar zu Petronius Arbiter (s. dort), aus dem Francisci zitiert und das Thorndike VIII, 574 beleuchtet: »Commentatio ad Petronium Arbiter« 1629, in dem es um »unerlaubte Magie« geht und in dem er die Meinungen von Paracelsus und Agrippa zur magischen Wirkung von Ringen und Siegeln als Betrügereien zurückweist. Hieraus lediglich der Brauch in Wien, den Wein mit Eis zu kühlen.

Lubienietzkj, Stanislaus (Lubienietzki / Lubieniecki) 1030
Geb. 1623, gest. 1675. Polnischer Unitarier, der eine wichtige Rolle beim Versuch der Lösung der Religionskonflikte und im schwedisch-polnischen Krieg von 1655 spielte, dann aber nach Kopenhagen, Hamburg und Altona fliehen musste, wo er weiteren Verfolgungen, auch von Lutheranern, ausgesetzt war. Bei seinem Aufenthalt in Hamburg erlebte er den Kometen vom 28. 1. 1664 und schrieb dazu nach Diskussionen mit Petrus von Brüssel und Bullialdus einen aufwendig gestalteten Folianten, in dem Otto v. Guericke seine Bemerkungen untergebracht hat.: »Theatrum cometicum« 1668. K.E.Jordt Jörgensen hat 1968 eine Biographie geschrieben. Francisci zitiert aus dem Anhang des 5. Kapitels der Magdeburger Experimente (Von den Kometen). Darin fällt es Guericke laut Francisci schwer, ein Urteil darüber zu fällen, ob Stürme von Teufeln oder Geistern in den Erdhöhlen erweckt werden. Die Stelle bei v. Guericke heißt wörtlich: »Ob entsprechend der Ansicht des Paracelsus die Stürme von Dämonen hervorgerufen werden, darüber müsste man auch weitläufig schreiben und einen Unterschied zwischen den Dämonen machen. Überhaupt lassen sich diese Fragen nicht in kurzen Briefen behandeln, weil andere Grundsätze, begründende und einleuchtende Darlegungen eine veränderte Auffassung, Beipflichtung und Wirkung herbeiführen«. Das hört sich etwas anders an.

Lucanus, Marcus Annaeus (Lukan) 846, 1075
Geb. 39 n. Chr. Cordoba, gest. 65 Rom. Dichter, Neffe Senecas, wurde wegen Teilnahme an der Pisonischen Verschwörung von Nero zum Selbstmord gezwungen. Sein Epos »Bellum civile« behandelt den Bürgerkrieg zwischen Caesar und Pompeius. Starke Wirkung auf Dante und Goethe. Francisci nennt sein anderes Werk, das Epos »Pharsalia« (Pharsalus ist eine Stadt in Thessalien, wo Caesar Pompeius besiegt hat). Dort bezeichnet er die Erfrierung der Glieder als Verbrennung. Woraus der Hof um den Mond als Wettervorhersage stammt, wird nicht gesagt.

Lucena, Joan de (Juan) 331
Geb. um 1430 Lucena bei Cordoba, gest. 1506. Spanischer Humanist (Francisci bezeichnet ihn als Portugiesen). Lebte in Rom im Dienst des Kardinals Silvio Piccolomini, dem späteren Papst Pius II. Schrieb: »De felicitate vitae« 1463. Francisci nennt ihn bei einer Diskussion um den wahren Glauben und religiösen Eifer.

Lucianus von Samosata 853
Geb. 120 n. Chr., gest. nach 180 wahrscheinlich Athen. Ein römisch-assyrischer Rhetoriker und Satiriker, der in griechisch schrieb: »Macrobii« (= die Langlebigen), »Gespräche der Götter«, »Gespräche der Toten«, »Eine wahre Geschichte« (mit Reisen zu Mond und Venus). Möglicherweise stammt das Zitat von Francisci aus Macrobius, weil er dort von 300 Jahre alten Chinesen berichtet, obwohl es darauf nicht hinzuweisen

scheint: »L.ad Indoct.mult.libr.ement.«, was heißen könnte: Lucianus beim ungeschickten Erlügen vieler Bücher.

Ludovici, Daniel (Ludwig) 461, 803
Geb. 1625 Weimar, gest. 1680 Gotha. Prakt. Arzt und offenkundig ein Alchemist. Er wandte sich gegen überbordende Polytherapie: »De pharmacia moderno seculo applicanda libri tres« 1683, schrieb über Experimente mit lebendigen Kalk und eine Untersuchung des Weingeists in einem größeren Gewächs: »De experimentis cum calce viva factis. Inquisitio in majorem spiritus tartari proventum«, über Eisenfeilspäne und die Probleme, sie mit Wasser zu erhitzen: »De martis limaturae cum aqua incalescentia problematica qaedam« 1678 (Poggendorf I, Thorndike VIII, 95-96). Francisci nimmt eine im 3.Jahrgang der Ephemerides A.N.C. (= Acta Naturae Curiosorum) erschienene 249. Observation, bei der Ludovici einen silbernen Löffel in abgestandenen Tau taucht, der daraufhin gold-purpurfarben »wie ein Pfauenspiegel« glänzte (s. auch Henshau).

Ludovicus, Antonius (Luiz / Luis) 913
Aus Lissabon. Er lehrte im 16. Jahrhundert Medizin an der Universität von Coimbra und gehörte dort zu den Kommentatoren des Aristoteles, den »Conimbricensischen Vernunftlehrern«, wie Francisci sie nennt. Glas ist von warmer und trockener Eigenschaft, deshalb ist es im Sommer klüger, die Getränke aus schneegekühltem Geschirr zu trinken.

Lukrez (Lucretius, Carus) 475, 1230
Geb. 97 v. Chr., gest. 55. Lehrgedicht »De rerum natura«. Nennt das Echo Bild des Wortes, und um die Donner=Flammen riecht es schwefelig (im 2. Buch).

Lullus, Raimondus 462
Geb. 1235 Palma de Mallorca, gest. 1235 Bougie (von Muslimen gesteinigt). Missionar in Nordafrika, in Neapel, auf Zypern, Sizilien. Philosoph, lehrte in Montpellier. Schrieb, meist in katalanisch, Abhandlungen, Romane, Gedichte. »Ars magna« (Lullische Kunst), ein Vorläufer der formalisierten Logik, alchemistische Schriften. Natürliches Gold ist ein Kind der Sonne (in »Tractatus de Intentione Operant«).

Lusitanus, Amatus (Joao Rodrigues) 946
Geb. 1511 Castelo Branco/Provinz von Beira/Portugal, gest. 1568 Thessaloniki. Jude, der gezwungen wurde, zum Christentum zu konvertieren. Nach Studium in Ferrara und Ancona Arzt in Ferrara, Prof. Anatomie dort, Leibarzt des Papstes Julius III. Schrieb Kommentare zu Dioscorides. Hauptwerk: »Curatorium medicinalium centuriae septem«. Eis bei fieberhafter Halsentzündung.

Luther 37, 320, 627
Es geht um ein Übersetzungsproblem aus dem Hebräischen und Luthers Urteile zum Tanzen und zum Teufel, der »ein Säcklein voll Nüsse im Gemach verstreuet«. Bei der Dikussion um das kopernikanische System taucht er nicht auf. Er, wie auch Melanchthon und Calvin, haben es abglehnt. Calvin allerdings nicht unter Berufung auf die Bibel.

Lycosthenes (Konrad Wolfhart) 614
Geb. 1518 Ruffach/Elsass, gest. 1561 Basel. Professor der Grammatik und Dialektik und Diakon in Basel. Herausgeber und Fortsetzer des »Tractatus de Prodigiis« (über Wunderzeichen) des Julius Obsequentis (s. dort), der 1557 unter dem Titel »Prodigiorum ac ostentorum chronicon, quae praeter naturae ordinem, motum et operationem ... acciderunt« erschien (Eine Chronik der Wunderzeichen und Vorzeichen, die über die Ordnung

in der Natur hinaus, bei Bewegung und Tätigkeit noch dazu kommen). Darin wird von Missgeburten, Erdbeben, Steinregen, Folterungen, Goldregen, Land- und Seeungeheuern, Menschenfressern, Sonnen- und Mondfinsternissen, Epidemien usw. berichtet. Er schrieb noch über Plinius den Jüngeren, veröffentlichte einen historischen Kalender, einen Überblick über die Werke des Ptolemäus und Auszüge aus den Wissenschaften (Zedler). Francisci nennt kein Werk, aber es ist anzunehmen, dass er sich eigentlich auf Obsequentis bezieht, wenn er von Luftschlachten und Wundergesichtern der Luft erzählt.

Lyra, Nicolaus de (Lyranus) 269
Geb. 1270, gest. 1349. Franziskaner. Bibelexegetiker von großem Einfluss. Lehrer an der Sorbonne und später Oberhaupt der Franziskaner in Frankreich. Hauptwerk: »Postillae perpetuae in universam S.Scripturam«. Es wurde schon 1471 in Rom gedruckt. Es geht um eine Stelle in Josua 10 (s. das Kapitel »Allmacht Gottes«). Lyra klügelt mit den Jahreszeiten: Bei Josua sei Sommersonnenwende gewesen, bei Hiskia Winter, deshalb sei die Tagstreckung bei Josua länger gewesen als bei Hiskia.

Macrobius, Ambrosius Theodosius 905, 912, 924, 952, 973
Lebte um 390 bis 430 n.Chr., hat also nicht so lange gelebt, wie der Name nahelegt. Neuplatonist. Seine »Saturnalia« sind Gespräche über geschichtliche, mythologische grammatikalische Probleme und waren im Mittelalter ein beliebtes Nachschlagewerk. Ob Francisci diese oder eine andere seiner Schriften benützt, ist nicht deutlich, da er aus Bartholinus zitiert.: Das Meerwasser wird vom Frost nicht verhaftet, Schnee enthält wie Wasser »irdische Teile« und sei deshalb als Trunk nicht schädlich, der Wein gefriere selten oder niemals und sei gekühlt für den Magen nicht gut.

Madeweis, Friedrich 627-634
Geb. 1648 Sammenthin, gest. 1705 Halle. Erster Postmeister von Halle, Konrektor Berlinisches Gymnasium, Pädagoge, Gelegenheitsdichter. Francisci nennt ihn nicht, sondern zitiert einen gewissen gelehrten Mann mit »J.E.T.in Exercitatione Physica de Armorum militumque simulacris (in aere comparentibus)« 1671 (physikalische Übungen über Trugbilder von Waffen und Soldaten in der Luft). Es ist eine philologische Dissertation, die Madeweis mit Johann Ernst Teubner (J.E.T.) verfasste, über den ich sonst nichts finden konnte. Madeweis hat zwei Jahre vorher schon über das Erkennen und den Ort der Engel geschrieben (Zedler). Die von Francisci mit »cellula« angegeben Zitatstellen sind kein Titel, sondern bedeuten so viel wie »Thesaurus« und sind eine Sammlung oder Aufzählung der Vorfälle, die geschildert werden. Er bedient sich hier ausgiebig in einer Form, die nahelegt, dass er die Spuren bewusst verwischen will, beruft sich auf den »vorbedachten Author« im Gespräch, der nur in Abkürzung genannt wird und dann auch noch auf denjenigen der beiden mit dem geringsten Anteil daran. Vielleicht hat er Ärger befürchtet. Madeweis glaubt nicht so recht an Hexen und Gespenster, sammelt aber fleißig Geschichten über sie.

Maesthlerus, Michael (Maestlin / Moestlin) 1413
Geb. 1550 Göppingen, gest. 1631 Tübingen. Nach Reisen in Italien zunächst Diakon in Backnang, dann Professor der Mathematik in Heidelberg, seit 1584 in Tübingen. Beobachtete einen neuen Stern in der Cassiopeia, den Kometen von 1557 und 1578, stellte astronomische Tabellen auf, stand in Briefwechsel mit Keppler und soll Galilei zum kopernikanischen System bekehrt haben (Poggendorf I). Francisci zählt ihn zu denen, die die Erde nicht für den Mittelpunkt der Welt halten.

Maffejus, Johannis Petrus 1079
Geb. 1536 Bergamo, gest. 1603. Jesuit in Portugal, Mailand und Rom. Er schrieb über

Ignatius von Loyola, eine Kirchengeschichte im päpstlichen Auftrag und eine »Historia Indica«, aus der Francisci die Geschichte des Untergangs einer portugiesischen Flotte unter Bartholomaeo Diaz vor Brasilien im Jahre 1500 entnommen hat. Es handelt sich hier um eine Sammlung von jährlichen Berichten der Jesuiten aus ihren Missionen an ihren Oberen. Die 5. Auflage von 1573 enthält den von Francisci zitierten Bericht des Organtinus Brixianus aus Goa über Orkane auf dem Weg von Indien nach Japan (Zedler).

Magirus 544, 546, 843
Francisci nennt keinen Vornamen und keine Zitatstelle, was bei den zahllosen intellektuellen Vertretern dieses Namens nur eine weitgehend abgestimmte Vermutung zulässt. Es dürfte sich nicht um Johann den Jüngeren handeln, geb. 1615 Frankfurt/Oder, gest. 1697 Marburg, Professor der Mathematik und dann der Medizin in Marburg, der vor allem mathematische und medizinische Werke geschrieben hat, aber auch ein »New und alt Prognosticon Astrologicum... Deß M.C.LI. Jahres«. Auch nicht um seinen Vater Tobias (1586-1652), der Prof. Logik in Frankfurt an der Oder war. Wahrscheinlich ist es Johann der Ältere, geb.? Fritzlar, gest. 1596 Marburg, seit 1591 Prof. Physik in Marburg, der ein weit verbreitetes Standardwerk der aristotelischen Philosophie geschrieben hat, aus dem Newton in Cambridge gelernt und mit dem sich Francis Bacon auseinandergesetzt hat: »Physiologiae Peripateticae libri sex« 1600 posthum (Thorndike VII, 417, Poggendorf I, Zedler). Ein dunkel werdender Regenbogen zeigt Regen an, Schnee enthält Wärme, die aus der Wolke kommt.

Magnus, Albertus.(Graf von Bollstädt) 26, 515, 650, 810, 822, 876, 1307
Geb. um 1200 Lauingen, gest. 1280 Köln. Dominikaner. Scholastiker, Vermittler jüdischer und arabischer Wissenschaft, Kommentare zu Aristoteles, eigene naturwissenschaftliche Beobachtungen. Francisci berichtet über den Äquator als die allergemäßigste Weltgegend, über ein redendes Bild, über Kunstwerke, die der menschliche Witz ersinnt, darüber dass Tau in den Weinbergen sich durch Anzünden von Reisig vertreiben lässt, dass der Schnee im Februar und März sternförmig fällt, dass Schneevögel sterben, wenn man sie sieht, dass der gewundene Blitzstrahl durch unterschiedlichen Dampfdruck entsteht. Francisci zitiert aus den »Qaestiones naturae« (meteorologicae, super de animalibus, de fulmine) und wahrscheinlich, ohne es zu nennen, aus »de anima«.

Magnus, Gregorius 745
Geb. ca. 540, gest. 604. Er ist der Heilige Gregorius Magnus papa, den Francisci mit einer Beobachtung bei der Pest von 590 in Rom zitiert, die er dort erlebt hat. Schrieb so viel, dass die Liste bei Zedler eine ganze Folioseite einnimmt.

Magnus, Olaus (Ølof Masson) 704, 777- 782, 789, 814, 822, 831, 833, 834, 835, 836, 839, 863, 869, 877, 878, 879, 882, 891, 909, 931, 940, 955, 960-964, 966, 967, 969, 977, 979, 980, 1015, 1066, 1111, 1219, 1232, 1382
Geb. 1490 Linköping, gest. 1557 Rom. Schwedischer Geistlicher und Kartograph. Als junger Kanoniker Gehilfe des Gesandten des Heiligen Stuhls, Giovanni Arcimboldi, der die Bistümer inspizieren und den Ablasshandel ankurbeln sollte, und mit diesem ein Jahr lang rund 7200 km unterwegs bis in den hohen Norden Skandinaviens, wahrscheinlich bis zum Polarkreis. Als Gustav Wasa sich gegen Dänemark durchgesetzt hatte, die seit 1397 bestehende Kalmarer Union aus den Königreichen Norwegen, Schweden und Dänemark nach dem Blutbad von Stockholm 1520 an 90 Adligen und kirchlichen Würdenträgern durch Christian II. von Dänemark endgültig auseinandergebrochen war und Wasa in Schweden systematisch die Reformation durchzusetzen begann, gingen die Brüder Olaus und Johannes Magnus nach Danzig und zehn Jahre später nach Rom ins Exil. Olaus unterstützte als Sekretär seines Bruders dessen Bemü-

hungen um eine katholische Rückkehr nach Schweden, aber vergeblich. Es blieben beiden nur die von Rom vergebenen Titel katholischer Erzbischöffe von Upsala, den Olaus nach dem Tod seines Bruders als letzter besaß und der ihn bei der Veröffentlichung der »Historia« auch benutzte. Olaus ließ 1539 eine Karte Nordeuropas drucken, eine sog. »Carta marina«, die, auf neun Holzplatten, 1,25m x 1,70m groß war, und der halb erblindete Johannes schrieb die »Geschichte aller Könige der Goten und Schweden«. Die 22 Bücher über Sitten und Gebräuche der Nordvölker, »Historia de gentium septentrionalium veris conditionibus, statis & moribus«, die 1555 von Olaus veröffentlicht wurden, sind ein erweiterter Rückgriff auf die umfänglichen Erläuterungen der »Carta marina«. Das 800 Seiten starke Werk in Folio wurde in einer von Cornelius Scribonius 1567 besorgten Textauswahl zu einem über 100jährigen europäischen Erfolg mit italienischen, französischen, niederländischen, englischen und deutschen Ausgaben. Die schwedische folgte spät 1909-1951 (Zedler, Balzamo/Kaiser, Olaus Magnus 2006). Aus dieser »Historia« zitiert Francisci: Fallen norwegische Mäuse (Lemminge) vom Himmel? Und warum sterben sie gleich massenhaft? Sehr hoher Schnee im Norden bildet Tunnels, unterschiedliche Figuren der Schneeflocken, Schneeschuhe, Schneeblindheit auch bei Wölfen, harte Strafen für schlechte Verteidigung einer Schneefestung, Schneehühner, kein Schneebruch der Bäume, Schnakenplage im hohen Norden, auch Isländer kühlen Getränke, Eishäuser, Eisschuhe und andere Werkzeuge gegen das Eis, Treibeis schmilzt leicht, lange Schlitten (Eiswagen) der Finnen und Schweden, Krieg auf dem Eis, Finnen und Lappen verkaufen Wind, Dörrfisch fliegt armen Leuten in die Häuser, Aberglauben mit Donnergott, nach Gewitter wird Schwefel gesammelt und schwefelige Steine fallen aus der Luft.

Maignanus, Emmanuel (Magnanus, Emanuel) 692
Geb. 1601 Toulouse, gest. 1676 dito. Minorit, Lehrer der Theologie und Mathematik im Kloster Trinité du Mont in Rom, Provincial seines Ordens in Toulouse. Schrieb: »Perspectiva horaria s. de horographica gnomica, tam theoretica, quam practica« 1648 (mit einer der ältesten Theorien der Lichtbrechung als unterschiedliche Geschwindigkeit kleinster Teilchen, wenn sie auf ein Hindernis treffen, die Lasswitz II, 490-492 beschreibt), »Cursus philosophicus« 1673 (mit einer Theorie der Atome, in der zwischen mathematischem Punkt und physischer Realität unterschieden wird) (Poggendorf I) Francisci zitiert ohne Literaturangabe: Hohe Wolken werden bei Neumond nachts von der Sonne beleuchtet.

Majerus, Michael (Maier, Mayer) 998
Geb. 1566 Rendsburg, gest. 1622 Magdeburg. Leibarzt Kaiser Rudolph II., danach des Landgrafen von Hessen. Vor allem aber Alchemist und Rosenkreuzer, dessen »Atlanta Fugiens« zu einem der wichtigsten Emblembücher des frühen Barock zählt. Francisci zitiert ihn mit seiner Auffassung zur Windentstehung aus der Erdbewegung und benutzt »Septima Philosophia, quae aenigmata aureola de omni natura genere...« 1620 (Die siebte Philosophie, das sind die goldenen Rätsel über das Wesen der ganzen Natur...) (Zedler, bbkl).

Majolus, Simon (Maiolus, Simone Majoli) 566, 706, 711, 712, 732, 744, 751, 831, 841, 959, 1239, 1251, 1263, 1277, 1278, 1370, 1371
Geb. 1520, gest. 1597. Bischof von Volturara/Kampanien. »Hat von 1572 bis 1597 gesessen, da er Alters-wegen resigniert hat«, so Zedler. Er schrieb ein sehr populäres Buch, das bis 1619 fünf Auflagen, 1650 eine deutsche Übersetzung als »Hundsäugige Erquickungsstund« und eine französische Übersetzung erlebte: »Dies Caniculares, seu colloquia tria et viginti...« 1587, dessen ausführlichen Titel Thorndike VII, 110, nennt und eine Inhaltsangabe dieser sehr gemischten Abhandlung über die Natur gibt, deren Ausgangspunkt die Häufigkeit von Hundstagen bildet. Es ist in 23 »Colloquia Philolo-

gica« eingeteilt. Francisci erwähnt: Vulkan als Schmied geht auf den Ätna und lässt ihn ausbrechen, große Regentropfen töten Menschen in Mexiko, Aden ist trocken, Blutregen beim Schloss Sassendorf, Steinregen in Rom, Fischregen in Frankreich, Lawine in Frankreich, kein Schnee im Mohrenland und Schnee im Sommer bei den Tartaren, strenge Kälte in Konstantinopel, Wetterseen, die Sturm erzeugen, ein gottesfürchtiger Priester stirbt an Donnerschlag, ein Blinder wird sehend durch Kreuzberührung nach Hagelschlag, es ist Aberglauben, dem Blitz eine Bedeutung geben zu wollen, Glocken und Gebet sollen Blitzschlag verhindern, denn die Glocken sind Trompeten des ewigen Königs und gegen den Teufel gerichtet. Auf Seite 1371 eine Erklärung, warum bei Gewitter die Glocken geläutet werden sollen: Erstens, weil das Volk zum Gebet gemahnt wird, um Schaden abzuwenden, und dann weil ein Donnerschlag »durch solchen Klang oder auch durch den Knall des Geschützes die Wolken, welche zum Donnerschlag sich versammlen wollen oder schon versammlet haben, zertrennt und verjagt werden…«. Francisci zitiert aus »Colloquium de meteoris«, aus »de sagis« (über Wahrsagerinnen), aus »de campaniis« (über Felder) und aus »de Vaticiniis« (über Prophezeiungen).

Major, Johannes Daniel 829
Geb. 1634 Breslau, gest. 1693 Stockholm. Prakt. Arzt in Hamburg, Prof. med. und Botanik in Kiel seit 1665, Mitglied der Leopoldinischen Academie. Er schrieb über Versteinerungen, Kunstkammern, Chirurgie, Anatomie, Physiologie von Auge und Gehirn, über Votive und Orakel in der Medizin, über utopische Reisen, über Jütland u.v.a., z.B.: »Lithologia curiosa s. de animalibus et plantis in lapidem conversis« 1662 (Sorgfältige Gesteinskunde oder über versteinerte Tieren und Pflanzen), »De cancris et serpentibus petrificatis« 1664 (Über versteinerte Krebse und Schlangen). »See-Farth nach der Neuen Welt ohne Schiff und Segel« 1670. »Bevölckertes Cimbrien« 1692 mit einer Theorie der Besiedlung Jütlands durch Nachkommen von Noahs Enkel Gomar (Poggendorf I, Zedler). Der Schnee ist blau, weil der Himmel blau ist, und der Schnee erscheint weiß, weil wir in ihn wie in viele kleine Spiegel schauen, aus denen ein »vielfältig untereinander gemengter Glantz entspringt«. Nur aus stetiger Gewohnheit bemerken wir den blauen Anteil nicht (aus den Observationen der Academia Naturalis Curiosorum, 3. Jahrg.).

Makel, D. 200
Er berichtet von leichtem Wasser in Madrid, das der Kardinalinfant bis nach Flandern hat bringen lassen (aus der spanischen Reisebeschreibung am 140. Blatt). Es ist nicht einmal eine Andeutung dieses Menschen zu finden. Francisci hat sich wohl einen Scherz erlaubt. Die Zeitgenossen wussten vielleicht sofort, wer gemeint war: Zeilerus (s. dort), der auf einem Auge blind war. Er hat seine Reisebeschreibung nach Spanien geschrieben, ohne jemals dort gewesen zu sein. Zeilerus war ein Polyhistor wie Francisci und sein Konkurrent auf dem Büchernmarkt.

Maleanus, Ludovicus (Lodewijk van Male) 302
Geb. 1330 Kastell van Male bei Brügge, gest. 1384 Sint-Omaars. Der letzte unabhängige Graf von Flandern, der von Filips van Artevelde in der Schlacht von Beverhoutsveld 1382 vernichtend geschlagen wurde. Francisci zitiert ihn aus den Annales Flandriae mit einem Bericht über Veitstanz in Flandern.

Malleolus, Felix (Hemmerli(n)) 559
Geb. 1388/89 Zürich, gest. 1458/61 Luzern. Jurist, Chorherr Zürich, Probst Solothurn. War im Ausschuss der Kirchenreform beim Basler Konzil 1432-35. Herzog Albrecht VI. von Österreich widmete er »Liber de nobilitate«, in dem er sich als Gegner der ersten Schwyzer Eidgenossenschaft zu erkennen gab. Die Eidgenossen haben ihn deshalb 1454 bis an sein Lebensende im Franziskanerkloster von Luzern eingesperrt. Hier reiten

die Erschlagenen der Schlacht als Geister mit großem Getöse an Rudolph von Habsburg vorbei.

Manasses, Constantinus 958
Geb. ca. 1130, gest. ca. 1187. Byzanthinischer Chronist. Schrieb eine Chronik vom Anfang der Welt bis zum Ende der Herrschaft des Nicephorus Botaniates (1081). Sie wurde im XIV. Jahrhundert ins Slawische übersetzt. Francisci lässt ihn von einem grimmigen Winter erzählen.

Mandelslo, Johan Albrecht de 85
Geb. 1616, gest. 1644 Paris (an den Pocken). Sekretär am Gottorper (Holstein) Hof. Machte 1638 – 1640 eine Reise nach Persien und Ostindien, dessen Bericht von Olearius posthum herausgegeben wurde: »Des Hoch Edelgebornen Johan Albrecht von Mandelslo Reyse=Beschreibung ... Herausgegeben Durch Adam Olearium« 1658 (Zedler). Francisci erwähnt die Lustgärten der Moguln.

Manfredus 1434
Es handelt sich um Michael Manfredi, das Pseudonym des Ricciolus, unter dem dieser sich in den Philosophical Transactions Nr. 36 vom 15.6.1668 in eine Auseinandersetzung mit de Angelis über die Gesetze des freien Falls eingeschaltet hatte (s. Kapitel »Intellektuelles Milieu«). Francisci ist bei der Lektüre der Philosophical Transactions dem verdeckten Spiel des Riccioli aufgesessen.

Marcellinus, Ammianus 283,743
Geb. 330 Antiochia, gest. 395 wahrsch. Rom. Historiker. Soldat unter Kaiser Constantin II. und Julian Apostata. Schrieb: »Res gestae«. Hier: Über Wollust, Spiele, Tanz und andere Spiegelfechtereien vergisst das gemeine Volk »das Gemeine Wesen«, und auf den pelagischen Inseln (südlich von Sizilien, zu ihnen gehört Lampedusa) habe es Gold geregnet.

Marcellus (Marcellus Donatus, Marcello Donati / Donato) 512
Geb. 1538 Corregio, gest. 1602 Florenz. Arzt, Sekretär und Rat des Herzogs Vincenzo Gonzaga von Mantua. Setzte sich für Sektionen ein. Schrieb: »De historia medica mirabili« 1613, aus dem Francisci unter Vermittlung von Horstius (s. dort) zitiert.

Marchgravius, Georgorius (Georg Marggraf / Marcgraf / Markgraf) 1211
Geb. 1610 Liebstadt/Sachsen, gest. 1644 Sao Paulo de Loanda/Angola. Naturforscher und Forschungsreisender in Südamerika. Studierte Mathematik, Botanik, Astronomie, Chemie, Medizin an verschiedenen europäischen Universitäten. 1638 Teilnahme an einer mehrjährigen Brasilien-Expedition des Fürsten Johann Moritz von Nassau-Siegen. Zusammen mit Willem Piso Verfasser von »Historia Naturalis Brasiliae« 1643 (ADB, Zedler). Zur Rolle von Johann Moritz von Nassau-Siegen (1604-1679), der Statthalter der holl. westindischen Handelskompanie in Brasilien war und in Angola zur Sicherstellung des Sklavennachschubs ein Gebiet um Luanda eroberte (weshalb wahrscheinlich Marggraf dort starb) siehe Euclides de Cunha, »Krieg im Sertao«, S. 707-708.

Marcianus (s. Martianus) 55

Marcus Marci (Jan Marek Marci / Johannes ... de Cronland) 1361
Geb. 1595 Landskron/Böhmen, gest. 1667 Prag. Arzt, Philosoph, Naturwissenschaftler. Professor der Medizin an der Karlsuniversität Prag. Geadelt nach Befehligung einer studentischen Truppe bei der Belagerung von Prag durch die Schweden 1648. Kontakte mit Athanasius Kircher. Schrieb über das Maß der Bewegung »De proportione motus«

1639, das Irisbuch des Himmelsbogens »Thaumantias liber de arcu coelesti« 1648, über die Natur der Iris »Dissertatio de natura iridis« 1650, eine Impulstheorie mit dem Namen eines der Giganten (Otos) »Otosophia seu Philosophia impulsus universalis« 1683 posthum. Weitere Schriften in Poggendorf I. Nach Thorndike VII, 312-313 ist er ein typischer Vertreter des barocken Prag mit seinen Goldmachern und Naturmagiern. Wer Angst hat, wird vom Blitz getroffen. Zitiert aus: »Philosophia vetus restitua« (die alte wieder hergestellte Philosophie) 1662.

Marinus, Philippus (Marina) 881
Aus Genua. Jesuit und Prokurator der japanischen Provinz des Ordens. Kircher hat ihn als wichtige mündliche und schriftliche Informationsquelle im Vorwort zu »China illustrata« erwähnt. Er hat einen Bericht über die Missionen in Japan, Tonkin und andere neu entdeckte Länder verfasst. Für Francisci steht darin nichts von aus Schnee geborenen Bisamratten.

Marlianus, Johannes (Giovanni Marliani) 457
Aus Mailand, gest. 1483. Professor der Medizin in Pavia und vielseitiger Wissenschaftler, der sich über Gewicht und Körperwärme und in Auseinandersetzung mit Aristoteles und dem Scholastiker Bradwardine (1290-1349) über mathematische Fragen der Berechnung von Geschwindigkeit Gedanken machte. Er schrieb »Libellus de reactione« Ein kleines Buch über Reaktion), »De ponderibus« (Über Gewichte), »Questio de calididate corporum« (Über die Frage der Körperwärme). Francisci berichtet ohne Angabe der Fundstelle (vielleicht aus Cardanus »De rerum varietate«) über einen Fall einer Jungfrau mit Diabetes, die des Nachts 36 Pfund Wasser gelassen habe. Er schrieb das der in den Adern gelösten Luft zu, die sich in Wasser verwandelt habe.

Martial, Marcus Valerius 896
Geb. um 40 n. Chr. Bilbilis / Spanien, gest. bald nach 100. Epigrammatische Gedichte mit großem Einfluss auf neulateinische Dichtungen des Mittelalters bis hin zu Lessing. Er nennt Schnee ein trockenes Wasser.

Martianus (s. Capella) 55

Martinii, Martino (Martini) 210, 881, 927, 1075
Geb. 1614 Trento, gest. Hangzhou 1661. Ausbildung im Collegium Romanum (sein Mathematiklehrer war Kircher), südtiroler Jesuit. Fuhr 1640 zusammen mit 24 Jesuiten von Lissabon nach China und installierte in Hangzhou eine Missionsstation. (Nur der König von Portugal hatte das Recht, Missionare nach China zu senden, ausgesucht wurden sie vom Papst). Er blieb bis 1651, erreichte Rom 1654 und startete erneut 1657 mit 16 weiteren Jesuiten. Hauptwerk: »Novus Atlas Sinensis« 1655, der aus 171 Folioseiten Text und aus Karten besteht, die er nach eigenen astronomischen Ortsbestimmungen angefertigt hatte. Insgesamt bereiste er sieben Provinzen. Schrieb noch Werke zur Geschichte der Chinesen und Mongolen, die er mit »Tartaren« bezeichnet, die in der Sprache der Chinesen aber Ta-ta heißen, woraus die mittelalterliche Verballhornung »Tartaren« = »ex tartaro« = »aus der Hölle« resultiert: »De bello tartarico historia« 1654 (Geschichte über den tartarischen Krieg), »Sinicae historia decas prima, res a gentis origine ad Christum natum in extrema Asiae, sive Magno Sinarum Imperio gestas complexa« 1658 (Das erste Jahrzehnt der chinesischen Geschichte, die Ereignisse vom Beginn des Volkes bis Christi Geburt im fernen Asien, oder die Gebräuche im großen chinesischen Imperium umfassend), »Regni Sinensi a Tartaris tyrannicè evastati depopulatique concinna enarratio« 1661 (Kunstgerechte Erzählung der Verwüstungen und Entvölkerungen des chinesischen Königreichs durch tartarische Tyrannen). Francisci braucht einen köstlichen Reiswein in China und fehlende Berichte über Bisamratten.

Chinesen trinken warm so wie wir kalt, und hätten deshalb keine Gicht. Es gibt eine Nachricht über eine chinesische Pflanze, deren Anzahl an Wurzelknoten Stürme vorhersagen soll.

Martyr, Petrus (von Angleria/Anghiera/Anglerius) 745, 752
Geb. 1459 Angera/Lago Maggiore, gest. 1525 Granada. 1492 (!) wohl der erste Kanonikus in Granada nach der Eroberung durch die Spanier, dann Prior des Domkapitels, päpstlicher Protonotar, Mitglied des Hohen Rates von Indien, designierter Bischof von Jamaica. Ein persönlicher Freund von Kolumbus, Amerigo Vespucci, Cortes. Schrieb mit »De orbe novo decades octo« 1516, das mehrfach aufgelegt und fortgesetzt wurde, die erste Beschreibung der Entdeckung Amerikas u. a. (Meyer V). Ein schlimmer Sturm im amerikanischen Tal des Gagona, und in Westindien entstehen aus morastigem Wasser, das aufs Pflaster gesprengt wird, »zur Stunde« Kröten.

Marx- und Lukasbrüder 275
Fechtergilden, beide in Frankfurt gegründet und mit Zunftprivilegien ausgestattet. Die Marxgilde 1474, die Lukasbrüder 1575. Besonders letztere galten als Raufbolde, deren Schaukämpfe, meist auf der Frankfurter Herbstmesse, oft blutig endeten (»Hau den Lukas«). Francisci nennt »einen gewissen Skribenten« (es dürfte Guarinonius oder Dilherr sein), der sich über die Anmaßung des Namens von drei Evangelisten entrüstet (er nennt noch die Johannesbrüder), als ob diese ein »Fecht- und Streich-Evangelium« geschrieben hätten.

Masius, Andreas (Maes) 269
Geb. 1514 Lennik bei Brüssel, gest. 1573 Zevenaar. Kath. Kleriker, Sekretär des Konstanzer Bischofs Johannes von Weeze, dann im Auftrag des Abtes von Weingarten diplomatischer Vertreter in Rom. Schied aus dem Klerus aus und heiratete. Schrieb mehrere Werke zu Syrien nach Studium des Hebräischen, Arabischen und Syrischen, Übersetzer der syrischen Basilius-Anaphora (des Hochgebetes beim Abendmahl) ins Lateinische, sowie des Traktates »De Paradiso« des Moses bar Kepha. Es geht um die Verlängerung des Tages durch Gottes Wille in Josua. Dazu hat Masius 1574 eine »explicatio in historiam Josue« geschrieben, »welche gar hoch estimirt wird« (Zedler). Er bleibt dabei: alle Übersetzungsvarianten laufen darauf hinaus, dass dieser eine Tag als einziger auf eines Menschen Bitte verlängert worden sei.

Maurolycus (Francesco Maurolico) 534
Geb. 1494 Messina, gest. 1575 bei Messina. Abkömmling einer griechischen Familie, die nach der Eroberung Konstantinopels nach Sizilien geflüchtet war. Benediktiner, Abt von Messina. Galt als der größte Mathematiker und Geometer seiner Zeit, zudem Astronom, Architekt und Historiker. Zur Bestimmung der Länge eines Grades im Meridian und der daraus berechneten Größe des Erdradius wandte er eine schon unter dem Kalifen al- Ma'mun im 9. Jahrhundert praktizierte Methode an. Schrieb: »Cosmographia« 1543, »Arithmeticorum Libri Duo« 1575, »Photismi de lumine et umbra« 1522 (Empfindung von Licht und Schatten), veröffentlicht 1611 u.v.m. (Zedler). Darin die Theorie des Regenbogens, mit der sich Descartes im 8. Discours seiner Météores auseinandersetzt (siehe unter Timonis) und die auch Francisci diskutiert.

Mayowius (John Mayow) 458
Geb. 1643 Looe/Cornwall, gest. 1679 London. Studierter Jurist, aber praktizierender Arzt in Bath, Chemiker und Physiologe, der 100 Jahre vor Lavoisier und Priestley einen Luftbestandteil identifizierte, der für den Brennvorgang, die Gärung und die Atmung wichtig ist (s. Kapitel »Intellektuelles Milieu«).

Medina, Petrus de (Pedro) 1040
Geb. 1493 Sevilla, gest. 1567. Königlich-spanischer Kosmograph und Historiker, der das erste Handbuch über Navigation mit dem Kompass herausgab, »Arte de navegar« 1545, aus der Francisci seine Andeutungen über Wettervorhersagen genommen haben dürfte. Dann eine »Summa Cosmographica« 1550 und historische Chroniken Spaniens.

Meibomius, Heinrich 40
Geb. 1555 Lemgo, gest. 1620 Helmstedt »So gieng er im Jahre 1625. den 20. Sept. und also in dem 70. Jahr seines Alters, mit Tode ab« (Zedler). Seit 1593 Prof. Geschichte und Poesie an der neu gegründeten Universität in Helmstedt. Er kümmerte sich um die Herausgabe früher sächsischer Chronisten, schrieb selbst »Opuscula historica rerum Germanicarum« und die »Notae ad Sleidanum de quatuor summis imperiis, Babylonico, Persico, Graeco & Romano« 1620, die Francisci anführt. Das Paradies liege, laut Melanchthon, bei Damaskus, da »die ersten Eltern ihren Sitz bei Damaskus gehabt«.

Meigerius, Samuel (Meiger) 1320
Geb. 1532, gest. 1611. Pastor in Nordtorff/Holstein. Er war ein erklärter Gegner des Hexenwahns. Schrieb: »De Panurgia Lamiarum, Sagarum, Strigum ac Veneficarum, totiusque…«1587 (Über die Bosheit der Vampire, Wahrsager, Hexen und Giftmischer), »Nuclevs Historiarvm Oder Außerlesen liebliche/ denckwürdige und warhaffte Historien /aus den glaubwuerdigsten alten und neuen Geschichtsschreibern. zusammengezogen« 1599 (Zedler). Ein Donner habe in seiner Pfarre in Holstein Schweine im Stall erschlagen.

Megiserus, Hieronymus 1020
Geb. 1553 Stuttgart, gest. 1618 Linz. Kaiserlicher Pfalzgraf und Geschichtsschreiber der österreichischen Erzherzöge und Stände. Er veröffentlichte Wörterbücher: türkisch »De lingua turcica« 1612, ein mehrsprachiges deutsch, latein, savonisch, italienisch »Thesaurus polyglottus seu Dictionarium multilingue« 1592, eine Kaiserchronik, eine Chronik von Korinth, Reisebeschreibungen u.a. von Malta und Neapel, und die von Francisci genannte Beschreibung von Venedig: »Paradisus Deliciarum, das ist Eigentlich und wahrhafftige Beschreibung Der wunderbaren, mechtigen und in aller Welt hochberuembten Stadt Venedig« 1610 (Zedler). Er berichtet von einem Lustgarten mit Höhle, in der zur Kühlung Winde erzeugt wurden.

Melanchthon 40
Er zweifelt überhaupt nicht daran, dass Adam und Eva (»die ersten Eltern«) bei Damaskus gewohnt haben.

Melander, Orho (Otto Holzapfel) 1181
Geb.?, gest. 1640. Kaiserlicher Hofrat und Cameralist in Böhmen, der sich, zunächst evangelisch, nach Konversion zum Katholizismus (den »Papisten«) an der Verfolgung der Reformierten beteiligte. Er schrieb neben Juristischem die allgemein abgekürzt genannte »Jocoseria«, eine Sammlung lustiger und ernsthafter Anekdoten, eine Kompilation aus Geschichten seines Vaters und älterer Schriftsteller: »Iocorum atque seriorum, tum novorum tum selectorum atque imprimis memorabilium« 1600 (Zedler). Es folgten im 17. Jahrhundert noch mehrere erweiterte Auflagen. Eine Frau lässt einen Furz, was beweist, dass sie noch Jungfrau ist.

Menander (Menandros) 221
Geb. 342 v.Chr. gest. 293. Griechischer Komödiendichter, von dem bis ins 20. Jahrhundert nur Fragmente oder Nachdichtungen vorhanden waren. Die Mischung ein Drittel Wein und zwei Drittel Wasser ist nicht gut.

Mendoza, Juan Gonzáles de 881, 1423
Geb. ca. 1540 Popayán/Neu-Granada, gest. 1618. Augustiner, der von Philipp II. nach China geschickt wurde, dort drei Jahre blieb und darüber den ersten Bericht abfasste, der chinesische Schriftzeichen enthielt: »Historia de las cosas más notables, ritos y costumbres del gran reyno de la China« 1586. Anschließend war er noch zwei Jahre als Bischof in Mexiko. Francisci erwähnt nur kurz, dass er nicht von aus Schnee geborenen Bisamratten berichtet, und dass er die »Wackelung« der Erde verwirft.

Mengering, Arnold 675
Geb. 1596 Halle, gest. 1647 dito. Lutherischer Prediger in der Gegend von Magdeburg und Halle, dann Hofprediger in Dresden und Altenburg. Zahlreiche Schriften, die ein genaues Bild der kriegerischen Zeiten geben. Die von Francisci zitierte lautet: »Informatorium conscientiae, oder Gewissensrecht« 1644 (bbkl). Hier der Bockssprung von Bitterfeld.

Menochius, Jacobus 1101
Geb. 1532 Pavia, gest. 1607 dito. Prof. Jura in Mondovi, Pisa, Pavia und Padua, Präsident des Rates von Mailand, eingesetzt durch Philipp II. von Spanien (Zedler). Er schrieb u.a. über Willkür und Besitz: »De arbitrariis et possessoriis« 1606, woraus Francisci die Frage des Eigentums nach Schiffbruch zitiert.

Mercator, Gerhard (Kremer) 1241
Geb. 1512 Rupelmonde/Flandern, gest. 1594 Duisburg. Der berühmte Kartograph und Geograph. Es geht darum, ob ein Steinwurf in den Pilatus-See bei Luzern ein Unwetter auslösen könne, Mercator meint, es müsse ein großer sein.

Mercatus, Ludovicus (Luiz de Mercado) 899
Geb. 1520 Valladolid, gest. 1606. Leibarzt Philipps I. und II. Konservativer Galenist (Zedler). Beschrieb in seinen von 1604-1654 erschienen fünf Folianten dicken »Opera« erstmals den Typhus. Francisci lässt ihn für mit Schnee gekühlten Trunk eintreten, ohne die Fundstelle anzugeben.

Mercurialis, Hieronymus (Geronimo/Girolamo Mercuriali) 891, 892, 1199
Geb. 1530 Forli, gest. 1606 dito. 7 Jahre Leibarzt des Kardinals Farnese in Rom, Prof. med. Padua seit 1569, später Bologna und Pisa. Übersetzte Hippocrates. Zedler schwelgt geradezu in seinem ungeheuren Erfolg, der sich in einem sagenhaften Vermögen niederschlug, und tadelt seine Arroganz. Er schrieb u.a.: »De morbis cutaneis« 1572 (Hautkrankheiten), »De morbis mulieribus« 1582 (Frauenkrankheiten), »De morbis puerum« 1583 (Kinderkrankheiten), »De occulorum et aurium affectibus« 1583 (Augen- und Ohrenkrankheiten). Verneint die Herkunft der Würmer im Schnee aus dem Schnee, je stärker die Bocks=Seiche stinkt, desto wirksamer gegen die Pest (aus »De pestilentia lectiones«, nach Abenzoar, s. dort).

Mercurius Cosmopolita 823
Pseudonym eines namentlich nicht eindeutig zu identifizierenden böhmischen Alchemisten, der in Den Haag lebte. Er schrieb 1640 »Pentalogos«, eine Konversation unter fünf Beteiligten, die nach ihren Aussagen sich Hermes und Paracelsus zuordnen lassen und gegen Descartes polemisierten. Dieser soll höchst ungehalten über diesen verdeckten Angriff gewesen sein. Francisci nennt weder die Quelle, noch den Inhalt der Kritik an Descartes' Theorie der Schneeflocken.

Mercurius Gallo-Belgicus 650
Dies ist das erste Periodikum der Welt und erschien, zu Beginn von Jansonius heraus-

gegeben, seit 1588 in Köln halbjährlich auf Latein. Für Nr. 3-15 zeichnete Gotthard Arthus verantwortlich, für 16 und 17 Georg Beatus und ab Nr. 17 bis zur Einstellung 1638 Johann Philipp Abelin. Darin wird von einer Schlacht 1629 am Himmel über Meißen berichtet.

Mercurius, Scipio (Scipione Mercurio) 928,932
Geb. 1540, gest. 1617. Arzt und Dominikaner in Rom. Schrieb nach Francisci: »De erroribus popul.«, eigentlich »De gli errori populari d'Italia«, in dem er medizinische Irrtümer aus seiner praktischen Erfahrung beschreibt. Bekannt wurde er vor allem durch das erste italienische Buch zur Geburtshilfe »La Commare o Ricogliatrice« 1595. Gottfried Welsch, ein Arzt aus Leipzig übersetzte es: »La Commare. Kindermutter- oder Hebammen-Buch« 1652. Die Bauern der Alpen vertrinken durch Trinken kalten Wassers von ihrer Lebenslänge gar nichts, und auch dem Großherzog von Florenz hat Eis im Becher nicht geschadet.

Mersenne, Marinus (Marin) 376, 471, 481, 509
Geb. 1588 Oizé, gest. 1648 Paris. Minorit, lebte in Ordensklöstern in Paris und Nevers. Eine der Hauptfiguren, die einen mathematischen Zugang zu den Fragen der Natur vertraten. Er arbeitete zur Zahlentheorie, bestimmte zusammen mit Gassendi die Schallgeschwindigkeit und entdeckte neben Galilei den Zusammenhang zwischen Tonhöhe und Frequenz und lieferte wichtige Beiträge zur Musiktheorie: »Traité de l'Harmonie universelle, où est contenue la musique théorique et pratique des anciens et modernes« 1627 (daraus nimmt Francisci ein Echo, das 14 Silben wiederholt, und die bebende Erde beim »Orgelschlagen«). Er hatte mit fast allen wissenschaftlichen Größen seiner Zeit Kontakt und machte sie in Frankreich bekannt, z.B. mit Huygens, Gassendi, Galilei, Toricelli, Fermat. Sein Briefwechsel ist in 12 Bänden als »Correspondance du Mersenne, religieux minime« Paris 1932-1972 veröffentlicht. Er ist auch der Herausgeber zahlreicher antiker Autoren der Mathematik und schrieb noch u.a.: »Cogita physico-mathematica etc.« 1644, in dem die »De hydraulico-pneumaticis phaenomenis« mit dem Francisci interessierenden Experiment enthalten sind, bei dem eine erhitzte Luftkugel nach Abkühlung schwerer war (Poggendorf I, Spektrum Lex.Naturwiss.). S.509 Mersennes Meinung, der Trompetenschall habe die Mauern von Jericho »von den Israelitischen Priestern umgeblasen und über den Hauffen geworfen«. (Josua 6,20: »Da erhob das Volk ein Kriegsgeschrei, und man blies die Posaunen. Und als das Volk den Hall der Posaunen hörte, erhob es ein großes Kriegsgeschrei. Da fiel die Mauer um ...«).

Merula, Paulus 484
Geb. 1558 Dordrecht, gest. 1607 Rostock. Niederländischer Rechtsgelehrter und Prof. für Geschichte in Leyden. Schrieb u.v.a.: »Cosmographia generalis« 1605, ein Werk mit zahlreichen Karten und Zitaten aus Antike, Mittelalter und Bibel, »Antiquitate romanorum de sacrficiis, sacerdotibus, legibus comitii & praemiis qua militiam sequebantur« (Römisches Altertum über Opfer, Priester, Gesetze der Volksversammlung und Vergünstigungen nach dem Militärdienst) (Zedler). Francisci zitiert ihn nach Zeilerus mit einem 13-fachen Echo.

Meteranus (Emanuel van Meteren / Meterranus) 749, 1118, 1119
Geb. 1535 Antwerpen, gest. 1612. Historiker, Konsul der Händler der Niederlande in London, als solcher verwickelt in die Intrigen gegen den spanischen Botschafter am Hof Elisabeths. Beschrieb das in seinem Buch »Album«. Francisci zitiert: »Historia, Oder Eigentliche und wahrhaffte Beschreibung aller fürnehmen Kriegshändel Gedenckwürdigen Geschichten und Thaten, so sich in Niderlandt, auch beygelegenen und andern örtern, Franckreich, Engelandt, Teutschland, Hispanien, Italien, etc. zugetragen haben unter der Regierung Kaysers Caroli deß V.Philippi II. vund Philippi deß III. König in

Hispanien...beschrieben, vnnd in 19. Bücher abgetheilt.../ Durch Emanuel Meteranum« 1604. Der Vesuv hat alles mit Asche bedeckt, Vieh ist umgekommen, eine Sturmflut in Jütland mit großen Schäden.

Meune, Jean (Jean de Meung / Meun / Chopinel / Clopinal /Clopinel = Hinkefuß) 866
Geb. ca. 1240 Meung-sur-Loire, gest. ca. 1305 Paris. Absolvierte die Artistenfakultät, war dann Kleriker. Viel mehr ist von seinem Leben nicht bekannt, um so mehr seine Fortsetzung des »Roman de la rose« des Guillaume de Lorris, in dem er auf Französisch einen drastischen, oft sexuell gefärbten Blick auf das Verhältnis der Geschlechter wirft und an den Frauen kein gutes Haar lässt. Francisci bezeichnet »Meune« als französischen Poeten, der in seinen Gedichten die Frauenzimmer als eifersüchtige behandelt. Der Rosenroman wird von ihm nicht genannt. Francisci schildert eine Szene, die er aus »*Corrocet. de Dictis & Factis memorab.*« genommen haben will, die so aber nicht im Rosenroman auftaucht. »Corrocet.«, ist sehr wahrscheinlich die latinisierte Version des französischen »courroucer«, ein Wort, das es im alten Latein meines Wissens nicht gegeben hat, und heißt »heftig erzürnt«. Es taucht an mehreren Stellen im Rosenroman auf (z.B. Kap. XXVIII, XLIII), ohne dass die betreffenden Stellen die von Francisci erzählte Geschichte hergeben würden, wohl aber das Thema Eifersucht. Franciscis Zitat übersetzt lautet also »heftig erzürnt von merkwürdigen Worten und Handlungen«. Bei diesen »*Dictis et Factis*« handelt es sich um eine Schrift des Sohnes des Genueser Dogen Pietro II., Battista II. Fregoso o Campofregoso (1440-1504), **Baptista Fulgosi** genannt: »*Baptistae Fulgosi de dictis factisque memorabilibus collectanea*« 1509. Fulgosi war nach Verwicklungen in einen Bürgerkrieg nach Frankreich geflohen, wo er über die Verdienste gelehrter Frauen seit der Antike schrieb. Er hatte schon in »Anteros sive de Amore« 1496 seine Haltung deutlich gemacht, dass Liebe eine gefährliche Leidenschaft sei, in der die Männer Würde und Verstand verlieren. Dieser Fulgosi also war »heftig erzürnt« über Jean de Meung und von ihm wird Francisci die Geschichte haben.

Meurerus, Wolfgangus (Meurer) 1363, 1365, 1382
Geb. 1513 Altenburg, gest. 1585 Leipzig. Arzt, erster Rektor der Nicolaischule in Leipzig, Prof. med. Leipzig, Stadtarzt und Ratsherr. Schrieb: »Meteorologica. Commentationes meteorologicae«. Medizinisches. Ein Tier wird vom Donner nicht angezündet, sondern entlebt, weil es zu feucht ist, ein 1620 gestrandeter Wal enthält einen Donnerstein (Meteorit).

Mey, Johannis de (Joannes) 43
Geb. 1617 Middleburg/Seeland, gest. 1678 dito. Prediger daselbst, Professor für Theologie und Doktor der Medizin. Hat sich zur Frage des Paradieses in Mesopotamien geäußert, wahrscheinlich in seiner »physica sacra« (Zedler).

Michovius 751
Geb. 1513 Aldenberg/Böhmen, gest. 1585 Leipzig. Prof.med. in Leipzig nach Studium in Italien, bekannt mit vielen Humanisten und Reformatoren. Schrieb: »Disputatio de catarrhis«, »Quaestiones meteorologicae« 1587 (das ist vor allem eine Auseinandersetzung mit Aristoteles). Sein Leben ist lateinisch im Internet zu finden. Bei den Russen werden keine Fische in Teiche ausgesetzt, sie fallen von alleine hinein.

Micraelius, Johannis (Johannes Lütkeschwager) 740, 1277, 1282-1287, 1329-1331
Geb. 1597 Köslin/Pommern, gest. 1658 Stettin. 1624 Prof. Rhetorik in Greifswald, 1641 Prof. Theologie und Philosophie in Stettin. Schrieb viele theologische, medizinische und historische Werke, vor allem zu Pommern: »Sechs Bücher vom alten Pommermland« 1639/1640. Hierzu gehören die blutende Luft über Slawe, die durch Blitz eingeäscherte Stadt Stargard, der Blitzschlag in den Stettiner Jacobsturm bei der Beerdigung des

pommerschen Herzogs und einer in die Rathausuhr zu Cößlin, sowie die »Stralsunder Wunderzeichen« der vom Blitz Getroffenen.

Mirabella et Alagona, Vincenzo 483
Geb. 1570, gest. 1624 Modica. Patrizier von Syrakus, Mathematiker, Musiker, Poet, Historiker und Schriftsteller. Schrieb: »Pianta delle antiche Siracuse« 1624. Francisci lässt ihn von einem Gefängnis in Saracosa (Syrakus) auf Sizilien erzählen, das wie ein Ohr konstruiert war und alle Gespräche der Gefangenen weitergab (wie auch Bonannus und Kircher berichten, s. dort).

Mitylenaeus, Chares (Hares von Mitylene / Mytilene) 937
4. Jahrhundert v. Chr. Historiker. Schrieb eine Geschichte Alexanders in 10 oder 11 Büchern, von denen nur Fragmente als Zitate oder Fragmente bei anderen erhalten sind. Francisci erwähnt die Anordnung Alexanders, in Petra 30 Gräben für die Konservierung von Schnee ausheben zu lassen.

Mizaldus, Antonius (Antoine Mizauld) 562, 650
Geb. 1510 Montlucon, gest. 1578 Paris. Mediziner und Astrologe, Prof. med. Paris. Schrieb: »Phaenomena, sive aeria Ephemerides« 1546 (Das erste Buch über Meteorologie, das in Frankreich erschien) »De arcanis naturae« 1558 (über die Geheimnisse der Natur), »De hortensium arborum…« 1560 (über Gartenbäume). Francisci zitiert ihn mit einer Meinung des Cardanus, dass die Irrlichter manchmal die Gestalt eines Kindes annehmen, was auch Langius und Gaspar á Reyes bezeugen, und deutet ansonsten nur an, dass er von ihm viele Wunderwerke der Natur anführen könnte, wenn er wollte.

Modognotus 744
Den gibt es nicht. Majolus erzählt vom Steinregen in Konstantinopel nicht « aus », sondern am Quasi*modogeniti*, dem Weißen Sonntag nach Ostern.

Möglin, Daniel (Florentinus de Valentia) 370, 1006
Geb. 1596 Böblingen, gest. 1635 Butzbach. Arzt, Rosenkreuzer, Hofmathematiker- und Astronom beim Landgraf Philipp von Hessen-Butzbach. Schrieb neben Kampfschriften für die Rosenkreuzerbewegung u. a.: »Perpetuum Mobile, Das ist: Immerwehrende Bewegung« 1625 (unter Pseudonym Valerius Saledini), »Mechanischer Kunst-Kammer Erster Teil« 1629, »Instrumentum Magneticum« (Hrsg. Joh. Remmelin) 1632. Woraus Francisci die des Fliegenden nimmt, der mit Hilfe verborgener Blasebälge in der Luft bleibt, ist nicht klar. Vielleicht aus der Mechanischen Kunst-Kammer. Auf S. 1006 wird er nicht namentlich genannt mit den Auffassungen zum Wind, es ist also nur eine Vermutung, dass er gemeint sein könnte. Johann Valentin Andreae wäre ebenfalls möglich (bbkl).

Monardus, Nicolaus (Nicalás Bautista Monardes de Alfaro) 854, 910, 913, 925
Geb. ca. 1508, gest. 1588. Arzt und Naturphilosoph in Sevilla. Schrieb: »Prímera y Segunda y Tercera Partes de la Historia Medicinal de las cosas que se traen de nuestras Indias occidentales, que sive en Medicina…« Nach Francisci ist er der Meinung, dass sich bei Kälte die Luftlöcher der Hände und Füße zusammenziehen, er ist für Weinkühlung durch zerstampften Salpeter und gibt eine Kühlmethode mit schneegefülltem Glasröhrchen an.

Montanus, Arnoldus 1294
Geb. 1625, gest. 1683. Holländischer Theologe und Philosoph. Rektor an der Lateinschule in Schoonhoven. Schrieb: »Gedenkwardige Gesantschappen der Oost-Indische Maatschappy in't Vereenigde Nederland, aan de Kaisaren van Japan« 1669. Es handelt

sich um die Gesandtschaft an den Shogun 1649; er beschreibt Entdeckungsgeschichte, Geografie, Ethnologie, Bräuche, Erdbeben usw. Hier: Japaner haben einen Donnergott.

Montanus, Benedictus Arias 265, 907
Geb. 1527 Frenegal de la Sierra/Extremadura, gest. 1598 Sevilla. Theologe, Orientalist. Beherrschte 10 Sprachen und wurde von Philipp II. von Spanien mit der Herausgabe einer mehrsprachigen Bibel beauftragt. Diese »Biblia Políglota« erschien 1569-1572 in Antwerpen in 8 Bänden. Zog sich in die Einsiedelei zurück, hatte wegen Verwendung chaldäischer Termini mit der Inquisition zu tun. Zuletzt Komtur des Ritterordens San Jago (Zedler, unter Arias). Einer von denen, die bei der Lebensverlängerung des Hiskias nicht die Sonne sich verlangsamen, sondern nur den Schatten am Zeiger der Sonnenuhr Ahas zurückweichen lassen. Und Übersetzungsprobleme bei den Sprüchen Salomons.

Montconnys, Balthasar de (Montconys) 454
Geb. 1611, gest. 1665. Arzt, Conseiller du Roi, Lieutenant Criminel in Lyon. Viel unterwegs. Unter anderem berichtete er 1646 von den Luftdruckmessungen Toricellis und der Thermometersammlung Ferdinands II., des Großherzogs der Toscana, der 1657 in Florenz die »Accademia del Cimento« gründen sollte, der allerdings nur ein 10jähriges Leben beschieden war. Der Sekretär der Akademie, Lorenzo Magalotti, veröffentlichte im Jahr der Auflösung noch die Forschungsergebnisse in einem großformatigen, opulenten Werk unter dem Titel »I Saggi di naturali esperienze nell'Accademia del Cimento«. Montconys machte selbst Versuche mit einem »Feuchtigkeitsmesser«, dem Hygrometer. Er wird mit seiner Reisebeschreibung von 1645 bis 1648 häufig zitiert, weil er darin Spanien, England, Holland, Syrien, die Türkei, Italien und Deutschland in üppiger Manier beschrieben hat: »Les voyages de Monsieur Monconys, conseiller du roi et lieutenant criminel au siège de présidial de Lyon. Divisez en V tomes, où les scavans trouveront un nombre infini de nouveautés, en machines de mathematiques, expérience physiques, raisonnemens de la belle philosophie, curiositez de chymie et conversation des illustres de ce siècle; outre la description de divers animaux et plantes rares, plusieur secret inconnus pour le plaisir et la santé, les ouvrages des peintres fameux, les coûtumes et moeurs des nations et ce quìl y a de plus digne de la connaissance dún honnête homme dans les trois parties du monde. Enrichis de quantités de figures en taille douce des lieux et des choses principales, avec des indices très exacts« 1665-1666. Er berichtet von einem Versuch in der Royal Society, bei dem ein Fisch sterben musste, dem man aus seinem Glas allen Sauerstoff genommen hatte.

Montmoranci 1104
Francisci nimmt ihn als Beispiel für Herrscherwillkür bei der Aneignung von Strandgut. Diese französische Adelsfamilie stellte mehrere hochrangige Soldaten in blutigen innerfranzösischen Auseinandersetzungen. Vielleicht meint er hier Anne de Montmorençy (1493-1567), der als Marschall von Frankreich besonders brutal gegen den Languedoc vorging.

Moreau, Renatus (René) 580
Geb. 1600 Angers, gest. 1656 Paris. Seit 1632 Professor der Medizin in Paris. Er schrieb über die Venaesektion, die Eröffnung der Venen: »De venae sectio et missione sanguinis in pleuritide« 1622 u.a. (Thorndike VII, 539, Zedler). Nach Francisci wird in einem Brief von Bartholinus an Moreau (aus »De luce animalium« 1647) berichtet, dass bei der Leicheneröffnung einer Frau Feuer aus der Gebärmutter gefahren sei. Bei einem anderen, der Schmerzen an der Hüfte gehabt habe, sei Feuer aus dem dicken Knie ausgebrochen und habe dem Arzt, der danach gesehen habe, die Augen verbrannt. Francisci zitiert das so: »Affeverante Alexandrino Medico, ex testimonio Philalthei

lib.1 de origine rer.3.Cael.com. 31 citante Caspare à Reyes Qaest.35«. Beseitigt man den Druckfehler im ersten Wort, heißt das: »Versichert Alexandrinus Medicus, nach dem Zeugnis von Philaltheus aus dem 1. Buch »Über den Ursprung der Dinge« aus Kapitel 3 »Kommentar zum Himmel Nr. 31«, das von Caspar à Reyes in der 35. seiner »Fragen« zitiert wird«. Bei Alexandrinus Medicus (s. dort) handelt es sich um Julius Alexandrinus von Neustein, den Leibarzt von Ferdinand I. und Maximilian II., bei Philaltheus um Lucillus **Philaltheus** (Lucilio Filalteo/Maggi 1501-1578), einen Arzt aus Pavia, der neben Medizinischem und Aristoteleskommentaren ein Buch über Erbeben geschrieben hat, und bei Caspar à Reyes (s. dort) um einen Arzt aus Spanien. Es ist ein Zeugnis aus dritter Hand, ausgehend von Philaltheus, der wiederum von Alexandrinus zitiert wird, worüber à Reyes letztlich berichtet, der von Francisci benutzt wird.

Morhofius, Daniel Georg (Morhof) 793
Geb. 1639 Wismar, gest. 1691 Lübeck. Literaturhistoriker, Polyhistor. Prof. Poesie Rostock 1660, Prof. Geschichte an der neu gegründeten Universität Kiel 1665. Wiederholte Reisen in Deutschland, England, Holland. Danach auch Abfassung eines alchemistischen Werkes, das unter historischen Aspekten behandelt wird: »De metallorum transmutatione ad Loelem Langelottum epistola« 1673. Langelot war Arzt in Holstein (Schmieder, Gesch. Alchemie, Thorndike VIII, 370/71). Berühmt wurde Morhof vor allem durch ein Kompendium aller Geisteswissenschaften, mit dem er der Zersplitterung der Fächer entgegenwirken wollte und in dem er in aus seinen Vorlesungen hervorgegangenen Artikeln das Wissen seiner Zeit in strukturierter Form als Anleitung zum selbständigen Urteilen zusammenfasste: »Polyhistor sive de notitia auctorum et rerum commentarii quibus praeterea varia ad omnes disciplinas consilia et subsidia proponuntur« 1688 (Polyhistor oder über den Ruhm der Autoren und Nachrichten von Dingen, von denen außerdem verschiedene Ratschläge und Hilfsmittel zu allen Disziplinen vorgetragen werden) (ADB). Dieses Buch konnte Francisci noch nicht vorgelegen haben, er zitiert aus »Dissertatio de Paradoxis Sensuum«, dass Wolken mit Froschlaich schwanger gehen können, die nach Regen hervorkommenden Frösche aber auch durch den Geruch des Regens angelockt sein könnten, auch wenn sie diesen normalerweise erst herbeirufen.

Morisott, Claude Barthélemy (Morisot) 1040
Geb. 1592 Dijon, gest. 1661. Einer der wichtigsten Intellektuellen seiner Zeit, Schüler von Cardanus, wird als Libertin eingestuft, schrieb dazu: Alitophili Veritas lacrimae ca. 1624-26 (Die Wahrheit über die Träne des Alitophilus), eine Satire gegen die Jesuiten. Chrysander Alitophilus war Alchemist. Francisci zitiert: »Orbis maritimi sive rerum in mari et littoribus gestarum generalis historia in qua inventiones navium, erundem partes, armamenta...urbes et coloniae maritimae...leges navales... venti...etc.« 1643. Er beschreibt darin alles, was zum Meer, seiner Schifffahrt, dem Seerecht, dem Schiffbau, seinen Winden zu sagen ist, auch die französischen, spanischen, englischen und portugiesischen Expeditionen an die Küsten Afrikas und Amerikas. Hier erinnert er nur aus Plinius an die Vorzeichen, die die Sterne für die Entstehung der Winde geben können. Weitere Werke: »Relations véritables et curieuses de l'isle de Madagascar et du Brésil« 1651 und eine Geschichte Heinrichs II. (Zedler).

Morland, Sir Samuel 502-508
Geb. 1625 Sulhamstead Bannister, gest. 1695. Diplomat, Mathematiker und vor allem Erfinder. Er hat nie ein Studium mit Abschluss beendet, eine theologische Laufbahn abgelehnt, betätigte sich aber in den Wirren der englischen Revolution als Emissär des Parlaments zum Herzog von Savoyen, um diesen von seinem Ausrottungsfeldzug gegen die Waldenser abzubringen, wechselte auf die Seite des Königs und wurde reichlich belohnt. Er war wegen seiner teuren Versuche für eine Rechenmaschine, eine Trompete und eine

Wasserpumpe ständig in Geldschwierigkeiten. Die Wasserpumpe arbeitete mit der Herstellung eines Vakuums durch Pulverexplosionen und mit Wasserdampf, um den auf einer Zisterne lastenden Luftdruck zu überwinden (eine Idee, die zur Dampfmaschine führte). Die Trompete, eigentlich ein Megaphon, oder wie Francisci sagt, ein Sprachrohr, hatte er in den 60er Jahren entwickelt und beschrieb sie 1671 in »Tuba Stentoro-Phonica: An Instrument of excellent use as well at Sea, as at Land«. Er handelte sich dafür eine öffentliche Rüge des Athanasius Kircher ein, der sich in seiner »Phonurgia Nova« von 1673 auf Seite 81 (der dt. Ausgabe »Neue Hall- und Thon-Kunst« 1684) heftig wehrte und nachwies, dass er ein Gerät zur Sprachvermehrung schon 24 Jahre vorher in seiner »Musurgia« in Anwesenheit von Zeugen vorgestellt habe und dass sich Berichte darüber schon bei Alexander dem Großen finden ließen, wie er es in seiner »Ars magna lucis et umbrae« von 1646 beschrieben hat. (David Nash Ford's Royal Berkshire History). Nur »drey- oder viererley Dinge schallen noch weiter als ein solches Sprach-Rohr: Das Blut der Unschuld, die Missethat deß Gottlosen, das ernstliche Gebet der Gerechten« (S. 506).

Mornaeus, Philippus (Philippe de Mornay) 274
Geb. 1549 Buhy (Eure), gest. 1623 La Forêt-sur-Sèvre. Wichtiger Berater Heinrichs von Navarra mit dem Beinamen »Pape des huguenots«, Gründer der protestantischen Universität von Saumur. Entkam dem Massaker in der Bartholomäusnacht und floh nach England. Schrieb: »De veritate religionis christianae liber Adversus Atheos, Epicureos, Ethnicos, Judaeos, Mahumedistas & caeteros Infideles« 1602. (Nouv. Lar. Ill.) Francisci zitiert aus »Mysterium Iniquitatis seu historia Papatus« 1611 (Über die Wahrheit der christlichen Religion gegen die Atheisten, Epikureer, Heiden, Juden, Mohammedaner und die übrigen Ungläubigen), in der der Papst für die religiösen Unruhen verantwortlich gemacht wird. Er erzählt die Geschichte des venezianischen Gesandten Dandalo am Hof des Papstes Clemens V. von Avignon, der sich mit einer Kette am Hals demütigte, um den Bann gegen Venedig aufzuheben.

Moufetus, Thomas (Moffett / Muffet / Moffet) 826
Geb. 1552 Shoreditch/London, gest. 1604 Wilton. Naturwissenschaftler, Arzt. Puritaner bis auf die Knochen. Medizinausbildung in Basel bei Felix Platter, einem Anhänger des Paracelsus. Später Arzt in London und Parlamentsabgeordneter für Wilton. Schrieb: »De jure et praestantia chemicorum medicamentorum« 1584 (Über die Berechtigung und die Vorzüglichkeit chemischer Medikamente), »Nosomantica Hippocratea« 1588 (Hippokratische Krankheitslehre), »Theatrum Insectorum« 1634 posthum (Thorndike VI, 285). Aus dem 2. Buch über die Insekten die Frage, warum der Schnee wohl rot wird.

Muncke, Jens Eriksen (Munk / Munck) 943
Geb. 1579 Barbo / Norwegen, gest. 1628 Kopenhagen. Als Kapitän der dänischen Marine unter Christian IV. begann er mit dem Aufbau einer Walfangindustrie, die vor allem mit dem begehrten »Walöl« und dem Fischbein der Barten Geschäfte machen sollte. 1619 bekam er vom König den Auftrag, die Nordwestpassage für einen Seeweg nach Indien zu erkunden. Er kam bis zur Hudson Bay und war wegen des frühen Wintereinbruchs im September gezwungen, im heute Churchill genannten Mündungsgebiet des gleichnamigen Flusses zu überwintern. Seine Mannschaft, 63 Mann, erlag bis auf zwei und ihn selbst dem Skorbut. Muncke schrieb darüber »Navigatio septentrionalis« 1624 (Seereise nach Norden), aus der Francisci die Nachricht vom 20 Klafter über das Wasser ragende Eis entnimmt (Dictionary of Canadian Biography Online).

Muraltus, Johann (Johannes von Muralt) 942
Geb. 1645 Zürich, gest. 1733 dito. Stadtarzt und Canonicus in Zürich, Mitglied der

Leopoldinischen Akademie. Francisci bezieht sich auf »Letter on the icy and crystallin mountains of Helvetia« 1669 in den Philosophical Transactions an Theodor Haak (s. dort). (Poggendorf I, Thorndike VIII, 606). Es geht um einen 80 englische Pfund schweren Eiskristall.

Muretus (Marc Antoine Muret) 1324
Geb. 1526 Muret bei Limoges, gest. 1585 Rom. Humanist. Wichtiger Kommentator antiker lateinischer Autoren (Horaz, Terentius, Catull, Propertius, Cicero, Seneca) und Übersetzer von Aristoteles und Platon ins Lateinische. Hielt Vorlesungen im Kolleg des Kardinal Lemoine in Paris vor großem Auditorium, darunter Heinrich II. und Katharina von Medici. Anklagen wegen Häresie und Sodomie, Gefängnis, Flucht nach Toulouse, gleiche Anklage, als hugenottischer »effigie« nach Italien. Niederlassung in Rom, gefördert von Kardinal Ippolito d'Este »mit sonderbarer Gewogenheit« und Papst Gregor XIII. (als Hugenotte!). Zedler gibt eine andere Darstellung seines Lebens, die ihm Atheismus unterstellt und »Sodomiterey«. Er war schwul. Vielleicht erklärt das die besonderen Zuneigungen der klerikalen Oberen. Francisci zitiert aus Murets Veröffentlichung des Seneca »De Providentia« 1585 (Über Vorhersehung). Der Blitz, der ins Zimmer fährt und den Degen, nicht aber die Scheide schmilzt, stammt eigentlich von Seneca.

Myretius 430
Ist wahrscheinlich ein Versehen von Francisci. Müsste richtig Muretus heißen.(s. o.) Er wird zitiert »Apud Montanum in Anasceve part.4.c.33« Bei diesem Montanus handelt es sich um **Jérôme de Monteux**, geb.1518, gest. 1559 aus dem Dauphiné, Arzt in Lyon, Begleiter der ersten Schwangerschaft der Katharina von Medici und später Leibarzt Heinrichs II. Er beobachtete als erster die Knochenveränderungen bei Syphilis. Schrieb u. a »Anascevus morborum« 1560, das Francisci anführt. »Anascevus« dürfte aus zwei Bestandteilen zusammengesetzt sein, aus »anas« = Altweiberkranheit und »cevere« = Bewegen des männlichen Hinterns beim Beischlaf. Das ist sein Buch über Geschlechtskrankheiten (auf dem Titelbild prankt ein Phallus). Eine 80jährige wird schwanger.

Nardus, Johannes (Ioannes Nardius / Giovanni Nardi) 843
Geb. ca. 1580 Montepulciano, gest. ca. 1655 wahrscheinlich Florenz. Arzt in Florenz. Er veröffentlichte 23 Jahre vor Athanasius Kircher ein »Vorspiel zur Physik des unterirdischen Feuers« (»De igne subterraneo physica prolusio« 1641), aus dem Francisci wahrscheinlich, ohne es zu nennen, die vom unterirdischen Feuer übriggebliebene Wärme des Schnees entnommen hat, die auf die Meinung des Aristoteles hinausläuft.

Nauclerus, Johannes (Vergenhans) 300,1263
Geb. 1425 Tübingen, gest. 1510 dito. Erzieher des Grafen Eberhard V. im Bart in Urach, später Gründungsrektor der Uni Tübingen, Prof. für Kirchenrecht. Er ist berühmt wegen seiner Weltchronik, in der erstmals, statt kritikloser Übernahme der Quellen, Forderungen wie zeitliche Nähe des Berichtenden zum Ereignis und Bevorzugung dokumentarischer Quellen aufgestellt wurden: »Memorabilium omnis aetatis et omnium gentium chronici commentarii« 1506 (Kommentierte Chroniken der denkwürdigen Ereignisse aller Zeitalter und aller Völker) (bbkl). Francisci zitiert ihn nach Majolus mit der Behandlung von Veitstanzenden durch den Bischoff Herebert von Köln und mit einem Kreuz auf einem Hagelkorn, von dem ein Blinder sehend geworden ist.

Nausea, Fridericus 776
Geb. 1496, gest. 1552 Trient. Studien in Leipzig, Pavia und Padua zum Dr. jur. Sekretär des päpstlichen Legaten für Deutschland, Ungarn und Böhmen, Lorenzo Campeggio, ab 1526 Domprediger in Mainz, ab 1534 Hofprediger Ferdinand I., 1541 Bischof von

Wien. Schrieb Poetiklehrbücher u. a. Lag auf der Linie des Erasmus von Rotterdam, den er schwärmerisch verehrte (bbkl). In seinen »Libri mirabilium septem« von 1532 glaubt er, dass Wolken Frösche und Würmer ausbrüten können.

Navarrus, Franciscus Aspilcota (Xaverius / Chavier) 332
Geb. 1506, gest. 1552. Mit vollem Namen Francisco de Jaso y Azilcueta di Kastil Xavier, der heilige Franciscus Xavier / Javier / Savierus u. a. Schreibweisen. Jesuit, wurde von Ignatius von Loyola 1542 nach Indien abgeordnet und arbeitete nach Francisci unermüdlich in den Weinbergen des Herrn. Er wird als Apostel der Inder und Japaner bezeichnet, schrieb Briefe und stramme Glaubensliteratur.

Neal, Thomas (Sir Thomas Neale) 1248,1249
Geb. 1641, gest. 1699 vollkommen pleite. Einer der schillerndsten Geschäftsleute und Politiker des Englands der Stuarts, Parlamentsmitglied seit 1688 und in 62 committees, Master of the Mint (Münze) von 1686-1699 (gefolgt von Newton 1700-1727), Organisator des »North American Postal Service« seit 1692, Papier- und Stahlproduzent, Bergwerksbesitzer in Maryland und Virginia, Berger von Schiffswracks, Überwacher des Glücksspiels und Ehemann der reichsten Witwe Englands. Francisci nennt ihn einen englischen Edelmann oder Ritter, der von einem Reiter berichtet, der mitsamt Pferd vom Blitz erschlagen wurde, zitiert aus den Philosophical Transactions ohne genaue Angabe.

Neander, Michael (Neumann) 10
Geb. 1525 Sorau, gest. 1595 Ilefeld. Seit 1550 Rektor der Klosterschule Ilefeld. Schrieb neben Philologischem und Theologischem: »Orbis terrae succincta explicatio« 1583 (Eine kurze Erklärung des Erdkreises), »Physice sive potius Sylloge physicae rerum eruditarum ad omnem vitam utilium« 1585 (Physik oder eher eine logische Begründung der wichtigsten für das ganze Leben nützlichen physikalischen Dinge), u. a. (Poggendorf I). Francisci zitiert aus den »Physice« die deutsche nächtliche Unterhaltung zweier Nachtigallen, die seit Alldrovandus eine literarische Karriere machte.

Neronis (der römische Kaiser Nero) 905, 912
Seine »Erfindung« war das Speiseeis. Er ließ Eis und Schnee mit Datteln, Nüssen Zimt u. a. verfeinern. Um Wasser zu kühlen, ließ er es abkochen und das Glas in den Schnee stellen (aus Plinius 31. Buch, 31. Kap.).

Neuhoff, Johann (Johan Nieuhof) 210, 568, 709, 724, 881, 927, 1074, 1239
Geb. 1618 Uelsen, gest. 1672 Madagaskar. Reiste im Dienst der niederländischen Ostindienkompanie von 1655 bis 1657 nach und in China, nachdem es nicht gelungen war, das portugiesische Handelsmonopol in Macao zu brechen. Er wurde im 17. Jahrhundert die Referenz für China. Vorher war er auch noch mehrere Jahre in Brasilien. Schrieb: »Die Gesandtschaft der Ost-Indischen Geselschaft in den Vereinigten Niederländern an den Tartarischen Cham und nunehr auch sinischen Keiser ... vom 1655. jahre bis in das 1657......«(1666). Seine »Gedenkweerdige Brasilianse Zee-en Lant-Reise und Zee-en Lant- Reize door verscheide Gewesten van Oostindien« erschien 1682 posthum. Nach Francisci Gouverneur von Colombo / Ceylon. Berichtet von schmackhaftem Reiswein, von einem chinesischen Perlenfluß, der nachts leuchtet, von einem Unwetter in China, davon dass der Regen vom Himmel erbeten werden muss, in China allerdings durch Götzen, von heißen Getränken an heißen Tagen in China, dass er nichts über aus Schnee enstandenen Bisamratten berichtet, von der Insel Hainan, auf der es eine Pflanze gibt, aus der sich das Wetter ganzjährig vorhersagen lässt, von wassergefüllten Höhlen in China, die Krach machen, wenn man einen Stein hineinwirft.

Nicephorus Callistus Xanthopulus 748
Geb. 1256, gest. ca. 1325. Griechischer Mönch und der letzte bekannte byzanthinische Kirchengeschichtsschreiber. Dass es sich um diesen handelt, war wegen fehlender Angaben nur aus Indizien zu schließen. Seine »Historia Ecclesiastica« von Christi Geburt bis 610 bestand aus 24 Büchern, von denen nur 18 erhalten sind, die bereits 1561 in lateinischer Ausgabe vorlagen. Sie ist im wesentlichen eine Kompilation aus anderen, nicht namentlich genannten Historienschreibern mit Zusätzen abergläubischer Begebenheiten (Zedler). Dazu passt der Ascheregen unter Kaiser Leo (der Große, 457-474), der auf eine Feuersbrunst am Himmel zurückgeführt wurde, so dass ein Gebet das Feuer löschen half.

Niderius (Johannes Nider) 554
Geb. um 1380 Isny, gest. 1438 Colmar oder Nürnberg. Dominikaner in Colmar, Prof. Theologie in Wien. Forderte Kirchenreformen und verlangte von den Laien ein Leben wie das der Mönche und eine strikte Observanz. Sein »Ameisenstaat« (»Formicarium de Maleficiis earumque praestigiis ac decaptationibus ad exemplum sapientiae de formicis«) war die meistbenutzte Zitatenquelle des Hexenhammers von Heinrich Institoris (»Malleus maleficarum«). Er beschrieb Hexen als Männer und Frauen, die den Teufel verehren, Mensch und Tier verhexen und auf dem Kreuz herumtrampeln – eine Vorstellung, die für den Hexenglauben prägend wurde. Hier findet jemand einen abgeschlagenen Kopf, aber keine Fußspuren (bbkl., Zedler).

Nieremberg, Juan Eusebio 407, 606, 863, 897, 918
Geb. 1595 Madrid, gest. 1665 dito. Spanischer Jesuit und Mystiker, der neben religiösen Traktaten über occulte Philosophie und über Sympathie und Antipathie in der Natur schrieb (ausführliche Besprechung in Thorndike VII 330-332). Francisci zitiert aus »De miris & miraculosis Naturis in Europa« 1635 und aus »Historia naturalis« (»Historia Naturae« 1635) immer dann, wenn es um den absurdesten Aberglauben geht.

Niphus, Augustinus (Nifo) 656
Geb. 1460/70 Sessa (oder Kalabrien), gest. 1538 (oder 1545/46) Sessa/Salerno. Philosoph, Prof. Padua. Berühmt durch seinen 14-bändigen Aristoteleskommentar (ges. Werke 1654 Paris), aus dem Francisci die »meteorologica« zitiert (bbkl). Es steht ein Rappe zwischen weißen Bergen am Himmel.

Nonius, Petrus (Pedro Nunes) 361, 692
Geb. 1502 Alcácer do Sal, gest. 1578 Coimbra. Arzt, Mathematiker, Cosmograph. Einer der größten Mathematiker seiner Zeit, der viele Beiträge zur Navigation leistete. Sein Name wird mit der Noniusskala, einem Rechenschieber in Verbindung gebracht, er hat ihn aber nicht erfunden. Er war Prof. für Moral, Philosophie, Logik, Metaphysik, später ausschließlich für Mathematik, zunächst in Lissabon, dann in Coimbra. Schrieb über den Himmelsglobus mit einer Theorie von Sonne und Mond und verteidigte die Seekarte: »Tratado da sphera com a Theorica do Sol e da Lua« 1537, »Tratado em defensao da carta de marear« 1537, »Tratado sobre certas dúvidas da navegacao« 1537, »De crepusculis« 1542 (Über Dämmerungen), »Livro de algebra en arithmetica y geometrica« 1567. (Thorndike V und VI an vielen Stellen). Francisci lässt ihn durch Varenius kritisieren, der ihm nachweist, dass seine Berechnungen über die Höhe der Luft wegen Vernachlässigung der doppelten Reflexion bei Dämmerung nicht stimmen können, und dass er Wolken mit Dünsten verwechsele, die doch leichter seien.

Nonnus, Ludovicus (Ludovic Nunez/Nonnius) 899, 910
Geb. 1553 Antwerpen, gest. nach 1645. Flämischer Arzt (Francisci bezeichnet ihn als Spanier, wahrscheinlich weil Flandern damals unter span. Herrschaft stand oder weil

sein Vater als portugiesischer Chirurg im Gefolge der spanischen Armee in die Niederlande gekommen war). Reiste viel in Italien und schrieb: »Diaeteticon sive de re cibaria libri IV« 1645, ein Kompendium der Diät und des Trinkens, vor allem von Wein zu allen Zeiten bei allen Völkern. Wie hoch steigen Wolken? Kühlung des Weins mit zerstampftem Salpeter. Ein kaltes Getränk ist ein Appetitanreger.

Nonnus Panopolita 826
5. Jahrh.n.Chr. Aus Ägypten. Schrieb, wie Zedler sagt, als Heide ein langes Gedicht über Bacchus »Dionysiacorum Lib.48« und nach Konversion zum Christentum »Ad Paraphrasin Johannis« (Zur Übersetzung des Johannes). Francisci führt ihn nur in der Fußnote an mit einer Arbeit von Heinsius (s. dort)

Obsequentis, Julius (Iulius Obsequens) 587
Lebte um die Mitte des 4. Jahrhunderts n. Chr. Sein Werk »Liber de prodigiis«, über Wunder, die im alten Rom zwischen 249 vor und 12 nach Chr. stattgefunden haben sollen, wurde bereits von Aldus Manutius 1508 gedruckt und mit Ergänzungen 1557 von Lycosthenes (s. dort) herausgegeben. Hier sieht man Flammen auf den Häuptern von Königen und Kriegsherren.

Oldenburgius, Henricus (Henry Oldenburg) 986
Geb. 1619 Bremen, gest. 1677 Pall Mall. Diplomat, Naturphilosoph, erster Sekretär der Royal Society, Mitbegründer der Philosophical Transactions. Unterhielt ein weltweites Netzwerk mit Wissenschaftlern und führte die Methode des »peer review« ein, bei der eingesandte Manuskripte von Fachleuten vor der Veröffentlichung begutachtet werden. Freund von Robert Boyle. Francisci lag wohl ein Sammelband der Acta Anglica vor, der von Oldenburg für 1665 – 1670 herausgegeben worden war. Aus diesen »Actis des Brachmonats«, also Juni 1665 der Bericht des Johannes Gill (s. dort) über Wasser und Luft in den Bergwerken und über schlagende Wetter.

Olearius, Adam (Oelschläger) 50, 79, 80, 598, 766, 1390
Geb. ca. 1603 Aschersleben/Anhalt (nach Zedler 1599), gest. 1671 Schloss Gottorf/Schleswig. Sohn eines Schneiders, Magister der Philosophie, Verfasser einer Holsteinischen Chronik und Ausrüster der Gottorfischen Kunstkammer, Kenner der orientalischen Sprachen und Sekretär der vom Herzog Friedrich III. von Schleswig-Holstein-Gottorf unter der Leitung des Kaufmanns Otto Brüggemann und des herzoglichen Rats Philipp Crusius ausgestatteten Gesandschaft nach Moskau und Isfahan. Ziel der Unternehmung war die Eröffnung eines Landwegs über Russland für den norddeutschen Orienthandel. Es ging zunächst von Hamburg über Reval und Nowgorod nach Moskau. 1635 zurück nach Gottdorf, dann erneut über Moskau nach Kazan und Ankunft in Astrachan 1637, die Rückreise auf gleichem Weg. Neben politischen, ethnographischen und geografischen Beschreibungen enthält der Bericht auch astronomische Messungen, Karten und Chroniken: »Moskowitische und persische Reise: die holsteinische Gesandtschaft 1633-1639«. In der fruchtbringenden Gesellschaft führte er den Namen des »viel Bemühten«. Hier geht es um die Geschichte der Gärten von Bagdad und die »Mährlein« der Perser und Türken über die Irrlichter und um »den Abriß« einer Maus, die man Leming oder Lemmiger nennt und die aus den Wolken gefallen ist.

Oleaster, Hieronymus 26
Geb.?, gest. 1563. Wird unter vielen Namen geführt: Hieronymus Bompillus de Olearis / Pompillus de Olearis / Hieronymus ab Oleastro / Jerónimo de Azambuja. Dominikaner in hoher Funktion, wahrscheinlich Mitbegründer der ersten portugiesischen Inquisition in Évora 1543, als Botschafter von Jao III. Teilnehmer am Konzil in Trient 1543 (bis 1563), auf dem von Pius IV. die dogmatischen Lehrsätze zusammengefasst

wurden, eine Disziplinarordnung für den Klerus beschlossen und der Index librorum prohibitorum aus der Taufe gehoben wurde. Schrieb Bibelkommentare zum Pentateuch, versuchte eigene Übersetzungen, die noch bei der King James Bibel 1611 Verwendung fanden. Wird von Francisci kurz angeführt beim Ort des Paradieses in Mesopotamien.

Olympiodorus (der Jüngere) 526, 537, 545, 598, 1026
Geb. ca. 495, gest. 570. Aus Alexandria. Neuplatoniker, der Kommentare zu Plato und Aristoteles schrieb. Francisci zitiert aus den »Meteorologica«. Es geht um die Farbe der Wolken, den Regenbogen und Sternschnuppen (das Schneuzen der Sterne) und um das Ausweichen auf- und absteigender Dünste zur Seite, woraus Wind entsteht. Und er braucht ihn als Quelle, zusammen mit Aphrodisaeus, für die verlorenen »Meteora« des Theophrast.

Onalius, Alphonsus 694
Francisci meint wohl den Jesuiten Alonzo de **Ovalle** (Ovagle) mit »Historia del Regno di Chile« Rom 1646. Er ist 1601 in Santiago de Chile geboren und 1651 in Lima gestorben. Seine Historia schließt die der dort gegründeten jesuitischen Missionen mit ein. (Nouv. Lar. Ill.) Die Berge sind dort höher als die Wolken.

Organtinus (Organtinus Soldus / Soldi / Soldo / Organtinus da Brescia / Gnecius) 745, 1090
Geb. 1530 Brescia, gest. 1609. Jesuit in Indien und Japan, der alljährlich von seinen Missionsstationen Berichte (Epistolae) an seinen General schrieb. Veröffentlicht wurden solche aus Goa 1568 und aus Japan 1577-1588, teilweise gesondert, aber auch als Sammlung, zusammen mit Acosta »Historia Rerum Indicarum« (s.unter Costa) und einer Lebensbeschreibung des Ignatius von Loyola (Zedler). Francisci benutzt den Brief von 1577 aus Meaco/Japan, in dem von einer heidnischen Fürstenversammlung berichtet wird, die den christlichen Glauben gelästert habe und deshalb von einem Sturm auseinander getrieben wurde, und über die üblen Folgen eines Wirbelsturms für die Seeleute.

Origanus, David (eigentl. Trost) 1003
Geb. 1558 Glatz / Schlesien (damals Böhmen), gest. 1628 Frankfurt / Oder. Dort Professor der Mathematik und des Griechischen. Francisci zitiert: »Ephemerides novae motum coelestium Brandenburgicae ab anno 1595 ad annum 1630« von 1595. Diese Planetentafeln beruhen auf Berechnungen Tycho Brahes (Poggendorf I, Zedler). Hier geht es um Wirkungen der Planeten auf die Entstehung des Windes.

Origenes (Origines) 25, 438, 439
Geb. 185 Alexandria, gest. 254 Tyros. Kirchenlehrer und Schriftsteller (einer der Kirchenväter). Seine theologischen Auffassungen fußten auf dem Platonismus. Bis ins 6. Jahrhundert lösten diese zahllose kirchliche Streitereien aus. Vor allem seine Engellehre war suspekt. Er war der Meinung, Gott habe schon vor der materiellen Erschaffung der Welt alle vernunftbegabten Wesen als Geister geschaffen, die sich dann, je nach ihrer Nähe zu Gott, zu Engeln oder Dämaonen entwickelten. Der Mensch stand dazwischen. Als Erdenleib mit Seele war er weder ätherisch wie die Engel noch von so dichter Materie wie die Teufel. Am Ende der Zeiten wird der ursprüngliche Zustand wieder hergestellt, das heißt, auch die Dämonen sind dann als Geister wieder bei Gott (bbkl., Heinrich Krauss, Die Engel, 2000). Francisci zitiert aus seinem Kommentar zur Genesis die »Englischen Kräfte«, das sind die Bäume des Paradieses als Kräfte der Engel, und die Flüsse als himmlische Gewässer, und aus der Streitschrift gegen Celsus die Engel als dienstbare Geister.

Orosius, Paulus 54, 744
Römischer Geschichtsschreiber aus Spanien, geb. um 390 n. Chr. Schrieb auf Veranlassung des Augustinus, um die Behauptung der Heiden zu widerlegen, dass der Verfall des römischen Reiches durch die Christen verschuldet sei, »Historiarum adversos pagnos«, ein Geschichtswerk, in dem er die Verbrechen der heidnischen Zeit übertrieb und andere Schriftsteller plünderte (Livius, Tacitus, Eusebius). Es kann als der erste groß angelegte Versuch einer lateinisch-christlichen Weltgeschichte bezeichnet werden und ist bereits 1475 aufgelegt worden (Meyer V). Francisci geht es um die Mauern von Babylon und um siebentägigen Steinregen.

Ortelius, Abraham (Oertel) 407
Geb. 1527 Antwerpen, gest. 1598 dito. Geograph und Kartograph. 1570 gab er sein »Theatrum Orbis« heraus, eine Sammlung von Landkarten, wohl die erste in Buchform. 1598 folgte eine kleine Ausgabe, die Epitome, zu der er nach eigenen Reisen den Text selbst schrieb. Danach gibt es in Neuseeland keine Schlangen und giftige Bäume.

Osorius, Hieronymus (Jerónimo Osório) 1151, 1159
Geb. 1506 Lissabon, gest. 1580. Prof. Coimbra, Archidiakon von Evora, zuletzt Bischof von Silvers /Algarve. Historiker. Schrieb u. a. »De rebus Emmanuelis Lusitanae« 1574. Francisci zitiert aus »Histor.Portugall.«, womit er eigentlich nur das Vorgenannte meinen kann. Zedlers umfangreiche Liste enthält eine »Histor.Portugall.« jedenfalls nicht. Ein Kapitän negiert die Warnungen der Einheimischen an der arabischen Küste vor einem Nordwind Anfang Mai und verliert zwei Schiffe.

Ovid 952, 973
Das Schwarze Meer kann vereisen, und auch der Wein wird zu Stein.

Oviedo, Gonzales de (Gonzalo Fernández de Oviedo) 308
Geb. 1478 Madrid, gest. 1557 Valladolid. Vom Kammerdiener am spanischen Hof zum Kommandanten von Santo Domingo und Historiker Karls V. Chronist der Eroberung Südamerikas. Schrieb: »Historia general y natural de las Indias« 1535 und 1545 u. a.(Zedler). Dies zitiert Francisci mit »Historia naturalis Indiarum«. Es geht um das verwerfliche »nackt Tanzen von 300 mannbaren trefflich schönen Mägdlein, die die Leute brünstig machen sollen«.

Palmerius 732, 751
Es gibt viele gleichen Namens. Am ehesten handelt es sich um Andreas Matthaeus Palmerius Florentinus (**Matteo Palmieri**), geb. 1406 Florenz, gest. 1475, auf dessen Konto mehrere Chroniken gehen: Chronica major (von der Schöpfung bis 1259), Abbreviatio Chronicorum (1000-1255), Liber de Temporibus (Buch der Epochen), Annali Florentini (1432-1474). Berühmt ist er vor allem durch »Della vita civile« (Diskussion der Qualitäten eines idealen Bürgers). Er erreichte beim Papst die Aufhebung eines Interdikts gegen Florenz, das den Florentinern die Abhaltung von Gottesdiensten untersagt hatte. Wie Zedler schreibt, »suchte (er) zur Unzeit Dante Aligerium zu übertreffen, und verfertigte eine opera von den Engeln, unter dem Titel Cicta oder Citta di vita, welche seiner Ehre einen nicht geringen Stoß gegeben.« Darin die Meinung, die Seelen der Menschen seien nichts anderes als die Geister oder Engel, die beim Abfall der Teufel von Gott neutral geblieben seien und seither von einem Menschen zum anderen wanderten. »Die besagte Schrifft wurde zum Feuer verdammt.« (Biographie im »Archiv für Kulturgeschichte« 47/1965, 77-95). Francisci zitiert ihn mit »Callisto III.«, der als Kalixt von 1455 – 58 Papst war, also genau zur Zeit des Fleischregens in Rom, und nach Majolus aus dessen »Colloq.de.Meteor.«

Panormita (Antonio degli Becadelli) 182
Geb. 1394 Panormus (daher der Name), gest. 1471 Neapel. Italienischer Humanist und neulateinischer Dichter, der im Dienst von Alfonso, des Königs von Neapel, Lehrer, Rat und Ausbilder dessen Sohnes Ferdinand war. Seine frechen, oft schmutzigen Texte wurden häufig und lange (bis ins 19. Jahrhundert) gedruckt. Schrieb: »Hermaphroditus« 1431, »De dictis et factis Alphosini regis Aragoniae« 1455 (dies zitiert Francisci). Alphonsus wollte keinen Wein trinken.

Paracelsus, Theophrast 300-307, 593, 594, 605, 606, 889, 985, 986, 1199
Geb. 1493 Einsiedeln, gest. 1541 Salzburg. Stud. Ferrara, Stadtarzt Basel. Nannte sich selbst »Para-Celsus«, um sich direkt neben die antike Größe in der Medizin, Celsus, zu stellen, indem er Galen und Avicenna zur Hölle schickte. Zu seiner Lehre der »tria prima« oder der drei Prinzipien Salz (Körper), Schwefel (Seele) und Quecksilber (Geist) siehe Kapitel »Rosenkreuzer«. Francisci entnimmt aus seinen allesamt posthum veröffentlichten Werken: Tanz als hupfende Seuche unter Weibern (Veitstanz, der interessiert Francisci am meisten), leckendes Feuer auf Lanzen und Hellebarden und dessen Entstehungstheorie, Feuerdrachen, die frühe Blüte erfrorener Bäume, die aus der »tria prima« bestehenden Winde, die Antipathie des Pestgestanks und Sterne, die Gewitter Nachdruck verleihen.

Paraeus (Amboise Paré) 1199
Geb. ca. 1510 Laval/Mayenne, gest. 1590 Paris. Der bekannteste Wundarzt des 16. Jahrhunderts, der als Militärarzt Wundbehandlung, prothetische Versorgung, chirurgische Instrumente bereicherte, aber vor allem in seiner Herangehensweise an ärztliche Probleme revolutionär war. Seine Chrirurgie basierte auf Erfahrung, er übernahm das, was erfolgreich gewesen war, schrieb es in einem einfachen, klaren Französisch auf und verwarf viele abergläubische Praktiken in der Medizin, ohne allerdings ganz frei vom Hexenglauben seiner Zeit gewesen zu sein (Ärztelex.). Francisci zitiert sein Buch über die Pest und ihre Bekämpfung durch Gestank.

Pardies, Ignace-Gaston 541, 542, 680
Geb. 1636 Pau, gest. 1673 Paris. Jesuit und Wissenschaftler. Arbeitete an einer Undulationstheorie des Lichts und stand 1672 über Lichtbeugung im Briefwechsel mit Newton. Ihm wurde vorgeworfen, er habe alles von Descartes abgeschrieben, während er selbst der Meinung war, zu seinen heftigsten Kritikern zu gehören. Dazu schrieb er »Lettre d'un Philosophe à un Cartesien de ses amis« 1672. und »Discours de la Connaissance des Bestes 1672«, eine nur schwach kritisierte Darstellung der Tiere als Maschine. (Cath. Encyclop./Zedler/Lasswitz II, 340). Francisci zitiert aus »Ephemerides Eruditorum« IV 1667, der lat. Ausgabe des »Journal des Sçavans«: Die Farben des Regenbogens liegen auf einer Wiese und folgen dem Gang des Pferdes, Leute sterben beim Brunnenputzen.

Parr, Thomas 430
Starb 1635 im Alter von 152 Jahren und wurde vom berühmten Harvey autopsiert, der das angegebene Alter für möglich hielt. Dies wird in einem Buch von Ionnes Bettus erwähnt: »De ortu et natura sanguinis« 1669, S. 317-325 (Thorndike VII, 517)

Paschalius 380,383
Franciscis Latinisierungswut hat hier Blaise **Pascal** (1623-1662) versteckt (s. Kap. »Horror Vacui«).

Pausanias 14
Griech. Schriftsteller aus Kleinasien. Schrieb um 160 bis 180 n. Chr. einen Reisebericht über Griechenland »Periegesis tes Hellados«. Francisci entnimmt aus dem Teil über

Korinth Orpheus und Amphion als Hexenmeister, die Bäume und Steine nach Belieben versetzen.

Pecklin, Johann (Johannes Nicolas Pechlin) 455
Geb. 1646 Leyden, gest. 1706 Stockholm. Prof. med. Kiel seit 1673, später Leibarzt und Bibliothekar des Herzogs v.Holstein-Gottdorp, Lehrer des Erbprinzen, den er nach Stockholm begleitete. Schrieb u.a. über Gestalt und Wärme Äthiopiens etc. (»De habitu et calore Aethiopum etc.«) 1677, über medizinische und physikalische Beobachtungen einschließlich eines Kommentars zu Brustkorbverletzungen (Poggendorf I). Francisci zitiert aus einer Schrift über Luft, fehlende Nahrung und das Leben unter Wasser (»De aeris et alimenti defectu et vita sub aquis«) 1676 eine tolle Theorie, warum Aale und Rochen außerhalb des Wassers länger leben als die übrigen Fische.

Peirerius (Isaac de la Peyrère) 824, 829
Geb. 1596, gest. 1676. Spekulierte über die Menschen bevor Adam (Prae-Adamite1655). Sein Buch wurde 1656 öffentlich verbrannt. Stammte wahrscheinlich aus einer jüdischen Familie, wurde hugenottisch erzogen, konvertierte zum Calvinismus und endete als Katholik. Sein Leben als Sekretär des Prinzen von Condé, seine Beziehungen zu Christina von Schweden und der Auftrag Cromwells, für die Wiederaufnahme der Juden in England Verhandlungen zu führen, sollten in einen theologisch – politischen Weltstaat münden. Er hat auch eine Geschichte Grönlands (»Relation du groenland« 1647) geschrieben, auf die sich Francisci wohl bezieht. Schneeflocken als Samen und die saphirblaue Farbe des Schnees im Schatten.

Peiresc, Nicolas Claude Fabri de 786, 885
Geb. 1580 Belgentier, gest. 1637 Aix-en-Provence. Er korrespondierte als Ratsherr in Aix und Abt eines Klosters in Guienne mit den wissenschaftlichen Größen seiner Zeit und schrieb selbst über Mathematik und Astronomie. Die bei seinem Tod gefundenen 10 000 Briefe wurden allesamt von seiner Nichte vernichtet, so dass nur seine eigenen in den Sammlungen anderer auftauchen. Gassendi hat eine Lebensbeschreibung verfasst, und aus ihm bedient sich Bartholinus (s. Gassendi).

Pellerus, Christophorus (Christoph Peller von und zu Schoppershof) 1103
Geb. 1630, gest. 1711. Patrizier, Jurist und Stadtrat in Nürnberg mit einem berühmten Garten, der mit Pflanzen aus der ganzen neu entdeckten Welt bestückt war. Kanzler der Universität Altdorf. Er ist der Autor eines Werkes gegen den verkalkten Politiker (»Politicus sceleratus impugnatus ...«), das 1684 auf dem »Index librorum prohibitorum« landete, also 4 Jahre nach der Veröffentlichung von Franciscis Lufft-Kreys, und dort noch 1948 zu finden war, zusammen mit einer Polemik des **Klockius** (Caspar Klock) über Staatsfinanzen und darüber, wie man mit erlaubten Mitteln dem Volk das Geld aus der Tasche zieht (»Tractatus iuridico-politico-polemico-historicus de aerario ...«) 1651. Klock (1583-1655) war Kanzler in Stolberg, Obersyndicus und Konsulent in Braunschweig und Kanzler in Minden und gilt als Begründer der Finanzwissenschaften mit dem gen. Werk. »Aerarium« heißt in diesem Fall »Staatskasse«, könnte aber auch die Abgabe der untersten Klassen für Kriegs- und Ehrenlasten bedeuten. Außerdem wird noch Gotofredus **Engelhard** erwähnt, der »De Jure Vectigal.« geschrieben hat, ein Buch über Zollrecht, und der derselben Meinung ist. Francisci erwähnt alle drei zusammen bei der Frage, was Schiffbrüchigen nicht abgenommen werden darf.

Pererius, Benedictus (Pereira/Pereyra) 26, 544
Geb. 1535 Valencia, gest. 1610 Rom. Jesuit, der vor allem durch seine Bibelkommentare berühmt geworden ist. Francisci nennt keine seiner Schriften als Quelle, aber es dürften die folgenden sein: »Physicorum seu de principiis rerum naturalium libros XV« von

1572 und der Kommentar über das 1. Buch Moses von 1589 (Zedler unter Pereira). Das Paradies liegt in Mesopotamien und der Regenbogen kündigt Regen an.

Perrault, Claude 947
Geb. 1613 Paris, gest. 1688 bei der Sektion eines an Fäulnis gestorbenen Kamels (Zedler). Arzt, Miglied der Académie des Science, vielseitige Interessen. Schrieb Bücher zur Architektur, zur Physik, über Erfindungen neuer Maschinen, zur Naturgeschichte. Francisci benutzt, über Bartholinus vermittelt, seine »Nachricht von den Würmern in den Eingeweiden«, um die Therapie mit kaltem Wasser drastisch zu schildern.

Persius, Antonius (Antonio Persio) 172
Geb. 1542 Matera, gest. 1612 Rom. Philosoph, Theologe, Jurist in Neapel und Venedig. Platoniker. Schrieb u.a. über warme Getränke bei den alten Römern (»Del Bever caldo costumato da gli antichi Romani« 1593), aus dem Francisci »Apud H. Salmuth in Tit. Pancirolli de Cibi capiendi modo.« zitiert. Bei den Genannten handelt es sich um den Historiker Guido **Pancirollus** (1523-1599), dessen »Rerum Memorabilium sive Deperditarum« (erinnerungswerte bzw. verloren gegangene Dinge) 1660 vom Juristen Henricus **Salmuth** (1522-1576) mit Ergänzungen herausgegeben wurde. Dort wird behauptet, dass in den Thermopolien (Garküchen) kein Wein verkauft wird.

Pervigilium Veneris 799
»Nachtfeier der Venus«. Ein spätlateinisches Gedicht, wahrscheinlich 4. Jahrh., dessen Autor nicht bekannt ist. Vermutet wird Tiberius. Es schildert in 93 Versen die Wiederkehr des Frühlings am Vorabend eines Venusfestes im Hain von Hybla auf Sizilien. Der Humanist Pierre Pithou hat es wieder entdeckt und herausgegeben. Francisci entnimmt ihm die Bezeichnung des Taus als Ausfluss der Sterne.

Petit 680
Dies ist eine der Stellen, an der mehrere unvollständige und ungenaue Angaben zusammenkommen. Francisci nennt weder den Vornamen, noch den Fundort und schreibt Gallaesius sehr wahrscheinlich falsch. Es geht um Salzwasser, damit käme am ehesten Pierre Petit, geb. 1598 in Montluçon, gest. 1667 in Lagny-sur-Marne, in Frage, Geograph Ludwigs XIII. und Intendant der Häfen und Befestigungsanlagen Frankreichs. Er hatte Pascal (s. Paschalius) bei seinen Versuchen über den Luftdruck unterstützt und neben Büchern über die Natur von Kälte und Wärme und die Kometen und den Umgang mit den Überschwemmungen der Seine einen »lettre touchant la profondeur de la mer« verfasst, der im Journal des Sçavans 1666 abgedruckt ist (Poggendorf I). Francisci nennt als Adressaten (oder Gegner) den »Presbyterus Gallaesius«, das könnte der Abbé von St.-Martin des Corres sein, auch Gallaeus, Jean Gallé oder Galleit genannt (1632-1707), der als Professor für Griechisch auch als Mathematiker hervorgetreten ist und Mitglied der Académie Française war. Der andere Pierre Petit aus diese Zeit war studierter Mediziner, Aristoteliker, lebte als Homme des lettres in Paris. Zedler nennt von ihm eine Schrift über die Nährkraft des Wassers (»De nutrimento aquae«). Salzwasser fängt mit der Zeit an zu stinken.

Petrejus, Peter 1291
Weil es um Russland geht, kommt eigentlich nur dieser Petrejus in Frage. Er bereiste es von 1601 bis 1604 im Auftrag Karls IX. von Schweden und schrieb darüber einen Bericht auf Schwedisch, »Stora oredans Ryssland« 1608, den er selbst ins Deutsche übersetzte und 1620 veröffentlichte: »Historien und Bericht von dem grossfirstentumb Muschkow« (Zedler). Der alte Donnergott der »Naugartener« (Nowgorod) rächt sich, nachdem sein Bild in den Fluss geworfen worden war und gegen den Strom fortgeführt

wurde, mit einem Prügel auf die Brücke und einer wiederkehrenden Stimme, die alljährlich seinen Namen »Perun« ruft.

Petri, Olaus 403, 790, 791
Francisci zitiert falsch aus Scheferus. Es handelt sich nicht um den 1493 geborenen und 1552 gestorbenen Reformator der schwedischen Kirche und Übersetzer des Neuen Testaments ins Schwedische Olaus Petri, dessen in Stockholm öffentlich zelebrierte Hochzeit einen Skandal verursachte, den er mit Angriffen auf die Hurerei der Priester parierte (Zedler). Es ist der Pastor **Olaus Petri Niurenius** (1580-1645), den Scheferus, vermittelt über dessen Söhne Ericus und Zacharias Plantinus, als Informationsquelle benutzt hat. Die Luft im Norden Finnlands ist trotz Dunkelheit reiner als anderswo, Lemminge dringen nicht in Häuser ein.

Petronius, Alexandrus (Alessandro Traiano Petronio) 222
Aus Castellana, gest. 1585. Leibarzt Gregor XIII. und Freund Ignatius'von Loyola. Schrieb über die Ernährung der Römer und wie sie ihre Gesundheit erhalten sollen: »De victu Romanorum et de sanitate tuenda libre quinque. His accessere libelli duo de aluo sine medicamentis mollienda. Rom, in aedibus populi Romani« 1581. Wein soll immer gewässert werden.

Peucerus,Caspar (Peucer) 600, 1246
Geb. 1525 Bautzen, gest. 1602 Dessau. Prof. Mathematik und Philosophie Wittenberg, später auch noch der Medizin, mit einer Tochter Melanchthons verheiratet. Er stand mitten in den religiösen Auseinandersetzungen zwischen »Philippisten«, Lutheranern und Calvinisten. Wurde vom lutheranischen Kürfürst August von Sachsen unter dem Vorwurf, dem Calvinismus den Weg zu bereiten, eingesperrt und saß 12 Jahre in Einzelhaft. Eine Rolle spielte auch der Hass der Kurfürstin Anna auf Peucer, der in einer Polemik von einer »Gynäkokratie«, einer Weiberherrschaft in Sachsen gesprochen hatte. (ADB) Seine zahlreichen Schriften betreffen Medizinisches, Naturgeschichtliches, Historisches und Theologisches, z. B. «De dimensione terrae« 1550, »Elementa doctrinae de circulis coelestibus« 1551 Francisci zitiert aus seinem in kirchlichen Kreisen bekannten Kommentar über die Göttliche Schöpfung (»Commentarius, De Praecipuis Divinationvm Generibus, in Quo A Prophetis, Avcthoritate Duina traditis«), dass Sternschnuppen und Kometen in den Geschichtsbüchern häufig verwechselt werden, und dass Gewitter als Luftflamme und Donner den Rachefeldzug Gottes gegen die Lästerer begleiten.

Pflaumerus, Ioannis Henricus (Johann Heinrich v.Pflaumern) 488, 1387
Geb. 1585, gest. 1671. Dr.jur. und Bürgermeister in Überlingen. Schrieb einen Reiseführer nach Italien (»Mercurius Italicus hospiti fidus per Italiae praecipuas regiones et urbes dux, indicans, explicans quaecumque in iis sunt visu ac situ digne«) 1628. An der Via Appia bei Rom wiederholt ein Echo am Grabmahl der Caecilia Verse von Vergil. In den Veroneser Bergen werden versteinerte Krebse gefunden.

Phania von Eresos auf Lesbos (Phanias / Phaenias) 777
Lebte in der 2. Hälfte des 4. Jahrhunderts vor Chr. Ein Schüler des Aristoteles und Freund des Theophrastos (s. dort). Alle seine Schriften sind verloren. Es finden sich einige Fragmente bei Athenaeus, den Francisci beim Froschregen nennt (Sarton). Der Fischregen, den Wormius anführt, wird auch von Athenaeus stammen.

Philarchus 751
Antiker griechischer Historiker aus dem 3. Jahrhundert v. Chr., den Athenaeus benutzt, um einen Froschregen zu bezeugen.

Philelphus, Franciscus (Francesco Filelfo) 694
Geb. 1398 Tolentino, gest. 1481 Florenz. Studierte Jura und Rhetorik. Stand dann in den Diensten von Venedig, Mailand, der Kurie in Rom, Prof. an verschiedenen italienischen Universitäten, Mitglied von Gesandtschaften nach Konstaninopel und Buda etc. Zedler beschreibt sein unruhiges Leben ausführlich. Francisci lässt ihn den Olymp besteigen, um zu sehen, ob er über den Wolken ist. Zitiert ihn nach Ludovicus Vives (s. dort) ohne Angabe.

Philolaus Crotoniata (aus Kroton in Kalabrien) 1413, 1419, 1420, (1423)
Geb. ca. 470 v. Chr., gest. ca. 385. Der erste Pythagoreer, von dem Schriftliches überliefert ist, den Platon wahrscheinlich noch persönlich kannte, Zeitgenosse von Sokrates und Demokrit, mit einer revolutionären Auffassung vom Kosmos. Ein zentrales Feuer, die Erde in Bewegung. Als Pythagoreer sieht er die Erde laufen und die Sonne still stehen. Kopernikus nennt ihn damit im 1. Buch seines Hauptwerkes »De revolutionibus orbium caelestium«. Der Philolaus auf S. 1423 ist ein ganz anderer: Francisci zitiert aus »Philolaus, sive dissertatio de vero systemata mundi« von 1639 des Ismael Bouillau (Bullialdus) und auf S. 1413 aus Plutarch »Lib.3.c.13.de Placitis Phil.«, was heißt »über die Meinungen des Philolaus«.

Philoponus, Iohannes 692
Geb. um 490 oder 500 Caesarea, gest. um 570 Alexandria. Christlicher Philosoph, der einer der ersten war, die aristotelisches mit christlichem Denken zusammenbrachten. Er war *der* Kommentator des Aristoteles im 6. Jahrhundert (der Grammatiker oder Liebhaber der Arbeit). Es geht um eine Besteigung des Olymp hoch über die Wolken (Metzler).

Philostratus, Flavius (von Athen) 704
Geb. um 170 n. Chr., gest. 250. Es gibt zwar vier Sophisten gleichen Namens und wahrscheinlich aus derselben Familie, aber es kann sich eigentlich nur um den og. handeln. Denn dieser schrieb eine Biographie des Apollonius von Thana (Vita Apollonii), die er der Kaiserin Julia widmete (gest. 217) und in der er hauptsächlich seine Reisen beschrieb. Auf diese Vita bezieht sich Francisci mit Fässern bei den indischen Brahmanen (»Indianische Bramine«), aus denen Regen und Wind herauskam, wenn man sie öffnete, und beim Verschließen das Wetter schön wurde.

Piccartus, Michael (Piccart) 272
Geb. 1574 Nürnberg, gest. 1620 Altdorf. Prof. Logik, Poesie und Metaphysik in Altdorf. Er hat Oppian in lateinische Verse gesetzt, Aristoteles kommentiert, viel zur peripatetischen Philosophie, politisch-moralischen und Rechtsfragen, z. B. das Recht des Siegers nach Kriegen (ADB). Francisci hat ihn für seine Einschätzung Reuchlins (s. dort) benutzt, der eine Theateraufführung schildert, in der Papst Leo X. und Luther auftreten. Es geht darum, wer am meisten Öl ins Feuer gießt. Sieger blieb Leo X., der sich im Eimer getäuscht hat.

Pieruccius (Perucchi? Peruccius?) 434
Nach Francisci ein Doktor der Rechte in Padua, der Bartholinus von einem 60jährigen erzählte, der seine Haare und Zähne wieder bekommen habe. Zedler kennt einen Frantz (Franciscus?) Peruccius, italienischer »Historicus, Redner, Poet«, der 1639 geschrieben hat: »Pompe funebri di tutte le nationi del mundo, raccolte dall'istorie sagre e profane« (Begräbnis aller Nationen dieser Welt und Sammlung heiliger und profaner Geschichten). Vielleicht ist der zahnende Alte so eine Geschichte.

Pigasetta, Antonio (Pigafetta) 1193
Geb. ca. 1491 Vicenza, gest. nach 1534 dito. War als zahlender Passagier, Astronom, Geograf und Kartograf bei der Weltumseglung Magellans 1519-1522 dabei und einer von 18 Überlebenden der ursprünglichen 270 Mann Besatzung. Schrieb ein Tagebuch mit genauen nautischen, klimatischen und ethnischen Beobachtungen, konnte Cebuano, eine philippinische Sprache, ansatzweise übersetzen. Es erschien 1525 auszugsweise in Paris »Relazione del Primo Viaggio Intorno Al Mondo«. Erst Ende des 18.Jahrhunderts gab es eine vollständige Ausgabe. Elmsfeuer, die die Seeleute Sanct Helena oder Sanct Nicolo nennen.

Pisanelli, Balthasar (Pisano, De Pisis, Baldassare) 898
Geb.? gest. ca. 1587. Arzt und Philosoph aus Bologna. Schrieb eine Abhandlung über die Pest: »Discorso sopra la peste« 1577, eine über einen Kometen: »Discorso sopra la cometa che apparue in Roma« 1582, über Nährkraft von Speisen und Getränken: »De Esculentorum Potulentorumque facultatibus liber unus«, aus der Francisci zitiert und die bis 1677 viele Auflagen erlebte. Er macht die Beobachtung in Sizilien, dass mit Schnee gekühltes Wasser pestilenzisches Fieber und viele Toten verhindert (Stolle. S. 888).

Piso, Guilielmus (Willem) 808,1211
Geb. 1611 Leiden, gest. 1678 Amsterdam. Der Leibarzt von Moritz von Nassau-Siegen, des Gouverneurs der holländischen Besitzungen in Brasilien (Recife, Pernambuco), die von 1624-1654 existierte. Piso gab zusammen mit dem Astronomen Georg Markgraf (s. Marchgravius) die »Historia Naturalis Brasiliae« 1648 heraus, in dem er die Kapitel mit dem Titel »De medicina Brasiliense« verfasste (Rare Books from the MBG Library). Der Tau in Brasilien ist fetter und aggressiver, enthält Salz und frisst Metalle an.

Pithoeius (Pierre Pithou) 827
Geb. 1539 Troyes, gest. 1596 Nogent-sur-Seine. Jurist, Historiker, Humanist, Calvinist. In den zweiten Religionskrieg als Schriftsteller verwickelt (»Satyricon«) und durch Flucht nach England nur knapp der Bartholomäusnacht entronnen, wurde er zu einem der wichtigsten französischen Humanisten. Seine juristischen Arbeiten zum Verhältnis von Krone und Papsttum waren noch 200 Jahre lang eine Diskussionsgrundlage. Seine historischen Dokumentationen sind chronologische Zusammenstellungen aus älteren Autoren (bbkl). Francisci zitiert die »Annalium et historiae Francorum scriptores veteres ab anno 900 ad annum 1285« mit einem blutigen Schnee im Jahr 860.

Platerus, Felix (Plater / Platter) 430
Geb. 1536 Basel, gest. 1614 dito. Studierte in Montpellier Medizin. Prof. Logik, dann Medizin in Basel, Stadtarzt und Senator. Berühmt wurde er durch seine »Praxis medica« 1602-1608, in der er versuchte, die pathologische Anatomie zu klassifizieren (nach ca. 300 Sektionen), und durch seine »Observationes« 1614, in die 700 Konsultationen in Basel und Umgebung eingegangen sind. In seine Amtszeit als Stadtarzt fallen zwei Pestzüge (Ärztelex.). Francisci zitiert aus dem 1. Buch der »Observationes« unter dem Titel »De Defectione motus vitalis« (Über das Schwinden des Lebenstriebs) die Geschichte des eigenen Großvaters, der als Hundertjähriger mit seiner 30-jährigen Frau einen Sohn gezeugt habe.

Platina, Bartolomeo (Bartolomeo Sacchi) 731
Geb. 1421 Piadena bei Cremona, gest. 1481 Rom. Zunächst Söldner unter Sforza, dann humanistisches Studium in Mantua, Erzieher der Söhne des Markgrafen von Mantua, Ludovico Gonzaga. Unter Papst Sixtus IV. erster Leiter der neu gegründeten Vatikani-

schen Bibliothek. Schrieb: »Vita pontificum« 1479 u. a. (bbkl). Vor dem Tod des Papstes Hadrian II. hat es in Brescia drei Tage lang Blut geregnet.

Plato 439, 1113
Er habe gesagt, die geringeren Götter, also die Engel, seien »in Beobachtung natürlicher Sachen geschäfftig, und jeder mit seiner Verrichtung beamtet«. Auf S. 1113 ist dazu eine unklare Quellenangabe gemacht: »L.5.de LL.«. Er könnte damit »De Lingua Latina« des Varro (s. dort) meinen, bei dem Francisci auch mit LL. abgekürzt hat.

Plautus, Titus Maccius 171
Geb. 254, gest. 184 v. Chr. Römischer Komodiendichter. Varro hat die Komödien, die er als echt identifizierte, in den »fabulae Varronianae« zusammengefasst. (Meyer V) Er beschwert sich über Neptun, dass er keine warmen Getränke reiche.

Plinius, Gaius P. Secundus (der Ältere) 7, 13, 54, 103, 113, 203, 218, 362, 363, 400, 450, 486, 571, 603, 658, 682, 691, 692, 718, 721, 741, 799, 810, 825, 884, 888, 896, 905, 918, 925, 942, 1039, 1040, 1075, 1224, 1227, 1230, 1253, 1288, 1289, 1301, 1304, 1308, 1309, 1311, 1323, 1350, 1355, 1380
Auch Francisci plündert seine Naturgeschichte aus dem ersten Jahrhundert nach Christus immer noch – Ende des 17. Jahrhunderts.

Plot, Robert 489,796
Geb. 1640 Borden, gest. 1696 dito. Prof. Chemie Oxford, 1682 Sekretär der Royal Society und Mitherausgeber der Philosophical Transactions. Bekannt geworden durch eine »Natural History of Oxfordshire« und eine von Staffordshire, in der ein fossiler Oberschenkel eines Riesen, heute als Megalosaurus identifiziert, beschrieben wird (Dictionary of Scientific Biography, Zedler). Hier berichtet er über ein vielfaches Echo in Oxfordshire und erfindet ein Gerät zur Messung der Regenmenge.

Plutarch 118, 119, 436, 118, 119, 436, 486, 543, 600, 692, 733, 822, 855, 910, 937, 1011, 1218, 1221, 1242, 1302, 1323, 1324, 1325, 1344, 1354, 1360, 1361, 1419
Geb. 50 nach Chr. Chaironeia, gest. um 125. Priester in Delphi. Er schrieb 44 Biographien berühmter Griechen und Römer und Moralia mit ethisch-erzieherischem und philosophischem Inhalt. Francisci schöpft daraus wohlmeinende Sinnsprüche, etwas über Sternschnuppen und Blutregen.

Politianus, Angelus (Angelo Poliziano, Angiolo Ambrogini, Politan u. a.) 914
Geb. 1454 Montepulciano, gest. 1494 Florenz. Humanist und Dichter mit großem Einfluss auf die Entwicklung des humanistischen Latein. Kanzler und Erzieher der Söhne Lorenzos de Medici, seit 1480 Professor der griechischen und lateinischen Literatur in Florenz. Zu seinen Hörern zählten Michelangelo, Reuchlin, Linacre, Grocyn. 1485 Kanonikus der Kathedrale von Florenz. Vermutlich war er der Liebhaber von Giovanni Pico della Mirandola und vermutlich starb er an der Syphilis (Encycl.Brit.). Er übersetzte Werke von Epiktet, Hippokrates, Galen, Plutarch und Plato aus dem Griechischen in Latein und dichtete selbst Verse in den beiden Sprachen: »Manto« (Lobrede auf Vergil), »Ambra« (Eloge auf Homer), »Rusticus« (Freuden des Landlebens), »Nutricia« (Einleitung zum Studium antiker Autoren). Ohne Angabe der Fundstelle hier das silberne Schneesieb für die Reichen.

Pomponius Mela 906
Geb. 43 / 44 n. Chr. Tingentera (Tarifa) bei Gibraltar, gest.? Geograph und Kosmograph. Sein Werk »De chorographica libri tres«, später »De situ orbis« genannt, gilt als das älteste in Latein geschriebene geografische Werk, dessen Wirkungsgeschichte vor allem im

Zeitalter der Entdeckungen erheblich war. Zum ersten Mal berichtet er von der Ostsee und von Skandinavien. Auch er hat's mit dem silbernen Schneesieb oder auch nicht, wie Salmuth bemerkt.

Pontanus, Johannes Jovianus (Giovanni Gioviano Pontano / Pontani) 705
Geb. 1426 Cerreto/Spoleto, gest. 1503. Staatsmann im Dienst der Könige Alfonso und Ferdinand I. von Neapel, Geschichtsschreiber und Dichter. Er soll sich nach Zedler einer groben und drastischen Sprache bedient, Manuskripte des Cicero in Montecassini gefunden und für seine eigenen ausgegeben und bei anrückendem Karl VIII. die Schlüssel Neapels an diesen übergeben haben, was ihn zunächst seine Ämter kostete. Die Geschichte hexerischer Pfaffen, die nach Begraben eines Esels vor der Kirchentür und Absingen lästerlicher Lieder am Strand eine Belagerung durch herbeigefluchtes Unwetter beendigten, stammt aus seinen Berichten über die Kriege Ferdinands I. von Neapel (»Belli, quod Ferdinandus senior Neapolitanorum rex cum Joanne Andregavence duce gesit«), wird von Francisci aber so nicht zitiert, sondern aus 2. Hand von Majolus (s. dort) genommen, der sie in »Colloquium de Sagis« (über Prophezeiungen) erzählt.

Pontis, Louis de 1091, 1274, 1275
Geb. 1583 Château de Pontis, gest. Paris 1670. Spielte eine Rolle bei der Belagerung von La Rochelle 1628, kämpfte in den Niederlanden und Deutschland. Als Gegner von Richelieu brachte er es nicht zu höheren Würden, zog sich nach 50 Jahren in die Abbay von Port-Royal zurück und schrieb »Mémoires de Monsieur de Pontis Maréchal de bataille« 1676, das viele spätere Auflagen erlebte. (Nouv.Lar.Ill.) Aus diesen »Mémoires« der Sandsturm in den Niederlanden, bei dem 5000 Soldaten erstickt sind, und das Unwetter bei Toulouse.

Popma, Ausonius Frisius van 914
Geb. 1563 Alst/Friesland, gest. 1613. »Gelehrter Grammaticus und Rechtsgelehrter« (Zedler). Neben Juristischem schrieb er Kommentare zu Cato und Sallust. Francisci geht es um den Schnee = Seyer für die Zärtlinge.

Porta, Giambattista della 475, 911, 1348
Geb. 1538 Neapel, gest. 1615 dito. Reicher Edelmann, machte mehrjährige Reisen in Italien, Frankreich und Spanien, um naturwissenschaftliche Kenntnisse zu sammeln. Schrieb vor allem »Magia naturalis sive de miraculis rerum naturalium« 1558 (Natürliche Magie oder über die Wunder natürlicher Dinge). Es war 150 Jahre lang ein Bestseller (Poggendorf I). Hier: Echo als Ebenbild der Stimme, Erfindung zur Vereisung des Weins, Bauern werden vom Erdbeben versteinert.

Posnerus s. Fervaquius

Praetoris 1254
Kein Name, sondern Prätor, der oberste Richter, der es mit einer vornehmen Konkubine trieb, die als »Unehre der Ehe« nach dem Blitzschlag in den Pulverturm von Mechelen, mit den blonden Haaren verstrickt im Baum hing, splitternackt und im unkeuschem Leib aufgeschlitzt. Wie Davids Sohn Absalom. Absalom bleibt im 2. Buch Salomon, Kap. 18, auf einem Maultier reitend, mit den Haaren in einer Eiche hängen und wird dort noch lebend von Joab mit drei Stäben ins Herz getötet.

Praetorius, Michael (Schulteis) 489
Geb. 1571 (?) Creuzburg bei Eisenach, gest. 1621 Wolfenbüttel. Komponist, Kapellmeister bei Herzog Heinrich Julius von Braunschweig-Wolfenbüttel, Leiter von großen Festmusiken. Seine »Syntagma Musicum« 1615-1619 (Musische Vereinigung) gelten als

wichtigste Quelle für die Musik seiner Zeit. Viele, nicht mit Musik zusammenhängenden Schriften scheinen verloren gegangen zu sein. Vielleicht auch das von Francisci zitierte »Ehren-Bergische Blut-Kloster«, in der er ein rundlaufendes Echo geschildert wird. Hinter dem seltsamen Namen könnte eine Geschichte vom Giftmord an Jörg (Georg) Gossenbrot stecken, der als Pfleger von Ehrenberg, Finanzmann und Geldgeber König Maximilians (des späteren Kaisers) nach einem heftigen Streit mit seinem früheren Freund, dem Abt des Klosters St.Magnus in Füssen einen wahrscheinlich vergifteten Saumagen oder eine Blutwurst aß und starb. Füssen war damals der erste Ort, in dem Lauten- und Geigenbau systematisch betrieben wurden. Praetorius hat diese als Sammler der Musikinstrumente seiner Zeit im 2. Buch der »Syntagma Musicum« unter dem Titel »Theatrum instrumentorum« beschrieben. (ADB / Heimatchronik der Stadt Füssen 1970)

Primerosius, Jacobus (James (!) Primrose) 917
Geb.? Xantoigne/Frankreich als Sohn schottischer Eltern, gest. 1659. Studierte Medizin in Montpellier. Er war, zusammen mit Guy Patin von der Pariser medizinischen Fakultät ein heftiger Gegner von Harveys Entdeckung des Blutkreislaufs (Patin: wenn das Herz eine Pumpe wäre, müsste man sie hören) und lag damit auf der Linie vieler eingefleischter Galenisten und Atomisten wie Alexander Ross, Riolan und Zaccharias Sylvius. Letzterer hat später seinen Irrtum eingestanden (Thorndike VII, 519). Hier geht es nur um die medizinische Wirksamkeit kalter Getränke.

Procopius von Gaza 268
Geb. um 460 Gaza, gest. um 530 dito. Francisci wird diesen meinen, weil er die »Catenae« des Alten Testaments geschrieben hat, das ist eine Anthologie früherer Bibelexegeten. Hier geht es um eine Stelle bei Josua und die Frage, ob Gott die Sonne rückwärts laufen lassen kann (s. Nicolaus Lyra). Er meint, dass der Tag verdoppelt wurde.

Prudentius, A.C. 439
348 bis nach 405. Er gilt als einer der größten christlichen lateinischen Dichter. Hier geht es um die offensichtliche Schwierigkeit, Engel von den alten Göttern abzugrenzen, die Götzen genannt werden. Prudentius hat sich darüber in Versen mit Symmachus gestritten (s. dort).

Ptolemaeus 720, 1075, 1425
Die Sonnenstrahlen prallen am Dunst bis zur Sonne zurück. Die Zitatstelle ist drucktechnisch schlecht lesbar, wahrscheinlich heißt sie »In secundo Apotelesmaton«, aus dem zweiten Buch seiner Astrologie, die auch »Tetrabiblos« genannt wird. Beim Hof um den Mond als Wettervorhersage ist keine Quelle angegeben, auch nicht bei der Diskussion um den Lauf der Erde um die Sonne.

Purchas, Samuel 401
Geb. ca. 1575 Thaxted/Essex, gest. 1626 (möglicherweise im Schuldturm). Von Haus aus Priester, beschäftigte er sich vor allem mit der Kompilation von Reise- und Geschichtsliteratur. Francisci lässt ihn von der fast unglaublichen, angeblich erfolgreichen Praxis berichten, die Seeleute vor einer Fahrt in die Tropen zur Ader zu lassen, aus »Hakuytus Posthumus or Purchas his Pilgrimes, contayning a History of the World in Sea Voyages and Lande Travells, by Englishmen and others« 1625. Es ist eine Fortsetzung der »Principal Navigations« von 1598 des Richard Hakluyt (1552-1616), der sich vor allem für die Kolonisierung Nordamerikas durch die Engländer stark gemacht hatte (Encycl. Brit. 1911).

Puteanus, Erycius (Errijk de Put) 585
Geb. 1574 Limbourg, gest. 1646 Löwen. Dichter, Jurist, Historiker, der es verstanden hat, sich vorteilhaft im Dunstkreis politischer und wissenschaftlicher Größen seiner Zeit zu bewegen. Befreundet mit Lipsius in Löwen, dessen Nachfolger er 1606 wurde, in Mailand engen Kontakt zu zwei Statthaltern, in Padua zu Pinelli, in Rom, dessen Bürger und Patrizier er wurde, zu Kardinal Boromaeo und Papst Urban, geschätzt vom König von Polen und dem Spaniens, der ihn zu seinem Geschichtsschreiber machte. Er lebte mehrere Jahre in Italien, u.a. als Lateinprofessor und Professor für Rhetorik an der Scuola Palatina, bis er für 40 Jahre in Löwen unterrichtete. 1633 trat er für Frieden zwischen Spanien und den Niederlanden ein und hatte deshalb große Probleme mit den Falken unter den Spaniern. 16 000 Briefe wurden in seinem Nachlass gefunden, Zedler führt alleine 90 veröffentlichte Schriften auf, und das seien noch längst nicht alle. Francisci zitiert aus »Historia Cisalpina« von 1629: Wenn vornehme Leute sterben, wird das durch Erlöschen der Lichter in den Kirchen und im Hause angezeigt.

Pythagoras 1419
Francisci nennt nur die Schule der Pythagoreer, die »Pythagorici«, zu denen er Philolaus Crotoniata und Aristarchus Samius rechnet, und die sich um 500 v. Chr. in Kroton in Kalabrien etablierte und ca. 200 Jahre lang bestand. Nach ihrer Vertreibung und dem Tod von Pythagoras entwickelten sich in der Diaspora zwei Richtungen, die religiös-orthodoxen (»die Höheren«) und die spekulativ-naturwissenschaftlichen (»die Forschenden«), zu denen die beiden genannten zu zählen sind (Metzler).

Quercetanus, Josephus (Joseph DuChesne) 202, 229
Geb. 1544 Estur/Armagnac/Gasgogne, gest. 1609 Paris. Arzt und Alchemist. Studierte in Deutschland und Genf. Leibarzt Heinrich IV. In Paris verwickelt in zahlreiche und heftige Auseinandersetzungen mit der medizinischen Fakultät, in der es um paracelsische medikamentöse Therapie ging. Schrieb viele medizinische und iatrochemische Abhandlungen (Poggendorf I, Thorndike VI, 247-51). Francisci gibt keine Literaturstelle an, wenn er berichtet, dass je lehmiger ein Fluss, desto fruchtbarer. Für die Weinfässer tretenden Weinhändler nennt er die »Diaetetica«.

Quiros, Peter Fernandes de (Pedro Fernandez de Queiros/Quir) 412
Geb. 1565 Evora, gest. 1614. Portugiesischer Seefahrer und Entdecker, vor allem im südlichen Pazifik (Neue Hebriden). Auf einer Insel, die er Espiritu Santo nannte, gründete er Nova Jerusalem. Führte auf seinen Reisen die Entsalzung des Meerwassers ein. Die von Francisci benutzten Briefe an den spanischen König, in denen von paradiesischen Zuständen in Chile die Rede ist, waren Bettelbriefe um Geld für eine neue Reise. Seine »Relatio vitae suae«, ein Bericht seiner Reisen, landete in den Archiven König Philipp III. und war nach Ansicht Zedlers auch über 100 Jahre später noch nicht veröffentlicht. Da Francisci keine Fundstelle nennt, bleibt nur die Annahme, dass er es aus dem 1625 von Samuel Purchas veröffentlichten »A note of Australia del Espiritu Santo, written bei Master Hakkuyt« entnommen hat.

Rabbi Levi ben Gershon (Ralbag/Magister Leo Hebraeus) 1223
Geb. 1288 Bagnols-sur-Cèze, gest. 1344 Perpignan. Mathematiker, Philosoph, Astronom, Talmud-Gelehrter. Lebte in Orange, Avignon und Perpignan. Schrieb mathematische Werke wie »Die praktische Kunst des Rechnens. Von Kreisbögen, Kreisschnitten und Bögen« (darin fünfstellige Sinustafeln, Camera obscura und Jakobsstab), ein musiktheoretisches »De numeris harmonicis« und verschiedene bibelexegetische zum Pentateuch. Er war Aristoteliker, was nicht unbedingt mit der jüdischen Theologie übereinstimmte (bbkl). Francisci zitiert ihn nach Vossius und versteht ihn unter Hin-

weis auf Elihus letzte Rede im Buch Hiob 36 und 37 so: der anbrennende Dunst zerreißt die kalte Wolke, weshalb der Donnerschlag entsteht.

Rachelius (Joachim Rachel) 313
Geb. 1618 Lunden/Norderdithmarschen, gest. 1669 Schleswig. Hauslehrer in Livland, Rektor in Heide, Norden, Schleswig. Schrieb »Teutsche Satyrische Gedichte« 1664 in Alexandrinern, schöpft dabei aus Juvenal und Persius (Meyer V/Szyrocki, dt. Lit. Barock/Zedler). Francisci zitiert nach Gerhard Johann Vossius (s. dort) ungenau »lib.2.de Ortu & Progressu Idolatr.c.4.«, richtig ist »De theologia gentili et physiologia Christiana, sive de origine ac progressu idolatriae, deque naturae mirandis quibus homo adducitur ad Deum, Libri IV« 1641. Es ist ein Buch über Ursprung und weitere Entwicklung des Götzendienstes, und er bezieht sich auf den verklemmten Cicero, der im Tanz Vanität und Eitelkeit erblickt.

Raleg, Walther (Sir Walter Raleigh / Rawley / Ralegh / Rawleigh) 944
Geb. 1552 Hayes Barton/Devonshire, hingerichtet 1552 London. Unternahm im Auftrag Elisabeth I. Raubzüge und Entdeckungsfahrten, um die Spanier empfindlich zu treffen und an ihr Kolonialreich zu kommen. Bei der von Francisci angesprochen Reise nach Guayana handelte es sich um einen bewaffneten Einsatz, der zu Kämpfen mit den Spaniern führte und Raleigh den Kopf kosten sollte. Schrieb: »The Last Fight of the Revenge« 1591, »The Discovery of Guiana« 1596, »History of the World« 1614 (alle posthum). Es interessiert Francisci ein Kristallberg auf Guayana.

Ranzau, Heinrich (Rantzau) 982
Geb. 1526 Schloss Steinburg bei Itzehoe, gest. 1598 Schloss Breitenburg/Schleswig-Holstein. 40 Jahre lang Statthalter des dänischen Königs in Schleswig-Holstein. Gemeinsam mit ihm und dem Herzog von Schleswig-Holstein-Hadersleben eroberten sie die Bauernrepublik in Dithmarschen. Rantzau schrieb darüber unter dem Pseudonym Christianus »Cilicius Cimber« 1570. Bekannt jedoch vor allem wegen seiner weiten humanistischen Kontakte, seiner 6000 Bücher starken Bibliothek, seinem Mäzenatentum und seiner unglaublichen Arroganz. Seine Bibliothek wurde nach Erstürmung des Schlosses durch Wallensteins Truppen 1627 in alle Winde zerstreut (ADB). Francisci zitiert aus der 4. und erweiterten Auflage seines Tagebuchs von 1596 »Diarium sive calendarium romanum, oeconomicum, ecclesiasticum, astrenomicum & fere perpetuum Henrici Ranzovii« (Tagebuch oder immerwährender römischer, ökonomischer, kirchlicher und astronomischer Kalender) seine aristotelische Auffassung vom Wind.

Razeviel, Fürst (Radziwill) 570, 571, 973, 974
In Frage kommt Boguslaw Radziwill, den Francisci auf Seite 973 nennt (»Bogislaus Razeviel«), zusammen mit seinem Sekretär Fehr. Fehrs Bericht wird von Hevelius in einer Antwort an die Philosophical Transactions vom 10.4.1683 erwähnt. Dieser Boguslaw war seit 1657 polnisch-litauischer Generalgouverneur des Herzogtums Preussen, der letzte Calvinist seines Geschlechts, wollte in einer Allianz mit Brandenburg, Dänemark und Russland das von den Schweden besetzte Livland zurückgewinnen und die polnisch-litauische Allianz zerschlagen. Er ist heute in der polnischen Geschichtsschreibung *der* Bösewicht. Es gibt von ihm eine »Autobiografia« und »Epistolae«, welche Francisci wahrscheinlich mit den »Sendschreiben« meint. Es könnte sich ev. auch um Albrycht Stanislaw Radziwill handeln, da er ein Tagebuch geschrieben hat, das Francisci zugänglich sein konnte: »Pamietnik o dziejach w Polsze« (»Memoir or Diary of the history of Poland«). Es deckt die Zeit von 1632-1656 ab. Er war praktisch der Außenminister von Polen-Litauen, gehörte zu den knallharten Gegnern des Protestantismus und unterstützte darin den König von Polen und Großherzog von Litauen Sigismund III. Vasa. Francisci lässt einen der beiden Irrlichter auf Schiffsmasten (Elmsfeuer) beschrei-

ben und die Eiseskälte, in die das polnisch-litauische Heer 1665 bei Smolensk geriet, als der gefrorene Wein zerhackt und gekocht werden musste.

Redi, Franciscus (Francesco) 754, 755
Geb. 1626 Arezzo, gest. 1697 Pisa. Entstammte einer adligen Familie, studierte in Florenz und Pisa Philosophie und Medizin. Dichtete und schrieb Lieder auf Italienisch, ebenso wie seine wissenschaftlichen Schriften. Leibarzt der Großherzöge der Toscana Ferdinand II. und Cosimo III. Eines der wichtigsten Mitglieder der Accademia del Cimento, die in ihrem kurzen Bestehen 1657-1667 experimentelle Methoden propagierte. Unterscheidet erstmals den Regenwurm vom Spulwurm und untersucht eine ganze Reihe parasitärer Würmer, Parasiten der Luftwege, der Nieren und Stechmücken (»Osservazioni...intorno agli animali viventi che si trovano negli animali viventi« 1684). Er formuliert ertsmals eindeutig «omnis vivum ex ovo«, alles Leben aus dem Ei, ein Ausspruch, der meist fälschlicherweise Harvey zugeschrieben wird (»Esperience intorno alla Generazione degli insetti« 1668). Thorndike VIII,20-30 widmet der Auseinandersetzung um Biss und Gift der Viper (»Osservazioni intorno alle vipere« 1664) einen großen Raum (Poggendorf I, Ärztelex., Zedler; Jahn). Näheres siehe Kapitel »Froschregen«.

Regkmann, Hansen (Hans Regkman, Hanß Reckmann) 1263
Geb. 1494, gest.? Die von Francisci genannte Lübeckische Chronik wurde 1620 in Heidelberg veröffentlicht und heißt mit vollem Titel: »Lubeckische Chronick/ Das ist/ Alle vornembste Geschicht und Hendel/ so sich in der Kayserlichen ReichsStadt Lubeck/ von zeit ihrer ersten erbawung zugetragen: Wer jederzeit dero Bürgermeister/ Bischoffe gewesen etc./ Auf das kürtzest/ aus gewissen Authoren und Alten Chronicken/ in drey Büchern zusammen gezogen Durch Hans Regkman. Ehrngedachter Stadt und E.E. Rath daselbsten ist erstmals zu besonderm wolgefallen an tag gegeben/ e Mss.Johann Friedrichs Fausten von Aschaffenburg«. 1303 fielen feurige Steine vom Himmel.

Reisch, Gregor 1326
Geb. um 1470 Balingen, gest. 1525. Prior des Karthäuserklosters in Freiburg. Die »Margarita Philosophica«, »die Perle der Philosophie«, eine frühe Enzyklopädie des Mittelalters, erschien 1503 und erlebte bis 1583 zehn Auflagen. Hier verschiedene Wirkungen des Donners.

Reiselius, Salomon (Reisel) 976
Geb. 1625 Hirschberg/Schlesien, gest. 1702 Stuttgart. Arzt in Worms, dann Leibarzt des Herzogs von Württemberg und Mitglied der Leopoldina. Ein Tüftler. Hat eine Maschine konstruiert, die den Blutkreislauf, die Atmung und die Ausscheidung einschließlich der Hämorrhoiden und des Afterschließmuskels simuliert und sie in eine Göttin mit Namen Cupido gesteckt, mit allen Muskeln und Gebeinen, die sich sogar bücken konnte, wie Zedler schreibt. Er hat sie »Machina Reiseliana« genannt, im »Hydrophylacium«, einem Museum des Herzogs ausgestellt und im 4. Band der Ephemeriden von 1676 mit einer Abbildung veröffentlicht. Schrieb: »Siphon wirtembergicus per majora experimenta firmatus« 1690 (Württembergische Röhre, durch mehrere Experimente gesichert). Dies konnte Francisci noch nicht bekannt gewesen sein. Er nimmt Reisels Experimente zur Vereisung, »Experimenta circa congelationem« aus den Miscell.Acadademia Naturalis Curiosa 1671 und berichtet von einem Experiment des Hanauer Apothekers Isaac Heraeus, der das Blut eines Enthaupteten einen Winter lang ins Freie gestellt hatte, ohne dass es gefror. Seit Severinus und Bartholinus hatte die Vereisung als Mittel der Anästhesie auch praktische Bedeutung gewonnen (Poggendorf I, 350 Jahre Leopoldina).

Reita, Antonius (Anton Maria Schyrleus von Rheita) 1406
Geb. 1597 Böhmen, gest. 1660 Ravenna. Kapuziner im Kloster Rheit in Böhmen, Professor der Theologie, Beichtvater des Erzbischofs von Trier. Spielte eine wichtige Rolle bei der Verbesserung der Teleskope, u. a. desjenigen Keplers. Aber er war Anti-Kopernikaner. Schrieb: »Novem stellae circa Jovem visa, circa Saturnum sex, circa Martem nonulla« 1643 (»9 Sterne um den Jupiter zu sehen, 6 um den Saturn und keinen um den Mars«), »Oculus Enoch et Elisiae sive Radius sidero-mysticus etc.« 1645, mit dem von ihm erfundenen terrestrischen Fernrohr, in dem erstmals die Begriffe Ocular und Objektiv gebraucht werden (Poggendorf I). Daraus die Monde, die nicht wegen der Erde um Jupiter und Saturn laufen.

Resta, Franciscus 694
Stammt aus Tagliacozzo/Aquila. Schrieb: »Meteorologica de igneis, aeris aqveisq corporibus« (Meteorologie über Feuer, Luft und Wasser) 1644. Hieraus: Der Olymp habe in vielen 100 Jahren abgenommen, weshalb man jetzt unter den Wolken sei.

Reuchlin, Johannes 271, 272
Geb. 1455 Pforzheim, gest. 1522 Bad Liebenzell. Jurist im Dienste Graf Eberhards im Bart von Württemberg im Richterkollegium des Schwäbischen Bundes, zuletzt Lehrer für Griechisch und Hebräisch an den Universitäten Ingoldstadt und Tübingen. Gilt neben Erasmus von Rotterdam als herausragender Vertreter des deutschen Humanismus, der erste, der Hebräisch lernte. War in langjährige Auseinandersetzungen um den konvertierten Juden Johannes Pefferkorn verwickelt, der verlangt hatte, den Juden den Talmud und die Prophetenschriften wegzunehmen und zu verbrennen und ihnen nur die Torah zu belassen. Pfefferkorn erwirkte dafür 1509 ein Mandat des Kaisers Maximilian, das aber nach Protesten des Kurfürsten von Mainz, Uriel v. Gemmingen, der seine Landesrechte missachtet sah, zurückgenommen wurde. Der Kurfürst beauftragte daraufhin die Universitäten Erfurt, Heidelberg und Köln, den Kölner Inquisitor Jakob Hochstraten, sowie Viktor von Carben und Johannes Reuchlin mit Gutachten. Nur Reuchlin sprach sich für die Erhaltung der talmudischen Schriften aus. 1514 erwirkten die Kölner Dominikaner gegen ihn einen Ketzerprozess. Im Kern ging es darum, ob der Talmud antichristliche Stellungnamen enthält, was Reuchlin verneint hatte. Der Streit eskalierte auch wegen der anonymen, mit fingiertem Druckort herausgegebenen Dunkelmännerbriefe (»Epistolae obscurorum virorum« 1515), einer Realsatire auf Dominikaner und Scholastik des Crotus Rubeanus alias Johannes Jäger, eines Theologen und Humanisten aus dem Umkreis von Luther, von Hutten u. a., und führte schließlich zur Verurteilung Reuchlins 1520 in Rom (Meyer V, bbkl, Friedrich Battenberg, das europäische Zeitalter der Juden). Bei Francisci taucht er in einer seltsamen, vor Karl V. in Augsburg aufgeführten »stummen Komödie« zusammen mit Leo X., Erasmus von Rotterdam, Luther und dem Kaiser auf, bei der es darum geht, wer Feuer legt, wer es anfacht und wer es löscht. Johannes Capnio war ein von Reuchlin gebrauchtes Pseudonym.

Reyhers, Samuel (Reyher) 828
Geb. 1635 Schleusingen/Thüringen, gest. 1714 Kiel. Mathematiker, Astronom. Prof. Uni Kiel (der erste für Mathematik), 1702 Mitglied der Akademie der Wissenschaften, lebhafte Korrespondenz mit Leibniz, versucht Mathematik mit Naturphänomenen zu verbinden, astronomische Beobachtungen. (Thorndike VIII, 230, VII, 49). Francisci zitiert aus den »Acta curiosa 3,11« einen Versuch über die Farben des Schnees. Er lässt Licht von sonnenbestrahltem Schnee durch eine Linse in eine camera obscura fallen, es ist weiß, das Licht vom Schatten jedoch ist saphirblau.

Reynaudus 1423
Nach Francisci war er gegen die »Wackelung« der Erde, womit die Präzession gemeint

sein dürfte, die Schwankung um die eigene Achse. Wen er im Auge hatte, ist nicht klar. Ich fand einen Arzt aus Montpellier, einen Alchemisten und einen renitenten Jesuiten. Wahrscheinlich ist es Petrus a Valle Clausa, mit dem Pseudonym Théophile Raynaud (eigentlich mit Teofilo Rainaudo getauft). Er geriet mit Richelieu aneinander und floh nach Carpentras (das damals zum Kirchenstaat gehörte). Eine Schmähschrift von 1662 gegen die Dominkaner und ihre Rolle bei der römischen Inquisition geriet auf den Index. Von den Parlamenten in Aix und Toulouse wurde er wegen Gotteslästerung zum Feuertod verurteilt, starb aber 1663 friedlich 80jährig in Lyon. Die noch von ihm zu Lebzeiten redigierte Gesamtausgabe seiner Werke umfasst 19 Bände. Eine Einmischung auch in das Problem der wackelnden Erde wäre ihm zuzutrauen, da er sich als Theologe überall eingemischt hat. (Lasswitz, Zedler, bbkl).

Rhases (Rhazes, Abu Bakr Muhammad ibn Zakariya al-Razi) 898, 928
Geb. 865 Ray bei Teheran, gest. 925. Arzt, Physiker, Alchemist. Theoretisch Galenist, praktisch ein Hippokratiker. Versuchte, die Ergebnisse seiner chemischen Untersuchungen in der Medizin zu verwerten (ein früher Iatrochemiker). Schrieb eine Enzyklopädie der Medizin mit Auszügen griechischer und hinduistischer Autoren und eigenen Beobachtungen (»Continens«), eine Kompilation griechischer Wissenschaften (»Liber Almansoris«) und eine berühmte Monographie über Windpocken, Masern und Pest (»De variolis et morbilis; De peste; De pestilentia«), ein Meisterwerk muslimischer Medizin. Es spielte noch im 18. Jahrhundert bei der Diskussion um die Einführung der Pockenimpfung eine wichtige Rolle (Sarton). Dieses benutzt Francisci für die günstige Wirkung des Schnees bei der Pest, die »Continens« wahrscheinlich für die Appetit anregende Wirkung kalter Getränke.

Rheen, Samuel 785, 1016
Geb. ca. 1615, gest. 1680. Prediger in Jokkmokk und Ranea. Schrieb 1671 ein ethnographisches Buch über Lappland: »Relation om Lapparnas Lefwerne« (Bericht über das Leben der Lappen). Es geht um den Tod der Lemminge und einen fehlenden Bericht über winderzeugende Zauberknoten.

Rhodiginus, Ludov.Caelis (Luigi Ricchieri) 196, 442, 547
Geb. 1469 Rovigo, gest. 1525. Philologe und Humanist. Führte zahllose philologische und archäologische Studien in der Emilia, dem Veneto und in Mailand durch, auch zur griechischen und römischen Musik. 1508-1512 Professor in Ferrara. Schrieb die zitierte Sammlung des menschlichen Wissens mit dem Titel »Lectionum antiquarum libri sexdecim« 1516, in der die Trunkenheit als freiwillige Unsinnigkeit bezeichnet wird, die Schutzgeister Abwechslung lieben und es einen nächtlichen Regenbogen gibt.

Riccioli, Giovanni Battista (Giambattista) 46, 356, 357, 360, 377, 692, 693, 694, 709, 719, 797, 1035, 1039, 1046, 1048, 1051, 1073, 1077, 1086, 1091, 1193, 1194, 1416, 1423, 1425, 1432-1434, 1449
Geb. 1598 Ferrara, gest. 1671 Bologna. (s. Biographie unter »Intellektuelles Milieu«/Poggendorf I). Francisci nennt ihn einen hervorragenden Wissenschaftler und holt aus »Almagestum novum« 1651 und aus »Geographia reformata« 1661 verschiedene Namen für Bagdad und Babylon, die Bestimmung der Lufthöhe aus der Brechung der Sonnenstrahlen bei Sonnenuntergang, eine Ochsenblase, die aufgeblasen mehr wiegt als leer, die Verwechslung von Wolken und Dünsten bei Nonius und Tycho, Dämme gegen Überschwemmung, Regenzeiten in Brasilien, die nach Regen blutgefärbten Segel eines Schiffes vor Guinea, den Gebrauch des Kompasses zur Feststellung der Windrichtung, die Winde an den Wendekreisen, die Hauptwindrichtungen für den Schiffsverkehr, Wolkenbildung als Sturmwarnung, verführerische Nachtlichter auf See, Irrlichter am Mast, die Ursache von Sonnenfinsternissen, Argumente gegen die Erddrehung.

Richelieu 586
Francisci zitiert aus »Journal de Richelieu part. 1« eine Nachtkerzengeschichte der Schwiegermutter Ludwigs XIII. als göttliches oder teuflisches Wunderzeichen. Dieses 1664 in Amsterdam erschienene zweibändige Journal ist eine Fälschung.

Ridder, Franciscus 293
Geb. ca. 1620, gest. 1683. Niederländischer reformierter Theologe und rabiater Prediger. Unterstützte das Haus Oranien gegen die Staatspartei unter Johan de Wit. Seit 1648 Prediger in Brielle, ab 1656 in Rotterdam. Schrieb tendenziöse historische und religiöse Schriften (ADB). Francisci zitiert »Der böse Maul- und Heuchel-Christ«: Die Persianer, obwohl ein fröhliches Volk, halten nichts vom Tanzen.

Ringelberg, Joachimus Fortius (Joachim Sterck van Ringelbergh) 577
Geb. ca. 1499 Antwerpen, gest. nach 1531. Humanist, Mathematiker, Astrologe. Unterrichtete an verschiedenen Orten auf Reisen nach Basel und Paris (er war mindestens vier Jahre unterwegs), traf in Basel Erasmus von Rotterdam und war mit zahlreichen Humanisten bekannt (Zedler). Schrieb: »Lucubrationes vel pontius absolutissima kyklopaideia« 1541 (»Arbeiten bei Licht oder die Brücke zu allumfassenden Wissen«) und 30 andere Werke, die der Sekretär von Erasmus verspottete als einen Versuch, in ein altes Schema Modernes hineinzupacken. (Thorndike V,147,152, VI,469,147) Ein schwarzes Ross gibt Feuer, wenn man in der Dunkelheit über den Rücken streicht.

Ripa, Caesar (Cesare) 904, 905
Geb. 1555 Perugia, gest. 1622 wahrscheinlich Rom. Ritter des von den Grafen von Savoyen im 15. Jahrhundert gegründeten Ordens St. Mauritius und des seit dem 11.Jahrhundert bestehenden Ordens St. Lazarus (Zedler). Gab ein Emblembuch heraus, das im Barock für viele Künstler und Architekten zur Vorlage wurde: »Iconologia overo Descrittione Dell'imagini Universali cavate dall'Antichità et da altri luoghi« 1593. Daraus entnimmt Francisci, dass in Rom der Schnee verzollt wird.

Rittershus, Nicolaus (Rittershusius/Rittershausen) 168
Geb. 1597 Altdorf, gest. 1670 dito. Prof. Lehnsrecht und römisches Recht Altdorf. Einer der ersten, der Vorlesungen über Geographie an einer deutschen Universität gehalten hat. Gab eine Karte Frankens heraus (»accuarata descriptio«). Genealogische Arbeiten. Hauptwerk 1653 »Genealogiae Imperatorum, Regum, Ducum, Comitum, Procerum ab a. 1400-1653«, aus dem Francisci zitiert: Die scherzhafte, mit heroischer Gebärde gepaarte Leutseligkeit des dänischen Königs Christian I., des Stifters des nur protestantischen Rittern vorbehaltenen Elephantenordens (ADB).

Rivetus, Andreas (André Rivet) 425, 426
Geb. 1572 St.Maixent/Poitou, gest. 1651 Breda. Herausragender Vertreter der französischen Reformierten, der eine wichtige Rolle bei der Neutralisierung der religiösen Konflikte spielte. Schrieb z.B.: »Catholicus Orthodoxus oppositus Catholicae Papistae« 1612 (»Der katholische Orthodoxe als Gegner der katholischen Papisten«) (bbkl). Hier äußert er sich angewidert über Bestattungen in Kirchen.

Rochefort, Charles de (oft fälschlich César) 1094, 1095, 1096, 1104, 1105, 1213, 1216
Geb.?, gest. 1690. Pastor der französischen protestantischen Kirche von Rotterdam, der einige Jahre auf den Antillen war. Schrieb: »Histoire naturelle et morale des l'iles Antilles de l'Amérique enrichie de plusieurs belle figures des raretez les plus considérables qui y sont décrites. Avec un vocabulaire caraite« 1658. Zahllose Ausgaben zeigen, wie beliebt das Buch war. Deutsche Ausgabe 1668. Bei den Antillen wird das Meer durch ein gesunkenes Tabakschiff vergiftet und Fische sterben, dort beten die »Carayber« zwar

Sonne und Mond an, seien aber friedlich, und sie zittern vor Furcht bei Gewitter. Bei La Rochelle wurden bei schwerem Orkan Schiffe und Fässer an Land gespült, Felder verdorben und Weinberge zerstört.

Rothmannus, Christophorus (Rothmann) 354, 1413
Geb.? Bernburg, gest. wahrscheinlich lange nach 1597 dito. In Wittenberg studierter Astronom, seit 1584 des Landgrafen Wilhelm IV. von Hessen-Kassel, der die erste europäische Sternwarte eingerichtet hatte. Er besuchte 1590 Tycho und war im Gegensatz zu ihm Kopernikaner. Seine exakten astronomischen Beobachtungen, für die er das Instrumentarium verbesserte und neue trigonometrische Methoden angab, wurden erst nach seinem Tod vor allem von Snellius veröffentlicht (Poggendorf I, ADB). Francisci zitiert nicht ganz richtig aus »l.1.Tychon.Epist.astro*log*. p.122.«, es muss »Epistolarum Astro*nom*icum Liber Primus« 1596 heißen. Von wegen Astrologie bei Tycho. Hier: die Luft ist hundertausendmal größer als die bewässerte Erde und diese nicht der Mittelpunkt der Welt.

Rues, Franciscus (François des Rues / de la Rue / Rueus) 40
Geb. 1520 Lille, gest. 1633. Arzt und Naturwissenschaftler. Versuchte Schöpfung und Entwicklung in seinem Buch über die Edelsteine zu versöhnen, benutzte Conrad Gessners »De rerum fossilium« für sein »De gemmis aliquot, praesertim in Apocalypsi memorati« 1547 (»Über einige Edelsteine, besonders über solche, die an die Offenbarung erinnern«). Thorndike nennt ihn kurz beim Einfluss der Sterne auf die Edelsteine. Hier geht es um Onyx und Sardonyx in Ostindien.

Rusus (falsch, richtig **Rusius**), Laurentius (Lorenzo Rusio) 200
Wahrscheinlich 1288 – 1347. Veterinär in Rom. Widmete dem Kardinal Napoleone Orsini ein Buch über die Pferde, ihre Krankheiten und Heilmittel: »Hippiatria Sive Marescalia Lavrentii Rvsii AD NICOLAVM sancti Hadriani diaconum Cardinalem, in qua praeter variorum morborum plurima, ac salubetrima remedia ....«, das 1532 veröffentlicht wurde. Unterscheidet, wie Aetius (s. dort) fünf Arten von Wasser.

Sabellicus, Marcus Antonius Coccius 274, 430
Geb. 1436, gest. 1506. Historiker aus Venedig. Schüler des italienischen Humanisten Pomponius Laetus. Zunächst Prof. eloquentia in Udino und Venedig, dann Bibliothekar von San Marco. Schrieb eine Weltgeschichte: »Enneades sive Rhapsodia historiarum« 1504 (»Die 9 Zeitalter oder eine Rhapsodie aus Geschichten«). Francisci nennt »lib.7« mit der Demutshaltung des Dandalo bei Papst Clemens V. in Avignon und »lib.3« mit der naturwidrigen Zeugung durch Greise.

Sacchius, Fortunatus (Scachus / Scacchi) 908
Geb. 1572 Ancona, gest. 1643. Augustiner. Herausgeber einer mehrsprachigen Bibel. Seit 1620 päpstlicher Präfekt, als der er von japanischen Gesandten, die in Rom einquartiert waren, den Gebrauch des Schnees zur Kühlung ihrer Getränke berichtet.

Sachs, Michael (Saxen) 1245
Geb. 1542 Mehringen/Anhalt, gest. 1618 Wechmar/Gotha. Pastor, strammer Lutheraner, der eine Unmenge christlicher Erbauungsliteratur geschrieben hat, die z.T. häufig aufgelegt wurden (ADB). Und zwei Geschichtswerke, eines über die Grafen von Gleichen und eine Kaiserchronik, aus der Francisci zitiert: »Newe Keyser Chronica, darinnen ordentlich begriffen alle Römische Keyser, von Cajo Julis Caesare biß auf den itztregierenden Keyser Matthiam. Magdeburg« 1614-15. Tapfer zechende Weiber schlagen Mahnungen zur Mäßigung aus und werden vom Wetter fortgespült und ersäuft.

Sachsen (Philippus Jacobus Sachs, Sachsius von Löwenheim) 230, 828
Geb. 1627 Breslau, gest. 1672 dito. Stadtarzt von Breslau, seit 1658 Mitglied der »Academia Naturae Curiosorum« (Akademie der Naturforscher), pflegte regen Kontakt zu den »Philosophical Transactions« in London und begründete 1670 die erste Zeitschrift der Akademie »Miscellanea curiosa medico-physica« (Vermischtes aus medizinisch- physikalischen Forschungen), die er zwei Jahre herausgab und die noch bis 1682 in Breslau, danach in Nürnberg erschien. Sachs war es auch, der sich um kaiserliche Anerkennung bemühte, die dann erst nach seinem Tod 1677 als »Sacri Romani Imperii Academia Naturae Curiosorum« erfolgte und 10 Jahre später als Leopoldina mit allen Privilegien einer Universität ausgestattet wurde (ADB / 350 Jahre Leopoldina). Francisci nennt Sachs als Autor einer »Ampelographie« 1661, einer Geschichte des Weins. Er hat diesen Begriff geprägt. Hier geht es um verschieden farbige Weine, die trotzdem köstlich sind, und um einen Bericht des Daniel Major an ihn, bzw. an die Zeitschrift.

Salianus, Jacobus (Salien) 26, 41
Geb. 1557 Avignon, gest. 1640 Paris. Jesuit. Zunächst Lehrer eines Kollegs in Besançon, dann in Paris. Er schrieb eine Chronik des Alten Testaments vom Anfang der Welt bis Christi Geburt mit einem Anhang über die Reiche des vorderen Orients: »Annales Ecclesiastici Veteris Testamenti....« 1620. Verlegt das Paradies nach Mesopotamien, allerdings sei Adam bei Damaskus gebildet worden, daher könnte man vermuten, das Paradies sei in der Nähe.

Salmasius (Claude de Saumaise) 735
Geb. 1588 Semur-en-Auxois, gest. 1653 Spaa. Vielseitiger Gelehrter. Studierte Philosophie in Paris und Jura in Heidelberg, versackte aber in der Bibliotheca Palatina in den Folianten griechischer und lateinischer Autoren und wurde Protestant. Die Nachfolge auf den Ratsherrnposten seines Vaters in Dijon wurde ihm deshalb verweigert. Studierte dann noch mehrere orientalische Sprachen und Hebräisch und bekam den Lehrstuhl in Leiden als Nachfolger Scaligers. Ludwig XIII., Heinrich von Bourbon und Richelieu versuchten ohne Erfolg, ihn nach Frankreich zurück zu holen. 50 Schriften aus fast allen Wissensgebieten sind bekannt, darunter eine zu Zinsrecht und Wucher und eine gegen die Mörder Karls I. von England, auf die Milton mit einer Verteidigung des englischen Volkes reagierte. Thorndike VII, 103-104 berichtet von einer Streitschrift gegen die Astrologie »De annis climacteriis et antiqua astrologia diatribae« 1648 (bbkl). Francisci lässt ihn durch Nicolaus Claudius Fabritius (s. dort) eine Vorrede lobend erwähnen, die er zu den »Tabula cebetis« geschrieben hat, einer griechisch-lateinisch-arabischen Parallelausgabe des neuplatonischen Philosophen Cebes aus dem 2. Jahrhundert nach Christus durch Johan Elichman (1600-1639).

Salmut, Philippus (Philip/Philipp Salmuth) 430, 906
Geb. 1589 Leipzig (?), gest. 1626 (an der Pest). Fürstlich Anhaltischer Leibarzt in Dessau und Zerbst. Francisci zitiert aus seinen medizinischen Beobachtungen, die 1648 posthum als »Archiatri Anhaltini obseruationum medicarum centuriae III« erschienen waren mit einer Vorrede von Hermann Conring und einem Anhang über die Pest von Roland Capellutus, einem Arzt aus Parma, den dieser 1475 geschrieben hatte (Zedler). Ein 70jähriges Weib sei von einem Ehebrecher geschwängert worden. Und als Fußnote Bemerkungen zum silbernen Schneesieb aus einem Bericht des Pomponius: er liest dort nicht »colum« für Sieb, sondern »columnarium« für Säule, wie das in den alten Schriften stehen soll.

Salustius (Gaius Sallustius Crispius / Sallust) 293
Geb. 86 v. Chr. Amiternum (Sabinerland), gest. 34 Rom. Historiker, Qästor, Volkstribun. Wegen Ehebruchs aus dem Senat verstoßen, von Caesar rehabilitiert. Mit Caesar 46

nach Afrika, dort Statthalter. Von seinen Historien sind nur Bruchstücke erhalten, z.B. »Über die Verschwörung des Catilina« und »Über den Jugurthinischen Krieg«. Aus dem ersten zitiert Francisci die zu schön tanzende Sempronia.

Salvianus von Marseille 697
Geb. um 400 um Trier oder Köln, gest. kurz nach 480. Historiker. Heiratete eine Heidin, machte ihr ein Kind und lebte fortan enthaltsam in einer Mönchsgemeinschaft bei Lerin/Südfrankreich oder in Marseille. Heute gilt »De gubernatione Dei« (Über die Herrschaft Gottes) als sein Hauptwerk, in dem er die Drangsale der Völkerwanderung schildert. Man hat sich jahrhundertelang auf ihn bezogen, die Literaturliste dazu im bbkl ist seitenlang. Francisci zitiert eben dieses Werk mit einer schwarzen Wolke, die sich zwischen das Heer der Israeliten und der Ägypter schob.

Sanctius (Sainctes, Xaintes, Sanctesius) 265
Geb. 1525 La Perche, gest. 1591 Castel Crèvecoeur. Kaplan des Kardinals von Lothringen. Aktiver Teilnehmer an verschiedenen wichtigen Religionsgesprächen zwischen Calvinisten und Katholiken. 1575 Bischof von Évreux. Als Ligaanhänger befürwortete er die Ermordung Heinrich III:, wurde zum Tode verurteilt, aber von Heinrich IV. begnadigt. Er schrieb Streitschriften, die in die Tageskämpfe wirken sollten (bbkl). Hier äußert er sich, zitiert nach Walther, zum Zurückweichen und schnelleren Lauf der Sonne wissenschaftlich: Nicht die Sonne sei zurückgewichen, sondern nur der Schatten am Zeiger Ahas (Jesaja 38,8).

Sanctorius (Santorio Santorio) 379, 917
Geb. 1561 Capo d'Istria, gest. 1636 Venedig. Der erste Professor für theoretische Medizin in Padua von 1611 bis 1624, später in Venedig. War vor allem berühmt wegen seines 30 Jahre dauernden Experiments, in dem er sich, seine Nahrung und Ausscheidung täglich wog und feststellte, dass etwas fehlte. Er nannte das »Insensible Perspiration«, unmerkliche Atmung. Seine Anstrengung ist als früher quantifizierbarer Versuch einer Energiebilanz zu werten. Er war der erste, der versuchte, die Körpertemperatur zu messen (s. Kapitel »Schnee«) (Thorndike, Poggendorf I, Spektrum Lex. Naturwiss.). Francisci erzählt von seiner Methode, den Atem zu wiegen: Spiegel wiegen, anhauchen, wieder wiegen. Und von der medizinischen Wirksamkeit kalter Getränke.

Sandrart, Joachim von 493
Geb. 1606 Frankfurt/Main, gest. 1688 Nürnberg. Der von Francisci genannte Gönner war Maler, Kupferstecher und Kunstschriftsteller. Er hat bei Galilei Geometrie und Perspektive gelernt, zahlreiche Kriegsgrößen der Zeit portraitiert, im Nürnberger Rathaussaal das große Friedensbankett mit den Schweden gemalt, außerdem die kaiserliche Familie in Wien, den Kurfürsten von Bayern u.v.a. Mitglied der fruchtbringenden Gesellschaft als »Gemein-Nütziger«. Zwischen 1675 und 1679 schrieb er die besagte »Teutsche Academie der edlen Bau-, Bild- und Mahlerey-Künste mit Anleitung zu Malerei und Kupferstecherei und Biographien deutscher Künstler (Zedler, Meyer V). Francisci nimmt daraus ein Gedicht über das Echo, das einer der Gesprächsteilnehmer angeblich dort plazieren konnte.

Sandys, George 1197, 1198
Geb. 1578, gest. 1644. Sohn von Edwin Sandys, des Erzbischofes von York. Ausbildung in Oxford, übersetzte Ovids Metamorphosen ins Englische, reiste 1610 in den Orient und wurde schließlich Schatzmeister der britischen Kolonie in Virginia. Über seine Reise schrieb er: »The Relation of a Journey begun an. Dom. 1610 Containing a Description of the Turkish Empire, of Egypt, of the Holy Land, of the Remote parts of

Italy and Ilands Adjoying in four books« 1615. Aus dem 2. Buch: Die Pest in Kairo hört im Sommer, »zur Zeit des ausschweifenden Nils« abrupt auf.

Sanut (Marino Sanudo il Vecchio / Marinus Sanutus Torsellus) 841
Geb. 1260 Venedig, gest. 1337 dito. Sohn eines venezianischen Senators, aus einer Familie, die im 13. und 14. Jahrhundert viele Kaufleute und Händler stellte. Hielt sich lange im vorderen Orient auf, bereiste aber auch Deutschland, Frankreich und Flandern. Schrieb über das Heilige Land, seine Geschichte und seine aktuellen politschen, militärischen und geografischen Verhältnisse. Darin entfaltet er einen Plan zu dessen Wiedereroberung, den er Papst Johannes XXII., damals in Avignon, vorlegte: »Liber secretorum fidelium crucis super Terrae Sanctae recuperatione et conservatione«, begonnen 1306, beendet 1313 (Sarton). Francisci erwähnt ihn mit Winterregen im Morenland, aus Petro Hispalis und Majolus.

Sardianus, Eunapius 704
Geb. 345, gest. 420. Syrischer Christ, der »De vitis philosophorum et sophistarum« geschrieben hat. Francisci zitiert ihn mit »In vita Aedesii«. Aedesius, der Poet und spätere Heilige, wurde wegen seines christlichen Glaubens zur Zwangsarbeit in die Bergwerke geschickt und wegen seiner Angriffe auf die Richter in Alexandria 304 im Meer ertränkt. Hier geht es um die Gründe der Hinrichtung des Philosophen Sopater (s. dort), von dem behauptet wurde, er habe die Winde beschworen, damit kein Getreide nach Konstantinopel eingeführt werden konnte. Sardianus sieht den Grund eher in der Missgunst des Großhofmeisters.

Saresberiensis, Johannes (Johann von Salisbury) 1295
Geb. um 1100 Salisbury, gest. 1180 Chartres. Spielte eine wichtige Rolle in der großen Auseinandersetzung um Thomas Becket, dessen Freund er war. Er musste deshalb zweimal nach Frankreich fliehen, wurde zuletzt Bischof von Chartres. Schrieb: »Metalogicus« (eine Auseinandersetzung mit der Scholastik), »Polycraticus« (eine kirchlich-politische Ethik) und eine »Historia pontificalis« (Kirchen- und Papstgeschichte) (Meyer IX). Aus »Polycraticus« die Anweisung, man solle an die Worte des Propheten denken, wenn es donnert. Sie stammt eigentlich aus dem alten Testament, aus Jeremia, oder, wie Francisci bemerkt, aus dem »Haggai«, dem Prophetenbuch des Tanach, der Heiligen Schrift der Juden.

Scacchius (Francesco Scacchi) 176, 177
Geb. 1577, gest. 1656. Arzt aus Fabriano. Schrieb 1622 »De salubri potu dissertatio« (Abhandlung über ein gesundes Getränk), in der die Formel für den Vino frizzante angegeben ist und die heute noch von den Weinprofis der Welt als Referenz genommen wird. Francisci propagiert mit ihm, den Wein zu verdünnen.

Scaliger, Julius Caesar 296, 406, 538, 545, 546, 606, 687, 754-764, 771, 773, 775, 798, 875, 883, 884, 918, 1033, 1339, 1368
Geb. 1484 Riva del Garda, gest. 1558 Agen, Philologe, Page unter Maximilian I., dann Soldat unter Franz von Valois, ab 1529 Arzt in Agen/Frankreich. Kommentare zu Schriften des Hippocrates, Aristoteles und Theophrast (Meyer V, Zedler). Bekannt geworden war er mit einer Attacke auf Erasmus, die er auf Cardano's »De subtilitate« erweiterte und. dessen Betonung der astrologischen Bedeutung von Kometen lächerlich machte. Mit seinem Realismus stand er weit über den anderen, die über Naturphilosophie geschrieben haben. Francisci zitiert ausschließlich aus diesen »exercitationes adversus Cardanum« von 1557. Der volle Titel lautet: »Exotericarum exercitationum liber quintus decimus de subtilitate ad Hieronymum Cardanum« Er braucht ihn als Stimme gegen das Tanzen, zur Bemerkung, dass feuchte Luft ungesund sei, gelb eine

eigenständige Farbe des Regenbogens ist, ein abendlicher Regenbogen nach dem Regen folgt und besseres Wetter erwarten lässt, ein morgendlicher, aus den Dünsten der Nacht geboren, Vorbote eines regnerischen Tags ist, Feuerdrachen möglich sind, die Wolken durch magnetische Kraft oben gehalten werden, die Frösche nicht vom Himmel regnen, sondern aus den Tropfen auf der Erde geboren werden, dass Cardanos Meinung vom Steinregen aus aufgestiegenem und verdichteten Staub nicht stimmen kann, wenn man an das vom Himmel fallende Eisen denkt, dass die Wärme unter dem Schnee etwas Bitteres erzeugt, das tauender Schnee plus Erde als Mist fruchtbare Felder bedeutet, kalte Luft ein Gefängnis für die Erdwärme ist, die immerwährende Einbildung des Schnees die Lämmer weiß macht und Westwind in der Gascogne vom Übel ist, dass Blitz ohne äußeres Zeichen töten kann, und ein Kristall nicht gegen Blitze hilft.

Scheferus, Dn. (Johannes, Ioannis, Johann Gerhard Scheffer, Schefferus / Schäfer) 404, 405, 429, 621, 623-626, 739, 748, 767, 790, 835, 838, 839, 840, 876, 951, 972, 1018, 1020, 1035, 1064, 1292, 1293
Geb. 1621 Straßburg, gest. 1679 Upsala. Studium der Philologie in Straßburg, Reisen nach Holland und in die Schweiz, verließ wegen der Kriegsunruhen 1648 seine Heimatstadt und bekam von der Königin Christina die Skytteanische Professur für Politik und Rhetorik in Upsala, später noch die für Natur- und Völkerrecht. Herausgeber und Übersetzer antiker Schriftsteller (Arrianus, Mauricius, Aphthonius, Theon, Hyginus, Obsequens, Petronius), schrieb über Kriegsmarine, Fuhrwesen und Halsketten der Antike und ein Rhetorikbuch (»De stylo« 1653), das viele Auflagen erlebte. Ein Teil seiner Arbeiten hatte mit Schweden zu tun: »Memorabilium sueticae« 1671 (eine Geschichte und Länderkunde), »De orbis tribus aureis« (das erste schwedische Werk über Archäologie) und »Suetica literata« 1680 posthum. Berühmt wurde er vor allem mit seinem Buch über Lappland, in dem die Sitten der Samen beschrieben sind. Es wurde zum Standardwerk und in kurzer Zeit ins Englische, Französische, Holländische und ins Deutsche übersetzt: »Joannis Schefferi von Strassburg: Lappland, Das ist: Neue und wahrhafftige Beschreibung von Lappland und dessen Einwohnern« 1675 (Zedler, ADB). Francisci faszinieren Feuersteine als Vorzeichen des Kriegseintritts Gustav Adolfs, aber vor allen Dingen die Unbilden des Klimas und des Lebens im hohen Norden. Deshalb sind die »Lapponia« und die »Memorabilium sueticae« seine Quellen: Der Sommer ist so kurz, dass die Pflanzen sich beeilen, es gibt keine Pest, die Leute werden sehr alt, der nächtliche Schlachtenlärm ist ein Lärmen der Gespenster und Poltergeister, mittags waren die Schlachtenbilder ohne Ton, Blutregen gibt es und Lemminge, Schneeschuhe, die schneller als Wölfe sind und vorne zugespitzt, und Schneevögel gibt es, die im Winter weiß, im Frühling grau sind. Unter dickem Eis sterben die Fische, ganz dickes Eis auf den Seen spaltet sich mit einem dem Geschützdonner ähnlichem Krachen, Öl und Gepökeltes (»die scharfe Pekelso«) gefrieren nicht, lappische Magier lassen einen Fuder Heu fliegen und wieder sauber landen. Die Schiffe König Christians auf der Fahrt nach Norwegen wurden in alle Winde zerstreut und übel zugerichtet. Sturm treibt Lappen in die Höhlen, Zaubertrommeln und Rentierblut (»Rein-Thier«) vor ein Götzenbild. Eine Seeschlacht in den Wolken als Vorzeichen des sog. 2. Seekrieges zwischen Engländern und Holländern von 1665 – 1667, der mit dem Frieden von Breda endete und in den Dänen, Franzosen und Schweden verwickelt waren.

Scheiner, Christoph 700, 1425, 1429-1432, 1440
Geb. 1573 (oder 1575) Markt Wald/Mindelheim, damals Vorderösterreich, gest. 1650 Neisse. Gilt zwar als Entdecker der Sonnenflecken, hat sie aber im Gegensatz zu Galilei und Fabricius als kleine Planeten interpretiert, die entweder um die Erde oder um die Sonne laufen und unsere Sicht behindern. Jesuitenpater, Optiker und Astronom in Ingoldstadt, Innsbruck, Freiburg, Wien, Neisse, Rom. Erfand den Storchschnabel, erkannte die Retina als Sitz des Sehens und die Verschiedenheit der Brechungsverhältnisse

am Auge bei Akkomodation für Nähe und Ferne, bestimmte die Rotationsperiode der Sonne. Die Sonnenrotation lieferte für die Gegner des Kopernikus ein wichtiges Argument: Die Sonne bewegt sich doch, und es ist die Erde, die still steht. Er schrieb dazu »Prodromus pro sole mobili et terra stabili contra ... Galilaeum a Galileis« (Ein vorläufiges Argument für bewegte Sonne und ruhende Erde ...) 1651. »Tres epistolae de maculis solaribus« (Drei Briefe über die Sonnenflecken) 1612, »Refractiones coelestis sive solis elliptici phaenomenon illustratum« (Himmlische Lichtbrechungen oder das Phänomen der Sonnenekliptik) 1617. Sein Hauptwerk »Rosa ursina sive Sol« (Bärenrose oder Sonne) erschien 1626 – 1630 in Rom. Mit seinem »Prodromus« muss er zu denen gezählt werden, die wissenschaftlich forschten, um das alte Weltbild zu verteidigen, dabei aber Erkenntnisse sammelten, die dem widersprachen (Spektr.Lex.Naturwiss./ADB). Francisci zitiert aus der »Rosa ursina« ein Zitat des Cyrillus (s. dort), der Regen sei Himmelstropfen, interessiert sich aber vor allem für Scheiners Auseinandersetzung mit den Kopernikanern bei der Frage, wie die Luft bei der Erddrehung mitgenommen wird (aus den »Disquisitiones mathematicae« 1614).

Schenckius (Johann Schenck von Grafenberg) 430, 457
Geb. 1530, gest. 1598 Freiburg. Stud. med. Tübingen, praktizierte in Straßburg und Freiburg. Schrieb: »Observationum medicarum rararum, nouarum, admirabilium et monstrosarum«, 7 Bde. 1584-97. Zum ersten Mal wird der Versuch unternommen, phantasierte Monstren von anatomischen Missbildungen zu unterscheiden. Für Francisci geht es um die Zeugungsfähigkeit alter Menschen und in »de diabete« um Wasserverlust durch Polyurie.

Scholtzius, Simon (Scholtz, Scholz, Schultzius) 810, 811, 1232, 1350
War Arzt in Thorn, der in verschiedenen periodischen Veröffentlichungen wissenschaftlicher Gesellschaften mit merkwürdigen Beobachtungen auftaucht (Acta Hafniensa, Observationes Curiosorum) und in einem Band über Fermentation 1663, der vom Liegnitzer Arzt Martin Kerger herausgegeben wurde (Thorndike VIII, 211, 237-39, 242-43, 245). Hier sind einige Leute in Thorn nach Genuss ungewaschenen Kohls draufgegangen (der Tau war nicht abgewaschen), andere vom Blitz verletzt und Vögel tödlich getroffen, eine Leibesfrucht durch Erschrecken der Mutter vor Feuerglocken getötet worden.

Schoockius, Martinus (Marten Schoock) 918
Geb. 1614 Utrecht, gest. 1669 Frankfurt/Oder. Philosoph, Prof. Logik und Geschichte an der Akademie Groningen und in Frankfurt/Oder. Hat sich an vielen Auseinandersetzungen beteiligt, die seine Zeit umtrieben, vor allem in »de scepticismo« gegen Descartes. Thorndike erwähnt: Die Bewegung des Mars (VII, 15), Die Fermente (VII, 232, VIII, 356-57), Die Bewegung der Materie (VII, 414), Das Vakuum (VII, 659-61), Die Astrologie, d.h. der Einfluss der Sterne auf das irdische Leben (VIII, 319-21), Melancholie und Ekstase (VIII, 518-21). Francisci zitiert aus »Dissertatio de Signo Foeti«, richtig »De signaturis foetus« 1659, dass die Lämmer vom Schnee nicht weiß werden können, denn sonst müssten Tiere beim stetigen Anblick des Grases grün werden (Zedler).

Schott, Caspar 29, 349, 373, 378, 379, 386, 485, 507, 568, 569, 574, 606, 649, 683, 685, 755, 886, 990, 993-995, 1078, 1079, 1027, 1029, 1230, 1235, 1240, 1302, 1303, 1310, 1323, 1327, 1331, 1340, 1350, 1351, 1358, 1366, 1375, 1385, 1398, 1399, 1400, 1423, 1444
Geb. 1608 Königshofen, gest. 1666 Würzburg. Jesuit, Freund Athanasius Kirchers. Lehrer der Mathemathik für kurze Zeit in Palermo, dann am Würzburger Gymnasium. Veröffentlichte Kompilationen aus Kircher, z.T. unter Verwendung seiner Kupfer. Schrieb: »Mechanica-hydraulico-pneumatica« 1657, »Magia universalis naturae et artis«

1657-77, »Physica curiosa« 1662, »Technica curiosa« 1664. Francisci zitiert aus den og. und aus »Itinerarum Kircherinum«, »Magica Statica« und »Cursus mathematicus«: Der Ort des Paradieses lässt sich heute nicht mehr bestimmen. Luft ist ein Element, eine blästige Substanz des Wassers, die Mittel-Luft ist kalt. Die Methoden des Wiegens der Luft. In Madrid wird alle Unsauberkeit morgens auf die Gassen gegossen. Echo am Vesuv durch Regenrinnen. Der Schall des Gebets und das Blut der Unschuld und Missetat reicht weiter als jedes Sprachrohr. Feuerwürmer werden im Feuer geboren, Irrlichter in Äthiopien. Vorspiegelungen in Wunderkammern. Holz schwimmt, weil es leichter als Wasser ist, schwere Körper schwimmen im tiefem, aber nicht im seichten Wasser. Im Regen neugeborene Frösche sind nur halb gebildet. Vergrabene Münzen tauchen an anderer Stelle auf. Die Materie des Windes, brennender Sturm und Wirbelwind, die größten Unwetter am Aetna, ein See mit Nachtgespenstern in Baden. Ein Steinwurf in den Pilatus-See und es gibt ein Unwetter. Ohne Wolken donnert es nicht, ein Donnerschlag zündet Kirchturm an, Mensch und Tier verbrennen inwendig durch Donnerschlag, ein Knabe dreht nach Blitzschlag durch. Der Donnerschlag entsteht aus zusammengetriebenen Dünsten, die von kalten Wolken belagert werden. Es gibt den knallenden und den rollenden Donner. Ins Straßburger Münster schlägt oft der Blitz ein. Die Erde wackelt. Kopernikus ist ihm zuwider.

Schultzen, Gottfried (Schultze) 603
Geb. 1611 Gardelegen, gest. 1662. Kaufmann in Hamburg, dann Colonellschreiber, d. h. Protokollant des Kollegiums der Bürgerkapitäne. Wurde bekannt durch eine »Historische Chronik vom Anfang der Welt bis 1645«, die unter abgewandeltem Titel und als »augirte und continuirte New Chronica« mehrmals aufgelegt wurde (Zedler, ADB). Francisci lässt ihn von einer Feuerkugel in Preussen 1661 berichten.

Schulz, Walther (Walter Schultzen, Wouter Schouten) 207, 964, 1085, 1086, 1088, 1089, 1090, 1092, 1093, 1167-1191, 1210
Geb. 1638, gest. 1704. Aus Harlem. Wundarzt bei der VOC (Vereinigte Ostindische Companie). Reisedauer dorthin 7½ Jahre. Seine von Francisci benutzte Ost-Indische Reise-Beschreibung, an einer Stelle auch Orientalische Reise, lautet in vollem Wortlaut: »Ost-Indische Reyse: Worin erzehlt wird Viel gedenckwürdiges/ und ungemeine setzame Sachen/ bluthige See- und Feld-schlachten/ wieder die Portugisen und Makasser; Belägerungen/ Bestürmungen/ und Eroberungen vieler fürnehmen Städte und Schlösser; Wie auch eine eigendliche Beschreibung der fürnehmsten Ost-Indischen Landschaften/ Königreiche/ Inseln und Städte; Ihre Gesetze/ Sitten/ Religion, Kleidung; Item: der Tiere/ Früchte und Gewächse/ & c.; zugleich Eine ausführliche Erzehlung/ was sich in der gefährlichen Zurückreise nach Holland/ zwischen den Ost-Indischen Retour-Schiffen/ und den Engelländern/ im Jahr 1665. in der Stadt Bergen in Norwegen/ wie auch in der Nord-See/ merckenswürdiges zugetragen hat/ Alles beschrieben durch Mster Walter Schultzen, von Harlem Nebenst noch Dem gefährlichen Schiffbruch des Jagt-schifs/ ter Schelling genantt; Von Frantz Janß. Von der Heyde/ aufgezeichnet. Mit vielen kunstreichen Figuren geziert. Und aus dem Niederländischen ins Hochteutsche übergesetzet durch J.D. Amsterdam« 1676. Francisci hält sich an den Titel, ihn interessieren vor allem die Orkane und in deren Folge die Pest. Aber auch ein Furz eines Schiffers beim Kotau vor dem »aracanischen Herrscher und derselben Frauenzimmer«.

Schwaningius, Johannes (Ioannes Swaningius / Hans Svaning) 590, 591
Geb. 1503, gest. 1584. Dänischer Historiker und Professor für Rhetorik in Kopenhagen. Francisci schildert die Geschichte eines unersättlichen Rentmeisters des Königs, den dieser nach »güldenen Gnaden-Ketten« ein »Hals-Gehenge von Hanff« schenkte und ihn aufknüpfen ließ, d. h. »seinen Hals zur Bezahlung« seiner Rechnung annahm. Vier Nächte lang tanzte dann ein Irrlicht über dem Kopf des Gehenkten, so dass der

König ihn ehrenvoll begraben lassen musste. Francisci zitiert aus »Chriestirn«, das ist Christian II. von Dänemark, »Christiernus II Daniae Rex: e veteri protractus mscr Ioan. Swaningi Dani. Speculum Regnis magni, crudelis, infelicis, exulis, exemplum ceteris« 1658 posthum, (Spiegel der Grausamkeiten, des Unglücks, der Verbannten und sonstiger Beispiele aus der Regierungszeit Christians II.) also von 1513 bis 1523, in die auch das Stockholmer Blutbad von 1520 fällt.

Schwartz, Bertholdus (Berthold Schwarz / Niger) 650
Franziskanermönch des 14. Jahrhunderts, der das Schießpulver erfunden haben soll. Es ist nicht einmal sicher, ober er wirklich gelebt hat (ADB, Zedler). Francisci zitiert ihn zusammen mit Roger Bacon, der schon das »schwarze Kräutlein« gekannt habe, und mit einer Geschichte aus der Bibel (Richter) über den höchsten Richter Israels Gideon, der die Nomadenvölker der Midianiter geschlagen hat.

Schweiger, Salomon (Schweigger) 935, 936
Geb. 1551 Tübingen, gest. 1622 Nürnberg. Ev. Prediger, der als solcher im Gefolge einer österreichischen Gesandtschaft unter dem Baron Joachim von Sintzendorf 1577 nach Konstantinopel und Jerusalem reiste und in Konstantinopel drei Jahre blieb. Später war er Prediger in Nürnberg. Schrieb: »Ein nexe Reißbeschreibung auß Teutschland nach Konstantinopel und Jerusalem …« 1608 (acht Auflagen bis 1665). Ihm geht es um den Islam und die Struktur des Osmanischen Reichs (Spohn, Margret 1993/Zedler). Es geht um den Handel mit Eis in Konstantinopel.

Schwelin, Narcissus (Schwelle) 1332
Geb. 1588, gest. 1669. Württembergischer Beamter. Seine »Württembergische kleine Chronik«, die von 775 bis 1660 reicht, ist 1660 in Stuttgart erschienen (Zedler). Darin beschreibt er auch die berühmte Hexe von Schiltach im Schwarzwald, die 14 Jahre mit dem Pfarrer gebuhlt habe, fortgeflogen sei und vom Teufel den Befehl erhalten habe, einen Hafen über Schiltach auszuschütten, so dass der ganze Ort verbrannt sei. Auch sie wurde verbrannt. Francisci berichtet aus den Annalen (nach Zeilerus) den Fall eines 12jährigen Mädchens aus Nagold, das vom Blitz getroffen überlebt hatte.

Schwenter, Daniel 511, 684, 910, 988
Geb. 1585 Nürnberg, gest. 1636 Altdorf (er starb am gleichen Tag wie seine Frau, die eine Entbindung von Zwillingen nicht überlebte, von denen einer tot geboren wurde). Prof. Hebräisch 1608, dann der gesamten orientalischen Sprachen 1625 und dazu seit 1628 der Mathematik an der Universität Altdorf. Schrieb Philologisches und einiges zu Messverfahren (er popularisierte den von Johann Praetorius erfundenen Messtisch) und vor allem ein sehr weit verbreitetes Buch: »Deliciae physico-mathematicae oder Mathematische und philosophische Erquickstunden« 1636 (Bd. 1 posthum, Bd. 2 von Harsdörffer). Darin wird zum ersten Mal in Deutschland der Kettenbruch verwendet, er beschreibt eine Senkwaage zur Messung des spezifischen Gewichts von Flüssigkeiten und eine Art magnetischen Telegraphen (ADB/Poggendorf I). Daraus zitiert Francisci: Das Ohr am Erdloch verrät Reiter in der Umgebung, auch wenig Wasser lässt Holz schwimmen. Zur Kühlung des Weins ein Ort, an dem Schlangen nisten und das Gefäß umwickeln. Windkugeln, mit Wasser gefüllt und in Feuer gelegt, lassen das Wasser mit großem Getöse entweichen.

Scotus, Johannes Duns 26
Geb. 1266 Duns/Schottland, gest. 1308 Köln. Franziskaner, Scholastiker. Glaube, Wille, Liebe sind stärker als Vernunft und Wissen. Wurde sicher deshalb von Papst Paul 1992 (!) selig gesprochen. Er spekulierte über die Engel, und er war der Übersetzer von »Über die himmlische Hierarchie« des Dionysios Aeropagita ins Lateinische, des Systemati-

kers der rein geistigen Welt der Engel. Francisci erwähnt ihn nur kurz mit dem Ort des Paradieses, das in der Äquinoctialgegend liegen soll.

Sebizius, Melchior (Sebisch) 173
Es gibt zwei Ärzte gleichen Namens, beide stammen aus Straßburg und gehören einer berühmten Familie von Medizinern an. Der erste geboren 1539 in Falkenberg/Schlesien, gestorben 1625 in Sraßburg, Professor und Stadtarzt, der zweite geboren 1578 in Straßburg, und dort 1674 gestorben, ebenfalls Professor und Stadtarzt. Von letzterem gibt es eine Serie von Veröffentlichungen, immer beginnend mit »Problemata« (Geometriae, Pathologica, Astronomiae etc.). Das von Francisci mit »lib.4.de alim.facult.probl.« zitierte heißt eigentlich »De alimentorum facultatibus libri quinque: ex optimorum authorum monumentis conscripti & edit« 1650 und stammt von Melchior dem jüngeren. Es handelt sich um Empfehlungen zur Ernährung. Er hatte schon 1630 das Kräuterbuch des Hieronymus Bock neu herausgegeben mit dessen Anhang »Teutsche Speisekammer«, in dem auch Wein abgehandelt wird. Die Sebischs, zu denen noch Johann Albert und Paul gehören, beherrschten mehr als ein Jahrhundert lang die medizinische Szene in Straßburg. Allen gemeinsam ist ein bewegtes Leben als Studenten in halb Europa, als Hofmeister bei verschiedenen Baronen und der gute Draht zur kaiserlichen Familie. Der produktivste Schriftsteller war Melchior der jüngere, von dem Zedler wenigstens 50 Schriften anführt. Francisci holt von ihm die Aufforderung an die Alten, den Wein ja zu verdünnen.

Segebertus 751, 1262
Obwohl keinerlei Hinweise vorliegen, die zur Identifizierung helfen (lediglich der Korn- und Fischregen in Frankreich 989 und der 17 Schuh große Hagel in Autun 824), müsste es sich um **Sigebert de Gembloux** (Sigebertus Gemblacensis) handeln, einen Historiker des Mittelalters, geb. um 1030 Brabant, gest. 1112. Benediktiner in Gembloux / Belgien, Prof. in Metz und Gembloux. Er schrieb: »Chronicon ab anno 381 ad annum 1111«, gedruckt 1513, u.a. (Nouv.Lar.Ill.)

Seger, Georgius (Georg Segers) 527
Geb. 1629 Nürnberg, gest. 1678 Danzig. Stadtarzt in Thorn und Danzig, Leibarzt der polnischen Könige. Publizierte mehrere Werke über Epilepsie und versuchte sich in Mykologie (Seher, Gelehrtenlexikon). Hatte bei Thomas Bartholinus in Kopenhagen studiert und war dann »wacker gereiset« (Zedler) Das Digitalisierungszentrum Göttingen listet 48 Beiträge an die Ephemeriden auf, z.B.: Von verschluckten Nadeln, von dem Gehör der Fische, von der Heilung der fallenden Sucht, von einem sonderbaren Schwamm. Hier berichtet er aus dem ersten Jahrgang der Ephemerides A.N.C. (Annales naturae curiosorum), IX. Observatio, von Doppelsonnen in Thorn.

Selden, John 1103
Geb. 1584 Sussex, gest. 1654. Englischer Jurist, der zur Zeit von Charles I. als Parlamentsabgeordneter mehrere Male in den Tower wanderte und vor allem als Gegenspieler des Hugo Grotius und seines im Auftrag der niederländischen Ostindienkompanie verfassten und sich vor allem gegen die spanisch-portugiesische Konkurrenz im Seehandel richtendes »Mare liberum« von 1609 bekannt geblieben ist. Er hat ihm 1628 ein »Mare clausum seu de dominio maris« entgegengesetzt, das die nationalen Hoheitsgewässer für die ungestörte Ausübung der Handels- und Fischereirechte schützen sollte (s. Kap. Strandgut). Francisci nennt ihn nur in einer Fußnote mit seiner Auffassung, dass Strandgut den Schiffbrüchigen gehöre (Encycl. Brit.).

Selomo 37
Hier ist nur ein Indizienprozess möglich. Da Francisci ihn zusammen mit Josephus,

Kimchi und Aben Ezra nennt, Josephus Historiker der Juden, die beiden anderen Bibelexegetiker, wird auch er so einer sein. Am ehesten kommt der im Mittelalter bekannteste, häufig gedruckte und übersetzte **Salomo ben Isak** in Frage, auch Rabbi Sch'lomo, manchmal fälschlich Jarchi, meist aber Raschi von Troyes genannt, geb. 1040 Troyes, gest. 1105. Schüler der höheren jüdischen Schule von Worms, Erklärer des Talmud und fast der ganzen Bibel. Seine Kommentare zum Pentateuch sind übersetzt (Meyer V). Und die wird Francisci zur Klärung der Bedeutung von Aram genommen haben.

Seneca, Lucius Annaeus (der Jüngere) 298, 362, 544, 545, 572, 598, 599, 842, 855, 856, 899, 905, 906, 918, 937, 982, 1003, 1006, 1077, 1084, 1230, 1303, 1305, 1306, 1307, 1312, 1314, 1322, 1323, 1346, 1347, 1355, 1357, 1359, 1396, 1397, 1401
Geb. um 4 v. Chr. Cordoba, gest. 65 n. Chr. Rom. Anwalt, Qästor, Senator. 41 nach Korsika verbannt, dann Erzieher Neros und sein engster Berater. Wegen angeblicher Beteiligung an der Pisonischen Verschwörung zum Selbstmord gezwungen. Schrieb: »Dialogi« (mahnende Lehrvorträge), »De clementia« (Fürstenspiegel), »De beneficiis« (Über Wohltaten). Hauptwerke »Epistulae morales ad Lucilium« und die »Naturales Quaestiones« (Naturwissenschaftliche Untersuchungen). Francisci zitiert fast ausschließlich aus den letzteren: Ungebührlicher Tanz der Weisen. Stoiker teilen die Luft in die höchste, mittlere und niedere Gegend. Der Regenbogen am Mittag zeigt Regen an. Ein zwitscherndes Feuer in Gestalt eines Mondes, Elmsfeuer bei Gewitter. Schnee entsteht über warmer Erde, auf hartem Schnee gefrieren die Füsse weniger leicht. Gerade die Schwachen kühlen Getränke mit Schneee, damit sie nicht einschlafen. Ein Schneetrunk gegen Gasritis. Schnee in Rom ist teuer. Zwischen Wind und stillstehender Luft ist kein anderer Unterschied als zwischen stehendem und fließendem Wasser. Unter der Erde müsse es Flüsse und ein verborgenes Meer geben. Die Erde werde durch einen Geist zusammengehalten. In den Zwischenräumen der Wolken der Spiritus, der den Sturm erzeugt. Der Donner riecht schweflig. Auch ohne Wolken gibt es Donnerschläge. Der Blitz ein schwaches Feuer, der Donnerschlag ein scharfer Strahl. Vom Blitz getroffener Wein ist ungenießbar. Hinter dem Donnerschlag steckt eine göttliche Kraft. Vom Blitz getroffene Schlangen werden wurmig, andere nicht. Der Donnerknall entsteht durch Zusammenstoßen der Wolken.

Sennertus, Daniel 422, 580, 594, 1004, 1061, 1196, 1314, 1388
Geb. 1572 Breslau, gest. 1637 Wittenberg. War dort Professor der Medizin. »Der deutsche Galen«. Führte als erster das Chemiestudium an einer deutschen Universität ein und war in Padua, wo er auch studiert hatte, so berühmt, »dass, wenn man seinen Nahmen genennet, die Italiäner allemahl den Hut abgezogen« (Zedler). Schrieb: »Philosophia naturalis« 1618. »Hypomnemata physica der rerum naturalium principiis, occultis qualitatibus, de atomis, de mistione etc.« 1635 u.v.a. Thorndike widmet ihm ein ganzes Kapitel (VII, 203-217) und Zedler schildert die Auseinandersetzungen mit wissenschaftlichen Zeitgenossen. Es waren im wesentlichen Rückzugsgefechte von Aristotelikern und Plagiatvorwürfe. In den »Epitome« (Auszüge) und später noch genauer in den »Hypomnemata« (Skizzen) entwickelt Sennert eine Theorie der physischen, nicht mathematischen Minima, die er minima naturae, atomi, atoma corpuscula, corpora indivisibilia nennt und die auf Beobachtungen der Trennung und Mischung bei chemischen Prozessen beruht. Während bei Aristoteles nur die Form der Materie aktuell bleibt, die Materie aber nur noch potentiell vorhanden ist, beharrt Sennert darauf, dass die Materieteilchen bestehen bleiben und in der Mischung agieren (Lasswitz I, 436-447). Aber unabhängig davon seien seine medizinischen Auffassungen »überwiegend humoralpathologisch orientiert, seine klassische, an Galen orientierte Pathophysiologie, Semiotik und Therapie sind kanonisierter Lehrstoff der europäischen Medizin bis in die achtziger Jahre des 17. Jahrhunderts« (Ärztelex.). Seine praktischen Erfahrungen waren immens, und er war ein sehr genauer Beobachter. Während dreier Pestzüge, die Witten-

berg heimsuchten, hat er in der Stadt die Kranken behandelt, was Zedler ausdrücklich hervorhebt, weil ein solches ärztliches Verhalten anscheinend nicht üblich war. Er erlag dem letzten. Francisci zitiert aus »Epitome naturalis scientiae 1618, Practica libri VI«: Faulende Brunnen sind tödlich, die Funken aus Haaren und Fellen sind erhitzter Dunst, unterirdische Hitze macht Wind, Pest verbreitet sich über Leinentuch, dreierlei Art des Blitzes, bei einem Erdbeben erstarren 50 Bauern mit ihren Kühen zu Stein.

Septalius (Ludovico Settala) 915
Geb. 1552 Mailand, gest. 1633 dito. Philosoph, Arzt, der sich in Mailand in zwei Pestepidemien, 1576 und 1630, wegen konsequenter Maßnnahmen auf Grundlage seiner Contagionstheorie auszeichnete und wegen seiner Rolle in Manzonis »Promessi sposi« für immer bekannt bleiben wird. Schrieb neben Kommentaren zu Hippocrates nach Thorndike VIII,453 ein Buch über Muttermale (»Analyticarum et animasticarum disertationum libri II. His accesserunt eiusdem…de naevis…«1626), in dem die Hautmale als zwischen der inneren Welt des Mikrokosmos und der äußeren des Makrokosmos vermittelnde Zeichen abgehandelt werden, ein wichtiges Thema der Zeit und Hinweis auf unterschwellige Verbindungen zum Denken der Babylonier. Für sie waren Muttelmale Schriftzeichen der Götter auf der Haut (Storia di Milano). Francisci zitiert aus »libellum cautionum & animadversionum« (Über Behutsamkeit und Achtsamkeit), dass mit Schnee gekühlter Wein als Purgiertrunk Heuchelei sei, weil die Purgierwirkung nicht von der offenkundigen Kälte, sondern von versteckten Qualitäten abhänge, die erst im Darm zur Wirkung kommen. Die Kälte sei nur »eine Verführung des Mundes«.

Septalius (Manfredi Settala) 649
Geb. 1600 Mailand, gest. 1680 dito. Sohn des vorigen, Mechaniker und Instrumentenbauer, zuletzt Direktor der vom Cardinal Borromeo gegründeten Malerakademie in Mailand. Er gründete ein Museum (»Wunderkammer«, wie sie auf italienisch heißt), welches viele von ihm erfundene Maschinen enthielt und von Terzago beschrieben wurde (»Musaeum Septalianum Manfredi Septala, Patricii Mediolanensis, industrioso labore constructum, cum centonibus de ambra, de succini ortu, de corallis, de ortu crystalli etc.«1664) (Poggendorf I, Storia di Milano). Verspiegelungen als Illusion.

Serarius, Nicolaus 269
Geb. 1555 Rambervillers/Lothringen, gest. 1609 Mainz. Jesuit. Prof. Philosophie an der 1582 neugegründeten Würzburger Universität. 1595 Professor für Theologie und Exegese in Mainz. Hervorragende Sprachkenntnisse in Griechisch, Hebräisch und Syrisch, die in seine Auslegungen des Alten Testaments einflossen. Historische Forschungen und zahlreiche Polemiken gegen zeitgenössische Lutheraner. Stand im intensiven Briefwechsel mit dem Kirchenhistoriker Baronius, dem Altertumsforscher Lipsius, dem Astronomen Kepler (bbkl). Schlägt sich mit Josua 10 herum und kommt auf 36 Stunden.

Serres, Jean de 1301
Geb. um 1540 Villeneuve-de-Berg/Ardèche, gest. 1598 Genf. Entstammte einer calvinistischen Familie aus dem Vivarais. Sein Bruder Olivier war erst Pastor in Genf, um dann einen Modellhof im Geburtsort von Jean zu führen, in dem erstmals wissenschaftliche und industrielle Methoden angewandt wurden. Jean floh nach der Bartholomäusnacht nach Lausanne, wurde dort Pastor und konnte als solcher später wieder in Nîmes und Orange praktizieren. Schrieb eine Geschichte Frankreichs: »Inventaire général de l'histoire de France«. Außerdem: »Commentarium de statu religionis et reipublicae in regno Galliae libri XV« 1571-1580 (Nouv. Lar. Ill.). Entzündung der Pulverkammer von Mailand durch Blitzschlag.

Servius Honoratius Maurus 1290
Ende des 4.Jahrh. n.Chr. Grammatiker in Rom. Schrieb u.a. den von Francisci zitierten Kommentar zu Vergil (Nouv.Lar.Ill.) Dreierlei Donner: Fulmen consiliarum, auctoritatis, statum.

Severinus (Marco Aurelio Severino) 846, 917
Geb. 1580 Tarsia/Kalabrien, gest. 1656 Neapel (an der Pest). Schüler von Campanella, studierte Medizin in Salerno, Chirurg und Professor am Incurabili Krankenhaus (für Unheilbare) in Neapel. Die Inquisition machte ihm das Leben schwer, da er unorthodoxe Ideen über die Natur vertrat und eine blutige Chirurgie betrieb. In seiner »Zootomia Democritea«, dem Buch, dem er seinen Ruhm verdankt, beschrieb er sehr genau eine große Zahl von Arten, erklärt das Kiemensystem der Fische, Geschlechtsorgane und Embryonen vieler Tiere, die Giftwerkzeuge der Vipern. Er betonte die Rolle der Atmungsorgane. Zahlreiche medizinische Bücher (Ärztelex.). Francisci zitiert den Vergleich von Frostbeulen mit Verbrennungen aus seinem Buch über tiefliegende Abszesse (»De recondita abscessum«, Kap.VII »De epinyctionibus (Nachtblattern), roseolis saltactibus (Dreitagefieber mit Hautausschlag)) et pernionibus (Frostbeulen)«), und vermittelt über Bartholinus den Gebrauch des Schnees als Mittel zur Steigerung der Wirkung der Schröpfköpfe und zur Betäubung von Fleischwunden, bevor das Brenneisen angesetzt wird. Eine Steigerung der Wirkung ist mit dem Zusatz von »gestossenem Armenischen Bolus« möglich, dem deutschen Blutstein (Hämatit). Beide, Severinus und Bartholinus, der von ihm gelernt hat, haben die anästhetische Wirkung der Kälte entdeckt und in die medizinische Praxis eingeführt.

Siculus, Diodorus 238
Geb. ca. 90 v.Chr Agyrium/Sizilien, gest. ca. 30. Griechischer Historiker. Schrieb: »Bibliotheca Historica« in 40 Büchern über Ägypten, Mesopotamien, Indien, Skythien, Arabien, Nordafrika, Griechenland und Europa. Die erste gedruckte Version war eine lateinische Teilübersetzung in Bologna 1472, ein Teil des griechischen Orginals folgte 1535 in Basel. Vor der Schlacht ein Ehrenmahl für die Generalität.

Sigonius, Carolus 817, 818, 860
Geb. 1524 Modena, gest. 1584 dito. Nach Zedlers Schilderung seines Lebens als berühmter Philologe, Jurist und Historiker ist er zugleich ein Gebeutelter der mit Hauen und Stechen ausgetragenen Auseinandersetzungen an den Universitäten von Modena, Venedig, Padua und Bologna, bei denen es um Hörsäle, hinterhältige Taktiken und gemeine Kritik bis zu körperlichen Angriffen ging. Sie gipfelten im Eingreifen des Kardinals als Friedensstifter und letztlich in der Flucht des Sigonius aus Venedig nach Padua, wo es auch nicht besser lief. Als Professor für Griechisch in Bologna 1546 schien er zur Ruhe gekommen sein. Schrieb u.a.: »Historia de regno Italiae« 20 Bde. 1603 (teilweise posthum), »Historiae de occidentali imperio« 1579. Hieraus zitiert Francisci. Der römische Patrizier Johannes findet am 5. August zur Zeit des Papstes Liberius (352-366) Schnee »auf dem Berg Esquilino« (Cispius, einer der Hügel Roms) und gründet dort die Kirche St. Maria majoris. 443 ist so viel Schnee gefallen, dass er sechs Monate liegen geblieben ist, und der Schnee im August 1199 sei ein Vorzeichen des Krieges zwischen Parma und Piacenca gewesen.

Silius Italicus, Cajus 832
Im 1. Jahrhundert nach Christus dreimal Bürgermeister in Rom, Prokonsul von Asien. Er hinterließ eine Geschichte des Punischen Krieges in 17 Büchern, aus der Francisci den Zug Hannibals über die Alpen erwähnt.

Simlerus (Simmler, Josias) 832, 844, 931
Geb. 1530 Kappel am Albis, gest. 1576 Zürich. Pastor und Prof. Theol. Zürich, »vicarierte« für Conrad Gessner im mathematischen Unterricht am Gymnasium und gab später dessen »Bibliotheca universalis« neu heraus. Schrieb: »Deprincipis astronomiae« 1559. »Vallesia et alpinum descripto« 1574. »Commentarius de alpibus« 1574, »De Helveticorum republica« 1577 posthum, u.v.m. (bbkl). Er gilt als der erste, der in seinen »Alpibus commentariis« die Alpen insgesamt in den Blick nahm und mit seiner enzyklopädischen Einteilung Vorbild für spätere Arbeiten wurde. Er selbst konnte wegen Krankheit die beschriebenen Gebiete nie besuchen. Francisci berichtet von Eistafeln, die Reisegesellschaften verschütten, von französischen Soldaten, die unter dem Schnee schlafen und von gesunden und krank machenden Eisgetränken.

Simonides von Keos 908
Geb. 557/558 v.Chr. Iulis auf Keos, gest. 468/469 Akragas. Dichter, Freund des Themistokles und Pausanias. Er schrieb Sieges- und Trinklieder, auf welche Francisci wohl anspielt, wenn es um ein wenig Schnee im Wein geht. Bei den Griechen und Römern galt Simonides als Erfinder der Mnemonik, der Gedächtniskunst, was viele antike Schriftsteller erwähnen (Meyer V).

Sincerus, Jodocus (Justus Zinzerling / Sintzer) 484
Geb. 1580, gest. 1620. Studierte in Basel Philologie und wurde Korrektor in einer Druckerei in Lyon. Sein »Itinerarium Galliae« von 1616 war ein echter Reiseführer durch Frankreich, die Schweiz und Belgien mit Angaben der Übernachtungsmöglichkeiten und wurde über 50 Jahre lang immer wieder aufgelegt und noch 1886 ins Französische übersetzt. Ein 13-faches Echo in Charenton bei Paris.

Sirach, Jesus (Jeshua ben Eleazar ben Sira) 267
Er verfasste um 190 v.Chr. eine Sammlung religiöser Weisungen zur sittlichen Haltung, die Eingang in die Septuaginta gefunden haben, einer Sammlung des Alten Testaments, die von angeblich 72 (daher der Name) aus dem Hebräischen ins alexandrinische Griechisch übersetzt wurde, die bei den orthodoxen Kirchen noch offiziell gilt, in der katholischen Kirche als deuterokanonisch (d.h. als zum zweiten Kanon der nicht zum hebräischen Urtext des Alten Testaments gehörig) eingestuft werden, in den evangelischen Kirchen nur noch als apokryph (d.h. als verborgene, nicht mehr zum Kanon zu rechnende) gelten. Francisci nennt Sirachs Meinung zum Schatten Ahas, es sei nicht nur der Schatten, sondern wirklich die Sonne zurück getreten.

Sleidanus, Johannes (Johannes Philippson von Schleiden) 40
Geb. 1506 Schleiden, gest. 1556 Straßburg. War Jurist und Diplomat, der in der Reformationszeit eine wichtige Rolle bei den Regensburger Religionsgesprächen 1541, beim Reichstag in Speyer 1544, als Professor für Jura in Straßburg und als Reformationshistoriker des Schmalkaldischen Bundes spielte. Sein Hauptwerk »De quatuor summis imperiis« – es beschreibt die politischen und religiösen Verhältnisse unter Karl V. – wurde schon fünf Jahre später ins Englische übersetzt und zur Grundlage einer modernen Geschichtsschreibung (bbkl). Bei Fancisi taucht er nur vermittelt über Meibomius (s. dort) auf, wenn es für Melanchthon um den Ort des Paradieses geht.

Snellius (Willebrord van Roijen Snell) 363
Geb. 1580 Leiden, gest. 1626 dito. Erst Studium der Rechte, dann der Mathematik und Astronomie in Leiden und Paris, nachdem er mehrere europäische Länder bereist hatte. Folgte seinem Vater Rudolph Snell (1546-1613) auf dessen Lehrstuhl für Mathematik in Leiden. Nach ihm ist ein Brechungsgesetz genannt, er entwickelte eine neue Methode, den Erdumfang und den Radius zu bestimmen, beschäftigte sich mit der Meridiantei-

lung, Navigation und Landvermessung, bestimmte 1621 die Zahl Pi auf 36 Stellen genau (Spektr.Lex.Naturwiss.). Seine Methode der Triangulation, die er 1615 veröffentlichte, sollte 130 Jahre später in zwei von der französischen Akademie der Wissenschaften unter der Leitung von Charles Marie de la Condamine durchgeführten Expeditionen zur Messung des Abstands der Längengrade am Äquator und von Pierre Louis Moreau de Maupertius am nördlichen Polarkreis den Beweis der längst vermuteten Abflachung der Erde an den Polen erbringen. Bei der Triangulation wird eine ganze Kette von Dreiecken festgelegt und nur die Basis des ersten mit herkömmlichen Methoden vermessen. Der Rest geschieht durch Feststellen des Winkels zu einem entfernten Standzeichen. Die so gewonnene Strecke bildet die Basis eines weiteren Dreiecks, so dass eine ganze Reihe solcher Dreiecke mit geringen Aufwand vermessen und praktisch nebeneinander gelegt werden können. Damit ist es dann mit rechnerischen Methoden möglich, große Entfernungen exakt zu bestimmen. Allerdings potenziert sich ein eingangs bei der Basismessung gemachter Fehler. Francisci streift Snellius nur nebenbei mit »Snellii Rechnung«, wahrscheinlich ist die Triangulation gemeint, bei Spekulationen um die Höhe der Berge auf Teneriffa.

Socrates 282, 284, 285-288
Ritt mit Kindern auf einem Stecken, sammelte Meeresschnecken um die Wette, hat Schwerttänzern zugeschaut und selbst getanzt. Frauen können letztlich auch alles: tanzen, reiten, mit dem Schwert kämpfen.

Sopater 704
Rhetoriker, Philosoph und intimer Berater Kaiser Constantins, der ihn 320 ermorden ließ. Francisci gibt als Grund an, er habe durch Zauberworte die Winde beschworen, dass kein Getreide nach Konstantinopel eingeführt werden konnte. Wahrscheinlicher ist, dass er sich geweigert hatte, die zahlreichen Morde Constantins an Familienmitgliedern moralisch abzusegen (Schwiegervater Maximian, Schwager Bassanius, Neffe Licianus, Frau Fausta und nach Sopaters Hinrichtung noch seinen Sohn Crispius). Es gibt von ihm eine rhetorische Anleitung, wie Fragen zu behandeln sind (ihre Teilung), u. a. die, ob und wann ein Tyrann zu töten sei.

Sophronius 1251
Geb. 560 Damaskus, gest. 638 Jerusalem. Orthodoxer Mönch, Patriarch von Jerusalem. Schrieb Polemiken, Gedichte (»Anacreontica«). Soll von den Moslems umgebracht worden sein, weil er verhindern wollte, dass byzanthinische gefangene Soldaten konvertieren. Die Geschichte des gottesfürchtigen Priesters, den der Blitz erschlug, und die Francisci aus Majolus berichtet, stammt von ihm.

Sorbait, Paul de 999, 1202
Französischer Arzt, der um 1670 Prof. in Wien war. Er lieferte Beiträge zu der von Thomas Bartholinus von Kopenhagen gegründeten Zeitschrift »Acta medica et philosophica Hafniensia«, die in fünf Bänden von 1671-79 erschien. Wie bei vielen anderen waren es Beobachtungen von Monströsitäten, Hermaphroditen, er sah z. B. »with his own eyes a live toad issue from an abscess of a vintress who had contracted goitre by drinking cold and dirty water.« (Thorndike VIII, 235, 245, Zedler). Schrieb u. a.das von Francisci zitierte »Consilium Medicum Dialogus oder Freundliches Gespräch über den betrübten und armseligen Zustand der Kayserl Residentz- und Haupt-Statt Wienn in Oesterreich ...«. Winde sind nichts anderes als Dünste, mit Schwefel und Salpeter gemischt und von der Sonne hinaufgezogen und entzündet. Bei der Bekämpfung der Pest ist er gegen die Verwendung stinkenden Rauchs, weil der »viel Kopfwehe, Fräß, Gewalt Gottes und Paralyses verursacht habe«.

Spangenberg, Cyriacus 1100
Geb. 1528 Nordhausen, gest. 1604 Straßburg. Eifernder Lutheraner, der mehrfach in dogmatische Streitereien wegen seiner Anhängerschaft zur Lehre der Erbsünde geriet. Generalsuperintendent der Grafschaft Mansfeld, nach seiner Vertreibung ins Exil nach Straßburg noch 10 Jahre Pfarrer im hessischen Schlitz. Er hinterließ rund 100 Schriften und Predigten, leistete Beiträge zur Teufelsliteratur und veröffentlichte 1590 die von Francisci genannte »Quernfurthische Chronica«, eine Regionalgeschichte der Grafschaft Mansfeld (ADB). Es geht um die Frage, wem Strandgut gehört, in diesem besonderen Fall um den Grafen Friedrich von Stade, dessen Mutter, als sie mit ihm schwanger war, nach einer Havarie auf der Elbe vom Erzbischof von Bremen gefangen genommen worden war und von diesem deshalb als Sohn einer Sklavin bezeichnet wurde.

Sperlingus, Johannis (Johann Sperling) 1005, 1313, 1382, 1383, 1385, 1387, 1402
Geb. 1603 Zeuchfeld/Thüringen, gest. 1658 Wittenberg, Arzt, seit 1634 Prof. Physik in Wittenberg. Schrieb: »Institutiones physicae« 1653, viele Auflagen. Francisci zitiert aus diesem Lehrbuch für Studenten, in denen die Korpuskulartheorie seines Ziehvaters Daniel Sennert (s. dort) vertreten wurde. Ein anderes Lehrbuch, die »Zoologia physica« von 1661 arbeitet mit unscharfen Einteilungen und kennt noch keine Physiologie. Statt Muskeln und Nerven wird als bewegendes Element ein »mystischer Spritius« bemüht, der auch für viele andere Erklärungen herhalten musste (ADB,Poggendorf I, Thorndike VII,421f.). Es geht Francisci um den Streit zwischen Feuer und Wasser bei der Entstehung der Winde, um den Spiritus des Wetterschlags und den Spiritus der Versteinerung und die Entstehung des Donnerschlags aus einem Streit zwischen Schwefel und Salpeter.

Spielberg, Georg (George von Spielbergen/Spilbergen) 1120
Ein Deutscher in holländischen Diensten als Admiral, der zu den frühen Seeleuten gehört, die die Welt umrundet haben. Er befehligte eine von der niederländisch ostindischen Handelskompanie und dem holländischen Staat ausgerüstete Flotte, die von 1614 – 1617 durch die Straße von Magellan nach Indien fuhr, nicht ohne dass sie »auf den Küsten Chili und Peru brav raubeten und plünderten« (Zedler), sich dort eine Seeschlacht mit den Spaniern lieferte, sie besiegten und die Küsten überall »rein aus« plünderten. Spielberg ist schließlich in einem Sturm umgekommen, wie Francisci aus Janssonius »Orbis maritimum« berichtet.

Spigelius, Adrian (Spiegel/Spigel) 948
Geb. 1578 Brüssel, gest. 1625 Padua. Studierte Medizin in Löwen und Padua, praktizierte in Mähren und wurde Professor für Chirurgie und Anatomie in Padua. Schrieb über Anatomie, Arthritis, Entwicklungsgeschichte des Foeten u. a. Da Francisci aus Bartholinus ohne Quellenangabe zitiert, ist die Geschichte eines Weintrinkers, der ihn mit Schnee gekühlt hatte und an »Tertian-Fieber« (Fieber nur jeden 3. Tag) erkrankt war, der Führer zu seiner Abhandlung »De semitertiana libri IV« von 1624.

Stafford, Richard 410
Geb. 1632, gest.?. Sheriff der Bermudas, der ein äußerst fleissiger Briefeschreiber war, u. a. auch an die Philosophical Transactions, in denen er Naturphänomene wie Ebbe und Flut und die Spermien bei Walen beschreibt. Nach Francisci hat er in einem Schreiben von den Bermudas an den Secretär der Königlich Englischen Gesandtschaft das sehr gesunde Klima von »Nova Providentia« beschrieben.

Starizius (Johannes Staricius) 1369
Geb. in Schkeuditz bei Merseburg. Um 1609 Organist in der St. Lorenz Kirche von Frankfurt am Main, komponierte eine Sammlung von weltlichen Liedern (ADB). Um

1640 Alchemist in Nürnberg. Schrieb u.a »Geheimnisvoller Heldenschatz oder, Der vollständige egyptische magische Schild« 1616 mit zahlreichen Auflagen unter abgewandelten Titeln bis ins 18. Jahrhundert. Magische Praktiken gegen Donner und Blitz.

Stengelius, Georgius (Georg Stengel) 338
Geb. 1584 Augsburg, gest. 1651 Ingoldstadt. Jesuit, Lehrer für Philosophie und Rhetorik in München, Dillingen. Prof. Theol. Ingoldstadt von 1618 – 1629. Sah überall in seinen über 60 Veröffentlichungen den Teufel am Werk, bei dessen Geschäften auch phantastische und phantasierte Monstren und Naturwunder helfen. Die in Zedler veröffentlichte Literaturliste erlaubt eine Diagnose: religiöser Wahn. Schrieb u..a.: »Labyrinthi Ab Aegyptiis positi lavdes cum Mvndi a Deo Conditi encomiis expensa« 1628 (Die Lage der Labyrinthe seit den Ägyptern, zum Lob mit der von Gott geschaffenen Welt abgewogen), »Labyrinthi ab Aegyptiis structi fraudes cum mvndi a diabolo sedvcti pericvlis collatae« (Die seit den Ägyptern gebauten Labyrinthe mit den Gefahren einer vom Teufel verführten Welt in Beziehung gesetzt) 1630. Eines von beiden »Labyrinthi« meint Francisci mit seinem Literaturhinweis. Hier: die kleinste Nymphe betet, die größte schläft.

Stephanus, Carolus (Charles Estienne) 25
Geb. 1504, gest. 1564. Entstammt einer berühmten Druckerfamilie aus Genf, die nach Paris ging und wieder katholisch wurde. Er hat den Beruf weiter ausgeübt, selbst als er Arzt und 1542 Professor der Medizin in Paris geworden war und verschiedene wichtige anatomische Entdeckungen gemacht hatte, u.a. die der Venenklappen in den Lebervenen. Die in Zedler angegebene Liste weist ihn als vielfältig interessierten Menschen aus. Sein »Lexicon historicum, geographicum, poeticum«, aus dem Francisci zitiert, wurde erst 1644 veröffentlicht. Es geht um den Ort des Paradieses im Morgenland.

Stevinus, Simon 1413
Geb. 1548 Brügge, gest. 1620 La Hague oder Leiden. Holländischer Mathematiker, Geograph und Astronom. Handelsreisender in Europa. Entwickelte zahlreiche mathematische Methoden, u.a. zur Berechnung von Polyedern, propagierte das Dezimalsystem, erkannte den Unterschied zwischen stabilem und instabilem Gleichgewicht und das hydrostatische Paradox, nach dem der Druck in einem Gefäß nur von seiner Basis und der Höhe der Flüssigkeit abhängt, nicht jedoch von der Form des Gefäßes, stellte eine Beziehung zwischen Mond und Gezeiten her u.v.m. Francisci erwähnt ihn kurz bei denen, die die Erde nicht für den Mittelpunkt der Welt halten.

Stöcken, Gerardus von (Gerhardo von Stökken) 309, 310
Geb. 1629 Rendsburg, gest. 1682. Professor in Straßburg, der zahlreiche juristische und historische Traktate veröffentlicht hat (Zedler). Das von Francisci zitierte »Centur.I.R er.Selectar.c.66«, ein Buch über die Sitten und Gebräuche aller Zeiten, aller Städte und Regionen, aller Tyrannen usw. sind die »Amoenitates Historicae, sive Rerum selectarum Centuriae duae ...« von 1658. Es geht um Tanz, oder vielmehr um centaurus, was so viel bedeutet wie eine Lebensweise, die von tierischen Begierden gesteuert wird.

Stopelius, Jacobus (Jakob Stoffel) (falsch 420) 520
Er wird in einem Brief von Eck an Konrad Reuter von Kaisheim vom 4.9.1515 erwähnt. Eck hatte in Memmingen bei seiner Rückreise von Italien Jacobus Stoffels »kosmographischen Globus als Fläche mit verlängertem Neigungswinkel« besichtigt. Auch Francisci nennt den »Medicus aus Memmingen« Stopelius. Ich werde den Verdacht nicht los, dass sowohl Eck als auch Francisci sich irren. Der berühmte Hersteller von astronomischen Instrumenten, Globen und Turmuhren hieß **Johannes Stöffler** (geb.1452 Justingen) und hatte seit 1481 eine eigene Werkstatt in Ehingen eingerichtet, z.Zt. des

Besuches von Eck in Memmingen war er Professor für Astronomie und Mathematik in Tübingen. Zusammen mit dem astrologischen Astronomen Jacob Pflaum aus Ulm hatte er 1499 das »Almanach nova plurimis annis venturis inservienta« herausgegeben, die in ganz Europa wegen ihrer Genauigkeit und als Fortsetzung derjenigen des Regiomontanus berühmt gewordene Ephemeriden, die bis 1551 13 Auflagen erlebten und dessen deutsche Version »Almanach Teutsch mit den Aspecten« 1510, nach dem Tod von Pflaum (1500), in Memmingen erschienen waren. Vielleicht wurde der Vorname von Jakob Pflaum dem Stöffler zugeordnet, und der Medicus ist ein Mathematicus. Der »besondere Diskurs« zur Vorbedeutung von Doppelsonnen, den Francisci anführt, könnten die »Tabulae astronomicae« sein, die 1514, also im Jahr des beoabachteten Phänomens, in Tübingen veröffentlicht wurden (ADB). Stöffler war für seine astrologischen Neigungen bekannt und hat mehrere Vorhersagen gemacht, die nicht eingetroffen sind, so auch die einer Sintflut.

Strabo 37, 45, 54, 166, 832, 888, 889, 903, 908
Geb. 63 v. Chr., gest. nach 26 n. Chr. Schrieb: »Geographica«. Seine historischen Werke sind großenteils verloren. Francisci interessiert, dass »Sede-Aram« aus Strabo von Luther mit »Syrien« übersetzt wird, ferner die Zerstörung von Babylon und seine Größe, die Trinksitten bei den Arabern, dass Eisschollen von den Alpen herunterfallen und Reisegesellschaften begraben, dass im Schnee Wasser ist, von ihm überzogen wie mit einem Rock, dass Schnee so fruchtbar ist, dass in ihm Würmer entstehen, dass kaltes Wasser des Flusses Cydnus gegen Podagra hilft und Armenier gutes Wasser aus Schnee auspressen.

Strauch, Aegidius 687
Geb. 1583 Wittenberg, gest. 1657 Dresden. Der Sohn eines aus den Niederlanden des Herzogs von Alba geflohenen reformierten Kaufmanns, der nach Studium in Wittenberg Superintendent in Oschatz, Delitzsch, Merseburg und Dresden wurde. Die Strauchs begründeten eine weit verzweigte Dynastie von gelehrten Theologen, Mathematikern und Juristen. Dieser hier schrieb über Physik und Theologisches (Poggendorf I, Zedler). Francisci zitiert aus Disputationen, die er 1606 an der Universität von Wittenberg gehalten hatte, und die aus zwei Teilen bestehen, aus »de scientia naturalis constitutione« (Über den Zustand der Naturwissenschaft) und »de tribus rerum naturalium principiis« (Über die Prinzipien dreier Naturerscheinungen). Aus der ersten die Wolken, die von magnetischer Kraft oben gehalten werden.

Strozz Cigogna (s. Cigogna, Strozzi) 704

Stubbe, Henry (Stubbes / Stubb) 403, 1093, 1094
Geb. 1632 Lincolnshire, gest. 1676 Bath. Von 1653-55 in der Parlamentsarmee von Schottland als glühender Anhänger Cromwells, Bibliothekar in Oxford, Arzt in Stratford-upon-Avon, als Royal Physician Reise nach Jamaica, danach Arzt in Bath. Schrieb in der Pariser »Gazette«, einer seit 1631 bestehenden, nahezu staatsoffiziellen Wochenzeitung, einen Artikel gegen die auf Betreiben von Ludwig XIV. und Papst Clemens X. 1673 erfolgte Hochzeit des Herzogs von York, des späteren Jakob II. von England mit Maria, einer Este aus Modena, wurde deshalb inhaftiert und beinahe gehängt. Er war wohl der erste Engländer, der, aus logischen Gründen selbst eher Unitarier, seine Sympathien für den Islam öffentlicht zu machen versuchte: »An Account of the Rise and Progress of Mahometanism, and a Vindication of him and his Religion from the Calumnies of the Christians«, ca. 1674 geschrieben und nur in wenigen Exemplaren heimlich zirkulierend, wurde es erst 1911 gedruckt. Zeitgenosse von Boyle, gegen den er ein Pamphlet schrieb, in dem es um die Wirkung von Amuletten, Mineralien und andere magische Praktiken bei der Behandlung von Kranken ging: Ein Mister Greatrakes hatte

einen Skrofulosen mit Schlägen geheilt. Dazu Stubbe suffisant: »God had bestowed upon Mr. Greatrakes a peculiar temperament, or composed his body of some particular ferments, the effluvia whereof being introduced sometimes by a light, sometimes by a violent friction, should restore the temperament of the debilitated parts, reinvigorate the blood, and dissapate all the heterogeneous ferments out of the bodies of the diseased, by the eyes, nose, mouth, hands and feet« (Thorndike VIII, 175, 176, 258, VII, 498). In seinen »Legends no histories: or, a specimen of some animadversious upon the History of the Royal Society« 1670 polemisierte er vor allem wegen deren Verquickung von Wissenschaft mit Religion und Monarchie. »Er ersoff, als er nach einem Patienten ritte, unterwegs zur Nachtzeit in einem Timpel« (Zedler, bbkl). Aus den Philosophical Transactions Juni 1668 hier die Phantastereien der Engländer in den Tropen und die Hurricans bei Jamaica.

Stumpfius, Iioannes (Stumpf) 876, 877
Geb. 1500 Bruchsal, gest. 1566 Zürich. Ein echter Bettelstudent in Landau, Durlach, Colmar, Straßburg und Heidelberg, »der sein Brod mit betteln vor den Thüren suchen muste« (Zedler). Wurde Pfarrer in Bubikon bei Zürich. Seine Chronik der Schweiz »Gemeiner loblicher Eidgenossenschaft Städten, Landen und Völkeren chronikwürdiger Taten Beschreibung« von 1548 wurde von seinem Sohn Johann Rudolph bis 1568 und von Waserus bis 1606 fortgeschrieben. Francisci zitiert ihn mit Aussagen zum »Steinhuhn«, einer Mischung aus Vogel und Hase. Das Steinhuhn hat rote Füße und sieht tatsächlich aus wie eine Taube. Hier aber soll es statt Federn ein Fell tragen.

Sturmius, Johannes Christophorus (Johann Christoph Sturm) 379, 380
Geb. 1635 Hippoltstein/Pfalz-Neuburg, gest. 1703 Altdorf. Dozent in Jena, Prediger in Deiningen, seit 1669 Prof. Math. und Physik in Altdorf (s. Kapitel »Intellektuelles Milieu«). Nach Francisci beschreibt er in »Auctariis Collegii Curiosi«, das ist ein Supplement zu »Collegium experimentale« von 1676 Boyle's Gerät zum Wiegen der Luft. Der volle Text im Internet. Es ist nach Thorndike VIII, 223 eine Vorlesung von 1672, die sich mit 16 Versuchen befasst wie der Tauchglocke, Toricellis Barometersäule, der Luftpumpe, mit Thermometern, Hygroskopen, Teleskopen, Mikroskopen und der Camera obscura.

Sueffanus 811
Hat nach Francisci beobachtet, dass ein in Tau gewaschenes Leinen leicht mürbe werde, »weil der Tau Fäulung erwecke.« Häufiger Druckfehler bei dieser Schrifttype. Es ist als »Suessanus« zu lesen und der römische Dichter **Gaius Lucilius** gemeint, der um 180 n. Chr. in Suessa / Kampanien geboren wurde und seine berühmten Satiren geschrieben hat. Francisci zitiert mit »De Sign.Serenit.«, was »Über die Zeichen der Heiterkeit« heißt.

Surius, Laurentius 744, 831, 1294, 1295
Geb. ca. 1523 Lübeck, gest. 1578 Köln. Engagierte sich für eine spirituell vertiefte katholische Reform. Karthäuser von St. Barbara in Köln. Übersetzte Werke der deutschen und niederländischen Mystik. Schrieb eine Chronik. Das von Francisci zitierte »Vita S. Anthelmi« stammt wahrscheinlich aus »De probatis Sanctorum historiis« 1570, von dem es zahlreiche Auszüge gibt (bbkl). Hühnereigroße Steine fallen vom Himmel, ein Karthäuserkloster in Frankreich wird von einer Lawine verschüttet und die Hl. Hedwig denkt bei Gewitter an das Jüngste Gericht (s. auch Engelbertus).

Sylvaticus, Johann Baptista (Silvaticus) 916
Geb. 1550, gest. 1621. Lektor für praktische Medizin in Pavia, Mitglied der »Academia inquietorum« in Mailand, der Akademie der Unruhigen, einem Zusammenschluss von

mit der Wissenschaft Unzufriedenen, die auf Beobachtung und Experiment setzten. Später war der Begründer der pathologischen Anatomie, Morgagni, ihr Präsident. Sylvaticus schrieb über Aneurysmen (Erweiterungen der Arterien), über Theriak (ein Allerweltsmittel gegen die Pest in beliebigen und obskuren Zusammensetzungen), über Simulanten und medizinische Kontroversen. Er gab Werke Galens heraus. Da Francisci keine Quelle angibt, ist nur zu vermuten, dass er die »Disputatio de frigidae potu ...«, die Auseinandersetzung um kalte Getränke von 1586 meint, wenn er die Frage der Schädlichkeit des Trinkens von kaltem Wasser diskutiert.

Sylvius, Franciscus (François de le Boë) 450
Geb. 1614 Hanau, gest. 1672 Leiden. Ärztl. Praxis in Hanau, später Amsterdam, seit 1658 Prof. in Leiden. »Er glaubte, alle Körpervorgänge ließen sich durch Fermentationsprozesse erklären. Sylvius hielt Säuren und Basen für die fundamentalen Prinzipien des Körpers. In der Therapie bevorzugte er chemische Medikamente aus seinem Labor. Als erfolgreicher Lehrer führte er in Leiden den Unterricht am Krankenbett ein. Er beschrieb zuerst die Tuberkel bei Schwindsucht. Die seitliche Gehirnfurche wurde nach ihm benannt. Er verteidigte als einer der ersten Harveys Entdeckung des Blutkreislaufs und hielt die Milz für das Organ der Blutreinigung« (Ärztelex). Seine Verdauungslehre basierte auf Helmont, jedoch ohne dessen paracelsischen »Archaeus«, den inneren Alchemisten. Er schrieb: »De medicamentis chymicis« u. a. »Opera omnia« 1671. Hat nach Francisci gesehen, wie die grobe Luft aus der Luftröhre direkt ins Herz hineingegangen ist, wie Malebranche in »De la recherche de la vérité« berichtet (s. dort).

Sylvius, Jacobus (Jacques Dubois) 1199
Geb. 1478 Amiens, gest. 1555 Paris. Gehört zu den frühesten Ärzten, die an Leichen anatomische Studien betrieben. Lehrer von Vesal, mit dem er sich häufig stritt, weil Sylvius an Galen festhielt. Zedler kann es nicht lassen, seinen ungeheuren Geiz zu erwähnen, gegen den bei seiner Beerdigung Spottverse an die Wände gepinselt wurden. Schrieb zahlreiche Werke, die von René Moreau (s. dort) herausgegeben wurden (Nouv.Lar.Ill.). Francisci zitiert aus seinem Galenkommentar über die Differenzierung von Fieberkrankheiten (»Commentarius in Claudii Galeni duos libros De differentiis febrium« 1561), dass es bei der Kloake in Paris keine Pest gäbe.

Symmachus (der Ebionit) 26
Spätes 2./Anfang 3. Jahrhundert. Schrieb eine griechische Version des Alten Testaments, von der nur noch Fragmente erhalten sind, und zahlreiche Kommentare gegen das Evangelium nach Matthäus, die verloren sind (Zedler). Die Ebioniten waren praktizierende Juden in Israel, Syrien und Kappadokien, die Jesus akzeptierten, die anderen Dogmen aber ablehnten. Francisci nimmt für die Bestimmung des Ortes des Paradieses seine Übersetzung für die Lage von Eden, das nicht gegen Aufgang oder gegen Morgen, sondern einfach nur am Anfang stand.

Synclarus (George Sinclair / Sinclarius / Sinclarus) 383
Geb.?, gest. 1696 Glasgow. Von 1654 bis 1662 Prof. Philosophie in Glasgow. Er wurde abgesetzt, als er sich weigerte, sich als Presbyterianer der Bischofskirche in Schottland zu beugen. 29 Jahre lang, bis zu seiner Wiedereinstellung 1691 (nach der Revolution von 1688), arbeitete er als Ingenieur, als Inspekteur der Kohleminen im Südwesten Schottlands und als Verantwortlicher für den Bau einer Wasserleitung nach Edinburg. Schrieb u. a. ein Mathematikbuch für Anfänger, ein Buch über die Schwerkraft (»Ars nova et magna gravitatis et levitatis seu dialogorum libros sex de aeris gravitate« 1669), eines mit Experimenten über die physikalischen Eigenschaften von Flüssigkeiten, einschließlich einer kurzen Geschichte der Kohle (»Hydrostaticks: or, the Force, Weight, and Pressure of Fluid Bodies, made evident by physical and sensible Experiments, together with some

Miscellany Observations, the last whereof is a short history of Coal« 1672) und »Hydrostatical Experiments, with Miscellany Observations, and a relation of an Evil Spirit, also a Discourse concerning Coal« 1680. Darin schreibt er auch über die Hexen von Glenluce. Sein Gegner James Gregory alias Patrick Matters regte sich aber nicht über die Hexen auf, sondern stichelte nur über die große Kunst, die Leere zu wiegen (»The great and new art of weighting vanity«) (Poggendorf I, www.electricscotland.com.). Thorndike, VIII, 217-218 berichtet interessante Details einer Auseinandersetzung um die Aufnahme dieser Experimente in die Philosophical Transactions. Offenbar wurde Sinclair eines der ersten Opfer des »peer review« Verfahrens, das Oldenburg eingeführt hatte. Sinclair schrieb noch ein sehr erfolgreiches Buch, das trotz Verbots mehrere Auflagen erlebte und in keinem Cottage fehlte: »Satans Invisible World Discovered« 1685. Francisci möchte seine Beschäftigung mit der Luftwaage aus Zeitmangel nicht erzählen.

Tacitus, Publius (?) Cornelius 846, 850
Geb. um 55 n. Chr., gest nach 116. Vermutlich aus Südgallien, Prätor, Konsul, Statthalter der Provinz Asia. Schrieb: »De origine et situ Germaniae«. »Annales«. »Dialogus de oratoribus«. Francisci zitiert aus den »Annales«: In großer Kälte sind die Glieder verbrannt.

Tackius (Johann Tacke) 463
Geb. 1617 Wetzlar, gest. 1675. Prof. Medizin und Eloquentia in Gießen. Theosoph und Alchemist. In »Infusory Surgery« von John Daniel Major von 1659 sind Briefe von Bartholinus, Tackius und Hornius beigefügt. Er war also kein Unbekannter. Der von Francisci zitierte »Tract.de Genealog.auri apud Dn.Balduinum« ist wohl »J.Tak's Kurtze Rede von der Goldgeburth, welche die Natur so den lebendigen Thieren, so denen Bergarten eingethan« 1668 (Knopp. II, 379, Thorndike VII, 523, VII, 353). Der Spiritus, den wir mit der Luft täglich eintrinken, ist eine rote Tinktur, die Schwefel enthält.

Tacquet, Andreas 1444
Geb. 1612, gest. 1660 Antwerpen. Jesuit, Lehrer für Mathematik in den Ordenskollegien von Löwen und Antwerpen. Nach Thorndike VII,667 weigerte er sich, die Problematik zwischen ptolemäischem und kopernikanischem System zu diskutieren, da ihm beide Systeme möglich erschienen. Er benutzte für die Vorbereitung einer Missionsreise nach China schon 1659 einen Vorläufer der Laterna magica, um Bilder zu projizieren. War mit Huygens in einen Streit um die »Consequentia mirabilis« verwickelt, bei dem es um die Frage ging, ob wahre Schlüsse aus falschen Annahmen gezogen werden könnten. Huygens und auch Bernoulli lehnten das als absurd ab. Francisci zitiert aus den einem Ordensbruder gewidmeten mathematischen Werken (»Opera Mathematica Demonstrata et propugata a Simone Lavrentio Veterani ex comitibus. montis Calvi in collegio S. J.« 1669), dass Sonnenstrahlen auf einem Teller braunes Pulver machen, das wir einatmen.

Tancredus 910
Francisci sagt nicht, welchen er meint und nennt auch keine Textstelle. Wahrscheinlich handelt es sich um **Tancredus, Latinus**, Baron von Podoria, geb. in Camerota, der um 1600 Medizinprofessor in Neapel war und 1607 »De fame et siti« geschrieben hat, über Hunger und Durst. Das passt zu Franciscis kurzer Bemerkung, dass Wein mit zerstoßenem Salpeter zu kühlen sei, aber auch durch Umwickeln der Flasche mit Spreu (Zedler).

Tassonus, Alexander (Alessandro Tassoni) 1355
Geb. 1565 Modena, gest. 1635. Dichter, der mit einem heroisch-politischen Gedicht in 12 Gesängen »La secchia rapita« 1622 (Überlaufender Eimer) berühmt wurde. Schrieb noch Werke gegen Petrarca, Homer und Aristoteles, die zu seiner Zeit heftige Kon-

troversen auslösten. Eigentlich studierter Jurist, seit 1597 Sekretär des Kardinals Colonna, später im Dienst Karl Emanuels von Savoyen und dann des Kardinals Lodovisio (Meyer V). Tassoni schrieb aber auch kleinere Werke, die schon kurz nach seinem Tod in Sammelbänden erschienen (Opera minori 1676). Aus ihnen wird Francisci die nach ihrem Tod zu Stein erstarrte vergiftete Frau genommen haben.

Tauronensis, Gregorius (Turonensis) 1237
Geb. 538 Averna/Gallien, gest. zwischen 592 und 596 Turono/Gallien. Dort Bischof. Schrieb eine berühmte »Historiae Francorum«. Und »Vita Patri« (Leben der Väter), »De cursu stellarum« (Lauf der Sterne), »7 miracula (De Virtutibus Sancti Juliani, De Virtutibus Sancti Martini Episcopus, De Gloria Martirii, De Gloria Confessorum)« (Sieben Wunder über die Tugenden Heiliger). Aus letzterer zitiert Francisci. Ein Bischof wandelt den Opferbrauch, Tuch in einen See zu tauchen, der regelmäßig in Blitz und Donner endet, in eine Wallfahrt zu einer Kirche um.

Tavernier, Jean Baptist 881, 1204
Geb. 1605 Paris, gest. 1689 Moskau. Kaufmann und Juwelier, machte von 1630 bis 1669 sechs Reisen in den Orient, durch die Türkei, Persien, Indien, Java, Ceylon, Japan und Tonking, wurde von Ludwig XIV. zum Baron von Aubonne erhoben und vom Kurfürsten Friedrich Wilhelm zum Direktor einer projektierten, aber nie verwirklichten preuss.-ostind. Kompanie ernannt. »Les six voyages de J. B. Tavernier en Turquie, en Perse et aux Indes« 1676 (Poggendorf I, Nouv.Lar.Ill.) In Butan werden Bisamratten aus Schnee geboren. Die Schilderung eines Kampfes der Javaner mit den Holländern, die ihre eigenen Exkremente als Waffe benutzten, in der richtigen Annahme, dass die Muslims sich von christlichem Kot sofort reinigen müssten und deshalb in völlige Unordnung geraten würden.

Teixera (Joao Teixera Albernaz II) 47
Entstammt einer portugiesischen Familie von Kartenproduzenten. Sein Großvater (I) zeichnete Karten von Portugal und Brasilien, Pedro war der Kapitän einer Expedition in den Amazonas. Jóao (II) aber ist der einzige, der Karten von Afrika und Asien herausgab und von 1655 bis 1699 tätig war: »Atlas de Africa et Asia« 1665. Die angegebene Zitatstelle ist reichlich dunkel: »Ita Geographus ArabsClim.4.part.6 & Emirchondus apud Teixeram«. Aus dem Text geht hervor, dass es nach Teixera um einen arabischen Erd- und Landbeschreiber und um den persischen Historicus Emirchondus geht. Der erste Teil des Zitats heißt »Geograph der arabischen Gegend«. Es stammt von Suidas. Er wurde bis 1930 als Autor eines byzanthinischen Lexikons angesehen, das um 970 entstand. Tatsächlich ist es nur der Titel dieser Enzyklopädie ist, die heute Suda genannt wird. Sie enthält Artikel über Leben und Werk antiker Autoren, Geschichtsschreiber und Geographen. Die Suda war seit 1581 veröffentlicht (»Suidae Historica, Caeteraque omnia quae ulla ex parte ad cognitionem rerum spectant...«) Dieser Geograph der arabischen Gegend ist **Peregrinus Proteus**, der Ägypter (100-165), der in seinem unruhigen Wanderleben, teilweise mit Unterstützung der Christen und nach seiner Exkommunikation als Mitglied einer Sekte von Zynikern Babylon besucht hat, im 10. Jahrhundert, dem Jahrhundert der Suda, eine arabische Gegend. Er starb, indem er sich während der Olympischen Spiele in Athen selbst begrub. Der 2. Teil des Zitats nennt Emirchondus, das ist **al-Kindi** (801-873), lateinisch Alkindus, der in Bagdad lebte, aus einer aristokratischen Familie stammte (Emir) und zu den Größen der arabischen Wissenschaft gehört. Von ihm gibt es ein »Sendschreiben über das Reich der Araber und wie lange es dauern wird (Sarton I, 559). Noch einmal rekapituliert: Francisci zitiert den Kartographen Joao Teixera, der die Suda für einen Bericht des Peregrinus Proteus benutzt und einen weiteren Bericht dem al-Kindi entnimmt. Dass sich der Portugiese Teixera auf den arabischen Naturphilosophen al-Kindi beruft, ist kein Zufall. Die

Portugiesen verdanken einen Großteil ihrer Kenntnisse über Asien und den indischen Ozean den dort schon seit vielen Jahrhunderten heimischen Arabern und sie haben schon Anfang des 16. Jahrhunderts deren sehr genaue Karten kopiert. Hier geht es um die Beschreibung Bagdads.

Temporibus, Johannes de 430
Ist der Wagenmeister Karls des Großen gewesen und soll erst 1120 gestorben sein, 361 alt. Geistert als solches Wunder in der Literatur herum.

Texera, Joseph (José Teixeira/Texère) 1300
Geb. 1543 Lissabon, gest. 1601 Paris. Dominikaner. Beichvater und Almosier (höchster Militärgeistlicher) des Königs von Portugal, dann Beichtvater der Prinzessin von Condé (Charlotte-Caterine de la Tremoille), über deren Entbindung eine Himmelsfackel über Paris gezogen ist, wie Teixeira berichtet: »Epitome rerum ab Henrici Protoprincibus Majoribus gestarum« 1596.

Theobaldus, Zacharias 1241,1324,1346
Geb. 1584 Hormin/Slowakei, gest. 1627 Nürnberg. Dort ev. Theologe. Schrieb u.a.: »Husziten Krieg darinnen begriffen das Leben, die Lehr und Tod M.Johannis Hussij und wie derselbige von den Boehmen, besonders Johanne Zisska und Procopio Raso, ist gerochen worden« 1609. Verschiedene alchemistische Werke. Thorndike VII,303 erwähnt: »Arcana naturae, dass ist, sonderliche Geheimnisse der Natur, so wol aus glaubwürdigen Autoribus, als aus eigener Erfahrung zusammen getragen« 1628. Francisci zitiert aus den Hussitenkriegen den See in Böhmen, der nach heftigem Toben einen hineingeworfenen Stein wieder ausspuckt, und aus »De comete« (wohl Bestandteil der Arcana) ein Kleinkind, das einen Blitzschlag in die Kirche überlebt, und die übernatürliche Bedeutung des Wetterstrahls.

Theocrit 908
Geb. ca. 300 v.Chr., gest. ca. 260. Griechischer Dichter aus Syrakus, lebte längere Zeit auf Kos und in Alexandria. Bukolische Dichtungen »Eidylia« und Volksgesänge. Schnee ist ein Göttergetränk.

Theodorus Studites 726
Geb. 759 Konstantinopel, gest. 11.11.826 auf den Prinzeninseln bei Konstantinopel. Byzant. Theologe und Kirchendichter, Abt im Studion-Kloster in Konstantinopel, strenge Form des Gemeinschaftslebens, die das orthodoxe Mönchstum prägte, im Bilderstreit ein Verfechter der Bilderverehrung. Sein Todestag ist heilig. Er konnte durch sein Gebet Regen in Dürre und Trockenheit in Regen verwandeln, wie sein »Discipel Gregorius« beschreibt. Es könnte sich um den Hl. Gregorius Dekapolis handeln, der 846 starb. »Dekapolis« sind die zehn hellenistischen Städte in Palästina unter Einschluss von Damaskus.

Theodotius 26
Suchte nach Francisci den Ort des Paradieses. Welcher der zahllosen Namensgleichen gemeint sein könnte, lässt sich aus dünnen Hinweisen nur konstruieren. Wahrscheinlich ist der oströmische Kaiser Theodosius II. gemeint, der 100 Gedichte über den Weg des Menschen durch Hölle, Fegefeuer und Paradies geschrieben hat. Francisci erwähnt in diesem Zusammenhang »De civitate dei« des Augustinus, das zwischen 413 und 426 während der Regierungszeit des Theodosius II. (408-450) abgefasst worden ist. In Buch 5,26 singt Augustinus ein Hohes Lied auf diesen Kaiser, unter dem das Christentum Staatsreligion geworden ist und die heidnischen Götterkulte, einschließlich der Olympischen Spiele, verboten wurden. Der zweite Hinweis ist: »v.et.Notas Coqueji«, was

unter Berücksichtigung eines Druckfehlers (Conqueis) »siehe auch die Schriften des Eroberers« bedeutet und damit als Hinweis auf die Schriften des Theodosius gewertet werden kann. Da Francisci für seine Angaben Ludovicus Vives »Commentaria ad libros De Civitate Dei D. Aurelii Augustini« benutzt, machte das Sinn.

Theophrastus (Theophrastos) 543, 843, 884, 1025, 1026, 1027, 1032, 1075
Geb. 390 v. Chr. Lesbos, gest. 284 Athen. Erst Schüler des Platon, dann des Aristoteles und Erbe seiner Bibliothek. Verfasste Schriften zu Ethik, Metaphysik und Physik, von denen einige naturhistorische und philosophische erhalten sind, und gilt als Begründer der Botanik (Diogenes Laertius, Leben und Meinungen berühmter Philosophen). Aus »De Caussis Plantarum«, der Naturgeschichte der Gewächse, die Frage, ob ein Regenbogen Pflanzen besser riechen lässt, ob die Spur des Wildes im Schnee stärker gerochen wird, ob die Wärme des Weinstocks unter Schnee eingeschlossen wird. Aufsteigende Dünste geraten in Streit und machen Wind. Ohne Fundstelle der Hof um den Mond als Wettervorhersage. Francisci nennt Paracelscus oft Theophrast, aber nicht Theophrastus.

Thevetus, A. (André Thevet) 45, 219
Geb. ca. 1502 Angoulême, gest. 1590 Paris. Als 10jähriger in den Franziskanerorden gezwungen, den er als 20jähriger verließ und studierte Literatur. Unternahm im Auftrag Franz I., derer La Rochefoucauld und Guise Reisen nach Italien, in die Levante und nach Brasilien. Schrieb darüber: »Cosmographie de Levant« 1554, »Les singularitez de la France antarctique, autrement nommée Amérique, et de plusieurs terres et isles découvertes de nostre tems« 1557. Diese »Historia dell' India America«, wie sie in der lateinischen Ausgabe heißt, gilt als der bedeutendste französische Reisebericht des 16. Jahrhunderts (bbkl). Francisci zitiert aus der Cosmographia die Entdeckung eines 600 Jahre alten Weins und ohne Angabe einer Fundstelle, dass Bagdad gleich Babylon sei.

Tholosanus, Petrus Gregorius (Pierre Grégoire) 480, 1099, 1102, 1384
Geb. ca. 1540, gest. 1617 Pont-à-Mousson / Lothringen. Professor für kanonisches und römisches Recht ab 1570 in Cahors, dann in Toulouse, ab 1582 am neu gegründeten Jesuitenkolleg Pont-à-Mousson, ohne selbst Jesuit zu sein. Mit ihnen gab es heftigen Streit, weil sie mit Unterstützung des Papstes Sixtus V. das Kolleg völlig kontrollierten wollten. Er verließ es und kehrte erst zurück, als sich die Jesuiten auf ihre geistliche Rolle beschränkten. Tholosanus betrachtete die Physik in Anlehnung an Aristoteles als »scientia speculativa« der Natur. Er reflektiert die Machtverteilung zwischen Staat, Gesellschaft und Kirche (»De republica libri sex et viginti antea in duos tomos distincti« 1609) und gibt einen einführenden Kommentar zum Bau einer wunderbaren Kunst (»Commentaria in prolegomena Syntaxeon mirabilis artis« 1583). Francisci zitiert aus diesen beiden ein Echo bei Cahors, die Regalie des Königs von Frankreich auf den Besitz des Strandgutes, die Entstehung des Wettersteins aus dickem Dampf, der in der feuchten Wolke zu Teig und durch den Donnerschlag zu Stein gekocht wird.

Thuanus (Jacques-Auguste de Thou) 273, 732, 750
Geb. 1553 Paris, gest. 1617 dito. Staatsmann, der es bis zum Senatspräsidenten brachte und in den Kämpfen zwischen Katholiken und Hugenotten eine vermittelnde Rolle spielte. War als Katholik am Zustandekommen des Ediktes von Nantes beteiligt und wollte eine starke Zentralgewalt ohne erzwungene Glaubenseinheit. Schrieb zahlreiche historische Werke, als wichtigstes gilt »Historia sui temporis« (für die Zeit von 1546-1607). Es erschien 1604-1605 (bbkl). Ein Bäcker lässt seinen Sohn als Eselsritter vor dem König erscheinen, mit pickenden Holzvogel auf dem Helm und muss um sein Leben fürchten. In Preußen fiel ein Blutregen. 1548 hat es in Kärnten zwei Stunden lang Korn geregnet.

Thucydides 1059
Geb. um 460 v. Chr. Athen, gest. nach 400. Als gescheiterter Stratege im Peloponnesischen Krieg 424 aus Athen verbannt, über den er seit Beginn eine Chronologie verfasste, die als »Geschichte des Peloponnesischen Krieges« Vorbild geworden ist. Er versucht, Ursache und Wirkung von Ereignissen kritisch zu diskutieren und kommt häufig zum Ergebnis, dass der Zufall eine große Rolle spielt. Francisci spricht auf seine Schilderung der Pest von Athen an (2. Buch, 2. Kriegsjahr, Sommer 430). Ob es sich wirklich um eine Pestepdemie handelte ist fraglich. Nach der Beschreibung könnte es sich auch um Typhus gehandelt haben.

Thüringische Chronic (s. Bangen, Johan) 860

Timonis 535
Francisci zitiert ihn mit einer Theorie zum Regenbogen, und zwar nicht direkt, sondern nach Angaben von Vossius und bezeichnet ihn als scharfsinnigen Pariser Philosophen. Griechisch »Timonis« heißt »der Ehrwürdige«. Es ist **Descartes** (s. Cartesius) der im 8. Discours seiner »Météores« über den Regenbogen schreibt und dabei Maurolycus (s. dort) zitiert, den auch Francisci auf der vorigen Seite anführt.

Tirellus, Mauritius 178
Italienischer Arzt aus der ersten Hälfte des 17. Jahrhunderts, der ein Buch über Wein und Fieber schrieb: »De Historia Vini, Et Febrivum, Libri Duo...« 1630, aus dem Francisci die Wirksamkeit wässrigen Weins gegen die Pest entnimmt, ohne zu zitieren (Zedler).

Tonge, Ezerel (Israel/Ezreel Tongue) 723
Geb. 1621, gest. 1680. Puritanischer Pfarrer, der in widrigen Umständen zwei Pfarrstellen verlor und das in ungeheuren Hasstiraden ungerechtfertigterweise der katholischen Kirche anlastete. War die publizistisch treibende Kraft in einer paranoiden Serie von Pamphleten gegen den Herrschaftsanspruch der katholischen Kirche, einer der Mitbetreiber des »Popish Plot«, einer von ihm und anderen phantasierten Verschwörung der Jesuiten, um den britischen König zu töten. Es ist kaum zu glauben, dass er es sein sollte, der zwischen 1668 und 1670 drei Briefe an die Philosophical Transactions schrieb, die sich mit dem Safttransport in Pflanzen beschäftigten. Aber er war auch Gärtner und Chemiker: »Additional answers of Dr. Tongo to some Queries about vegetables« (Ph.Tr. 1668, Vol 3, 880-881), »Some observations, Directions and Inquiries Concerning the Motion of Soap in Trees, in Pursuance of What Was Formerly Begun Therein, about the Latter End of 1668, and the next Following Spring« (Ph.Tr., Vol. 5, 1670), »Some Inqueries Relating Particulary to the Bleeding of Walnuts« 1670. (Dictionary of National Biography LVII / Julius Sachs, Gesch. Botanik S. 508, dort Hinweis darauf, dass das »Winterbluten« mit dem Wasserverlust der Weinrebe verwechselt wurde).

Tornaeus, Johannes Jonas 1016
Geb. 1600, gest. 1681. Priester in Tornea/Nordfinnland. Schrieb 1648 ein 1000seitiges »Manuale Lapponicum«, das zum ersten Mal das von 70% der Saamen in Finnland gesprochene Nordsaamisch schriftlich festgehalten hat. In ihm steht nichts über angebliche Zauberknoten, die Wind erzeugen (s. Zieglerus und Rheen).

Torquemade, Antonio de (Torquemada) 664-666, 668-670, 1244
Geb. ca. 1507 León, gest. 1569 dito. Schriftsteller. Sekretär des Conde de Benavente. Phantastische und monströse Geschichten, die einen großen Erfolg hatten und in ganz Europa übersetzt wurden: »El Ingenio, o juego de marro, de punto, o damas« 1547, »Coloquios satíricos« 1553, »Don Olivante de Laura« 1564, »Hexameron oder 6 Tage«,

was Francisci zitiert. Bei einem Zauberer- und Hexentreff küssen Mamelukken den Hintern eines Bocks, der auf dem Thron sitzt, ein Student wird auf einem Klappergaul mit dem Teufel im Leib mitgenommen und fliegt fast bis Grenada, einem Lästermaul reißt der Blitz die Zunge raus.

Tostatus 267
Alonso Tostato, s. Abulensis

Tranquillo (Tranqillus, Gajus Suetonius = Sueton) 1222
Geb. um 70 n. Chr., gest. um 140. Lehrer der Rhetorik. Schrieb vor allem »De vita Caesarum«, eine Sammlung von 120 Biographien aus der Zeit von Caesar bis Domitian (Meyer V). Kaiser Augustus hatte Angst vor Gewitter, er war donnerscheu.

Travaginus, Franciscus (Francesco Travagino) 1443
Geb. ca. 1613, gest.? Arzt und Philosoph in Venedig. 1676 Fellow der Royal Society nach Korrespondenz mit Oldenburg, der experimentell orientierte Wissenschaftler aus Italien gewinnen wollte (Sein Brief war 15 Monate unterwegs!). Er schrieb über alchemistische Medikamente ein Handbuch und über die letzten starken Erdbeben eine Untersuchung (»Super observationibus a defactis tempore ultimorum terraemotuum ac potissimum Ragusini physicam disqvisitio« 1669). Darin soll er nach Francisci den Lauf der Erde aus Erdbeben erklärt haben. Zedler beschreibt diese Erdbebentheorie genauer. Sie basiert auf der Beobachtung zweier Beben in Ragusa (Dubrovnik) und Venedig 1661 und 1667, bei denen Travaginus es sich nicht erklären konnte, warum nicht nur Seitwärtsbewegungen, sondern auch Hebungen zu spüren waren. Er nahm deshalb an, dass durch den heftigen Stoß der Lauf der Erde insgesamt ins Schwanken gerate, so wie wenn ein Schiff aus voller Fahrt auf ein Hindernis stößt und in die Höhe ausweicht.

Treublerus, Joh. Fridericus (Johann Friedrich Treubler) 1229, 1343, 1350
Geb. 1626 Schweinfurt, gest. 1679. Stadtarzt in Bergen/Norwegen. Stand in Briefkontakt mit Bartholinus (s. dort). Seine von Francisci zitierten Beobachtungen über die Wirkungen des Blitzes auf einen getroffenen Menschen und die Fehlgeburten bei Gewitter wurden als Nr. 27 und Nr. 37 der »Observationes Academiae Curiosorum« veröffentlicht.

Trigautius, Nicolaus (Nicolas Trigault / Trigaut / Trigaucius / Trigao) 210
Geb. 1577 Douai, gest. 1628 Nankin. Jesuit und Missionar. Fuhr 1606 von Lissabon über Goa und Macao nach China, das er 1611 erreichte. Rückkehr auf dem Landweg über Indien. Propagierte einen Ausbau der Mission in China, in das er mit vielen Missionaren 1620 zurückkehrte. Schrieb darüber vier Berichte, von denen Francisci einen zitiert: »De christiana expeditione apud Sinas suscepta ab Societate Jesu« (Nouv.Lar.Ill.). Reiswein ist nicht edler als Wein, auch wenn die Chinesen es behaupten.

Trincavella, Vittore (Victorius Trincavellus / Tricavellus) 1196
Geb. 1496 Venedig, gest. 1568 dito. Studierter Philosoph und praktizierender venezianischer Arzt mit großer Erfahrung bei einer Epidemie in Murano, der per Akklamation Medizinprofessor in Padua wurde. Hippokratiker und Übersetzer zahlreicher Werke des Galen in Latein. Seine Einzelwerke, die bei Zedler dokumentiert sind, wurden posthum in einem Sammelband herausgegeben: »Victoris Tricavelli Veneti Philosophi, ac Medici Clarissimi, et in celebrima Patavia Academia olim Primarii Professoris: Consiliorum Medicinalium Libri III. Epistolarum Medicinalium Libri III.« 1586. Berichtet aus dem 3. Buch von zehntausend Toten bei der Pest, sie »erwürgte« die Menschen und blieb an den Seilen hängen, mit denen man die Toten in die Gräber hinab ließ.

Tuberon, Ludovicus Cerva (Tubero / Ludovik Crijevic Tuberon) 860
Geb. 1459 Ragusa, gest. 1527. Benediktiner. Abt des Klosters St.Jacob in Visnjica bei Dubrovnik. Schrieb: »Commentaria temporum suorum«, eine Chronik vom Tod des Matthias Corvinus 1490 bis zum Tod von Papst Leo X. 1522. Francisci zitiert sie als »Historia«. Die Tyrannei des Schnees greift Kriegsheere an.

Tulpius, Nicolaus Petreus (Nicolaes Tulp) 947
Geb. 1593 Amsterdam, gest. 1673 Den Haag. Politiker, Bürgermeister von Amsterdam und Chirurg. Praelector Anatomiae. Seine Demonstrationen von Sektionen wurden in einem berühmten Bild Rembrandts festgehalten. Er war der Initiator einer vorbildlichen »Pharmacopoea Amstelreamensis« und schrieb die »Observationes Medicae« 1641, in denen 231 Fälle von Krankheiten und Tod geschildert werden und die bis 1716 fünf Auflagen erlebten (Zedler). Aus ihnen zitiert Francisci den Fall einer Frau, die gestorben war, weil sie zu kalt getrunken hatte.

Turnebus, Adrianus (Adrien Turnèbe / Tournèbe) 171
Geb. 1512 Les Andelys/Normandie, gest. 1565 Paris. Professor für Literatur in Toulouse, ab 1547 Professor für Griechisch am College Royal in Paris. Schrieb Kommentare zu Aischylos, Sophokles, Theophrastus, Philo und Cicero, übersetzte griechische Autoren ins Lateinische und ins Französische. Seine »Adversaria« 1584 posthum, aus denen Francisci zitiert, sind eine Auseinandersetzung mit zahllosen antiken Autoren. Thermopolium ist die Bezeichnung für eine Schenke oder Garküche.

Turpinius 265
Unter seinem Namen ist eine »vita caroli magni« erschienen, über deren Herkunft und Glauwürdigkeit die Gelehrten des Barock heftig gestritten haben. Zedler berichtet unter »Turpin« ausführlich und lehnt die These ab, es handele sich hier um den Bischof von Reims, der zur Zeit Karls des Großen gelebt hatte. Auch bei Francisci hat er keinen Kredit, wenn er ihn für den Stillstand der Sonne bei Josua anführt.

Tycho s. Brahe

Tylkowsky, Adalbertus 1229, 1364, 1372
Geb. 1624, gest. 1695 Vilnius. Jesuit, Lehrer der Mathematik, Philosophie, Theologie in diversen Ordenskollegien, vier Jahre Pönitentiar (Bußpriester mit Lossprechungsvollmachten) in St. Peter in Rom, zuletzt Rektor des Seminars in Vilnius. Schrieb: »Arithmetica curiosa« 1668, »Physica curiosa« 1669, »Philosophica curiosa« 1680-1682, »Metereologica curiosa« 1669, »Geometrica practica curiosa« 1692, »Astronomia curiosa« 1694, und vieles andere, auch in polnisch (Poggendorf I). Nach Thorndike VII,682 einer, der noch meinte, die Phänomene der Astronomie mit den Prinzipien des Aristoteles erklären zu können. Der Donnerschlag ist ein Dunst oder Dampf, der bis zur Mittelluft hinaufsteigt, die Wunden, die der Donnerstrahl macht, sind kälter als der übrige Körper, Feuer am besten mit Milch löschen.

Ulpianus, Domitius 1102
Geb. um 170 n. Chr. Tyros, gest. 228 Rom (von der Prätorianergarde des unmündigen Kaisers Severus Alexander umgebracht, nachdem er ihnen ihre Privilegien genommen hatte). Jurist, dessen Schriften zum Zivilrecht in der Gesetzessammlung des oströmischen Kaisers Justinian I. (527-565) Aufnahme fanden, nachdem sie ein Jahrhundert vorher von Theodosius II. und Valentinian III. in einem »Zitiergesetz« zu einer der Grundlagen der Rechtssprechung gemacht worden waren. Francisci nimmt die justinianischen »Digesta« zu den Diebstählen als Quelle für das Recht der Schiffbrüchigen am Strandgut.

Undalinus, Petrus Claudii (Peder Clausson Friis) 777
Geb. 1545 Ekersund/Dänemark, gest. 1614 Valle. Geistlicher, lebte die meiste Zeit in Norwegen. Schrieb »Beschrijving van Noorwegen« 1632. Hamster sind in Norwegen in großem Geschwader eingefallen und haben die Felder verheert.

Vadianus, Joachim (Vadian / Joachim von Watt) 891, 1240
Geb. 1484 St. Gallen, gest. 1551 dito. Studierte in Wien beim Humanisten Conrad Celtis. Professor für Poetik in Wien, von Kaiser Maximilian zum poeta laureatus gekürt (ein häufig verliehener Ehrentitel, der nichts kostete), dann Medizinstudium. Kontakte zu humanistischen Kreisen in ganz Europa. Stadtrat und Bürgermeister von St. Gallen, Freund Zwinglis, reformierte das Kloster St. Gallen. Schrieb »Die Große Chronik der Äbte des Klosters St. Gallen« 1529, »De poetica et carminis ratione liber« 1518. Der von ihm glossierte **Pomponius Mela** war antiker Geograph des 1. Jahrh. n. Chr. Es geht um »ungefüste« Schneewürmer und um den Pilatus-See bei Luzern, der durch Steinewerfen ein Unwetter erzeugt.

Valla, Laurentius (Lorenzo della Valle) 88
Geb. 1405 oder 1407 Rom, gest. 1457 dito. Kanoniker, Humanist. Setzte sich mit den Lehren Epikurs u. a. auseinander und verglich sie mit dem Christentum. Entlarvte die Konstantinische Schenkung als Fälschung. Gelehrter in Piacenza, Pavia und Mailand. Geriet wegen seiner epikureischen Lebensauffassung, seinen scharfen textkritischen Untersuchungen der Bibel (z. B. Moses nicht der Verfasser des Pentateuch) in Konflikt mit der Inquisition, die ihn wegen königlicher Protektion durch Alfons I. von Neapel nicht verurteilte. 1448 scriptor litterarum apostolicarum bei Papst Nikolaus V. Schrieb über die Lust, über freie Entscheidung, »De rebus a Ferdinando Hispaniorum rege et maioribus eius gestis« 1435 (Über die Angelegenheiten des spanischen Königs Ferdinand und seiner wichtigsten Verrichtungen) (bbkl). Aus letzterem ein Garten bei Valencia als weltliches Paradies.

Valle (Pedro della Valle) s. Della Valle

Vallesius, Franciscus (Valles / Veillesius / Valesius) 173, 899, 907, 920
Geb. 1524 Cobarrubia / Spanien, gest. 1592. Prof. med. in Alcara de Henarez, Leibarzt Philipp II. Hippokratiker im galenischen Spanien (Zedler). Aus der »sacra philosophia« von 1587 der gewässerte Wein für die Alten und Schneegekühltes für einen leichten Atem, aus den »commentaria« 1588 mit Schnee gekühltes Obst.

Varenius, Bernhardus (Berardus, Bernhard Varen) 360, 361, 376, 406, 572, 573, 714, 1000, 1001, 1002, 1036, 1037, 1046, 1054, 1084, 1087, 1090, 1195, 1443
Geb. 1622 Hitzacker/Hannover, gest. 1650/51 Leiden. Dr. med. in Amsterdam. Sammelte das geographische Wissen seiner Zeit. Schrieb: »Descriptio Regni Japoniae« 1649, das auch die Beschreibung Siams des niederländischen Navigators Corneliszoon Schouten und Auszüge des arabischen Geographen Leo Africanus über Religion in Afrika enthält, »Geographia generalis« 1650, das die grundlegenden Prinzipien der Geographie erläutert und systematisch vorgeht. Und genau so benutzt ihn Francisci: mit der Frage der Lufthöhe zu unterschiedlichen Jahreszeiten, der Ausdehnung der Luft durch Wärme, ihrer Helligkeit bei großer Kälte, der Elmsfeuer, der Temperaturunterschiede der Jahreszeiten, der Entstehung der Winde aus »continuirlicher Fortstossung der Lufft«, der Erdbewegung, die mit der Bibel nichts zu tun hat (Zedler, nach Poggendorf I geb. Uelzen, gest. 1660).

Varnefridus, Paulus Diakonus (Warnefridus) 834, 885
Geb. 720 Cividale, gest. 799 Montecassino. Kanonikus, Grammatiker. Kanzler des lan-

gobardischen Königs Desiderius und nach dessen Niederlage gegen Karl den Großen 5 Jahre dessen Lehrer der Grammatik. Schrieb: »De specibus perfecti praeferiti, Expositio super Regulam Benedicti, Historia Langobardorum« (oder einfach »De gestis Langobardorum«), die schon seit 1515 in mehreren gedruckten Ausgaben vorlagen (Zedler). Schneeschuhe sind gekrümmte Hölzer, große Fruchtbarkeit der Felder nach hohem Schnee.

Varro, Marcus Terentius 353
Geb. 116 v. Chr. Reate (=Rieti), gest. 27. Er war das, was man einen Polyhistor nennt, der versuchte das gesamte Gebiet des Wissens darzustellen. Davor aber war er als Tribun, Prätor, Legat und als Freund des Pompeius in die Auseinandersetzungen mit Caesar verwickelt, wurde begnadigt, geächtet und entging nur knapp dem Tod. Schrieb 70 Werke in 600 Büchern, z. B.: »Scriptores rei rusticae«, »De lingua latina«, »Antiquitates rerum humanarum et divinarum«, »Disciplinae«, »Imagines«. Von ihm stammt die Zählung »ab urbe condita«, seit Gründung der Stadt Rom (Meyer V). Francisci nimmt aus »de LL«, das ist »De lingua latina« zweierlei »Himmel«, einen, wo die Sterne sitzen, und einen anderen, der die Erde umgibt.

Vatablus; (François Vatable / Watebled / Gastebled / Outable) 26, 268
Geb. ca. 1495 Gamaches/Somme, gest. 1547 Paris. Prof. Hebräisch, Bibelexeget, Hellenist. Schrieb über aristotelische Physik, über Naturphilosophie und gab eine lateinische und eine hebräische Bibel heraus (Nouv. Lar. Ill.). Für ihn liegt das Paradies in Mesopotamien, und er berichtet die Meinung Kimchis über den verlangsamten Sonnenlauf in Josua.

Veer, Gerard de (Gerrit, Gerhardus de Vera) 829, 956-958
Schiffsarzt. Nahm an den Fahrten (1594-1596) des holländischen Seefahrers Willem Barents (1550-1597) auf der Suche nach der Nordostpassage teil, bei der Novaja Semilja entdeckt wurde, überlebte im Gegensatz zu Barents den erzwungenen Rückmarsch zu Fuß. Schrieb darüber »Diarium nauticum seu vera descriptio trium navigationum ...« 1598. Im gleichen Jahr erschien eine deutsche Übersetzung: »Wahrhafftige Relation Der 3. Schiffahrt, so die Holländischen und Seeländischen Schiff 1594, 1595, 1596 verricht«. Hat blaues Eis gesehen und sich mit anderen die Frage gestellt, ob es wirklich Eis sei oder gefrorene Erde.

Velschius, Georg Hieronymus (Welsch) 86
Geb. 1624 Augsburg, gest. 1677 dito. Stud. med. in Tübingen, Straßburg, Padua. Stadtarzt in Augsburg. Beschrieb zahllose medizinische Beobachtungen (ADB). Er konnte offensichtlich arabisch. Es gibt von ihm ein unveröffentlichtes Manuskript eines arabischen medizinischen Textes mit lateinischer Übersetzung. Aus dem 3. Jahrgang der »Observationes academiae curiosorum« nimmt Francisci den Lustgarten auf dem Schiff des Königs von Syrakus, Hiero.

Vendelinus, Godefroy (Godefroid / Gottfried Wendelin / Govaert Wendelen) 733, 736, 737, 738
Geb. 1580 Herk-de-Stad, gest. 1667 Gent. Studierte in Rom, Advokat am Parlament in Paris bis 1612, Pfarrer in den Niederlanden, Kanonikus des Kapitels von Condé, Offizial des Bischofs von Tournay und Kanonikus des Kapitels von Rothenac. Bekannt geworden als Astronom, korrespondierte mit Mersenne, Gassendi, Huygens. Nach der Methode von Aristarchos von Samos maß er die Entfernung zwischen Erde und Sonne und näherte sich bis auf 60% des realen Werts, ein Mondkrater ist nach ihm benannt. Schrieb u.v.a. das von Francisci zitierte »De pluvia purpurea« 1646 (über purpurfarbe-

nen Regen) (Poggendorf I). Nach Regen der Himmel voller Falter, Blutregen als Farbe am Geschirr.

Verulamius (=Francis Bacon, Lord Verulam (1618), Viscount St. Alban (1621)) 875
Geb. 1561 Yorkhouse/London, gest. 1626 Highgate/London. Als Staatsmann Baron von Verulam geworden, wegen einer Bestechungsaffäre entlassen. Danach naturwissenschaftliche und philosophische Studien. Gegen Scholastik und Aristoteles entwickelte er eine neue, auf Empirie aufgebaute Wissenschaftstheorie und schrieb dazu den Klassiker: »Novum Organon scientarum or New Method of employing the reason faculties in the pursuit of truth« 1620 (eine dogmatische induktive Gegenposition zum Organon des Aristoteles, in dem dieser seine Kategorienlehre, die logischen Schlüsse und die Beweislehre, aber eben auch die Dialektik von Induktion und Deduktion entwickelt hatte), »On the advancement of learning« 1605, auf das sich Francisci in der lateinischen Ausgabe »Sylva sylvarum or history of nature« 1621 bezieht, »Historia naturalis et experimentalis de ventis« 1638 (Natürliche und experimentelle Geschichte der Winde) (Poggendorf I, Spektr. Lex. Naturwiss.). Unterm Schnee gedeihen Pflanzen schlecht wegen der geringen Wärme.

Viega, Blasius 6
Francisci zitiert ihn zusammen mit Cornelis á Lapide »aus dem Viega« auf der Suche nach dem Ort des Paradieses. Es ist der Jesuit Blasius Viega mit »In Apocalipsin« 1617.

Vigenarius, Blasius (Blaise de Vigenère) 20
Geb. 1523 Saint-Pourçain, gest. 1596 Paris. 30 Jahre Diplomat im Dienst des Duc de Nevers, dann Privatgelehrter. Bekannt geworden durch »Traicte des Chiffres« 1585 mit einer für Jahrhunderte nicht zu knackenden Verschlüsselungsmethode. Auch eine alchemistische Abhandlung, auf die sich Francisci bezieht: »Du feu et du sel« 1608: Aus Schnee (schlechtem Wasser) ein Salz mit dem er Gold auflösen konnte (Schmieder).

Villanius, Johannis (Villanus, Giovanni Villani) 93
Geb. ca. 1280 Florenz, gest. 1348 dito (an der Pest). Kaufmann und öffentlicher Finanzier, als korrupt beschuldigt im Gefängnis und Flucht. Schrieb die »Nuova Cronica« in italienischer Sprache, in der vor allem die Geschichte von Florenz abgehandelt wird. Der Ausbruch der Pest 1348 wurde von Bruder Matteo beschrieben, der die Chronik bis 1364 fortsetzte.

Vincentius (Vincent de Beauvais) 750,959,968,1263
Geb. zwischen 1184 u.1194, gest. ca. 1264 Beauvais. Dominikaner, Lehrer der königlichen Familie. Hauptwerk ist die erste Encyklopädie des Mittelalters: »Speculum Majus« in vier Teilen: »Speculum naturale, Speculum doctrinale, Speculum morale, Speculum historiale«, auf letztere bezieht sich Francisci (Nouv. Lar. Ill.). Bezweifelt einen Bericht von Kornregen in der Campagna. Unter Kaiser Copronymus Constantinus von Byzanz war das Schwarze Meer zugefroren. Die Kämpfer eines Mohrenvolks wälzen sich in Wasser und Sand und lassen es gefrieren, bevor sie ins Gefecht gehen. Ein Hagelkorn mit Kreuz macht Blinde sehend.

Virgil (Vergil, Publius Vergilius Maro) 476, 845, 986, 1040, 1075, 1218, 1301
Geb. 70 v.Chr. Antes bei Mantua, gest. 19 v.Chr. Brindisi. Francisci zitiert aus der »Georgica«, einem Lehrgedicht vom Landbau.

Vitellio (Vitello/Witelo) 356, 361, 539, 649
Geb. zwischen 1200 und 1230 Liegnitz, gest. zwischen 1275 und 1290 Kloster Witów

bei Piotrków Trybunaski. Studierte in Paris und Padua Kirchenrecht, hielt sich bis 1270 in Viterbo auf. Seine 1270 geschriebene »Perspectiva« gehört zu den einflussreichsten naturwissenschaftlichen Schriften des Mittelalters, die Lehrstoff an den Universitäten war, häufig kopiert und von Peter Apian 1535 und Georg Tanstetter 1551 gedruckt wurde. Vor allem Alhazens »Optik«, die Refraktionstabellen des Ptolemäus, die Geometrie der Spiegelbilder des Euklid sind darin verarbeitet, aber auch Apollonius von Perga mit seinen Kegelschnitten, Al Kindis »De aspectibus« – über das Sehen, John Pechams »Perspectiva« und Elemente von Archimedes, Eutocius, Theon von Alexandrien, Bacon. Über ihn lief die Aneignung einer der bedeutensten wissenschaftlichen Leistungen der Araber, Alhazens »Optik«, die in der arabischen Welt in nur ganz wenigen Abschriften kursierte. Kepler hat sich in seinem »Nachtrag zu Vitello« (»Ad Vitellonem Paralipomena«) noch 1604 mit ihm auseinandergesetzt (bbkl, David Lindberg: Auge und Licht im Mittelalter 1987, S. 212-220, Thorndike II, 454-456). Francisci erwähnt Brennspiegel und entnimmt ihm eine Methode, aus der Brechung der Sonnenstrahlen am frühen Morgen und in der Abenddämmerung die Höhe der Luft abzuschätzen, und die gleichzeitige Beobachtung von vier Regenbögen.

Vitruv (Vitruvius Pollio, Marcus) 466, 500, 988, 1289
Geb. um 80-70 v. Chr. wahrscheinlich in Kampanien. Unter Caesar baute er Kriegsmaschinen und war an dessen Feldzügen beteiligt. Schrieb mit »De architectura« das einzige aus der Antike erhalten gebliebene bautheoretische Werk, auf das sich zahllose Baumeister der Renaissance bezogen. Francisci zitiert ihn im Zusammenhang mit schallockenden und stimmaufraffenden Röhren, mit Echo und Wind und mit Wortspielen um »Fulgur«, den Blitz.

Vives, Ludovicus (Juan Luis de Vives) 694
Geb. 1492 Valencia, gest. 1540 Brügge. Humanist, schrieb gegen die Scholastiker. Studierte in Paris und lehrte in Oxford. Wurde wegen Gegnerschaft zur Scheidung Heinrichs VII. eingesperrt. Francisci lässt ihn mit Franciscus Philelphus (s. dort) den Olymp besteigen und die Wolken über sich sehen (»Praelectio in Convivia Francisci Philelphi«) und zitiert ihn im Zusammenhang mit Theodotius (s. dort).

Vossius, Gerardus (Gerhard Johann) 268, 441, 544, 549, 569, 741, 753, 826, 999, 1023, 1231, 1289, 1294, 1295, 1302, 1305, 1309, 1310, 1345, 1352, 1354, 372, 1385
Geb. 1577 Heidelberg, gest. 1649 Amsterdam. Professor für Rhetorik und Chronologie in Leyden und Canonicus von Canterbury (eine bezahlte virtuelle Anstellung durch den englischen König), seit 1633 Professor für Geschichte am Gymnasium Amsterdam. Spielte für das holländische Schulwesen eine ähnlich wichtige Rolle wie Melanchthon in Deutschland. Schrieb: »De universa methesos natura et constitutione liber, qui subjungitur chronologia mathematicorum« 1650. Sonst meist historische und grammatikalische griechische und lateinische Werke (Poggendorf I). Seine Geschichte des Pelagianismus von 1618, einer frühchristlichen Lehre, die im Gegensatz zu Augustin die Willensfreiheit statt die Gnade betonte, brachte ihm in der aufgeputschten Atmosphäre der Auseinandersetzung zwischen Remonstranten, zu denen er gezählt wurde, und Calvinisten nach der Synode von Dordrecht den Verdacht der Häresie ein und den Verlust seiner Ämter für 4 Jahre. Man hat ihm selbst das Abendmahl verboten (ADB). Francisci benützt »De theologia gentili et physiologia christiana sive De ortu et progresso idolatriae« (Über heidnische Religion und christliche Naturerkenntnis bzw. über Ursprung und Entwicklung des Aberglaubens). Ihn interessiert: Die Sonne könne sehr wohl 10 Linien zurückgelaufen sein, bei der Zerstörung Jerusalems seien die Stimmen aus dem Tempel von Engeln gekommen, der Regenbogen sei ein Zeichen Gottes weil ein Zeichen der Natur, Elmsfeuer auf dem Meer als Zeichen für die Gunst des Castor und Pollux, ein Regen blutroter Kreuze in Schwaben, an Froschregen aus den Wolken ist nicht zu

glauben, nach den Worten Hiobs gebe Gott dem Wasser Ziel und Masse und dem Wind Gewicht, nach Psalm 135,7 lässt Gott den Wind aus heimlichen Örtern hervorbringen, Wortspielereien mit Fulgur, Fulgens, Fulgurare, Fulgurius, Familiengebet gegen die Angst bei Gewitter, Vergleich der Blitzwirkung mit Büchsenkraut (Schießpulver), der Blitz kocht Wetterstein aus Dunst.

Vossius, Isaacus 533, 534, 682, 689, 767-771, 790-792, 798, 805, 829
Geb. 1618 Leyden, gest. 1689 Windsor. Sohn des Vorigen. Jurist (Vita ausführlich im Kapitel »Intellektuelles Milieu). Schrieb u. a.: »De lucis naturae et proprietate« 1662 (Über Natur und Eigenschaften des Lichts), »De motu marium et ventorum« 1663 (Über die Bewegung des Meeres und der Winde), »De Nili et aliorum fluminum origine« 1666 (Über die Quellen des Nils und anderer Flüsse, darin Beoabachtungen über Kapillarität), »Sylloges Epistolarum a viris illustris scriptarum« 1659 (Logische Erörterung der Sendschreiben berühmter Schriftssteller) (Poggendorf I). Aus »De lucis«: Die Farben des Regenbogens entstehen nicht in den Wolken, sondern in der uns näheren Luft, und der Regenbogen ist wie ein Krokodil, der Balken schwimmt, weil er mehr Wasser verdrängt als ein kleiner Stein. Aus »Sylloges«: er bezweifelt, dass Mäuse und Frösche aus dem Regen fallen und »lebendiges Ungeziefer« in den Wolken erzeugt werden können. Ohne Angabe: die Wolken müssen rund sein, weil es die Erde ist, von der sie aufgestiegen sind. Das blaue Eis enthält Erde.

Wallisius (John Wallis) 374, 1333-1337
Geb. 1616 Ashford/Kent, gest. 1703 Oxford. Studierte Theologie, Hebräisch, Griechisch, Latein. Wurde als Entzifferer von Geheimpapieren der Royalisten bekannt, die in die Hände der Parlamentarier gefallen waren. Sein Interesse für Mathematik kam nach Lektüre von William Oughtred's »Clavis Mathematicae« 1645 und machte ihn zum Professor für Geometrie in Oxford, führte zur Herausgabe von Texten antiker griechischer Mathematiker und 1655, nach Beschäftigung mit den Theorien Bonaventuras und Toricellis über die Quadratur des Kreises, zur Veröffentlichung seines wichtigsten Werkes, der »Arithmetica Infinitorum«. Darin wichtige Beiträge zum Umgang mit Binomina. In »Mathesis Universalis« erkannte er die Nützlichkeit der Verwendung gebrochener und negativer Potenzen und benutzte das noch heute gebrauchte Symbol für Unendlichkeit. Im »Tractatus de Sectionibus Conicis« von 1659 gab er eine Methode an, Kegelschnitte algebraisch zu berechnen, und in »Mechanica, sive Tractatus de Motu« räumte er mit aristotelischen Vorstellungen zur Bewegung auf. Die Auseinandersetzung mit Thomas Hobbes, der sich selbst sah als einer, der »die universal gültigen Voraussetzungen jeder Realwissenschaft zu formulieren« habe, und der die »Arithmetica« als räudige Ansammlung von Symbolen (»scab of symbols«) bezeichnet hatte, kündigt nach der Trennung der Naturwissenschaften von der Religion nun eine solche von der Philosophie an. Gehörte zu den frühen Gründungsmitgliedern der Royal Society (Encycl. Brit., Poggendorf I). Francisci zitiert einen Bericht aus den Philosophical Transactions vom März 1665, der nichts mit Mathematik zu tun hat: Das Temperament der Luft (interessant, was den Begriff der Temperatur angeht) wird gemessen mit einer Pinte Weingeist, die einen dünnen langen Hals hat, nach Erwärmung voll gefüllt, dann versiegelt und abgekühlt. Ein geschlossenes System. Die früheren Thermoskope waren noch offen. Ausführliche Schilderung eines schweren Gewitters und einer Sektion eines vom Blitz erschlagenen Jungen.

Walsingham, Thomas 872
Geb. 1376, gest. 1422. Benediktinermönch in der Abtei St.Albans in England, der eine der wichtigsten Chroniken des mittelalterlichen England schrieb, die »Chronica majora« von 1376 – 1422. Francisci verfolgt mit ihm den Ursprung des seltsamen Ausdrucks »englischer Schwanz«, der zum Schimpfwort geworden war.

Waltherus, Michael (Walther) 268, 269, 1424
Geb. 1593 Nürnberg, gest. 1662 Celle. Ev. Hofprediger der Herzogin Elisabeth von Braunschweig – Lüneburg und Professor für Theologie in Helmstedt, Generalsuperintendent für Ostfriesland, dann Celle. Schrieb zahlreiche theologische Tractate, u.a. »Harmonia biblica sive brevis et plana conciliatio locorum Veteris et Novi Testamenti apparenter sibi contradicentium…« 1620 (Biblische Harmonie oder kurze und verständliche Verbindung der im Alten und Neuen Testament auftauchenden Orte, sofern kein Widerspruch besteht) (Zedler). Daraus Berechnungen zum verlangsamten Lauf der Sonne (32 Stunden), eine Suade gegen die Pythagoreer, Kopernikus und Celio Calcagnini. Lehnt Versuche des Didacus Astunica ab, die Bewegung der Erde aus Hiob 9,6 abzuleiten. Dort heißt es: »Er bewegte die Erde von ihrem Ort, dass ihre Pfeiler zittern«. Die Ablehnung der Erdbewegung zog sich durch alle Glaubensrichtungen, auch Lutheraner wie Waltherus waren dagegen.

Waraeus, Jacobus (Sir James Ware) 408
Geb. 1594 Dublin, gest. 1666 dito. Geheimrat und Generalinspekteur in Irland. Spielte eine wichtige Rolle im Gefolge des Jacob of Ormond, der in Irland Generalleutnant der Kavallerie des englischen Königs Charles I. war und der sich vergeblich darum bemühte, die Parlamentstruppen Oliver Cromwells von Irland fernzuhalten und die irischen Katholiken für die Unterstützung des Königs zu gewinnen. Ware geriet auf einer geheimen Mission nach England in Gefangenschaft, wurde zu einer der Geiseln bei der Übergabe Dublins an Cromwell und landete in der Verbannung in Frankreich. Charles II. setzte ihn wieder in seine ursprünglichen Funktionen ein. Neben all den Wirren fand er Zeit, verstreute Quellen über St. Patrick aus Irland (Hiberna) herauszugeben, eine Geschichte Irlands unter der Regierung Heinrichs VII. bis Edward V. und eine Abhandlung der Altertümer Irlands zu schreiben (Zedler). Aus dieser »de Hibernia & antiquitatibus ejus disquisitiones« nimmt Francisci die Gebeine Heiliger, die auch nicht vor Verwesung sicher sind.

Wasmuth, Matthias 1450
Geb. 1625 Kiel, gest. 1688 (?). Professor der Logik in Rostock, 1665 an der neu gegründeten Universität Kiel Professor für orientalische Sprachen und Theologie. Gab eine arabische und eine hebräische Grammatik heraus, produktiver und phanatischer Bibelexeget, der seine wissenschaftlichen Gegner schnell in die antireligiöse Ecke stellte, z.B. Hermann Conring. Am Ende seines Lebens versuchte er, aus den geheimnisvollen 70 Wochen Daniels eine astronomische Chronologie der Bibel abzuleiten, worüber er starb (Zedler/ADB). Diese 70 Wochen in Daniel Kap. 9, welches überschrieben ist mit »Daniels Bußgebet und das Geheimnis der 70 Jahre« und in dem 70 Wochen über das frevelhafte Volk Israel verhängt werden, wurden von Theologen mit 490 Jahren interpretiert, eine Woche entsprach also 7 Jahren. Sie setzten den Anfang ihrer Chronologie in das siebte Jahr der 464 v.Chr. begonnenen Regierung des persischen Königs Artaxerxes Longimani (Langhand), weil dieser im siebten Jahr seiner Regierung den Befehl zur Erbauung Jerusalems gegeben hat. Beginn der Chronologie also das Jahr 457. Bis zur Kreuzigung Christ wurde so gerechnet: 7 Wochen bzw. 49 Jahre bis zur Gründung des jüdischen Staates, 62 Wochen bzw. 434 Jahre bis Johannis, 3½ Wochen seiner Verkündigung des Christentums und 3½ Wochen der Verkündigung durch Jesus, macht zusammen 7 Wochen oder 49 Jahre bis zur Kreuzigung (Gottfried Büchner, Biblische Real und Verbal Hand-Concordanz, 1756). Diesen Zeitraum wollte Wasmuth astronomisch begründen.

Weidner, Johannes Leonardus (Johann Ludwig, Johann Leonhard) 100
Geb. 1588 Ottersheim, gest. 1655. Schulrektor in Heidelberg und zusammen mit Julius Wilhelm Zincref und Friedrich Lingelsheim Mitglied des Dichterkreises, zu dem auch

noch der Bibliothekar der später nach Rom abtransportierten Palatina, Janus Gruter, gehörte. Er setzte die von Zincgref (1591-1635) herausgegebene Sammlung der Werke Opitz' «Apophthegmata, der Teutschen scharfsinnige und kluge Sprüch« fort. Sein 3. Band erschien 1653 unter leicht abgewandelten Titel. Daraus der Hinweis, dass allzu grobe Gärtnerei Mordbrennerei sei, die Staub bis zum höchsten Richterstuhl schickt.

Weigelius, Erhardus (Erhard Weigel) 355-359, 1020, 1037, 1115, 1116, 1420-1422, 1445-1449
Geb. 1625 Weida/Nordgau, gest. 1699 Jena. Prof. Mathematik in Jena seit 1653, Weimarer Hofmathematiker und Oberbaudirektor. Schulreformer, der sich gegen die gelehrt-pedantische Weise des Unterrichts wandte, Realschulen und einen Wechsel zwischen Handarbeit und geistigem Unterricht forderte. Galt als Kapazität der Mechanik und Technologie. Schrieb u.a.: »Himmelsspiegel« 1661, »Zeitspiegel« 1664, »Erdspiegel« 1665, »Vorstellung d. Kunst u. Handwerk, nebst e. Begriff d. mech. Hebe- u. Rüst-Zeug« 1672, »Himmels-Zeiger der Bedeutung aller Dinge« 1681, »Sphaerica Euclidea methodo conscripta« 1688 (Meyer V, Poggendorf I). Francisci nimmt: Einsatz der Lichtbrechung zur Messung der Höhe der Atmosphäre, Konstruktrion eines Aeolum domesticum, der die Luft im Zimmer bewegt und kühlt. Windobservation zur See einfacher durch eine Teilung des Kreises in 32 Skalen als die unpraktische feine Unterteilung. Gott kann zur Bestrafung der in Lastern ersoffenen Welt mit einer Windsbraut einen Wecker schicken, der den tauben Menschen die Ohren öffnet. Die Erde dreht sich und die Sterne stehen still, aber mit der Kometenbahn gibt es im Kopernikanischen System ein Problem zwischen Bewegtem und Ruhendem, bzw. der Relativität von Bewegung.

Wellendörffer, Virgilius (Wellendarffer/Wallendorffer) 1331
Geb.? Salzburg, gest. 1534. Professor der Theologie und Philosophie in Leipzig, der auch Mathematik und Astronomie lehrte. Kommentierte Werke des Aristoteles, Herausgeber des »Valelogicum« des Isocrates, schrieb über Moral und »Decalogium Virgilii Saltzburgensis de metheorologicus impressionibus et mirabilibus naturae operibus« (Zehn Gebote des Virgilius aus Salzburg (das ist er selbst) über meteorologische Eindrücke und bewundernswerte Werke der Natur), aus dem Francisci wahrscheinlich den Diskussionsbeitrag zur Entstehung der Donnerschläge entnommen hat (Zedler, unter Wallendorffer).

Wendelinus s. Vendelinus

Wernerus, Johann (Werner) 751
Geb. 1468 Nürnberg, gest. 1528 dito. 5 Jahre in Rom, Pfarrer in Nürnberg. Beschäftigte sich in seiner Freizeit mit Mathematik, Astronomie, Geographie und Meteorologie. Seine Studien galten der projektiven Geometrie, die für die Herstellung von Karten und Globen wichtig geworden war, der Geographie des Ptolemaeus, der Verbesserung des Jakobsstabes und seines Gebrauchs bei der Bestimmung des Längengrades. Jahrelang beobachtete und notierte er das Wetter. Schrieb: »Claudii Ptolemaei geographica« 1514, »Libellum de quatuor terrarum orbis in plano figurationibus« 1514 (Ein kleines Buch über die vier auf eine Ebene projizierten Erdkreise), »De motu octavae sphaerae tractatus duo« 1522 (Zwei Abhandlungen über die Bewegung der acht Planetensphären), »Aphorismi catholici super aeris mutationes. Canones sicut brevissimi, ita etiam doctissimi, complecentes praecepta et observationes de mutatione aurae«, 1546 posthum herausgegeben von Schoener (Allgemeine Aphorismen über die Bewegungen der Luft. Nicht nur kürzest mögliche, sondern auch sehr geschickte und vollständig dargelegte Regeln und Beobachtungen über die Veränderung der Luftströmung) (Poggendorf I, Zedler, ADB). Francisci zitiert ohne Angaben aus Majolus »Colloq.de Meteor.«. Aber

es ist sehr wahrscheinlich, dass der Fischregen des Jahres 989 in Frankreich aus dem letzten Titel stammt.

Wexionius, Mikael (Wexionius-Gyldenstolpe) 840
Geb. 1608/09 Smaland, gest. 1670 Turku. Prof. Politik und Geschichte. Schrieb: »Epitome descriptionis Svecia, Gothiae, Fenningiae et subjectorum provinciorum« 1650 (Kurze Beschreibung Schwedens, Gotlands, Finnlands und der dazugehörigen Provinzen), aus dem Francisci unter Vermittlung von Scheferus die Beschreibung der Schlitten in Lappland genommen haben dürfte.

Wielandus (Johann Sebastian Wieland) 943
Geb. 1590 Kleingartach bei Heilbronn, gest. 1635 Ilsfeld/Neckar. Ev. Diakon in Grübingen und Pfarrer in Kohlstetten auf der Schwäbischen Alb, Poet. Schrieb eine Eloge auf Gustav Adolph von Schweden »Der Held von Mitternacht«, eine Abhandlung zur deutschen Verskunst, Gedichte und eine Beschreibung der Stadt Urach von 1626. Das passt zu seiner Beobachtung einer Brille aus Eis aus »Stutgard«, auch weil er in Stuttgart einige Jahre die Lateinschule besucht hat. In der Württ. Landesbibliothek werden 6 Schriften aufbewahrt, und es gibt eine Biographie von Karl Martin Schiefer von 1892 (ADB).

Wierius, Johann (John Wier/Weir/Weyer/Piscinarius) 668
Geb. 1515 Grave an der Maas, gest. 1588 Tecklenburg. Calvinist. Leibarzt des Herzogs von Cleve in Düsseldorf, der durch seine »observationes medicae«, die bis 1588 vier Auflagen erlebten, berühmt geworden ist. Noch berühmter war er allerdings, weil er als ehemaliger Schüler des Agrippa von Nettesheim in Antwerpen dessen Eintreten gegen die Auswüchse des Hexenwahns fortsetzte. Er schrieb dazu 1563 »De praestigiis daemonum et incantationibus ac veneficiiss« (Über das Blendwerk der Dämonen und über Zauberei und Giftmischerei). Es wurde alleine bis 1583 sieben Mal aufgelegt, dreimal ins Französische und zweimal ins Deutsche übersetzt. (Soldan-Heppe I, 450-461, ADB). Thorndike VI, 515 ff. beschreibt ausführlich seine Auffassung der Hexen als eigentlich Kranke. Das Buch geriet auf den Index in Antwerpen, Rom, Spanien, Portugal und in München auf den sog. Index 1. Klasse, was Wierus zum Ketzer stempelte, um ihn der Inquisition auszuliefern. Erheblichen Beitrag dazu leisteten die heftigen Angriffe des als Staatsrechtler bekannten Jean Bodin und des belgischen Jesuiten Delrio. Aber er hatte auch Unterstützer, wie den Bremer Arzt Ewrich, den Juraprofessor Gödelmann in Rostock, den Gutsbesitzer Scot in England, den Mathematik- und Geschichtsprofessor Witekind (Lerchheimer) in Heidelberg und den Kanonikus Loos in Trier. Francisci erzählt die Geschichte der Söhne Franz I., die von einem Hexenmeister durch die Luft aus dem Gewahrsam Karls V. in Spanien entführt werden sollten.

Wilckius, D. 648
Es gibt zwar einen David Wilkins, aber von ihm nur theologische Schriften. Es handelt sich um **John Wilkins**, geb. 1614 Fawsley/Northamptonshire, gest. 1672 Chester. Mitbegründer und erster Sekretär der Royal Society. Als Sohn eines Uhrmachers und Goldschmieds in Oxford brachte er es trotz seiner Ehe mit der Schwester Oliver Cromwells unter König Charles II. zum Bischof von Chester. Seit Mitte der 40er Jahre hatte sich eine Gruppe von Naturphilosophen wöchentlich im Gresham College von Oxford getroffen, um die Ideen von Francis Bacon zu diskutieren. Am 28.1.1660 gründeten Christopher Wren, Robert Boyle, John Wilkins, Robert Moray und Viscount Brouncker »a Colledge for the Promoting of Physico-Mathematicall Eperimentall Learning«, aus dem die Royal Society hervorging. Wilkins entwickelte ein binäres System der Informationsübertragung über große Distanzen mit zwei verschiedenen Glocken oder mit einem Musketenschuss für »0« und einem Kanonenschuss für »1« mit einer Ver-

schlüsselungsmethode, die von Briten und Franzosen in den Napoleonischen Kriegen benutzt wurde. Wollte eine universelle Sprache entwickeln, die auf einer fast mathematischen Reduktion der Bedeutung von Buchstaben beruhte und von der Leibniz erfahren hat (Zedler, Poggendorf I, Oxford Dictionary of National Biography). Francisci zitiert nach Borrichius aus seinem »mechanischen Kunst=Buche«, meint damit »Mathematical magick, or, The wonders that may by performed by mechanichal geometry: in two books, concerning mechanical powers and motions, being one of the most easie, pleasant, useful, and yet most neglected, parts of mathematicks, not before treated of in this language« von 1648. Außerdem nennt er eine Maschine, die »eine große Eiche mit dem Maul umzustürzen« in der Lage sei. Es handelt sich um ein Gebläse.

Wildebrandus (Druckfehler) 1370
Francisci meinte W̲olfgang H̲ildebrand (s. dort).

Willis, Thomas 205, 206
Geb. 1621 Great Bedwin/Wiltshire, gest. 1675 London. Arzt in Oxford, Dr. der Physik und Prof. Naturphilosophie. In dem Zirkel um die späteren Gründer der Royal Society demonstrierte er Anatomie und chemische Versuche. Als Iatrochemiker erkannte er den Zusammenhang von Verbrennung und Atmung, stellte eine Theorie der Fermentation in Gärungsprozessen auf und beschrieb den Diabetes mellitus als Krankheitseinheit mit dem Auftreten von Harnzucker und der diabetischen Neuropathie. Aus den vier Elementen des Aristoteles machte er drei aktive (Spiritus, Schwefel, Salz) und zwei passive (Erde, Wasser). Mit »Cerebri anatome« 1664 gelang ihm ein grundlegendes Werk der Neuroanatomie, in dem er den Ursprung der Willkürhandlungen in der Hirnrinde, die unwillkürlichen im vegetativen Nervensystem und im Kleinhirn lokalisierte und durch Injektionsversuche den arteriellen Kreislauf an der Hirnbasis aufklären konnte (circulus Willisi) (Ärztelex., Poggendorf I, Lex.bed.Chemiker, Thorndike VII u. VIII). Er schätzt den caphé / cawe / cavae, besonders morgens mit Zucker, und er sei dazu gut, die Schwachheiten des Hauptes zu heilen.

Winding, Erasmus (Vinding) 900
Geb. 1615 Vinding/Seeland, gest. 1684 Kopenhagen. Prof. Geschichte und Griechisch Kopenhagen, Staatsrat, Königlicher Oberhofgerichtsrat, Reformator des dänischen Rechts. Er schrieb Arbeiten über die Affinität des Griechischen mit dem Ägyptischen, über Heraklit u.a. zur griechischen Sprache (Zedler). Hat sich die entzündeten Augen mit Schnee gekühlt.

Witfliet, Cornelius 1066
Er veröffentlichte den ersten Atlas der Neuen Welt: »Descriptionis Ptolemaicae Augmentum seu occidentis notitia Commentario illustrata« 1597. Daraus hat sich Camerarius mit der Mumienenstehung durch ausdörrenden Wind bedient.

Wormius, Olaus (Øle Worm) 768, 773-783, 789, 791, 792, 798, 835, 1262, 1378, 1379, 1380, 1381
Geb. 1588 Aarhus, gest. 1654 Kopenhagen. Sein Ausbildungsweg hatte es in sich: Gymnasium in Lüneburg, Studienaufenthalt im Herzogtum Cleve, Theologie in Marburg und Gießen, Medizin in Straßburg, Basel, Padua, Montpellier, Paris, Kopenhagen, Marburg, Basel, London, Kopenhagen. Dort wurde er Professor für Griechisch, dann der Physik und 1624 der Medizin als Nachfolger von Caspar Bartholinus. Leibarzt Christians IV. Seine Interessen waren weit gesteckt. In seinen »Danicorum Monumentorum« von 1643 beschreibt er Runensteine, die heute verloren sind, und dazu Abhandlungen über eine »Literatura Danica antiquissima vulgo Gothica dicta« 1651. Er sammelte Fossilien, ausgestopfte Tiere u. v. m., gab dazu einen Katalog heraus, das »Museum

Wormianum« (1655 posthum), und schrieb eine »Historia animalis« von Norwegen, die Francisci, ohne sie zu nennen, benutzt haben muss. Außerdem über das Einhorn, eine Streitschrift gegen die Rosenkreuzer, aber auch vieles zu medizinischen Fragen, deren »Epistolae medico-physicae ad Thom. Bartholinum« Francisci zitiert. Dann äußerte er sich zur Kosmologie, zu Geografie und Hydrografie, zu Meteorologie, zu physikalischen Versuchen. Auffallenderweise überhaupt nichts Theologisches (Zedler, Poggendorf I). Thorndike VII und VIII zitiert ihn häufig zu Monströsitäten, Makro- und Mikrokosmos, schwarzem Regen, Vipern, Erdwürmern, Mäuseregen usw. Genau so verfährt Francisci.

Wricht, David (Wright) 208, 1162
Der Schotte war ca. 1630-1650 auf Formosa, als die Holländer dort mehrere Forts gegründet hatten. Er hat darüber Berichte geschrieben und Karten angefertigt. Francisci zitiert ihn sehr ungenau, seine Informationen stammen aus der von Olfert Dapper geschilderten 2. Gesandtschaft nach Sina (voller Titel siehe unter Kampen). Er beschreibt die Herstellung von Reiswein und einen windbrechenden Berg auf Hainan.

Xaverius (Chavier) 332
Siehe Navarrus, Franciscus Aspilcota

Xenagoras 692
3. Jahrh. v. Chr. Historiker, von dem wir über Plutarch ein wenig wissen. Auch Francisci nimmt diesen, um die Höhe des Olymp, die er ausgemessen hatte, anzugeben: 10 1/6 Stadien oder Rossläufe.

Xenophon 37, 52, 64, 70, 122, 125, 137, 169, 284, 288
Geb. um 430 v. Chr., gest. nach 355. Freund des Sokrates, Heerführer einer 10000 Mann starken griechischen Truppe, die einen fünfmonatigen Marsch auf ihrem Rückzug vor den Persern von Cunaxa am Euphrat durch Kurdistan, Armenien, Georgien nach Trapezunt am Schwarzen Meer zurücklegte. Schrieb darüber ein Meisterwerk einer historischen Literatur des Eigenlobs, die »Anabasis«, den »Marsch hinauf ins Landesinnere«. Wegen gemeinsamer Sache mit dem Spartanerkönig Agesilaos gegen die mit den Athenern verbündeten Thebaner 394 aus Athen verbannt, zunächst in die Nähe von Olympia, dann wohl Korinth (Sarton). Francisci zitiert aus einer lat. Frankfurter Ausgabe von 1546 und nur einmal (S. 70) aus den »Memorabilia des Sokrates«. Ihn interessieren Mesopotamien als Ort des Paradieses, Babylons Größe und seine abgestrafte Gottlosigkeit, die Häufigkeit von Lustgärten, die Ersäufung der Vernunft an der Tafel der Großen (Cyrus), spartanische gewässerten Wein trinkende Jungfrauen, ein tanzender Sokrates und ein Tanzender nach der Pfeife.

Zacutus, Abraham ben Samuel Lusitanus (Zacuto) 173, 854, 892, 901, 928
Geb. 1575 Lissabon, gest. 1642. Urenkel des berühmten Rabbis, Astronomen und Historikers Abraham Zacuto, der 1492 aus Spanien nach Portugal floh, als die Juden zur Konversion gezwungen werden sollten. Der Urenkel studierte als Katholik in Salamanca Medizin, gehörte zu den ersten, die das Schwarzwasserfieber beschrieben und Untersuchungen zur Behandlung der Syphilis anstellten. Sein zweibändiges Werk über die Geschichte der Medizin, der inneren Krankheiten, der Anatomie und Pharmazie war die Quelle für Francisci, von der er nur die Titel der Kapitel nennt. (»Zacvti Lvsitani, Medici, et Philosophi Praestantissimi, Praxis Historiarum ...« 1641/1642). Nur der schwere spanische Wein muss für die Alten verdünnt werden, aus »widerprellender Wärme« sterben die Pflanzen in der großen Kälte des Schnees, die Geburt der Schneewürmer resultiert aus dem Zusammenspiel von »innerlicher Schneewärme« und »aus-

wendiger Wärme«, Zahnschmerzlinderung mit Schnee erfolgreich, ein kaltes Getränk wirkt appetitanregend.

Zeilerus, Martinus (Martin Zeiller) 90, 484, 593, 815, 1251, 1257, 1274, 1314, 1332, 1353
Geb. 1589 Ranten/Steiermark, gest. 1661 Ulm. Als Protestant aus der Obersteiermark vertrieben, studierte er in Wittenberg Geschichte und Jura, war dann Hauslehrer bei verschiedenen Adelsfamilien, bzw. Hofmeister verschiedener junger Herren, mit denen er viel herumreiste, und Notar. Seit 1629 in Ulm als Aufseher des Gymnasiums und Schulinspektor. Typischer Polyhistor, Begründer der deutschen Reiseliteratur. In der Stadtbibliothek in Ulm werden 90 Titel aufbewahrt. Auf dem rechten Auge blind, »hat aber nachmahls denen Gelehrten mit dem andern mehr gedient, als sonst zehen Zweyäugige« (Zedler). Bekannt durch seine Mitarbeit an der Topographie des Matthaeus Merian. Francisci zitiert aus der spanischen Reisebeschreibung, aus dem Handbuch für Reisende, aus »Itinerarum Galliae«, aus Briefen, aus der sächsischen Topographie: das königliche Lusthaus in Aranjuez, ein Echo in Charenton, Irrlichter auf den Hellebarden vor Meißen, Schnee an Pfinsten in Braunschweig. Eine betende Frau wird bei Gewitter in ihrem Haus von einem Stein erschlagen. 1624 die Explosion eines Pulverturms in Bremen bei Gewitter, das 10 Menschen »erwürgte« und 500 Dächer abdeckte. 1632 ist der Hofstaat Ludwigs XIII. bei Beziers in sintflutartigen Regen geraten, bei dem zwei Jungfrauen ersoffen und Silbergeschirr flöten ging. 1128 zündet ein Blitzschlag den Soldaten im Kriegslager Kaiser Lothars vor Speyer die Haare an. 1629 überlebt eine 12jährige einen Bitzschlag trotz Striemen am Rücken, zerfetzten Kleidern und drei Löchern im Boden. Wein wird vom Blitz mit einer klebrigen Masse überzogen, so dass das Fass nicht auslaufen kann.

Zesius, Philipp (Philipp von Zesen, Filip Zese, Caesius, Zesen von Fürstenau) 109
Geb. 1619 Priorau bei Dessau, gest. 1689 Hamburg. Dichter, Mitglied der Fruchtbringenden Gesellschaft seit 1648, Gründer und Vorsitzender (der Färtige=Fertige) der »teutsch=gesinnte Genossenschaft« in Hamburg (1643). Als freier Dichter und Schriftsteller eine Ausnahmeerscheinung, reiste viel in Holland, England, Frankreich und Deutschland, bekam für die Beschreibung von Amsterdam, die Francisci zitiert, das Ehrenbürgerdiplom der Stadt. Zedler nennt die Mitglieder der Gesellschaften und die 70 Werke des Zesius. Hier ein Irrgarten in Amsterdam mit lustigen Gesellen.

Zieglerus, Jacob 704, 1016, 1017
Geb. 1470 Landshut, gest. 1549 Passau. Theologe, Mathematiker, Geograf. Ein Humanist, der mit der Reformation liebäugelte, der »Religionsverbesserung«, wie Zedler sie nennt, aber »gut katholisch« starb. Studierte Theologie in Ingoldstadt, Professor in Wien und konnte nach vielen Anfeindungen beim Bischof Wolfgang von Salm in Passau unterkriechen. Verteidigte Erasmus von Rotterdam gegen die Angriffe des spanischen Theologen Jacob Lopez Stunica auf dessen Sichtweise und Übersetzung des Neuen Testaments, hat selbst Bibelkommentare verfasst und sich in Straßburg mit dem Reformator des Elsaß, Martin Bucer, verkracht. Herausgeber von Kartenwerken, darunter zusammen mit dem Ungarn Lazar der ersten gedruckten Karte Ungarns 1514 und, zusammen mit Ortelius, einer Karte Skandinaviens 1532, die erstmals Finnland abbildete, und sieben Karten des Heiligen Landes. In Rom hatte Zieglerus sehr wahrscheinlich Kontakt zu Johann Magnus, dem Apostolischen Nuntius für Schweden, der ihm die Informationen für sein Werk über Skandinavien gab, das Francisci verwendet, ohne es zu zitieren, oder aus 2. Hand von Olaus Magnus (s. dort) hat. Einiges, was er schrieb, erregte den Zorn des Papstes und brachte seine Werke auf den Index. Francisci nennt ihn mit dem Verkauf von Wind und Wetter durch die Lappen und mit deren Zauberknoten, bei dessen Lösung verschiedene Winde entstehen.

Zimbri,von 805, 807, 808
Soll eine Reis (bzw. Fahrt-) Beschreibung veröffentlicht haben, in der es um Tau und Manna der Kinder Israels geht. Der von Francisci so genannte Herr von Zimbri ist Johannes Werner des Älteren von Zimmern (1454-1495), der in der Zimmerschen Chronik aus der Mitte des 16. Jahrhunderts als »Johanns Wörnher freiherr zu *Zimbern*« auftaucht. Die Zimmersche Chronik wurde erst im 18. Jahrhundert wieder entdeckt und 1869 gedruckt. Sie kann nicht Franciscis Quelle gewesen sein. Sie ist entweder Breidenbachs Reisebuch »Sanctae Peregrinationes« von 1486, die Francisci als »Pilgerbuch« in der Frankfurter Ausgabe von 1556 vorgelegen haben könnte, oder die Schwäbische Chronik des Zeilerus (»Chronicumm parvum Sueciae, oder kleines schwäbisches Zeitbuch ...«1653). Vielleicht benutzte Francisci auch die vom Frankfurter Verleger Sigmund Feyerabend 1584 herausgegebene Sammlung von 18 Reisebeschreibungen nach Palästina u.a. vor (»Reyßbuch deß heyligen Lands ...«), in der Hans Werli von »Zimber« berichtet.

Zonaras, Johannes (Johannes Monomachus) 748, 958
Im 12. Jahrhundert einer der höchsten Richter des byzanthinischen Reiches, zog sich nach dem Tod seiner Familie ins Kloster zurück (deshalb »Monomachus«, Einzelkämpfer). Dort schrieb er eine Weltchronik von der Schöpfung bis 1118 (»Annales sive Historia Catholica ab initio mundi usque ad Alexii Commeni obitum, sive annum 1118«) und Kommentare zu den Kanones der Kirchenväter (Zedler). Francisci nennt einen Ascheregen zur Zeit Kaiser Leos und zitiert aus Majolus die Eiseskälte in Konstantinopel zur Zeit Kaisers Copronymus Constantinus Iconomachus, des Bilderstürmers.

Zoroaster (Zarathustra) 998
Geb. um 630 v. Chr. Baktrien (?), gest. 533. Verurteilte als Prophet den Mithraskult, wurde verbannt, nach Bekehrung eines persischen Fürsten rehabilitiert und sein in der Awesta niedergelegtes Glaubensbekenntnis bis zur Eroberung Persiens durch die Araber 642 zur Staatsreligion. Francisci nimmt seine Auffassung zur Windentstehung aus der Erdbewegung.